正点原子教你学嵌入式系列丛书

原子教你玩 STM32
（库函数版）
（第 2 版）

张 洋 刘 军 严汉宇 左忠凯 编著

北京航空航天大学出版社

内容简介

《原子教你玩 STM32》有两个版本:库函数版本和寄存器版本。本书为库函数版本,由浅入深,带领大家进入 STM32 的世界。本书总共分为 3 篇:①硬件篇,主要介绍本书的实验平台;②软件篇,主要介绍 STM32 开发软件的使用以及一些下载调试的技巧,并详细介绍几个常用的系统文件(程序);③实战篇,详细介绍 41 个实例,从最简单的开始,循序渐进,带领大家慢慢掌握 STM32。每个实例均配有软硬件设计,且附上实例代码以及详细注释,方便读者快速理解。本书是再版书,相比第 1 版,主要对硬件平台、开发环境、SYSTEM 文件夹以及相关例程进行了更新。

本书配套资料可以供读者免费下载,包括视频教程,详细原理图以及所有实例的完整代码。这些代码都有详细的注释,所有源码都经过严格测试;另外,源码有生成好的 hex 文件,读者只需要通过串口下载到开发板即可看到实验现象,从而亲自体验实验过程。

本书不仅非常适合广大学生和电子爱好者学习 STM32,其大量的实验以及详细的解说也是公司产品开发者的不二参考。

图书在版编目(CIP)数据

原子教你玩 STM32:库函数版/张洋等编著. ——2 版. ——北京:北京航空航天大学出版社,2015.11
 ISBN 978-7-5124-1931-5

Ⅰ. ①原… Ⅱ. ①张… Ⅲ. ①微控制器-基本知识
Ⅳ. ①TP332.3

中国版本图书馆 CIP 数据核字(2015)第 263225 号

版权所有,侵权必究。

*

原子教你玩 STM32(库函数版)(第 2 版)
张洋 刘军 严汉宇 左忠凯 编著
责任编辑 董立娟 张耀军

*

北京航空航天大学出版社出版发行

北京市海淀区学院路 37 号(邮编 100191) http://www.buaapress.com.cn
发行部电话:(010)82317024 传真:(010)82328026
读者信箱:emsbook@buaacm.com.cn 邮购电话:(010)82316936
涿州市新华印刷有限公司印装 各地书店经销

*

开本:710×1 000 1/16 印张:37.25 字数:794 千字
2015 年 11 月第 2 版 2023 年 2 月第 13 次印刷 印数:34 301~36 300 册
ISBN 978-7-5124-1931-5 定价:79.00 元

若本书有倒页、脱页、缺页等印装质量问题,请与本社发行部联系调换 联系电话:(010)82317024

第 2 版前言

本书第 1 版自 2013 年发布以来,深得广大网友的喜爱,同时也提出了很多建设性意见,对此深表感谢。考虑到开发板的更新,特此进行了再版,相比第 1 版,本书主要做了以下几点更新:

(1) 硬件平台的变更

本书针对的硬件平台是 ALIENTEK 战舰 STM32 开发板 V3.0 及以后版本(注意,本书提到的战舰 STM32 开发板均指战舰 V3 STM32 开发板),设计更合理。本书大部分例程在 V3.0 之前的开发板上均能直接使用,部分例程得做适当修改才可以在之前版本使用。V3.0 平台与之前平台的资源变更明细详见本书 1.3 节。

(2) 开发环境的变更

本书采用 MDK 最新的集成开发环境 MDK5.14 作为 STM32 的开发环境,而之前版本采用的是 MDK3.80A 开发环境。

(3) 例程变更

ALIENTEK 战舰 STM32 开发板 V3.0 在原来版本上删减了一些不常用的功能(收音机/PS2 接口等),增加了常用的网卡等外设,所以例程也有所变更,详见 1.2.2 小节。

作者力求将本书的内容写好,由于时间有限,书中难免会有出错的地方,欢迎读者指正,作者邮箱:389063473@qq.com,也可以去 www.openedv.com 论坛给作者留言,在此先向各位读者表示诚挚的感谢!

张 洋

2015 年 9 月

第 1 版前言

本书的由来

2011 年，ALIENTEK 工作室同北航出版社合作，出版发行了《例说 STM32》。该书由刘军（网名：正点原子）编写，自发行以来，广受读者好评，更是被 ST 官方作为学习 STM32 的推荐书本。

《原子教你玩 STM32》在《例说 STM32》的基础上使用全新的开发平台，新增了很多例程，规范了代码编写，并根据之前读者的反应，分为库函数版本（本书为库函数版本）和寄存器版本两个版本，以适合不同使用人群的需要。

库函数版本代码的底层驱动绝大部分采用 ST 提供的库函数（V3.5 版）实现，具有简单、方便的特点，对于偏软件、对硬件不太了解的读者比较适用。寄存器版本代码底层驱动绝大部分是直接操作寄存器实现的，具有高效、快速的特点，对于喜欢底层或者刚从 51、AVR 等单片机转型过来学习 ARM 的朋友比较适用。不管哪种方式，都可以用来很好地学习和使用 STM32，大家根据自己的喜欢选择即可。

STM32 的优势

与 ARM7 相比，STM32 采用 Cortex-M3 内核。Cortex-M3 采用 ARMV7（哈佛）构架（注意：ARM7 采用的是 ARMV4T（冯·诺依曼）架构），不仅支持 Thumb-2 指令集，而且拥有很多新特性。较之 ARM7 TDMI，Cortex-M3 拥有更强劲的性能、更高的代码密度、位带操作、可嵌套中断、低成本、低功耗等众多优势。

与 51 单片机相比，STM32 在性能方面则是完胜。STM32 内部 SRAM 比很多 51 单片机的 FLASH 还多；其他外设就不比较了，STM32 具有绝对优势。另外，STM32 最低个位数的价格，与 51 相比也是相差无几，因此 STM32 可以称得上是性价比之王。

现在，ST 又推出了 STM32F0（Cortex-M0）、STM32F2（STM32F1 系列的增强版）、STM32F3/F4（Cortex-M4）等芯片满足各种应用需求。本书仅对目前使用的最多、最广泛的 STM32F1 系列进行介绍。

如何学习 STM32

STM32 与一般单片机/ARM7 最大的不同，就是它的寄存器特多，在我们开发过程中，很难全部都记下来，所以 ST 官方根据规范提供了一整套库函数源码，我们直接操作库函数便可达到操作寄存器的目的。这样就可以摆脱直接操作寄存器的麻烦，大大缩短了学习时间，节省了开发成本。但是对于 STM32 这种处理器，了解一些底层知识必不可少，否则就像空中楼阁没有根基。对于学习 STM32，推荐 3 份不错的中文资料供参考：《STM32 参考手册》中文版 V10.0、《ARM Cortex-M3 权威指南》中文版（宋岩 译）以及 STM32F10x_StdPeriph_Driver_3.5.0(中文版).chm。

《STM32 参考手册》中文版 V10.0 是 ST 官方针对 STM32 的一份通用参考资料，包含了所有寄存器的描述和使用，内容翔实，但是没有实例，也没有对 Cortex-M3 内核进行过多介绍，读者只能根据自己对书本的理解来编写相关代码。

《ARM Cortex-M3 权威指南》中文版是专门介绍 Cortex-M3 的书，有简短的实例，但没有专门针对 STM32 的介绍。所以，在学习 STM32 的时候，必须结合这份资料来看。

STM32F10x_StdPeriph_Driver_3.5.0(中文版).chm 是 ST 官方提供的固件库 V3.5 的使用说明文档，对库函数使用方法讲解比较详实，开发过程中经常会查阅此文档。

结合这 3 份资料，再通过本书的实例，循序渐进，你就可以很快上手 STM32。当然，学习的关键还是在于实践，光看不练是没什么效果的。所以建议读者在学习的时候，一定要自己多练习、多编写属于自己的代码，这样才能真正掌握 STM32。

本书的内容

本书结合《STM32 参考手册》和《ARM Cortex-M3 权威指南》两者的优点，并从库函数级别出发，深入浅出，向读者介绍 STM32 各种资源的使用。

总共分为 3 篇：

硬件篇，包括第 1、2 章，详细介绍本书的实验平台及其资源。

软件篇，包括第 3～5 章，主要介绍 STM32 开发软件的使用以及一些下载调试的技巧，并详细介绍了几个常用的系统文件(程序)。

实战篇，包括第 6～54 章，详细介绍了 49 个实例，从最简单的开始，循序渐进，带领大家慢慢掌握 STM32。基本上每个实例均配有软硬件设计，并且附上实例代码及详细注释及说明，方便读者快速理解代码。

这 49 个实例涵盖了 STM32 的绝大部分内部资源，并且提供很多实用级别的程序，如内存管理、拼音输入法、手写识别、图片解码、IAP、μIP、μC/OS-II 等。所有实例在 MDK3.80A 编译器下编译通过，大家只须下载程序到本书的实验平台（ALIENTEK 战舰 STM32 开发板）即可验证实验。本书的最后一个实验(综合实验)，是一个比较完善的系统，可玩性极高，具有很高的参考和实用价值。

本书适合的读者群

不管你是一个 STM32 初学者，还是一个老手，本书都非常适合。尤其对于初学者，本书将手把手地教你如何使用 MDK，包括新建工程、编译、仿真、下载调试等一系列步骤，让你轻松上手。

本书配套资源

本书的实验平台是 ALIENTEK 战舰 STM32 开发板，有这款开发板的朋友可以直接拿本书配套资料上的例程在开发板上运行、验证。而没有这款开发板而又想要的朋友,可以上淘宝购买。当然如果已有了一款自己的开发板,而又不想再买,也是可以的,只要你的板子上有 ALIENTEK 战舰 STM32 开发板上的相同资源(需要实验用到的),代码一般都是可以通用的,你需要做的就只是把底层的驱动函数(一般是 IO 操作)稍做修改,使之适合你的开发板即可。

我们的交流方式如下:
技术论坛:www.openedv.com
官网:www.alientek.com
官方店铺:http://eboard.taobao.com
邮箱:xingyidianzi@foxmail.com

有任何问题的读者都可以登录论坛或发邮件与我们交流,本书配备的所有资料也可以到该网站下载。

致 谢

感谢刘军、严汉宇对本书的大力支持,他们参与了本书部分内容的编写,本书的发行少不了他们的努力和付出。

另外,特别感谢北京航空航天大学出版社的编辑在本书出版过程中给予作者的指导和大力支持。

编 者
2013.2.10

目 录

第1篇 硬件篇

第1章 实验平台简介 ………… 2
1.1 ALIENTEK 战舰 STM32F103 资源初探 ………… 2
1.2 ALIENTEK 战舰 STM32F103 资源说明 ………… 4
 1.2.1 硬件资源说明 ………… 4
 1.2.2 软件资源说明 ………… 10
 1.2.3 I/O 引脚分配 ………… 11
第2章 实验平台硬件资源详解 ……… 13
2.1 开发板原理图详解 ………… 13
2.2 开发板使用注意事项 ………… 31
2.3 STM32F103 学习方法 ………… 32

第2篇 软件篇

第3章 MDK5 软件入门 ………… 35
3.1 STM32 官方固件库简介 ………… 35
 3.1.1 库开发与寄存器开发的关系 ………… 35
 3.1.2 STM32 固件库与 CMSIS 标准讲解 ………… 36
 3.1.3 STM32 官方库包介绍 ………… 38
3.2 MDK5 简介 ………… 41
3.3 新建基于固件库的 MDK5 工程模板 ………… 42
3.4 程序下载与调试 ………… 56
 3.4.1 STM32 软件仿真 ………… 56
 3.4.2 STM32 串口程序下载 ………… 62
 3.4.3 JTAG/SWD 程序下载和调试 ………… 67
3.5 MDK5 使用技巧 ………… 71
 3.5.1 文本美化 ………… 72
 3.5.2 语法检测 & 代码提示 ………… 75
 3.5.3 代码编辑技巧 ………… 76
 3.5.4 其他小技巧 ………… 78

第4章 STM32 开发基础知识入门 ………… 80
4.1 MDK 下 C 语言基础复习 ………… 80
4.2 STM32 系统架构 ………… 85
4.3 STM32 时钟系统 ………… 86
4.4 端口复用和重映射 ………… 90
4.5 STM32 NVIC 中断优先级管理 ………… 92
4.6 MDK 中寄存器地址名称映射分析 ………… 96
4.7 MDK 固件库快速组织代码技巧 ………… 98

第5章 SYSTEM 文件夹介绍 ………… 104
5.1 delay 文件夹代码介绍 ………… 104
 5.1.1 操作系统支持宏定义及相关函数 ………… 105
 5.1.2 delay_init 函数 ………… 107
 5.1.3 delay_us 函数 ………… 108
 5.1.4 delay_ms 函数 ………… 110
5.2 sys 文件夹代码介绍 ………… 111
5.3 usart 文件夹介绍 ………… 113
 5.3.1 printf 函数支持 ………… 113
 5.3.2 uart_init 函数 ………… 114
 5.3.3 USART1_IRQHandler 函数 ………… 116

第3篇 实战篇

第6章 跑马灯实验 ………… 120

第7章	按键输入实验················	134
第8章	串口实验·····················	141
第9章	外部中断实验················	149
第10章	独立看门狗(IWDG)实验·······················	155
第11章	窗口看门狗(WWDG)实验·······················	159
第12章	定时器中断实验·············	164
第13章	PWM 输出实验··············	172
第14章	输入捕获实验················	179
第15章	TFTLCD 显示实验········	188
第16章	USMART 调试组件实验·······················	216
第17章	RTC 实时时钟实验······	227
第18章	待机唤醒实验················	241
第19章	ADC 实验·····················	248
第20章	光敏传感器实验·············	260
第21章	DAC 实验·····················	263
第22章	DMA 实验·····················	272
第23章	IIC 实验·······················	282
第24章	SPI 实验·······················	291
第25章	RS485 实验···················	301
第26章	CAN 通信实验··············	307
第27章	触摸屏实验···················	332
第28章	红外遥控实验················	354
第29章	DS18B20 数字温度传感器实验····················	361
第30章	6 轴传感器 MPU6050 实验····················	368
第31章	Flash 模拟 EEPROM 实验····················	387
第32章	摄像头实验···················	397
第33章	外部 SRAM 实验··········	411
第34章	内存管理实验················	418
第35章	SD 卡实验····················	427
第36章	FATFS 实验···················	449
第37章	汉字显示实验················	462
第38章	图片显示实验················	476
第39章	音乐播放器实验·············	487
第40章	串口 IAP 实验·············	500
第41章	USB 虚拟串口实验······	513
第42章	USB 读卡器实验··········	525
第43章	网络通信实验················	530
第44章	μC/OS-II 实验1——任务调度··················	548
第45章	μC/OS-II 实验2——信号量和邮箱·············	558
第46章	μC/OS-II 实验3——消息队列、信号量集和软件定时器······················	567
参考文献··		583

第1篇 硬件篇

实践出真知,要想学好 STM32,实验平台必不可少。本篇将详细介绍我们用来学习 STM32 的硬件平台:ALIENTEK 战舰 STM32 开发板,使读者了解其功能及特点。

为了让读者更好地使用 ALIENTEK 战舰 STM32 开发板,本篇还介绍了开发板的一些注意事项。

本篇将分为如下两章:

1. 实验平台简介
2. 实验平台硬件资源详解

第1章

实验平台简介

本章简要介绍我们的实验平台：ALIENTEK 战舰 STM32F103。通过本章的学习，读者将对实验平台有个大概了解，为后面的学习做铺垫。

1.1 ALIENTEK 战舰 STM32F103 资源初探

自从 2012 年上市以来，ALIENTEK 战舰 STM32F103 开发板广受客户好评，并常年稳居淘宝 STM32 系列开发板销量冠军，总销量超过 2W 套。最新的战舰 STM32F103 V3.0 开发板是根据广大客户反馈，在原有战舰板的基础上改进而来（具体改变见 1.3 节）。ALIENTEK 战舰 STM32F103 V3.0 的资源图如图 1.1.1 所示。可以看出，ALIENTEK 战舰 STM32F103 资源十分丰富，并把 STM32F103 的内部资源发挥到了极致，基本所有 STM32F103 的内部资源都可以在此开发板上验证，同时扩充丰富的接口和功能模块，整个开发板显得十分大气。

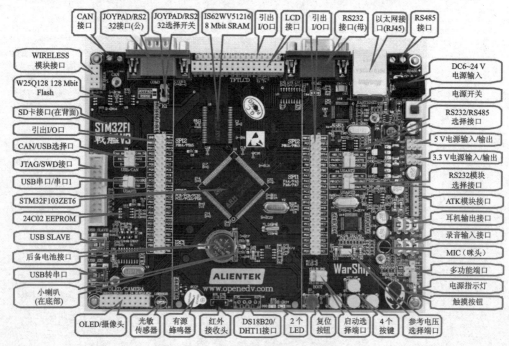

图 1.1.1 战舰 STM32F103 资源图

第1章 实验平台简介

　　开发板的外形尺寸为 121 mm×160 mm 大小，板子的设计充分考虑了人性化设计，并结合 ALIENTEK 多年的 STM32 开发板设计经验，同时听取了很多网友以及客户的建议，经过多次改进，最终确定了这样的设计。

　　ALIENTEK 战舰 STM32F103 板载资源如下：

- ◆ CPU：STM32F103ZET6，LQFP144，Flash：512 KB，SRAM：64 KB；
- ◆ 外扩 SRAM：IS62WV51216，1 MB；
- ◆ 外扩 SPI Flash：W25Q128，16 MB；
- ◆ 一个电源指示灯（蓝色）；
- ◆ 2 个状态指示灯（DS0：红色，DS1：绿色）；
- ◆ 一个红外接收头，并配备一款小巧的红外遥控器；
- ◆ 一个 EEPROM 芯片，24C02，容量 256 字节；
- ◆ 一个板载扬声器（在底面，用于音频输出）；
- ◆ 一个光敏传感器；
- ◆ 一个高性能音频编解码芯片，VS1053；
- ◆ 一个无线模块接口（可接 NRF24L01/RFID 模块等）；
- ◆ 一路 CAN 接口，采用 TJA1050 芯片；
- ◆ 一路 485 接口，采用 SP3485 芯片；
- ◆ 2 路 RS232 串口（一公一母）接口，采用 SP3232 芯片；
- ◆ 一个游戏手柄接口（与公头串口共用 DB9 口），可接插 FC（红白机）游戏手柄；
- ◆ 一路数字温湿度传感器接口，支持 DS18B20/DHT11 等；
- ◆ 一个 ATK 模块接口，支持 ALIENTEK 蓝牙/GPS 模块/MPU6050 模块等；
- ◆ 一个标准的 2.4/2.8/3.5 寸 LCD 接口，支持触摸屏；
- ◆ 一个摄像头模块接口；
- ◆ 一个 OLED 模块接口（与摄像头接口共用）；
- ◆ 一个 USB 串口，可用于程序下载和代码调试（USMART 调试）；
- ◆ 一个 USB SLAVE 接口，用于 USB 通信；
- ◆ 一个有源蜂鸣器；
- ◆ 一个游戏手柄/RS232 选择开关；
- ◆ 一个 RS232/RS485 选择接口；
- ◆ 一个 RS232/模块选择接口；
- ◆ 一个 CAN/USB 选择接口；
- ◆ 一个串口选择接口；
- ◆ 一个 SD 卡接口（在板子背面，SDIO 接口）；
- ◆ 一个 10M/100M 以太网接口（RJ45）；
- ◆ 一个标准的 JTAG/SWD 调试下载口；
- ◆ 一个录音头（MIC/咪头）；
- ◆ 一路立体声音频输出接口；

- ◆ 一路立体声录音输入接口；
- ◆ 一组多功能端口(DAC/ADC/PWM DAC/AUDIO IN/TPAD)；
- ◆ 一组 5 V 电源供应/接入口；
- ◆ 一组 3.3 V 电源供应/接入口；
- ◆ 一个参考电压设置接口；
- ◆ 一个直流电源输入接口(输入电压范围：6～24 V)；
- ◆ 一个启动模式选择配置接口；
- ◆ 一个 RTC 后备电池座，并带电池；
- ◆ 一个复位按钮，可用于复位 MCU 和 LCD；
- ◆ 4 个功能按钮，其中 WK_UP 兼具唤醒功能；
- ◆ 一个电容触摸按键；
- ◆ 一个电源开关，控制整个板的电源；
- ◆ 独创的一键下载功能；
- ◆ 除晶振占用的 I/O 口外，其余所有 I/O 口全部引出。

ALIENTEK 战舰 STM32F103 的特点包括：

① 接口丰富。板子提供十来种标准接口，可以方便地进行各种外设的实验和开发。

② 设计灵活。板上很多资源都可以灵活配置，以满足不同条件下的使用。我们引出了除晶振占用的 I/O 口外的所有 I/O 口，可以极大地方便读者扩展及使用。另外，板载一键下载功能可避免频繁设置 B0、B1 的麻烦，仅通过一根 USB 线即可实现 STM32 的开发。

③ 资源充足。主芯片采用自带 512 KB Flash 的 STM32F103ZET6，并外扩 1 MB SRAM 和 16 MB Flash，满足大内存需求和大数据存储。板载高性能音频编解码芯片、双 RS232 串口、百兆网卡、光敏传感器以及各种接口芯片，从而满足各种应用需求。

④ 人性化设计。各个接口都有丝印标注，且用方框框出，使用起来一目了然；部分常用外设用大丝印标出，方便查找；接口位置设计安排合理，方便顺手。资源搭配合理，物尽其用。

1.2　ALIENTEK 战舰 STM32F103 资源说明

1.2.1　硬件资源说明

这里详细介绍战舰 STM32F103 各个部分(图 1.1.1 中的标注部分)的硬件资源，我们将按逆时针的顺序依次介绍。

(1) WIRELESS 模块接口

这是开发板板载的无线模块接口(U4)，可以外接 NRF24L01/RFID 等无线模块，从而实现无线通信等功能。注意:接 NRF24L01 模块进行无线通信的时候,必须同时有 2 个模块和 2 个板子,才可以测试,单个模块/板子例程是不能测试的。

(2) W25Q128 128 Mbit Flash

这是开发板外扩的 SPI Flash 芯片(U10),容量为 128 Mbit,也就是 16 MB,可用于存储字库和其他用户数据,满足大容量数据存储要求。当然如果觉得 16 MB 还不够用,你可以把数据存放在外部 SD 卡。

(3) SD 卡接口

这是开发板板载的一个标准 SD 卡接口(SD_CARD),该接口在开发板的背面,采用大 SD 卡接口(即相机卡,也可以是 TF 卡+卡套的形式),SDIO 方式驱动。有了这个 SD 卡接口,就可以满足海量数据存储的需求。

(4) 引出 I/O 口(总共有 3 处)

这是开发板 I/O 引出端口,总共有 3 组主 I/O 引出口:P1、P2 和 P3。其中,P1 和 P2 分别采用 2×22 排针引出,总共引出 86 个 I/O 口,P3 采用 1×16 排针,按顺序引出 FSMC_D0~D15 这 16 个 I/O 口。而 STM32F103ZET6 总共只有 112 个 I/O,除去 RTC 晶振占用的 2 个 I/O,还剩下 110 个,前面 3 组排针总共引出 102 个 I/O,剩下的分别通过 P4、P7、P8 和 P9 引出。

(5) CAN/USB 选择口

这是一个 CAN/USB 的选择接口(P9),因为 STM32 的 USB 和 CAN 共用一组 I/O (PA11 和 PA12),所以通过跳线帽来选择不同的功能,以实现 USB/CAN 的实验。

(6) JTAG/SWD 接口

这是 ALIENTEK 战舰 STM32F103 板载的 20 针标准 JTAG 调试口(JTAG),直接可以和 ULINK、JLINK 或者 STLINK 等调试器(仿真器)连接。同时由于 STM32 支持 SWD 调试,这个 JTAG 口也可以用 SWD 模式来连接。

用标准的 JTAG 调试,需要占用 5 个 I/O 口,有些时候可能造成 I/O 口不够用,而用 SWD 则只需要 2 个 I/O 口,大大节约了 I/O 数量,但它们达到的效果是一样的,所以建议仿真器使用 SWD 模式!

(7) USB 串口/串口 1

这是 USB 串口同 STM32F103ZET6 的串口 1 进行连接的接口(P4)。标号 RXD 和 TXD 是 USB 转串口的 2 个数据口(对 CH340G 来说),而 PA9(TXD)和 PA10 (RXD)则是 STM32 的串口 1 的两个数据口(复用功能下)。它们通过跳线帽对接就可以和连接在一起了,从而实现 STM32 的程序下载以及串口通信。

设计成 USB 串口是出于现在计算机上串口正在消失,尤其是笔记本,几乎清一色的没有串口。所以板载了 USB 串口可以方便读者下载代码和调试。而板子上并没有直接连接在一起,则是出于使用方便的考虑。这样设计就可以把 ALIENTEK 战舰 STM32F103 当成一个 USB 转 TTL 串口来和其他板子通信,而其他板子的串口也可以方便地接到 ALIENTEK 战舰 STM32F103 上。

(8) STM32F103ZET6

这是开发板的核心芯片(U2),型号为 STM32F103ZET6。该芯片具有 64 KB SRAM、512 KB Flash、2 个基本定时器、4 个通用定时器、2 个高级定时器、2 个 DMA 控制器(共 12 个通道)、3 个 SPI、2 个 IIC、5 个串口、一个 USB、一个 CAN、3 个 12 位 ADC、一个 12 位 DAC、一个 SDIO 接口、一个 FSMC 接口以及 112 个通用 I/O 口。

(9) 24C02 EEPROM

这是开发板板载的 EEPROM 芯片(U11),容量为 2 kbit,也就是 256 字节,用于存储一些掉电不能丢失的重要数据,比如系统设置的一些参数/触摸屏校准数据等。有了这个就可以方便地实现掉电数据保存。

(10) USB SLAVE

这是开发板板载的一个 MiniUSB 头(USB_SLAVE),用于 USB 从机(SLAVE)通信,一般用于 STM32 与计算机的 USB 通信。通过此 MiniUSB 头,开发板就可以和计算机进行 USB 通信了。

开发板总共板载了 2 个 MiniUSB 头,一个(USB_232)用于 USB 转串口,连接 CH340G 芯片;另外一个(USB_SLAVE)用于 STM32 内带的 USB。同时开发板可以通过此 MiniUSB 头供电,板载两个 MiniUSB 头(不共用)主要是考虑了使用的方便性以及可以给板子提供更大的电流(两个 USB 都接上)这两个因素。

(11) 后备电池接口

这是 STM32 后备区域的供电接口(BAT),可安装 CR1220 电池(默认安装了),可以用来给 STM32 的后备区域提供能量;在外部电源断电的时候,维持后备区域数据的存储以及 RTC 的运行。

(12) USB 转串口

这是开发板板载的另外一个 MiniUSB 头(USB_232),用于 USB 连接 CH340G 芯片,从而实现 USB 转 TTL 串口。同时,此 MiniUSB 接头也是开发板电源的主要提供口。

(13) 小喇叭

这是开发板自带的一个 8Ω2W 的小喇叭,安装在开发板的背面,并带了一个小音腔,可以用来播放音频。该喇叭由 HT6872 单声道 D 类功放 IC 驱动,最大输出功率可达 2 W。

特别注意:HT6872 受 VS1053 的 GPIO4 控制,必须程序上控制 VS1053 的 GPIO4 输出 1,才可以控制 HT6872 工作,从而听到声音。默认条件下(GPIO4=0)HT6872 是关闭的。

(14) OLED/摄像头模块接口

这是开发板板载的一个 OLED/摄像头模块接口(P6),如果是 OLED 模块,靠左插即可(右边两个孔位悬空)。如果是摄像头模块(ALIENTEK 提供),则刚好插满。通过这个接口可以分别连接 2 种外部模块,从而实现相关实验。

第1章 实验平台简介

(15) 光敏传感器
这是开发板板载的一个光敏传感器(LS1),通过该传感器,开发板可以感知周围环境光线的变化,从而可以实现类似自动背光控制的应用。

(16) 有源蜂鸣器
这是开发板的板载蜂鸣器(BEEP),可以实现简单的报警/闹铃等功能。

(17) 红外接收头
这是开发板的红外接收头(U8),可以实现红外遥控功能。通过这个接收头,可以接收市面常见的各种遥控器的红外信号,读者甚至可以自己实现万能红外解码。当然,如果应用得当,该接收头也可以用来传输数据。

战舰 STM32F103 配备了一个小巧的红外遥控器,外观如图 1.2.1 所示。

(18) DS18B20/DHT11 接口
这是开发板的一个复用接口(U6),由 4 个镀金排孔组成,可以用来接 DS18B20/DS1820 等数

图 1.2.1 红外遥控器

字温度传感器。也可以用来接 DHT11 这样的数字温湿度传感器,实现一个接口 2 个功能。不用的时候可以拆下上面的传感器,放到其他地方去用,使用上是十分方便灵活的。

(19) 2 个 LED
这是开发板板载的两个 LED 灯(DS0 和 DS1),DS0 是红色的,DS1 是绿色的,主要是方便读者识别。这里提醒读者不要停留在 51 跑马灯的思维,设置这么多灯,除了浪费 I/O 口,实在是想不出其他什么优点。

一般的应用 2 个 LED 足够了,调试代码的时候使用 LED 来指示程序状态是非常不错的一个辅助调试方法。战舰 STM32F103 几乎每个实例都使用了 LED 来指示程序的运行状态。

(20) 复位按钮
这是开发板板载的复位按键(RESET),用于复位 STM32;还具有复位液晶的功能,因为液晶模块的复位引脚和 STM32 的复位引脚是连接在一起的。按下该键的时候,STM32 和液晶一并被复位。

(21) 启动选择端口
这是开发板板载的启动模式选择端口(BOOT)。STM32 有 BOOT0(B0)和 BOOT1(B1)两个启动选择引脚,用于选择复位后 STM32 的启动模式。作为开发板,这两个是必须的。在开发板上,通过跳线帽选择 STM32 的启动模式。

(22) 4 个按键
这是开发板板载的 4 个机械式输入按键(KEY0、KEY1、KEY2 和 WK_UP)。其中,WK_UP 具有唤醒功能,该按键连接到 STM32 的 WAKE_UP(PA0)引脚,可用于

待机模式下的唤醒;在不使用唤醒功能的时候,也可以作为普通按键输入使用。

其他 3 个是普通按键,可以用于人机交互的输入,这 3 个按键是直接连接在 STM32 的 I/O 口上的。注意,WK_UP 是高电平有效,而 KEY0、KEY1 和 KEY2 是低电平有效,使用的时候留意一下。

(23) 参考电压选择端口

这是 STM32 的参考电压选择端口(P5),默认是接开发板的 3.3 V(VDDA)。如果想设置其他参考电压,只需要把参考电压源接到 Vref+ 和 GND 即可。

(24) 触摸按钮

这是开发板板载的一个电容触摸输入按键(TPAD),利用电容充放电原理实现触摸按键检测。

(25) 电源指示灯

这是开发板板载的一颗蓝色的 LED 灯(PWR),用于指示电源状态。在电源开启的时候(通过板上的电源开关控制),该灯会亮,否则不亮。通过这个 LED 可以判断开发板的上电情况。

(26) 多功能端口

这是一个由 6 个排针组成的一个接口(P10&P11)。可别小看这 6 个排针,这可是本开发板设计得很巧妙的一个端口(由 P10 和 P11 组成),这组端口通过组合可以实现的功能有 ADC 采集、DAC 输出、PWM DAC 输出、外部音频输入、电容触摸按键、DAC 音频、PWM DAC 音频、DAC ADC 自测等,所有这些只需要一个跳线帽的设置就可以逐一实现。

(27) MIC(咪头)

这是开发板的板载录音输入口(MIC),直接接到 VS1053 的输入上,可以用来实现录音功能。

(28) 录音输入接口

这是开发板板载的外部录音输入接口(LINE_IN)。通过咪头只能实现单声道的录音,而通过这个 LINE_IN 可以实现立体声录音。

(29) 耳机输出接口

这是开发板板载的音频输出接口(PHONE),可以插 3.5 mm 的耳机。当 VS1053 放音的时候,就可以通过在该接口插入耳机,欣赏音乐。

(30) ATK 模块接口

这是开发板板载的一个 ALIENTEK 通用模块接口(U5),目前可以支持 ALIENTEK 开发的 GPS 模块、蓝牙模块和 MPU6050 模块等,直接插上对应的模块就进行开发。后续将开发更多兼容该接口的其他模块,实现更强大的扩展性能。

(31) RS232/模块选择接口

这是开发板板载的一个 RS232(COM3)/ATK 模块接口(U5)选择接口(P8),通过该选择接口,我们可以选择 STM32 的串口 3 连接在 COM3 还是连接在 ATK 模块接口上面,以实现不同的应用需求。这样的设计还有一个好处,就是我们的开发板还可以

第 1 章 实验平台简介

充当 RS232 到 TTL 串口的转换(注意,这里的 TTL 高电平是 3.3 V)。

(32) 3.3 V 电源输入/输出

这是开发板板载的一组 3.3 V 电源输入输出排针(2×3)(VOUT1),用于给外部提供 3.3 V 的电源,也可以用于从外部接 3.3 V 的电源给板子供电。

实验的时候可能经常会为没有 3.3 V 电源而苦恼不已,有了 ALIENTEK 战舰 STM32F103,就可以很方便地拥有一个简单的 3.3 V 电源(USB 供电的时候,最大电流不能超过 500 mA;外部供电的时候,最大可达 1 000 mA)。

(33) 5 V 电源输入/输出

这是开发板板载的一组 5 V 电源输入输出排针(2×3)(VOUT2),用于给外部提供 5 V 的电源,也可以用于从外部接 5 V 的电源给板子供电。

同样,读者在实验的时候可能经常会为没有 5 V 电源而苦恼不已,ALIENTEK 充分考虑到了这点,有了这组 5 V 排针就可以很方便地拥有一个简单的 5 V 电源(USB 供电的时候,最大电流不能超过 500 mA;外部供电的时候,最大可达 1 000 mA)。

(34) RS232/485 选择接口

这是开发板板载的 RS232(COM2)/RS485 选择接口(P7)。因为 RS485 基本上就是一个半双工的串口,为了节约 I/O,我们把 RS232(COM2)和 RS485 共用一个串口,通过 P7 来设置当前是使用 RS232(COM2)还是 RS485。这样的设计还有一个好处,就是我们的开发板既可以充当 RS232 到 TTL 串口的转换,又可以充当 RS485 到 TTL485 的转换。(注意,这里的 TTL 高电平是 3.3 V。)

(35) 电源开关

这是开发板板载的电源开关(K2)。该开关用于控制整个开发板的供电,如果切断,则整个开发板都将断电,电源指示灯(PWR)会随着此开关的状态而亮灭。

(36) DC6～24 V 电源输入

这是开发板板载的一个外部电源输入口(DC_IN),采用标准的直流电源插座。开发板板载了 DC-DC 芯片(MP2359),用于给开发板提供高效、稳定的 5 V 电源。由于采用了 DC-DC 芯片,所以开发板的供电范围十分宽,读者可以很方便地找到合适的电源(只要输出范围在 DC6～24 V 的基本都可以)来给开发板供电。在耗电比较大的情况下,比如用到 4.3 屏/7 寸屏/网口的时候,建议使用外部电源供电,可以提供足够的电流给开发板使用。

(37) RS485 总线接口

这是开发板板载的 RS485 总线接口(RS485),通过 2 个端口和外部 RS485 设备连接。这里提醒大家,RS485 通信的时候必须 A 接 A、B 接 B,否则可能通信不正常!另外,开发板自带了终端电阻(120 Ω)。

(38) 以太网接口(RJ45)

这是开发板板载的网口(EARTHNET),可以用来连接网线,实现网络通信功能。该接口使用 DM9000 作为网络芯片,该芯片自带 MAC 和 PHY,支持 10M/100M 网络,通过 8080 并口同 STM32F103 的 FSMC 接口连接。

(39) RS232 接口(母)

这是开发板板载的一个 RS232 接口(COM2),通过一个标准的 DB9 母头和外部的串口连接。通过这个接口可以连接带有串口的计算机或者其他设备,实现串口通信。

(40) LCD 接口

这是开发板板载的 LCD 模块接口,该接口兼容 ALIENTEK 全系列 TFTLCD 模块,包括 2.4 寸、2.8 寸、3.5 寸、4.3 寸和 7 寸等 TFTLCD 模块,并且支持电阻/电容触摸功能。

(41) IS62WV51216 8 Mbit SRAM

这是开发板外扩的 SRAM 芯(U1)片,容量为 8 Mbit,也就是 1 MB,这样,对大内存需求的应用(比如 GUI)就可以很好地实现了。

(42) JOYPAD/RS232 选择开关

这是开发板板载的一个游戏手柄接口(JOYPAD)和 RS232 接口选择开关(K1)。开发板的游戏手柄接口和 RS232 接口共用 COM3,它们需要分时复用。当插游戏手柄时,K1 需要打在 JOYPAD 位置,此时,该接口(COM3)可以用来连接 FC 手柄(红白机/小霸王游戏机手柄),这样就可以在开发板上编写游戏程序,直接通过手柄玩游戏。当作为串口使用时,K1 需要打在 RS232 位置。

(43) JOYPAD/RS232 接口(公)

这是开发板板载的一个游戏手柄/RS232 接口(COM3),通过一个标准的 DB9 公头和外部的 FC 手柄/RS232 串口连接。具体用作接游戏手柄接口还是 RS232 接口,可通过 K1 开关进行选择。

(44) CAN 接口

这是开发板板载的 CAN 总线接口(CAN),通过 2 个端口和外部 CAN 总线连接,即 CANH 和 CANL。这里提醒大家:CAN 通信的时候必须 CANH 接 CANH、CANL 接 CANL,否则可能通信不正常!

1.2.2 软件资源说明

接下来简要介绍一下战舰 STM32F103 的软件资源。战舰 STM32F103 提供的标准例程多达 54 个,而本书侧重讲解其中的 41 个例程。一般的 STM32 开发板仅提供库函数代码,而我们则提供寄存器和库函数两个版本的代码(本书介绍库函数版本)。我们提供的这些例程基本都是原创,拥有非常详细的注释,代码风格统一、循序渐进,非常适合初学者入门。

战舰 STM32F103 的例程列表(本书介绍的例程)如表 1.2.1 所列。可以看出,ALIENTEK 战舰 STM32F103 的例程基本上涵盖了 STM32F103ZET6 的所有内部资源,并且外扩展了很多有价值的例程,比如 Flash 模拟 EEPROM 实验、USMART 调试实验、μC/OS-II 实验、内存管理实验和 IAP 实验等。

第1章 实验平台简介

表 1.2.1　ALIENTEK 战舰 STM32F103 例程表

编　号	实验名字	编　号	实验名字
1	跑马灯实验	22	触摸屏实验
2	按键输入实验	23	红外遥控实验
3	串口实验	24	DS18B20 数字温度传感器实验
4	外部中断实验	25	6 轴传感器实验 MPU6050
5	独立看门狗实验	26	Flash 模拟 EEPROM 实验
6	窗口看门狗实验	27	摄像头实验
7	定时器中断实验	28	外部 SRAM 实验
8	PWM 输出实验	29	内存管理实验
9	输入捕获实验	30	SD 卡实验
10	TFTLCD 显示实验	31	FATFS 实验
11	USMART 调试实验	32	汉字显示实验
12	RTC 实验	33	图片显示实验
13	待机唤醒实验	34	音乐播放器实验
14	ADC 实验	35	串口 IAP 实验
15	光敏传感器实验	36	USB 虚拟串口实验
16	DAC 实验	37	USB 读卡器实验
17	DMA 实验	38	网络通信实验
18	IIC 实验	39	μC/OS-II 实验 1——任务调度
19	SPI 实验	40	μC/OS-II 实验 2——信号量和邮箱
20	RS485 实验	41	μC/OS-II 实验 3——消息队列、信号量集和软件定时器
21	CAN 收发实验		

　　而且从表 1.2.1 可以看出，例程安排是循序渐进的，首先从最基础的跑马灯开始，然后一步步深入，从简单到复杂，有利于读者的学习和掌握。所以，ALIENTEK 战舰 STM32F103 是非常适合初学者的。当然，对于想深入了解 STM32 内部资源的读者，ALIENTEK 战舰 STM32F103 也绝对是一个不错的选择。

1.2.3　I/O 引脚分配

　　为了让读者更快、更好地使用我们的战舰 V3 开发板，这里特地将战舰 V3 开发板主芯片 STM32F103ZET6 的 I/O 资源分配做了一个总表，以便读者查阅。本书仅介绍部分 I/O 口引脚分配情况，如图 1.2.2 所示。

　　图中，引脚栏即 STM32F103ZET6 的引脚编号；GPIO 栏表示 GPIO；连接资源栏表示对应 GPIO 所连接到的网络；独立栏表示该 I/O 是否可以完全独立（不接其他任何外设和上下拉电阻）使用，通过一定的方法可以达到完全独立使用该 I/O，Y 表示可做独立 I/O，N 表示不可做独立 I/O；连接关系栏则对每个 I/O 的连接做了简单的介绍。

引脚	GPIO	连接资源		独立	连接关系说明
34	PA0	WK_UP		Y	1,按键 KEY_UP 2,可以做待机唤醒脚(WKUP)
35	PA1	STM_ADC	TPAD	Y	ADC 输入引脚,同时做 TPAD 检测脚
36	PA2	USART2_TX	485_RX	Y	1,RS232 串口 2(COM2)RX 脚(P7 设置) 2,RS485 RX 脚(P7 设置)
37	PA3	USART2_RX	485_TX	Y	1,RS232 串口 2(COM2)TX 脚(P7 设置) 2,RS485 TX 脚(P7 设置)
此处省略大部分 I/O 口引脚分配情况,详情请查看书本配套资料中的 Excel 表格					
57	PG1	FSMC_A11		N	FSMC 总线地址线 A11(SRAM 专用)
128	PG13	OV_SDA		Y	OLED/CAMERA 接口的 SDA 脚
129	PG14	FIFO_RRST		Y	OLED/CAMERA 接口的 RRST 脚
132	PG15	FIFO_OE		Y	OLED/CAMERA 接口的 OE 脚

图 1.2.2 战舰 V3 I/O 资源分配总表

该图在本书配套资料"3,ALIENTEK 战舰 STM32F1 V3 开发板原理图"文件夹下有非常全面的 Excel 格式文件,并注有详细说明和使用建议,读者可以详细查看每个引脚分配情况。

第 2 章
实验平台硬件资源详解

本章将详细介绍 ALIENTEK 战舰 STM32F103 各部分的硬件原理图,使读者对该开发板的各部分硬件原理有个深入理解,并介绍开发板的使用注意事项,为后面的学习做好准备。

2.1 开发板原理图详解

1. MCU

ALIENTEK 战舰 STM32 开发板选择的是 STM32F103ZETT6 作为 MCU,该芯片是 STM32F103 里面配置非常强大的,拥有的资源包括 64 KB SRAM、512 KB Flash、2 个基本定时器、4 个通用定时器、2 个高级定时器、2 个 DMA 控制器(共12 个通道)、3 个 SPI、2 个 IIC、5 个串口、一个 USB、一个 CAN、3 个 12 位 ADC、一个 12 位 DAC、一个 SDIO 接口、一个 FSMC 接口以及 112 个通用 I/O 口。该芯片的配置十分强,并且还带外部总线(FSMC),可以用来外扩 SRAM 和连接 LCD 等;通过 FSMC 驱动 LCD 可以显著提高 LCD 的刷屏速度。MCU 部分的原理图如图 2.1.1(打开本书配套资料的原理图查看清晰版本)所示。

图中 U2 为主芯片 STM32F103ZET6。这里主要讲解以下 3 个地方:

① 后备区域供电脚 VBAT 的供电采用 CR1220 纽扣电池和 VCC3.3 混合供电的方式,在有外部电源(VCC3.3)的时候 CR1220 不给 VBAT 供电;而在外部电源断开的时候则由 CR1220 给其供电。这样,VBAT 总是有电的,从而保证 RTC 的走时以及后备寄存器的内容不丢失。

② 图中的 R8 和 R9 用来隔离 MCU 部分和外部的电源,这样的设计主要是考虑了后期维护。如果 3.3 V 电源短路,则可以断开这两个电阻从而确定是 MCU 部分短路还是外部短路,有助于生产和维修。当然,在自己的设计上这两个电阻是完全可以去掉的。

③ 图中 P5 是参考电压选择端口。开发板默认是接板载的 3.3 V 作为参考电压,如果想用自己的参考电压,则把参考电压接入 Vref+ 即可。

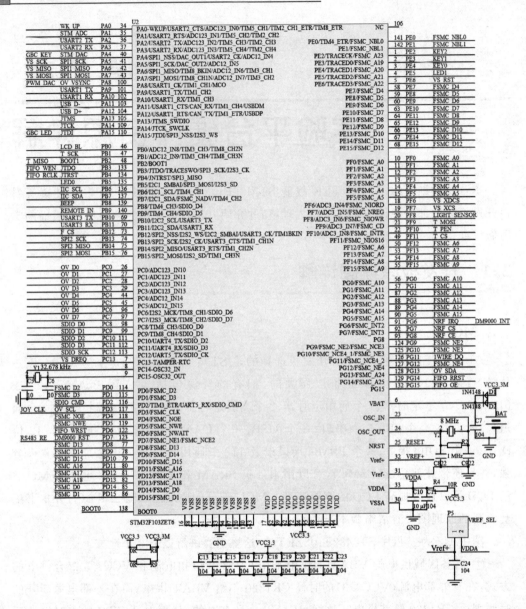

图 2.1.1 MCU 部分原理图

2. 引出 I/O 口

ALIENTEK 战舰 STM32F103 引出了 STM32F103ZET6 的所有 I/O 口,如图 2.1.2 所示。

图中 P1、P2 和 P3 为 MCU 主 I/O 引出口,共引出了 102 个 I/O 口。STM32F103ZET6 总共有 112 个 I/O,除去 RTC 晶振占用的 2 个,还剩 110 个,这 3 组主引出排针总共引出了 102 个 I/O,剩下的 8 个 I/O 口分别通过 P4(PA9&PA10)、P7(PA2&PA3)、P8(PB10&PB11)和 P9(PA11&PA12)这 4 组排针引出。

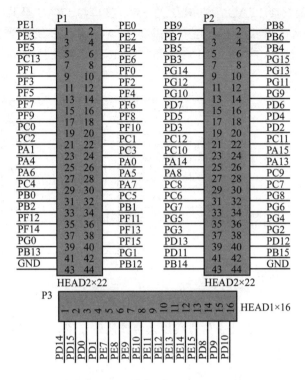

图 2.1.2 引出 I/O 口

3. USB 串口/串口 1 选择接口

ALIENTEK 战舰 STM32F103 板载的 USB 串口和 STM32F103ZET6 的串口是通过 P4 连接起来的,如图 2.1.3 所示。图中 TXD/RXD 是相对 CH340G 来说的,也就是 USB 串口的发送和接收脚。而 USART1_RX 和 USART1_TX

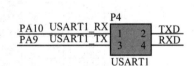

图 2.1.3 USB 串口/串口 1 选择接口

则是相对于 STM32F103ZET6 来说的。这样,通过对接就可以实现 USB 串口和 STM32F103ZET6 的串口通信了。同时,P4 是 PA9 和 PA10 的引出口。

这样设计的好处就是使用非常灵活。比如需要用到外部 TTL 串口和 STM32 通信的时候,只需要拔了跳线帽,通过杜邦线连接外部 TTL 串口就可以实现和外部设备的串口通信了;又比如有个板子需要和计算机通信,但是计算机没有串口,那么就可以使用开发板的 RXD 和 TXD 来连接设备,把我们的开发板当成 USB 转 TTL 串口用了。

4. JTAG/SWD

ALIENTEK 战舰 STM32F103 板载的标准 20 针 JTAG/SWD 接口电路如图 2.1.4 所示。这里采用的是标准的 JTAG 接法,但是 STM32 还有 SWD 接口,SWD 只需要最少 2 根线(SWCLK 和 SWDIO)就可以下载并调试代码了,这同我们使用串口下载代码差不多,而且速度非常快,能调试。所以建议读者在设计产品的时候可以留出 SWD 来下载调试代码,而摒弃JTAG。STM32的SWD接口与JTAG是共用的,只要接上JTAG就可以使用SWD模式了(其实并不需要JTAG这么多线),当然,调试器必须支持SWD模式,JLINK V7/V8、ULINK2和ST LINK等都支持SWD调试。

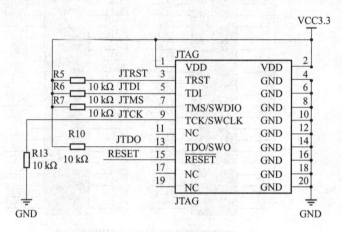

图2.1.4　JTAG/SWD接口

特别提醒,JTAG有几个信号线用来接其他外设了,但是SWD是完全没有接任何其他外设的,所以建议一律使用SWD模式!

5. SRAM

ALIENTEK战舰STM32F103外扩了1 MB的SRAM芯片,如图2.1.5所示。注

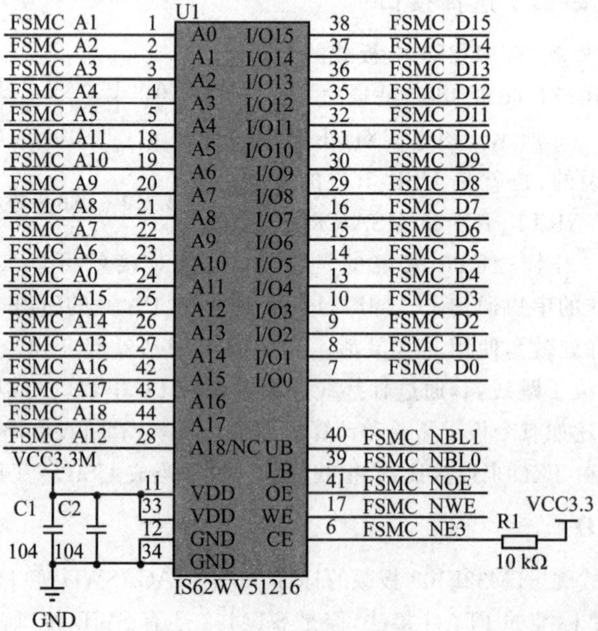

图2.1.5　外扩SRAM

意,图中的地址线标号是以 IS61LV51216 为模版的,但是和 IS62WV51216 的 datasheet 标号有出入,不过,因为地址的唯一性,这并不会影响使用(注意,地址线可以乱,但是数据线必须一致),因此,该原理图对这两个芯片都是可以正常使用的。

图中 U1 为外扩的 SRAM 芯片,型号为 IS62WV51216,容量为 1 MB,其挂在 STM32 的 FSMC 上。这样大大扩展了 STM32 的内存(芯片本身有 64 KB),所以在需要大内存的场合,战舰 STM32F103 也可以胜任。

6. LCD 模块接口

ALIENTEK 战舰 STM32F103 板载的 LCD 模块接口电路如图 2.1.6 所示。图中 TFT_LCD 是一个通用的液晶模块接口,支持 ALIENTEK 全系列 TFTLCD 模块,包括 2.4 寸、2.8 寸、3.5 寸、4.3 寸和 7 寸等尺寸的 TFTLCD 模块。LCD 接口连接在 STM32F103ZET6 的 FSMC 总线上面,可以显著提高 LCD 的刷屏速度。

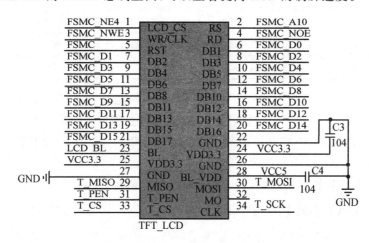

图 2.1.6 LCD 模块接口

图中的 T_MISO/T_MOSI/T_PEN/T_SCK/T_CS 连接在 MCU 的 PB2/PF9/PF10/PB1/PF11 上,用来实现对液晶触摸屏的控制(支持电阻屏和电容屏)。LCD_BL 连接在 MCU 的 PB0 上,用于控制 LCD 的背光。液晶复位信号 RESET 则是直接连接在开发板的复位按钮上,和 MCU 共用一个复位电路。

7. 复位电路

ALIENTEK 战舰 STM32F103 的复位电路如图 2.1.7 所示。因为 STM32 是低电平复位的,所以我们设计的电路也是低电平复位的,这里的 R3 和 C12 构成了上电复位电路。同时,开发板把 TFT_LCD 的复位引脚也接在 RESET 上,这样这个复位按钮不仅可以用来复位 MCU,还可以复位 LCD。

8. 启动模式设置接口

ALIENTEK 战舰 STM32F103 的启动模式设置端口电路如图 2.1.8 所示。图中的 BOOT0 和 BOOT1 用于设置 STM32 的启动方式,其对应启动模式如表 2.1.1

所列。

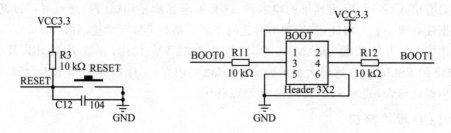

图 2.1.7　复位电路　　　　　图 2.1.8　启动模式设置接口

表 2.1.1　BOOT0、BOOT1 启动模式表

BOOT0	BOOT1	启动模式	说　明
0	X	用户闪存存储器	用户闪存存储器，也就是 Flash 启动
1	0	系统存储器	系统存储器启动，用于串口下载
1	1	SRAM 启动	SRAM 启动，用于在 SRAM 中调试代码

按照表 2.1.1，如果想用用串口下载代码，则必须配置 BOOT0 为 1，BOOT1 为 0；而如果想让 STM32 一按复位键就开始跑代码，则需要配置 BOOT0 为 0，BOOT1 随便设置都可以。这里 ALIENTEK 战舰 STM32F103 专门设计了一键下载电路，通过串口的 DTR 和 RTS 信号自动配置 BOOT0 和 RST 信号，因此不需要手动切换它们的状态，直接串口下载软件自动控制，可以非常方便地下载代码。

9. RS232 串口/JOYPAD 接口

ALIENTEK 战舰 STM32F103 板载了一公一母两个 RS232 接口，其中 COM3 不但可以接 RS232 还可以接游戏手柄（JOYPAD），电路原理图如图 2.1.9 所示。

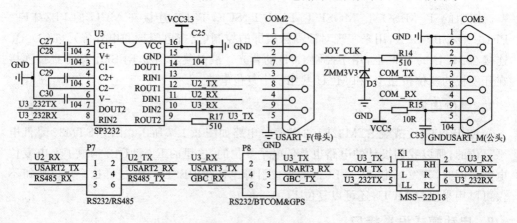

图 2.1.9　RS232 串口

因为 RS232 电平不能直接连接到 STM32，所以需要一个电平转换芯片。这里选

择SP3232(也可以用MAX3232)来做电平转接,同时图中的P7用来实现RS232(COM2)/RS485的选择,P8用来实现RS232(COM3)/ATK模块接口的选择,以满足不同实验的需要。

图中COM2是母头,COM3是公头,而且COM3可以接RS232串口或者接FC游戏手柄(JOYPAD),具体选择哪个功能则是通过K1开关来切换(请看板载丝印)。使用的时候要特别注意,K1先设置对了,再去接RS232串口/FC游戏手柄。

图中USART2_TX/USART2_RX连接在MCU的串口2上(PA2/PA3),所以这里的RS232(COM2)/RS485都是通过串口2来实现的。图中RS485_TX和RS485_RX信号接在SP3485的DI和RO信号上。

图中的USART3_TX/USART3_RX连接在MCU的串口3上(PB10/PB11),所以RS232(COM3)/ATK模块接口都是通过串口3来实现的。图中GBC_RX和GBC_TX连接在ATK模块接口U5上面。

P7/P8的存在还带来另外一个好处,就是我们可以把开发板变成一个RS232电平转换器或者RS485电平转换器,比如买的核心板可能没有板载RS485/RS232接口,通过连接战舰STM32F103的P7/P8端口就可以让你的核心板拥有RS232/RS485的功能。

10. RS485接口

ALIENTEK战舰STM32F103板载的RS485接口电路如图2.1.10所示。RS485电平也不能直接连接到STM32,同样需要电平转换芯片。这里使用SP3485来做RS485电平转换,其中R25为终端匹配电阻,而R22和R19则是两个偏置电阻,用来保证静默状态时RS485总线维持逻辑1。

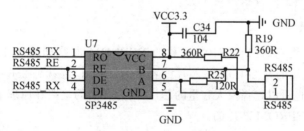

图2.1.10 RS485接口

RS485_RX/RS485_TX连接在P7上面,通过P7跳线来选择是否连接在MCU上面,RS485_RE则直接连接在MCU的I/O口(PD7)上,用来控制SP3485的工作模式(高电平为发送模式,低电平为接收模式)。

注意:RS485_RE和DM9000_RST共同接在PD7上面,同时用到这两个外设时,需要注意下。

11. CAN/USB接口

ALIENTEK战舰STM32F103板载的CAN接口电路以及STM32 USB接口电路如图2.1.11所示。

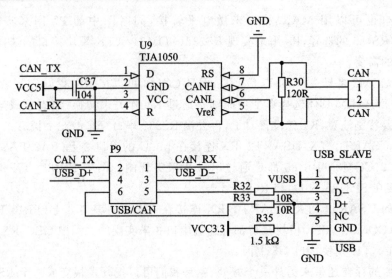

图 2.1.11 CAN/USB 接口

CAN 总线电平也不能直接连接到 STM32，同样需要电平转换芯片。这里使用 TJA1050 来做 CAN 电平转换，其中 R30 为终端匹配电阻。USB_D＋/USB_D－连接在 MCU 的 USB 口（PA12/PA11）上，同时，因为 STM32 的 USB 和 CAN 共用这组信号，所以我们通过 P9 来选择使用 USB 还是 CAN。

USB_SLAVE 可以用来连接计算机，实现 USB 读卡器或 USB 虚拟串口等 USB 从机实验。另外，该接口还具有供电功能，VUSB 为开发板的 USB 供电电压，通过这个 USB 口就可以给整个开发板供电了。

12. EEPROM

ALIENTEK 战舰 STM32F103 板载的 EEPROM 电路如图 2.1.12 所示。EEPROM 芯片我们使用的是 24C02，该芯片的容量为 2 kbit，也就是 256 字节，对于普通应用足够了。当然，也可以选择换大容量的芯片，因为我们的电路在原理上是兼容 24C02～24C512 全系列 EEPROM 芯片的。

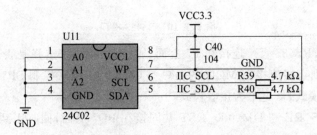

图 2.1.12 EEPROM

这里把 A0～A2 均接地，对 24C02 来说也就是把地址位设置成了 0，写程序的时候要注意这点。IIC_SCL 接在 MCU 的 PB6 上，IIC_SDA 接在 MCU 的 PB7 上，这里虽然接到了 STM32 的硬件 IIC 上，但是我们并不提倡使用硬件 IIC，因为 STM32 的 IIC

是鸡肋,请谨慎使用。

13. 光敏传感器

ALIENTEK 战舰 STM32F103 板载了一个光敏传感器,用来感应周围光线的变化。该部分电路如图 2.1.13 所示。图中的 LS1 就是光敏传感器,其实就是一个光敏二极管,周围环境越亮,电流越大,反之电流越小;即可等效为一个电阻,环境越亮阻值越小,反之越大。所以通过读取 LIGHT_SENSOR 的电压,即可知道周围环境光线强弱。LIGHT_SENSOR 连接在 MCU 的 ADC3_IN6(ADC3 通道 6)上面,即 PF8 引脚。

14. SPI Flash

ALIENTEK 战舰 STM32F103 板载的 SPI Flash 电路如图 2.1.14 所示。SPI Flash 芯片型号为 W25Q128,容量为 128 Mbit,也就是 16 MB。该芯片和 NRF24L01 共用一个 SPI(SPI2),通过片选来选择使用某个器件,使用其中一个器件的时候必经禁止另外一个器件的片选信号。

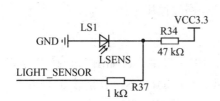

图 2.1.13 光敏传感器电路　　　　图 2.1.14 SPI Flash 芯片

图中 F_CS 连接在 MCU 的 PB12 上,SPI2_SCK/SPI2_MOSI/SPI2_MISO 则分别连接在 MCU 的 PB13/PB15/PB14 上。

15. 温湿度传感器接口

ALIENTEK 战舰 STM32F103 板载的温湿度传感器接口电路如图 2.1.15 所示。该接口(U6)支持 DS18B20/DS1820/DHT11 等单总线数字温湿度传感器。1WIRE_DQ 是传感器的数据线,连接在 MCU 的 PG11 上。

16. 红外接收头

ALIENTEK 战舰 STM32F103 板载的红外接收头电路如图 2.1.16 所示。HS0038 是一个通用的红外接收头,几乎可以接收市面上所有红外遥控器的信号。有了它,就可以用红外遥控器来控制开发板了。REMOTE_IN 为红外接收头的输出信号,连接在 MCU 的 PB9 上。

17. 无线模块接口

ALIENTEK 战舰 STM32F103 板载的无线模块接口电路如图 2.1.17 所示。该接口用来连接 NRF24L01 或者 RFID 等无线模块,从而实现开发板与其他设备的无线数据传输(注意:NRF24L01 不能和蓝牙/WIFI 连接)。NRF24L01 无线模块的最大传输速度可以达到 2 Mbps,传输距离最大可以到 30 m 左右(空旷地,无干扰)。

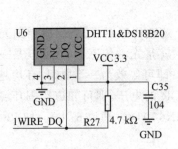

图 2.1.15　温湿度传感器接口

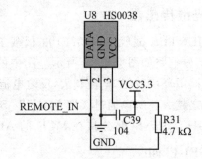

图 2.1.16　红外接收头

NRF_CE/NRF_CS/NRF_IRQ 连接在 MCU 的 PG8/PG7/PG6 上,另外 3 个 SPI 信号则和 SPI Flash 共用,接 MCU 的 SPI2。注意,PG6 还接了 DM9000_INT 信号,所以在使用 NRF_IRQ 中断引脚的时候不能和 DM9000 同时使用;不过,如果没用到 NRF_IRQ 中断引脚,那么 DM9000 和无线模块就可以同时使用了。

18. LED

ALIENTEK 战舰 STM32F103 板载总共有 3 个 LED,其原理图如图 2.1.18 所示。其中,PWR 是系统电源指示灯,为蓝色。LED0(DS0)和 LED1(DS1)分别接在 PB5 和 PE5 上。为了方便大家判断,我们选择 DS0 为红色的 LED,DS1 为绿色的 LED。

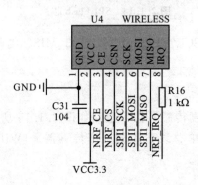

图 2.1.17　无线模块接口

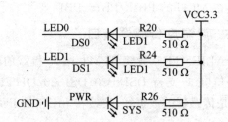

图 2.1.18　LED

19. 按　键

ALIENTEK 战舰 STM32F103 板载总共有 4 个输入按键,原理如图 2.1.19 所示。KEY0、KEY1 和 KEY2 用作普通按键输入,分别连接在 PE4、PE3 和 PE2 上,这里并没有使用外部上拉电阻,但是 STM32 的 I/O 作为输入的时候可以设置上下拉电阻,所以我们使用 STM32 的内部上拉电阻来为按键提供上拉。

KEY_UP 按键连接到 PA0(STM32 的 WKUP 引脚),它除了可以用作普通输入按键外,还可以用作 STM32 的唤醒输入。注意:这个按键是高电平触发的。

20. TPAD 电容触摸按键

ALIENTEK 战舰 STM32F103 板载了一个电容触摸按键,其原理图如图 2.1.20 所示。图中 1 MΩ 电阻是电容充电电阻;TPAD 并没有直接连接在 MCU 上,而是连接在多功能端口(P10)上面,通过跳线帽来选择是否连接到 STM32。多功能端口将在后面介绍。

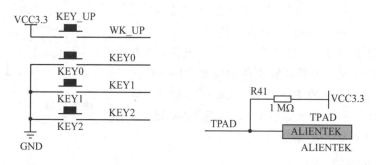

图 2.1.19 输入按键   图 2.1.20 电容触摸按键

21. OLED/摄像头模块接口

ALIENTEK 战舰 STM32F103 板载了一个 OLED/摄像头模块接口,其原理图如图 2.1.21 所示。图中 P6 是接口,可以用来连接 ALIENTEK OLED 模块或者 ALIENTEK 摄像头模块。如果是 OLED 模块,则 FIFO_WEN 和 OV_VSYNC 不需要接(在板上靠左插即可);如果是摄像头模块,则需要用到全部引脚。

其中,OV_SCL/OV_SDA/FIFO_WRST/FIFO_RRST/FIFO_OE 这 5 个信号是分别连接在 MCU 的 PD3/PG13/PD6/PG14/PG15 上面,OV_D0~OV_D7 则连接在 PC0~7 上面(放在连续的 I/O 上,可以提高读/写效率),FIFO_RCLK/FIFO_WEN/OV_VSYNC 这 3 个信号分别连接在 MCU 的 PB4/PB3/PA8 上面。其中,PB3 和 PB4 又是 JTAG 的 JTRST/JTDO 信号,所以

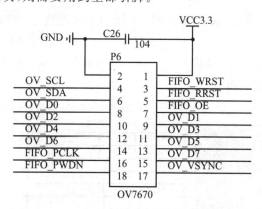

图 2.1.21 OLED/摄像头模块接口

在使用 OV7670 的时候不要用 JTAG 仿真,要选择 SWD 模式(所以建议直接用 SWD 模式来连接我们的开发板,这样所有的实验都可以仿真)。

特别注意:OV_SCL 和 JOY_CLK 共用 PD3,OV_VSYNC 和 PWM_DAC 共用 PA8,它们必须分时复用。使用的时候需要注意这个问题。

22. 有源蜂鸣器

ALIENTEK 战舰 STM32F103 板载了一个有源蜂鸣器,其原理图如图 2.1.22 所示。

有源蜂鸣器是指自带了振荡电路的蜂鸣器,一接上电就会自己振荡发声。而如果是无源蜂鸣器,则需要外加一定频率(2～5 kHz)的驱动信号才会发声。这里选择使用有源蜂鸣器,方便大家使用。

图中 Q1 用来扩流;R38 是一个下拉电阻,避免 MCU 复位的时候蜂鸣器可能发声的现象。BEEP 信号直接连接在 MCU 的 PB8 上面,PB8 可以做 PWM 输出,所以如果想玩高级点(如控制蜂鸣器"唱歌"),就可以使用 PWM 来控制蜂鸣器。

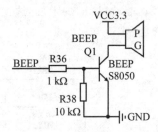

图 2.1.22　有源蜂鸣器

23. SD 卡接口

ALIENTEK 战舰 STM32F103 板载了一个 SD 卡(大卡/相机卡)接口,其原理图如图 2.1.23 所示。图中 SD_CARD 为 SD 卡接口,在开发板的底面。

SD 卡采用 4 位 SDIO 方式驱动,理论上最大速度可以达到 12 MB/s,非常适合需要高速存储的情况。图中,SDIO_D0/SDIO_D1/SDIO_D2/SDIO_D3/SDIO_SCK/SDIO_CMD 分别连接在 MCU 的 PC8/PC9/PC10/PC11/PC12/PD2 上面。

24. ATK 模块接口

ALIENTEK 战舰 STM32F103 板载了 ATK 模块接口,其原理图如图 2.1.24 所示。U5 是一个 1×6 的排座,可以用来连接 ALIENTEK 推出的一些模块,比如蓝牙串口模块、GPS 模块、MPU6050 模块等。有了这个接口,我们连接模块就非常简单,插上即可工作。

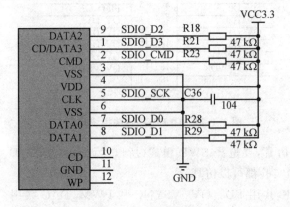

图 2.1.23　SD 卡接口

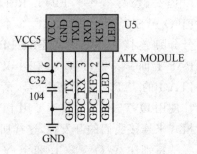

图 2.1.24　ATK 模块接口

图中,GBC_TX/GBC_RX 可通过 P8 排针选择接入 PB11/PB10(即串口 3)。GBC_

KEY 和 GBC_LED 则分别连接在 MCU 的 PA4 和 PA15 上面。特别注意:GBC_KEY 与 PWM_DAC 共用 PA4,GBC_LED 和 JTDI 共用 PA15,在使用的时候要注意这个问题。

25. 多功能端口

ALIENTEK 战舰 STM32F103 板载的多功能端口是由 P10 和 P11 构成的一个 6PIN 端口,其原理图如图 2.1.25 所示。

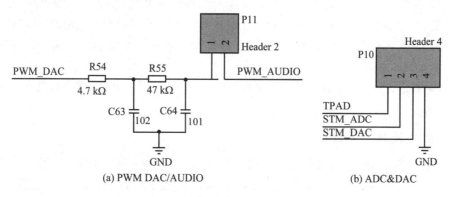

图 2.1.25　多功能端口

首先介绍图 2.1.25(b)中的 P10,其中 TPAD 为电容触摸按键信号,连接在电容触摸按键上。STM_ADC 和 STM_DAC 则分别连接在 PA1 和 PA4 上,用于 ADC 采集或 DAC 输出。当需要电容触摸按键的时候,我们通过跳线帽短接 TPAD 和 STM_ADC,就可以实现电容触摸按键(利用定时器的输入捕获)。STM_DAC 信号既可以用作 DAC 输出,也可以用作 ADC 输入,因为 STM32 的该引脚同时具有这两个复用功能。注意:STM_DAC 与摄像头的 GBC_KEY 共用 PA4,所以它们不可以同时使用,但是可以分时复用。

再来看看 P11。PWM_DAC 连接在 MCU 的 PA8,是定时器 1 的通道 1 输出,后面跟一个二阶 RC 滤波电路,其截止频率为 33.8 kHz。经过这个滤波电路,MCU 输出的方波就变为直流信号了。PWM_AUDIO 是一个音频输入通道,连接到 TDA1308 和 HT6872 的输入,输出到耳机/扬声器。注意:PWM_DAC 和 OV_VSYNC 共用 PA8,所以 PWM_DAC 和摄像头模块不可以同时使用,可以分时复用。

单独介绍完了 P10 和 P11,我们再来看看它们组合在一起的多功能端口,如图 2.1.26 所示。图中 AIN 是 PWM_AUDIO,PDC 是滤波后的 PWM_DAC 信号。下面来看看通过一个跳线帽,这个多功能接口可以实现哪些功能?

当不用跳线帽的时候:① AIN 和 GND 组成一

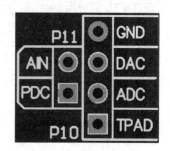

图 2.1.26　组合后的多功能端口

个音频输入通道;② PDC 和 GND 组成一个 PWM_DAC 输出;③ DAC 和 GND 组成一个 DAC 输出/ADC 输入(因为 DAC 脚也刚好也可以做 ADC 输入);④ ADC 和 GND 组成一组 ADC 输入;⑤ TPAD 和 GND 组成一个触摸按键接口,可以连接其他板子实现触摸按键。

当使用一个跳线帽的时候:① AIN 和 PDC 组成一个 MCU 的音频输出通道,实现 PWM DAC 播放音乐。② AIN 和 DAC 同样可以组成一个 MCU 的音频输出通道,也可以用来播放音乐。③ DAC 和 ADC 组成一个自输出测试,用 MCU 的 ADC 来测试 MCU 的 DAC 输出。④ PDC 和 ADC 组成另外一个子输出测试,用 MCU 的 ADC 来测试 MCU 的 PWM DAC 输出。⑤ ADC 和 TPAD 组成一个触摸按键输入通道,实现 MCU 的触摸按键功能。

可以看出,这个多功能端口可以实现 10 个功能,所以,只要设计合理,那么 1+1 是大于 2 的。

26. 以太网接口(RJ45)

ALIENTEK 战舰 STM32F103 板载了一个以太网接口(RJ45),其原理图如图 2.1.27 所示。STM32F1 本身并不带网络功能,战舰 STM32 开发板 V3 板载了一颗 DM9000 网络接口芯片,用于给 STM32F1 提供网络接口。该芯片集成了以太网 MAC 控制器与一般处理接口,一个 10/100M 自适应的 PHY 和 4K DWORD 值的 SRAM,有了它,战舰 V3 STM32 开发板就可以实现网络相关的功能了。

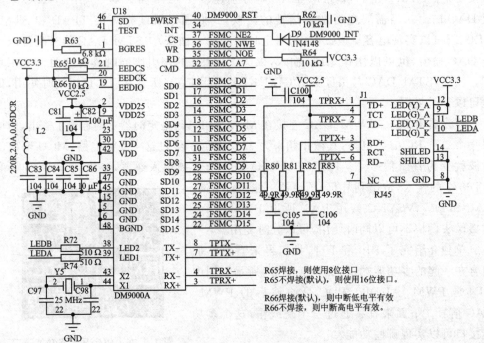

图 2.1.27 以太网接口电路

DM9000 和 STM32F103ZET6 通过 16 位并口连接（FSMC），其中 SD0～SD15 连接在 FSMC_D0～FSMC_D15，DM9000_RST/DM9000_INT/FSMC_NE2/FSMC_NWE/FSMC_NOW/FSMC_A7 分别连接在 PD7/PG6/PG9/PD5/PD4/PF13 上。战舰 STM32F103 开发板的 FSMC 总线上总共挂了 3 个器件：LCD、IS62WV51216 和 DM9000，它们通过不同片选分时复用，互不影响。

特别注意：DM9000_RST 和 RS485_RE 共用 PD7，DM9000_INT 和 NRF_IRQ 共用 PG6，使用的时候要分时复用。另外，DM9000 的中断引脚加了 D9 二极管，防止干扰 NRF_IRQ，所以，在战舰板上仅支持低电平有效的中断方式。

27. 耳机输出

ALIENTEK 战舰 STM32 开发板板载的音频输出电路，其原理图如图 2.1.28 所示。图中 PHONE 为立体声音频输出插座，可以直接插 3.5 mm 的耳机。MP3_LEFT 和 MP3_RIGHT 是 VS1053 的左右声道输出信号。PWM_AUDIO 是来自多功能接口 P11 的 PWM 音频/外部音频输入，耦合到 TDA1308 的一个通道，所以，PWM_AUDIO 只可以单声道输出。SPK_IN 是 HT6872 的输入，这个信号最终将通过板载喇叭输出声音。

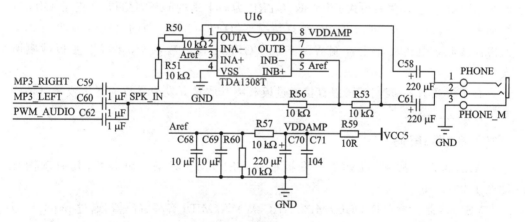

图 2.1.28 音频输出电路

图中的 TDA1308 是 AB 类的数字音频（CD）专用耳机功放 IC，具有低电压、低失真、高速率、强输出等优异的性能，是以往 TDA2822、TDA7050、LM386 等"经典"功放望尘莫及的。同时，战舰 STM32 开发板搭载了效果一流的 VS1053 编解码芯片，所以，战舰 STM32 开发板播放 MP3 的音质是非常不错的，胜过市面上很多中低端 MP3 的音质。

28. 板载喇叭

ALIENTEK 战舰 STM32 开发板板载了一个小喇叭（扬声器），通过 D 类功放驱动，其原理图如图 2.1.29 所示。

HT6872 是一款低 EMI、防削顶失真的、单声道免滤波 D 类音频功率放大器。在

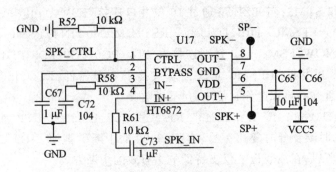

图 2.1.29 喇叭输出电路

6.5 V 电源，10% THD+N，4 Ω 负载条件下，输出 4.71 W 功率，在各类音频终端应用中维持高效率并提供 AB 类放大器的性能。在战舰 STM32 开发板 V3 上面，我们采用它来驱动板载的 8 Ω 2 W 喇叭。

图中 SP－和 SP＋是喇叭焊接焊盘（在开发板底部），开发板板载的喇叭就是焊接在这两个焊盘上。SPK_IN 是 HT6872 的音频信号输入端，该信号来自 MP3_LEFT/PWM_AUDIO。SPK_CTRL 由 VS1053 的 GPIO4 控制，当 SPK_CTRL 为低电平的时候，HT6872 进入关断模式；当 SPK_CTRL 为高电平的时候，HT6872 正常工作，这里加了 10 kΩ 的下拉电阻。所以，默认情况下，HT6872 是关断的，也就是喇叭并不会发声。我们必须在程序上控制 VS1053 的 GPIO4 输出高电平，才可以使板载喇叭发声。

有了板载喇叭，我们就可以直接通过板载喇叭欣赏开发板播放的音乐或者其他音频了，更加人性化。

29. 音频编解码

ALIENTEK 战舰 STM32 开发板板载 VS1053 音频编解码芯片，其原理图如图 2.1.30 所示。

VS1053 是一颗单片 OGG/MP3/AAC/WMA/MIDI 音频解码器，通过 patch 可以实现 FLAC 的解码；同时该芯片可以支持 IMA ADPCM 编码，通过 patch 可以实现 OGG 编码。相比它的"前辈"VS1003，VS1053 性能提升了不少，比如支持 OGG 编解码、支持 FLAC 解码，同时音质上也有比较大的提升，还支持空间效果设置。

图中，MP3_LEFT/MP3_RIGHT 这两个信号是 VS1053 的音频输出接口，输出到耳机/板载喇叭。VS1053 通过 7 根线连接到 MCU，VS_MISO/VS_MOSI/VS_SCK/VS_XCS/VS_XDCS/VS_DREQ/VS_RST 这 7 根线分别连接到 MCU 的 PA6/PA7/PA5/PF7/PF6/PC13/PE6 上，VS1053 通过 STM32 的 SPI1 访问。

图中的 SPK_CTRL 连接在 VS1053 的 GPIO4 上面，用于控制 HT6872 是否工作，从而控制板载喇叭是否出声。要让板载喇叭发声，必须通过软件控制 VS1053 的 GPIO4 输出高电平，否则板载喇叭关闭。

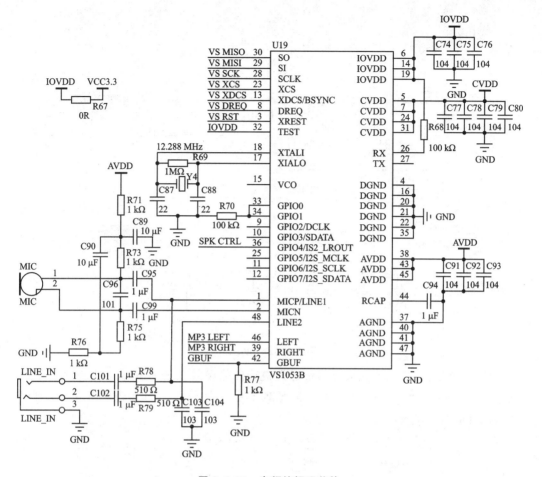

图 2.1.30 音频编解码芯片

30. 电　源

ALIENTEK 战舰 STM32F103 板载的电源供电部分,其原理图如图 2.1.31 所示。图中,总共有 3 个稳压芯片 U12/U13/U15;DC_IN 用于外部直流电源输入,范围是 DC6～24 V;输入电压经过 U13 DC-DC 芯片转换为 5 V 电源输出,其中 D4 是防反接二极管,避免外部直流电源极性搞错的时候烧坏开发板。K2 为开发板的总电源开关,F1 为 1 000 mA 自恢复保险丝,用于保护 USB。U12 为 3.3 V 稳压芯片,给开发板提供 3.3 V 电源,而 U15 则是 1.8 V 稳压芯片,供 VS1053 的 CVDD 使用。

这里还有 USB 供电部分没有列出来,其中 VUSB 就是来自 USB 供电部分,后来再介绍。

31. 电源输入/输出接口

ALIENTEK 战舰 STM32F103 板载了两组简单电源输入/输出接口,其原理图如图 2.1.32 所示。图中,VOUT1 和 VOUT2 分别是 3.3 V 和 5 V 的电源输入输出接

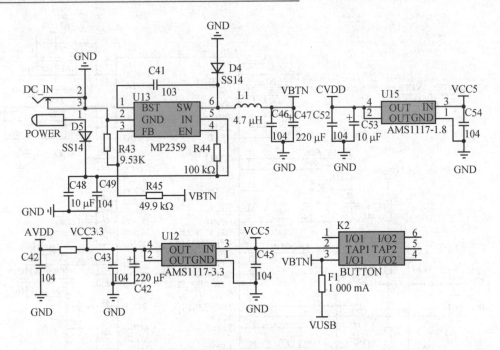

图 2.1.31 电源

口,有了这 2 组接口,我们就可以通过开发板给外部提供 3.3 V 和 5 V 电源了。虽然功率不大(最大 1 000 mA),但是一般情况都够用了,很方便。同时,这两组端口也可以用来由外部给开发板供电。

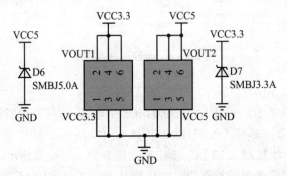

图 2.1.32 电源

图中 D6 和 D7 为 TVS 管,可以有效避免 VOUT 外接电源/负载不稳的时候(尤其是开发板外接电机/继电器/电磁阀等感性负载的时候)对开发板造成的损坏。同时,还能一定程度防止外接电源接反,对开发板造成的损坏。

32. USB 串口

ALIENTEK 战舰 STM32F103 板载了一个 USB 串口,其原理图如图 2.1.33 所示。

USB 转串口功能,我们选择的是 CH340G,是南京沁恒公司的产品,稳定性经测试

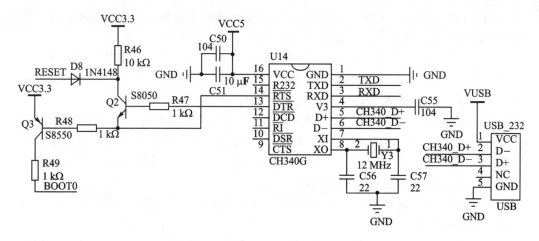

图 2.1.33 USB 串口

还不错。

图中 Q2 和 Q3 的组合构成了我们开发板的一键下载电路，只需要在 flymcu 软件设置 DTR 的低电平复位、RTS 高电平进 BootLoader，就可以一键下载代码了，不需要手动设置 B0 和按复位了。其中，RESET 是开发板的复位信号，BOOT0 则是启动模式的 B0 信号。

一键下载电路的具体实现过程：首先，mcuisp 控制 DTR 输出低电平，则 DTR_N 输出高，然后 RTS 置高，则 RTS_N 输出低，这样 Q3 导通了，BOOT0 被拉高，即实现 BOOT0 设置为 1，同时 Q2 也会导通，STM32F1 的复位脚被拉低，实现复位。然后，延时 100 ms 后，mcuisp 控制 DTR 为高电平，DTR_N 输出低电平，RTS 维持高电平，则 RTS_N 继续为低电平，此时 STM32F1 的复位引脚由于 Q2 不再导通而变为高电平，STM32F1 结束复位，但是 BOOT0 还是维持为 1，从而进入 ISP 模式。接着 mcuisp 就可以开始连接 STM32F1 下载代码了，从而实现一键下载。

USB_232 是一个 MiniUSB 座，提供 CH340G 和计算机通信的接口，同时可以给开发板供电；VUSB 就是来自计算机 USB 的电源，USB_232 是本开发板的主要供电口。

2.2　开发板使用注意事项

为了让读者更好地使用 ALIENTEK 战舰 STM32F103，这里总结该开发板使用的时候尤其要注意的一些问题，以减少不必要的问题。

① 开发板一般情况由 USB_232 口供电，在第一次上电的时候由于 CH340G 在和计算机建立连接的过程中，导致 DTR/RTS 信号不稳定，会引起 STM32 复位 2~3 次，这个现象是正常的，后续按复位键就不会出现这种问题了。

② 一个 USB 供电最多 500 mA，但是由于导线电阻的存在，供到开发板的电压一般不会有 5 V，如果使用了很多大负载外设，比如 4.3 寸屏、7 寸屏、网络、摄像头模块等，那么可能引起 USB 供电不够。所以如果是使用 4.3/7 寸屏，或者同时用到多个模

块的时候，建议使用一个独立电源供电。如果没有独立电源，建议可以同时插2个USB口，并插上JTAG，这样供电可以更足一些。

③ JTAG接口有几个信号（JTDI/JTDO/JTRST）被GBC_LED（ATK MODULE）/FIFO_WEN（摄像头模块）/FIFO_RCLK（摄像头模块）占用了，所以在调试这些模块的时候，请选择SWD模式，其实最好一直用SWD模式。

④ 想使用某个I/O口用作其他用处的时候，请先看看开发板的原理图，该I/O口是否有连接在开发板的某个外设上，如果有，该外设的这个信号是否会对使用造成干扰，先确定无干扰再使用这个I/O。比如PB8就不适合再用做其他输出，因为它接了蜂鸣器，如果输出高电平就会听到蜂鸣器的叫声了。

⑤ 开发板上的跳线帽比较多，使用某个功能的时候要先查查这个是否需要设置跳线帽，以免浪费时间。

⑥ 当液晶显示白屏的时候，须先检查液晶模块是否插好（拔下来重新插试试），如果还不行，可以通过串口看看LCD ID是否正常，再做进一步的分析。

至此，本书的实验平台（ALIENTEK 战舰STM32F103）的硬件部分就介绍完了，其他资料及教程更新都可以在技术论坛www.openedv.com下载到。

2.3　STM32F103学习方法

STM32作为目前较热门的ARM Cortex-M3处理器，正在被越来越多的公司选择使用。学习STM32的朋友也越来越多，初学者可能会认为STM32很难学，以前只学过51甚至连51都没学过的，一看到STM32那么多寄存器就懵了。其实，万事开头难，只要掌握了方法，学好STM32还是非常简单的，这里总结几个学习STM32的要点：

1. 一款实用的开发板

这是实验的基础，有时候软件仿真通过了，在板上并不一定能跑起来，而且有个开发板在手，什么东西都可以直观地看到，效果不是仿真能比的。但开发板不宜多，否则连自己都不知道该学哪个了，结果学个四不像。倒不如从一而终，学完一个在学另外一个。

2. 两本参考资料，即《STM32中文参考手册》和《ARM Cortex-M3权威指南》

《STM32中文参考手册》是ST公司的官方资料，有STM32的详细介绍，包括STM32的各种寄存器定义以及功能等，是学习STM32的必备资料之一。而《ARM Cortex-M3权威指南》则是对《STM32中文参考手册》的补充，有简短的实例，这样两者搭配，基本上任何问题都能得到解决了。

3. 掌握方法，勤学慎思

STM32不是"妖魔鬼怪"，不要畏难，其学习和普通单片机一样，基本方法就是：

（1）掌握时钟树图（见《STM32 中文参考手册_V10 版》图 8）

任何单片机必定是靠时钟驱动的，时钟就是单片机的动力，STM32 也不例外，通过时钟树可以知道各种外设的时钟是怎么来的？有什么限制？从而理清思路，方便理解。

（2）多思考，多动手

所谓熟能生巧，先要熟，才能巧。如何熟悉？这就要靠自己动手、多多练习了，光看/说是没什么太多用的。很多人问笔者，STM32 这么多寄存器，如何记得啊？回答是：不需要全部记住。只需要知道这些寄存器在哪个地方，用到的时候可以迅速查找到就可以了，不需要死记硬背。掌握学习的方法远比掌握学习的内容重要得多。

熟悉了之后就应该进一步思考，也就是所谓的巧了。我们提供了几十个例程供读者学习，跟着例程走，无非就是熟悉 STM32 的过程，只有进一步思考，才能更好地掌握 STM32，即所谓的举一反三。例程是死的，人是活的，所以，可以在例程的基础上自由发挥，实现更多的其他功能并总结规律，为以后的学习/使用打下坚实的基础，如此，方能信手拈来。

所以，学习一定要自己动手，光看视频或文档是不行的。机会总是留给有准备的人，只有平时多做准备，才可能抓住机会。

只要以上 3 点做好了，学习 STM32 基本上就不会有什么太大问题了。如果遇到问题，可以在我们的技术论坛（www.openedv.com）提问；论坛 STM32 板块已经有 5 万多个主题，很多疑问已经有网友提过了，所以可以在论坛先搜索一下，很多时候就可以直接找到答案了。

另外，ST 官方发布的所有资料（芯片文档、用户手册、应用笔记、固件库、勘误手册等）也可以在 www.stmcu.org 下载到。

第 2 篇 软件篇

上一篇介绍了本书的实验平台,本篇详细介绍 STM32 的开发软件:MDK5。通过该篇的学习可以了解到:①如何在 MDK5 下新建 STM32 工程;②工程的编译;③MDK5 的一些使用技巧;④软件仿真;⑤程序下载;⑥在线调试。以上几个环节概括了一个完整的 STM32 开发流程。本篇将图文并茂地介绍以上几个方面,使读者能掌握 STM32 的开发流程,并能独立开始 STM32 的编程和学习。

在学习 STM32 库函数之前,须准备如下资料,这些资料在本书配套资料中都有:

① STM32 固件库 V3.5 文件包:STM32F10x_StdPeriph_Lib_V3.5.0。

配套资料目录:软件资料\STM32 固件库使用参考资料\。

② STM32F10x_StdPeriph_Driver_3.5.0(中文版).chm:中文版的固件库使用手册。

配套资料目录:软件资料\STM32 固件库使用参考资料\。

③《STM32 中文参考手册 V10》:这个资料很重要,很多概念都在这个资料中。

配套资料目录:STM32 参考资料/STM32 中文参考手册_V10.pdf。

④《Cortex-M3 权威指南 Cn》这个讲解了很多 Cortex-M3 底层的东西。本书配套资料目录:STM32 参考资料/Cortex-M3 权威指南(中文).pdf

⑤ MDK5.13 软件:这是编程编译软件。

本书配套资料目录:软件资料\软件\MDK5。

本篇将分为如下 3 个章节:

1. MDK5 软件入门
2. STM32 开发基础知识入门
3. SYSTEM 文件介绍

第 3 章
MDK5 软件入门

本章将介绍 MDK5 软件的使用、ST 官方固件库介绍以及怎样建一个基于 STM32 官方固件库 V3.5 的工程模板。通过本章的学习，我们最终将建立一个自己的 MDK5 工程，并介绍 MDK5 软件的一些使用技巧。

3.1 STM32 官方固件库简介

ST（意法半导体）为了方便用户开发程序，提供了一套丰富的 STM32 固件库。到底什么是固件库？它与直接操作寄存器开发有什么区别和联系？很多初学用户很是费解，这一节将讲解 STM32 固件库相关的基础知识，希望能够让读者对 STM32 固件库有一个初步的了解，至于固件库的详细使用方法，我们会在后面的章节一一介绍。

官方包的地址：软件资料\STM32 固件库使用参考资料\STM32F10x_StdPeriph_Lib_V3.5.0。

3.1.1 库开发与寄存器开发的关系

很多用户都是从学 51 单片机开发转而想进一步学习 STM32 开发，他们习惯了 51 单片机的寄存器开发方式，突然一个 ST 官方库摆在面前会一头雾水，不知道从何下手。下面通过一个简单的例子来告诉 STM32 固件库到底是什么，和寄存器开发有什么关系？其实一句话就可以概括：固件库就是函数的集合，固件库函数的作用是向下负责与寄存器直接打交道，向上提供用户函数调用的接口（API）。

在 51 的开发中我们常常的作法是直接操作寄存器，比如要控制某些 I/O 口的状态，则直接操作寄存器：

P0 = 0x11;

而在 STM32 的开发中，我们同样可以操作寄存器：

GPIOx->BRR = 0x0011;

这种方法当然可以，但是这种方法的劣势是需要去掌握每个寄存器的用法，这样才能正确使用 STM32，而对于 STM32 这种级别的 MCU，数百个寄存器记起来又是谈何容易。于是 ST（意法半导体）推出了官方固件库，固件库将这些寄存器底层操作都封装起来，提供一整套接口（API）供开发者调用，大多数场合下，你不需要去知道操作的是哪个寄存器，只需要知道调用哪些函数即可。比如上面的控制 BRR 寄存器实现电平控

制,官方库封装了一个函数:

```
void GPIO_ResetBits(GPIO_TypeDef * GPIOx, uint16_t GPIO_Pin)
{
    GPIOx->BRR = GPIO_Pin;
}
```

这个时候你不需要再直接去操作 BRR 寄存器了,只需要知道怎么使用 GPIO_ResetBits()函数就可以了。对外设的工作原理有一定的了解之后,你再去看固件库函数,基本上函数名字能告诉你这个函数的功能是什么、该怎么使用,这样开发会方便。

任何处理器,不管它有多么的高级,归根结底都是要对处理器的寄存器进行操作。但是固件库不是万能的,如果想要把 STM32 学透,光读 STM32 固件库是远远不够的。还是要了解一下 STM32 的原理,这样在进行固件库开发过程中才可能得心应手、游刃有余。

3.1.2 STM32 固件库与 CMSIS 标准讲解

前面讲到,STM32 固件库就是函数的集合,那么对这些函数有什么要求呢?这里就涉及一个 CMSIS 标准的基础知识。经常有人问到,STM32 和 ARM 以及 ARM7 是什么关系这样的问题,其实 ARM 是一个做芯片标准的公司,它负责的是芯片内核的架构设计,而 TI、ST 这样的公司并不做标准,它们是芯片公司,是根据 ARM 公司提供的芯片内核标准设计自己的芯片。所以,任何一个 Cortex-M3 芯片的内核结构都是一样的,不同的是它们的存储器容量、片上外设、I/O 以及其他模块的区别。所以你会发现,不同公司设计的 Cortex-M3 芯片的端口数量、串口数量、控制方法这些都是有区别的,它们可以根据自己的需求理念来设计。同一家公司设计的多种 Cortex-M3 内核芯片的片上外设也会有很大的区别,比如 STM32F103RBT 和 STM32F103ZET,它们的片上外设就有很大的区别。可以通过图 3.1.1 来了解一下。可以看出,芯片虽然是芯片公司设计,但是内核却要服从 ARM 公司提出的 Cortex-M3 内核标准了。当然,芯片公司每卖出一片芯片,需要向 ARM 公司交一定的专利费。

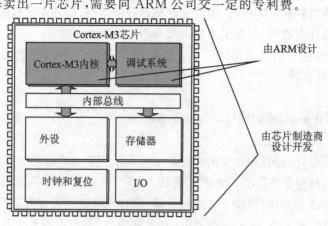

图 3.1.1 Cortex-M3 芯片结构

既然大家都使用的是 Cortex-M3 核,也就是说,本质上都是一样的,这样 ARM 公司为了能让不同的芯片公司生产的 Cortex-M3 芯片能在软件上基本兼容,和芯片生产商共同提出了一套标准 CMSIS 标准(Cortex Microcontroller Software Interface Standard),翻译过来是"ARM Cortex 微控制器软件接口标准"。ST 官方库就是根据这套标准设计的。这里引用参考资料里面的图片来看看基于 CMSIS 应用程序基本结构,如图 3.1.2 所示。

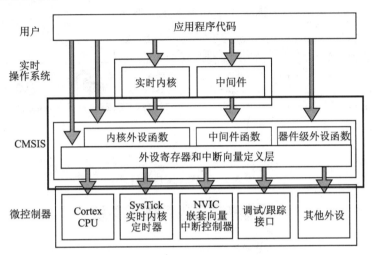

图 3.1.2 基于 CMSIS 应用程序基本结构

CMSIS 分为 3 个基本功能层:

① 核内外设访问层:ARM 公司提供的访问,定义处理器内部寄存器地址以及功能函数。

② 中间件访问层:定义访问中间件的通用 API,也是 ARM 公司提供。

③ 外设访问层:定义硬件寄存器的地址以及外设的访问函数。

从图 3.1.2 中可以看出,CMSIS 层在整个系统中是处于中间层,向下负责与内核、各个外设直接打交道,向上提供实时操作系统用户程序调用的函数接口。如果没有 CMSIS 标准,那么各个芯片公司就会设计自己喜欢的风格的库函数,而 CMSIS 标准就是要强制规定,芯片生产公司设计的库函数必须按照 CMSIS 这套规范来设计。

其实不用这么讲这么复杂的,一个简单的例子。我们在使用 STM32 芯片的时候首先要进行系统初始化,CMSIS 规范就规定:系统初始化函数名字必须为 SystemInit,所以各个芯片公司写自己的库函数的时候就必须用 SystemInit 对系统进行初始化。CMSIS 还对各个外设驱动文件的文件名字规范化,以及函数名字规范化等一系列规定。前面讲的函数 GPIO_ResetBits 函数名字也是不能随便定义的,是要遵循 CMSIS 规范的。

CMSIS 的具体内容就不必多讲了,需要了解详细的读者可以到网上搜索资料,相关资料非常多。

3.1.3 STM32官方库包介绍

这一小节主要讲解 ST 官方提供的 STM32 固件库包的结构。ST 官方提供的固件库完整包可以在官方下载,本书配套资料也会提供。固件库是不断完善升级的,所以有不同的版本,我们使用的是 V3.5 版本的固件库,读者可以到本书配套资料"软件资料\STM32 固件库使用参考资料\STM32F10x_StdPeriph_Lib_V3.5.0"下面查看。下面看看官方库包的目录结构,如图 3.1.3 和图 3.1.4 所示。

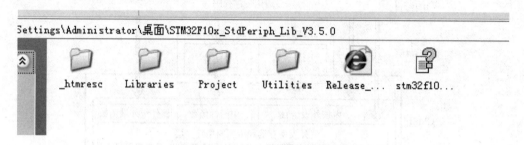

图 3.1.3 官方库包根目录

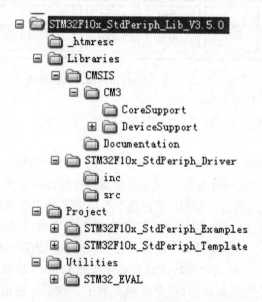

图 3.1.4 官方库目录列表

1. 文件夹介绍

Libraries 文件夹下面有 CMSIS 和 STM32F10x_StdPeriph_Driver 两个目录,包含固件库核心的所有子文件夹和文件。其中 CMSIS 目录下面是启动文件,STM32F10x_StdPeriph_Driver 放的是 STM32 固件库源码文件。源文件目录下面的 inc 目录存放的是 stm32f10x_xxx.h 头文件,无须改动。src 目录下面放的是 stm32f10x_xxx.c 格式的固件库源码文件。每一个 .c 文件和一个相应的 .h 文件对应。这里的文件也是固件库的核心文件,每个外设对应一组文件。

Libraries 文件夹里面的文件在我们建立工程的时候都会使用到。Project 文件夹下面有两个文件夹。顾名思义,STM32F10x_StdPeriph_Examples 文件夹下面存放的是 ST 官方提供的固件实例源码,在以后的开发过程中可以参考修改这个官方提供的实例来快速驱动自己的外设,很多开发板的实例都参考了官方提供的例程源码,这些源码对以后的学习非常重要。STM32F10x_StdPeriph_Template 文件夹下面存放的是工程模板。

Utilities 文件下就是官方评估板的一些对应源码,这个可以忽略不看。

根目录中还有一个 stm32f10x_stdperiph_lib_um.chm 文件,直接打开可以知道,这是一个固件库的帮助文档,这个文档非常有用,只可惜是英文的,在开发过程中,这个文档会经常被使用到。

2. 关键文件介绍

下面着重介绍 Libraries 目录下面几个重要的文件。

core_cm3.c 和 core_cm3.h 文件位于 \Libraries\CMSIS\CM3\CoreSupport 目录下面的,是 CMSIS 核心文件,提供进入 Cortex-M3 内核接口。这是 ARM 公司提供,对所有 Cortex-M3 内核的芯片都一样。永远都不需要修改这个文件,所以这里就点到为止。

和 CoreSupport 同一级还有一个 DeviceSupport 文件夹。DeviceSupport\ST\STM32F10xt 文件夹下面主要存放一些启动文件、比较基础的寄存器定义以及中断向量定义的文件,如图 3.1.5 所示。这个目录下面有 3 个文件:system_stm32f10x.c、system_stm32f10x.h 以及 stm32f10x.h 文件。其中,system_stm32f10x.c 和对应头文件 system_stm32f10x.h 的功能是设置系统以及总线时钟,这里面有一个非常重要的 SystemInit()函数,这个函数在系统启动的时候都会调用,用来设置系统的整个时钟系统。

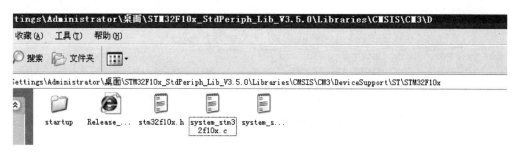

图 3.1.5　DeviceSupport\ST\STM32F10x 目录结构

stm32f10x.h 这个文件就相当重要了,只要做 STM32 开发,几乎时刻都要查看这个文件相关的定义。这个文件打开可以看到,里面非常多的结构体以及宏定义。这个文件里面主要是系统寄存器定义申明以及包装内存操作,对于这里是怎样申明以及怎样将内存操作封装起来的将在后面的章节"MDK 中寄存器地址名称映射分析"中会讲到。

DeviceSupport\ST\STM32F10x 同一级还有一个 startup 文件夹,这个文件夹里面放的文件顾名思义是启动文件。\startup\arm 目录下可以看到 8 个 startup 开头的.s 文件,如图 3.1.6 所示。这里之所以有 8 个启动文件,是因为对于不同容量的芯片启动文件不一样。对于 103 系列,主要是用其中 3 个启动文件:

- startup_stm32f10x_ld.s:适用于小容量产品;
- startup_stm32f10x_md.s:适用于中等容量产品;
- startup_stm32f10x_hd.s:适用于大容量产品。

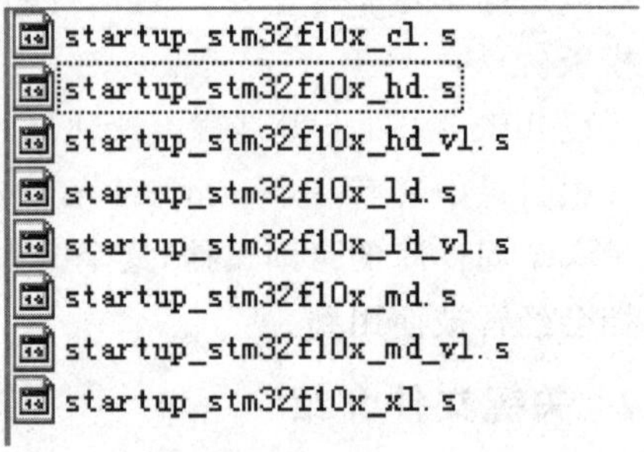

这里的容量是指 Flash 的大小,判断方法如下:

图 3.1.6 startup 文件

- 小容量:Flash≤32 KB;
- 中容量:64 KB≤Flash≤128 KB;
- 大容量:256 KB≤Flash。

ALIENTEK STM32 战舰板精英板以及 mini 板采用的 STM32F103ZET6 和 stm32F103RCT6 芯片,都属于大容量产品,所以启动文件选择 startup_stm32f10x_hd.s。对于中等容量芯片请选择 startup_stm32f10x_md.s 启动文件,小容量芯片请选择 startup_stm32f10x_ld.s。

启动文件到底什么作用,其实可以打开启动文件进去看看。启动文件主要是进行堆栈之类的初始化、定义中断向量表以及中断函数。启动文件要引导进入 main 函数。Reset_Handler 中断函数是唯一实现了的中断处理函数,其他的中断函数基本都是死循环。Reset_handler 在系统启动的时候会调用,下面看看 Reset_handler 这段代码:

```
;Reset handler
Reset_Handler    PROC
        EXPORT    Reset_Handler            [WEAK]
        IMPORT    __main
        IMPORT    SystemInit
        LDR       R0, = SystemInit
        BLX       R0
        LDR       R0, = __main
        BX        R0
        ENDP
```

这段代码笔者也看不懂,只知道这里面要引导进入 main 函数,同时在进入 main 函数之前首先要调用 SystemInit 系统初始化函数。

stm32f10x_it.c 里面用来编写中断服务函数,中断服务函数也可以随意编写在工程里面的任意一个文件里面。打开 stm32f10x_conf.h 文件可以看到一堆的#include,建立工程的时候可以注释掉一些不用的外设头文件。

3.2 MDK5 简介

MDK 源自德国的 KEIL 公司,是 RealView MDK 的简称。在全球 MDK 被超过 10 万的嵌入式开发工程师使用,目前最新版本为 MDK5.14。该版本使用 μVision5 IDE 集成开发环境,是目前针对 ARM 处理器,尤其是 Cortex-M 内核处理器的最佳开发工具。

MDK5 向后兼容 MDK4 和 MDK3 等,以前的项目同样可以在 MDK5 上进行开发(但是头文件方面得全部自己添加),MDK5 同时加强了针对 Cortex-M 微控制器开发的支持,并且对传统的开发模式和界面进行升级。MDK5 由两个部分组成:MDK Core 和 Software Packs。其中,Software Packs 可以独立于工具链进行新芯片支持和中间库的升级,如图 3.2.1 所示。

图 3.2.1 MDK5 组成

可以看出,MDK Core 又分成 4 个部分:μVision IDE with Editor(编辑器)、ARM C/C++ Compiler(编译器)、Pack Installer(包安装器)、μVision Debugger with Trace(调试跟踪器)。μVision IDE 从 MDK4.7 版本开始就加入了代码提示功能和语法动态检测等实用功能,相对于以往的 IDE 改进很大。

Software Packs(包安装器)又分为 Device(芯片支持)、CMSIS(ARM Cortex 微控制器软件接口标准)和 Mdidleware(中间库)3 个小部分,通过包安装器可以安装最新的组件,从而支持新的器件、提供新的设备驱动库以及最新例程等,加速产品开发进度。

同以往的 MDK 不同,以往的 MDK 把所有组件到包含到了一个安装包里面,显得十分"笨重",MDK5 则不一样,MDK Core 是一个独立的安装包,并不包含器件支持、设备驱动等组件,但是一般都会包括 CMSIS 组件,大小 350M 左右,相对于 MDK4.70A 的 500 多 M,"瘦身不少"。MDK5 安装包可以在 http://www.keil.com/demo/eval/arm.htm 下载到。而器件支持、设备驱动、CMSIS 等组件则可以单击 MDK5 的 Build Toolbar 的最后一个图标调出 Pack Installer 来安装各种组件。也可以在 http://www.keil.com/dd2/pack 下载安装。

在 MDK5 安装完成后,要让 MDK5 支持 STM32F103 的开发,我们还需要安装 STM32F1 的器件支持包 Keil.STM32F1xx_DFP.1.0.5.pack(STM32F1 的器件包)。这个包以及 MDK5.14 安装软件都已经在本书配套资料中提供了,自行安装即可。

3.3 新建基于固件库的 MDK5 工程模板

前面介绍了 STM32 官方库包的一些知识,这些着重讲解建立基于固件库的工程模板的详细步骤。在此之前,首先要准备如下资料:

① V3.5 固件库包 STM32F10x_StdPeriph_Lib_V3.5.0,这是 ST 官网下载的固件库完整版,本书配套资料目录为"软件资料\STM32 固件库使用参考资料\STM32F10x_StdPeriph_Lib_V3.5.0"。我们官方论坛下载地址 http://openedv.com/posts/list/6054.htm。

② MDK5 开发环境(我们板子的开发环境目前是使用这个版本),可以在本书配套资料的软件目录下面有安装包:"软件资料\软件\MDK5"。

在建立工程模板之前,首先要安装 MDK5 开发环境。MDK5 的详细安装步骤可参考本书配套资料的安装文档"\1,ALIENTEK 战舰 STM32 开发板入门资料\MDK 5.14 安装手册.pdf"或者配套的视频教程。

注意,本节新建的工程模板已经存放在本书配套资料目录下面,路径为:"\4,程序源码\2,标准例程-V3.5 库函数版本\实验 0-1Template 工程模板-新建工程章节使用"。读者在新建工程过程中有任何疑问,都可以跟这个模板进行比较,找出问题所在。接下来将手把手地教读者新建一个基于 V3.5 版本固件库的 STM32F1 工程模板,步骤如下:

① 在建立工程之前建议用户在计算机的某个目录下面建立一个文件夹,后面建立的工程都可以放在这个文件夹下面,这里建立一个文件夹为 Template。

② 打开 MDK,选择 Project→New Uvision Project 菜单项,然后将目录定位到刚才建立的文件夹 Template 之下,在这个目录下面建立子文件夹 USER(我们的代码工程文件都是放在 USER 目录,很多人喜欢新建"Project"目录放在下面,这也是可以的),然后定位到 USER 目录下面,我们的工程文件就都保存到 USER 文件夹下面。工程命名为 Template,单击"保存"。

③ 接下来会弹出现一个选择 CPU 的界面,就是选择我们的芯片型号,如图 3.3.1 所示。ALIENTEK 战舰 STM32F103 使用的 STM32 型号为 STM32F103ZET6,所以这里选择 STMicroelectronics→STM32F1 Series→STM32F103→STM32F103ZET6(如果使用的是其他系列的芯片,选择相应的型号就可以了。注意:一定要安装对应的器件 pack 才会显示这些内容,如果没得选择,则关闭 MDK,然后安装本书配套资料"6,软件资料\1,软件\MDK5\Keil.STM32F1xx_DFP.1.0.5.pack"安装包)。

单击 OK,则 MDK 弹出 Manage Run - Time Environment 对话框,如图 3.3.2 所示。

第 3 章 MDK5 软件入门

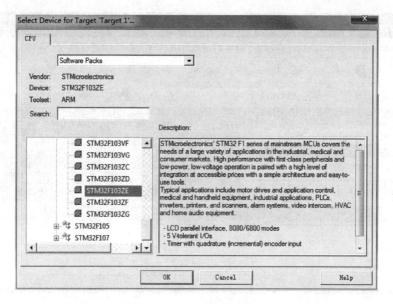

图 3.3.1　选择芯片型号

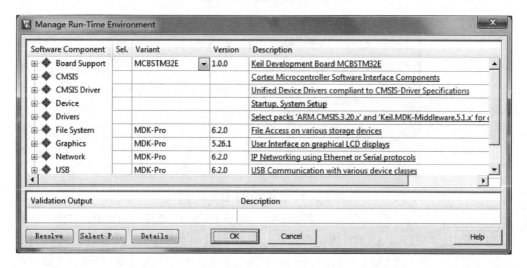

图 3.3.2　Manage Run-Time Environment 界面

这是 MDK5 新增的一个功能，在这个界面可以添加自己需要的组件，从而方便构建开发环境。在图 3.3.2 所示界面直接单击 Cancel 即可得到如图 3.3.3 所示界面。

到这里，我们还只是建了一个框架，还需要添加启动代码以及 .c 文件等。

④ 现在可以看到 USER 目录下面包含 2 个文件夹和 2 个文件，如图 3.3.4 所示。

这里说明一下，Template.uvprojx 是工程文件，非常关键，不能轻易删除。Listings 和 Objects 文件夹是 MDK 自动生成的文件夹，用于存放编译过程产生的中间文件。这里把两个文件夹删除，我们会在下一步骤中新建一个 OBJ 文件夹来存放编译中间文件。当然，不删除这两个文件夹也是没有关系的，只是我们不用它而已。

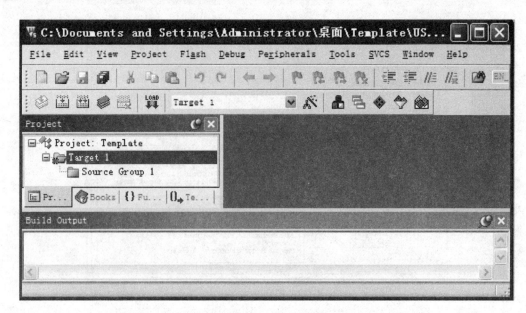

图 3.3.3 工程初步建立

图 3.3.4 工程 USER 目录文件

⑤ 接下来，在 Template 工程目录下面新建 3 个文件夹 CORE、OBJ 以及 STM32F10x_FWLib。CORE 用来存放核心文件和启动文件，OBJ 用来存放编译过程文件以及 hex 文件，STM32F10x_FWLib 文件夹用来存放 ST 官方提供的库函数源码文件。已有的 USER 目录除了用来放工程文件外，还用来存放主函数文件 main.c 以及 system_stm32f10x.c 等。

⑥ 下面要将官方固件库包里的源码文件复制到我们的工程目录文件夹下面。打开官方固件库包，定位到我们之前准备好的固件库包的目录：STM32F10x_StdPeriph_Lib_V3.5.0\Libraries\STM32F10x_StdPeriph_Driver 下面，将目录下面的 src、inc 文件夹复制到刚才建立的 STM32F10x_FWLib 文件夹下面。src 存放的是固件库的.c 文件，inc 存放的是对应的.h 文件。

⑦ 下面要将固件库包里面相关的启动文件复制到我们的工程目录 CORE 之下。打开官方固件库包，定位到目录：STM32F10x_StdPeriph_Lib_V3.5.0\Libraries\CMSIS\

CM3\CoreSupport 下面,将文件 core_cm3.c 和文件 core_cm3.h 复制到 CORE 下面去。然后定位到目录 STM32F10x_StdPeriph_Lib_V3.5.0\Libraries\CMSIS\CM3\DeviceSupport\ST\STM32F10x\startup\arm 下面,将里面 startup_stm32f10x_hd.s 文件复制到 CORE 下面。我们的芯片 STM32F103ZET6 是大容量芯片,所以选择这个启动文件。

现在 CORE 文件夹下面的文件,如图 3.3.5 所示。

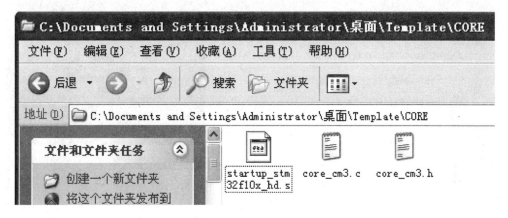

图 3.3.5 启动文件夹

⑧ 定位到目录:STM32F10x_StdPeriph_Lib_V3.5.0\Libraries\CMSIS\CM3\DeviceSupport\ST\STM32F10x 下面,将里面的 3 个文件 stm32f10x.h、system_stm32f10x.c、system_stm32f10x.h 复制到 USER 目录下。然后将 STM32F10x_StdPeriph_Lib_V3.5.0\Project\STM32F10x_StdPeriph_Template 下面的 4 个文件 main.c、stm32f10x_conf.h、stm32f10x_it.c、stm32f10x_it.h 复制到 USER 目录下面。

⑨ 前面 8 个步骤将需要的固件库相关文件复制到了我们的工程目录下,下面将这些文件加入我们的工程中去。右击 Target1,在弹会的级联菜单中选择 Manage Project Items,如图 3.3.6 所示。

⑩ 在弹出的 Manage Project Items 对话框中,在 Project Targets 栏将 Target 名字修改为 Template,然后在 Groups 栏删掉一个 Source Group1,建立 3 个 Groups:USER、CORE、FWLIB,如图 3.3.7 所示。然后单击 OK,则可以看到我们的 Target 名字以及 Groups 情况,如图 3.3.8 所示。

⑪ 下面往 Group 里面添加需要的文件。按照步骤⑩的方法,右击 Tempate,在弹出的组联菜单选择 Manage Project Items。然后选择需要添加文件的 Group,这里第一步选择 FWLIB。然后单击右边的 Add Files,定位到刚才建立的目录 STM32F10x_FWLib/src 下面。将里面所有的文件选中(Ctrl+A),然后单击 Add,再单击 Close,则可以看到 Files 列表下面包含我们添加的文件,如图 3.3.9 所示。

这里需要说明一下,如果写代码时只用到了其中的某个外设,则可以不用添加没有用到的外设的库文件。例如只用 GPIO,则可以只添加 stm32f10x_gpio.c,而其他的可以不用添加。这里全部添加进来是为了后面方便,不用每次添加,当然这样的坏处是工程太大,编译起来速度慢,读者可以自行选择。

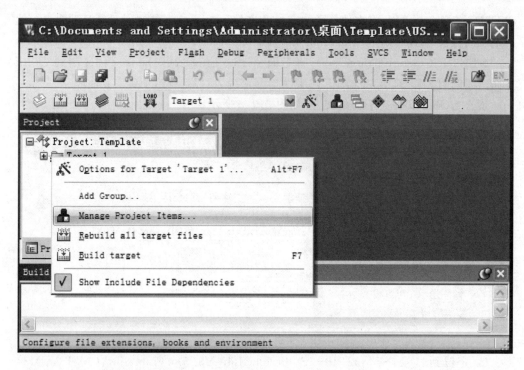

图 3.3.6　右击 Management Components

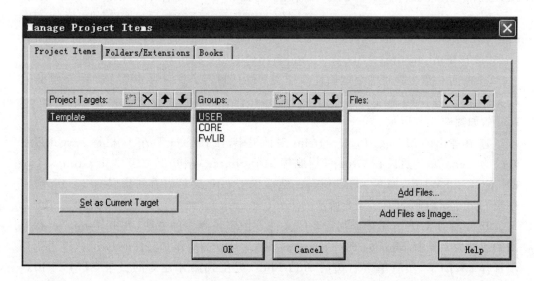

图 3.3.7　配置工程分组

⑫ 用同样的方法,将 Groups 定位到 CORE 和 USER 下面,添加需要的文件。这里 CORE 下面需要添加的文件为 core_cm3.c、startup_stm32f10x_hd.s(注意,默认添加的时候文件类型为.c,也就是添加 startup_stm32f10x_hd.s 启动文件的时候需要选择文件类型为 All files 才能看得到这个文件),USER 目录下面需要添加的文件为

· 46 ·

第 3 章　MDK5 软件入门

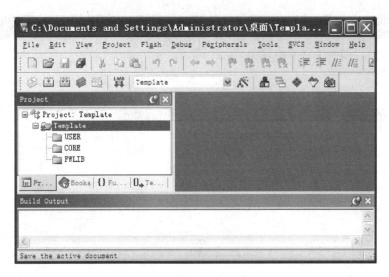

图 3.3.8　工程分组情况

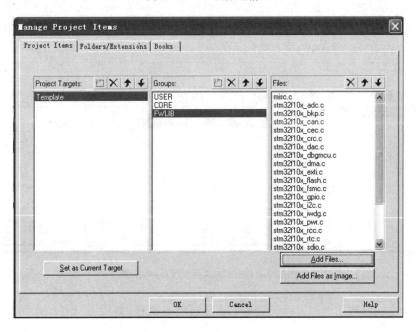

图 3.3.9　添加文件到 FWLIB 分组

main.c、stm32f10x_it.c、system_stm32f10x.c。这样需要添加的文件已经添加到我们的工程中了，最后单击 OK，回到工程主界面，如图 3.3.10～图 3.3.12 所示。

⑬ 接下来编译工程，在编译之前首先要选择编译中间文件，用于编译后存放目录。方法是单击魔术棒，然后在弹出的 Options for Target 'Template' 对话框中选择 Output 选项卡，并单击 Select folder for objects，然后选择目录为我们上面新建的 OBJ 目录，如图 3.3.13 所示。注意，如果不设置 Output 路径，那么默认的编译中间文件存放目录就是 MDK 自动生成的 Objects 目录和 Listings 目录。

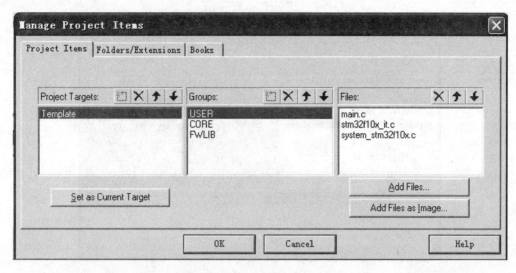

图 3.3.10　添加文件到 USER 分组

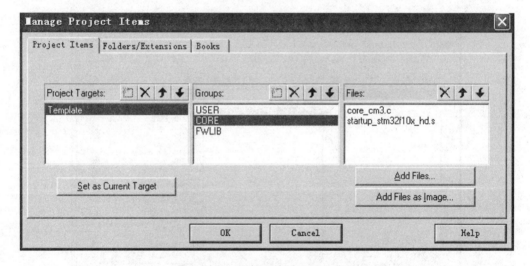

图 3.3.11　添加文件到 CORE 分组

⑭ 单击编译按钮 ![] 编译工程,可以看到很多报错,如图 3.3.14 所示,因为找不到头文件。

⑮ 下面我们要告诉 MDK 在哪些路径之下搜索需要的头文件,也就是头文件目录。注意,对于任何一个工程,我们需要把工程中引用到的所有头文件路径都包含进来。回到工程主菜单,单击魔术棒 ![],则弹出来一个菜单,然后选择 c/c++选项卡并单击 Include Paths 右边的按钮,如图 3.3.15 所示,则弹出一个添加 path 的对话框(如图 3.3.16 所示),然后将图上面的 3 个目录添加进去。记住,Keil 只会在一级目录查找,所以如果目录下面还有子目录,须定位到最后一级子目录。然后单击 OK 按钮,则弹出如图 3.3.15 所示界面。

第 3 章 MDK5 软件入门

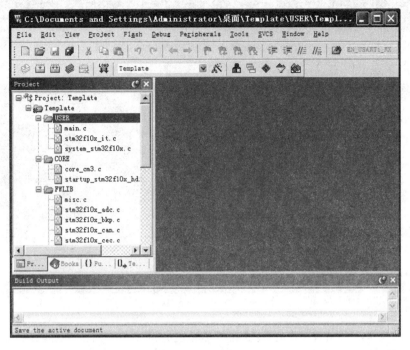

图 3.3.12 工程界面

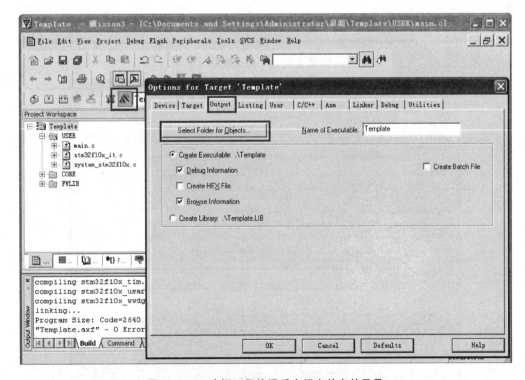

图 3.3.13 选择工程编译后中间文件有效目录

· 49 ·

图 3.3.14 编译结果

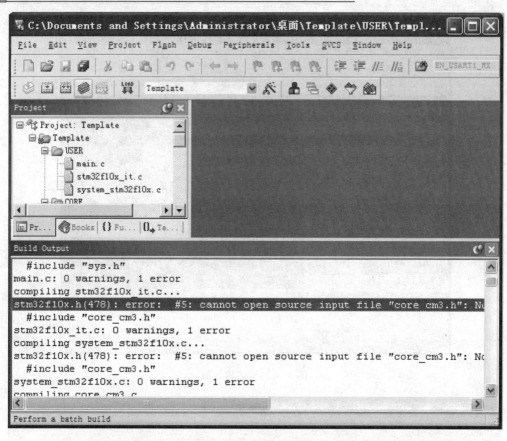

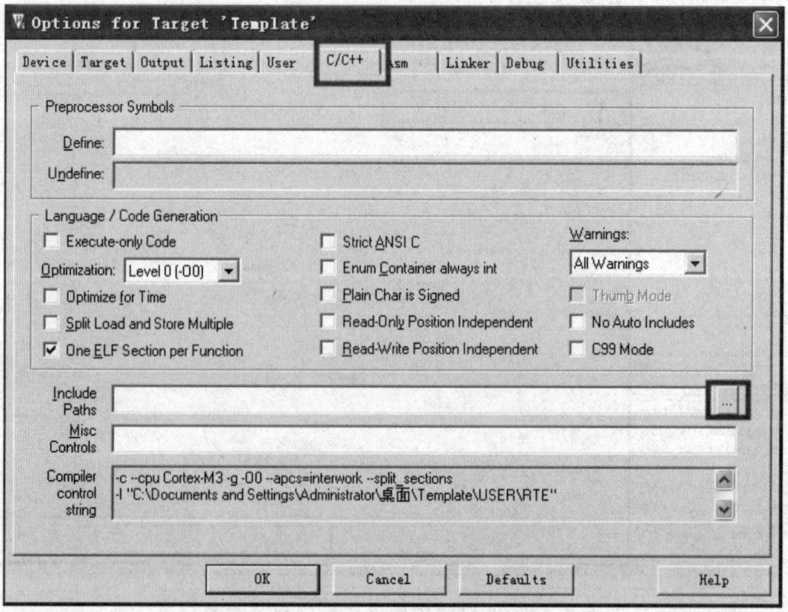

图 3.3.15 选择 Incude Paths 路径

第 3 章 MDK5 软件入门

⑯ 接下来再来编译工程,可以看到又报了很多同样的错误。为什么呢？这是因为 3.5 版本的库函数在配置和选择外设的时候通过宏定义来选择,所以需要配置一个全局的宏定义变量。按照步骤⑮定位到 c/c++ 界面,然后输入"STM32F10X_HD,USE_STDPERIPH_DRIVER"到 Define 文本框里面,如图 3.3.17 所示。

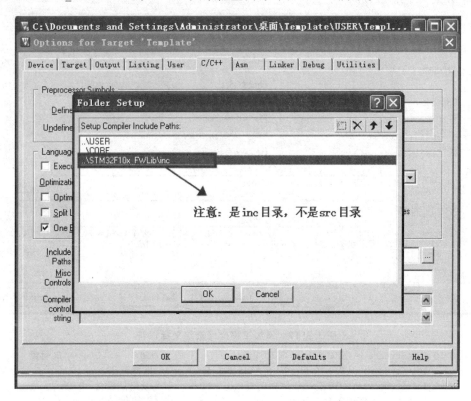

图 3.3.16 添加在文件路径到 include Paths

这里解释一下,如果用的是中容量,则 STM32F10X_HD 修改为 STM32F10X_MD,小容量修改为 STM32F10X_LD,然后单击 OK。

⑰ 编译之前记得打开工程 USER 下面的 main.c,复制下面代码到 main.c 覆盖已有代码,然后进行编译。(记得在代码的最后面加上一个回车,否则会有警告。)可以看到,这次编译已经成功了,如图 3.3.18 所示。

```
#include "stm32f10x.h"
void Delay(u32 count)
{
   u32 i = 0;
   for(;i<count;i++);
}
int main(void)
{
GPIO_InitTypeDef  GPIO_InitStructure;
RCC_APB2PeriphClockCmd(RCC_APB2Periph_GPIOB|
RCC_APB2Periph_GPIOE,ENABLE);           //使能 PB,PE 端口时钟
```

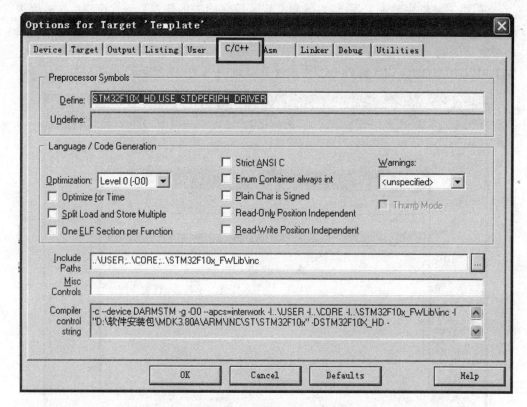

图 3.3.17　添加工程全局宏定义标识符

```
GPIO_InitStructure.GPIO_Pin = GPIO_Pin_5;          //LED0-->PB.5 端口配置
GPIO_InitStructure.GPIO_Mode = GPIO_Mode_Out_PP;   //推挽输出
GPIO_InitStructure.GPIO_Speed = GPIO_Speed_50MHz;  //IO 口速度为 50 MHz
GPIO_Init(GPIOB,&GPIO_InitStructure);              //初始化 GPIOB.5
GPIO_SetBits(GPIOB,GPIO_Pin_5);                    //PB.5 输出高
GPIO_InitStructure.GPIO_Pin = GPIO_Pin_5;          //LED1-->PE.5 推挽输出
GPIO_Init(GPIOE,&GPIO_InitStructure);              //初始化 GPIO
GPIO_SetBits(GPIOE,GPIO_Pin_5);                    //PE.5 输出高
while(1)
{
    GPIO_ResetBits(GPIOB,GPIO_Pin_5);
    GPIO_SetBits(GPIOE,GPIO_Pin_5);
    Delay(3000000);
    GPIO_SetBits(GPIOB,GPIO_Pin_5);
    GPIO_ResetBits(GPIOE,GPIO_Pin_5);
    Delay(3000000);
}
}
```

注意，上面 main.c 文件的代码可以打开本书配套资料目录的工程模板，从工程的 main.c 文件中复制过来，具体工程为"实验 0-1 能性 Template 工程模板-新建工程章节使用"。

第 3 章 MDK5 软件入门

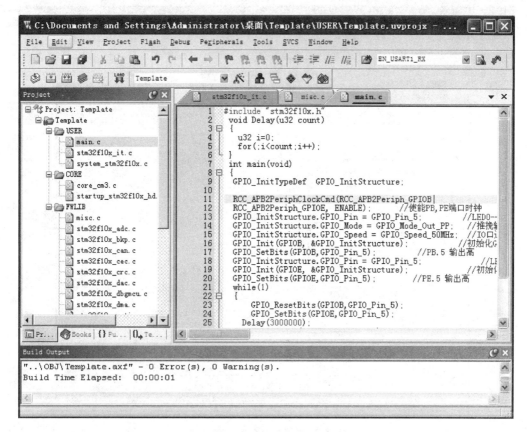

图 3.3.18 单击魔术棒按钮

⑱ 这样一个工程模版建立完毕。下面还需要配置，使编译之后能够生成 hex 文件。同样单击魔术棒，进入配置菜单，选择 Output 选项卡。然后选中如图 3.3.19 所示的 3 个选项。其中，Create HEX file 是编译生成 hex 文件，Browser Information 是可以查看变量和函数定义。

⑲ 重新编译代码，可以看到生成了 hex 文件在 OBJ 目录下面，这个文件用 flymcu 下载到 mcu 即可。到这里，一个基于固件库 V3.5 的工程模板就建立了。

⑳ 实际上经过前面 19 个步骤，我们的工程模板已经建立完成。但是在 ALIENTEK 提供的实验中，每个实验都有一个 SYSTEM 文件夹，下面有 3 个子目录分别为 sys、usart、delay，存放的是每个实验都要使用到的共用代码。该代码是由 ALIENTEK 编写，原理在第 5 章会有详细讲解，这里只是引入到工程中，方便后面的实验建立工程。

首先，找到本书配套资料，打开任何一个固件库的实验，可以看到下面有一个 SYSTEM 文件夹，比如打开实验 1 的工程目录如图 3.3.20 所示。可以看到，有一个 SYSTEM 文件夹，其中有 3 个子文件夹分别为 delay、sys、usart，每个子文件夹下面都有相应的 .c 文件和 .h 文件。接下来要将这 3 个目录下面的代码加入到我们工程中去。

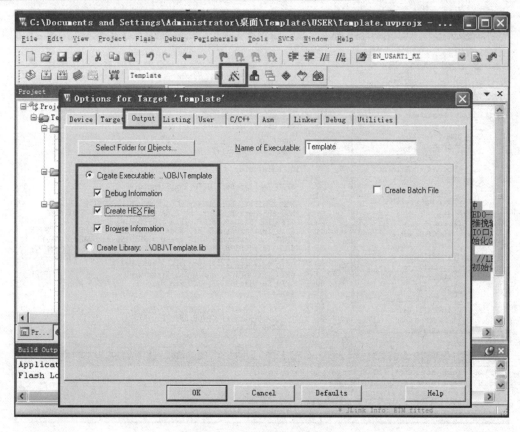

图 3.3.19　配置 Output 选项卡

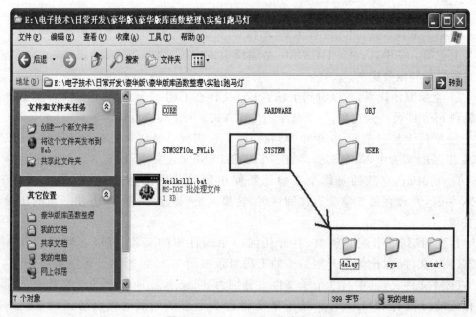

图 3.3.20　SYSTEM 文件夹

第 3 章　MDK5 软件入门

用之前讲解步骤⑬的办法在工程中新建一个组，命名为 SYSTEM，然后加入这 3 个文件夹下面的 .c 文件，分别为 sys.c、delay.c、usart.c，如图 3.3.21 所示。然后单击 OK，则可以看到工程中多了一个 SYSTEM 组，下面有 3 个 .c 文件，如图 3.3.22 所示。

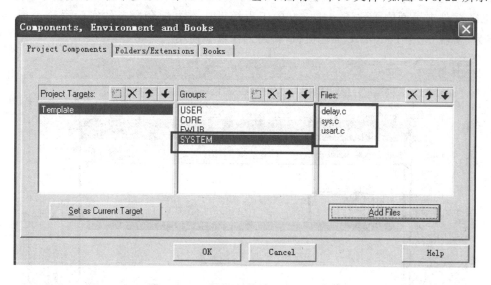

图 3.3.21　添加文件到 SYSTEM 分组

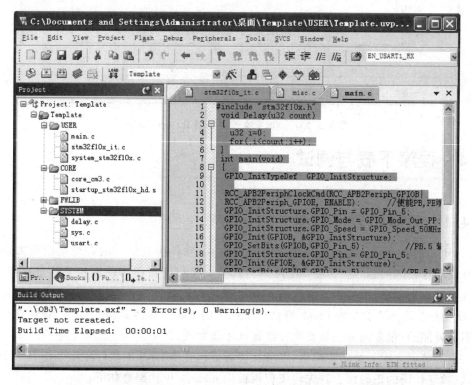

图 3.3.22　SYSTEM 分组添加完成

接下来将对应的 3 个目录（sys、usart、delay）加入到 PATH 中去。因为每个目录下面都有相应的.h 头文件，参考步骤⑮即可，加入后的截图如图 3.3.23 所示。最后单击 OK。这样我们的工程模板就彻底完成了，就可以调用 ALIENTEK 提供的 SYSTEM 文件夹里面的函数了。建立好的工程模板在本书配套资料的实验目录里面，名字为"实验 0-1 Template 工程模板-新建工程章节使用"。

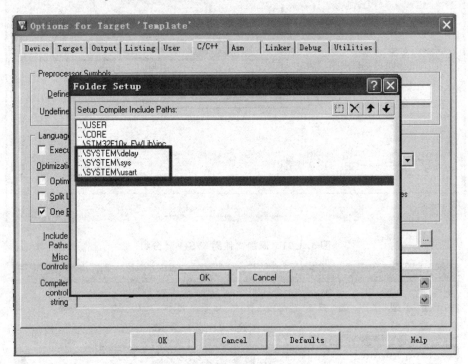

图 3.3.23 添加头文件路径到 Include Paths

3.4 程序下载与调试

3.4.1 STM32 软件仿真

MDK 的一个强大的功能就是提供软件仿真，软件仿真最大的好处是能很方便地检查程序存在的问题。因为在 MDK 的仿真下面可以查看很多硬件相关的寄存器，通过观察这些寄存器，就可以知道代码是不是真正有效。另外一个优点是不必频繁地刷机，从而延长了 STM32 的 Flash 寿命（STM32 的 Flash 寿命≥1W 次）。当然，软件仿真不是万能的，很多问题还是要到在线调试才能发现。

上一节创立了一个工程模板，本节教读者如何在 MDK5 的软件环境下仿真这个工程，以验证代码的正确性。首先将工程模板中 main.c 中代码修如下：

```
# include "delay.h"
# include "usart.h"
```

```c
int main(void)
{
    u8 t = 0;
    delay_init();
    NVIC_PriorityGroupConfig(NVIC_PriorityGroup_2);
    uart_init(115200);
    while(1)
    {
        printf("t:%d\n",t);
        delay_ms(500);
        t++;
    }
}
```

注意:上面这段代码可以从本书配套资料"实验 0-2 Template 工程模板-调试章节使用"的 main.c 文件中复制过来即可。

开始软件仿真之前,先检查一下配置是不是正确,在 IDE 里面单击 ![icon],确定 Target 选项卡内容如图 3.4.1 所示(主要检查芯片型号和晶振频率,其他的一般默认就可以)。

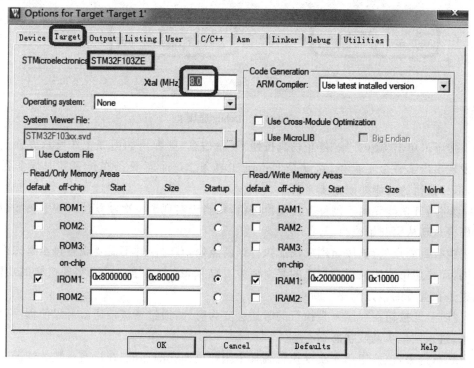

图 3.4.1　Target 选项卡

确认了芯片以及外部晶振频率(8.0 MHz)之后,基本上就确定了 MDK5.14 软件仿真的硬件环境了。接下来选择 Debug 选项卡,设置为如图 3.4.2 所示。图中选择 Use Simulator,即使用软件仿真。选择 Run to main(),即跳过汇编代码,直接跳转到 main 函数开始仿真。设置下方的 Dialog DLL 分别为 DARMSTM.DLL 和 TARM-

STM.DLL，Parameter 均为 - pSTM32F103ZE，用于设置支持 STM32F103ZE 的软硬件仿真（即可以通过 Peripherals 选择对应外设的对话框观察仿真结果）。最后单击 OK，完成设置。

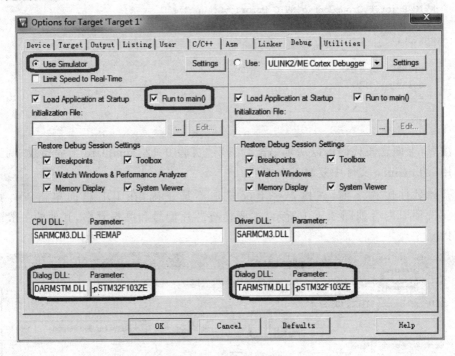

图 3.4.2　Debug 选项卡

接下来单击 ![btn](开始/停止仿真按钮)开始仿真，则弹出如图 3.4.3 所示界面。可以发现多出了一个工具条，这就是 Debug 工具条。这个工具条在仿真的时候非常有用，部分按钮的功能如图 3.4.4 所示。

复位：其功能等同于硬件上按复位按钮，相当于实现了一次硬复位。按下该按钮则代码会重新从头开始执行。

执行到断点处：该按钮用来快速执行到断点处，有时候并不需要观看每步是怎么执行的，而是想快速地执行到程序的某个地方看结果，这个按钮就可以实现这样的功能，前提是在查看的地方设置了断点。

挂起：此按钮在程序一直执行的时候会变为有效，通过按该按钮就可以使程序停止下来，进入到单步调试状态。

执行进去：该按钮用来实现执行到某个函数里面去的功能，在没有函数的情况下是等同于执行过去按钮的。

执行过去：在碰到有函数的地方，通过该按钮就可以单步执行过这个函数，而不进入这个函数单步执行。

执行出去：进入函数单步调试的时候，有时候可能不必再执行该函数的剩余部分了，通过该按钮就直接一步执行完函数余下的部分并跳出函数，回到函数被调用的

第 3 章　MDK5 软件入门

位置。

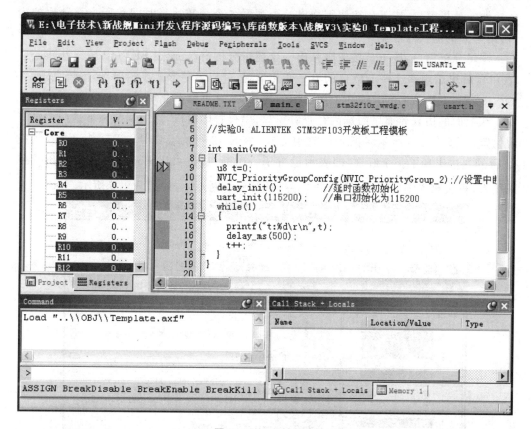

图 3.4.3　开始仿真

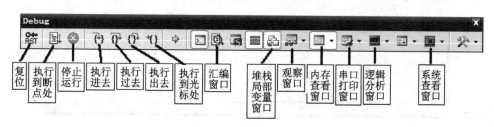

图 3.4.4　Debug 工具条

执行到光标处:该按钮可以迅速使程序运行到光标处,执行到断点处按钮功能,但是两者是有区别的,断点可以有多个,但是光标所在处只有一个。

汇编窗口:通过该按钮就可以查看汇编代码,这对分析程序很有用。

观看变量/堆栈窗口:该按钮按下则弹出一个显示变量的窗口,在里面可以查看各种想要看的变量值,也是很常用的一个调试窗口。

串口打印窗口:该按钮按下则弹出一个类似串口调试助手界面的窗口,用来显示从串口打印出来的内容。

内存查看窗口:该按钮按下则弹出一个内存查看窗口,可以在里面输入要查看的内存地址,然后观察这一片内存的变化情况。这是一个很常用的调试窗口。

性能分析窗口:按下该按钮则弹出一个观看各个函数执行时间和所占百分比的窗口,用来分析函数的性能。

逻辑分析窗口:按下该按钮则弹出一个逻辑分析窗口,通过 SETUP 按钮新建一些 I/O 口,就可以观察这些 I/O 口的电平变化情况,并以多种形式显示出来,比较直观。

Debug 工具条上的其他几个按钮用的比较少,这里就不介绍了。

在上面的仿真界面里面选内存查看窗口、串口打印窗口,然后调节一下这两个窗口的位置,如图 3.4.5 所示。把光标放到 main.c 的 12 行的空白处,双击则可以看到在 12 行的左边出现了一个红框,即表示设置了一个断点(也可以通过鼠标右键弹出菜单来加入,再次双击则取消)。然后单击 ,执行到该断点处,如图 3.4.6 所示。

图 3.4.5 调出仿真串口打印窗口

现在先不忙着往下执行,选择 Peripherals→USARTs→USART 1 菜单项,则可以看到有很多外设可以查看,这里查看的是串口 1 的情况,如图 3.4.7(a)所示。这是 STM32 串口 1 的默认设置状态,从中可以看到所有与串口相关的寄存器全部在这上面表示出来了,而且有当前串口的波特率等信息的显示。接着单击 执行完串口初始化函数,则得到了如图 3.4.7(b)所示的串口信息。对比这两个图的区别就知道在 uart_init (115200)函数里面大概执行了哪些操作。

通过图 3.4.7(b)可以查看串口 1 的各个寄存器设置状态,从而判断编写的代码是否有问题,只有这里的设置正确了之后,才有可能在硬件上正确执行。这样的方法也可以适用于很多其他外设,这一方法不论是在排错还是在编写代码的时候都非常有用。

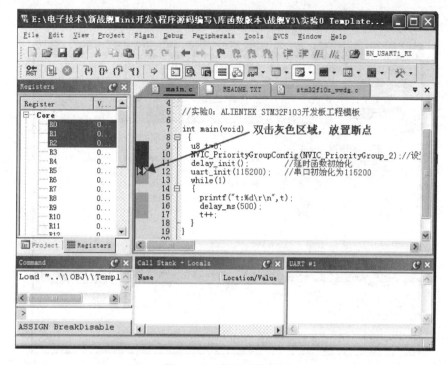

图 3.4.6　执行到断点处

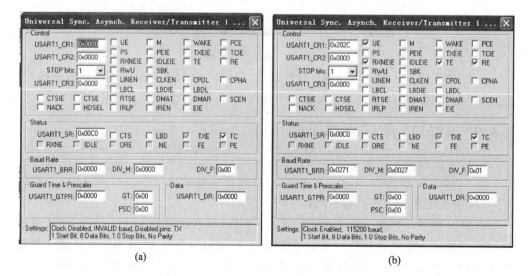

图 3.4.7　串口 1 各寄存器初始化前后对比

然后继续单击 {} 按钮一步步执行,最后就会看到在 USART #1 中打印出相关的信息,如图 3.4.8 所示。图中方框内的数据是串口 1 打印出来的,证明我们的仿真是通过的,代码运行时会在串口 1 不停地输出 t 的值,每 0.5 s 执行一次。软件仿真的时间可以在 IDE 的最下面(右下角)观看到,如图 3.4.9 所示。并且 t 自增,与预期的一致。再次按下 ![] 结束仿真。

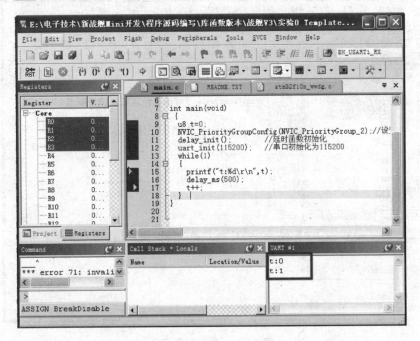

图 3.4.8　串口 1 输出信息

图 3.4.9　仿真持续时间

至此,软件仿真就结束了。通过软件仿真,我们在 MDK5 中验证了代码的正确性,接下来下载代码到硬件上来真正验证一下代码是否在硬件上也是可行的。

3.4.2　STM32 串口程序下载

STM32 的程序下载有多种方法:USB、串口、JTAG、SWD 等,这几种方式都可以用来给 STM32 下载代码,不过,最常用的、最经济的就是通过串口给 STM32 下载代码。本节介绍如何利用串口给 STM32 下载代码。

STM32 的串口下载一般是通过串口 1 下载的,本书的实验平台 ALIENTEK 战舰 STM32 开发板不是通过 RS232 串口下载的,而是通过自带的 USB 串口来下载。看起来像 USB 下载(只需一根 USB 线,并不需要串口线)的,实际上是通过 USB 转成串口,然后再下载的。

下面就一步步介绍如何在实验平台上利用 USB 串口来下载代码。首先要在板子上设置一下,在板子上把 RXD 和 PA9(STM32 的 TXD)、TXD 和 PA10(STM32 的 RXD)通过跳线帽连接起来,这样就把 CH340G 和 MCU 的串口 1 连接上了。由于

ALIENTEK 这款开发板自带了一键下载电路,所以我们并不需要去关心 BOOT0 和 BOOT1 的状态,但是为了让下载完后可以按复位执行程序,建议把 BOOT1 和 BOOT0 都设置为 0。设置完成如图 3.4.10 所示。

图 3.4.10 开发板串口下载跳线设置

这里简单说明一下一键下载电路的原理。我们知道,STM32 串口下载的标准方法是 2 个步骤:①把 B0 接 V3.3(保持 B1 接 GND)。②按一下复位按键。通过这两个步骤就可以通过串口下载代码了,下载完成之后,如果没有设置从 0X08000000 开始运行,则代码不会立即运行,此时还需要把 B0 接回 GND,然后再按一次复位才会开始运行刚刚下载的代码。所以整个过程得跳动 2 次跳线帽,还得按 2 次复位,比较繁琐。而一键下载电路则利用串口的 DTR 和 RTS 信号,分别控制 STM32 的复位和 B0,配合上位机软件(flymcu),设置 DTR 的低电平复位、RTS 高电平进 BootLoader,这样,B0 和 STM32 的复位完全可以由下载软件自动控制,从而实现一键下载。

接着,在 USB_232 处插入 USB 线并接上计算机,如果之前没有安装 CH340G 的驱动(如果已经安装过了驱动,则应该能在设备管理器里面看到 USB 串口;如果不能则要先卸载之前的驱动并重启计算机,再重新安装我们提供的驱动),则计算机会提示找到新硬件,如图 3.4.11 所示。

不理会这个提示,直接找到本书配套资料"软件资料→软件"文件夹下的 CH340 驱动并安装,如图 3.4.12 所示。

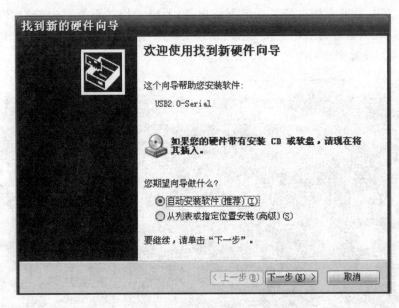

图 3.4.11　找到新硬件

驱动安装成功之后拔掉 USB 线,然后重新插入计算机,此时计算机就会自动给其安装驱动了。安装完成之后,可以在计算机的设备管理器里面找到 USB 串口(如果找不到,则重启),如图 3.4.13 所示。在图 3.4.13 可以看到,我们的 USB 串口被识别为 COM3,注意:不同计算机可能不一样,读者的可能是 COM4、COM5 等,但是 USB - SERIAL CH340 一定是一样的。如果没找到 USB 串口,则有可能是安装有误或者系统不兼容。

图 3.4.12　CH340 驱动安装

图 3.4.13　USB 串口

安装了 USB 串口驱动之后就可以开始串口下载代码了,这里的串口下载软件选择的是 flymcu 该软件是 mcuisp 的升级版本(flymcu 新增对 STM32F4 的支持),由 ALI-ENTEK 提供部分赞助,mcuisp 开发,该软件可以在 www.mcuisp.com 免费下载,本书配套资料也附带了这个软件,版本为 V0.188。该软件启动界面如图 3.4.14 所示。

第 3 章　MDK5 软件入门

图 3.4.14　flymcu 启动界面

然后选择要下载的 Hex 文件。以前面新建的工程为例，因为前面在工程建立的时候就已经设置了生成 Hex 文件，所以编译的时候已经生成了 Hex 文件，我们只需要找到这个 Hex 文件下载即可。

用 flymcu 软件打开 OBJ 文件夹，找到 Template.hex，打开并进行相应设置后，如图 3.4.15 所示。图中圈内的设置是建议的设置。编程后执行，这个选项在无一键下载功能的条件下是很有用的，当选中该选项之后，可以在下载完程序之后自动运行代码。否则，还需要按复位键，才能开始运行刚刚下载的代码。

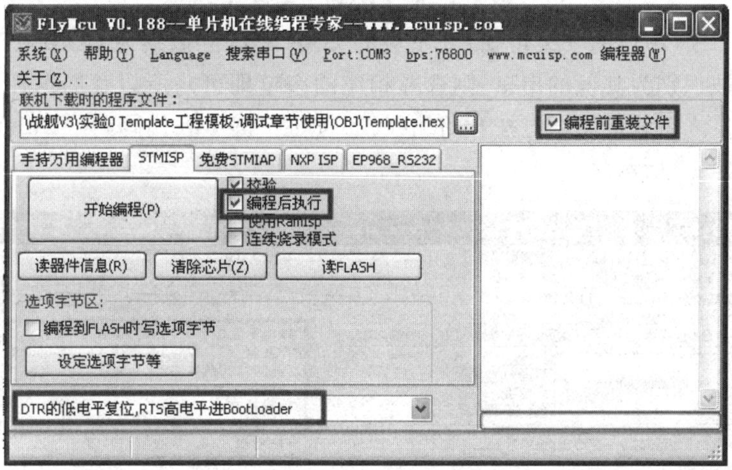

图 3.4.15　flymcu 设置

编程前重装文件，该选项也比较有用，当选中该选项之后，flymcu 会在每次编程之前将 hex 文件重新装载一遍，这对于代码调试的时候是比较有用的。特别提醒：不要选择使用 RamIsp，否则，可能没法正常下载。

最后，我们选择 DTR 的低电平复位，RTS 高电平进 BootLoader，这个选择项选中，则 flymcu 就会通过 DTR 和 RTS 信号来控制板载的一键下载功能电路，以实现一键下载功能。如果不选择，则无法实现一键下载功能。这个是必要的选项（在BOOT0接GND的条件下）。

在装载了hex文件之后，我们要下载代码还需要选择串口，这里flymcu有智能串口搜索功能。每次打开flymcu软件，软件会自动搜索当前计算机上可用的串口，然后选中一个作为默认的串口（一般是最后一次关闭时所选择的串口）。也可以通过单击菜单栏的搜索串口来实现自动搜索当前可用串口。串口波特率则可以通过bps那里设置，对于STM32，该波特率最大为460 800。然后，找到CH340虚拟的串口，如图3.4.16所示。

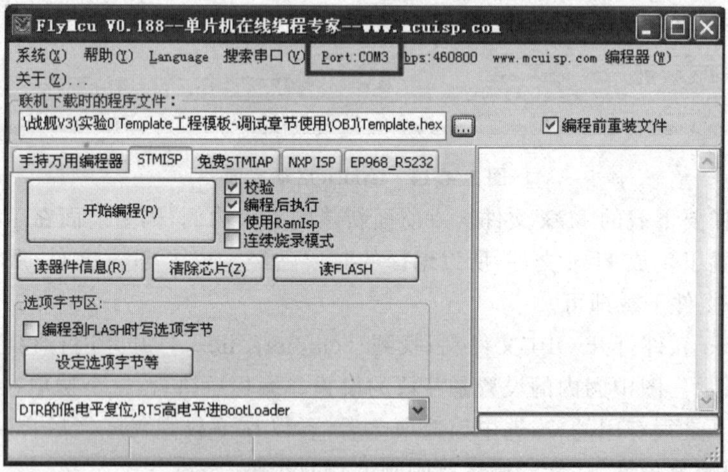

图 3.4.16 CH340 虚拟串口

从之前USB串口的安装可知，开发板的USB串口被识别为COM3了（如果读者的计算机是被识别为其他的串口，则选择相应的串口即可），所以我们选择COM3。选择了相应串口之后就可以通过按开始编程(P)按钮一键下载代码到STM32上，下载成功后如图3.4.17所示。

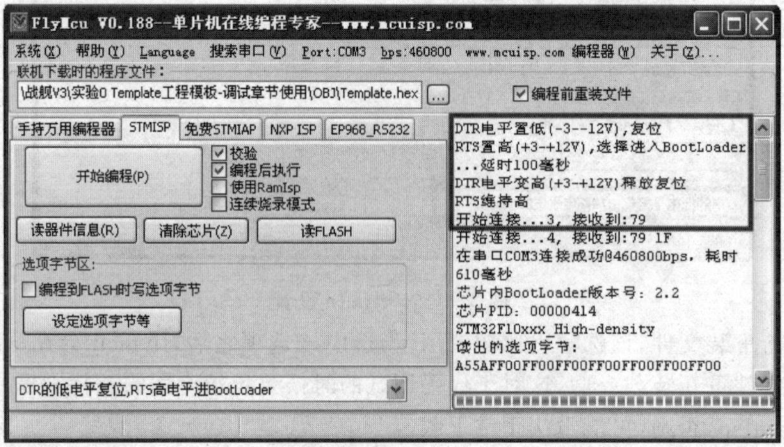

图 3.4.17 下载完成

图 3.4.17 中圈出了 flymcu 对一键下载电路的控制过程,其实就是控制 DTR 和 RTS 电平的变化,控制 BOOT0 和 RESET,从而实现自动下载。

另外,下载成功后,会有"共写入 xxxxKB,耗时 xxxx 毫秒"的提示,并且从 0X80000000 处开始运行了。打开串口调试助手(XCOM V2.0,在本书配套资料"6,软件资料→软件→串口调试助手"里面),选择 COM3(得根据实际情况选择),设置波特率为 115 200,则发现从 ALIENTEK 战舰 STM32F103 发回来的信息,如图 3.4.18 所示。

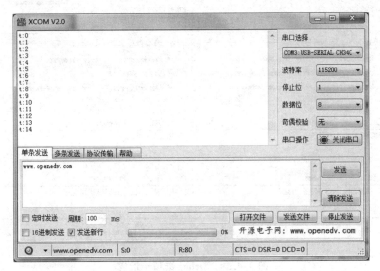

图 3.4.18　程序开始运行了

接收到的数据和我们仿真的是一样的,证明程序没有问题。至此,说明我们下载代码成功了,并且也从硬件上验证了代码的正确性。

3.4.3　JTAG/SWD 程序下载和调试

上一小节介绍了如何通过利用串口给 STM32 下载代码,并在 ALIENTEK 战舰 STM32 开发板上验证了程序的正确性。这个代码比较简单,所以不需要硬件调试,直接就一次成功了。可是,如果代码工程比较大,难免存在一些 bug,这时就有必要通过硬件调试来解决问题了。

串口只能下载代码,并不能实时跟踪调试,而利用调试工具,比如 JLINK、ULINK、STLINK 等就可以实时跟踪程序,从而找到程序中的 bug,使开发事半功倍。这里以 JLINK V8 为例,说说如何在线调试 STM32。

JLINK V8 支持 JTAG 和 SWD,同时 STM32 也支持 JTAG 和 SWD。所以,我们有 2 种方式可以用来调试,JTAG 调试的时候占用的 I/O 线比较多,而 SWD 调试的时候占用的 I/O 线很少,只需要两根即可。

JLINK V8 的驱动安装比较简单,这里就不说了。安装了 JLINK V8 的驱动之后接上 JLINK V8,并把 JTAG 口插到 ALIENTEK 战舰 STM32 开发板上。打开 3.2 节新建的工程,单击 ,打开 Options for Target 'Target'对话框,选择 Debug 选项卡,在

Use 下拉列表框选择仿真工具为 J-LINK/J-TRACE Cortex，如图 3.4.19 所示。

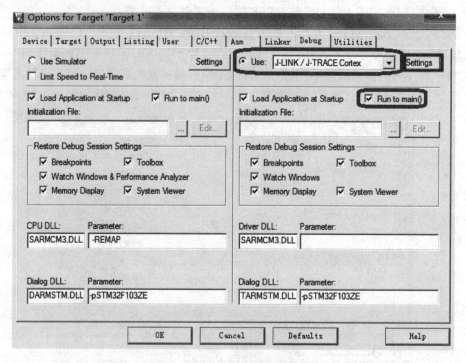

图 3.4.19　Debug 选项卡设置

图 3.4.19 中还选中了 Run to main()，该选项选中后，只要单击仿真就会直接运行到 main 函数；如果没选择这个选项，则先执行 startup_stm32f10x_hd.s 文件的 Reset_Handler，再跳到 main 函数。

然后单击 Settings 按钮（注意，如果 JLINK 固件比较老，此时可能会提示升级固件，单击"确认升级"即可），设置 J-LINK 的一些参数，如图 3.4.20 所示。图中使用 J-LINK V8 的 SW 模式调试，因为我们 JTAG 需要占用比 SW 模式多很多的 I/O 口，而在 ALIENTEK 战舰 STM32 开发板上这些 I/O 口可能被其他外设用到，可能造成部分外设无法使用。所以，建议调试的时候一定要选择 SW 模式。Max Clock 项可以单击 Auto Clk 来自动设置，图 3.4.20 中设置 SWD 的调试速度为 10 MHz。如果 USB 数据线比较差，那么可能会出问题，此时可以通过降低这里的速率来试试。

单击 OK 完成此部分设置。接下来还需要在 Utilities 选项卡里面设置下载时的目标编程器，如图 3.4.21 所示。图中直接选中 Use Debug Driver 项，即和调试一样，选择 JLINK 来给目标器件的 Flash 编程。然后单击 Settings 按钮进入 Flash 算法设置，设置如图 3.4.22 所示。

MDK5 会根据新建工程时选择的目标器件自动设置 Flash 算法，这里使用的是 STM32F103ZET6，Flash 容量为 512 KB，所以 Programming Algorithm 里面默认有 512 K 型号的 STM32F10x High-density Flash 算法。如果这里没有 Flash 算法，则可以单击 Add 按钮，在弹出的窗口自行添加即可。最后，选中 Reset and Run 选项，从而

第 3 章 MDK5 软件入门

实现编程后自动运行,其他默认设置即可。设置完成之后如图 3.4.23 所示。

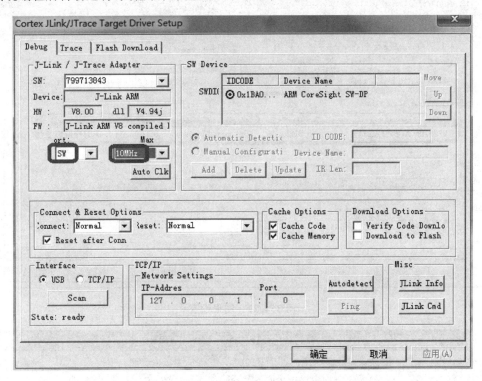

图 3.4.20 J-LINK 模式设置

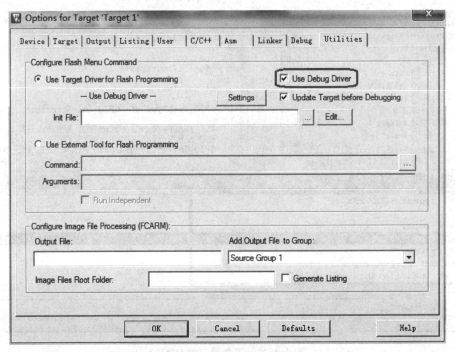

图 3.4.21 Flash 编程器选择

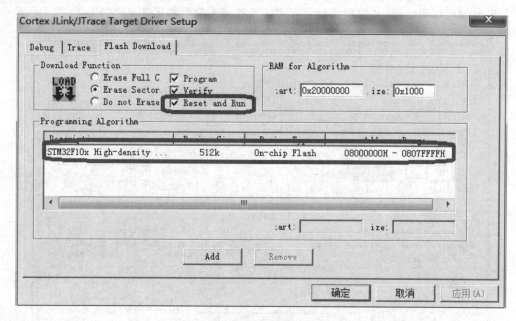

图 3.4.22　编程设置

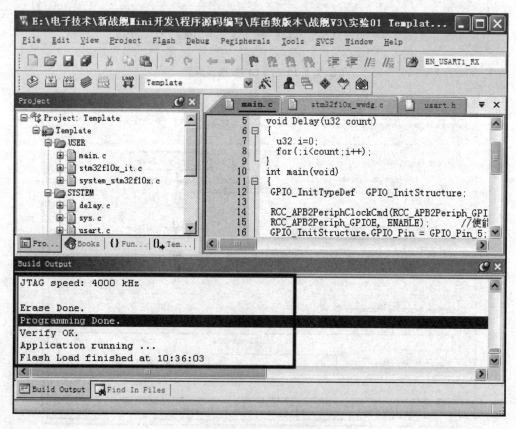

图 3.4.23　下载程序到 STM32

第 3 章 MDK5 软件入门

设置完之后单击 OK 回到 IDE 界面,编译一下工程。如果这个时候要进行程序下载,那么只需要单击图标 即可下载程序到 STM32,非常方便实用,参考图 3.4.24。

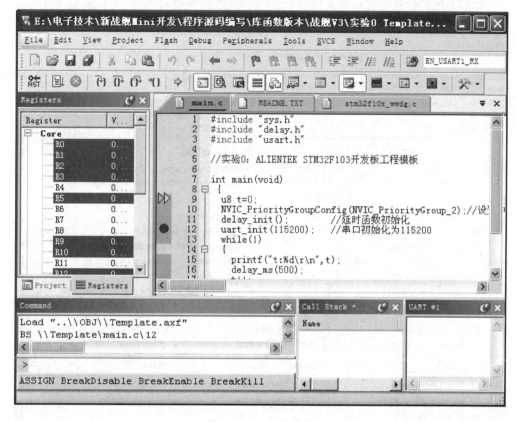

图 3.4.24 开始仿真

接下来主要讲解通过 JTAG/SWD 实现程序在线调试的方法。这里只需要单击 图标就可以开始对 STM32 进行仿真(注意:开发板上的 B0 和 B1 都要设置到 GND,否则代码下载后不会自动运行),如图 3.4.24 所示。

因为之前选中了 Run to main()选项,所以,程序直接就运行到了 main 函数的入口处。在 uart_init()处设置了一个断点,单击 ,则程序快速执行到该处。

接下来就可以使用和 3.4.1 小节介绍的软件仿真一样的方法开始操作了,不过这是真正的在硬件上运行,而不是软件仿真,其结果更可信。

3.5 MDK5 使用技巧

下面将介绍 MDK5 软件的一些使用技巧,这些在代码编辑和编写方面非常有用,希望读者好好掌握,最好实际操作一下,加深印象。

3.5.1 文本美化

文本美化主要是设置一些关键字、注释、数字等的颜色和字体。MDK 提供了自定义字体颜色的功能。可以在工具条上单击 ，则弹出如图 3.5.1 所示界面。

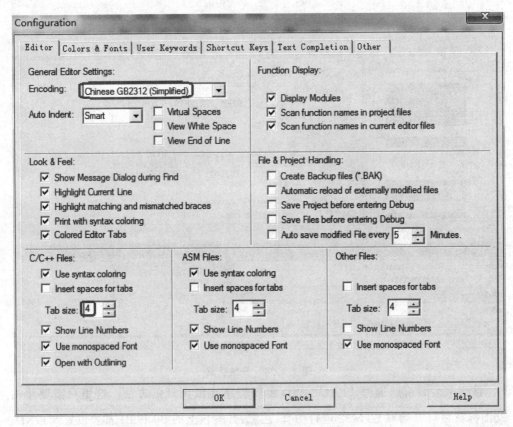

图 3.5.1 置对话框

在该对话框中，先设置 Encoding 为 Chinese GB2312(Simplified)，然后设置 Tab size 为 4。以更好地支持简体中文(否则，复制到其他地方的时候，中文可能是一堆问号)，同时 TAB 间隔设置为 4 个单位。然后，选择 Colors&Fonts 选项卡，在该选项卡内可以设置自己的代码的字体和颜色了。由于我们使用的是 C 语言，故在 Window 下面选择 C/C++ Editor Files，于是在右边就可以看到相应的元素了，如图 3.5.2 所示。

然后单击各个元素，并修改为喜欢的颜色(注意双击，且有时候可能需要设置多次才生效，这是 MDK 的 bug)，当然也可以在 Font 栏设置字体的类型以及字体的大小等。设置完成之后，单击 OK 就可以在主界面看到修改后的结果。例如修改后的代码显示效果如图 3.5.3 所示，代码中的数字全部修改为红色。

这就比开始的效果好看一些了。可以直接按住 Ctrl+鼠标滚轮进行字体、放大或者缩小，也可以在刚刚的配置界面设置字体大小。

第 3 章 MDK5 软件入门

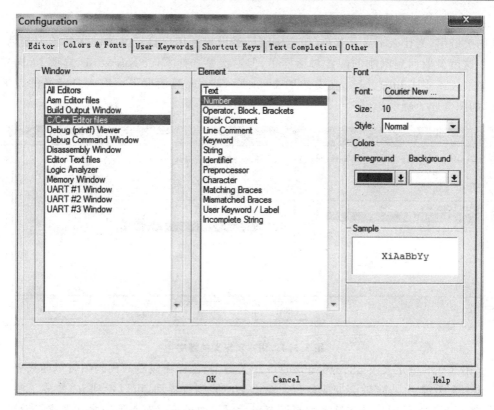

图 3.5.2 Colors&Fonts 选项卡

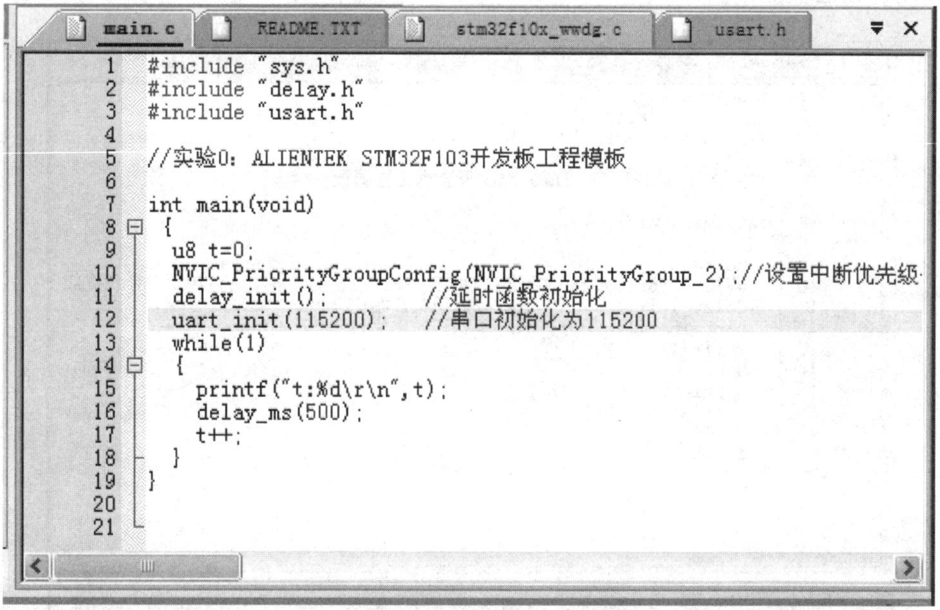

图 3.5.3 设置完后显示效果

细心的读者可能会发现上面的代码里面有一个 u8 还是黑色的,这是一个用户自定义的关键字,为什么不显示蓝色(假定刚刚已经设置了用户自定义关键字颜色为蓝色)呢？这就又要回到刚刚的配置对话框了,但这次要选择 User Keywords 选项卡,同样选择 C/C++ Editor Files,在右边的 User Keywords 对话框下面输入自定义的关键字,如图 3.5.4 所示。

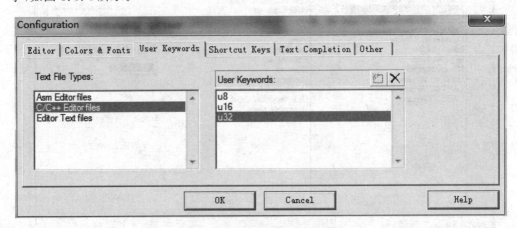

图 3.5.4　用户自定义关键字

图 3.5.5 中定义了 u8、u16、u32 这 3 个关键字,这样在以后的代码编辑里面只要出现这 3 个关键字,肯定就会变成蓝色。单击 OK 回到主界面,可以看到 u8 变成了蓝色了,如图 3.5.5 所示。其实这个编辑配置对话框里面还可以对其他很多功能进行设置,比如动态语法检测等。

```
#include "sys.h"
#include "delay.h"
#include "usart.h"

//实验0: ALIENTEK STM32F103开发板工程模板

int main(void)
{
    u8 t=0;
    NVIC_PriorityGroupConfig(NVIC_PriorityGroup_2);//设置中断优先级
    delay_init();           //延时函数初始化
    uart_init(115200);      //串口初始化为115200
    while(1)
    {
        printf("t:%d\r\n",t);
        delay_ms(500);
        t++;
    }
}
```

图 3.5.5　设置完后显示效果

3.5.2 语法检测 & 代码提示

MDK4.70 以上的版本新增了代码提示与动态语法检测功能,使得 MDK 的编辑器越来越好用了,这里简单说一下如何设置。单击 打开配置对话框,选择 Text Completion 选项卡,如图 3.5.6 所示。

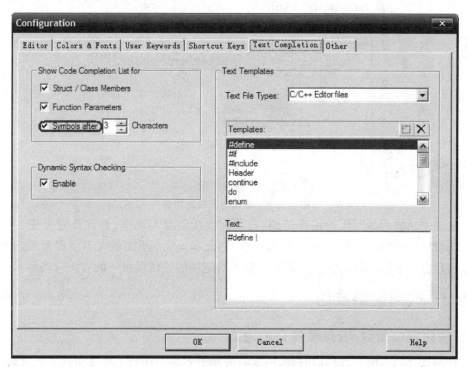

图 3.5.6 Text Completion 选项卡设置

Strut/Class Members 项用于开启结构体/类成员提示功能。Function Parameters 项用于开启函数参数提示功能。Symbols after xx characters 项用于开启代码提示功能,即在输入多少个字符以后提示匹配的内容(比如函数名字、结构体名字、变量名字等),这里默认设置 3 个字符以后就开始提示,如图 3.5.7 所示。

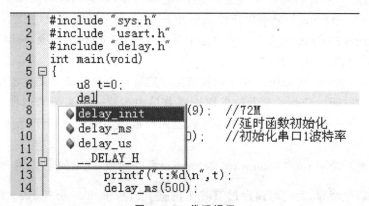

图 3.5.7 代码提示

Dynamic Syntax Checking 项用于开启动态语法检测，比如编写的代码存在语法错误的时候，则在对应行前面出现 ✖ 图标；如出现警告，则出现 ⚠ 图标；将鼠标光标放图标上面，则会提示产生的错误/警告的原因，如图 3.5.8 所示。

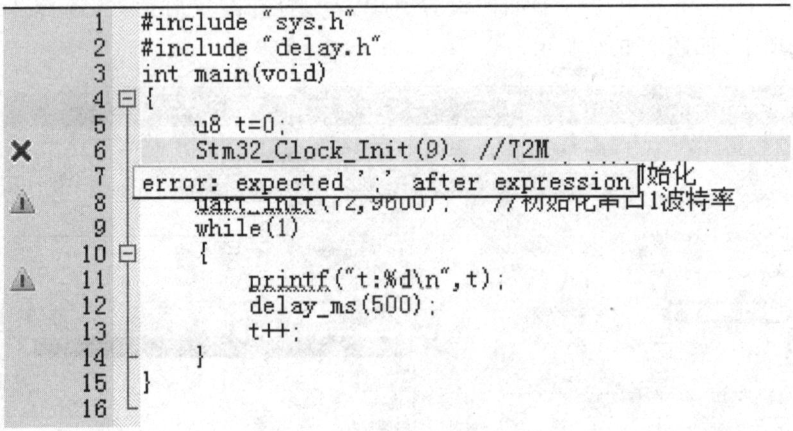

```
1  #include "sys.h"
2  #include "delay.h"
3  int main(void)
4  {
5      u8 t=0;
6      Stm32_Clock_Init(9);  //72M
   error: expected ';' after expression  始化
7      uart_init(72,9600);   //初始化串口波特率
8      while(1)
9      {
10         
11         printf("t:%d\n",t);
12         delay_ms(500);
13         t++;
14     }
15  }
16
```

图 3.5.8　语法动态检测功能

这几个功能对编写代码很有帮助，可以加快代码编写速度，并且及时发现各种问题。注意，语法动态检测功能有的时候会误报（比如 sys.c 里面就有很多误报），读者可以不用理会，只要能编译通过（0 错误，0 警告），这样的语法误报一般直接忽略即可。

3.5.3　代码编辑技巧

1. 快速定位函数/变量被定义的地方

在调试代码或编写代码的时候，一定有时想看看某个函数是在哪个地方定义的、具体里面的内容是怎么样的、某个变量或数组是在哪个地方定义的等。尤其在调试代码或者看别人代码的时候，如果编译器没有快速定位的功能，那就只能慢慢找，代码量一大，就要花很久的时间来找这个函数到底在哪里。MDK 提供了这样的快速定位的功能（CVAVR 2.0 以后的版本也有这个功能），只要把光标放到这个函数/变量（xxx）的上面（xxx 为想要查看的函数或变量的名字）然后右击，在弹出级联菜单中选择 Go to Definition Of 'delay_init'，就可以快速跳到 delay_init 函数的定义处（注意，要先在 Options for Target 的 Output 选项卡里面选中 Browse Information 选项，再编译、定位，否则无法定位），如图 3.5.9 所示。

对于变量，我们也可以按这样的操作快速来定位这个变量被定义的地方，大大缩短了查找代码的时间。细心的读者会发现级联菜单中还有一个类似的选项，就是 Go to Reference To 'delay_init'，这个是快速跳到该函数被声明的地方，有时候也会用到，但不如前者使用得多。

很多时候利用 Go to Definition/ Reference 看完函数/变量的定义/申明后，又想返回之前的代码继续看，此时可以通过 IDE 上的 ⬅ 按钮（Back to previous position）快速

返回之前的位置,这个按钮非常好用!

```
034  void delay_init()
035  {
036
037  #ifdef OS_CRITICAL_METHOD      //如果OS_CRITICAL_METHOD定义了,说明使用ucosII了.
038      u32 reload;
039  #endif
040      SysTick_CLKSourceConfig(SysTick_CLKSource_HCLK_Div8);   //选择外部时钟  H
041      fac_us=SystemCoreClock/8000000;   //为系统时钟的1/8
042
043  #ifdef OS_CRITICAL_METHOD      //如果OS_CRITICAL_METHOD定义了,说明使用ucosII了.
044      reload=SystemCoreClock/8000000;       //每秒钟的计数次数 单位为K
045      reload*=1000000/OS_TICKS_PER_SEC;//根据OS_TICKS_PER_SEC设定溢出时间
046                                 //reload为24位寄存器,最大值:16777216,在72M下,约合
047      fac_ms=1000/OS_TICKS_PER_SEC;//代表ucos可以延时的最少单位
048      SysTick->CTRL|=SysTick_CTRL_TICKINT_Msk;       //开启SYSTICK中断
049      SysTick->LOAD=reload;    //每1/OS_TICKS_PER_SEC秒中断一次
050      SysTick->CTRL|=SysTick_CTRL_ENABLE_Msk;        //开启SYSTICK
051  #else
052      fac_ms=(u16)fac_us*1000;//非ucos下,代表每个ms需要的systick时钟数
053  #endif
054  }
```

图 3.5.9 定位结果

2. 快速注释与快速消注释

调试代码的时候,可能会想注释某一片的代码来看看执行的情况,MDK 提供了这样的快速注释/消注释块代码的功能,也是通过右键实现的。这个操作比较简单,就是先选中要注释的代码区,然后右击,在弹出的级联菜单中选择 Advanced→Comment Selection 就可以了。

以 delay_init 函数为例,比如要注释掉图 3.5.10 中所选中区域的代码。只要在

```
034  void delay_init()
035  {
036
037  #ifdef OS_CRITICAL_METHOD      //如果OS_CRITICAL_METHOD定义了,说明使用ucosII了.
038      u32 reload;
039  #endif
040      SysTick_CLKSourceConfig(SysTick_CLKSource_HCLK_Div8);   //选择外部时钟  H
041      fac_us=SystemCoreClock/8000000;   //为系统时钟的1/8
042
043  #ifdef OS_CRITICAL_METHOD      //如果OS_CRITICAL_METHOD定义了,说明使用ucosII了.
044      reload=SystemCoreClock/8000000;       //每秒钟的计数次数 单位为K
045      reload*=1000000/OS_TICKS_PER_SEC;//根据OS_TICKS_PER_SEC设定溢出时间
046                                 //reload为24位寄存器,最大值:16777216,在72M下,约合
047      fac_ms=1000/OS_TICKS_PER_SEC;//代表ucos可以延时的最少单位
048      SysTick->CTRL|=SysTick_CTRL_TICKINT_Msk;       //开启SYSTICK中断
049      SysTick->LOAD=reload;    //每1/OS_TICKS_PER_SEC秒中断一次
050      SysTick->CTRL|=SysTick_CTRL_ENABLE_Msk;        //开启SYSTICK
051  #else
052      fac_ms=(u16)fac_us*1000;//非ucos下,代表每个ms需要的systick时钟数
053  #endif
054  }
```

图 3.5.10 选中要注释的区域

选中了之后右击,在弹出的级联菜单中选择 Advanced→Comment Selection 就可以把这段代码注释掉了。执行这个操作以后的结果如图 3.5.11 所示。

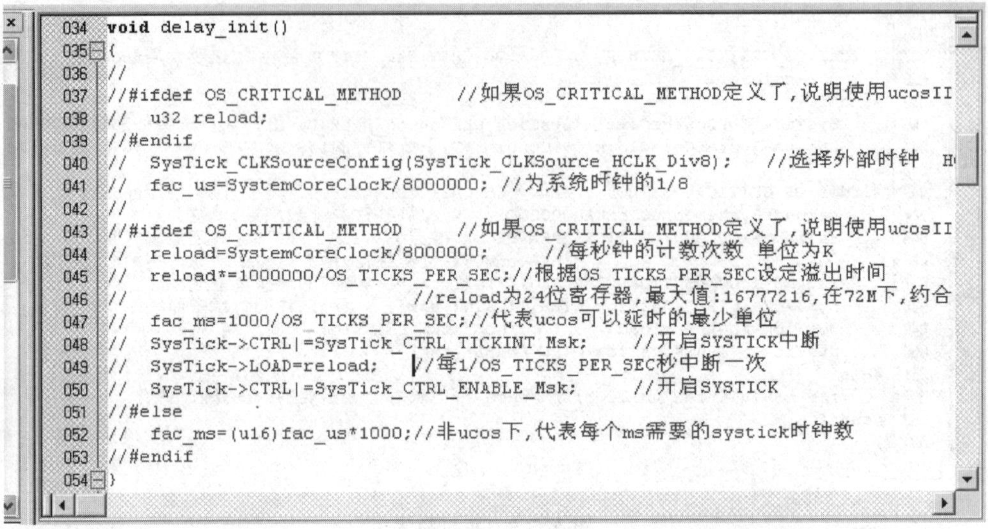

图 3.5.11 注释完毕

这样就快速注释掉了一片代码,而在某些时候又希望这段注释的代码能快速地取消注释,MDK 也提供了这个功能。与注释类似,先选中被注释掉的地方,然后右击,在弹出的级联菜单中选择 Advanced→Uncomment Selection。

3.5.4 其他小技巧

第一个是快速打开头文件。将光标放到要打开的引用头文件上,然后右击,在弹出的级联菜单中选择 Open Document"XXX",就可以快速打开这个文件了(XXX 是你要打开的头文件名字),如图 3.5.12 所示。

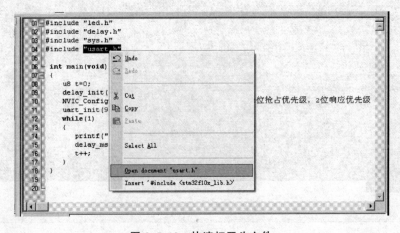

图 3.5.12 快速打开头文件

第 3 章　MDK5 软件入门

第二个小技巧是查找替换功能。这个和 WORD 等很多文档操作的替换功能差不多，在 MDK 里面查找替换的快捷键是"CTRL＋H"，只要按下该按钮就会调出如图 3.5.13 所示界面。

图 3.5.13　替换文本

第三个小技巧是跨文件查找功能，先双击要找的函数/变量名（这里还是以系统时钟初始化函数 delay_init 为例），然后再单击 IDE 上面的 ，则弹出如图 3.5.14 所示对话框。单击 Find，MDK 就会找出所有含有 delay_init 字段的文件并列出其所在位置，如图 3.5.15 所示。

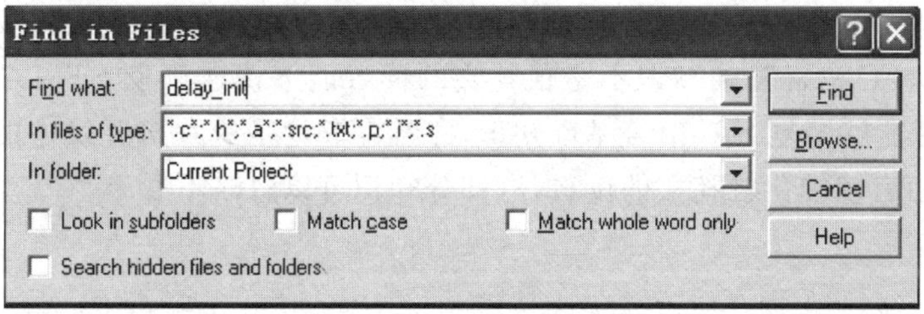

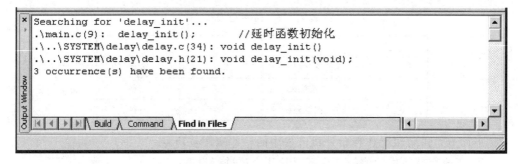

图 3.5.14　跨文件查找

图 3.5.15　查找结果

该方法可以很方便地查找各种函数/变量，而且可以限定搜索范围（比如只查找 .c 文件和 .h 文件等），是非常实用的一个技巧。

第 4 章

STM32 开发基础知识入门

这一章介绍 STM32 开发的一些基础知识,让读者对 STM32 开发有一个初步的了解,为后面 STM32 的学习做一个铺垫,方便后面的学习。这一章的内容可以只了解一个大概,后面需要用到这方面的知识的时候再回过头来仔细看看。

4.1 MDK 下 C 语言基础复习

这一节主要讲解一下 C 语言基础知识。这里主要是简单复习几个 C 语言基础知识点,引导那些 C 语言基础知识不是很扎实的读者能够快速开发 STM32 程序。同时希望这些读者能够多复习 C 语言基础知识,C 语言毕竟是单片机开发中的必备基础知识。对于 C 语言基础比较扎实的读者,这部分知识可以忽略不看。

1. 位操作

C 语言位操作,简而言之,就是对基本类型变量可以在位级别进行操作。C 语言支持如表 4.1.1 所列的 6 种位操作。

表 4.1.1 16 种位操作

运算符	含 义	运算符	含 义
&	按位与	~	取反
|	按位或	<<	左移
^	按位异或	>>	右移

下面着重讲解位操作在单片机开发中的一些实用技巧。

① 不改变其他位的值的状况下对某几个位进行设值。

这个场景单片机开发中经常使用,方法就是先对需要设置的位用"&"操作符进行清零操作,然后用"|"操作符设值。比如要改变 GPIOA 的状态,可以先对寄存器的值进行"&"清零操作:

GPIOA->CRL&=0XFFFFFF0F;//将第 4-7 位清 0

然后再与需要设置的值进行|或运算:

GPIOA->CRL|=0X00000040;//设置相应位的值,不改变其他位的值

② 移位操作提高代码的可读性。

第4章　STM32开发基础知识入门

移位操作在单片机开发中也非常重要，固件库 GPIO 初始化的函数里面的一行代码：

　　GPIOx->BSRR = (((uint32_t)0x01) << pinpos);

这个操作就是将 BSRR 寄存器的第 pinpos 位设置为1，为什么要通过左移而不是直接设置一个固定的值呢？其实，这是为了提高代码的可读性以及可重用性。这行代码可以很直观明了地知道是将第 pinpos 位设置为1。如果写成：

　　GPIOx->BSRR = 0x0030;

这样的代码就不好看也不好重用了。

类似这样的代码很多：

　　GPIOA->ODR |= 1<<5;　　//PA.5 输出高，不改变其他位

这样一目了然，5 告诉我们是第 5 位也就是第 6 个端口，1 告诉我们是设置为 1 了。

③ ~取反操作使用技巧

SR 寄存器的每一位都代表一个状态，某个时刻我们希望去设置某一位的值为 0，同时其他位都保留为 1，简单的做法是直接给寄存器设置一个值：

　　TIMx->SR = 0xFFF7;

这样的做法设置第 3 位为 0，但是这样的做法同样不好看，并且可读性很差。看看库函数代码中怎样使用的：

　　TIMx->SR = (uint16_t)~TIM_FLAG;

而 TIM_FLAG 是通过宏定义定义的值：

　　#define TIM_FLAG_Update　　　　　　((uint16_t)0x0001)
　　#define TIM_FLAG_CC1　　　　　　　((uint16_t)0x0002)

看这个应该很容易明白，可以直接从宏定义中看出 TIM_FLAG_Update 就是设置的第 0 位了，可读性非常强。

2. define 宏定义

define 是 C 语言中的预处理命令，用于宏定义，可以提高源代码的可读性，为编程提供方便。常见的格式：

　　#define 标识符　字符串

"标识符"为所定义的宏名。"字符串"可以是常数、表达式、格式串等。例如：

　　#define SYSCLK_FREQ_72MHz　72000000

定义标识符 SYSCLK_FREQ_72MHz 的值为 72000000。

至于 define 宏定义的其他一些知识，比如宏定义带参数这里我们就不多讲解。

3. ifdef 条件编译

单片机程序开发过程中，经常会遇到一种情况，当满足某条件时对一组语句进行编译，而条件不满足时则编译另一组语句。条件编译命令最常见的形式为：

　　#ifdef 标识符
　　程序段 1

```
#else
    程序段 2
#endif
```

它的作用是：当标识符已经被定义过（一般是用#define 命令定义），则对程序段 1 进行编译，否则编译程序段 2。其中#else 部分也可以没有，即：

```
#ifdef
    程序段 1
#endif
```

这个条件编译在 MDK 里面是用得很多的，在 stm32f10x.h 头文件中经常会看到这样的语句：

```
#ifdef STM32F10X_HD
    大容量芯片需要的一些变量定义
#end
```

而 STM32F10X_HD 则是通过#define 来定义的。条件编译也是 c 语言的基础知识，这里也就点到为止吧。

4. extern 变量申明

C 语言中 extern 可以置于变量或者函数前，以表示变量或者函数的定义在别的文件中，提示编译器遇到此变量和函数时在其他模块中寻找其定义。注意，对于 extern 申明变量可以多次，但定义只有一次。在我们的代码中会看到这样的语句：

```
extern u16 USART_RX_STA;
```

这个语句是申明 USART_RX_STA 变量在其他文件中已经定义了，这里要使用到。所以，肯定可以找到在某个地方有变量定义的语句：

```
u16 USART_RX_STA;
```

的出现。下面通过一个例子说明一下使用方法。

在 main.c 定义的全局变量 id，其 id 的初始化都是在 main.c 里面进行的。Main.c 文件：

```
u8 id;//定义只允许一次
main()
{
    id = 1;
    printf("d%",id);//id = 1
    test();
    printf("d%",id);//id = 2
}
```

但是我们希望在 test.c 的 changeId(void)函数中使用变量 id，这个时候就需要在 test.c 里面去申明变量 id 是外部定义的了，因为如果不申明，变量 id 的作用域是到不了 test.c 文件中。看下面 test.c 中的代码：

```
extern u8 id;//申明变量 id 是在外部定义的，申明可以在很多个文件中进行
void test(void){
    id = 2;
```

}

在 test.c 中申明变量 id 在外部定义,然后在 test.c 中就可以使用变量 id 了。Extern 申明函数在外部定义的应用这里就不多讲解了。

5. 在于 typedef 类型别名

Typedef 用于为现有类型创建一个新的名字,或称为类型别名,用来简化变量的定义。Typedef 在 MDK 用得最多的就是定义结构体的类型别名和枚举类型了。

```
struct _GPIO
{
    __IO uint32_t CRL;
    __IO uint32_t CRH;
    …
};
```

定义了一个结构体 GPIO,这样我们定义变量的方式为:

```
struct _GPIO GPIOA;//定义结构体变量 GPIOA
```

但是这样很繁琐,MDK 中有很多这样的结构体变量需要定义。这里可以为结体定义一个别名 GPIO_TypeDef,这样就可以在其他地方通过别名 GPIO_TypeDef 来定义结构体变量了。方法如下:

```
typedef struct
{
    __IO uint32_t CRL;
    __IO uint32_t CRH;
    …
} GPIO_TypeDef;
```

Typedef 为结构体定义一个别名 GPIO_TypeDef,这样我们可以通过 GPIO_TypeDef 来定义结构体变量:

```
GPIO_TypeDef _GPIOA, _GPIOB;
```

这里的 GPIO_TypeDef 就跟 struct _GPIO 是等同的作用了。这样是不是方便很多?

6. 结构体

很多用户提到对结构体使用不是很熟悉,但是 MDK 中太多地方使用结构体以及结构体指针,这让他们一下子摸不着头脑,学习 STM32 的积极性大大降低。其实结构体并不是那么复杂,这里我们稍微提一下结构体的一些知识,还有一些知识我们会在后面的"寄存器地址名称映射分析"中讲到一些。

声明结构体类型:

```
Struct 结构体名{
    成员列表;
}变量名列表;
```

例如:

```
Struct U_TYPE {
    Int BaudRate
```

```
    Int    WordLength;
}usart1,usart2;
```

在结构体申明的时候可以定义变量,也可以申明之后定义,方法是:

  Struct 结构体名字 结构体变量列表;

例如:struct U_TYPE usart1,usart2;

  结构体成员变量的引用方法是:

  结构体变量名字.成员名

比如要引用 usart1 的成员 BaudRate,方法是:"usart1.BaudRate;"。

  结构体指针变量定义也是一样的,跟其他变量没有啥区别。例如:

  struct U_TYPE * usart3;//定义结构体指针变量 usart1;

  结构体指针成员变量引用方法是通过"→"符号实现,比如要访问 usart3 结构体指针指向的结构体的成员变量 BaudRate,方法是:

  usart3->BaudRate;

  上面讲解了结构体和结构体指针的一些知识,其他的这里就不多讲解了。讲到这里,有人会问,结构体到底有什么作用呢?为什么要使用结构体呢?下面简单地通过一个实例回答一下这个问题。

  在单片机程序开发过程中,经常会遇到要初始化一个外设比如串口,它的初始化状态是由几个属性来决定的,比如串口号、波特率、极性以及模式。对于这种情况,在没有学习结构体的时候,一般的方法是:

  voidUSART_Init(u8 usartx,u32 u32 BaudRate,u8 parity,u8 mode);

  这种方式是有效的,并且在一定场合是可取的。但是试想,如果有一天,我们希望往这个函数里面再传入一个参数,那么势必需要修改这个函数的定义,重新加入字长这个入口参数。于是我们的定义被修改为:

  voidUSART_Init (u8 usartx,u32 BaudRate, u8 parity,u8 mode,u8 wordlength);

  但是如果这个函数的入口参数是随着开发不断的增多,那么是不是就要不断地修改函数的定义呢?这是不是给我们开发带来很多的麻烦?那又怎样解决这种情况呢?使用结构体就能解决这个问题了。我们可以在不改变入口参数的情况下,只需要改变结构体的成员变量,就可以达到上面改变入口参数的目的。

  结构体就是将多个变量组合为一个有机的整体。上面的函数中 BaudRate、wordlength、Parity、mode、wordlength 参数,对于串口而言,是一个有机整体,都是来设置串口参数的,所以可以将它们通过定义一个结构体来组合在一个。MDK 中是这样定义的:

```
    typedef struct
    {
        uint32_t USART_BaudRate;
        uint16_t USART_WordLength;
        uint16_t USART_StopBits;
        uint16_t USART_Parity;
```

第4章 STM32开发基础知识入门

```
        uint16_t USART_Mode;
        uint16_t USART_HardwareFlowControl;
} USART_InitTypeDef;
```

于是，在初始化串口的时候入口参数就可以是 USART_InitTypeDef 类型的变量或者指针变量了，MDK 中是这样做的：

void USART_Init(USART_TypeDef * USARTx, USART_InitTypeDef * USART_InitStruct);

这样，任何时候，我们只需要修改结构体成员变量，往结构体中间加入新的成员变量，而不需要修改函数定义就可以达到修改入口参数同样的目的了，这样的好处是不用修改任何函数定义就可以达到增加变量的目的。

理解了结构体在这个例子中间的作用吗？在以后的开发过程中，如果变量定义过多，如果某几个变量是用来描述某一个对象，则可以考虑将这些变量定义在结构体中，从而提高代码的可读性。

使用结构体组合参数可以提高代码的可读性，不会觉得变量定义混乱。当然，结构体的作用就远远不止这个了，同时，MDK 中用结构体来定义外设也不仅仅只是这个作用，这里只是举一个例子，通过最常用的场景让读者理解结构体的一个作用而已。

4.2 STM32 系统架构

STM32 的系统架构比 51 单片机就要强大很多了，详细可以参考《STM32 中文参考手册 V10》的 P25～28。这里把这一部分知识抽取出来讲解，是为了读者在学习 STM32 之前对系统架构有一个初步的了解。

这里所讲的 STM32 系统架构主要针对的是 STM32F103 这些非互联型芯片。首先看看 STM32 的系统架构图，如图 4.2.1 所示。

STM32 主系统主要由 4 个驱动单元和 4 个被动单元构成。其中，4 个驱动单元是内核 DCode 总线、系统总线、通用 DMA1、通用 DMA2。4 个被动单元是：

➢ AHB 到 APB 的桥：连接所有的 APB 设备；
➢ 内部 FlASH 闪存；
➢ 内部 SRAM；
➢ FSMC。

下面具体讲解一下图中几个总线的知识：

① ICode 总线：该总线将 Cortex - M3 内核指令总线和闪存指令接口相连，指令的预取在该总线上面完成。

② DCode 总线：该总线将 Cortex - M3 内核的 DCode 总线与闪存存储器的数据接口连接，常量加载和调试访问在该总线上面完成。

③ 系统总线：该总线连接 Cortex - M3 内核的系统总线到总线矩阵，总线矩阵协调内核和 DMA 间访问。

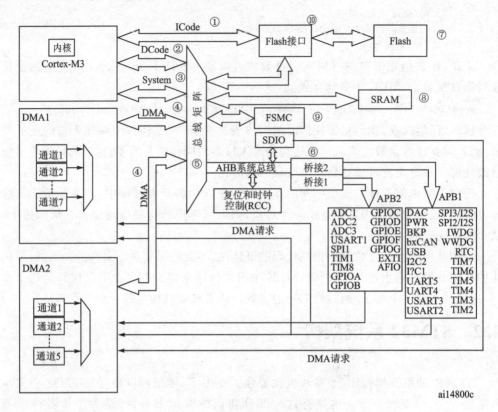

图 4.2.1　STM32 系统架构图

④ DMA 总线：该总线将 DMA 的 AHB 主控接口与总线矩阵相连，总线矩阵协调 CPU 的 DCode 和 DMA 到 SRAM、闪存和外设的访问。

⑤ 总线矩阵：总线矩阵协调内核系统总线和 DMA 主控总线之间的访问仲裁，仲裁利用轮换算法。

⑥ AHB/APB 桥：这两个桥在 AHB 和 2 个 APB 总线间提供同步连接，APB1 操作速度限于 36 MHz，APB2 操作速度全速。

对于系统架构的知识，在刚开始学习 STM32 的时候只需要一个大概了解，大致知道是个什么情况即可。对于寻址之类的知识，这里就不做深入的讲解，中文参考手册都有很详细的讲解。

4.3　STM32 时钟系统

众所周知，时钟系统是 CPU 的脉搏，就像人的心跳一样。所以时钟系统的重要性就不言而喻了。STM32 的时钟系统比较复杂，不像简单的 51 单片机一个系统时钟就可以解决一切。于是有人要问，采用一个系统时钟不是很简单吗？为什么 STM32 要有多个时钟源呢？因为首先 STM32 本身非常复杂，外设非常的多，但是并不是所有外设都需要系统时钟这么高的频率，比如看门狗以及 RTC 只需要几十 k 的时钟即可。

第4章 STM32开发基础知识入门

同一个电路,时钟越快功耗越大,同时抗电磁干扰能力也会越弱,所以较为复杂的MCU一般采取多时钟源的方法来解决这些问题。

首先看看STM32的时钟系统图,如图4.3.1所示。

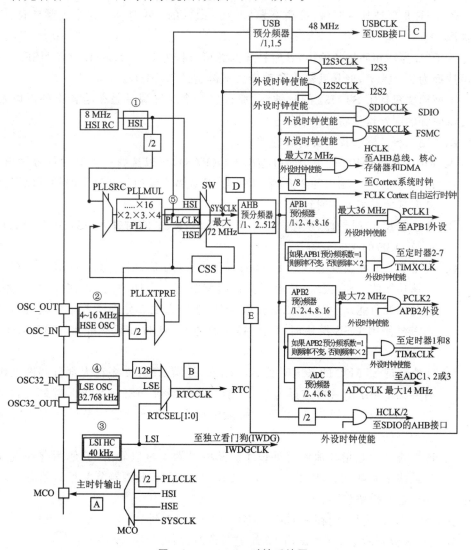

图4.3.1　STM32时钟系统图

STM32中有5个时钟源,为HSI、HSE、LSI、LSE、PLL。从时钟频率来分可以分为高速时钟源和低速时钟源,在这5个中HIS、HSE以及PLL是高速时钟,LSI和LSE是低速时钟。从来源可分为外部时钟源和内部时钟源,外部时钟源就是从外部通过接晶振的方式获取时钟源,其中,HSE和LSE是外部时钟源,其他的是内部时钟源。下面看看STM32的5个时钟源,这里按图中圆圈标示的顺序:

① HSI是高速内部时钟,RC振荡器,频率为8 MHz。

② HSE是高速外部时钟,可接石英/陶瓷谐振器或者接外部时钟源,频率范围为

4~16 MHz。我们的开发板接的是 8 MHz 的晶振。

③ LSI 是低速内部时钟，RC 振荡器频率为 40 kHz。独立看门狗的时钟源只能是 LSI，同时 LSI 还可以作为 RTC 的时钟源。

④ LSE 是低速外部时钟，接频率为 32.768 kHz 的石英晶体。这个主要是 RTC 的时钟源。

⑤ PLL 为锁相环倍频输出，其时钟输入源可选择为 HSI/2、HSE 或者 HSE/2。倍频可选择为 2~16 倍，但是其输出频率最大不得超过 72 MHz。

上面简要概括了 STM32 的时钟源，那么这 5 个时钟源是怎么给各个外设以及系统提供时钟的呢？这里将一一讲解。

图中用 A~E 标示我们要讲解的地方。

A. MCO 是 STM32 的一个时钟输出 I/O(PA8)，可以选择一个时钟信号输出，可以选择为 PLL 输出的 2 分频、HSI、HSE 或者系统时钟。这个时钟可以用来给外部其他系统提供时钟源。

B. 这里是 RTC 时钟源，从图 4.3.1 可以看出，RTC 的时钟源可以选择 LSI、LSE 以及 HSE 的 128 分频。

C. 从图 4.3.1 可以看出 C 处 USB 的时钟是来自 PLL 时钟源。STM32 中有一个全速功能的 USB 模块，其串行接口引擎需要一个频率为 48 MHz 的时钟源。该时钟源只能从 PLL 输出端获取，可以选择为 1.5 分频或者 1 分频，也就是，当需要使用 USB 模块时，PLL 必须使能，并且时钟频率配置为 48 MHz 或 72 MHz。

D. D 处就是 STM32 的系统时钟 SYSCLK，是供 STM32 中绝大部分部件工作的时钟源。系统时钟可选择为 PLL 输出、HSI 或者 HSE。系统时钟最大频率为 72 MHz，当然也可以超频，不过一般情况为了系统稳定性是没有必要冒风险去超频的。

E. 这里的 E 处是指其他所有外设了。从时钟图上可以看出，其他所有外设的时钟最终来源都是 SYSCLK。SYSCLK 通过 AHB 分频器分频后送给各模块使用。这些模块包括：

> AHB 总线、内核、内存和 DMA 使用的 HCLK 时钟。
> 通过 8 分频后送给 Cortex 的系统定时器时钟，也就是 systick 了。
> 直接送给 Cortex 的空闲运行时钟 FCLK。
> 送给 APB1 分频器。APB1 分频器输出一路供 APB1 外设使用(PCLK1，最大频率 36 MHz)，另一路送给定时器(Timer)2、3、4 倍频器使用。
> 送给 APB2 分频器。APB2 分频器分频输出一路供 APB2 外设使用(PCLK2，最大频率 72 MHz)，另一路送给定时器(Timer)1 倍频器使用。

其中需要理解的是 APB1 和 APB2 的区别，APB1 上面连接的是低速外设，包括电源接口、备份接口、CAN、USB、I2C1、I2C2、UART2、UART3 等，APB2 上面连接的是高速外设包括 UART1、SPI1、Timer1、ADC1、ADC2、所有普通 I/O 口(PA~PE)、第二

第4章 STM32开发基础知识入门

功能 I/O 口等。

在以上的时钟输出中,有很多是带使能控制的,例如 AHB 总线时钟、内核时钟、各种 APB1 外设、APB2 外设等。当需要使用某模块时,记得一定要先使能对应的时钟。后面我们讲解实例的时候回讲解到时钟使能的方法。

STM32 时钟系统的配置除了初始化的时候在 system_stm32f10x.c 中的 SystemInit()函数中外,其他的配置主要在 stm32f10x_rcc.c 文件中,里面有很多时钟设置函数,可以打开这个文件浏览一下,基本上看看函数的名称就知道这个函数的作用。设置时钟的时候一定要仔细参考 STM32 的时钟图,做到心中有数。这里需要指明一下,对于系统时钟,默认情况下是在 SystemInit 函数的 SetSysClock()函数中间判断的,而设置是通过宏定义设置的。可以看看 SetSysClock()函数体:

```
static void SetSysClock(void)
{
#ifdef SYSCLK_FREQ_HSE
  SetSysClockToHSE();
#elif defined SYSCLK_FREQ_24MHz
  SetSysClockTo24();
#elif defined SYSCLK_FREQ_36MHz
  SetSysClockTo36();
#elif defined SYSCLK_FREQ_48MHz
  SetSysClockTo48();
#elif defined SYSCLK_FREQ_56MHz
  SetSysClockTo56();
#elif defined SYSCLK_FREQ_72MHz
  SetSysClockTo72();
#endif
}
```

这段代码非常简单,就是判断系统宏定义的时钟是多少,然后设置相应值。系统默认宏定义是 72 MHz:

```
#define SYSCLK_FREQ_72MHz   72000000
```

如果要设置为 36 MHz,则只需要注释掉上面代码,然后加入下面代码即可:

```
#define SYSCLK_FREQ_36MHz   36000000
```

注意,当设置好系统时钟后,可以通过变量 SystemCoreClock 获取系统时钟值;如果系统是 72 MHz 时钟,那么 SystemCoreClock = 72000000。这是在 system_stm32f10x.c 文件中设置的:

```
#ifdef SYSCLK_FREQ_HSE
  uint32_t SystemCoreClock         = SYSCLK_FREQ_HSE;
#elif defined SYSCLK_FREQ_36MHz
  uint32_t SystemCoreClock         = SYSCLK_FREQ_36MHz;
#elif defined SYSCLK_FREQ_48MHz
  uint32_t SystemCoreClock         = SYSCLK_FREQ_48MHz;
#elif defined SYSCLK_FREQ_56MHz
  uint32_t SystemCoreClock         = SYSCLK_FREQ_56MHz;
#elif defined SYSCLK_FREQ_72MHz
```

```
  uint32_t SystemCoreClock             = SYSCLK_FREQ_72MHz;
#else
  uint32_t SystemCoreClock             = HSI_VALUE;
#endif
```

这里总结一下 SystemInit()函数中设置的系统时钟大小：

SYSCLK（系统时钟）　　　　　　　＝72 MHz
AHB 总线时钟（使用 SYSCLK）　　　＝72 MHz
APB1 总线时钟（PCLK1）　　　　　 ＝36 MHz
APB2 总线时钟（PCLK2）　　　　　 ＝72 MHz
PLL 时钟　　　　　　　　　　　　 ＝72 MHz

4.4 端口复用和重映射

1. 端口复用功能

STM32 有很多的内置外设，这些外设的外部引脚都是与 GPIO 复用的。也就是说，一个 GPIO 如果可以复用为内置外设的功能引脚，那么当这个 GPIO 作为内置外设使用的时候，就叫复用。详细可以参考《STM32 中文参考手册 V10》的 P109、P116～P121。

大家都知道，MCU 都有串口，STM32 有好几个串口。比如说 STM32F103ZET6 有 5 个串口，查手册可知，串口 1 的引脚对应的 I/O 为 PA9、PA10。PA9、PA10 默认功能是 GPIO，所以当 PA9、PA10 引脚作为串口 1 的 TX、RX 引脚使用的时候，那就是端口复用。

复用端口初始化有几个步骤：

① GPIO 端口时钟使能。要使用到端口复用，当然要使能端口的时钟了。
```
RCC_APB2PeriphClockCmd(RCC_APB2Periph_GPIOA, ENABLE);
```

② 复用的外设时钟使能。比如要将端口 PA9，PA10 复用为串口，所以要使能串口时钟。
```
RCC_APB2PeriphClockCmd(RCC_APB2Periph_USART1, ENABLE);
```

③ 端口模式配置。在 I/O 复用位内置外设功能引脚的时候，必须设置 GPIO 端口的模式。至于在复用功能下 GPIO 的模式是怎么对应的，可以查看手册《STM32 中文参考手册 V10》P110 的表 8.1.11。这里拿 Usart1 举例，配置如图 4.4.1 所示。可以看出，要配置全双工的串口 1，那么 TX 引脚需要配置为推挽复用输出，RX 引脚配置为浮空输入或者带上拉输入。

```
//USART1_TX   PA.9 复用推挽输出
GPIO_InitStructure.GPIO_Pin = GPIO_Pin_9;//PA.9
GPIO_InitStructure.GPIO_Speed = GPIO_Speed_50MHz;
GPIO_InitStructure.GPIO_Mode = GPIO_Mode_AF_PP;//复用推挽输出
GPIO_Init(GPIOA,&GPIO_InitStructure);
```

第 4 章　STM32 开发基础知识入门

```
//USART1_RX    PA.10 浮空输入
GPIO_InitStructure.GPIO_Pin = GPIO_Pin_10;//PA10
GPIO_InitStructure.GPIO_Mode = GPIO_Mode_IN_FLOATING;//浮空输入
GPIO_Init(GPIOA,&GPIO_InitStructure);
```

USART 引脚	配置	GPIO 配置
USARTx_TX	全双工模式	推挽复用输出
	半双工同步模式	推挽复用输出
USARTx_RX	全双工模式	浮空输入或带上拉输入
	半双工同步模式	未用,可作为通用 I/O

图 4.4.1　串口复用 GPIO 配置

所以,使用复用功能的是时候最少要使能 2 个时钟:GPIO 时钟使能、复用的外设时钟使能。同时要初始化 GPIO 以及复用外设功能。

2. 端口重映射

为了使不同器件封装的外设 I/O 功能数量达到最优,可以把一些复用功能重新映射到其他一些引脚上。STM32 中有很多内置外设的输入/输出引脚都具有重映射(remap)的功能。我们知道,每个内置外设都有若干个输入/输出引脚,一般这些引脚的输出端口都是固定不变的,为了更好地安排引脚的走向和功能,在 STM32 中引入了外设引脚重映射的概念,即一个外设的引脚除了具有默认的端口外,还可以通过设置重映射寄存器的方式把这个外设的引脚映射到其他的端口。

简单讲就是把引脚的外设功能映射到另一个引脚,但不是可以随便映射的,具体对应关系《STM32 中文参考手册 V10》的 P116 页 8.3 节。这里我们同样拿串口 1 为例来讲解。

图 4.4.2 是截取的中文参考手册中的重映射表,可以看出,默认情况下,串口 1 复用时的引脚位 PA9、PA10,同时可以将 TX 和 RX 重新映射到引脚 PB6 和 PB7 上面去。所以重映射同样要使能复用功能的时候讲解的 2 个时钟外,还要使能 AFIO 功能时钟,然后调用重映射函数。详细步骤为:

复用功能	USART1_REMAP=0	USART1_REMAP=1
USART1_TX	PA9	PB6
USART1_RX	PA10	PB7

图 4.4.2　串口重映射管脚表

① 使能 GPIOB 时钟:

`RCC_APB2PeriphClockCmd(RCC_APB2Periph_GPIOB,ENABLE);`

② 使能串口 1 时钟:

`RCC_APB2PeriphClockCmd(RCC_APB2Periph_USART1,ENABLE);`

③ 使能 AFIO 时钟:

`RCC_APB2PeriphClockCmd(RCC_APB2Periph_AFIO,ENABLE);`

④ 开启重映射:
```
GPIO_PinRemapConfig(GPIO_Remap_USART1,ENABLE);
```
这样就将串口的 TX 和 RX 重映射到引脚 PB6 和 PB7 上面了。至于有哪些功能可以重映射,读者除了查看中文参考手册之外,还可以从 GPIO_PinRemapConfig 函数入手查看第一个入口参数的取值范围得知。stm32f10x_gpio.h 文件中定义了取值范围为下面宏定义的标识符,这里贴一小部分:

```
#define GPIO_Remap_SPI1              ((uint32_t)0x00000001)
#define GPIO_Remap_I2C1              ((uint32_t)0x00000002)
#define GPIO_Remap_USART1            ((uint32_t)0x00000004)
#define GPIO_Remap_USART2            ((uint32_t)0x00000008)
#define GPIO_PartialRemap_USART3     ((uint32_t)0x00140010)
#define GPIO_FullRemap_USART3        ((uint32_t)0x00140030)
```

可以看出,USART1 只有一种重映射,而 USART3 存在部分重映射和完全重映射。所谓部分重映射就是部分引脚和默认的是一样的,而部分引脚是重新映射到其他引脚。完全重映射就是所有引脚都重新映射到其他引脚。手册中的 USART3 重映射表如图 4.4.3 所示。

复用功能	USART3_REMAP[1:0]=00 (没有重映像)	USART3_REMAP[1:0]=01 (没有重映像)	USART3_REMAP[1:0]=11 (没有重映像)
USART3_TX	PB10	PC10	PD8
USART3_RX	PB11	PC11	PD9
USART3_CK	PB12	PC12	PD10
USART3_CTS	PB13		PD11
USART3_RTS	PB14		PD12

图 4.4.3 USART3 重映射引脚对应表

部分重映射就是 PB10、PB11、PB12 重映射到 PC10、PC11、PC12 上。而 PB13、PB14 和没有重映射情况是一样的,都是 USART3_CTS 和 USART3_RTS 对应引脚。完全重映射就是将这两个引脚重新映射到 PD11 和 PD12 上去。要使用 USART3 的部分重映射,调用函数方法为:

```
GPIO_PinRemapConfig(GPIO_PartialRemap_USART3,ENABLE);
```

4.5 STM32 NVIC 中断优先级管理

Cortex-M3 内核支持 256 个中断,其中包含了 16 个内核中断和 240 个外部中断,并且具有 256 级的可编程中断设置。但 STM32 并没有使用 Cortex-M3 内核的全部东西,而是只用了它的一部分。STM32 有 84 个中断,包括 16 个内核中断和 68 个可屏蔽中断,具有 16 级可编程的中断优先级。而常用的就是这 68 个可屏蔽中断,但是 STM32 的 68 个可屏蔽中断在 STM32F103 系列上面又只有 60 个(在 107 系列才有 68 个)。因为我们开发板选择的芯片是 STM32F103 系列的,所以这里就只介绍对

第4章 STM32开发基础知识入门

STM32F103系列这60个可屏蔽中断。

MDK为与NVIC相关的寄存器定义了如下的结构体：

```
typedef struct
{
  __IO uint32_t ISER[8]; /*! < Interrupt Set Enable Register     */
       uint32_t RESERVED0[24];
  __IO uint32_t ICER[8]; /*! < Interrupt Clear Enable Register   */
       uint32_t RSERVED1[24];
  __IO uint32_t ISPR[8]; /*! < Interrupt Set Pending Register    */
       uint32_t RESERVED2[24];
  __IO uint32_t ICPR[8]; /*! < Interrupt Clear Pending Register  */
       uint32_t RESERVED3[24];
  __IO uint32_t IABR[8]; /*! < Interrupt Active bit Register     */
       uint32_t RESERVED4[56];
  __IO uint8_t  IP[240]; /*! < Interrupt Priority Register, 8Bit wide */
       uint32_t RESERVED5[644];
  __O  uint32_t STIR;    /*! < Software Trigger Interrupt Register    */
} NVIC_Type;
```

STM32的中断在这些寄存器的控制下有序执行，只有了解这些中断寄存器，才能方便地使用STM32的中断。下面重点介绍这几个寄存器：

ISER[8]：ISER全称是Interrupt Set-Enable Registers，这是一个中断使能寄存器组。上面说了Cortex-M3内核支持256个中断，这里用8个32位寄存器来控制，每个位控制一个中断。但是STM32F103的可屏蔽中断只有60个，所以对我们来说，有用的就是两个(ISER[0]和ISER[1])，总共可以表示64个中断。而STM32F103只用了其中的前60位。ISER[0]的bit0~bit31分别对应中断0~31，ISER[1]的bit0~bit27对应中断32~59，这样总共60个中断就分别对应上了。要使能某个中断，就必须设置相应的ISER位为1，使该中断被使能(这里仅仅是使能，还要配合中断分组、屏蔽、I/O口映射等设置才算是一个完整的中断设置)。具体每一位对应哪个中断可参考stm32f10x.h里面的第140行处(针对编译器MDK5来说)。

ICER[8]：全称是Interrupt Clear-Enable Registers，是一个中断除能寄存器组。该寄存器组与ISER的作用恰好相反，是用来清除某个中断的使能的。其对应位的功能也和ICER一样。这里要专门设置一个ICER来清除中断位，而不是向ISER写0来清除，是因为NVIC的这些寄存器都是写1有效的，写0是无效的。

ISPR[8]：全称是Interrupt Set-Pending Registers，是一个中断挂起控制寄存器组。每个位对应的中断和ISER是一样的。通过置1可以将正在进行的中断挂起，而执行同级或更高级别的中断。写0是无效的。

ICPR[8]：全称是Interrupt Clear-Pending Registers，是一个中断解挂控制寄存器组。其作用与ISPR相反，对应位也和ISER是一样的。通过设置1可以将挂起的中断接挂。写0无效。

IABR[8]：全称是Interrupt Active Bit Registers，是一个中断激活标志位寄存器组。对应位代表的中断和ISER一样，如果为1，则表示该位所对应的中断正在被执行。

这是一个只读寄存器,通过它可以知道当前在执行的中断是哪一个。在中断执行完了由硬件自动清零。

IP[240]:全称是 Interrupt Priority Registers,是一个中断优先级控制的寄存器组。这个寄存器组相当重要!STM32 的中断分组与这个寄存器组密切相关。IP 寄存器组由 240 个 8 bit 寄存器组成,每个可屏蔽中断占用 8 bit,这样总共可以表示 240 个可屏蔽中断。而 STM32 只用到了其中的前 60 个,IP[59]~IP[0]分别对应中断 59~0。每个可屏蔽中断占用的 8 bit 并没有全部使用,而是只用了高 4 位。这 4 位又分为抢占优先级和子优先级,抢占优先级在前,子优先级在后。而这两个优先级各占几个位又要根据 SCB→AIRCR 中的中断分组设置来决定。

这里简单介绍一下 STM32 的中断分组:STM32 将中断分为 5 个组,组 0~4。该分组的设置是由 SCB→AIRCR 寄存器的 bit10~8 来定义的。具体的分配关系如表 4.4.1 所列。通过这个表可以清楚地看到组 0~4 对应的配置关系,例如组设置为 3,那么此时所有 60 个中断的中断优先寄存器高 4 位中的最高 3 位是抢占优先级,低 1 位是响应优先级。每个中断可以设置抢占优先级为 0~7,响应优先级为 1 或 0。抢占优先级的级别高于响应优先级,而数值越小所代表的优先级就越高。

表 4.4.1 AIRCR 中断分组设置表

组	AIRCR[10:8]	bit[7:4]分配情况	分配结果
0	111	0:4	0 位抢占优先级,4 位响应优先级
1	110	1:3	1 位抢占优先级,3 位响应优先级
2	101	2:2	2 位抢占优先级,2 位响应优先级
3	100	3:1	3 位抢占优先级,1 位响应优先级
4	011	4:0	4 位抢占优先级,0 位响应优先级

这里需要注意两点:第一,如果两个中断的抢占优先级和响应优先级都是一样,则看哪个中断先发生就先执行;第二,高优先级的抢占优先级是可以打断正在进行的低抢占优先级中断的。而抢占优先级相同的中断,高优先级的响应优先级不可以打断低响应优先级的中断。

结合实例说明一下:假定设置中断优先级组为 2,然后设置中断 3(RTC 中断)的抢占优先级为 2,响应优先级为 1。中断 6(外部中断 0)的抢占优先级为 3,响应优先级为 0。中断 7(外部中断 1)的抢占优先级为 2,响应优先级为 0。那么这 3 个中断的优先级顺序为:中断 7>中断 3>中断 6。这里中断 3 和中断 7 都可以打断中断 6 的中断,而中断 7 和中断 3 却不可以相互打断!

接下来介绍如何使用库函数实现以上中断分组设置以及中断优先级管理,从而使中断设置简单化。NVIC 中断管理函数主要在 misc.c 文件里面。

首先要讲解的是中断优先级分组函数 NVIC_PriorityGroupConfig,其函数申明如下:

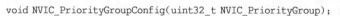

```
void NVIC_PriorityGroupConfig(uint32_t NVIC_PriorityGroup);
```

这个函数的作用是对中断的优先级进行分组,这个函数在系统中只能被调用一次,一旦分组确定就最好不要更改。这个函数实现如下:

```
void NVIC_PriorityGroupConfig(uint32_t NVIC_PriorityGroup)
{
    assert_param(IS_NVIC_PRIORITY_GROUP(NVIC_PriorityGroup));
    SCB->AIRCR = AIRCR_VECTKEY_MASK | NVIC_PriorityGroup;
}
```

从函数体可以看出,这个函数唯一目的就是通过设置 SCB→AIRCR 寄存器来设置中断优先级分组,这在前面寄存器讲解的过程中已经讲到。而其入口参数通过双击选中函数体里面的 IS_NVIC_PRIORITY_GROUP,然后右击 Go to defition of 可以查看到为:

```
#define IS_NVIC_PRIORITY_GROUP(GROUP)
(((GROUP) == NVIC_PriorityGroup_0) || \
((GROUP) == NVIC_PriorityGroup_1) || \
((GROUP) == NVIC_PriorityGroup_2) || \
((GROUP) == NVIC_PriorityGroup_3) || \
((GROUP) == NVIC_PriorityGroup_4))
```

这也是表 4.4.1 讲解的,分组范围为 0~4。比如设置整个系统的中断优先级分组值为 2,那么方法是:

```
NVIC_PriorityGroupConfig(NVIC_PriorityGroup_2);
```

这样就确定了一共为"2 位抢占优先级,2 位响应优先级"。

设置好了系统中断分组,那么对于每个中断我们又怎么确定它的抢占优先级和响应优先级呢?下面讲解一个重要的函数为中断初始化函数 NVIC_Init,其函数申明为:

```
void NVIC_Init(NVIC_InitTypeDef* NVIC_InitStruct)
```

其中,NVIC_InitTypeDef 是一个结构体,其结构体的成员变量:

```
typedef struct
{
    uint8_t NVIC_IRQChannel;
    uint8_t NVIC_IRQChannelPreemptionPriority;
    uint8_t NVIC_IRQChannelSubPriority;
    FunctionalState NVIC_IRQChannelCmd;
} NVIC_InitTypeDef;
```

➢ NVIC_InitTypeDef 结构体中间有 4 个成员变量:
➢ NVIC_IRQChannel:定义初始化的是哪个中断,这个可以在 stm32f10x.h 中找到每个中断对应的名字,例如 USART1_IRQn。
➢ NVIC_IRQChannelPreemptionPriority:定义这个中断的抢占优先级别。
➢ NVIC_IRQChannelSubPriority:定义这个中断的子优先级别。
➢ NVIC_IRQChannelCmd:该中断是否使能。

比如要使能串口 1 的中断,同时设置抢占优先级为 1,子优先级位 2,初始化的方法是:

```
NVIC_InitTypeDef    NVIC_InitStructure;
NVIC_InitStructure.NVIC_IRQChannel = USART1_IRQn;//串口1中断
NVIC_InitStructure.NVIC_IRQChannelPreemptionPriority=1;//抢占优先级为1
NVIC_InitStructure.NVIC_IRQChannelSubPriority = 2;//子优先级位2
NVIC_InitStructure.NVIC_IRQChannelCmd = ENABLE;//IRQ通道使能
NVIC_Init(&NVIC_InitStructure);//根据上面指定的参数初始化NVIC寄存器
```

这里讲解了中断的分组的概念以及设置单个中断优先级的方法。

最后总结一下中断优先级设置的步骤：

① 系统运行开始的时候设置中断分组。确定组号也就是确定抢占优先级和子优先级的分配位数，调用函数为"NVIC_PriorityGroupConfig();"。

② 设置所用到的中断的中断优先级别，对每个中断的调用函数为"NVIC_Init();"。

4.6 MDK 中寄存器地址名称映射分析

之所以要讲解这部分知识，是因为经常会遇到用户提到不明白 MDK 中那些结构体是怎么与寄存器地址对应起来的。这里就做一个简要的分析。

首先看看51是怎么做的。51单片机开发中经常会引用一个 reg51.h 的头文件，下面看看它是怎么把名字和寄存器联系起来的：

```
sfr P0 = 0x80;
```

sfr 也是一种扩充数据类型，点用一个内存单元，值域为 0～255。利用它可以访问 51 单片机内部的所有特殊功能寄存器。如用"sfr P1 = 0x90"一句定义 P1 为 P1 端口在片内的寄存器。往地址为 0x80 的寄存器设值的方法是："P0=value;"。

那么在 STM32 中，是否也可以这样做呢？答案是肯定的，但是 STM32 寄存器太多，如果一一以这样的方式列出来，那要好大的篇幅，既不方便开发，也显得杂乱无序，所以 MDK 采用的方式是通过结构体来将寄存器组织在一起。下面就介绍 MDK 是怎么把结构体和地址对应起来的，为什么修改结构体成员变量的值就可以达到操作对应寄存器的值？这些事情都是在 stm32f10x.h 文件中完成的。我们通过 GPIOA 的几个寄存器的地址来介绍吧。

《STM32中文参考手册 V10》中寄存器地址映射表如图4.6.1所示。可以看出，GPIOA 的7个寄存器都是32位的，所以每个寄存器占有4个地址，一共占用28个地址，地址偏移范围为（000h～01Bh）。这个地址偏移是相对 GPIOA 的基地址而言的。GPIOA 的基地址是怎么算出来的呢？因为 GPIO 都是挂载在 APB2 总线之上，所以它的基地址是由 APB2 总线的基地址＋GPIOA 在 APB2 总线上的偏移地址决定的。依次类推，便可以算出 GPIOA 基地址了。下面打开 stm32f10x.h，定位到 GPIO_TypeDef 定义处：

```
typedef struct
{
    __IO uint32_t CRL;
```

第4章 STM32开发基础知识入门

```
    __IO uint32_t CRH;
    __IO uint32_t IDR;
    __IO uint32_t ODR;
    __IO uint32_t BSRR;
    __IO uint32_t BRR;
    __IO uint32_t LCKR;
} GPIO_TypeDef;
```

然后定位到：

```
#define GPIOA            ((GPIO_TypeDef *) GPIOA_BASE)
```

偏移	寄存器	31	30	29	28	27	26	25	24	23	22	21	20	19	18	17	16	15	14	13	12	11	10	9	8	7	6	5	4	3	2	1	0
000h	GPIOx_CRL	CNF7[1:0]		MODE7[1:0]		CNF6[1:0]		MODE6[1:0]		CNF5[1:0]		MODE5[1:0]		CNF4[1:0]		MODE4[1:0]		CNF3[1:0]		MODE3[1:0]		CNF2[1:0]		MODE2[1:0]		CNF1[1:0]		MODE1[1:0]		CNF0[1:0]		MODE0[1:0]	
	复位值	0	1	0	1	0	1	0	1	0	1	0	1	0	1	0	1	0	1	0	1	0	1	0	1	0	1	0	1	0	1	0	1
004h	GPIOx_CRH	CNF15[1:0]		MODE15[1:0]		CNF14[1:0]		MODE14[1:0]		CNF13[1:0]		MODE13[1:0]		CNF12[1:0]		MODE12[1:0]		CNF11[1:0]		MODE11[1:0]		CNF10[1:0]		MODE10[1:0]		CNF9[1:0]		MODE9[1:0]		CNF8[1:0]		MODE8[1:0]	
	复位值	0	1	0	1	0	1	0	1	0	1	0	1	0	1	0	1	0	1	0	1	0	1	0	1	0	1	0	1	0	1	0	1
008h	GPIOx_IDR	保留																IDR[15:0]															
	复位值																	0	0	0	0	0	0	0	0	0	0	0	0	0	0	0	0
00Ch	GPIOx_ODR	保留																ODR[15:0]															
	复位值																	0	0	0	0	0	0	0	0	0	0	0	0	0	0	0	0
010h	GPIOx_BSRR	BR[15:0]																BSR[15:0]															
	复位值	0	0	0	0	0	0	0	0	0	0	0	0	0	0	0	0	0	0	0	0	0	0	0	0	0	0	0	0	0	0	0	0
014h	GPIOx_BRR	保留																BR[15:0]															
	复位值																	0	0	0	0	0	0	0	0	0	0	0	0	0	0	0	0
018h	GPIOx_LCKR	保留															LCKK	LCK[15:0]															
	复位值																	0	0	0	0	0	0	0	0	0	0	0	0	0	0	0	0

图 4.6.1　GPIO 寄存器地址映像

可以看出，GPIOA 是将 GPIOA_BASE 强制转换为 GPIO_TypeDef 指针。这句话的意思是 GPIOA 指向地址 GPIOA_BASE，GPIOA_BASE 存放的数据类型为 GPIO_TypeDef。然后双击 GPIOA_BASE，之后右键选中 Go to definition of，便可查看 GPIOA_BASE 的宏定义：

```
#define GPIOA_BASE       (APB2PERIPH_BASE + 0x0800)
```

依次类推，可以找到最顶层：

```
#define APB2PERIPH_BASE   (PERIPH_BASE + 0x10000)
#define PERIPH_BASE       ((uint32_t)0x40000000)
```

所以可以算出 GPIOA 的基地址位：

```
GPIOA_BASE = 0x40000000 + 0x10000 + 0x0800 = 0x40010800
```

下面再跟《STM32 中文参考手册 V10》比较一下，看看 GPIOA 的基地址是不是 0x40010800？截图如图 4.6.2 所示的存储器映射表可以看到，GPIOA 的起始地址也就是基地址确实是 0x40010800。

同样的道理可以推算出其他外设的基地址。

地址范围	端口
0x4001 2000～0x4001 23FF	GPIO 端口 G
0x4001 2000～0x4001 23FF	GPIO 端口 F
0x4001 1800～0x4001 1BFF	GPIO 端口 E
0x4001 1400～0x4001 17FF	GPIO 端口 D
0x4001 1000～0x4001 13FF	GPIO 端口 C
0x4001 0C00～0x4001 0FFF	GPIO 端口 B
0x4001 0800～0x4001 0BFF	GPIO 端口 A

图 4.6.2　GPIO 存储器地址映射表

上面已经知道 GPIOA 的基地址,那么那些 GPIOA 的 7 个寄存器的地址又是怎么算出来的呢?上面讲过 GPIOA 的各个寄存器对于 GPIOA 基地址的偏移地址,所以自然可以算出来每个寄存器的地址。

GPIOA 的寄存器的地址＝GPIOA 基地址＋寄存器相对 GPIOA 基地址的偏移值
这个偏移值在上面的寄存器地址映像表中可以查到,如图 4.6.3 所示。

那么在结构体里面这些寄存器又是怎么与地址一一对应的呢?这里就涉及结构体的一个特征,那就是结构体存储的成员的地址是连续的。上面讲到 GPIOA 是指向 GPIO_TypeDef 类型的指针,又由于 GPIO_TypeDef 是结构体,所以自然而然就可以算出 GPIOA 指向的结构体成员变量对应地址了。

寄存器	偏移地址	实际地址＝基地址＋偏移地址
GPIOA→CRL	0x00	0x40010800＋0x00
GPIOA→CRH;	0x04	0x40010800＋0x04
GPIOA→IDR;	0x08	0x40010800＋0x08
GPIOA→ODR	0x0c	0x40010800＋0x0c
GPIOA→BSRR	0x10	0x40010800＋0x10
GPIOA→BRR	0x14	0x40010800＋0x14
GPIOA→LCKR	0x18	0x40010800＋0x18

图 4.6.3　GPIOA 各寄存器实际地址表

把 GPIO_TypeDef 定义中的成员变量的顺序和 GPIOx 寄存器地址映像对比可以发现,它们的顺序是一致的,如果不一致,就会导致地址混乱了。

这就是为什么固件库里面"GPIOA→BRR＝value;"就是设置地址为 0x40010800＋0x014(BRR 偏移量)＝0x40010814 的寄存器 BRR 的值了。它和 51 里面 P0＝value 是设置地址为 0x80 的 P0 寄存器的值是一样的道理。

4.7　MDK 固件库快速组织代码技巧

这一节主要讲解在使用 MDK 固件库开发时的一些小技巧,仅供初学者参考。这

第4章 STM32开发基础知识入门

节的知识可以在学习第一个跑马灯实验的时候参考一下，应该很有帮助。我们就用最简单的 GPIO 初始化函数为例介绍。

现在要初始化某个 GPIO 端口，我们要怎样快速操作呢？在头文件 stm32f10x_gpio.h 头文件中，定义 GPIO 初始化函数为：

void GPIO_Init(GPIO_TypeDef * GPIOx, GPIO_InitTypeDef * GPIO_InitStruct);

想写初始化函数，那么在不参考其他代码的前提下怎么组织代码呢？

首先，我们可以看出，函数的入口参数是 GPIO_TypeDef 类型指针和 GPIO_InitTypeDef 类型指针，因为 GPIO_TypeDef 入口参数比较简单，所以通过第二个入口参数 GPIO_InitTypeDef 类型指针来讲解。双击 GPIO_InitTypeDef，之后右键选择 Go to definition，如图 4.7.1 所示。

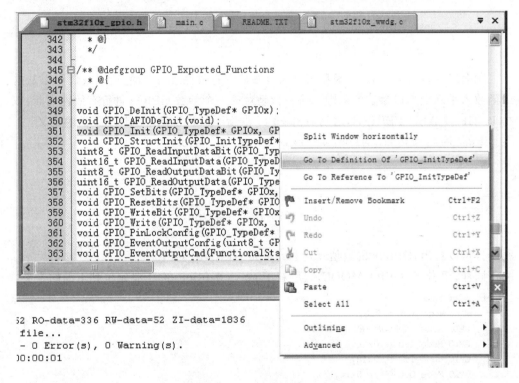

图 4.7.1　查看类型定义方法

于是，定位到 stm32f10x_gpio.h 中 GPIO_InitTypeDef 的定义处：

```
typedef struct
{  uint16_t GPIO_Pin;
   GPIOSpeed_TypeDef GPIO_Speed;
   GPIOMode_TypeDef GPIO_Mode; GPIOMode_TypeDef * /
}GPIO_InitTypeDef;
```

可以看到，这个结构体有 3 个成员变量，这也告诉我们一个信息，一个 GPIO 口的状态是由速度(Speed)和模式(Mode)来决定的。首先要定义一个结构体变量：

GPIO_InitTypeDef GPIO_InitStructure;

接着要初始化结构体变量 GPIO_InitStructure。首先要初始化成员变量 GPIO_Pin,这个变量到底可以设置哪些值呢？这些值的范围有什么规定吗？这里我们就要找到 GPIO_Init()函数的实现处,同样,双击 GPIO_Init,之后右击 Go to definition of ,这样光标定位到 stm32f10x_gpio.c 文件中的 GPIO_Init 函数体开始处。可以看到,在函数的开始处有如下几行:

```
void GPIO_Init(GPIO_TypeDef * GPIOx, GPIO_InitTypeDef * GPIO_InitStruct)
{
    ……
    /* Check the parameters */
    assert_param(IS_GPIO_ALL_PERIPH(GPIOx));
    assert_param(IS_GPIO_MODE(GPIO_InitStruct->GPIO_Mode));
    assert_param(IS_GPIO_PIN(GPIO_InitStruct->GPIO_Pin));
    ……
    assert_param(IS_GPIO_SPEED(GPIO_InitStruct->GPIO_Speed));
    ……
}
```

顾名思义,assert_param 函数式对入口参数的有效性进行判断,所以我们可以从这个函数入手确定入口参数的范围。第一行是对第一个参数 GPIOx 进行有效性判断,双击 IS_GPIO_ALL_PERIPH,之后右击 go to defition of,于是定位到了下面的定义:

```
#define IS_GPIO_ALL_PERIPH(PERIPH) (((PERIPH) == GPIOA) || \
                                    ((PERIPH) == GPIOB) || \
                                    ((PERIPH) == GPIOC) || \
                                    ((PERIPH) == GPIOD) || \
                                    ((PERIPH) == GPIOE) || \
                                    ((PERIPH) == GPIOF) || \
                                    ((PERIPH) == GPIOG))
```

很明显可以看出,GPIOx 的取值规定只允许是 GPIOA~GPIOG。

同样,双击 IS_GPIO_MODE,之后右击 go to defition of,于是定位到下面的定义:

```
typedef enum
{ GPIO_Mode_AIN = 0x0,
  GPIO_Mode_IN_FLOATING = 0x04,
  GPIO_Mode_IPD = 0x28,
  GPIO_Mode_IPU = 0x48,
  GPIO_Mode_Out_OD = 0x14,
  GPIO_Mode_Out_PP = 0x10,
  GPIO_Mode_AF_OD = 0x1C,
  GPIO_Mode_AF_PP = 0x18
}GPIOMode_TypeDef;
#define IS_GPIO_MODE(MODE) (((MODE) == GPIO_Mode_AIN) ||\
                            ((MODE) == GPIO_Mode_IN_FLOATING) || \
                            ((MODE) == GPIO_Mode_IPD) || \
                            ((MODE) == GPIO_Mode_IPU) || \
                            ((MODE) == GPIO_Mode_Out_OD) || \
                            ((MODE) == GPIO_Mode_Out_PP) || \
                            ((MODE) == GPIO_Mode_AF_OD) || \
                            ((MODE) == GPIO_Mode_AF_PP))
```

所以 GPIO_InitStruct→GPIO_Mode 成员的取值范围只能是上面定义的 8 种。这 8 种模式是通过一个枚举类型组织在一起的。

同样的方法可以找出 GPIO_Speed 的参数限制：

```
typedef enum
{
  GPIO_Speed_10MHz = 1,
  GPIO_Speed_2MHz,
  GPIO_Speed_50MHz
}GPIOSpeed_TypeDef;
#define IS_GPIO_SPEED(SPEED)    (((SPEED) == GPIO_Speed_10MHz) || \
                                 ((SPEED) == GPIO_Speed_2MHz) || \
                                 ((SPEED) == GPIO_Speed_50MHz))
```

双击 IS_GPIO_PIN，之后右击 go to defition of，定位到下面的定义：

```
#define IS_GPIO_PIN(PIN) ((((PIN) & (uint16_t)0x00) == 0x00) && ((PIN) != (uint16_t)0x00))
```

可以看出，GPIO_Pin 成员变量的取值范围为 0x0000～0xffff，那么是不是写代码初始化就直接给一个 16 位的数字呢？这也是可以的，但是大多数情况下，MDK 不会让用户直接在入口参数处设置一个简单的数字，因为这样的代码可读性太差，MDK 会将这些数字的意思通过宏定义定义出来，从而大大增强可读性。可以看到，在 IS_GPIO_PIN(PIN)宏定义的上面还有数行宏定义：

```
#define GPIO_Pin_0            ((uint16_t)0x0001)  /*!< Pin 0 selected */
#define GPIO_Pin_1            ((uint16_t)0x0002)  /*!< Pin 1 selected */
#define GPIO_Pin_2            ((uint16_t)0x0004)  /*!< Pin 2 selected */
……
#define GPIO_Pin_14           ((uint16_t)0x4000)  /*!< Pin 14 selected */
#define GPIO_Pin_15           ((uint16_t)0x8000)  /*!< Pin 15 selected */
#define GPIO_Pin_All          ((uint16_t)0xFFFF)  /*!< All pins selected */

#define IS_GPIO_PIN(PIN) ((((PIN) & (uint16_t)0x00) == 0x00) && ((PIN) != (uint16_t)0x00))
```

这些宏定义（GPIO_Pin_0～GPIO_Pin_All）是 MDK 事先定义好的，写代码过程中初始化 GPIO_Pin 的时候入口参数可以是这些宏定义。对于这种情况，MDK 一般把取值范围的宏定义放在判断有效性语句的上方，方便查找。

讲到这里，我们基本对 GPIO_Init 的入口参数有比较详细的了解了，于是可以组织起来下面的代码：

```
GPIO_InitTypeDef  GPIO_InitStructure;
GPIO_InitStructure.GPIO_Pin = GPIO_Pin_5;//
GPIO_InitStructure.GPIO_Mode = GPIO_Mode_Out_PP;  //推挽输出
GPIO_InitStructure.GPIO_Speed = GPIO_Speed_50MHz;
GPIO_Init(GPIOB, &GPIO_InitStructure);
```

接着又有一个问题提出来，这个初始化函数一次只能初始化一个 I/O 口吗？要同时初始化很多个 I/O 口，是不是要复制很多次这样的初始化代码呢？这里又有一个小技巧。从上面 GPIO_Pin_x 的宏定义可以看出，这些值是 0、1、2、4 这样的数字，所以每

•101•

个 I/O 口选定位都对应着一个位,16 位的数据一共对应 16 个 I/O 口。这个位为 0,那么这个对应的 I/O 口不选定;这个位为 1,则对应的 I/O 口选定。如果多个 I/O 口,且都对应同一个 GPIOx,那么可以通过|(或)的方式同时初始化多个 I/O 口。这样操作的前提是它们的 Mode 和 Speed 参数相同,因为 Mode 和 Speed 参数并不能一次定义多种,所以初始化多个 I/O 口的方式可以是如下:

```
GPIO_InitTypeDef  GPIO_InitStructure;
GPIO_InitStructure.GPIO_Pin = GPIO_Pin_5| GPIO_Pin_6| GPIO_Pin_7;//指定端口
GPIO_InitStructure.GPIO_Mode = GPIO_Mode_Out_PP; //端口模式:推挽输出
GPIO_InitStructure.GPIO_Speed = GPIO_Speed_50MHz;       //速度
GPIO_Init(GPIOB, &GPIO_InitStructure);                  //初始化
```

哪些参数可以通过|(或)的方式连接,这既有章可循,同时也靠读者在开发过程中不断积累。

有客户经常问到,每次使能时钟的时候都要去查看时钟树,看那些外设是挂载在哪个总线之下的,这好麻烦。学到这里我相信大家就可以很快速的解决这个问题了。

stm32f10x.h 文件里面可以看到如下的宏定义:

```
#define RCC_APB2Periph_GPIOA          ((uint32_t)0x00000004)
#define RCC_APB2Periph_GPIOB          ((uint32_t)0x00000008)
#define RCC_APB2Periph_GPIOC          ((uint32_t)0x00000010)
#define RCC_APB1Periph_TIM2           ((uint32_t)0x00000001)
#define RCC_APB1Periph_TIM3           ((uint32_t)0x00000002)
#define RCC_APB1Periph_TIM4           ((uint32_t)0x00000004)
#define RCC_AHBPeriph_DMA1            ((uint32_t)0x00000001)
#define RCC_AHBPeriph_DMA2            ((uint32_t)0x00000002)
```

可以很明显地看出 GPIOA～GPIOC 是挂载在 APB2 下面,TIM2～TIM4 是挂载在 APB1 下面,DMA 是挂载在 AHB 下面。所以在使能 DMA 的时候记住要调用的是 RCC_AHBPeriphClock()函数使能,在使能 GPIO 的时候调用的是 RCC_APB2PeriphResetCmd()函数使能。

上面讲解有点麻烦,每次要去查找 assert_param()函数再寻找,那么有没有更好的办法呢?打开 GPIO_InitTypeDef 结构体定义:

```
typedef struct
{
    uint16_t GPIO_Pin;           /*!< Specifies the GPIO pins to be configured.
                                      This parameter can be any value of
                                      @ref GPIO_pins_define */
    GPIOSpeed_TypeDef GPIO_Speed; /*!< Specifies the speed for the selected pins.
                                      This parameter can be a value of
                                      @ref GPIOSpeed_TypeDef */
    GPIOMode_TypeDef GPIO_Mode;   /*!< Specifies the operating mode for the selected
                                      pins.This parameter can be a value of
                                      @ref GPIOMode_TypeDef */
}GPIO_InitTypeDef;
```

从结构体成员后面的注释可以看出,GPIO_Mode 的意思是"Specifies the operating mode for the selected pins. This parameter can be a value of @ref GPIOMode_TypeDef"。从这段注释可以看出,GPIO_Mode 的取值为 GPIOMode_TypeDef 枚举类型的枚举值,读者同样可以用之前讲解的方法,即右键双击 GPIOMode_TypeDef,之后选择 Go to definition of 即可查看其取值范围。如果要确定详细的信息,那么就得去查看手册了。至于需要查看手册的哪个地方,则可以在函数 GPIO_Init()的函数体中搜索 GPIO_Mode 关键字,然后查看库函数设置 GPIO_Mode,从而设置的哪个寄存器的哪个位,然后去中文参考手册查看该寄存器相应位的定义以及前后文的描述。

第 5 章

SYSTEM 文件夹介绍

第 4 章介绍了如何在 MDK5.14 下建立 STM32F1 工程,这个新建的工程中用到了一个 SYSTEM 文件夹里面的代码,此文件夹里面的代码由 ALIENTEK 提供,是 STM32F10x 系列的底层核心驱动函数,可以用在 STM32F10x 系列的各个型号上面,方便读者快速构建自己的工程。

SYSTEM 文件夹下包含了 delay、sys、usart 这 3 个文件夹,分别包含了 delay.c、sys.c、usart.c 及其头文件。通过这 3 个 c 文件,可以快速给任何一款 STM32F1 构建最基本的框架,使用起来是很方便的。

本章将介绍这些代码,使读者了解到这些代码的由来,并可以灵活使用 SYSTEM 文件夹提供的函数来快速构建工程,并实际应用到自己的项目中去。

5.1 delay 文件夹代码介绍

delay 文件夹内包含了 delay.c 和 delay.h 两个文件,这两个文件用来实现系统的延时功能,其中包含 7 个函数:void delay_osschedlock(void)、void delay_osschedunlock(void)、void delay_ostimedly(u32 ticks)、void SysTick_Handler(void)、void delay_init(void)、void delay_ms(u16 nms)、void delay_us(u32nus)。前面 4 个函数仅在支持操作系统(OS)的时候需要用到,而后面 3 个函数则不论是否支持 OS 都需要用到。

介绍这些函数之前先了解一下 delay 延时的编程思想:Cortex-M3 内核的处理器内部包含了一个 SysTick 定时器,SysTick 是一个 24 位的倒计数定时器,当计数到 0 时,将从 RELOAD 寄存器中自动重装载定时初值,开始新一轮计数。只要不把它在 SysTick 控制及状态寄存器中的使能位清除,就永不停息。SysTick 在《STM32 中文参考手册》(这里是指 V10.0 版本,下同)里面介绍得很简单,详细介绍可参阅《ARM Cortex-M3权威指南》第 133 页。我们就是利用 STM32 的内部 SysTick 来实现延时的,这样既不占用中断,也不占用系统定时器。

这里将介绍 ALIENTEK 提供的最新版本的延时函数,该版本的延时函数支持在任意操作系统(OS)下面使用,可以和操作系统共用 SysTick 定时器。

这里以 μC/OS-II 为例,介绍如何实现操作系统和 delay 函数共用 SysTick 定时器。首先简单介绍 μC/OS-II 的时钟:μC/OS 运行需要一个系统时钟节拍(类似"心跳"),而这个节拍是固定的(由 OS_TICKS_PER_SEC 宏定义设置),比如要求 5 ms 一

第 5 章 SYSTEM 文件夹介绍

次(即可设置 OS_TICKS_PER_SEC=200),STM32 上面一般是由 SysTick 来提供这个节拍,也就是 SysTick 要设置为 5 ms 中断一次,为 μC/OS 提供时钟节拍,而且这个时钟一般是不能被打断的(否则就不准了)。

因为在 μC/OS 下 SysTick 不能再被随意更改,还想利用 SysTick 来做 delay_us 或者 delay_ms 的延时,就必须想点办法了,这里利用的是时钟摘取法。以 delay_us 为例,比如 delay_us(50),在刚进入 delay_us 的时候先计算好这段延时需要等待的 SysTick 计数次数,这里为 50×9(假设系统时钟为 72 MHz,那么 SysTick 每增加 1,就是 1/9 μs),然后就一直统计 SysTick 的计数变化,直到这个值变化了 50×9;一旦检测到变化达到或者超过这个值,就说明延时 50 μs 时间到了。这样,我们只是抓取 SysTick 计数器的变化,并不需要修改 SysTick 的任何状态,完全不影响 SysTick 作为 μC/OS 时钟节拍的功能,这就是实现 delay 和操作系统共用 SysTick 定时器的原理。

5.1.1 操作系统支持宏定义及相关函数

当需要 delay_ms 和 delay_us 支持操作系统(OS)的时候,我们需要用到 3 个宏定义和 4 个函数,宏定义及函数代码如下:

```
//本例程仅作 UCOSII 和 UCOSIII 的支持,其他 OS,请自行参考着移植
//支持 UCOSII
#ifdef OS_CRITICAL_METHOD
//OS_CRITICAL_METHOD 定义了,说明要支持 UCOSII
#define delay_osrunning    OSRunning    //OS 是否运行标记,0,不运行;1,在运行
#define delay_ostickspersec OS_TICKS_PER_SEC //OS 时钟节拍,即每秒调度次数
#define delay_osintnesting OSIntNesting //中断嵌套级别,即中断嵌套次数
#endif
//支持 UCOSIII
#ifdef CPU_CFG_CRITICAL_METHOD    //CPU_CFG_CRITICAL_METHOD 定义了,说明要支持 UCOSIII
#define delay_osrunning    OSRunning    //OS 是否运行标记,0,不运行;1,在运行
#define delay_ostickspersec OSCfg_TickRate_Hz //OS 时钟节拍,即每秒调度次数
#define delay_osintnesting  OSIntNestingCtr //中断嵌套级别,即中断嵌套次数
#endif
//us 级延时时,关闭任务调度(防止打断 us 级延迟)
void delay_osschedlock(void)
{
#ifdef CPU_CFG_CRITICAL_METHOD    //使用 UCOSIII
    OS_ERR err;
    OSSchedLock(&err);//UCOSIII 的方式,禁止调度,防止打断 us 延时
#else//否则 UCOSII
    OSSchedLock();//UCOSII 的方式,禁止调度,防止打断 us 延时
#endif
}
//us 级延时时,恢复任务调度
void delay_osschedunlock(void)
{
#ifdef CPU_CFG_CRITICAL_METHOD    //使用 UCOSIII
    OS_ERR err;
    OSSchedUnlock(&err);//UCOSIII 的方式,恢复调度
```

```c
#else//否则 UCOSII
    OSSchedUnlock();//UCOSII 的方式,恢复调度
#endif
}
//调用 OS 自带的延时函数延时
//ticks:延时的节拍数
void delay_ostimedly(u32 ticks)
{
#ifdef CPU_CFG_CRITICAL_METHOD//使用 UCOSIII 时
    OS_ERR err;
    OSTimeDly(ticks,OS_OPT_TIME_PERIODIC,&err);//UCOSIII 延时采用周期模式
#else
    OSTimeDly(ticks);//UCOSII 延时
#endif
}
//systick 中断服务函数,使用 ucos 时用到
void SysTick_Handler(void)
{
    if(delay_osrunning==1)//OS 开始跑了,才执行正常的调度处理
    {
        OSIntEnter();        //进入中断
        OSTimeTick();        //调用 ucos 的时钟服务程序
        OSIntExit();         //触发任务切换软中断
    }
}
```

以上代码仅支持 μC/OS-II 和 μC/OS-III,不过,对于其他 OS 的支持也只需要对以上代码进行简单修改即可实现。

支持 OS 需要用到的 3 个宏定义(以 μC/OS-II 为例)即:

```
#define delay_osrunningOSRunning//OS 是否运行标记,0,不运行;1,在运行
#define delay_ostickspersecOS_TICKS_PER_SEC//OS 时钟节拍,即每秒调度次数
#define delay_osintnestingOSIntNesting//中断嵌套级别,即中断嵌套次数
```

宏定义 delay_osrunning,用于标记 OS 是否正在运行。当 OS 已经开始运行时,该宏定义值为 1;当 OS 还未运行时,该宏定义值为 0。

宏定义 delay_ostickspersec,用于表示 OS 的时钟节拍,即 OS 每秒钟任务调度次数。

宏定义 delay_osintnesting,用于表示 OS 中断嵌套级别,即中断嵌套次数。每进入一个中断,该值加 1;每退出一个中断,该值减 1。

支持 OS 需要用到的 4 个函数,即:

函数 delay_osschedlock,用于 delay_us 延时,作用是禁止 OS 进行调度,以防打断 μs 级延时,导致延时时间不准。

函数 delay_osschedunlock,同样用于 delay_us 延时,作用是在延时结束后恢复 OS 的调度,继续正常的 OS 任务调度。

函数 delay_ostimedly,则是调用 OS 自带的延时函数实现延时,参数为时钟节拍数。

第 5 章　SYSTEM 文件夹介绍

函数 SysTick_Handler,则是 systick 的中断服务函数。该函数为 OS 提供时钟节拍,同时可以引起任务调度。

以上就是 delay_ms 和 delay_us 支持操作系统时需要实现的 3 个宏定义和 4 个函数。

5.1.2　delay_init 函数

该函数用来初始化 2 个重要参数:fac_us 以及 fac_ms,同时把 SysTick 的时钟源选择为外部时钟。如果需要支持操作系统(OS),则只需要在 sys.h 里面设置 SYSTEM_SUPPORT_OS 宏的值为 1 即可。然后,该函数会根据 delay_ostickspersec 宏的设置来配置 SysTick 的中断时间,并开启 SysTick 中断。具体代码如下:

```
//初始化延迟函数
//当使用 OS 的时候,此函数会初始化 OS 的时钟节拍
//SYSTICK 的时钟固定为 HCLK 时钟的 1/8
void delay_init()
{
#if SYSTEM_SUPPORT_OS                          //如果需要支持 OS
    u32 reload;
#endif
    SysTick_CLKSourceConfig(SysTick_CLKSource_HCLK_Div8);
                                               //选择外部时钟  HCLK/8
    fac_us = SystemCoreClock/8000000;          //为系统时钟的 1/8
#if SYSTEM_SUPPORT_OS                          //如果需要支持 OS
    reload = SystemCoreClock/8000000;          //每秒钟的计数次数 单位为 K
    reload *= 1000000/delay_ostickspersec;     //根据 delay_ostickspersec 设定溢出时间
//reload 为 24 位寄存器,最大值:16777216,在 72M 下,约合 1.86 s
    fac_ms = 1000/delay_ostickspersec;         //代表 OS 可以延时的最少单位
    SysTick->CTRL| = SysTick_CTRL_TICKINT_Msk; //开启 SYSTICK 中断
    SysTick->LOAD = reload;                    //每 1/delay_ostickspersec 秒中断一次
    SysTick->CTRL| = SysTick_CTRL_ENABLE_Msk;  //开启 SYSTICK
#else
    fac_ms = (u16)fac_us*1000;                 //非 OS 下,代表每个 ms 需要的 systick 时钟数
#endif
}
```

可以看到,delay_init 函数使用了条件编译来选择不同的初始化过程。不使用 OS 的时候,只是设置一下 SysTick 的时钟源以及确定 fac_us 和 fac_ms 的值。而使用 OS 的时候则会进行一些不同的配置,这里的条件编译是根据 SYSTEM_SUPPORT_OS 宏来确定的,该宏在 sys.h 里面定义。

SysTick 是 MDK 定义的一个结构体(在 core_m3.h 里面),里面包含 CTRL、LOAD、VAL、CALIB 这 4 个寄存器。

SysTick→CTRL 的各位定义如图 5.1.1 所示。SysTick→LOAD 的定义如图 5.1.2 所示。SysTick→VAL 的定义如图 5.1.3 所示。SysTick→CALIB 不常用,这里不介绍了。

位 段	名 称	类 型	复位值	描 述
16	COUNTFLAG	R	0	如果在上次读取本寄存器后,SysTick 已经数到了 0,是该位为 1。如果读取该位,该位将自动清零
2	CLKSOURCE	R/W	0	0=外部时钟源(STCLK) 1=内核时钟(FCLK)
1	TICKINT	R/W	0	1=SysTick 倒数到 0 时产生 SysTick 异常请求 0=数到 0 时无动作
0	ENABLE	R/W	0	SysTick 定时器的使能位

图 5.1.1　SysTick→CTRL 寄存器各位定义

位 段	名 称	类 型	复位值	描 述
23:0	RELOAD	R/W	0	当倒数至零时,将被重装载的值

图 5.1.2　SysTick→LOAD 寄存器各位定义

位 段	名 称	类 型	复位值	描 述
23:0	CURRENT	R/Wc	0	读取时返回当前倒计数的值,写它则使之清零,同时还会清除在 SysTick 控制及状态寄存器中的 COUNTFLAG 标志

图 5.1.3　SysTick→VAL 寄存器各位定义

"SysTick_CLKSourceConfig(SysTick_CLKSource_HCLK_Div8);"这一句把 SysTick 的时钟选择为外部时钟。这里需要注意的是:SysTick 的时钟源自 HCLK 的 8 分频,假设外部晶振为 8 MHz,然后倍频到 72 MHz,那么 SysTick 的时钟即为 9 MHz,也就是 SysTick 的计数器 VAL 每减 1 就代表时间过了 1/9 μs。所以"fac_us=SystemCoreClock/8000000;"这句话就是计算在 SystemCoreClock 时钟频率下延时 1 μs 需要多少个 SysTick 时钟周期。同理,"fac_ms=(u16)fac_us * 1000;"就是计算延时 1 ms 需要多少个 SysTick 时钟周期,它自然是 1 μs 的 1 000 倍。初始化将计算出 fac_us 和 fac_ms 的值。

在不使用 OS 的时候,fac_us 为 μs 延时的基数,也就是延时 1 μs(SysTick→LOAD 应设置的值)。fac_ms 为 ms 延时的基数,也就是延时 1 ms(SysTick→LOAD 所应设置的值)。fac_us 为 8 位整型数据,fac_ms 为 16 位整型数据。Systick 的时钟来自系统时钟 8 分频,正因为如此,系统时钟如果不是 8 的倍数(不能被 8 整除),就会导致延时函数不准确,这也是推荐外部时钟选择 8 MHz 的原因。这点要特别留意。

当使用 OS 的时候,fac_us 还是 μs 延时的基数,不过这个值不会被写到 SysTick→LOAD 寄存器来实现延时,而是通过时钟摘取的办法实现的(前面已经介绍了)。而 fac_ms 则代表 μC/OS 自带的延时函数所能实现的最小延时时间(如 delay_ostickspersec=200,那么 fac_ms 就是 5 ms)。

5.1.3　delay_us 函数

该函数用来延时指定的 μs,其参数 nus 为要延时的微秒数。该函数有使用 OS 和

不使用 OS 两个版本,这里分别介绍。首先是不使用 OS 的时候,实现函数如下:

```
//延时 nus
//nus 为要延时的 us 数
void delay_us(u32 nus)
{
    u32 temp;
    SysTick->LOAD = nus * fac_us;//时间加载
    SysTick->VAL = 0x00;//清空计数器
    SysTick->CTRL| = SysTick_CTRL_ENABLE_Msk;//开始倒数
    do
    {
        temp = SysTick->CTRL;
    }while((temp&0x01)&&!(temp&(1<<16)));//等待时间到达
    SysTick->CTRL& = ~SysTick_CTRL_ENABLE_Msk;//关闭计数器
    SysTick->VAL = 0X00;        //清空计数器
}
```

这段代码其实就是先把要延时的 μs 数换算成 SysTick 的时钟数,然后写入 LOAD 寄存器。然后清空当前寄存器 VAL 的内容,再开启倒数功能。等倒数结束即延时了 nus。最后关闭 SysTick,清空 VAL 的值,实现一次延时 nus 的操作。注意,nus 的值不能太大,必须保证 nus $\leqslant 2^{24}$/fac_us,否则将导致延时时间不准确。这里特别说明一下:temp&0x01,这一句用来判断 systick 定时器是否还处于开启状态,可以防止 systick 被意外关闭导致的死循环。

再来看看使用 OS 的时候,delay_us 的实现函数如下:

```
//延时 nus
//nus 为要延时的 us 数
void delay_us(u32 nus)
{
    u32 ticks;
    u32 told,tnow,tcnt = 0;
    u32 reload = SysTick->LOAD;//LOAD 的值
    ticks = nus * fac_us;//需要的节拍数
    delay_osschedlock();//阻止 OS 调度,防止打断 us 延时
    told = SysTick->VAL;//刚进入时的计数器值
    while(1)
    {
        tnow = SysTick->VAL;
        if(tnow! = told)
        {
            if(tnow<told)tcnt + = told - tnow;//注意 SYSTICK 是一个递减的计数器
            else tcnt + = reload - tnow + told;
            told = tnow;
            if(tcnt> = ticks)break;//时间超过/等于要延迟的时间,则退出
        }
    };
    delay_osschedunlock();//恢复 OS 调度
}
```

这里就正是利用了前面提到的时钟摘取法,ticks 是延时 nus 需要等待的 SysTick

计数次数(也就是延时时间),told 用于记录最近一次的 SysTick→VAL 值,tnow 是当前的 SysTick→VAL 值,通过它们的对比累加实现 SysTick 计数次数的统计。统计值存放在 tcnt 里面,然后通过对比 tcnt 和 ticks 来判断延时是否到达,从而达到不修改 SysTick 实现 nus 的延时,可以和 OS 共用一个 SysTick。

上面的 delay_osschedlock 和 delay_osschedunlock 是 OS 提供的两个函数,用于调度上锁和解锁。为了防止 OS 在 delay_us 的时候打断延时,从而导致的延时不准,这里利用这两个函数来实现免打断,从而保证延时精度! 此时的 delay_us 可以实现最长 2^{32} μs 的延时,大概是 4 294 s。

5.1.4 delay_ms 函数

该函数用来延时指定的 ms,其参数 nms 为要延时的毫秒数。该函数同样有使用 OS 和不使用 OS 两个版本,这里分别介绍。首先是不使用 OS 的时候,实现函数如下:

```
//延时 nms
//SysTick->LOAD 为 24 位寄存器,所以,最大延时为:nms<=0xffffff*8*1000/SYSCLK
//SYSCLK 单位为 Hz,nms 单位为 ms,对 72M 条件下,nms<=1864
void delay_ms(u16 nms)
{
    u32 temp;
    SysTick->LOAD = (u32)nms * fac_ms;//时间加载(SysTick->LOAD 为 24bit)
    SysTick->VAL = 0x00;//清空计数器
    SysTick->CTRL| = SysTick_CTRL_ENABLE_Msk;            //开始倒数
    do
    {
        temp = SysTick->CTRL;
    }while((temp&0x01)&&!(temp&(1<<16)));//等待时间到达
    SysTick->CTRL& = ~SysTick_CTRL_ENABLE_Msk;           //关闭计数器
    SysTick->VAL = 0X00;//清空计数器
}
```

此部分代码和 5.1.3 小节的 delay_us(非 OS 版本)大致一样。注意,因为 LOAD 仅仅是一个 24 bit 的寄存器,所以延时的 ms 数不能太长;否则,超出了 LOAD 的范围,高位会被舍去,从而导致延时不准。最大延迟 ms 数可以通过公式"nms<=0xffffff*8*1000/SYSCLK" 计算。SYSCLK 单位为 Hz,nms 的单位为 ms。如果时钟为 72 MHz,那么 nms 的最大值为 1 864 ms。超过这个值,则建议通过多次调用 delay_ms 实现,否则就会导致延时不准确。

再来看看使用 OS 的时候,delay_ms 的实现函数如下:

```
//延时 nms
//nms:要延时的 ms 数
void delay_ms(u16 nms)
{
    if(delay_osrunning&&delay_osintnesting == 0)
    //如果 OS 已经在跑了,并且不是在中断里面(中断里面不能任务调度)
    {
        if(nms>= fac_ms)//延时的时间大于 OS 的最少时间周期
```

第 5 章 SYSTEM 文件夹介绍

```
        {
            delay_ostimedly(nms/fac_ms);//OS 延时
        }
        nms%=fac_ms;//OS 已经无法提供这么小的延时了,采用普通方式延时
    }
    delay_us((u32)(nms*1000));//普通方式延时
}
```

该函数中,delay_osrunning 是 OS 正在运行的标志。delay_osintnesting 是 OS 中断嵌套次数,必须 delay_osrunning 为真且 delay_osintnesting 为 0 的时候,才可以调用 OS 自带的延时函数进行延时(可以进行任务调度)。delay_ostimedly 函数就是利用 OS 自带的延时函数实现任务级延时的,其参数代表延时的时钟节拍数(假设 delay_ostickspersec=200,那么 delay_ostimedly(1),就代表延时 5 ms)。

当 OS 还未运行的时候,delay_ms 就是直接由 delay_us 实现的,OS 下的 delay_us 可以实现很长的延时而不溢出,所以放心使用 delay_us 来实现 delay_ms。不过由于 delay_us 的时候,任务调度被上锁了,所以还是建议不要用 delay_us 来延时很长的时间,否则影响整个系统的性能。

当 OS 运行的时候,delay_ms 函数将先判断延时时长是否大于等于一个 OS 时钟节拍(fac_ms),当大于这个值的时候,就通过调用 OS 的延时函数来实现(此时任务可以调度);不足一个时钟节拍的时候,直接调用 delay_us 函数实现(此时任务无法调度)。

5.2 sys 文件夹代码介绍

sys 文件夹内包含了 sys.c 和 sys.h 两个文件。sys.h 里面定义了 STM32 的 I/O 口输入读取宏定义和输出宏定义,sys.c 里面只定义了一个中断分组函数。

该部分代码在 sys.h 文件中实现对 STM32 各个 I/O 口的位操作,包括读入和输出。当然在这些函数调用之前,必须先进行 I/O 口时钟的使能和 I/O 口功能定义。此部分仅仅对 I/O 口进行输入/输出读取和控制。

位带操作,简单说,就是把每个比特膨胀为一个 32 位的字,当访问这些字的时候就达到了访问比特的目的,比如 BSRR 寄存器有 32 个位,那么可以映射到 32 个地址上,访问这 32 个地址就达到访问 32 个比特的目的,如图 5.2.1 所示。这样我们往某个地址写 1 就达到往对应比特位写 1 的目的,同样往某个地址写 0 就达到往对应的比特位写 0 的目的。

对于图 5.2.1,往 Address0 地址写入 1,那么就可以达到往寄存器的第 0 位 Bit0 赋值 1 的目的。这里不想讲得过于复杂,因为位带操作在实际开发中可能只是用来做 I/O口的输入输出还比较方便,其他操作在日常开发中很少用。下面看看 sys.h 中位带操作的定义。

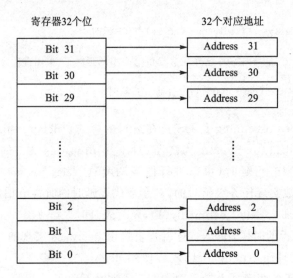

图 5.2.1 位带映射图

代码如下：
```
#define BITBAND(addr,bitnum) ((addr & 0xF0000000)+0x2000000+((
    addr &0xFFFFF)<<5)+(bitnum<<2))
#define MEM_ADDR(addr)  *((volatile unsigned long  *)(addr))
#define BIT_ADDR(addr, bitnum)   MEM_ADDR(BITBAND(addr,bitnum))
//IO口地址映射
#define GPIOA_ODR_Addr    (GPIOA_BASE+12)//0x4001080C
#define GPIOB_ODR_Addr    (GPIOB_BASE+12) //0x40010C0C
#define GPIOC_ODR_Addr    (GPIOC_BASE+12) //0x4001100C
//…此处省略GPIOD~G的位操作定义
#define GPIOA_IDR_Addr    (GPIOA_BASE+8)//0x40010808
#define GPIOB_IDR_Addr    (GPIOB_BASE+8) //0x40010C08
#define GPIOC_IDR_Addr    (GPIOC_BASE+8) //0x40011008
//IO口操作,只对单一的IO口,请确保n的值小于16！
#define PAout(n)   BIT_ADDR(GPIOA_ODR_Addr,n)  //输出
#define PAin(n)    BIT_ADDR(GPIOA_IDR_Addr,n)  //输入
#define PBout(n)   BIT_ADDR(GPIOB_ODR_Addr,n)  //输出
#define PBin(n)    BIT_ADDR(GPIOB_IDR_Addr,n)  //输入
#define PCout(n)   BIT_ADDR(GPIOC_ODR_Addr,n)  //输出
#define PCin(n)    BIT_ADDR(GPIOC_IDR_Addr,n)  //输入
```

以上代码的便是 GPIO 位带操作的具体实现,详细说明可参考《ARM Cortex - M3 权威指南》第 5 章(87 页～92 页)。比如说,我们调用 PAout(1)=1 是设置了 GPIOA 的第一个引脚 GPIOA.1 为 1,实际是设置了寄存器 ODR 的某个位,但是定义中跟踪过去看到却是通过计算访问了一个地址。上面一系列公式也就是计算 GPIO 的某个 I/O 口对应的位带区的地址了。

有了上面的代码,我们就可以像 51/AVR 一样操作 STM32 的 I/O 口了。比如,要 PORTA 的第七个 I/O 口输出 1,则使用"PAout(6)=1;"即可实现。要判断 PORTA 的第 15 个位是否等于 1,则可以使用"if(PAin(14)==1)…;"。

第 5 章 SYSTEM 文件夹介绍

这里顺便说一下，在 sys.h 中的还有个全局宏定义：

```
//0,不支持 ucos    1,支持 ucos
#define SYSTEM_SUPPORT_UCOS0//定义系统文件夹是否支持 UCOS
```

SYSTEM_SUPPORT_UCOS 宏定义用来定义 SYSTEM 文件夹是否支持 μC/OS，如果在 μC/OS 下面使用 SYSTEM 文件夹，那么设置这个值为 1 即可，否则设置为 0(默认)。

5.3 usart 文件夹介绍

usart 文件夹内包含了 usart.c 和 usart.h 两个文件，这两个文件用于串口的初始化和中断接收。这里只是针对串口 1，比如要用串口 2 或者其他的串口，只要对代码稍作修改就可以了。usart.c 里面包含了 2 个函数一个是 void USART1_IRQHandler(void)，另外一个是 void uart_init(u32 bound)；里面还有一段对串口 printf 的支持代码，去掉会导致 printf 无法使用，虽然软件编译不会报错，但是硬件上 STM32 是无法启动的，这段代码不要去修改。

5.3.1 printf 函数支持

printf 函数支持的代码在 usart.h 头文件的最上方，这段代码加入之后便可以通过 printf 函数向串口发送需要的内容，方便开发过程中查看代码执行情况以及一些变量值。这段代码不需要修改，引入到 usart.h 即可。这段代码为：

```c
//加入以下代码,支持 printf 函数,而不需要选择 use MicroLIB
#if 1
#pragma import(__use_no_semihosting)
//标准库需要的支持函数
struct __FILE
{
    int handle;
};
FILE __stdout;
//定义_sys_exit()以避免使用半主机模式
_sys_exit(int x)
{
    x = x;
}
//重定义 fputc 函数
int fputc(int ch, FILE *f)
{
    while(USART_GetFlagStatus(USART1,USART_FLAG_TC)==RESET);
    USART_SendData(USART1,(uint8_t)ch);
    return ch;
}
#endif
```

5.3.2 uart_init 函数

void uart_init(u32 pclk2,u32 bound)函数是串口 1 初始化函数,有一个参数为波特率。

```
void uart_init(u32 bound){
    //GPIO 端口设置
    GPIO_InitTypeDef GPIO_InitStructure;
    USART_InitTypeDef USART_InitStructure;
    NVIC_InitTypeDef NVIC_InitStructure;
    RCC_APB2PeriphClockCmd(RCC_APB2Periph_USART1|RCC_APB2Periph_GPIOA
            ,ENABLE);    //使能 USART1,GPIOA 时钟
    //USART1_TX   PA.9
    GPIO_InitStructure.GPIO_Pin = GPIO_Pin_9;//PA.9 复用推挽输出
    GPIO_InitStructure.GPIO_Speed = GPIO_Speed_50MHz;
    GPIO_InitStructure.GPIO_Mode = GPIO_Mode_AF_PP;//复用推挽输出
    GPIO_Init(GPIOA,&GPIO_InitStructure);   //初始化 GPIOA.0 发送端
    //USART1_RX   PA.10 浮空输入
    GPIO_InitStructure.GPIO_Pin = GPIO_Pin_10;
    GPIO_InitStructure.GPIO_Mode = GPIO_Mode_IN_FLOATING;//浮空输入
    GPIO_Init(GPIOA,&GPIO_InitStructure);//初始化 GPIOA.10 接收端
    //Usart1NVIC 中断配置配置
    NVIC_InitStructure.NVIC_IRQChannel = USART1_IRQn;    //对应中断通道
    NVIC_InitStructure.NVIC_IRQChannelPreemptionPriority = 3;    //抢占优先级 3
    NVIC_InitStructure.NVIC_IRQChannelSubPriority = 3;    //子优先级 3
    NVIC_InitStructure.NVIC_IRQChannelCmd = ENABLE;    //IRQ 通道使能
    NVIC_Init(&NVIC_InitStructure);          //中断优先级配置
    //USART 初始化设置
    USART_InitStructure.USART_BaudRate = bound;//波特率设置;
    USART_InitStructure.USART_WordLength = USART_WordLength_8b;    //字长为 8 位
    USART_InitStructure.USART_StopBits = USART_StopBits_1;//一个停止位
    USART_InitStructure.USART_Parity = USART_Parity_No;    //无奇偶校验位
    USART_InitStructure.USART_HardwareFlowControl =
    USART_HardwareFlowControl_None;//无硬件数据流控制
    USART_InitStructure.USART_Mode = USART_Mode_Rx |USART_Mode_Tx;    //收发模式
    USART_Init(USART1,&USART_InitStructure);//初始化串口
    USART_ITConfig(USART1,USART_IT_RXNE,ENABLE);//开启中断
    USART_Cmd(USART1,ENABLE);              //使能串口
}
```

下面一一分析这段初始化代码。首先是一行时钟使能代码:

```
RCC_APB2PeriphClockCmd(RCC_APB2Periph_USART1|RCC_APB2Periph_GPIOA,ENABLE);
        //使能 USART1,GPIOA 时钟
```

在使用一个内置外设的时候,首先要使能相应的 GPIO 时钟,然后使能复用功能时钟和内置外设时钟。

接下来要初始化相应的 GPIO 端口为特定的状态,复用内置外设的时候到底 GPIO 要设置成什么模式呢?这个在端口复用一节也有讲解,那就是在《STM32 中文参考手册 V10》的 8.1.11 小节中有讲解,截图如图 5.3.1 所示。

第5章 SYSTEM 文件夹介绍

USART 引脚	配 置	GPIO 配置
USARTx_TX	全双工模式	推挽复用输出
	半双工同步模式	推挽复用输出
USARTx_RX	全双工模式	浮空输入或带上拉输入
	半双工同步模式	未用,可作为通用 I/O

图 5.3.1　外设的 GPIO 设置

所以接下来的两段代码就是将 TX(PA9)设置为推挽复用输出模式,将 RX(PA10)设置为浮空输入模式:

```
//USART1_TX  PA.9
GPIO_InitStructure.GPIO_Pin = GPIO_Pin_9;//PA.9 复用推挽输出
GPIO_InitStructure.GPIO_Speed = GPIO_Speed_50MHz;
GPIO_InitStructure.GPIO_Mode = GPIO_Mode_AF_PP;//复用推挽输出
GPIO_Init(GPIOA,&GPIO_InitStructure);
//USART1_RX   PA.10 浮空输入
GPIO_InitStructure.GPIO_Pin = GPIO_Pin_10;
GPIO_InitStructure.GPIO_Mode = GPIO_Mode_IN_FLOATING;//浮空输入
GPIO_Init(GPIOA,&GPIO_InitStructure);
```

紧接着,要进行 usart1 的中断初始化,设置抢占优先级值和子优先级的值:

```
//Usart1 NVIC 中断配置 配置
NVIC_InitStructure.NVIC_IRQChannel = USART1_IRQn;
NVIC_InitStructure.NVIC_IRQChannelPreemptionPriority = 3;       //抢占优先级 3
NVIC_InitStructure.NVIC_IRQChannelSubPriority = 3;//子优先级 3
NVIC_InitStructure.NVIC_IRQChannelCmd = ENABLE;//IRQ 通道使能
NVIC_Init(&NVIC_InitStructure);//根据指定的参数初始化 VIC 寄存器
```

接下来要设置串口 1 的初始化参数:

```
//USART 初始化设置
USART_InitStructure.USART_BaudRate = bound;//波特率设置;
USART_InitStructure.USART_WordLength = USART_WordLength_8b;       //字长为 8 位
USART_InitStructure.USART_StopBits = USART_StopBits_1;//一个停止位
USART_InitStructure.USART_Parity = USART_Parity_No;    //无奇偶校验位
USART_InitStructure.USART_HardwareFlowControl =
USART_HardwareFlowControl_None;//无硬件数据流控制
USART_InitStructure.USART_Mode = USART_Mode_Rx|USART_Mode_Tx;//收发
USART_Init(USART1,&USART_InitStructure);//初始化串口
```

可以看出,串口的初始化是通过调用 USART_Init()函数实现的,而这个函数重要的参数就是结构体指针变量 USART_InitStructure,下面看看结构体定义:

```
typedef struct
{
  uint32_t USART_BaudRate;
  uint16_t USART_WordLength;
  uint16_t USART_StopBits;
  uint16_t USART_Parity;
  uint16_t USART_Mode;
```

```
    uint16_t USART_HardwareFlowControl;
} USART_InitTypeDef;
```

这个结构体有 6 个成员变量,所以有 6 个参数需要初始化。

第一个参数 USART_BaudRate 为串口波特率,波特率可以说是串口最重要的参数了,这里通过初始化传入参数 baund 来设定。第二个参数 USART_WordLength 为字长,这里设置为 8 位字长数据格式。第三个参数 USART_StopBits 为停止位设置,这里设置为 1 位停止位。第四个参数 USART_Parity 设定是否需要奇偶校验,这里设定为无奇偶校验位。第五个参数 USART_Mode 为串口模式,这里设置为全双工收发模式。第六个参数为是否支持硬件流控制,这里设置为无硬件流控制。

在设置完成串口中断优先级以及串口初始化之后,接下来就是开启串口中断以及使能串口了:

```
USART_ITConfig(USART1, USART_IT_RXNE, ENABLE);//开启中断
USART_Cmd(USART1, ENABLE);                    //使能串口
```

开启串口中断和使能串口之后接下来就是写中断处理函数了,下面将着重讲解中断处理函数。

5.3.3　USART1_IRQHandler 函数

void USART1_IRQHandler(void)函数是串口 1 的中断响应函数,串口 1 发生了相应的中断后就会跳到该函数执行。中断相应函数的名字是不能随便定义的,一般遵循 MDK 定义的函数名。这些函数名字在启动文件 startup_stm32f10x_hd.s 中可以找到。

函数体里面通过函数:

```
if(USART_GetITStatus(USART1, USART_IT_RXNE) != RESET)
```

判断是否接收中断,如果是串口接收中断,则读取串口接收到的数据:

```
Res = USART_ReceiveData(USART1);//(USART1->DR);//读取接收到的数据
```

接下来就对数据进行分析。

这里设计了一个小小的接收协议:通过这个函数配合一个数组 USART_RX_BUF[],一个接收状态寄存器 USART_RX_STA(此寄存器其实就是一个全局变量,由作者自行添加。由于它起到类似寄存器的功能,这里暂且称之为寄存器)实现对串口数据的接收管理。USART_RX_BUF 的大小由 USART_REC_LEN 定义,也就是一次接收的数据最大不能超过 USART_REC_LEN 个字节。USART_RX_STA 是一个接收状态寄存器其各的定义如图 5.3.2 所示。

USART_RX_STA		
bit15	bit14	bit13~0
接收完成标志	接收到 0X0D 标志	接收到的有效数据个数

图 5.3.2　接收状态寄存器位定义表

设计思路如下:

第 5 章 SYSTEM 文件夹介绍

当接收到从计算机发过来的数据,把接收到的数据保存在 USART_RX_BUF 中,同时在接收状态寄存器(USART_RX_STA)中计数接收到的有效数据个数,当收到回车(回车的表示由 2 个字节组成:0X0D 和 0X0A)的第一个字节 0X0D 时,计数器将不再增加,等待 0X0A 的到来;而如果 0X0A 没有来到,则认为这次接收失败,重新开始下一次接收。如果顺利接收到 0X0A,则标记 USART_RX_STA 的第 15 位,这样完成一次接收,并等待该位被其他程序清除,从而开始下一次的接收;而如果迟迟没有收到 0X0D,那么在接收数据超过 USART_REC_LEN 的时候,则会丢弃前面的数据,重新接收。中断相应函数代码如下:

```
void USART1_IRQHandler(void)//串口 1 中断服务程序
    {
    u8 Res;
#ifdef OS_TICKS_PER_SEC      //如果时钟节拍数定义了,说明要使用 ucosII 了
    OSIntEnter();
#endif
    if(USART_GetITStatus(USART1, USART_IT_RXNE) != RESET)
                    //接收中断(接收到的数据必须是 0x0d 0x0a 结尾)
        {
        Res = USART_ReceiveData(USART1);//(USART1->DR);//读取接收到的数据

        if((USART_RX_STA&0x8000)==0)//接收未完成
            {
            if(USART_RX_STA&0x4000)//接收到了 0x0d
                {
                if(Res!=0x0a)USART_RX_STA=0;//接收错误,重新开始
                else USART_RX_STA|=0x8000;//接收完成了
                }
            else //还没收到 0X0D
                {
                if(Res==0x0d)USART_RX_STA|=0x4000;
                else
                    {
                    USART_RX_BUF[USART_RX_STA&0X3FFF]=Res ;
                    USART_RX_STA++;
                    if(USART_RX_STA>(USART_REC_LEN-1))USART_RX_STA=0;
                            //接收数据错误,重新开始接收
                    }
                }
            }
        }
#ifdef OS_TICKS_PER_SEC//如果时钟节拍数定义了,说明要使用 ucosII 了
    OSIntExit();
#endif
    }
```

EN_USART1_RX 和 USART_REC_LEN 都是在 usart.h 文件里面定义的,当需要使用串口接收的时候,我们只要在 usart.h 里面设置 EN_USART1_RX 为 1 就可以了。不使用的时候,设置 EN_USART1_RX 为 0 即可,这样可以省出部分 SRAM 和

Flash，默认是设置 EN_USART1_RX 为 1，也就是开启串口接收的。

　　OS_CRITICAL_METHOD 用来判断是否使用 μC/OS，如果使用了 μC/OS，则调用 OSIntEnter 和 OSIntExit 函数；如果没有使用 μC/OS，则不调用这两个函数（这两个函数用于实现中断嵌套处理，这里先不理会）。

第 3 篇　实战篇

经过前两篇的学习，我们对 STM32 开发的软件和硬件平台都有了个比较深入的了解了，接下来将通过实例，由浅入深，带大家一步步的学习 STM32。

STM32 的内部资源非常丰富，对于初学者来说，一般不知道从何开始。本篇将从 STM32 最简单的外设说起，然后一步步深入。每一个实例都配有详细的代码及解释，手把手教读者如何入手 STM32 的各种外设。

本篇总共分为 56 章，每一章即一个实例，下面就开始精彩的 STM32 之旅。

我们固件库版本的源码在本书配套资料"程序源码\标准例程-V3.5 库函数版本"下。

第 6 章

跑马灯实验

STM32 最简单的外设莫过于 I/O 口的高低电平控制了,本章将通过一个经典的跑马灯程序带大家开启 STM32F1 之旅。本章将通过代码控制 ALIENTEK 战舰 STM32 开发板上的两个 LED:DS0 和 DS1 交替闪烁,实现类似跑马灯的效果。

6.1 STM32 I/O 简介

本章将要实现的是控制 ALIENTEK 战舰 STM32 开发板上的两个 LED 实现一个类似跑马灯的效果,关键在于如何控制 STM32 的 I/O 口输出。通过这一章的学习将初步掌握 STM32 基本 I/O 口的使用,而这是迈向 STM32 的第一步。

因为这一章是第一个实验章节,所以介绍一些知识为后面的实验做铺垫。为了小节标号与后面实验章节一样,这里不另起一节来讲。

在讲解 STM32 的 GPIO 之前,首先打开本书配套资料的第一个固件库版本实验工程跑马灯实验工程(配套资料目录为"4,程序源码\标准例程- V3.5 库函数版本\实验 1 跑马灯/USER/LED.uvprojx"),可以看到我们的实验工程目录,如图 6.1.1 所示。

接下来逐一讲解工程目录下面的组以及重要文件。

① 组 USER 下面存放的主要是用户代码。system_stm32f10x.c 里面主要是系统时钟初始化函数 SystemInit 相关的定义,一般情况下文件用户不需要修改。stm32f10x_it.c 里面存放的是部分中断服务函数。main.c 函数主要存放的是主函数。

② 组 HARDWARE 下面存放的是每个实验的外设驱动代码,它是通过调用 FWLib 下面的固件库文件实现的,比如 led.c 调用 stm32f10x_gpio.c 里面的函数对 led 进行初始化,这里面的函数是讲解的重点。后面的实验中可以看到会引入多个源文件。

③ 组 SYSTEM 是 ALIENTEK 提供的共用代码,包含 Systick 延时函数、I/O 口位带操作以及串口相关函数。

④ 组 CORE 下面存放的是固件库必须的核心文件和启动文件。这里面的文件用户不需要修改。

⑤ 组 FWLib 下面存放的是 ST 官方提供的外设驱动固件库文件,这些文件可以根据工程需要来添加和删除。每个 stm32f10x_ppp.c 源文件对应一个 stm32f10x_ppp.h 头文件。

第 6 章　跑马灯实验

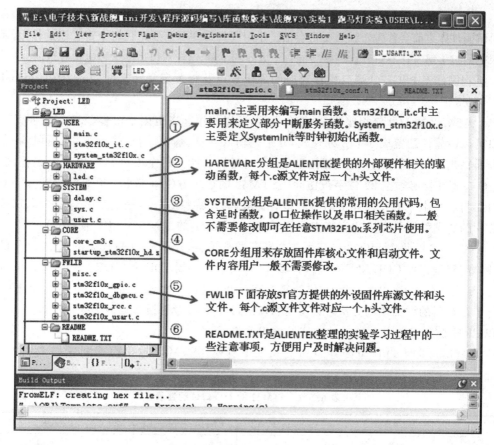

图 6.1.1　跑马灯实验目录结构

⑥ README 分组主要就是添加了 README.TXT 说明文件对实验操作进行相关说明。

最后讲解一下这些组之间的层次结构，如图 6.1.2 所示。可以看出，用户代码和 HARDWARE 下面的外设驱动代码不再需要直接操作寄存器，而是直接或间接操作官方提供的固件库函数。但是为了让读者更全面、方便地了解外设，我们会增加重要的外设寄存器的讲解，方便深入学习固件库。

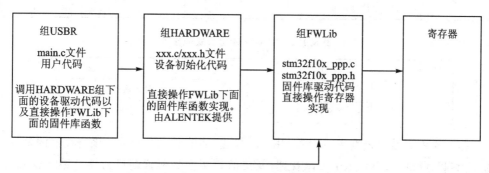

图 6.1.2　代码层次结构图

准备内容就讲解到这里,接下来就要进入跑马灯实验的讲解部分了。需要说明一下,在讲解固件库之前会首先介绍重要寄存器。学习固件库并不需要记住每个寄存器的作用,而只是通过了解寄存器对外设一些功能有个大致的了解,这样对以后的学习也很有帮助。

在固件库中,GPIO端口操作对应的库函数以及相关定义在文件 stm32f10x_gpio.h 和 stm32f10x_gpio.c 中。

STM32 的 I/O 口相比 51 要复杂得多,所以使用起来也困难很多。STM32 的 I/O 口可以由软件配置成如下 8 种模式,分别是输入浮空、输入上拉、输入下拉、模拟输入、开漏输出、推挽输出、推挽式复用功能、开漏复用功能。每个 I/O 口可以自由编程,但 I/O 口寄存器必须按 32 位字被访问。STM32 的很多 I/O 口都是 5V 兼容的,这些 I/O 口在与 5V 电平的外设连接的时候很有优势,具体哪些 I/O 口是 5V 兼容的可以从该芯片的数据手册引脚描述章节查到(I/O Level 标 FT 的就是 5V 电平兼容的)。

STM32 的每个 I/O 端口都由 7 个寄存器来控制,分别是:配置模式的 2 个 32 位的端口配置寄存器 CRL 和 CRH、2 个 32 位的数据寄存器 IDR 和 ODR、一个 32 位的置位/复位寄存器 BSRR、一个 16 位的复位寄存器 BRR、一个 32 位的锁存寄存器 LCKR。每个寄存器的详细使用方法可以参考《STM32 中文参考手册 V10》P105~P129。CRL 和 CRH 控制着每个 I/O 口的模式及输出速率。

STM32 的 I/O 口位配置表如表 6.1.1 所列。STM32 输出模式配置如表 6.1.2 所列。

表 6.1.1 STM32 的 I/O 口位配置表

配置模式		CNF1	CNF0	MODE1	MODE0	PxODR 寄存器
通用输出	推挽式(Push-Pull)	0	0	01 10 11		0 或 1
	开漏(Open-Drain)		1			0 或 1
复用功能输出	推挽式(Push-Pull)	1	0			不使用
	开漏(Open-Drain)		1			不使用
输入	模拟输入	0	0	00		不使用
	浮空输入		1			不使用
	下拉输入	1	0			0
	上拉输入					1

表 6.1.2 STM32 输出模式配置表

MODE[1:0]	意义	MODE[1:0]	意义
00	保留	10	最大输出速度为 2 MHz
01	最大输出速度为 10 MHz	11	最大输出速度为 50 MHz

接下来看看端口低配置寄存器 CRL 的描述,如图 6.1.3 所示。该寄存器的复位值为 0X4444 4444,从图 6.1.1 可以看到,复位值其实就是配置端口为浮空输入模式,并且 STM32 的 CRL 控制着每组 I/O 端口(A~G)的低 8 位的模式。每个 I/O 端口的位

第 6 章 跑马灯实验

占用 CRL 的 4 个位,高两位为 CNF,低两位为 MODE。这里可以记住几个常用的配置,比如 0X0 表示模拟输入模式(ADC 用)、0X3 表示推挽输出模式(做输出口用,50 MHz速率)、0X8 表示上/下拉输入模式(做输入口用)、0XB 表示复用输出(使用 I/O 口的第二功能,50 MHz 速率)。

31	30	29	28	27	26	25	24	23	22	21	20	19	18	17	16
CNF7[1:0]		MODE7[1:0]		CNF6[1:0]		MODE6[1:0]		CNF5[1:0]		MODE5[1:0]		CNF4[1:0]		MODE4[1:0]	
rw	rw	rw	rw	rw	rw	rw	rw	rw	rw	rw	rw	rw	rw	rw	rw
15	14	13	12	11	10	9	8	7	6	5	4	3	2	1	0
CNF3[1:0]		MODE3[1:0]		CNF2[1:0]		MODE2[1:0]		CNF1[1:0]		MODE1[1:0]		CNF0[1:0]		MODE0[1:0]	
rw	rw	rw	rw	rw	rw	rw	rw	rw	rw	rw	rw	rw	rw	rw	rw

位 31:30 27:26 23:22 19:18 15:14 11:10 7:6 3:2	CNFy[1:0]:端口 x 配置位(y=0:7) 软件通过这些位配置相应的 I/O 端口 在输入模式(MODE[1:0]=00): 00:模拟输入模式;01:浮空输入模式(复位后的状态);10:上拉/下拉输入模式;11:保留 在输出模式(MODE[1:0]>00): 00:通用推挽输出模式; 01:通用开漏输出模式; 10:复用功能推挽输出模式; 11:复用功能开漏输出模式
位 29:28 25:24 21:20 17:16 13:12 9:8,5:4 1:0	MODEy[0:0]:端口 x 的模式位(y=0:7) 软件通过过些位配置相应的 I/O 端口 00:输入模式(复位后的状态); 01:输出模式,最大速度 10 MHz 10:输出模式,最大速度 2 MHz 11:输出模式,最大速度 50 MHz

图 6.1.3 端口低配置寄存器 CRL 各位描述

CRH 的作用和 CRL 完全一样,只是 CRL 控制的是低 8 位输出口,而 CRH 控制的是高 8 位输出口。下面介绍怎样通过固件库设置 GPIO 的相关参数和输出。

GPIO 相关的函数和定义分布在固件库文件 stm32f10x_gpio.c 和头文件 stm32f10x_gpio.h 文件中。在固件库开发中,操作寄存器 CRH 和 CRL 来配置 I/O 口的模式和速度是通过 GPIO 初始化函数完成的:

void GPIO_Init(GPIO_TypeDef * GPIOx, GPIO_InitTypeDef * GPIO_InitStruct);

这个函数有两个参数,第一个参数是用来指定 GPIO,取值范围为 GPIOA~GPIOG。第二个参数为初始化参数结构体指针,结构体类型为 GPIO_InitTypeDef。下面看看这个结构体的定义。首先打开本书配套资料的跑马灯实验,然后找到 FWLib 组下面的 stm32f10x_gpio.c 文件,定位到 GPIO_Init 函数体处,双击入口参数类型 GPIO_InitTypeDef 后右击,在弹出的级联菜单中选择 Go to definition of 可以查看结构体的定义:

```
typedef struct
{ uint16_t GPIO_Pin;
  GPIOSpeed_TypeDef GPIO_Speed;
  GPIOMode_TypeDef GPIO_Mode;
}GPIO_InitTypeDef;
```

下面通过一个 GPIO 初始化实例来讲解这个结构体的成员变量的含义。通过初始化结构体初始化 GPIO 的常用格式是：

```
GPIO_InitTypeDef  GPIO_InitStructure;
GPIO_InitStructure.GPIO_Pin = GPIO_Pin_5;//LED0 -- >PB.5 端口配置
GPIO_InitStructure.GPIO_Mode = GPIO_Mode_Out_PP; //推挽输出
GPIO_InitStructure.GPIO_Speed = GPIO_Speed_50MHz;//速度 50 MHz
GPIO_Init(GPIOB, &GPIO_InitStructure);//根据设定参数配置 GPIO
```

这段代码的意思是设置 GPIOB 的第 5 个端口为推挽输出模式，同时速度为 50 MHz。可以看出，结构体 GPIO_InitStructure 的第一个成员变量 GPIO_Pin 用来设置是要初始化哪个或者哪些 I/O 口；第二个成员变量 GPIO_Mode 用来设置对应 I/O 端口的输出输入模式。这些模式是上面讲解的 8 个模式，在 MDK 中是通过一个枚举类型定义的：

```
typedef enum
{ GPIO_Mode_AIN = 0x0,    //模拟输入
  GPIO_Mode_IN_FLOATING = 0x04,//浮空输入
  GPIO_Mode_IPD = 0x28,//下拉输入
  GPIO_Mode_IPU = 0x48,//上拉输入
  GPIO_Mode_Out_OD = 0x14,//开漏输出
  GPIO_Mode_Out_PP = 0x10,//通用推挽输出
  GPIO_Mode_AF_OD = 0x1C,//复用开漏输出
  GPIO_Mode_AF_PP = 0x18//复用推挽
}GPIOMode_TypeDef;
```

第三个参数是 I/O 口速度设置，有 3 个可选值，在 MDK 中同样是通过枚举类型定义的：

```
typedef enum
{
    GPIO_Speed_10MHz = 1,
    GPIO_Speed_2MHz,
    GPIO_Speed_50MHz
}GPIOSpeed_TypeDef;
```

这些入口参数的取值范围怎么定位、怎么快速定位到这些入口参数取值范围的枚举类型参考 4.7 节。

IDR 是一个端口输入数据寄存器，只用了低 16 位。该寄存器为只读寄存器，并且只能以 16 位的形式读出。该寄存器各位的描述如图 6.1.4 所示。要想知道某个 I/O 口的电平状态，则只要读这个寄存器，再看某个位的状态就可以了。使用起来比较简单。

31	30	29	28	27	26	25	24	23	22	21	20	19	18	17	16
保留															
15	14	13	12	11	10	9	8	7	6	5	4	3	2	1	0
IDR15	IDR14	IDR13	IDR12	IDR11	IDR10	IDR9	IDR8	IDR7	IDR6	IDR5	IDR4	IDR3	IDR2	IDR1	IDR0
r	r	r	r	r	r	r	r	r	r	r	r	r	r	r	r

位 31:16　保留，始终读为 0
位 15:0　　IDRy[15:0]:端口输入数据(y=0:15)
　　　　　这些位为只读并只能以字(16 位)的形式读出。读出的值为对应 I/O 口的状态

图 6.1.4　端口输入数据寄存器 IDR 各位描述

在固件库中操作 IDR 寄存器读取 I/O 端口数据是通过 GPIO_ReadInputDataBit

第 6 章 跑马灯实验

函数实现的：

uint8_t GPIO_ReadInputDataBit(GPIO_TypeDef * GPIOx, uint16_t GPIO_Pin)

比如要读 GPIOA.5 的电平状态，那么方法是：

GPIO_ReadInputDataBit(GPIOA, GPIO_Pin_5);

返回值是 1(Bit_SET) 或者 0(Bit_RESET)。

ODR 是一个端口输出数据寄存器，也只用了低 16 位。该寄存器为可读/写，从该寄存器读出来的数据可以用于判断当前 I/O 口的输出状态。而向该寄存器写数据则可以控制某个 I/O 口的输出电平。该寄存器的各位描述如图 6.1.5 所示。

31	30	29	28	27	26	25	24	23	22	21	20	19	18	17	16
保留															
15	14	13	12	11	10	9	8	7	6	5	4	3	2	1	0
ODR15	ODR14	ODR13	ODR12	ODR11	ODR10	ODR9	ODR8	ODR7	ODR6	ODR5	ODR4	ODR3	ODR2	ODR1	ODR0
rw	rw	rw	rw	rw	rw	rw	rw	rw	rw	rw	rw	rw	rw	rw	rw

位 31:16　保留，始终读为 0

图 6.1.5　端口输出数据寄存器 ODR 各位描述

固件库中，设置 ODR 寄存器的值来控制 I/O 口的输出状态是通过函数 GPIO_Write 来实现的：

void GPIO_Write(GPIO_TypeDef * GPIOx, uint16_t PortVal);

该函数一般用来一次性往一组 GPIO 下的多个 I/O 口设值。

BSRR 寄存器是端口位设置/清除寄存器，和 ODR 寄存器具有类似的作用，都可以用来设置 GPIO 端口的输出位是 1 还是 0。该寄存器的描述如图 6.1.6 所示。

31	30	29	28	27	26	25	24	23	22	21	20	19	18	17	16
BR15	BR14	BR13	BR12	BR11	BR10	BR9	BR8	BR7	BR6	BR5	BR4	BR3	BR2	BR1	BR0
w	w	w	w	w	w	w	w	w	w	w	w	w	w	w	w
15	14	13	12	11	10	9	8	7	6	5	4	3	2	1	0
BS15	BS14	BS13	BS12	BS11	BS10	BS9	BS8	BS7	BS6	BS5	BS4	BS3	BS2	BS1	BS0
w	w	w	w	w	w	w	w	w	w	w	w	w	w	w	w

位 31:16	BRy:清除端口 x 的位 y(y=0:15) 这些位只能写入并只能以字(16 位)的形式操作。 0:对对应的 ODRy 位不产生影响；1:清除对应的 ODRy 位为 0 注：如果同时设置了 BSy 和 BRy 的对应位，BSy 位起作用
位 15:0	BSy:设置端口 x 的位 y(y=0:15) 这些位只能写入并只能以字(16 位)的形式操作。 0:对对应的 ODRy 位不产生影响；1:设置对应的 ODRy 位为 1

图 6.1.6　端口位设置/清除寄存器 BSRR 各位描述

通过举例子可以很清楚了解它的使用方法。例如要设置 GPIOA 的第一个端口值为 1，那么只需要往寄存器 BSRR 的低 16 位对应位写 1 即可：

GPIOA->BSRR = 1<<1;

如果要设置 GPIOA 的第一个端口值为 0，则只需要往寄存器高 16 位对应为写 1 即可：

```
GPIOA->BSRR=1<<(16+1)
```

该寄存器往相应位写 0 是无影响的，所以要设置某些位时，不用管其他位的值。

BRR 寄存器是端口位清除寄存器，作用跟 BSRR 的高 16 位类似。在 STM32 固件库中，通过 BSRR 和 BRR 寄存器设置 GPIO 端口输出是通过函数 GPIO_SetBits()和函数 GPIO_ResetBits()来完成的。

```
void GPIO_SetBits(GPIO_TypeDef* GPIOx, uint16_t GPIO_Pin)
void GPIO_ResetBits(GPIO_TypeDef* GPIOx, uint16_t GPIO_Pin)
```

在多数情况下，采用这两个函数来设置 GPIO 端口的输入和输出状态。比如要设置 GPIOB.5 输出 1，那么方法为：

```
GPIO_SetBits(GPIOB, GPIO_Pin_5);
```

反之，要设置 GPIOB.5 输出位 0，方法为：

```
GPIO_ResetBits(GPIOB, GPIO_Pin_5);
```

虽然 I/O 操作步骤很简单，这里还是做个概括性的总结，操作步骤为：
① 使能 I/O 口时钟，调用函数为 RCC_APB2PeriphClockCmd()。
② 初始化 I/O 参数，调用函数 GPIO_Init()。
③ 操作 I/O。

6.2 硬件设计

本章用到的硬件只有 LED（DS0 和 DS1）。其电路在 ALIENTEK 战舰 STM32F103 开发板上默认是已经连接好了的。DS0 接 PB5,DS1 接 PE5。所以在硬件上不需要动任何东西。其连接原理图如图 6.2.1 所示。

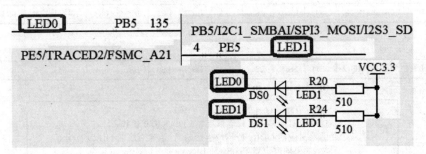

图 6.2.1 LED 与 STM32F1 连接原理图

6.3 软件设计

跑马灯实验主要用到的固件库文件是：
stm32f10x_gpio.c/stm32f10x_gpio.h
stm32f10x_rcc.c/stm32f10x_rcc.h
misc.c/misc.h

第6章 跑马灯实验

stm32f10x_usart/stm32f10x_usart.h

其中，stm32f10x_rcc.h 头文件在每个实验中都要引入，因为系统时钟配置函数以及相关的外设时钟使能函数都在这个源文件中。stm32f10x_usart.h 和 misc.h 头文件在 SYSTEM 文件夹中都需要使用到，所以每个实验都会引用。

首先，找到 3.3 节新建的 Template 工程，在该文件夹下面新建一个 HARDWARE 的文件夹，用来存储以后与硬件相关的代码。然后在 HARDWARE 文件夹下新建一个 LED 文件夹，用来存放与 LED 相关的代码，如图 6.3.1 所示。

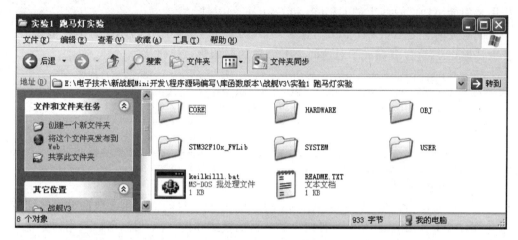

图 6.3.1 新建 HARDWARE 文件夹

然后打开 USER 文件夹下的 LED.uvprojx 工程（如果是使用的上面新建的工程模板，那么就是 Template.uvprojx，也可以将其重命名为 LED.uvprojx），单击 按钮新建一个文件，然后保存在 HARDWARE→LED 文件夹下面，命名为 led.c。在该文件中输入如下代码：

```
#include "led.h"
//初始化 PB5 和 PE5 为输出口.并使能这两个口的时钟
//LED I/O 初始化
void LED_Init(void)
{
    GPIO_InitTypeDef  GPIO_InitStructure;
    RCC_APB2PeriphClockCmd(RCC_APB2Periph_GPIOB|
                    RCC_APB2Periph_GPIOE, ENABLE);   //使能 PB,PE 端口时钟

    GPIO_InitStructure.GPIO_Pin = GPIO_Pin_5;        //LED0-->PB.5 推挽输出
    GPIO_InitStructure.GPIO_Mode = GPIO_Mode_Out_PP;//推挽输出
    GPIO_InitStructure.GPIO_Speed = GPIO_Speed_50MHz;
    GPIO_Init(GPIOB, &GPIO_InitStructure);
    GPIO_SetBits(GPIOB,GPIO_Pin_5);    //PB.5 输出高

    GPIO_InitStructure.GPIO_Pin = GPIO_Pin_5;        //LED1-->PE.5 推挽输出
    GPIO_Init(GPIOE,&GPIO_InitStructure);
    GPIO_SetBits(GPIOE,GPIO_Pin_5);    /PE.5 输出高
}
```

该代码里面就包含了一个函数，即 void LED_Init(void) 函数，该函数的功能就是配置 PB5 和 PE5 为推挽输出。注意：在配置 STM32 外设的时候，任何时候都要先使能该外设的时钟。GPIO 是挂载在 APB2 总线上的外设，在固件库中对挂载在 APB2 总线上的外设时钟使能是通过函数 RCC_APB2PeriphClockCmd() 来实现的。代码如下：

```
RCC_APB2PeriphClockCmd(RCC_APB2Periph_GPIOB|RCC_APB2Periph_GPIOE, ENABLE);
        //使能 GPIOB,GPIOE 端口时钟
```

作用是使能 APB2 总线上的 GPIOB 和 GPIOE 的时钟。

配置完时钟之后，LED_Init 配置了 GPIOB.5 和 GPIOE.5 的模式为推挽输出，并且默认输出 1，这样就完成了对这两个 I/O 口的初始化。代码是：

```
GPIO_InitStructure.GPIO_Pin = GPIO_Pin_5;      //LED0 -->GPIOB.5 端口配置
GPIO_InitStructure.GPIO_Mode = GPIO_Mode_Out_PP;   //推挽输出
GPIO_InitStructure.GPIO_Speed = GPIO_Speed_50MHz;  //IO 口速度为 50 MHz
GPIO_Init(GPIOB, &GPIO_InitStructure);         //初始化 GPIOB.5
GPIO_SetBits(GPIOB,GPIO_Pin_5);                //GPIOB.5 输出高
GPIO_InitStructure.GPIO_Pin = GPIO_Pin_5;      //LED1 -->GPIOE.5 推挽输出
GPIO_Init(GPIOE,&GPIO_InitStructure);          //初始化 GPIOE.5
GPIO_SetBits(GPIOE,GPIO_Pin_5);                //GPIOE.5 输出高
```

这里需要说明的是，因为 GPIOB 和 GPIOE 的 I/O 口的初始化参数都设置在结构体变量 GPIO_InitStructure 中，且两个 I/O 口的模式和速度都一样，所以只用初始化一次，在 GPIOE.5 初始化的时候就不需要再重复初始化速度和模式了。最后一行代码：

```
GPIO_SetBits(GPIOE,GPIO_Pin_5);
```

的作用是在初始化中将 GPIOE.5 输出设置为高。

保存 led.c 代码，然后同样的方法新建一个 led.h 文件，也保存在 LED 文件夹下面。在 led.h 中输入如下代码：

```
#ifndef __LED_H
#define __LED_H
#include "sys.h"
//LED 端口定义
#define LED0 PBout(5)          // DS0
#define LED1 PEout(5)          // DS1
void LED_Init(void);           //LED 引脚初始化
#endif
```

这段代码里面最关键就是 2 个宏定义：

```
#define LED0 PBout(5)// DS0
#define LED1 PEout(5)// DS1
```

这里使用位带操作来实现操作某个 I/O 口的一个位的。这里介绍一下操作 I/O 口输出高低电平的 3 种方法。

① 通过位带操作 PB5 输出高低电平从而控制 LED0 的方法如下：

```
LED0 = 1;     //通过位带操作控制 LED0 的引脚 PB5 输出高电平
LED0 = 0;     //通过位带操作控制 LED0 的引脚 PB5 输出低电平
```

② 使用固件库操作和寄存器操作来实现 I/O 口操作,方法如下:
```
GPIO_SetBits(GPIOB,GPIO_Pin_5);           //设置 GPIOB.5 输出 1,等同 LED0 = 1;
GPIO_ResetBits(GPIOB, GPIO_Pin_5);        //设置 GPIOB.5 输出 0,等同 LED0 = 0;
```
库函数操作是直接调用两个函数即可控制 I/O 输出高低电平。

③ 通过直接操作寄存器 BRR 和 BSRR 的方式来操作 I/O 口输出高低电平,方法如下:
```
GPIOB->BRR = GPIO_Pin_5;                  //设置 GPIOB.5 输出 1,等同 LED0 = 1;
GPIOE->BSRR = GPIO_Pin_5;                 //设置 GPIOB.5 输出 0,等同 LED0 = 0;
```
这 3 种方法在 I/O 口速度没有太大要求的情况下效果都是一样的。

接下来将 led.h 也保存一下。接着,在 Manage Project Items 管理里面新建一个 HARDWARE 的组,并把 led.c 加入到这个组里面,如图 6.3.2 所示。

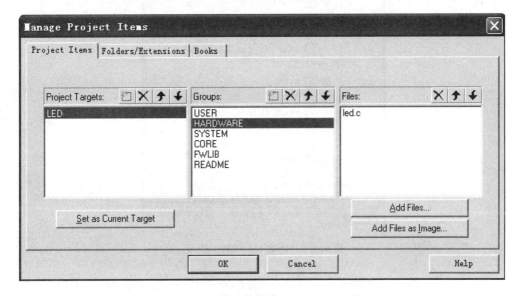

图 6.3.2 给工程新增 HARDWARE 组

单击 OK 按钮回到工程,则发现 Project Workspace 里面多了一个 HARDWARE 的组,该组下面有一个 led.c 的文件,如图 6.3.3 所示。

然后将 led.h 头文件的路径加入到工程里面。回到主界面,在 main 函数里面编写如下代码:
```
#include "led.h"
#include "delay.h"
#include "sys.h"
int main(void)
  {
    delay_init();            //延时函数初始化
    LED_Init();              //初始化与 LED 连接的硬件接口
    while(1)
    {
        LED0 = 0; LED1 = 1;  //LED0 端口输出低电平(亮),LED1 端口输出高电平(灭)
```

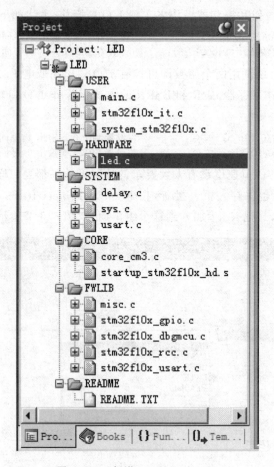

图 6.3.3 新增 HARDWARE 组

```
        delay_ms(300);           //延时 300 ms
        LED0 = 1;   LED1 = 0;    //LED0 端口输出高电平(灭),LED1 端口输出低电平(亮)
        delay_ms(300);           //延时 300 ms
    }
}
```

代码包含了#include "led.h"这句,使得 LED0、LED1、LED_Init 等能在 main()函数里被调用。需要重申的是,在固件库 V3.5 中,系统在启动的时候会调用 system_stm32f10x.c 中的函数 SystemInit()对系统时钟进行初始化,初始化完毕会调用 main()函数。所以不需要再在 main()函数中调用 SystemInit()函数。当然如果有需要重新设置时钟系统,可以写自己的时钟设置代码,SystemInit()只是将时钟系统初始化为默认状态。

main()函数非常简单,先调用 delay_init()初始化延时,接着调用 LED_Init()来初始化 GPIOB.5 和 GPIOE.5 为输出。最后在死循环里面实现 LED0 和 LED1 交替闪烁,间隔为 300 ms。

上面是通过位带操作实现 I/O 操作,通过调用库函数以及直接操作寄存器来实现

第6章 跑马灯实验

LED 控制的方法在 main.c 文件中已经注释掉,读者可以取消注释来分别测试这两种方法,实际效果是一模一样的。

最后单击![]编译工程,结果如图 6.3.4 所示。可以看到没有错误,也没有警告。从编译信息可以看出,我们的代码占用 Flash 大小为 1 892 字节(1 556+336),所用的 SRAM 大小为 1 864 个字节(32+1 832)。

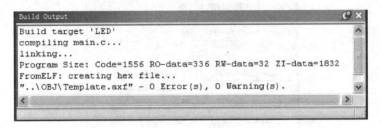

图 6.3.4　编译结果

其中,

- Code 表示程序占用 Flash 的大小(Flash)。
- RO‑data 即 Read Only‑data,表示程序定义的常量,如 const 类型(Flash)。
- RW‑data 即 Read Write‑data,表示已被初始化的全局变量(SRAM)。
- ZI‑data 即 Zero Init‑data,表示未被初始化的全局变量(SRAM)。

有了这个就可以知道当前使用的 Flash 和 SRAM 大小了,所以,一定要注意的是程序的大小不是.hex 文件的大小,而是编译后的 Code 和 RO‑data 之和。

接下来就先进行软件仿真,验证一下是否有错误,然后下载到战舰 STM32 开发板看看实际运行的结果。

6.4　仿真与下载

首先进行软件仿真(先确保 Options for Target'Target'对话框的 Debug 选项卡里面已经设置为 Use Simulator,参考 3.4.1 小节)。先单击![]开始仿真,接着单击![]显示逻辑分析窗口,单击 Setup 新建两个信号 PORTB.5 和 PORTE.5,如图 6.4.1 所示。Display Type 下拉列表框中选择 bit,然后单击 Close 关闭该对话框,可以看到逻辑分析窗口出来了两个信号,如图 6.4.2 所示。

接着,单击![]开始运行。运行一段时间之后,单击![]按钮暂停仿真回到逻辑分析窗口,可以看到如图 6.4.3 所示波形。

注意,Gird 要调节到 0.2 s 左右比较合适,可以通过 Zoom 里面的 In 按钮来放大波形,通过 Out 按钮来缩小波形,或者按 All 显示全部波形。从图 6.4.3 可以看到 PORTB.5 和 PORTE.5 交替输出,周期可以通过中间那根红线来测量。至此,软件仿真已经顺利通过。

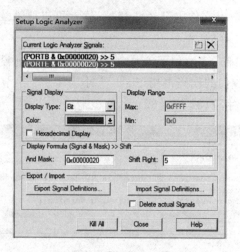

图 6.4.1 逻辑分析设置

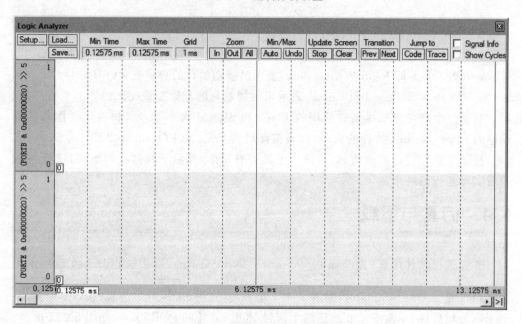

图 6.4.2 设置后的逻辑分析窗口

软件仿真没有问题后,我们就可以把代码下载到开发板上,看看运行结果是否与仿真的一致。运行结果如图 6.4.4 所示。

至此,第一章的学习就结束了。本章作为 STM32 的入门第一个例子,详细介绍了 STM32 的 I/O 口操作,同时巩固了前面的学习,并进一步介绍了 MDK 的软件仿真功能。

第 6 章　跑马灯实验

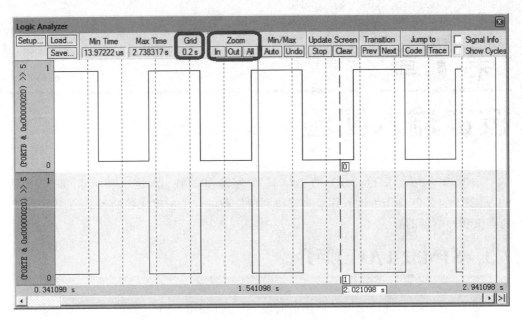

图 6.4.3　仿真波形

图 6.4.4　执行结果

第 7 章
按键输入实验

第 6 章介绍了 STM32F1 的 I/O 口作为输出的使用,这一章介绍如何使用 STM32F1 的 I/O 口作为输入用。本章将利用板载的 4 个按键来控制板载的两个 LED 的亮灭和蜂鸣器的开关。

7.1 STM32 I/O 口简介

STM32F1 的 I/O 口做输入使用的时候,是通过调用 GPIO_ReadInputDataBit()函数来读取 I/O 口状态的。了解了这点,就可以开始编写代码了。这一章通过 ALIEN-TEK 战舰 STM32 开发板上载有的 4 个按钮(WK_UP、KEY0、KEY1 和 KEY2)来控制板上的 2 个 LED(DS0 和 DS1)和蜂鸣器,其中,WK_UP 控制蜂鸣器,按一次叫,再按一次停;KEY2 控制 DS0,按一次亮,再按一次灭;KEY1 控制 DS1,效果同 KEY2;KEY0 则同时控制 DS0 和 DS1,按一次,它们的状态就翻转一次。

7.2 硬件设计

本实验用到的硬件资源有:指示灯 DS0、DS1;蜂鸣器;4 个按键:KEY0、KEY1、KEY2 和 WK_UP。DS0、DS1 与 STM32 的连接已经介绍了,在战舰 STM32 开发板上的按键 KEY0 连接在 PE4 上、KEY1 连接在 PE3 上、KEY2 连接在 PE2 上、WK_UP 连接在 PA0 上,如图 7.2.1 所示。

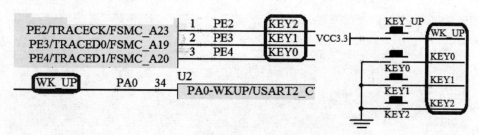

图 7.2.1 按键与 STM32 连接原理图

需要注意的是:KEY0、KEY1 和 KEY2 是低电平有效的,而 WK_UP 是高电平有效的,并且外部都没有上下拉电阻,所以,需要在 STM32 内部设置上下拉。

第7章 按键输入实验

7.3 软件设计

从这章开始,软件设计部分是直接打开本书配套资料的实验工程,而不再讲解怎么加入文件和头文件目录,详细方法请参考 3.3 和 6.3 节。

打开按键实验工程可以看到,我们引入了 key.c 文件以及头文件 key.h。首先打开 key.c 文件,代码如下:

```
#include "key.h"
#include "sys.h"
#include "delay.h"
//按键初始化函数
void KEY_Init(void) //I/O 初始化
{
    GPIO_InitTypeDef GPIO_InitStructure;
    RCC_APB2PeriphClockCmd(RCC_APB2Periph_GPIOA|
                RCC_APB2Periph_GPIOE,ENABLE);        //使能 PORTA,PORTE 时钟

    GPIO_InitStructure.GPIO_Pin  = GPIO_Pin_2|GPIO_Pin_3|GPIO_Pin_4;  //GPIOE.2~4
    GPIO_InitStructure.GPIO_Mode = GPIO_Mode_IPU;    //设置成上拉输入
    GPIO_Init(GPIOE,&GPIO_InitStructure);            //初始化 GPIOE2,3,4

    GPIO_InitStructure.GPIO_Pin  = GPIO_Pin_0;       //初始化 WK_UP-->GPIOA.0
    GPIO_InitStructure.GPIO_Mode = GPIO_Mode_IPD;    //PA0 设置成输入,下拉
    GPIO_Init(GPIOA,&GPIO_InitStructure);            //初始化 GPIOA.0
}
//按键处理函数
//返回按键值
//mode:0,不支持连续按;1,支持连续按
//0,没有任何按键按下;1,KEY0 按下;2,KEY1 按下;3,KEY2 按下;4,WK_UP 按下
//注意此函数有响应优先级,KEY0>KEY1>KEY2>KEY3
u8 KEY_Scan(u8 mode)
{
    static u8 key_up=1;                    //按键按松开标志
    if(mode)key_up=1;                      //支持连按
    if(key_up&&(KEY0==0||KEY1==0||KEY2==0||KEY3==1))
    {
        delay_ms(10);                      //去抖动
        key_up=0;
        if(KEY0==0)return KEY0_PRES;
        else if(KEY1==0)return KEY1_PRES;
        else if(KEY2==0)return KEY2_PRES;
        else if(KEY3==1)return WKUP_PRES;
    }else if(KEY0==1&&KEY1==1&&KEY2==1&&KEY3==0)key_up=1;
    return 0;                              //无按键按下
}
```

这段代码包含 2 个函数,void KEY_Init(void) 和 u8 KEY_Scan(u8 mode),KEY_Init() 是用来初始化按键输入的 I/O 口的。首先使能 GPIOA 和 GPIOE 时钟,然后实

现 PA0、PE2～4 的输入设置，和第 6 章的输出配置差不多，只是这里设置成输入而第 6 章是输出。

KEY_Scan()函数用来扫描这 4 个 I/O 口是否有按键按下，支持两种扫描方式，通过 mode 参数来设置。

当 mode 为 0 的时候，KEY_Scan()函数不支持连续按。扫描某个按键，该按键按下之后必须要松开，才能第二次触发，否则不会再响应这个按键；这样的好处就是可以防止按一次多次触发，而坏处就是在需要长按的时候不合适。

当 mode 为 1 的时候，KEY_Scan()函数支持连续按。如果某个按键一直按下，则一直返回这个按键的键值，这样可以方便地实现长按检测。

有了 mode 这个参数，就可以根据需要选择不同的方式。这里要提醒大家，因为该函数里面有 static 变量，所以该函数不是一个可重入函数，在有 OS 的情况下要留意下。还有一点要注意，该函数的按键扫描是有优先级的，最优先的是 KEY0，第二优先的是 KEY1，接着 KEY2，最后是 WK_UP 按键。该函数有返回值，如果有按键按下，则返回非 0 值；如果没有或者按键不正确，则返回 0。

接下来看看头文件 key.h 里面的代码：

```
#ifndef __KEY_H
#define __KEY_H
#include "sys.h"
#define KEY0    GPIO_ReadInputDataBit(GPIOE,GPIO_Pin_4)   //读取按键 0
#define KEY1    GPIO_ReadInputDataBit(GPIOE,GPIO_Pin_3)   //读取按键 1
#define KEY2    GPIO_ReadInputDataBit(GPIOE,GPIO_Pin_2)   //读取按键 2
#define WK_UP   GPIO_ReadInputDataBit(GPIOA,GPIO_Pin_0)   //读取按键 3(WK_UP)
#define KEY0_PRES 1//KEY0 按下
#define KEY1_PRES 2//KEY1 按下
#define KEY2_PRES 3//KEY2 按下
#define WKUP_PRES 4//WK_UP 按下(即 WK_UP/WK_UP)
void KEY_Init(void);        //IO 初始化
u8 KEY_Scan(u8);            //按键扫描函数
#endif
```

这段代码里面最关键就是 4 个宏定义：

```
#define KEY0    GPIO_ReadInputDataBit(GPIOE,GPIO_Pin_4)   //读取按键 0
#define KEY1    GPIO_ReadInputDataBit(GPIOE,GPIO_Pin_3)   //读取按键 1
#define KEY2    GPIO_ReadInputDataBit(GPIOE,GPIO_Pin_2)   //读取按键 2
#defineWK_UP   GPIO_ReadInputDataBit(GPIOA,GPIO_Pin_0)    //读取按键 3(WK_UP)
```

前面两个实验用位带操作实现设定某个 I/O 口的位，这里采取库函数方式读取 I/O 口的值。当然，上面的功能也同样可以通过位带操作来实现：

```
#define KEY0    PEin(4)    //PE4
#define KEY1    PEin(3)    //PE3
#define KEY2    PEin(2)    //PE2
#defineWK_UP   PAin(0)    //PA0  WK_UP
```

用库函数实现的好处是在各个 STM32 芯片上面的可移植性非常好，不需要修改任何代码。用位带操作的好处是简洁。

第 7 章 按键输入实验

key.h 中还定义了 KEY0_PRES、KEY1_PRES、KEY2_PRES、WKUP_PRES 这 4 个宏定义,分别对应开发板上下左右(KEY0/KEY1/KEY2/WKUP)按键按下时 KEY_Scan()返回的值。这些宏定义的方向直接和开发板的按键排列方式相同,方便使用。

最后看看 main.c 里面编写的主函数/代码,如下:

```
#include "led.h"
#include "delay.h"
#include "key.h"
#include "sys.h"
#include "beep.h"
int main(void)
{
    u8 key = 0;
    delay_init();              //延时函数初始化
    LED_Init();                //LED 端口初始化
    KEY_Init();                //初始化与按键连接的硬件接口
    BEEP_Init();               //初始化蜂鸣器端口
    LED0 = 0;                  //先点亮红灯
    while(1)
    {
        key = KEY_Scan(0);     //得到键值
        if(key)
        {    switch(t)
             {   case WKUP_PRES:     //WKUP 按下,控制蜂鸣器
                      BEEP = ! BEEP;break;
                 case KEY2_PRES:     //KEY2 按下,控制 LED0 翻转
                      LED0 = ! LED0; break;
                 case KEY1_PRES:     //KEY1 按下,控制 LED1 翻转
                      LED1 = ! LED1;break;
                 case KEY0_PRES:     //KEY0 按下,同时控制 LED0,LED1 翻转
                      LED0 = ! LED0;
                      LED1 = ! LED1;break;
             }
        }else delay_ms(10);
    }
}
```

主函数代码比较简单,先进行一系列的初始化操作,然后在死循环中调用按键扫描函数 KEY_Scan()扫描按键值,最后根据按键值控制 LED 和蜂鸣器的翻转。

7.4 仿真与下载

先单击 开始仿真,接着单击 显示逻辑分析窗口,单击 Setup,新建 7 个信号 PORTB.5、PORTE.5、PORTB.8、PORTA.0、PORTE.2、PORTE.3、PORTE.4,如图 7.4.1 所示。

然后再选择 Peripherals→General Purpose I/O→GPIOE,则弹出 GPIOE 的查看窗口,如图 7.4.2 所示。

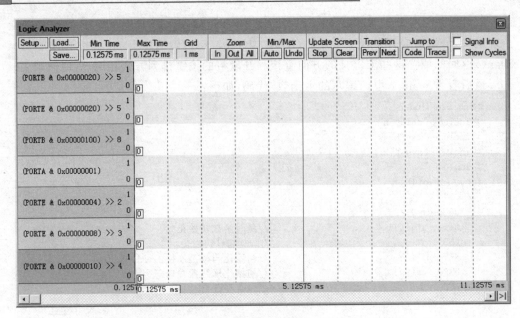

图 7.4.1　新建仿真信号

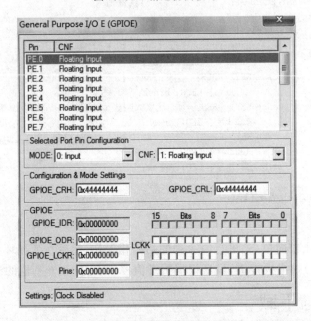

图 7.4.2　查看 GPIOE 寄存器

然后在"key＝KEY_Scan();"这里设置一个断点,单击 直接执行到这里,然后在图 7.4.2 中的 Pins 里面选中 2、3、4 位。这是虽然已经设置了这几个 I/O 口为上拉输入,但是 MDK 不会考虑 STM32 自带的上拉和下拉,所以须手动设置以使其初始状态和外部硬件的状态一模一样,如图 7.4.3 所示。

本来还需要设置 PORTA.0 的,但是 GPIOA.0 是高电平有效,刚好默认的就满足

第 7 章 按键输入实验

要求,不需要再选中 PORTA.0 了。所以这里可以省略一个 GPIOA.0 的设置。执行过这句可以看到 key 的值依旧为 0,也就是没有任何按键按下。接着再单击 ▤,再次执行到"key=KEY_Scan();",此次把 Pins 的 PE2 取消选中,再次执行过这句,得到 key 的值为 3,如图 7.4.4 所示。

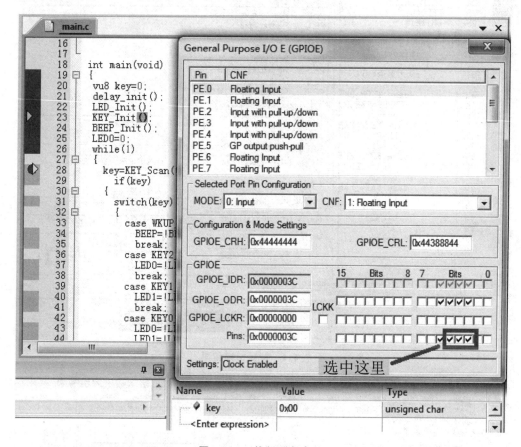

图 7.4.3 执行到断点处

然后按相似的方法分别取消选中 PE3 和 PE4,并选中 PA0,然后再把它们还原,可以看到逻辑分析窗口的波形如图 7.4.5 所示。

从图 7.4.5 可以看出,当 PE2 按下的时候 PB5 翻转,PE3 按下的时候 PE5 翻转,PE4 按下的时候 PB5 和 PE5 一起翻转,PA0 按下的时候 PB8 翻转,是我们想要得到的结果。因此,可以确定软件仿真基本没有问题了。接下来可以把代码下载到战舰 STM32 开发板上看看运行结果是否正确。

在下载完之后,我们可以按 KEY0、KEY1、KEY2 和 WK_UP 来看看 DS0、DS1 以及蜂鸣器的变化,是否和仿真结果一致(结果肯定是一致的)。

至此,本章的学习就结束了。本章作为 STM32 的入门第二个例子,介绍了 STM32 的 I/O 作为输入的使用方法,同时巩固了前面的学习。希望读者在开发板上实际验证一下,从而加深印象。

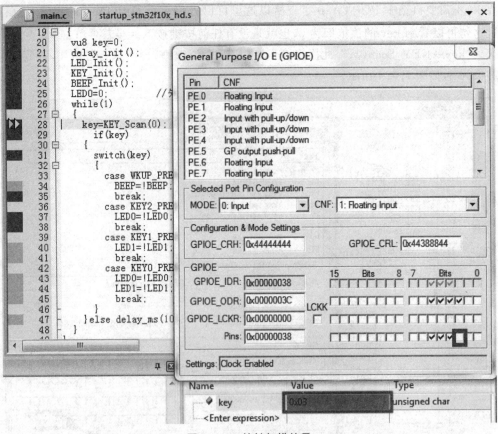

图 7.4.4 按键扫描结果

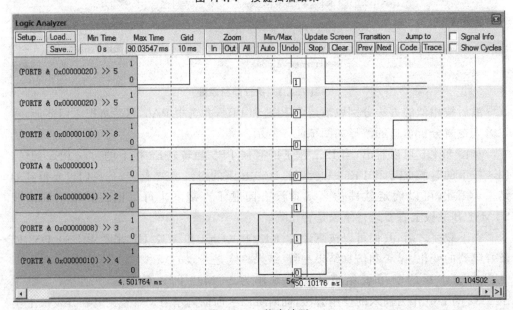

图 7.4.5 仿真波形

第 8 章

串口实验

这一章将学习 STM32F 的串口,教读者如何使用 STM32F1 的串口来发送和接收数据。本章实现功能:通过串口和上位机的对话,STM32F1 在收到上位机发过来的字符串后原原本本地返回给上位机。

8.1 STM32 串口简介

串口作为 MCU 的重要外部接口,同时也是软件开发重要的调试手段,其重要性不言而喻。现在基本上所有的 MCU 都带有串口,STM32 自然也不例外。

STM32 的串口资源相当丰富,功能也相当强大。ALIENTEK 战舰 STM32 开发板使用的 STM32F103ZET6 最多可提供 5 路串口,有分数波特率发生器、支持同步单线通信和半双工单线通信、支持 LIN、支持调制解调器操作、智能卡协议和 IrDA SIR ENDEC 规范、具有 DMA 等。

5.3 节对串口有过简单的介绍,读者看这个实验的时候记得翻过去看看。接下来主要从库函数操作层面结合寄存器的描述,介绍如何设置串口以达到最基本的通信功能。本章将实现利用串口 1 不停地打印信息到计算机上,同时接收从串口发过来的数据,把发送过来的数据直接送回给计算机。战舰 STM32 开发板板载了一个 USB 串口和一个 RS232 串口,本章介绍的是通过 USB 串口和计算机通信。

对于复用功能的 I/O,首先要使能 GPIO 时钟,然后使能复用功能时钟,同时要把 GPIO 模式设置为复用功能对应的模式。这些准备工作做完之后,剩下的当然是串口参数的初始化设置,包括波特率、停止位等参数。在设置完成后接下来就是使能串口,这很容易理解。如果开启了串口的中断,当然要初始化 NVIC 设置中断优先级别,最后编写中断服务函数。

串口设置的一般步骤可以总结为如下几个步骤:
① 串口时钟使能,GPIO 时钟使能。
② 串口复位。
③ GPIO 端口模式设置。
④ 串口参数初始化。
⑤ 开启中断并且初始化 NVIC(如果需要开启中断才需要这个步骤)。
⑥ 使能串口。

⑦ 编写中断处理函数。

下面就简单介绍这几个与串口基本配置直接相关的固件库函数,它们的定义主要分布在 stm32f10x_usart.h 和 stm32f10x_usart.c 文件中。

① 串口时钟使能。串口是挂载在 APB2 下面的外设,所以使能函数为:

```
RCC_APB2PeriphClockCmd(RCC_APB2Periph_USART1);
```

② 串口复位。当外设出现异常的时候可以通过复位设置实现该外设的复位,然后重新配置这个外设达到让其重新工作的目的。一般在系统刚开始配置外设的时候,都会先执行复位该外设的操作。复位是在函数 USART_DeInit()中完成:

```
void USART_DeInit(USART_TypeDef * USARTx);   //串口复位
```

比如要复位串口1,方法为:

```
USART_DeInit(USART1);    //复位串口1
```

③ 串口参数初始化。串口初始化是通过 USART_Init()函数实现的,

```
void USART_Init(USART_TypeDef * USARTx, USART_InitTypeDef * USART_InitStruct);
```

这个函数的第一个入口参数是指定初始化的串口标号,这里选择 USART1。第二个入口参数是一个 USART_InitTypeDef 类型的结构体指针,这个结构体指针的成员变量用来设置串口的一些参数。一般的实现格式为:

```
USART_InitStructure.USART_BaudRate = bound;                     //波特率设置
USART_InitStructure.USART_WordLength = USART_WordLength_8b;     //字长为8位数据格式
USART_InitStructure.USART_StopBits = USART_StopBits_1;          //一个停止位
USART_InitStructure.USART_Parity = USART_Parity_No;             //无奇偶校验位
USART_InitStructure.USART_HardwareFlowControl
             = USART_HardwareFlowControl_None;                  //无硬件数据流控制
USART_InitStructure.USART_Mode = USART_Mode_Rx | USART_Mode_Tx; //收发模式
USART_Init(USART1, &USART_InitStructure);                       //初始化串口
```

可以看出,初始化需要设置的参数为波特率、字长、停止位、奇偶校验位、硬件数据流控制、模式(收/发)。

④ 数据发送与接收。STM32 的发送与接收是通过数据寄存器 USART_DR 来实现的,这是一个双寄存器,包含了 TDR 和 RDR。当向该寄存器写数据的时候,串口就会自动发送;当收到数据的时候,也是存在该寄存器内。

STM32 库函数操作 USART_DR 寄存器发送数据的函数是:

```
void USART_SendData(USART_TypeDef * USARTx, uint16_t Data);
```

通过该函数向串口寄存器 USART_DR 写入一个数据。

STM32 库函数操作 USART_DR 寄存器读取串口接收到的数据的函数是:

```
uint16_t USART_ReceiveData(USART_TypeDef * USARTx);
```

通过该函数可以读取串口接收到的数据。

⑤ 串口状态。串口的状态可以通过状态寄存器 USART_SR 读取。USART_SR 的各位描述如图 8.1.1 所示。这里关注两个位,即第 5、6 位 RXNE 和 TC。

第 8 章 串口实验

31	30	29	28	27	26	25	24	23	22	21	20	19	18	17	16
								保留							
15	14	13	12	11	10	9	8	7	6	5	4	3	2	1	0
	保留					CTS	LBD	TXE	TC	RXNE	IDLE	ORE	NE	FE	PE
						rc w0	rc w0	r	rc w0	rc w0	r	r	r	r	r

图 8.1.1 USART_SR 寄存器各位描述

RXNE(读数据寄存器非空):当该位被置 1 的时候,就是提示已经有数据被接收到了,并且可以读出来了。这时候要做的就是尽快去读取 USART_DR,从而将该位清零;也可以向该位写 0,直接清除。

TC(发送完成):当该位被置位的时候,表示 USART_DR 内的数据已经被发送完成了。如果设置了这个位的中断,则会产生中断。该位也有两种清零方式:①读 USART_SR,写 USART_DR。②直接向该位写 0。

状态寄存器的其他位这里就不过多讲解,可以查看中文参考手册。

在固件库函数里面,读取串口状态的函数是:

FlagStatus USART_GetFlagStatus(USART_TypeDef* USARTx, uint16_t USART_FLAG);

这个函数的第二个入口参数非常关键,是标识我们要查看串口的哪种状态,比如上面讲解的 RXNE(读数据寄存器非空)以及 TC(发送完成)。例如要判断读寄存器是否非空(RXNE),操作库函数的方法是:

USART_GetFlagStatus(USART1, USART_FLAG_RXNE);

要判断发送是否完成(TC),操作库函数的方法是:

USART_GetFlagStatus(USART1, USART_FLAG_TC);

这些标识号在 MDK 里面是通过宏定义定义的:

```
#define USART_IT_PE         ((uint16_t)0x0028)
#define USART_IT_TXE        ((uint16_t)0x0727)
#define USART_IT_TC         ((uint16_t)0x0626)
//…此处省略部分宏定义
#define USART_IT_NE         ((uint16_t)0x0260)
#define USART_IT_FE         ((uint16_t)0x0160)
```

⑥ 串口使能。串口使能是通过函数 USART_Cmd()来实现的,使用方法是:

USART_Cmd(USART1, ENABLE);   //使能串口

⑦ 开启串口响应中断。有些时候还需要开启串口中断,那么就需要使能串口中断。使能串口中断的函数是:

void USART_ITConfig(USART_TypeDef* USARTx, uint16_t USART_IT,
                    FunctionalState NewState)

这个函数的第二个入口参数是标识使能串口的类型,也就是使能哪种中断,因为串口的中断类型有很多种。比如在接收到数据的时候(RXNE 读数据寄存器非空)要产生中断,那么开启中断的方法是:

USART_ITConfig(USART1, USART_IT_RXNE, ENABLE);//开启中断,接收到数据中断

在发送数据结束的时候(TC,发送完成)要产生中断,那么方法是:
USART_ITConfig(USART1,USART_IT_TC,ENABLE);

⑧ 获取相应中断状态。使能某个中断的时候,当该中断发生了,则就会设置状态寄存器中的某个标志位。在中断处理函数中,要判断该中断是哪种中断,则使用的函数是:

ITStatus USART_GetITStatus(USART_TypeDef * USARTx, uint16_t USART_IT)

比如使能了串口发送完成中断,那么当中断发生了,我们便可以在中断处理函数中调用这个函数来判断是否是串口发送完成中断,方法是:

USART_GetITStatus(USART1, USART_IT_TC)

返回值是 SET 说明串口发送完中断。

通过以上的讲解就可以完成串口最基本的配置了,更详细的介绍可参考《STM32 参考手册》第 516~548 页。

8.2 硬件设计

本实验需要用到的硬件资源有指示灯 DS0、串口 1。本实验用到的串口 1 与 USB 串口并没有在 PCB 上连接在一起,需要通过跳线帽来连接一下。这里把 P6 的 RXD、TXD 用跳线帽与 PA9、PA10 连接起来,如图 8.2.1 所示。连接之后,硬件设置完成了,可以开始软件设计了。

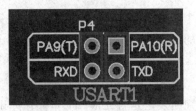

图 8.2.1 硬件连接图示意图

8.3 软件设计

本章的代码设计比前两章简单很多,因为串口初始化代码和接收代码就是用 5.3 节介绍的 SYSTEM 文件夹下的串口部分的内容。

打开串口实验工程,然后在 SYSTEM 组下双击 usart.c,则可以看到该文件里面的代码。先介绍 uart_init 函数,代码如下:

```
//初始化 IO 串口 1
//bound:波特率
void uart_init(u32 bound)
{
  GPIO_InitTypeDef GPIO_InitStructure;
  USART_InitTypeDef USART_InitStructure;
  NVIC_InitTypeDef NVIC_InitStructure;
  //①串口时钟使能,GPIO 时钟使能
  RCC_APB2PeriphClockCmd(RCC_APB2Periph_USART1|
              RCC_APB2Periph_GPIOA, ENABLE);   //使能 USART1,GPIOA 时钟
  //②串口复位
  USART_DeInit(USART1);                         //复位串口 1
```

第 8 章 串口实验

```
//③GPIO 端口模式设置
    GPIO_InitStructure.GPIO_Pin = GPIO_Pin_9;                //USART1_TX PA9
    GPIO_InitStructure.GPIO_Speed = GPIO_Speed_50MHz;        //速度 50 MHz
    GPIO_InitStructure.GPIO_Mode = GPIO_Mode_AF_PP;          //复用推挽输出
    GPIO_Init(GPIOA, &GPIO_InitStructure);                   //初始化 GPIOA9
    GPIO_InitStructure.GPIO_Pin = GPIO_Pin_10;               //USART1_RX PA10
    GPIO_InitStructure.GPIO_Mode = GPIO_Mode_IN_FLOATING;    //浮空输入
    GPIO_Init(GPIOA, &GPIO_InitStructure);                   //初始化 GPIOA10
//④串口参数初始化
    USART_InitStructure.USART_BaudRate = bound;              //波特率设置
    USART_InitStructure.USART_WordLength = USART_WordLength_8b;  //字长为 8 位
    USART_InitStructure.USART_StopBits = USART_StopBits_1;   //一个停止位
    USART_InitStructure.USART_Parity = USART_Parity_No;      //无奇偶校验位
    USART_InitStructure.USART_HardwareFlowControl
        = USART_HardwareFlowControl_None;                    //无硬件数据流控制
    USART_InitStructure.USART_Mode = USART_Mode_Rx | USART_Mode_Tx;  //收发模式
    USART_Init(USART1,&USART_InitStructure);                 //初始化串口
    #if EN_USART1_RX                                         //如果使能了接收
//⑤初始化 NVIC
    NVIC_InitStructure.NVIC_IRQChannel = USART1_IRQn;
    NVIC_InitStructure.NVIC_IRQChannelPreemptionPriority = 3;    //抢占优先级 3
    NVIC_InitStructure.NVIC_IRQChannelSubPriority = 3;       //子优先级 3
    NVIC_InitStructure.NVIC_IRQChannelCmd = ENABLE;          //IRQ 通道使能
    NVIC_Init(&NVIC_InitStructure);                          //中断优先级初始化
//⑤开启中断
    USART_ITConfig(USART1,USART_IT_RXNE,ENABLE);             //开启中断
    #endif
//⑥使能串口
    USART_Cmd(USART1,ENABLE);                                //使能串口
}
```

可以看出，其初始化串口的过程和前面介绍的一致。我们用标号①～⑥标示了顺序：

① 串口时钟使能，GPIO 时钟使能；

② 串口复位；

③ GPIO 端口模式设置；

④ 串口参数初始化；

⑤ 初始化 NVIC 并且开启中断。

⑥ 使能串口。

对于复用功能下的 GPIO 模式怎么判定须查看《中文参考手册 V10》P110 的表 8.1.11。查看手册得知，配置全双工的串口 1，那么 TX(PA9)引脚需要配置为推挽复用输出，RX(PA10)引脚配置为浮空输入或者带上拉输入。模式配置如表 8.3.1 所列。

注意，因为我们使用到了串口的中断接收，必须在 usart.h 里面设置 EN_USART1_RX 为 1(默认设置就是 1)，该函数才会配置中断使能，并开启串口 1 的 NVIC 中断。这里把串口 1 中断放在组 2，优先级设置为组 2 里面的最低。

表 8.3.1　串口 GPIO 模式配置表

USART 引脚	配置	GPIO 配置
USARTx_TX	全双工模式	推挽复用输出
	半双工同步模式	推挽复用输出
USARTx_RX	全双工模式	浮空输入或带上拉输入
	半双工同步模式	未用,可作为通用 I/O

接下来还要编写中断服务函数。串口 1 的中断服务函数 USART1_IRQHandler 参见 5.3.3 小节。

介绍完了这两个函数,我们打开 main.c 文件(从本章实验开始,出于篇幅考虑,相关源文件和头文件开头部分的头文件包含关系代码就不再列出)如下:

```c
int main(void)
{
    u8 t,len;
    u16 times = 0;
    delay_init();                                      //延时函数初始化
    NVIC_PriorityGroupConfig(NVIC_PriorityGroup_2);    //设置 NVIC 中断分组 2
    uart_init(115200);                                 //串口初始化波特率为 115 200
    LED_Init();                                        //LED 端口初始化
    KEY_Init();                                        //初始化与按键连接的硬件接口
    while(1)
    {
        if(USART_RX_STA&0x8000)                        //如果一次接收完成
        {   len = USART_RX_STA&0x3f;                   //得到此次接收到的数据长度
            printf("\r\n您发送的消息为:\r\n\r\n");
            for(t = 0;t<len;t++)
            {   USART_SendData(USART1,USART_RX_BUF[t]);   //向串口 1 发送数据
                while(USART_GetFlagStatus(USART1,USART_FLAG_TC)! = SET);
                                                          //等待发送结束
            }
            printf("\r\n\r\n");//插入换行
            USART_RX_STA = 0;
        }else
        {   times ++ ;
            if(times % 5000 == 0)
            {   printf("\r\n战舰 STM32 开发板串口实验\r\n");
                printf("正点原子@ALIENTEK\r\n\r\n");
            }
            if(times % 200 == 0)  printf("请输入数据,以回车键结束\n");
            if(times % 30 == 0)  LED0 = ! LED0;   //闪烁 LED,提示系统正在运行.
            delay_ms(10);
        }
    }
}
```

这段代码比较简单,首先看看 NVIC_PriorityGroupConfig(NVIC_PriorityGroup_2)函数,该函数是设置中断分组号为 2,也就是 2 位抢占优先级和 2 位子优先级。

第 8 章 串口实验

现在重点看下以下两句：
```
USART_SendData(USART1,USART_RX_BUF[t]);          //向串口 1 发送数据
while(USART_GetFlagStatus(USART1,USART_FLAG_TC)!= SET);
```

第一句，其实就是发送一个字节到串口。第二句就是在发送一个数据到串口之后要检测这个数据是否已经被发送完成了。USART_FLAG_TC 是宏定义的数据发送完成标识符。

其他的代码比较简单，编译之后看看有没有错误，没有错误就可以开始下载验证了。

8.4 下载验证

前面 2 章实例均介绍了软件仿真，仿真的基本技巧也差不多介绍完了，接下来将淡化这部分，因为代码都是经过作者检验，并且全部在 ALIENTEK 战舰 STM32 开发板上验证了的，有兴趣的读者可以自己仿真看看。但是这里要说明几点：

① I/O 口复用的信号在逻辑分析窗口是不能显示出来的（看不到波形），比如串口的输出、SPI、USB、CAN 等，仿真的时候在该窗口看不到任何信息。遇到这样的情况就不得不准备一个逻辑分析仪，外加一个 ULINK 或者 JLINK 来做在线调试。但一般情况，这些都有现成的例子，不用这几个东西一般也能编出来。

② 仿真并不能代表实际情况。只能从某些方面给一些启示，告诉你大方向，不能尽信仿真，当然也不能完全没有仿真。比如上面 I/O 口的输出，仿真的时候，其翻转速度可以达到很快，但是实际上 STM32 的 I/O 输出就达不到这个速度。

把程序下载到战舰 STM32 V3 板子可以看到，板子上的 DS0 开始闪烁，说明程序已经在跑了。串口调试助手用 XCOM V2.0，该软件在本书配套资料有提供，且无须安装，直接可以运行，但是需要你的计算机安装有.NET Framework 4.0(WIN7 及以上系统直接自带了)或以上版本的环境才可以，详细介绍请看 http://www.openedv.com/posts/list/22994.htm 这个帖子。

接着，打开 XCOM V2.0，设置串口为开发板的 USB 转串口(CH340 虚拟串口须根据自己的计算机选择，笔者的计算机是 COM3，注意:波特率是 115 200)，可以看到如图 8.4.1 所示界面。

从图 8.4.1 可以看出，STM32F1 的串口数据发送是没问题的了。但是，因为我们在程序上面设置了必须输入回车，串口才认可接收到的数据，所以必须在发送数据后再发送一个回车符。这里 XCOM 提供的发送方法是通过选中"发送新行"实现，如图 8.4.1 所示。只要选中了这个选项，每次发送数据后，XCOM 都会自动多发一个回车(0X0D＋0X0A)。设置好了"发送新行"，再在发送区输入想要发送的文字，然后单击"发送"，可以得到如图 8.4.2 所示结果。

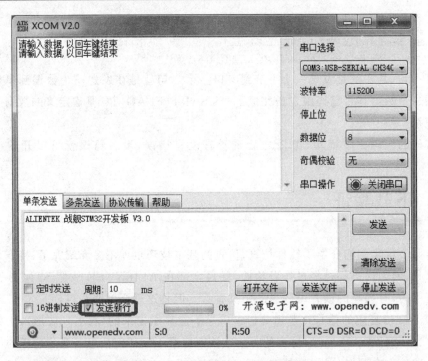

图 8.4.1　串口调试助手收到的信息

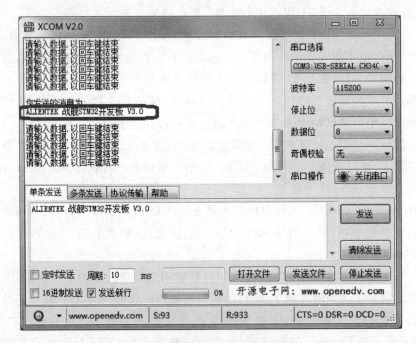

图 8.4.2　发送数据后收到的数据

可以看到，我们发送的消息被发送回来了（图中圈圈内）。读者可以试试，如果不发送回车（取消"发送新行"），在输入内容之后直接按"发送"是什么结果？

第 9 章

外部中断实验

这一章将介绍如何使用 STM32F1 的外部输入中断。前面几章的学习中已掌握了 STM32F1 的 I/O 口最基本的操作。本章将介绍如何将 STM32F1 的 I/O 口作为外部中断输入,以中断的方式实现在第 7 章所实现的功能。

9.1 STM32 外部中断简介

STM32 的 I/O 口在第 6 章有详细介绍,而中断管理分组管理在前面也有详细的阐述。这里将介绍 STM32 外部 I/O 口的中断功能,通过中断的功能达到第 7 章实验的效果,即通过板载的 4 个按键控制板载的两个 LED 的亮灭以及蜂鸣器的发声。

这里首先介绍 STM32 I/O 口中断的一些基础概念。STM32 的每个 I/O 都可以作为外部中断的中断输入口,这点也是 STM32 的强大之处。STM32F103 的中断控制器支持 19 个外部中断/事件请求。每个中断设有状态位,每个中断/事件都有独立的触发和屏蔽设置。STM32F103 的 19 个外部中断为:

- 线 0~15:对应外部 I/O 口的输入中断。
- 线 16:连接到 PVD 输出。
- 线 17:连接到 RTC 闹钟事件。
- 线 18:连接到 USB 唤醒事件。

可以看出,STM32 供 I/O 口使用的中断线只有 16 个,但是 STM32 的 I/O 口却远远不止 16 个,那么 STM32 是怎么把 16 个中断线和 I/O 口一一对应起来的呢?于是 STM32 就这样设计,GPIO 的引脚 GPIOx.0~GPIOx.15(x=A,B,C,D,E,F,G)分别对应中断线 0~15,这样每个中断线对应了最多 7 个 I/O 口,以线 0 为例:它对应了 GPIOA.0、GPIOB.0、GPIOC.0、GPIOD.0、GPIOE.0、GPIOF.0、GPIOG.0。而中断线每次只能连接到一个 I/O 口上,这样就需要通过配置来决定对应的中断线配置到哪个 GPIO 上了。GPIO 跟中断线的映射关系图如图 9.1.1 所示。

在库函数中,使用函数 GPIO_EXTILineConfig()来配置 GPIO 与中断线的映射关系。这里需要先补充说明一下,外部中断相关的固件库申明、定义在头文件 stm32f10x_exti.h 和源文件 stm32f10x_exti.c 中。接下来看看函数 GPIO_EXTILineConfig 的定义,如下:

void GPIO_EXTILineConfig(uint8_t GPIO_PortSource, uint8_t GPIO_PinSource)

该函数将 GPIO 端口与中断线映射起来，使用范例是：

```
GPIO_EXTILineConfig(GPIO_PortSourceGPIOE,GPIO_PinSource2);
```

将中断线 2 与 GPIOE 映射起来，那么很显然是 GPIOE.2 与 EXTI2 中断线连接了。设置好中断线映射之后，那么到底来自这个 I/O 口的中断是通过什么方式触发的呢？接下来就要设置该中断线上中断的初始化参数了。

中断线上中断的初始化是通过函数 EXTI_Init()实现的。EXTI_Init()函数的定义是：

```
void EXTI_Init(EXTI_InitTypeDef * EXTI_InitStruct);
```

下面用一个使用范例来说明这个函数的使用：

```
EXTI_InitTypeDef EXTI_InitStructure;
EXTI_InitStructure.EXTI_Line = EXTI_Line4;
EXTI_InitStructure.EXTI_Mode = EXTI_Mode_Interrupt;
EXTI_InitStructure.EXTI_Trigger = EXTI_Trigger_Falling;
EXTI_InitStructure.EXTI_LineCmd = ENABLE;
EXTI_Init(&EXTI_InitStructure);   //初始化 EXTI
```

上面的例子设置中断线 4 上的中断为下降沿触发。STM32 外设的初始化都是通过结构体来设置初始值的。来看看结构体 EXTI_InitTypeDef 的成员变量：

```
typedef struct
{
  uint32_t EXTI_Line;
  EXTIMode_TypeDef EXTI_Mode;
  EXTITrigger_TypeDef EXTI_Trigger;
  FunctionalState EXTI_LineCmd;
}EXTI_InitTypeDef;
```

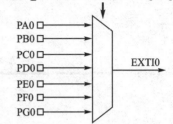

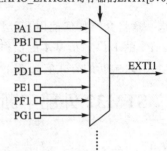

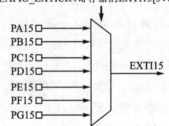

图 9.1.1　GPIO 和中断线的映射关系图

可以看出，有 4 个参数需要设置。第一个参数是中断线的标号，取值范围为 EXTI_Line0~EXTI_Line15。也就是说，这个函数配置的是某个中断线上的中断参数。第二个参数是中断模式，可选值为中断 EXTI_Mode_Interrupt 和事件 EXTI_Mode_Event。第三个参数是触发方式，可以是下降沿触发 EXTI_Trigger_Falling、上升沿触发 EXTI_Trigger_Rising，或者任意电平(上升沿和下降沿)触发 EXTI_Trigger_Rising_Falling。最后一个参数就是使能中断线了。

既然是外部中断，就还要设置 NVIC 中断优先级。前面已经讲解过，这里就接着上面的范例设置中断线 2 的中断优先级：

第 9 章 外部中断实验

```
NVIC_InitTypeDef NVIC_InitStructure;
NVIC_InitStructure.NVIC_IRQChannel = EXTI2_IRQn;                    //使能按键外部中断通道
NVIC_InitStructure.NVIC_IRQChannelPreemptionPriority = 0x02;        //抢占优先级 2
NVIC_InitStructure.NVIC_IRQChannelSubPriority = 0x02;               //子优先级 2
NVIC_InitStructure.NVIC_IRQChannelCmd = ENABLE;                     //使能外部中断通道
NVIC_Init(&NVIC_InitStructure);                                     //中断优先级初始化
```

配置完中断优先级之后,接着要做的就是编写中断服务函数。中断服务函数的名字是在 MDK 中事先有定义的。这里需要说明一下,STM32 的 I/O 口外部中断函数只有 6 个,分别为:

```
EXPORT    EXTI0_IRQHandler
EXPORT    EXTI1_IRQHandler
EXPORT    EXTI2_IRQHandler
EXPORT    EXTI3_IRQHandler
EXPORT    EXTI4_IRQHandler
EXPORT    EXTI9_5_IRQHandler
EXPORT    EXTI15_10_IRQHandler
```

中断线 0~4 每个中断线对应一个中断函数,中断线 5~9 共用中断函数 EXTI9_5_IRQHandler,中断线 10~15 共用中断函数 EXTI15_10_IRQHandler。编写中断服务函数的时候会经常使用到两个函数,第一个函数是判断某个中断线上的中断是否发生(标志位是否置位):

```
ITStatus EXTI_GetITStatus(uint32_t EXTI_Line);
```

一般使用在中断服务函数的开头判断中断是否发生。另一个函数是清除某个中断线上的中断标志位:

```
void EXTI_ClearITPendingBit(uint32_t EXTI_Line);
```

这个函数一般应用在中断服务函数结束之前,清除中断标志位。

常用的中断服务函数格式为:

```
voidEXTI3_IRQHandler(void)
{
    if(EXTI_GetITStatus(EXTI_Line3)! = RESET)   //判断某个线上的中断是否发生
    {
        中断逻辑…
        EXTI_ClearITPendingBit(EXTI_Line3);   //清除 LINE 上的中断标志位
    }
}
```

在这里需要说明一下,固件库还提供了两个函数来判断外部中断状态以及清除外部状态标志位的函数 EXTI_GetFlagStatus、EXTI_ClearFlag,它们的作用和前面两个函数的作用类似。只是在 EXTI_GetITStatus 函数中会先判断这种中断是否使能,使能了才去判断中断标志位,而 EXTI_GetFlagStatus 直接用来判断状态标志位。

下面再总结一下使用 I/O 口外部中断的一般步骤:

① 初始化 I/O 口为输入。
② 开启 AFIO 时钟
③ 设置 I/O 口与中断线的映射关系。

④ 初始化线上中断，设置触发条件等。
⑤ 配置中断分组（NVIC），并使能中断。
⑥ 编写中断服务函数。
通过以上几个步骤的设置，我们就可以正常使用外部中断了。
本章要实现同第 7 章差不多的功能，但是这里使用的是中断来检测按键，还是 WK_UP 控制蜂鸣器，按一次叫，再按一次停；KEY2 控制 DS0，按一次亮，再按一次灭；KEY1 控制 DS1，效果同 KEY2；KEY0 则同时控制 DS0 和 DS1，按一次，它们的状态就翻转一次。

9.2 硬件设计

本实验用到的硬件资源和第 7 章实验的一模一样，不再多做介绍了。

9.3 软件设计

直接打开本书配套资料的外部中断实验工程可以看到，相比上一个工程，HARDWARE 目录下面增加了 exti.c 文件，同时固件库目录增加了 stm32f10x_exti.c 文件。
exit.c 文件总共包含 5 个函数，一个是外部中断初始化函数 void EXTIX_Init (void)，另外 4 个都是中断服务函数。

> void EXTI0_IRQHandler(void) 是外部中断 0 的服务函数，负责 WK_UP 按键的中断检测；
> void EXTI2_IRQHandler(void) 是外部中断 2 的服务函数，负责 KEY2 按键的中断检测；
> void EXTI3_IRQHandler(void) 是外部中断 3 的服务函数，负责 KEY1 按键的中断检测；
> void EXTI4_IRQHandler(void) 是外部中断 4 的服务函数，负责 KEY0 按键的中断检测。

因为 exit.c 里面的代码较多，而且对于每个中断线的配置几乎都是雷同的，下面列出中断线 2 的相关配置代码：

```
void EXTIX_Init(void)    //外部中断初始化
{
    EXTI_InitTypeDef EXTI_InitStructure;
    NVIC_InitTypeDef NVIC_InitStructure;

    KEY_Init(); //①按键端口初始化

    RCC_APB2PeriphClockCmd(RCC_APB2Periph_AFIO,ENABLE); //②开启AFIO时钟

    //GPIOE.2中断线以及中断初始化配置,下降沿触发
    GPIO_EXTILineConfig(GPIO_PortSourceGPIOE,GPIO_PinSource2);//③中断线配置
```

第9章 外部中断实验

```
        EXTI_InitStructure.EXTI_Line = EXTI_Line2;      //中断线 2
        EXTI_InitStructure.EXTI_Mode = EXTI_Mode_Interrupt;//中断
        EXTI_InitStructure.EXTI_Trigger = EXTI_Trigger_Falling;  //下降沿触发
        EXTI_InitStructure.EXTI_LineCmd = ENABLE;
        EXTI_Init(&EXTI_InitStructure);      //④初始化中断线参数

        NVIC_InitStructure.NVIC_IRQChannel = EXTI2_IRQn;      //使能按键外部中断通道
        NVIC_InitStructure.NVIC_IRQChannelPreemptionPriority = 0x02;//抢占优先级 2
        NVIC_InitStructure.NVIC_IRQChannelSubPriority = 0x02;      //子优先级 2
        NVIC_InitStructure.NVIC_IRQChannelCmd = ENABLE;      //使能外部中断通道
        NVIC_Init(&NVIC_InitStructure);//⑤初始化 NVIC
}
//⑥外部中断 2 服务程序
void EXTI2_IRQHandler(void)
{
        delay_ms(10);                          //消抖
        if(KEY2 == 0)                          //按键 KEY2
        {
           LED0 = ! LED0;
        }
        EXTI_ClearITPendingBit(EXTI_Line2);    //清除 LINE2 上的中断标志位
}
```

外部中断初始化函数 void EXTIX_Init(void)严格按照之前的步骤来初始化外部中断,首先调用 KEY_Init()函数,利用第 7 章按键初始化函数来初始化外部中断输入的 I/O 口,接着调用 RCC_APB2PeriphClockCmd()函数来使能复用功能时钟。接着配置中断线和 GPIO 的映射关系,然后初始化中断线。需要说明的是,因为 WK_UP 按键是高电平有效的,而 KEY0、KEY1 和 KEY2 是低电平有效的,所以设置 WK_UP 为上升沿触发中断,而 KEY0、KEY1 和 KEY2 则设置为下降沿触发。这里把所有中断都分配到第二组,把按键的抢占优先级设置成一样,而子优先级不同,这 4 个按键中 KEY0 的优先级最高。

接下来介绍各个按键的中断服务函数,一共 4 个。先看按键 KEY2 的中断服务函数 void EXTI2_IRQHandler(void),该函数代码比较简单,先延时 10 ms 以消抖,再检测 KEY2 是否还是为低电平,如果是,则执行此次操作(翻转 LED0 控制信号);如果不是,则直接跳过。最后通过一句"EXTI_ClearITPendingBit(EXTI_Line2);"清除已经发生的中断请求。同样可以发现,KEY0、KEY1 和 WK_UP 的中断服务函数和 KEY2 按键的十分相似,这里就不逐个介绍了。

接下来看看 main.c 里面里面的内容:

```
int main(void)
{
        delay_init();                                         //延时函数初始化
        NVIC_PriorityGroupConfig(NVIC_PriorityGroup_2);       //设置 NVIC 中断分组 2
        uart_init(.115200);                                   //串口初始化波特率为 115200
        LED_Init();                                           //初始化与 LED 连接的硬件接口
        BEEP_Init();                                          //初始化蜂鸣器端口
```

```
    KEY_Init();                    //初始化与按键连接的硬件接口
    EXTIX_Init();                  //外部中断初始化
    LED0 = 0;                      //点亮 LED0
    while(1)
    {   printf("OK\r\n");//打印 OK
        delay_ms(1000);
    }
}
```

该部分代码很简单,在初始化完中断后点亮 LED0,就进入死循环等待了。死循环里面通过一个 printf 函数来告诉我们系统正在运行,在中断发生后,就执行中断服务函数做出相应的处理,从而实现第 7 章类似的功能。

9.4 下载验证

在编译成功之后,下载代码到战舰 STM32 开发板上,实际验证一下我们的程序是否正确。下载代码后,在串口调试助手里面可以看到如图 9.4.1 所示信息。可以看出,程序已经在运行了,此时可以通过按下 KEY0、KEY1、KEY2 和 WK_UP 来观察 DS0、DS1 以及蜂鸣器是否跟着按键的变化而变化。

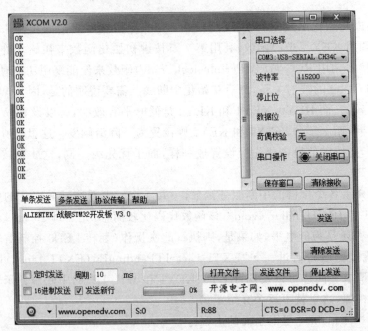

图 9.4.1 串口收到的数据

第 10 章
独立看门狗(IWDG)实验

这一章将介绍如何使用 STM32 的独立看门狗(以下简称 IWDG)。STM32 内部自带了 2 个看门狗:独立看门狗(IWDG)和窗口看门狗(WWDG)。这一章只介绍独立看门狗,将通过按键 WK_UP 来喂狗,然后通过 DS0 提示复位状态。

10.1 STM32 独立看门狗简介

STM32 的独立看门狗由内部专门的 40 kHz 低速时钟驱动,即使主时钟发生故障,它也仍然有效。注意,独立看门狗的时钟是一个内部 RC 时钟,所以并不是准确的 40 kHz,而是在 30~60 kHz 之间的一个可变化的时钟,只是在估算的时候以 40 kHz 的频率来计算。看门狗对时间的要求不是很精确,所以,时钟有些偏差都是可以接受的。

首先讲解一下看门狗的原理。单片机系统在外界的干扰下会出现程序跑飞的现象导致出现死循环,看门狗电路就是为了避免这种情况的发生。看门狗的作用就是在一定时间内(通过定时计数器实现)没有接收喂狗信号(表示 MCU 已经挂了),便实现处理器的自动复位重启(发送复位信号)。

下面介绍怎么通过库函数来实现配置。首先是键值寄存器 IWDG_KR,各位描述如图 10.1.1 所示。

31	30	29	28	27	26	25	24	23	22	21	20	19	18	17	16
							保留								
15	14	13	12	11	10	9	8	7	6	5	4	3	2	1	0
							KEY[15:0]								
w	w	w	w	w	w	w	w	w	w	w	w	w	w	w	w

位 31:16	保留,始终读为 0
位 15:0	KEY[15:0]:键值(只写寄存器,读出值为 0x0000) 软件必须以一定的间隔写入 0xAAAA,否则,当计数器为 0 时,看门狗会产生复位。 写入 0x5555 表示允许访问 IWDG_PR 和 WDG_RLR 寄存器 写入 0xCCCC,启动看门狗工作(若选择了硬件看门狗则不受此命令官限制)

图 10.1.1 IWDG_KR 寄存器各位描述

在键值寄存器(IWDG_KR)中写入 0xCCCC,开始启用独立看门狗,此时计数器开始从其复位值 0xFFF 递减计数。当计数器计数到末尾 0x000 时,会产生一个复位信号(IWDG_RESET)。无论何时,只要键寄存器 IWDG_KR 中被写入 0xAAAA,IWDG_RLR 中的值就会被重新加载到计数器中,从而避免产生看门狗复位。

IWDG_PR 和 IWDG_RLR 寄存器具有写保护功能。要修改这两个寄存器的值,必须先向 IWDG_KR 寄存器中写入 0x5555。将其他值写入这个寄存器将会打乱操作顺序,寄存器将重新被保护。重装载操作(即写入 0xAAAA)也会启动写保护功能。

还有两个寄存器,一个预分频寄存器(IWDG_PR),用来设置看门狗时钟的分频系数;另一个是重装载寄存器,用来保存重装载到计数器中的值。该寄存器也是一个 32 位寄存器,但是只有低 12 位是有效的。

只要对以上 3 个寄存器进行相应的设置,就可以启动 STM32 的独立看门狗,启动过程可以按如下步骤实现(独立看门狗相关的库函数、定义分布在文件 stm32f10x_iwdg.h 和 stm32f10x_iwdg.c 中):

1) 取消寄存器写保护(向 IWDG_KR 写入 0X5555)

通过这步可取消 IWDG_PR 和 IWDG_RLR 的写保护,使后面可以操作这两个寄存器,即设置 IWDG_PR 和 IWDG_RLR 的值。这在库函数中的实现函数是:

```
IWDG_WriteAccessCmd(IWDG_WriteAccess_Enable);
```

这个函数非常简单,顾名思义就是开启/取消写保护,也就是使能/失能写权限。

2) 设置独立看门狗的预分频系数和重装载值

设置看门狗的分频系数的函数是:

```
void IWDG_SetPrescaler(uint8_t IWDG_Prescaler);   //设置 IWDG 预分频值
```

设置看门狗的重装载值的函数是:

```
void IWDG_SetReload(uint16_t Reload);   //设置 IWDG 重装载值
```

设置好看门狗的分频系数 prer 和重装载值就可以知道看门狗的喂狗时间(也就是看门狗溢出时间),该时间的计算方式为:

$$T_{out} = ((4 \times 2^{prer}) \cdot rlr)/40$$

其中,T_{out} 为看门狗溢出时间(单位为 ms);prer 为看门狗时钟预分频值(IWDG_PR 值),范围为 0~7;rlr 为看门狗的重装载值(IWDG_RLR 的值)。

比如设 prer 值为 4,rlr 值为 625,那么就可以得到 $T_{out} = 64 \times 625/40 = 1\,000$ ms,这样,看门狗的溢出时间就是 1 s。只要一秒钟之内有一次写入 0XAAAA 到 IWDG_KR,就不会导致看门狗复位(当然写入多次也是可以的)。注意,看门狗的时钟不是准确的 40 kHz,所以喂狗的时候最好不要太晚了,否则,有可能发生看门狗复位。

3) 重载计数值喂狗(向 IWDG_KR 写入 0XAAAA)

库函数里面重载计数值的函数是:

```
IWDG_ReloadCounter();   //按照 IWDG 重装载寄存器的值重装载 IWDG 计数器
```

通过这句将使 STM32 重新加载 IWDG_RLR 的值到看门狗计数器里面,即实现独立看门狗的喂狗操作。

4）启动看门狗（向 IWDG_KR 写入 0XCCCC）

库函数里面启动独立看门狗的函数是：

IWDG_Enable();   //使能 IWDG

通过这句来启动 STM32 的看门狗。注意，IWDG 一旦启用，就不能再被关闭！想要关闭，只能重启，并且重启之后不能打开 IWDG，否则问题依旧。所以如果不用 IWDG 的话，就不要去打开它，免得麻烦。

通过上面 4 个步骤就可以启动 STM32 的看门狗了，使能了看门狗，在程序里面就必须间隔一定时间喂狗，否则将导致程序复位。利用这一点，本章将通过一个 LED 灯来指示程序是否重启，从而验证 STM32 的独立看门狗。

在配置看门狗后，DS0 将常亮，WK_UP 按键按下就喂狗。只要 WK_UP 不停地按，看门狗就一直不会产生复位，保持 DS0 的常亮。一旦超过看门狗定溢出时间（T_{out}）还没按，那么将会导致程序重启，这将导致 DS0 熄灭一次。

10.2　硬件设计

本实验用到的硬件资源有：指示灯 DS0、WK_UP 按键、独立看门狗。前面两个已有介绍，而独立看门狗实验的核心是在 STM32 内部进行，并不需要外部电路。但是考虑到指示当前状态和喂狗等操作，我们需要 2 个 I/O 口，一个用来输入喂狗信号，另外一个用来指示程序是否重启。喂狗采用板上的 WK_UP 键来操作，而程序重启则是通过 DS0 来指示的。

10.3　软件设计

直接打开本书配套资料的独立看门狗实验工程可以看到，工程里面新增了 wdg.c，同时引入了头文件 wdg.h。同样加入固件库看门狗支持文件 stm32f10x_iwdg.h 和 stm32f10x_iwdg.c 文件。

wdg.c 里面的代码如下：

```
# include "wdg.h"
//初始化独立看门狗
//prer:分频数:0~7(只有低 3 位有效!);分频因子 = 4 * 2^prer.但最大值只能是 256
//rlr:重装载寄存器值:低 11 位有效;时间计算(大概):Tout = ((4 * 2^prer) * rlr)/40 (ms)
void IWDG_Init(u8 prer,u16 rlr)
{
    IWDG_WriteAccessCmd(IWDG_WriteAccess_Enable);     //①使能对寄存器 I 写操作
    IWDG_SetPrescaler(prer);           //②设置 IWDG 预分频值:设置 IWDG 预分频值
    IWDG_SetReload(rlr);               //②设置 IWDG 重装载值
    IWDG_ReloadCounter();              //③按照 IWDG 重装载寄存器的值重装载 IWDG 计数器
    IWDG_Enable();                     //④使能 IWDG
}
//喂独立看门狗
```

```
void IWDG_Feed(void)
{
    IWDG_ReloadCounter();//喂狗
}
```

该代码就 2 个函数,void IWDG_Init(u8 prer,u16 rlr)是独立看门狗初始化函数,就是按照上面介绍的步骤 1)～4)来初始化独立看门狗的。该函数有 2 个参数,分别用来设置预分频数与重装寄存器的值。通过这两个参数就可以大概知道看门狗复位的时间周期为多少了。

void IWDG_Feed(void)函数用来喂狗,因为 STM32 的喂狗只需要向键值寄存器写入 0XAAAA 即可,也就是调用 IWDG_ReloadCounter()函数,所以,这个函数也很简单。

接下来看看主函数 main 的代码。在主程序里面先初始化一下系统代码,然后启动按键输入和看门狗,在看门狗开启后马上点亮 LED0(DS0),并进入死循环等待按键的输入。一旦 WK_UP 有按键,则喂狗,否则等待 IWDG 复位的到来。这段代码很容易理解,该部分代码如下:

```
int main(void)
{
    delay_init();                                    //延时函数初始化
    NVIC_PriorityGroupConfig(NVIC_PriorityGroup_2);  //设置 NVIC 中断分组 2
    uart_init(115200);                               //串口初始化波特率为 115 200
    LED_Init();                                      //初始化与 LED 连接的硬件接口
    KEY_Init();                                      //按键初始化
    delay_ms(500);                                   //让人看得到灭
    IWDG_Init(4,625);                                //与分频数为 64,重载值为 625,溢出时间为 1 s
    LED0 = 0;                                        //点亮 LED0
    while(1)
    {
        if(KEY_Scan(0) == WKUP_PRESS)
        {
            IWDG_Feed();                             //如果 WK_UP 按下,则喂狗
        }
        delay_ms(10);
    };
}
```

至此,独立看门狗的实验代码就全部编写完了,接着要做的就是下载验证,看看我们的代码是否真的正确,当然在下载之前可以通过软件仿真看看是否可行。

10.4 下载验证

编译成功之后,下载代码到战舰 STM32 开发板上实际验证一下。下载代码后可以看到,DS0 不停地闪烁,证明程序在不停地复位,否则只会 DS0 常亮。试试不停地按 WK_UP 按键,可以看到 DS0 就常亮了,不会再闪烁,说明我们的实验是成功的。

第 11 章
窗口看门狗(WWDG)实验

这一章将介绍如何使用 STM32F1 的另外一个看门狗,窗口看门狗(以下简称 WWDG)。本章将利用窗口看门狗的中断功能来喂狗,通过 DS0 和 DS1 提示程序的运行状态。

11.1 STM32F1 窗口看门狗简介

窗口看门狗(WWDG)通常用来监测由外部干扰或不可预见的逻辑条件造成的应用程序背离正常运行序列而产生的软件故障。除非递减计数器的值在 T6 位(WWDG→CR 的第 6 位)变成 0 前被刷新,否则看门狗电路在达到预置的时间周期时会产生一个 MCU 复位。在递减计数器达到窗口配置寄存器(WWDG→CFR)数值之前,如果 7 位递减计数器的数值(在控制寄存器中)被刷新,那么也将产生一个 MCU 复位,这表明递减计数器需要在一个有限的时间窗口中被刷新。它们的关系可以用图 11.1.1 来说明。

图 11.1.1 中,T[6:0]就是 WWDG_CR 的低 7 位,W[6:0]即 WWDG→CFR 的低 7 位。T[6:0]就是窗口看门狗的计数器,而 W[6:0]则是窗口看门狗的上窗口,下窗口值是固定的(0X40)。当窗口看门狗的计数器在上窗口值之外被刷新,或者低于下窗口值时,都会产生复位。

上窗口值(W[6:0])是由用户自己设定的,根据实际要求来设计窗口值,但是一定要确保窗口值大于 0X40,否则窗口就不存在了。

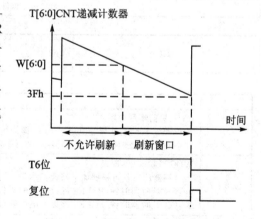

图 11.1.1 窗口看门狗工作示意图

窗口看门狗的超时公式如下:

$$T_{wwdg} = (4\,096 \times 2^{WDGTB} \times (T[5:0]+1))/F_{pclk1}$$

其中,为 T_{wwdg} 为 WWDG 超时时间(单位为 ms),F_{pclk1} 为 APB1 的时钟频率(单位为 kHz),WDGTB 为 WWDG 的预分频系数,T[5:0]为窗口看门狗的计数器低 6 位。

假设 $F_{pclk1}=36$ MHz,那么可以得到最小-最大超时时间表如表 11.1.1 所列。

表 11.1.1　36 MHz 时钟下窗口看门狗的最小最大超时表

WDGTB	最小超时值/μs	最大超时值/ms	WDGTB	最小超时值/μs	最大超时值/ms
0	113	7.28	2	455	29.12
1	227	14.56	3	910	58.25

接下来介绍窗口看门狗的 3 个寄存器。首先介绍控制寄存器(WWDG_CR),各位描述如图 11.1.2 所示。可以看出,这里的 WWDG_CR 只有低 8 位有效,T[6:0]用来存储看门狗的计数器值,随时更新,为每个窗口看门狗计数周期($4\,096 \times 2^{WDGTB}$)减 1。当该计数器的值从 0X40 变为 0X3F 的时候,将产生看门狗复位。

31	30	29	28	27	26	25	24	23	22	21	20	19	18	17	16
保留															
15	14	13	12	11	10	9	8	7	6	5	4	3	2	1	0
保留							WDGA	T6	T5	T4	T3	T2	T1	T0
								rs	rw	rw	rw	rw	rw	rw	rw

图 11.1.2　WWDG_CR 寄存器各位描述

WDGA 位是看门狗的激活位,由软件置 1,以启动看门狗。注意,该位一旦设置,就只能在硬件复位后才能清零了。

窗口看门狗的第二个寄存器是配置寄存器(WWDG_CFR),各位及其描述如图 11.1.3 所示。

31	30	29	28	27	26	25	24	23	22	21	20	19	18	17	16
保留															
15	14	13	12	11	10	9	8	7	6	5	4	3	2	1	0
保留							EWI	WDGTB1	WDGTB0	W6	W5	W4	W3	W2	W1	W0
								rs	rw	rw	rw	rw	rw	rw	rw	rw	rw

位 31:8	保留
位 9	EWI:提前唤醒中断 此位若置 1,则当计数器值达到 40 h,即产生中断。 此中断只能由硬件在复位后清除
位 8:7	WDGTB[1:0]:时基 预分频器的时基可根据如下修改: 00:CK 计数器时钟(PCLK1 除以 4 096)除以 1;01:CK 计数器时钟(PCLK1 除以 4 096)除以 2 10:CK 计数器时钟(PCLK1 除以 4 096)除以 4;11:CK 计数器时钟(PCLK1 除以 4 096)除以 8
位 6:0	W[6:0]:7 位窗口值 这些位包含了用来与递减计数器进行比较用的窗口值

图 11.1.3　WWDG_CFR 寄存器各位描述

该位中的 EWI 是提前唤醒中断,也就是在快要产生复位的前一段时间(T[6:0]=0X40)来提醒我们,需要进行喂狗了,否则将复位!因此,一般用该位来设置中断,当窗口看门狗的计数器值减到 0X40 的时候,如果该位设置并开启了中断,则产生中断,可以在中断里面向 WWDG_CR 重新写入计数器的值来达到喂狗的目的。注意,进入中

第 11 章 窗口看门狗(WWDG)实验

断后,必须在不大于一个窗口看门狗计数周期的时间(在 PCLK1 频率为 36 MHz 且 WDGTB 为 0 的条件下,该时间为 113 μs)内重新写 WWDG_CR,否则,看门狗将产生复位!

最后要介绍的是状态寄存器(WWDG_SR),该寄存器用来记录当前是否有提前唤醒的标志。该寄存器仅有位 0 有效,其他都是保留位。当计数器值达到 40h 时,此位由硬件置 1。它必须通过软件写 0 来清除。对此位写 1 无效。即使中断未被使能,在计数器的值达到 0X40 的时候,此位也会被置 1。

接下来介绍如何启用 STM32 的窗口看门狗。这里介绍库函数中用中断的方式来喂狗的方法,窗口看门狗库函数相关源码、定义分布在文件 stm32f10x_wwdg.c 文件和头文件 stm32f10x_wwdg.h 中。步骤如下:

1) 使能 WWDG 时钟

WWDG 不同于 IWDG,IWDG 有自己独立的 40 kHz 时钟,不存在使能问题。而 WWDG 使用的是 PCLK1 的时钟,需要先使能时钟。方法是:

RCC_APB1PeriphClockCmd(RCC_APB1Periph_WWDG,ENABLE);   //WWDG 时钟使能

2) 设置窗口值和分频数

设置窗口值的函数是:

void WWDG_SetWindowValue(uint8_t WindowValue);

这个函数的入口参数 WindowValue 用来设置看门狗的上窗口值。

设置分频数的函数是:

void WWDG_SetPrescaler(uint32_t WWDG_Prescaler);

这个函数同样只有一个入口参数,用来设置看门狗的分频值。

3) 开启 WWDG 中断并分组

开启 WWDG 中断的函数为:

WWDG_EnableIT();//开启窗口看门狗中断

接下来是进行中断优先级配置,这里就不重复了,使用 NVIC_Init()函数即可。

4) 设置计数器初始值并使能看门狗

这一步在库函数里面是通过一个函数实现的:

void WWDG_Enable(uint8_t Counter);

该函数既设置了计数器初始值,同时使能了窗口看门狗。

5) 编写中断服务函数

最后还是要编写窗口看门狗的中断服务函数,通过该函数来喂狗。喂狗要快,否则当窗口看门狗计数器值减到 0X3F 的时候就会引起软复位了。在中断服务函数里面也要将状态寄存器的 EWIF 位清空。

完成了以上 5 个步骤之后,就可以使用 STM32 的窗口看门狗了。这一章的实验将通过 DS0 来指示 STM32 是否被复位了,如果被复位了就会点亮 300 ms。DS1 用来指示中断喂狗,每次中断喂狗翻转一次。

11.2 硬件设计

本实验用到的硬件资源有：指示灯 DS0 和 DS1、窗口看门狗。其中指示灯前面介绍过了，窗口看门狗属于 STM32 的内部资源，只需要软件设置好即可正常工作。通过 DS0 和 DS1 来指示 STM32 的复位情况和窗口看门狗的喂狗情况。

11.3 软件设计

打开窗口看门狗实验可以看到，相对于独立看门狗，我们只增加了窗口看门狗相关的库函数支持文件 stm32f10x_wwdg.c、stm32f10x_wwdg.c，然后在 wdg.c 加入如下代码（之前代码保留）：

```c
u8 WWDG_CNT = 0x7f; //保存 WWDG 计数器的设置值，默认为最大
//tr:T[6:0],计数器值 wr :W[6:0],窗口值
//fprer:分频系数(WDGTB),仅最低 2 位有效
//Fwwdg = PCLK1/(4096 * 2^fprer)
void WWDG_Init(u8 tr,u8 wr,u32 fprer) //初始化窗口看门狗
{
    RCC_APB1PeriphClockCmd(RCC_APB1Periph_WWDG, ENABLE);    // WWDG 时钟使能
    WWDG_CNT = tr&WWDG_CNT;                                 //初始化 WWDG_CNT
    WWDG_SetPrescaler(fprer);                               //设置 IWDG 预分频值
    WWDG_SetWindowValue(wr);                                //设置窗口值
    WWDG_Enable(WWDG_CNT);                                  //使能看门狗,设置 counter
    WWDG_ClearFlag();                                       //清除提前唤醒中断标志位
    WWDG_NVIC_Init();                                       //初始化窗口看门狗 NVIC
    WWDG_EnableIT();                                        //开启窗口看门狗中断
}
//重设置 WWDG 计数器的值
void WWDG_Set_Counter(u8 cnt)
{
    WWDG_Enable(cnt);                                       //使能看门狗,设置 counter
}
//窗口看门狗中断服务程序
void WWDG_NVIC_Init()
{
    NVIC_InitTypeDef NVIC_InitStructure;
    NVIC_InitStructure.NVIC_IRQChannel = WWDG_IRQn;                    //WWDG 中断
    NVIC_InitStructure.NVIC_IRQChannelPreemptionPriority = 2;          //抢占 2 子优先级 3 组 2
    NVIC_InitStructure.NVIC_IRQChannelSubPriority = 3;                 //抢占 2,子优先级 3,组 2
    NVIC_InitStructure.NVIC_IRQChannelCmd = ENABLE;                    //使能通道
    NVIC_Init(&NVIC_InitStructure);                                    //NVIC 初始化
}
void WWDG_IRQHandler(void)//窗口看门狗中断服务函数
{
    WWDG_SetCounter(WWDG_CNT);      //当禁掉此句后,窗口看门狗将产生复位
    WWDG_ClearFlag();               //清除提前唤醒中断标志位
```

第 11 章　窗口看门狗(WWDG)实验

```
        LED1 = ! LED1;                    //LED 状态翻转
    }
```

　　新增的这 4 个函数都比较简单，第一个函数 void WWDG_Init(u8 tr,u8 wr,u8 fprer)用来设置 WWDG 的初始化值，包括看门狗计数器的值和看门狗比较值等。该函数就是按照 11.1 节讲解的 4 个步骤设计出来的代码。注意到这里有个全局变量 WWDG_CNT，用来保存最初设置 WWDG_CR 计数器的值，在后续的中断服务函数里面，就又把该数值放回到 WWDG_CR 上。

　　WWDG_Set_Counter()函数比较简单，用来重设窗口看门狗的计数器值。然后是中断分组函数，这个函数非常简单，之前有讲解，这里不重复。

　　最后在中断服务函数里面先重设窗口看门狗的计数器值，然后清除提前唤醒中断标志。最后对 LED1(DS1)取反，从而监测中断服务函数的执行状况。把这几个函数名加入到头文件里面去，以方便其他文件调用。

　　在完成了以上部分之后，就回到主函数，代码如下：

```
int main(void)
{
    delay_init();                                        //延时函数初始化
    NVIC_PriorityGroupConfig(NVIC_PriorityGroup_2);      //设置 NVIC 中断分组 2
    uart_init(115200);                                   //串口初始化波特率为 115 200
    LED_Init();                                          //LED 初始化
    KEY_Init();                                          //按键初始化
    LED0 = 0;
    delay_ms(300);
    WWDG_Init(0X7F,0X5F,WWDG_Prescaler_8);               //计数器值为 7f,窗口寄存器为 5f
                                                         //分频数为 8
    while(1)
    {
        LED0 = 1;
    }
}
```

　　该函数通过 LED0(DS0)来指示是否正在初始化，而 LED1(DS1)用来指示是否发生了中断。先让 LED0 亮 300 ms 然后关闭，从而判断是否有复位发生了。初始化 WWDG 之后回到死循环，关闭 LED1，并等待看门狗中断的触发/复位。

　　在编译完成之后，就可以下载这个程序到战舰 STM32 开发板上，看看结果是不是和我们设计的一样。

11.4　下载验证

　　将代码下载到战舰 STM32 后可以看到，DS0 亮一下之后熄灭，紧接着 DS1 开始不停地闪烁。每秒钟闪烁 5 次左右，和预期的一致，说明我们的实验是成功的。

第 12 章

定时器中断实验

这一章将介绍如何使用 STM32F1 的通用定时器。STM32F1 的定时器功能十分强大,有 TIME1 和 TIME8 等高级定时器,也有 TIME2～TIME5 等通用定时器,还有 TIME6 和 TIME7 等基本定时器。《STM32 参考手册》里面定时器的介绍占了 1/5 的篇幅,足见其重要性。本章将利用 TIM3 的定时器中断来控制 DS1 的翻转,在主函数用 DS0 的翻转来提示程序正在运行。本章选择难度适中的通用定时器来介绍。

12.1 STM32 通用定时器简介

STM32F1 的通用定时器是由一个通过可编程预分频器(PSC)驱动的 16 位自动装载计数器(CNT)构成,可用于测量输入信号的脉冲长度(输入捕获)或者产生输出波形(输出比较和 PWM)等。使用定时器预分频器和 RCC 时钟控制器预分频器,可以使脉冲长度和波形周期在几个微秒到几个毫秒间调整。STM32 的每个通用定时器都是完全独立的,没有互相共享的任何资源。

STM3F1 的通用 TIMx(TIM2、TIM3、TIM4 和 TIM5)定时器功能包括:

① 16 位向上、向下、向上/向下自动装载计数器(TIMx_CNT)。

② 16 位可编程(可以实时修改)预分频器(TIMx_PSC),计数器时钟频率的分频系数为 1～65 535 之间的任意数值。

③ 4 个独立通道(TIMx_CH1～4),这些通道可以用来作为:输入捕获、输出比较、PWM 生成(边缘或中间对齐模式)或单脉冲模式输出。

④ 可使用外部信号(TIMx_ETR)控制定时器和定时器互连(可以用一个定时器控制另外一个定时器)的同步电路。

⑤ 如下事件发生时产生中断/DMA:

➢ 更新:计数器向上溢出/向下溢出,计数器初始化(通过软件或者内部/外部触发);

➢ 触发事件(计数器启动、停止、初始化或者由内部/外部触发计数);

➢ 输入捕获;

➢ 输出比较;

➢ 支持针对定位的增量(正交)编码器和霍尔传感器电路;

➢ 触发输入作为外部时钟或者按周期的电流管理。

第 12 章 定时器中断实验

由于STM32通用定时器比较复杂,这里不多介绍,可直接参考《STM32 参考手册》第 253 页。为了深入了解STM32的通用寄存器,下面先介绍一下与这章的实验密切相关的几个通用定时器的寄存器。

首先是控制寄存器 1(TIMx_CR1),该寄存器位关键位描述如图 12.1.1 所示。

15	14	13	12	11	10	9	8	7	6	5	4	3	2	1	0
		保留				CKD[1:0]		ARPE	CMS[1:0]		DIR	OPM	URS	UDIS	CEN
						rw	rw	rw	rw	rw	rw	rw	rw	rw	rw

位 9:8	CKD[1:0]:时钟分频因子 定义在定时器时钟(CK_INT)频率与数字滤波器(ETR,TIx)使用的采样频率之间的分频比例。 00:$t_{DTS}=t_{CK\_INT}$;01:$t_{DTS}=2 \cdot t_{CK\_INT}$ 10:$t_{DTS}=4 \cdot t_{CK\_INT}$;11:保留
位 7	ARPE:自动重装载预装载允许位 0:TIMx_ARR 寄存器没有缓冲;1:TIMx_ARR 寄存器被装入缓冲器
位 6:5	CMS[1:0]:选择中央对齐模式 00:边沿对齐模式。计数器依据方向位(DIR)向上或向下计数。 01:中央对齐模式 1。计数器交替地向上和向下计数。配置为输出的通道(TIMX_CCMRx 寄存器中 CCxS=00)的输出比较中断标志位,只在计数器向下计数时被设置。 10:中央对齐模式 2。计数器交替地向上和向下计数。计数器交替地向上和向下计数。配置为输出的通道(TIMx_CCMRx 寄存器中 CCxS=00)的输出比较中断标志位,只在计数器向上计数时被设置。 11:中央对齐模式 3。计数器交替地向上和向下计数。计数器交替地向上和向下计数。配置为输出的通道(TIMx_CCMRx 寄存器 CCxS=00)的输出比较中断标志位,在计数器向上和向下计数时均被设置。 注:在计数器开启时(CEN=1),不允许从边沿对齐模式转换到中央对齐模式
位 4	DIR:方向 0:计数向上计数;1:计数向下计数。 注:当计数器配置为中央对齐模式或编码器模式时,该位为只读
位 0	CEN:使能计数器 0:禁止计数器;1:使能计数器。 注:在软件设置了 CEN 位后,外部时钟、门控模式和编码器模式才能工作。触发模式可以自动地通过硬件设置 CEN 位 的单脉冲模式下,当发生更新事件时,CEN 被自动清除

图 12.1.1 TIMx_CR1 寄存器各位描述

首先来看看 TIMx_CR1 的最低位,也就是计数器使能位,该位必须置 1 才能让定时器开始计数。从第 4 位 DIR 可以看出,默认的计数方式是向上计数,同时也可以向下计数,第 5、6 位是设置计数对齐方式的。从第 8 和第 9 位可以看出,还可以设置定时器的时钟分频因子为 1、2、4。该寄存器其他位含义请参考中文参考手册。

接下来介绍 DMA/中断使能寄存器(TIMx_DIER)。该寄存器是一个 16 位的寄存器,其各位描述如图 12.1.2 所示。这里同样仅关心它的第 0 位,该位是更新中断允许位,本章用到的是定时器的更新中断,所以该位要设置为 1 来允许由于更新事件所产生的中断。

15	14	13	12	11	10	9	8	7	6	5	4	3	2	1	0
保留	TDE	保留	CC4DE	CC3DE	CC2DE	CC1DE	UDE	保留	TIE	保留	CC4IE	CC3IE	CC2IE	CC1IE	UIE
	rw		rw	rw	rw	rw	rw		rw		rw	rw	rw	rw	rw

图 12.1.2 TIMx_DIER 寄存器各位描述

接下来看第三个与这章有关的寄存器:预分频寄存器(TIMx_PSC)。该寄存器用来设置时钟分频因子,然后提供给计数器,作为计数器的时钟。该寄存器的各位描述如图 12.1.3 所示。

15	14	13	12	11	10	9	8	7	6	5	4	3	2	1	0
							PSC[15:0]								
rw	rw	rw	rw	rw	rw	rw	rw	rw	rw	rw	rw	rw	rw	rw	rw

位 15:0　PSC[15:0]:预分频器的值
　　　　　　计数器的时钟频率 CK_CNT 等于 $f_{CK\_PSC}/(PSC[15:0]+1)$。
　　　　　　PSC 包含了当更新事件产生时装入当前预分频器寄存器的值

图 12.1.3　TIMx_PSC 寄存器各位描述

这里,定时器的时钟来源有 4 个:
- 内部时钟(CK_INT);
- 外部时钟模式 1:外部输入脚(TIx);
- 外部时钟模式 2:外部触发输入(ETR);
- 内部触发输入(ITRx):使用 A 定时器作为 B 定时器的预分频器(A 为 B 提供时钟)。

这些时钟中,具体选择哪个可以通过 TIMx_SMCR 寄存器的相关位来设置。这里的 CK_INT 时钟是从 APB1 倍频得来的,除非 APB1 的时钟分频数设置为 1,否则通用定时器 TIMx 的时钟是 APB1 时钟的 2 倍。当 APB1 的时钟不分频的时候,通用定时器 TIMx 的时钟就等于 APB1 的时钟。注意,高级定时器的时钟不是来自 APB1,而是来自 APB2 的。

这里顺带介绍一下 TIMx_CNT 寄存器,该寄存器是定时器的计数器,存储了当前定时器的计数值。

接着介绍自动重装载寄存器(TIMx_ARR),该寄存器在物理上实际对应着 2 个寄存器。一个是程序员可以直接操作的,另外一个是程序员看不到的,这个看不到的寄存器在《STM32 参考手册》里面叫影子寄存器。事实上真正起作用的是影子寄存器。根据 TIMx_CR1 寄存器中 APRE 位的设置:APRE=0 时,预装载寄存器的内容可以随时传送到影子寄存器,此时二者是连通的;APRE=1 时,在每一次更新事件(UEV)时,才把预装在寄存器的内容传送到影子寄存器。

自动重装载寄存器的各位描述如图 12.1.4 所示。

15	14	13	12	11	10	9	8	7	6	5	4	3	2	1	0
							ARR[15:0]								
rw	rw	rw	rw	rw	rw	rw	rw	rw	rw	rw	rw	rw	rw	rw	rw

位 15:0　ARR[15:0]:自动重装载的值
　　　　　　ARR 包含了将要装载入实际的自动重装寄存器的数值。
　　　　　　当自动重装载的值为空时,计数器不工作

图 12.1.4　TIMx_ARR 寄存器各位描述

最后要介绍的寄存器是:状态寄存器(TIMx_SR)。该寄存器用来标记当前与定时

第 12 章　定时器中断实验

器相关的各种事件/中断是否发生,各位描述如图 12.1.5 所示。

15	14	13	12	11	10	9	8	7	6	5	4	3	2	1	0
保留			CC4OF	CC3OF	CC2OF	CC1OF	保留		TIF	保留	CC4IF	CC3IF	CC2IF	CC1IF	UIF
			rc w0	rc w0	rc w0	rc w0			rc w0		rc w0	rc w0	rc w0	rc w0	rc w0

图 12.1.5　TIMx_SR 寄存器各位描述

　　这些位的详细描述可参考《STM32 参考手册》第 282 页。只要对以上几个寄存器进行简单的设置,就可以使用通用定时器了,并且可以产生中断。

　　这一章将使用定时器产生中断,然后在中断服务函数里面翻转 DS1 上的电平,从而指示定时器中断的产生。接下来以通用定时器 TIM3 为实例来说明要经过哪些步骤,才能达到这个要求,并产生中断。这里就对每个步骤通过库函数的实现方式来讲解。首先要提到的是,定时器相关的库函数主要集中在固件库文件 stm32f10x_tim.h 和 stm32f10x_tim.c 文件中。

1) TIM3 时钟使能

TIM3 挂载在 APB1 下,所以通过 APB1 总线下的使能函数来使能 TIM3,调用的函数是:

```
RCC_APB1PeriphClockCmd(RCC_APB1Periph_TIM3,ENABLE);//时钟使能
```

2) 初始化定时器参数,设置自动重装值、分频系数、计数方式等

在库函数中,定时器的初始化参数是通过初始化函数 TIM_TimeBaseInit 实现的:

```
voidTIM_TimeBaseInit(TIM_TypeDef * TIMx,
                TIM_TimeBaseInitTypeDef * TIM_TimeBaseInitStruct);
```

第一个参数是确定是哪个定时器。第二个参数是定时器初始化参数结构体指针,结构体类型为 TIM_TimeBaseInitTypeDef,下面看看这个结构体的定义:

```
typedef struct
{
    uint16_t TIM_Prescaler;
    uint16_t TIM_CounterMode;
    uint16_t TIM_Period;
    uint16_t TIM_ClockDivision;
    uint8_t TIM_RepetitionCounter;
} TIM_TimeBaseInitTypeDef;
```

　　这个结构体一共有 5 个成员变量,对于通用定时器只有前面 4 个参数有用,最后一个参数 TIM_RepetitionCounter 是高级定时器才有用的,这里不多解释。

　　第一个参数 TIM_Prescaler 用来设置分频系数。第二个参数 TIM_CounterMode 用来设置计数方式,可以设置为向上计数、向下计数方式还有中央对齐计数方式,比较常用的是向上计数模式 TIM_CounterMode_Up 和向下计数模式 TIM_CounterMode_Down。第三个参数是设置自动重载计数周期值。第四个参数是用来设置时钟分频因子。

　　针对 TIM3 初始化范例代码格式:

```
TIM_TimeBaseInitTypeDef   TIM_TimeBaseStructure;
```

```
TIM_TimeBaseStructure.TIM_Period = 5000;
TIM_TimeBaseStructure.TIM_Prescaler = 7199;
TIM_TimeBaseStructure.TIM_ClockDivision = TIM_CKD_DIV1;
TIM_TimeBaseStructure.TIM_CounterMode = TIM_CounterMode_Up;
TIM_TimeBaseInit(TIM3,&TIM_TimeBaseStructure);
```

3）设置 TIM3_DIER 允许更新中断

要使用 TIM3 的更新中断，寄存器的相应位便可使能更新中断。在库函数里面定时器中断使能是通过 TIM_ITConfig 函数来实现的：

```
void TIM_ITConfig(TIM_TypeDef* TIMx, uint16_t TIM_IT, FunctionalState NewState);
```

第一个参数是选择定时器号，这个容易理解，取值为 TIM1~TIM17。

第二个参数非常关键，用来指明使能的定时器中断的类型。定时器中断的类型有很多种，包括更新中断 TIM_IT_Update、触发中断 TIM_IT_Trigger 以及输入捕获中断等等。

第三个参数就很简单了，就是失能还是使能。

例如，要使能 TIM3 的更新中断，格式为：

```
TIM_ITConfig(TIM3,TIM_IT_Update,ENABLE);
```

4）TIM3 中断优先级设置

定时器中断使能之后，要产生中断，必不可少的就要设置 NVIC 相关寄存器，设置中断优先级。

5）允许 TIM3 工作，也就是使能 TIM3

光配置好定时器还不行，没有开启定时器照样不能用。配置完后要开启定时器，通过 TIM3_CR1 的 CEN 位来设置。在固件库里面使能定时器的函数是通过 TIM_Cmd 函数来实现的：

```
void TIM_Cmd(TIM_TypeDef* TIMx, FunctionalState NewState)
```

这个函数非常简单，比如要使能定时器3，方法为：

```
TIM_Cmd(TIM3, ENABLE);   //使能 TIMx 外设
```

6）编写中断服务函数

最后还是要编写定时器中断服务函数，从而处理定时器产生的相关中断。中断产生后，通过状态寄存器的值来判断此次产生的中断属于什么类型。然后执行相关的操作，这里使用的是更新（溢出）中断，所以在状态寄存器 SR 的最低位。处理完中断之后应该向 TIM3_SR 的最低位写 0 来清除该中断标志。

在固件库函数里面，用来读取中断状态寄存器的值从而判断中断类型的函数是：

```
ITStatus TIM_GetITStatus(TIM_TypeDef* TIMx, uint16_t)
```

该函数的作用是判断定时器 TIMx 的中断类型 TIM_IT 是否发生中断。比如，要判断定时器 3 是否发生更新（溢出）中断，方法为：

```
if (TIM_GetITStatus(TIM3, TIM_IT_Update) != RESET){}
```

固件库中清除中断标志位的函数是：

```
void TIM_ClearITPendingBit(TIM_TypeDef* TIMx, uint16_t TIM_IT)
```

第12章 定时器中断实验

该函数的作用是清除定时器 TIMx 的中断 TIM_IT 标志位。使用起来非常简单，比如在 TIM3 的溢出中断发生后要清除中断标志位，方法是：

```
TIM_ClearITPendingBit(TIM3,TIM_IT_Update );
```

这里需要说明一下，固件库还提供了两个函数来判断定时器状态、清除定时器状态标志位的函数 TIM_GetFlagStatus、TIM_ClearFlag，它们的作用和前面两个函数的作用类似。只是在 TIM_GetITStatus 函数中会先判断这种中断是否使能，使能了才去判断中断标志位，而 TIM_GetFlagStatus 直接用来判断状态标志位。

通过以上几个步骤就可以达到我们的目的了，使用通用定时器的更新中断来控制 DS1 的亮灭。

12.2 硬件设计

本实验用到的硬件资源有指示灯 DS0 和 DS1、定时器 TIM3。本章将通过 TIM3 的中断来控制 DS1 的亮灭，DS1 是直接连接到 PE5 上的。而 TIM3 属于 STM32 的内部资源，只需要软件设置即可正常工作。

12.3 软件设计

软件设计方面直接打开本书配套资料定时器中断实验即可。可以看到，我们工程中的 HARDWARE 下面比以前多了一个 time.c 文件（包括头文件 time.h），这两个文件是我们自己编写的。同时，还引入了定时器相关的固件库函数文件 stm32f10x_tim.c 和头文件 stm32f10x_tim.h。

time.c 文件代码：

```
#include "timer.h"
#include "led.h"
//通用定时器3中断初始化
//这里时钟选择为APB1的2倍，而APB1为36MHz
//arr:自动重装值。psc:时钟预分频数
void TIM3_Int_Init(u16 arr,u16 psc)
{
    TIM_TimeBaseInitTypeDef  TIM_TimeBaseStructure;
    NVIC_InitTypeDef NVIC_InitStructure;
    RCC_APB1PeriphClockCmd(RCC_APB1Periph_TIM3, ENABLE);　//①时钟TIM3使能
    //定时器TIM3初始化
    TIM_TimeBaseStructure.TIM_Period = arr;   //设置自动重装载寄存器周期的值
    TIM_TimeBaseStructure.TIM_Prescaler = psc;　　//设置时钟频率除数的预分频值
    TIM_TimeBaseStructure.TIM_ClockDivision = TIM_CKD_DIV1;//设置时钟分割
    TIM_TimeBaseStructure.TIM_CounterMode = TIM_CounterMode_Up;  //TIM向上计数
    TIM_TimeBaseInit(TIM3,&TIM_TimeBaseStructure);      //②初始化TIM3
    TIM_ITConfig(TIM3,TIM_IT_Update,ENABLE);        //③允许更新中断
    //中断优先级NVIC设置
    NVIC_InitStructure.NVIC_IRQChannel = TIM3_IRQn;      //TIM3中断
```

```c
    NVIC_InitStructure.NVIC_IRQChannelPreemptionPriority = 0;   //先占优先级 0 级
    NVIC_InitStructure.NVIC_IRQChannelSubPriority = 3;          //从优先级 3 级
    NVIC_InitStructure.NVIC_IRQChannelCmd = ENABLE;             //IRQ 通道被使能
    NVIC_Init(&NVIC_InitStructure);                             //④初始化 NVIC 寄存器
    TIM_Cmd(TIM3,ENABLE);                                       //⑤使能 TIM3
}
//定时器 3 中断服务程序⑥
void TIM3_IRQHandler(void)    //TIM3 中断
{
    if (TIM_GetITStatus(TIM3,TIM_IT_Update)!= RESET)//检查 TIM3 更新中断发生与否
    {
        TIM_ClearITPendingBit(TIM3,TIM_IT_Update  );//清除 TIM3 更新中断标志
        LED1 = ! LED1;
    }
}
```

该文件下包含一个中断服务函数和一个定时器 3 中断初始化函数。中断服务函数比较简单,在每次中断后判断 TIM3 的中断类型,如果中断类型正确(溢出中断),则执行 LED1(DS1)的取反。

TIM3_Int_Init()函数就是执行 12.1 节介绍的那 6 个步骤,分别用标号①～⑥来标注,该函数的 2 个参数用来设置 TIM3 的溢出时间。系统初始化的时候,默认的系统初始化函数 SystemInit 函数里面已经初始化 APB1 的时钟为 2 分频,所以 APB1 的时钟为 36 MHz。而从 STM32 的内部时钟树图得知:当 APB1 的时钟分频数为 1 的时候,TIM2～7 的时钟为 APB1 的时钟;而如果 APB1 的时钟分频数不为 1,那么 TIM2～7 的时钟频率将为 APB1 时钟的两倍。因此,TIM3 的时钟为 72 MHz,再根据我们设计的 arr 和 psc 的值,就可以计算中断时间了。计算公式如下:

$$T_{out} = ((arr+1)(psc+1))/T_{clk}$$

其中,T_{clk} 为 TIM3 的输入时钟频率(单位为 MHz),T_{out} 为 TIM3 溢出时间(单位为 μs)。

最后,在主程序里面输入如下代码:

```c
int main(void)
{
    delay_init();            //延时函数初始化
    NVIC_PriorityGroupConfig(NVIC_PriorityGroup_2);   //设置 NVIC 中断分组 2
    uart_init(115200);       //串口初始化波特率为 115 200
    LED_Init();              //LED 端口初始化
    TIM3_Int_Init(4999,7199); //10 kHz 的计数频率,计数到 5 000 为 500 ms
    while(1)
    {
        LED0 = ! LED0;       //LED0 状态翻转
        delay_ms(200);       //延时 200ms
    }
}
```

此段代码对 TIM3 进行初始化之后,进入死循环等待 TIM3 溢出中断,当 TIM3_CNT 的值等于 TIM3_ARR 的值的时候,就会产生 TIM3 的更新中断,然后在中断里面

第 12 章 定时器中断实验

取反 LED1,TIM3_CNT 再从 0 开始计数。根据上面的公式可以算出中断溢出时间为 500 ms,即 $T_{out}=((4\,999+1)\times(7\,199+1))/72=500\,000\,\mu s=500\,ms$。

12.4 下载验证

完成软件设计之后,将编译好的文件下载到战舰 STM32 开发板上,观看其运行结果是否与我们编写的一致。如果没有错误,可以看到 DS0 不停闪烁(每 400 ms 闪烁一次),而 DS1 也是不停地闪烁,但是闪烁时间较 DS0 慢(1 s 一次)。

第 13 章

PWM 输出实验

第 12 章介绍了 STM32F1 的通用定时器 TIM3,用其中断来控制 DS1 的闪烁,这一章将介绍如何使用 STM32F1 的 TIM3 来产生 PWM 输出,将使用 TIM3 的通道 2,把通道 2 重映射到 PB5,产生 PWM 来控制 DS0 的亮度。

13.1 PWM 简介

脉冲宽度调制(PWM)是英文 Pulse Width Modulation 的缩写,简称脉宽调制,是利用微处理器的数字输出来对模拟电路进行控制的一种非常有效的技术。简单一点,就是对脉冲宽度的控制。

STM32 的定时器除了 TIM6 和 7,其他的定时器都可以用来产生 PWM 输出。其中,高级定时器 TIM1 和 TIM8 可以同时产生 7 路 PWM 输出。而通用定时器也能同时产生 4 路 PWM 输出,这样,STM32 最多可以同时产生 30 路 PWM 输出!这里仅利用 TIM3 的 CH2 产生一路 PWM 输出。如果要产生多路输出,则可以根据我们的代码稍作修改即可。

同样,我们首先介绍 PWM 相关的寄存器,之后再讲解怎么使用库函数产生 PWM 输出。

要使 STM32 的通用定时器 TIMx 产生 PWM 输出,除了第 12 章介绍的寄存器外,还会用到 3 个寄存器来控制 PWM 的,分别是捕获/比较模式寄存器(TIMx_CCMR1/2)、捕获/比较使能寄存器(TIMx_CCER)、捕获/比较寄存器(TIMx_CCR1~4)。

首先是捕获/比较模式寄存器(TIMx_CCMR1/2)。该寄存器总共有 2 个,TIMx_CCMR1 和 TIMx_CCMR2。TIMx_CCMR1 控制 CH1 和 CH2,而 TIMx_CCMR2 控制 CH3 和 4。该寄存器的各位描述如图 13.1.1 所示。

15	14	13	12	11	10	9	8	7	6	5	4	3	2	1	0
OC2CE	OC2M[2:0]			OC2PE	OC2FE	CC2S[1:0]		OC1CE	OC1M[2:0]			OC1PE	OC1FE	CC1S[1:0]	
	IC2F[3:0]			IC2PSC[1:0]					IC1F[3:0]			IC1PSC[1:0]			
rw	rw	rw	rw	rw	rw	rw	rw	rw	rw	rw	rw	rw	rw	rw	rw

图 13.1.1　TIMx_CCMR1 寄存器各位描述

该寄存器的有些位在不同模式下功能不一样,所以图 13.1.1 把寄存器分了 2 层,上面一层对应输出而下面的则对应输入。该寄存器的详细说明请参考《STM32 参考手

第 13 章 PWM 输出实验

册》14.4.7 小节。这里需要说明的是模式设置位 OCxM,此位由 3 位组成,总共可以配置成 7 种模式,我们使用的是 PWM 模式,所以这 3 位必须设置为 110/111。这两种 PWM 模式的区别就是输出电平的极性相反。

接下来介绍捕获/比较使能寄存器(TIMx_CCER)。该寄存器控制着各个输入输出通道的开关,各位描述如图 13.1.2 所示。

15	14	13	12	11	10	9	8	7	6	5	4	3	2	1	0
保留		CC4P	CC4E	保留		CC3P	CC3E	保留		CC2P	CC2E	保留		CC1P	CC1E
		rw	rw			rw	rw			rw	rw			rw	rw

图 13.1.2　TIMx_CCER 寄存器各位描述

该寄存器比较简单,这里只用到了 CC2E 位,该位是输入/捕获 2 输出使能位。要想 PWM 从 I/O 口输出,这个位必须设置为 1,所以需要设置该位为 1。该寄存器更详细的介绍可参考《STM32 参考手册》14.4.9 小节。

最后介绍一下捕获/比较寄存器(TIMx_CCR1~4),该寄存器总共有 4 个,对应 4 个输通道 CH1~4。因为这 4 个寄存器都差不多,这里仅以 TIMx_CCR1 为例介绍,该寄存器的各位描述如图 13.1.3 所示。

15	14	13	12	11	10	9	8	7	6	5	4	3	2	1	0
CCR1[15:0]															
rw	rw	rw	rw	rw	rw	rw	rw	rw	rw	rw	rw	rw	rw	rw	rw

位 15:0　CCR1[15:0]:捕获/比较 1 的值
若 CC1 通道配置为输出:
CCR1 包含了装入当前捕获/比较 1 寄存器的值(预装载值)。
如果在 TIMx_CCMR1 寄存器(OC1PE 位)中未选择预装载特性,写入的数值会立即传输至当前寄存器中。否则只有当更新事件发生时,此预装载值才传输至当前捕获/比较 1 寄存器中。
当前捕获/比较寄存器参与同计数器 TIMx_CNT 的比较,并在 OC1 端口上产生输出信号。
若 CC1 通道配置为输入:
CCR1 包含了由上一次输入捕获 1 事件(IC1)传输的计数器值

图 13.1.3　寄存器 TIMx_CCR1 各位描述

在输出模式下,该寄存器的值与 CNT 的值比较,根据比较结果产生相应动作。所以,通过修改这个寄存器的值就可以控制 PWM 的输出脉宽了。本章使用 TIM3 的通道 2,所以需要修改 TIM3_CCR2 以实现脉宽控制 DS0 的亮度。

要利用 TIM3 的 CH2 输出 PWM 来控制 DS0 的亮度,但是 TIM3_CH2 默认是接在 PA7 上面的,而我们的 DS0 接在 PB5 上面,如果普通 MCU,可能就只能用飞线把 PA7 飞到 PB5 上来实现了,这里用的是 STM32,它比较高级,可以通过重映射功能把 TIM3_CH2 映射到 PB5 上。

STM32 的重映射控制是由复用重映射和调试 I/O 配置寄存器(AFIO_MAPR)控制的,该寄存器的各位描述如图 13.1.4 所示。

这里用到的是 TIM3 的重映射,从图 13.1.4 可以看出,TIM3_REMAP 是由[11:10]这 2 个位控制的。TIM3_REMAP[1:0]重映射控制表如表 13.1.1 所列。

31	30	29	28	27	26	25	24	23	22	21	20	19	18	17	16
保留					SWJ_CFG[2:0]			保留			ADC2_E TRGREG _REMAP	ADC2_E TRGINJ _REMAP	ADC1_E TRGREG _REMAP	ADC1_E TRGINJ _REMAP	TIM5CH 4_IREM AP
					w	w	w								

15	14	13	12	11	10	9	8	7	6	5	4	3	2	1	0
PD01 REMAP	CAN_REMAP [1:0]		TIM4_ REMAP	TIM3_REMAP [1:0]		TIM2_REMAP [1:0]		TIM1_REMAP [1:0]		TIM3_REMAP [1:0]		USART2 _REMAP	USART1 _REMAP	I2C1_ REMAP	SPI1_ REMAP
rw	rw	rw	rw	rw	rw	rw	rw	rw	rw	rw	rw	rw	rw	rw	rw

图 13.1.4　寄存器 AFIO_MAPR 各位描述

表 13.1.1　TIM3_REMAP 重映射控制表

复用功能	TIM3_REMAP[1:0]=00 （没有重映像）	TIM3_REMAP[1:0]=10 （部分重映像）	TIM3_REMAP[1:0]=11 （完全重映像）
TIM3_CH1	PA6	PB4	PC6
TIM3_CH2	PA7	PB5	PC7
TIM3_CH3	PB0		PC8
TIM3_CH4	PB1		PC9

默认条件下,TIM3_REMAP[1:0]为 00,是没有重映射的,所以 TIM3_CH1～TIM3_CH4 分别是接在 PA6、PA7、PB0 和 PB1 上的,而我们想让 TIM3_CH2 映射到 PB5 上,则需要设置 TIM3_REMAP[1:0]=10,即部分重映射。注意,此时 TIM3_CH1 也被映射到 PB4 上了。

本章要实现通过配置 STM32 的重映射功能,把 TIM3 通道 2 重映射到引脚 PB5 上,由 TIM3_CH2 输出 PWM 来控制 DS0 的亮度。下面介绍通过库函数来配置该功能的步骤。

首先要提到的是,PWM 相关的函数设置在库函数文件 stm32f10x_tim.h 和 stm32f10x_tim.c 文件中。

① 开启 TIM3 时钟以及复用功能时钟,配置 PB5 为复用输出。

要使用 TIM3,则必须先开启 TIM3 的时钟。这里还要配置 PB5 为复用输出,这是因为 TIM3_CH2 通道将重映射到 PB5 上,此时,PB5 属于复用功能输出。库函数使能 TIM3 时钟的方法是:

RCC_APB1PeriphClockCmd(RCC_APB1Periph_TIM3,ENABLE);//使能定时器 3 时钟

库函数设置 AFIO 时钟的方法是:

RCC_APB2PeriphClockCmd(RCC_APB2Periph_AFIO,ENABLE);　//复用时钟使能

设置 PB5 为复用功能输出的方法在前面几个实验都有类似的讲解,这里简单列出 GPIO 初始化的一行代码即可:

GPIO_InitStructure.GPIO_Mode = GPIO_Mode_AF_PP;　　//复用推挽输出

② 设置 TIM3_CH2 重映射到 PB5 上。

第 13 章 PWM 输出实验

因为 TIM3_CH2 默认是接在 PA7 上的,所以需要设置 TIM3_REMAP 为部分重映射(通过 AFIO_MAPR 配置),让 TIM3_CH2 重映射到 PB5 上面。在库函数函数里面设置重映射的函数是:

void GPIO_PinRemapConfig(uint32_t GPIO_Remap, FunctionalState NewState);

STM32 重映射只能重映射到特定的端口。第一个入口参数可以理解为设置重映射的类型,比如 TIM3 部分重映射入口参数为 GPIO_PartialRemap_TIM3。所以 TIM3 部分重映射的库函数实现方法是:

GPIO_PinRemapConfig(GPIO_PartialRemap_TIM3, ENABLE);

③ 初始化 TIM3,设置 TIM3 的 ARR 和 PSC。

开启了 TIM3 的时钟之后,就要设置 ARR 和 PSC 两个寄存器的值来控制输出 PWM 的周期。当 PWM 周期太慢(低于 50 Hz)的时候,我们就会明显感觉到闪烁了。因此,PWM 周期在这里不宜设置得太小。这在库函数是通过 TIM_TimeBaseInit 函数实现的,调用的格式为:

```
TIM_TimeBaseStructure.TIM_Period = arr;  //设置自动重装载值
TIM_TimeBaseStructure.TIM_Prescaler = psc;  //设置预分频值
TIM_TimeBaseStructure.TIM_ClockDivision = 0;  //设置时钟分割:TDTS = Tck_tim
TIM_TimeBaseStructure.TIM_CounterMode = TIM_CounterMode_Up;  //向上计数模式
TIM_TimeBaseInit(TIM3, &TIM_TimeBaseStructure);  //根据指定的参数初始化 TIMx 的
```

④ 设置 TIM3_CH2 的 PWM 模式,使能 TIM3 的 CH2 输出。

接下来要设置 TIM3_CH2 为 PWM 模式(默认是冻结的),因为 DS0 是低电平亮,而我们希望当 CCR2 的值小的时候 DS0 就暗,CCR2 值大的时候 DS0 就亮,所以要通过配置 TIM3_CCMR1 的相关位来控制 TIM3_CH2 的模式。在库函数中,PWM 通道设置是通过函数 TIM_OC1Init()~TIM_OC4Init()来设置的,不同通道的设置函数不一样,这里使用的是通道 2,所以使用的函数是 TIM_OC2Init()。

void TIM_OC2Init(TIM_TypeDef * TIMx, TIM_OCInitTypeDef * TIM_OCInitStruct);

结构体 TIM_OCInitTypeDef 的定义:

```
typedef struct
{
  uint16_t TIM_OCMode;
  uint16_t TIM_OutputState;
  uint16_t TIM_OutputNState;  */
  uint16_t TIM_Pulse;
  uint16_t TIM_OCPolarity;
  uint16_t TIM_OCNPolarity;
  uint16_t TIM_OCIdleState;
  uint16_t TIM_OCNIdleState;
} TIM_OCInitTypeDef;
```

这里介绍一下与我们要求相关的几个成员变量:

➢ 参数 TIM_OCMode 设置模式是 PWM 还是输出比较,这里是 PWM 模式。

➢ 参数 TIM_OutputState 用来设置比较输出使能,也就是使能 PWM 输出到

端口。

➢ 参数 TIM_OCPolarity 用来设置极性是高还是低。

其他的参数 TIM_OutputNState、TIM_OCNPolarity、TIM_OCIdleState 和 TIM_OCNIdleState 是高级定时器 TIM1 和 TIM8 才用到的。

要实现上面提到的场景,方法是:

```
TIM_OCInitTypeDef  TIM_OCInitStructure;
TIM_OCInitStructure.TIM_OCMode = TIM_OCMode_PWM2; //选择 PWM 模式 2
TIM_OCInitStructure.TIM_OutputState = TIM_OutputState_Enable; //比较输出使能
TIM_OCInitStructure.TIM_OCPolarity = TIM_OCPolarity_High; //输出极性高
TIM_OC2Init(TIM3, &TIM_OCInitStructure);  //初始化 TIM3 OC2
```

⑤ 使能 TIM3。

在完成以上设置了之后,需要使能 TIM3。使能 TIM3 的方法前面已经讲解过:

```
TIM_Cmd(TIM3, ENABLE);   //使能 TIM3
```

⑥ 修改 TIM3_CCR2 来控制占空比。

经过以上设置之后,PWM 其实已经开始输出了,只是其占空比和频率都是固定的,通过修改 TIM3_CCR2 可以控制 CH2 的输出占空比,继而控制 DS0 的亮度。

在库函数中,修改 TIM3_CCR2 占空比的函数是:

```
void TIM_SetCompare2(TIM_TypeDef * TIMx, uint16_t Compare2);
```

当然,其他通道分别有一个函数名字,函数格式为 TIM_SetComparex(x=1,2,3,4)。

通过以上 6 个步骤,我们就可以控制 TIM3 的 CH2 输出 PWM 波了。

13.2 硬件设计

本实验用到的硬件资源有:指示灯 DS0、定时器 TIM3。这两个前面都有介绍,但是这里用到了 TIM3 的部分重映射功能,把 TIM3_CH2 直接映射到了 PB5 上,而通过前面的学习我们知道,PB5 和 DS0 是直接连接的,所以电路上并没有任何变化。

13.3 软件设计

打开配套资料里面的 PWM 输出实验代码可以看到,相对第 12 章实验,我们在 timer.c 里面加入了如下代码:

```
//arr:自动重装值  psc:时钟预分频数
void TIM3_PWM_Init(u16 arr,u16 psc) //TIM3 PWM 部分初始化
{
GPIO_InitTypeDef GPIO_InitStructure;
TIM_TimeBaseInitTypeDef  TIM_TimeBaseStructure;
TIM_OCInitTypeDef  TIM_OCInitStructure;
RCC_APB1PeriphClockCmd(RCC_APB1Periph_TIM3, ENABLE); //①使能定时器 3 时钟
RCC_APB2PeriphClockCmd(RCC_APB2Periph_GPIOB|RCC_APB2Periph_AFIO, ENABLE);
        //①使能 GPIO 和 AFIO 复用功能时钟
```

第 13 章　PWM 输出实验

```
    GPIO_PinRemapConfig(GPIO_PartialRemap_TIM3,ENABLE); //②重映射 TIM3_CH2->PB5
    //设置该引脚为复用输出功能,输出 TIM3 CH2 的 PWM 脉冲波形 GPIOB.5
    GPIO_InitStructure.GPIO_Pin = GPIO_Pin_5;               //TIM_CH2
    GPIO_InitStructure.GPIO_Mode = GPIO_Mode_AF_PP;    //复用推挽输出
    GPIO_InitStructure.GPIO_Speed = GPIO_Speed_50MHz;
    GPIO_Init(GPIOB, &GPIO_InitStructure);                  //①初始化 GPIO
    //初始化 TIM3
    TIM_TimeBaseStructure.TIM_Period = arr;         //设置在自动重装载周期值
    TIM_TimeBaseStructure.TIM_Prescaler = psc;      //设置预分频值
    TIM_TimeBaseStructure.TIM_ClockDivision = 0;//设置时钟分割:TDTS = Tck_tim
    TIM_TimeBaseStructure.TIM_CounterMode = TIM_CounterMode_Up;//TIM 向上计数模式
    TIM_TimeBaseInit(TIM3,&TIM_TimeBaseStructure);  //③初始化 TIMx
    //初始化 TIM3 Channel2 PWM 模式
    TIM_OCInitStructure.TIM_OCMode = TIM_OCMode_PWM2;    //选择 PWM 模式 2
    TIM_OCInitStructure.TIM_OutputState = TIM_OutputState_Enable;//比较输出使能
    TIM_OCInitStructure.TIM_OCPolarity = TIM_OCPolarity_High;//输出极性高
    TIM_OC2Init(TIM3,&TIM_OCInitStructure);         //④初始化外设 TIM3 OC2
    TIM_OC2PreloadConfig(TIM3, TIM_OCPreload_Enable);  //使能预装载寄存器
    TIM_Cmd(TIM3, ENABLE);                              //⑤使能 TIM3
}
```

此部分代码包含了上面介绍的 PWM 输出设置的前 5 个步骤,分别用标号①~⑤备注。注意,在配置 AFIO 相关寄存器的时候,必须先开启辅助功能时钟。

头文件 timer.h 与第 12 章的不同是加入了 TIM3_PWM_Init 的声明。接下来,修改主程序里面的 main 函数如下:

```
int main(void)
{
    u16 led0pwmval = 0;
    u8 dir = 1;
    delay_init();                //延时函数初始化
    NVIC_PriorityGroupConfig(NVIC_PriorityGroup_2);   //设置 NVIC 中断分组 2
    uart_init(115200);           //串口初始化波特率为 115200
    LED_Init();                  //LED 端口初始化
    TIM3_PWM_Init(899,0);        //不分频,PWM 频率 = 72000/900 = 80 kHz
    while(1)
    {
        delay_ms(10);            //延时 10 ms
        if(dir)led0pwmval++;
        else led0pwmval--;
        if(led0pwmval>300)dir = 0;
        if(led0pwmval == 0)dir = 1;
        TIM_SetCompare2(TIM3,led0pwmval);
    }
}
```

从死循环函数可以看出,我们将 led0pwmval 值设置为 PWM 比较值,也就是通过 led0pwmval 来控制 PWM 的占空比,然后控制 led0pwmval 的值从 0 变到 300,然后又从 300 变到 0,如此循环。因此 DS0 的亮度也会跟着从暗变到亮,然后又从亮变到暗。这里的值取 300 是因为 PWM 的输出占空比达到这个值的时候,LED 亮度变化就不大

了(虽然最大值可以设置到899),因此设计过大的值在这里是没必要的。至此,软件设计就完成了。

13.4 下载验证

在完成软件设计之后,将编译好的文件下载到战舰 STM32 开发板上,观看其运行结果是否与我们编写的一致。如果没有错误,则看到 DS0 不停地由暗变到亮,然后又从亮变到暗。每个过程持续时间大概为 3 s。

实际运行结果如图 13.4.1 所示。

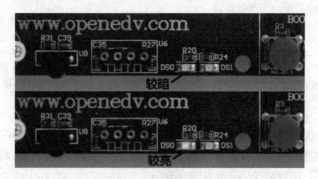

图 13.4.1　PWM 控制 DS0 亮度

第 14 章
输入捕获实验

第 3 章介绍了 STM32F1 的通用定时器作为 PWM 输出的使用方法,这一章将介绍通用定时器作为输入捕获的使用。本章将用 TIM5 的通道 1(PA0)来做输入捕获,捕获 PA0 上高电平的脉宽(用 WK_UP 按键输入高电平),通过串口打印高电平脉宽时间。

14.1 输入捕获简介

输入捕获模式可以用来测量脉冲宽度或者测量频率。STM32 的定时器,除了 TIM6 和 TIM7,其他定时器都有输入捕获功能。STM32 的输入捕获,简单说就是通过检测 TIMx_CHx 上的边沿信号,在边沿信号发生跳变(比如上升沿/下降沿)的时候,将当前定时器的值(TIMx_CNT)存放到对应通道的捕获/比较寄存器(TIMx_CCRx)里面,完成一次捕获。同时,还可以配置捕获时是否触发中断/DMA 等。

本章用到 TIM5_CH1 来捕获高电平脉宽,也就是要先设置输入捕获为上升沿检测,记录发生上升沿时 TIM5_CNT 的值。然后配置捕获信号为下降沿捕获,当下降沿到来时发生捕获,并记录此时的 TIM5_CNT 值。这样,前后两次 TIM5_CNT 之差就是高电平的脉宽,同时 TIM5 的计数频率我们是知道的,从而可以计算出高电平脉宽的准确时间。

接下来介绍本章需要用到的一些寄存器配置,需要用到的寄存器有:TIMx_ARR、TIMx_PSC、TIMx_CCMR1、TIMx_CCER、TIMx_DIER、TIMx_CR1、TIMx_CCR1。这些寄存器在前面 2 章全部提到过(这里的 x=5),这里就不再全部罗列了,只针对性地介绍这几个寄存器的配置。

首先介绍 TIMx_ARR 和 TIMx_PSC,这两个寄存器用来设自动重装载值和 TIMx 的时钟分频。

再来看看捕获/比较模式寄存器 1:TIMx_CCMR1,这个寄存器在输入捕获的时候,非常有用,有必要重新介绍,该寄存器的各位描述如图 14.1.1 所示。

15	14	13	12	11	10	9	8	7	6	5	4	3	2	1	0
OC2CE	OC2M[2:0]			OC2PE	OC2FE	CC2S[1:0]		OC1CE	OC1M[2:0]			OC1PE	OC1FE	CC1S[1:0]	
	IC2F[3:0]			IC2PSC[1:0]		CC2S[1:0]			IC1F[3:0]			IC1PSC[1:0]		CC1S[1:0]	
rw	rw	rw	rw	rw	rw	rw	rw	rw	rw	rw	rw	rw	rw	rw	rw

图 14.1.1 TIMx_CCMR1 寄存器各位描述

当在输入捕获模式下使用的时候,对应图 14.1.1 的第二行描述。可以看出,TIMx_CCMR1 明显是针对 2 个通道的配置,低 8 位[7:0]用于捕获/比较通道 1 的控制,而高 8 位[15:8]则用于捕获/比较通道 2 的控制。因为 TIMx 还有 CCMR2 寄存器,所以可以知道 CCMR2 是用来控制通道 3 和通道 4 的(详见《STM32 参考手册》290 页 14.4.8 小节)。

这里用到的是 TIM5 的捕获/比较通道 1,重点介绍 TIMx_CMMR1 的[7:0]位(其实高 8 位配置类似),详细描述如图 14.1.2 所示。

位 7:4	ICF1[3:0]:输入捕获 1 滤波器(Input capture 1 filter) 这几位定义了 TI1 输入的采样频率及数字滤波器长度。数字滤波器由一个事件计数器组成,它记录到 N 个事件后会产生一个输出的跳变: 0000:无滤波器,以 f_{DTS} 采样　　　　　1000:采样频率 $f_{SAMPLING}=f_{DTS}/8,N=6$ 0001:采样频率 $f_{SAMPLING}=f_{CK\_INT},N=2$　1001:采样频率 $f_{SAMPLING}=f_{DTS}/8,N=8$ 0010:采样频率 $f_{SAMPLING}=f_{CK\_INT},N=4$　1010:采样频率 $f_{SAMPLING}=f_{DTS}/16,N=5$ 0011:采样频率 $f_{SAMPLING}=f_{CK\_INT},N=8$　1011:采样频率 $f_{SAMPLING}=f_{DTS}/16,N=6$ 0100:采样频率 $f_{SAMPLING}=f_{DTS}/2,N=6$　1100:采样频率 $f_{SAMPLING}=f_{DTS}/16,N=8$ 0101:采样频率 $f_{SAMPLING}=f_{DTS}/2,N=8$　1101:采样频率 $f_{SAMPLING}=f_{DTS}/32,N=5$ 0110:采样频率 $f_{SAMPLING}=f_{DTS}/4,N=6$　1110:采样频率 $f_{SAMPLING}=f_{DTS}/32,N=6$ 0111:采样频率 $f_{SAMPLING}=f_{DTS}/4,N=8$　1111:采样频率 $f_{SAMPLING}=f_{DTS}/32,N=8$ 注:在现在的芯片版本中,当 ICxF[3:0]=1,2 或 3 时,公式中的 f_{DTS} 由 CK_INT 替代
位 3:2	IC1PSC[1:0]:输入/捕获 1 预分频器(Input capture 1 prescaler) 这 2 位定义了 CC1 输入(IC1)的预分频系数。 一旦 CC1E='0'(TIMx_CCER 寄存器中),则预分频器复位。 00:无预分频器,捕获输入口上检测到的每一个边沿都触发一次捕获 01:每 2 个事件触发一次捕获;10:每 4 个事件触发一次捕获;11:每 8 个事件触发一次捕获
位 1:0	CC1S[1:0]:捕获/比较 1 选择(Capture/Compare 1 selection) 这 2 位定义通道的方向(输入/输出),及输入脚的选择: 00:CC1 通道被配置为输出; 01:CC1 通道被配置为输入,IC1 映射在 TI1 上; 10:CC1 通道被配置为输入,IC1 映射在 TI2 上; 11:CC1 通道被配置为输入,IC1 映射在 TRC 上。此模式仅工作在内部触发器输入被选中时(由 TIMx_SMCR 寄存器的 TS 位选择)。 注:CC1 仅在通道关闭时(TIMx_CCER 寄存器的 CC1E='0')才是可写的

图 14.1.2　TIMx_CMMR1[7:0]位详细描述

其中,CC1S[1:0]位用于 CCR1 的通道配置,这里设置 IC1S[1:0]=01,也就是配置 IC1 映射在 TI1 上(关于 IC1、TI1 不明白的,可以看《STM32 参考手册》14.2 节的图 98),即 CC1 对应 TIMx_CH1。

输入捕获 1 预分频器 IC1PSC[1:0]比较好理解。我们是一次边沿就触发一次捕获,所以选择 00 就可以了。

输入捕获 1 滤波器 IC1F[3:0]用来设置输入采样频率和数字滤波器长度。其中,f_{CK_INT} 是定时器的输入频率(TIMxCLK),一般为 72 MHz;而 f_{DTS} 则是根据 TIMx_CR1 的 CKD[1:0]设置来确定的,如果 CKD[1:0]设置为 00,那么 $f_{DTS}=f_{CK\_INT}$。N 值就是滤波长度,举个简单的例子:假设 IC1F[3:0]=0011,并设置 IC1 映射到通道 1 上,且为上升沿触发,那么在捕获到上升沿的时候,再以 f_{CK_INT} 的频率连续采样到 8 次通道 1 的电平。如果都是高电平,则说明确实是一个有效的触发,就会触发输入捕获中断(如果开启了的话),这样可以滤除那些高电平脉宽低于 8 个采样周期的脉冲信号,从

第 14 章 输入捕获实验

而达到滤波的效果。这里不做滤波处理,所以设置 IC1F[3∶0]＝0000,只要采集到上升沿就触发捕获。

再来看看捕获/比较使能寄存器:TIMx_CCER,该寄存器的各位描述见图 14.1.2。本章要用到这个寄存器的最低 2 位,CC1E 和 CC1P 位。这两个位的描述如图 14.1.3 所示。所以,要使能输入捕获,必须设置 CC1E＝0,而 CC1P 则根据自己的需要来配置。

位 1	CC1P:输入/捕获 1 输出极性(Capture/Compare 1 output polarity) CC1 通道配置为输出: 0:OC1 高电平有效;1:OC1 低电平有效 CC1 通道配置为输入: 该位选择是 IC1 还是 IC1 的反相信号作为触发或捕获信号。 0,不反相:捕获发生在 IC1 的上升沿;当用作外部发器时,IC1 不反相。 1,反相:捕获发生在 IC1 的下降沿;当用作外部触发器时,IC1 反相
位 0	CC1E:输入/捕获 1 输出使能(Capture/Compare 1 output enable) CC1 通道配置为输出: 0,关闭-OC1 禁止输出。 1,开启-OC1 信号输出到对应的输出引脚。 CC1 通道配置为输入: 该位决定了计数器的值是否能捕获入 TIMx_CCR1 寄存器。 0:捕获禁止;0:捕获使能

图 14.1.3 TIMx_CCER 最低 2 位描述

接下来再看看 DMA/中断使能寄存器:TIMx_DIER,该寄存器的各位描述如图 12.1.2 所示。本章需要用到中断来处理捕获数据,所以必须开启通道 1 的捕获比较中断,即 CC1IE 设置为 1。

控制寄存器:TIMx_CR1,我们只用到了它的最低位,也就是用来使能定时器。

最后再来看看捕获/比较寄存器 1:TIMx_CCR1,该寄存器用来存储捕获发生时,则可以从 TIMx_CCR1 读出通道 1 捕获发生时刻的 TIMx_CNT 值,通过两次捕获(一次上升沿捕获,一次下降沿捕获)的差值就可以计算出高电平脉冲的宽度。

至此,我们把本章要用的几个相关寄存器都介绍完了,本章要实现通过输入捕获来获取 TIM5_CH1(PA0)上面的高电平脉冲宽度,并从串口打印捕获结果。下面介绍输入捕获的配置步骤:

① 开启 TIM5 时钟和 GPIOA 时钟,配置 PA0 为下拉输入。

要使用 TIM5,则必须先开启 TIM5 的时钟。这里还要配置 PA0 为下拉输入,因为要捕获 TIM5_CH1 上面的高电平脉宽,而 TIM5_CH1 是连接在 PA0 上面的。代码如下:

```
RCC_APB1PeriphClockCmd(RCC_APB1Periph_TIM5,ENABLE);//使能 TIM5 时钟
RCC_APB2PeriphClockCmd(RCC_APB2Periph_GPIOA,ENABLE);  //使能 GPIOA 时钟
```

② 初始化 TIM5,设置 TIM5 的 ARR 和 PSC。

开启了 TIM5 的时钟之后,要设置 ARR 和 PSC 两个寄存器的值来设置输入捕获的自动重装载值和计数频率。这在库函数中是通过 TIM_TimeBaseInit 函数实现的,代码如下:

```
TIM_TimeBaseInitTypeDef  TIM_TimeBaseStructure;
TIM_TimeBaseStructure.TIM_Period = arr;//设定计数器自动重装值
TIM_TimeBaseStructure.TIM_Prescaler = psc;//设置预分频值
TIM_TimeBaseStructure.TIM_ClockDivision = TIM_CKD_DIV1;  //TDTS = Tck_tim
TIM_TimeBaseStructure.TIM_CounterMode = TIM_CounterMode_Up;  //TIM 向上计数模式
TIM_TimeBaseInit(TIM5,&TIM_TimeBaseStructure);//根据指定的参数初始化 Tim5
```

③ 设置 TIM5 的输入比较参数，开启输入捕获。

输入比较参数的设置包括映射关系、滤波、分频以及捕获方式等。这里需要设置通道 1 为输入模式，且 IC1 映射到 TI1（通道 1）上面，并且不使用滤波（提高响应速度）器，上升沿捕获。库函数是通过 TIM_ICInit 函数来初始化输入比较参数的：

```
void TIM_ICInit(TIM_TypeDef * TIMx, TIM_ICInitTypeDef * TIM_ICInitStruct);
```

同样，我们来看看参数设置结构体 TIM_ICInitTypeDef 的定义：

```
typedef struct
{
    uint16_t TIM_Channel;
    uint16_t TIM_ICPolarity;
    uint16_t TIM_ICSelection;
    uint16_t TIM_ICPrescaler;
    uint16_t TIM_ICFilter;
} TIM_ICInitTypeDef;
```

参数 TIM_Channel 用来设置通道，这里设置为通道 1，为 TIM_Channel_1。

参数 TIM_ICPolarit 用来设置输入信号的有效捕获极性，这里设置为 TIM_ICPolarity_Rising，上升沿捕获。同时库函数还提供了单独设置通道 1 捕获极性的函数为：

```
TIM_OC1PolarityConfig(TIM5,TIM_ICPolarity_Falling),
```

表示通道 1 为上升沿捕获。同时对于其他 3 个通道也有一个类似的函数，使用的时候一定要分清楚使用的是哪个通道，从而调用哪个函数，格式为 TIM_OCxPolarityConfig()。

参数 TIM_ICSelection 用来设置映射关系，我们配置 IC1 直接映射在 TI1 上，选择 TIM_ICSelection_DirectTI。

参数 TIM_ICPrescaler 用来设置输入捕获分频系数，这里不分频，所以选中 TIM_ICPSC_DIV1，还有 2，4，8 分频可选。

参数 TIM_ICFilter 设置滤波器长度，这里不使用滤波器，所以设置为 0。

配置代码是：

```
TIM_ICInitTypeDef  TIM5_ICInitStructure;
TIM5_ICInitStructure.TIM_Channel = TIM_Channel_1; //选择输入端 IC1 映射到 TI1 上
TIM5_ICInitStructure.TIM_ICPolarity = TIM_ICPolarity_Rising;//上升沿捕获
TIM5_ICInitStructure.TIM_ICSelection = TIM_ICSelection_DirectTI; //映射到 TI1 上
TIM5_ICInitStructure.TIM_ICPrescaler = TIM_ICPSC_DIV1; //配置输入分频，不分频
TIM5_ICInitStructure.TIM_ICFilter = 0x00;//IC1F = 0000 配置输入滤波器 不滤波
TIM_ICInit(TIM5, &TIM5_ICInitStructure);
```

④ 使能捕获和更新中断（设置 TIM5 的 DIER 寄存器）。

因为要捕获的是高电平信号的脉宽，所以，第一次捕获是上升沿，第二次捕获是下

第 14 章 输入捕获实验

降沿,必须在捕获上升沿之后设置捕获边沿为下降沿。同时,如果脉宽比较长,那么定时器就会溢出,对溢出必须做处理,否则结果就不准了。这两件事都在中断里面做,所以必须开启捕获中断和更新中断。

这里使用定时器的开中断函数 TIM_ITConfig 即可使能捕获和更新中断:

```
TIM_ITConfig( TIM5,TIM_IT_Update|TIM_IT_CC1,ENABLE);//允许更新中断和捕获中断
```

⑤ 设置中断分组,编写中断服务函数。

设置中断分组的方法前面多次提到这里不讲解,主要是通过函数 NVIC_Init()来完成。分组完成后,我们还需要在中断函数里面完成数据处理和捕获设置等关键操作,从而实现高电平脉宽统计。在中断服务函数里面,与以前的外部中断和定时器中断实验中一样,我们在中断开始的时候要进行中断类型判断,在中断结束的时候要清除中断标志位。使用到的函数在上面的实验已经讲解过,分别为 TIM_GetITStatus()函数和 TIM_ClearITPendingBit()函数。

```
if(TIM_GetITStatus(TIM5,TIM_IT_Update)!=RESET){}//判断是否为更新中断
 if(TIM_GetITStatus(TIM5,TIM_IT_CC1)!=RESET){}//判断是否发生捕获事件
 TIM_ClearITPendingBit(TIM5,TIM_IT_CC1|TIM_IT_Update);//清除中断和捕获标志位
```

⑥ 使能定时器(设置 TIM5 的 CR1 寄存器)。

最后,必须打开定时器的计数器开关,启动 TIM5 的计数器,开始输入捕获。

```
TIM_Cmd(TIM5,ENABLE);//使能定时器 5
```

通过以上 6 步设置,定时器 5 的通道 1 就可以开始输入捕获了。

14.2 硬件设计

本实验用到的硬件资源有:指示灯 DS0、WK_UP 按键、串口、定时器 TIM3、定时器 TIM5。前面 4 个在之前的章节均有介绍。本节将捕获 TIM5_CH1(PA0)上的高电平脉宽,通过 WK_UP 按键输入高电平,并从串口打印高电平脉宽。同时,保留第 13 章实验配置的 PWM 输出,读者也可以通过用杜邦线连接 PB5 和 PA0,从而测量 PWM 输出的高电平脉宽。

14.3 软件设计

打开本书配套资料的输入捕获实验可以看到,我们的工程和上一个实验没有什么改动。因为我们的输入捕获代码是直接添加在 timer.c 和 timer.h 中。同时,输入捕获相关的库函数还是在 stm32f10x_tim.c 和 stm32f10x_tim.h 文件中。

在 timer.c 里面加入如下代码:

```
//定时器 5 通道 1 输入捕获配置
TIM_ICInitTypeDef  TIM5_ICInitStructure;
void TIM5_Cap_Init(u16 arr,u16 psc)
{
```

```c
GPIO_InitTypeDef GPIO_InitStructure;
TIM_TimeBaseInitTypeDef  TIM_TimeBaseStructure;
NVIC_InitTypeDef NVIC_InitStructure;
RCC_APB1PeriphClockCmd(RCC_APB1Periph_TIM5,ENABLE);//①使能TIM5时钟
RCC_APB2PeriphClockCmd(RCC_APB2Periph_GPIOA,ENABLE);  //①使能GPIOA时钟
//初始化GPIOA.0 ①
GPIO_InitStructure.GPIO_Pin  = GPIO_Pin_0;              //PA0 设置
GPIO_InitStructure.GPIO_Mode = GPIO_Mode_IPD;           //PA0 输入
GPIO_Init(GPIOA, &GPIO_InitStructure);                  //初始化GPIOA.0
GPIO_ResetBits(GPIOA,GPIO_Pin_0);                       //PA0 下拉
//②初始化TIM5 参数
TIM_TimeBaseStructure.TIM_Period = arr;             //设定计数器自动重装值
TIM_TimeBaseStructure.TIM_Prescaler = psc;          //预分频器
TIM_TimeBaseStructure.TIM_ClockDivision = TIM_CKD_DIV1;   //TDTS = Tck_tim
TIM_TimeBaseStructure.TIM_CounterMode = TIM_CounterMode_Up;  //TIM 向上计数模式
TIM_TimeBaseInit(TIM5,&TIM_TimeBaseStructure);            //初始化TIMx
//③初始化TIM5 输入捕获通道1
TIM5_ICInitStructure.TIM_Channel = TIM_Channel_1;//选择输入端IC1 映射到TI1 上
TIM5_ICInitStructure.TIM_ICPolarity = TIM_ICPolarity_Rising;  //上升沿捕获
TIM5_ICInitStructure.TIM_ICSelection = TIM_ICSelection_DirectTI;//映射到TI1 上
TIM5_ICInitStructure.TIM_ICPrescaler = TIM_ICPSC_DIV1;    //配置输入分频,不分频
TIM5_ICInitStructure.TIM_ICFilter = 0x00;       //IC1F = 0000 配置输入滤波器不滤波
TIM_ICInit(TIM5,&TIM5_ICInitStructure);           //初始化TIM5 输入捕获通道1
//⑤初始化NVIC 中断优先级分组
NVIC_InitStructure.NVIC_IRQChannel = TIM5_IRQn;            //TIM3 中断
NVIC_InitStructure.NVIC_IRQChannelPreemptionPriority = 2;//先占优先级2 级
NVIC_InitStructure.NVIC_IRQChannelSubPriority = 0;         //从优先级0 级
NVIC_InitStructure.NVIC_IRQChannelCmd = ENABLE;            //IRQ 通道被使能
NVIC_Init(&NVIC_InitStructure);                            //初始化NVIC
TIM_ITConfig(TIM5,TIM_IT_Update|TIM_IT_CC1,ENABLE);  //④允许更新中断捕获中断
TIM_Cmd(TIM5,ENABLE);                                      //⑥使能定时器5
}
u8  TIM5CH1_CAPTURE_STA = 0;   //输入捕获状态
u16 TIM5CH1_CAPTURE_VAL;       //输入捕获值
//⑤定时器5 中断服务程序
void TIM5_IRQHandler(void)
{
if((TIM5CH1_CAPTURE_STA&0X80) == 0)//还未成功捕获
    {
        if(TIM_GetITStatus(TIM5,TIM_IT_Update)! = RESET)
        {
            if(TIM5CH1_CAPTURE_STA&0X40)              //已经捕获到高电平了
            {
                if((TIM5CH1_CAPTURE_STA&0X3F) == 0X3F)//高电平太长了
                {
                    TIM5CH1_CAPTURE_STA| = 0X80;      //标记成功捕获了一次
                    TIM5CH1_CAPTURE_VAL = 0XFFFF;
                }else TIM5CH1_CAPTURE_STA ++ ;
            }
        }
    if(TIM_GetITStatus(TIM5,TIM_IT_CC1)! = RESET)          //捕获1 发生捕获事件
```

第14章 输入捕获实验

```
{
    if(TIM5CH1_CAPTURE_STA&0X40)           //捕获到一个下降沿
    {
        TIM5CH1_CAPTURE_STA|=0X80;         //标记成功捕获到一次上升沿
        TIM5CH1_CAPTURE_VAL=TIM_GetCapture1(TIM5);
        TIM_OC1PolarityConfig(TIM5,TIM_ICPolarity_Rising);//设置为上升沿捕获
    }else              //还未开始,第一次捕获上升沿
    {
        TIM5CH1_CAPTURE_STA=0;             //清空
        TIM5CH1_CAPTURE_VAL=0;
        TIM_SetCounter(TIM5,0);
        TIM5CH1_CAPTURE_STA|=0X40;         //标记捕获到了上升沿
        TIM_OC1PolarityConfig(TIM5,TIM_ICPolarity_Falling);//设置为下降沿捕获
    }
}
TIM_ClearITPendingBit(TIM5,TIM_IT_CC1|TIM_IT_Update);//清除中断标志位
}
```

此部分代码包含 2 个函数,其中,TIM5_Cap_Init 函数用于 TIM5 通道 1 的输入捕获设置,其设置和上面讲的步骤是一样的,通过标号①~⑥标注了。重点来看看第二个函数,TIM5_IRQHandler 是 TIM5 的中断服务函数,用到了两个全局变量来辅助实现高电平捕获。其中,TIM5CH1_CAPTURE_STA 用来记录捕获状态,类似在 usart.c 里面自行定义的 USART_RX_STA 寄存器(其实就是个变量,只是我们把它当成一个寄存器那样使用)。TIM5CH1_CAPTURE_STA 各位描述如图 14.3.1 所示。

bit7	bit6	bit5~0
捕获完成标志	捕获到高电平标志	捕获高电平后定时器溢出的次数

图 14.3.1 TIM5CH1_CAPTURE_STA 各位描述

另外一个变量 TIM5CH1_CAPTURE_VAL,则用来记录捕获到下降沿的时候 TIM5_CNT 的值。

捕获高电平脉宽的思路:首先,设置 TIM5_CH1 捕获上升沿,这在 TIM5_Cap_Init 函数执行的时候就设置好了,然后等待上升沿中断到来。当捕获到上升沿中断时,如果 TIM5CH1_CAPTURE_STA 的第 6 位为 0,则表示还没有捕获到新的上升沿,就先把 TIM5CH1_CAPTURE_STA、TIM5CH1_CAPTURE_VAL 和 TIM5→CNT 等清零,然后再设置 TIM5CH1_CAPTURE_STA 的第 6 位为 1,标记捕获到高电平。最后设置为下降沿捕获,等待下降沿到来。如果等待下降沿到来期间定时器发生了溢出,就在 TIM5CH1_CAPTURE_STA 里面对溢出次数进行计数;当最大溢出次数来到的时候,就强制标记捕获完成(虽然此时还没有捕获到下降沿)。当下降沿到来的时候,先设置 TIM5CH1_CAPTURE_STA 的第 7 位为 1,标记成功捕获一次高电平,然后读取此时的定时器值到 TIM5CH1_CAPTURE_VAL 里面,最后设置为上升沿捕获,回到初始状态。

这样就完成一次高电平捕获了,只要 TIM5CH1_CAPTURE_STA 的第 7 位一直

为 1，那么就不会进行第二次捕获。main 函数处理完捕获数据后，将 TIM5CH1_CAP-TURE_STA 置零，就可以开启第二次捕获。

这里还使用到一个函数 TIM_OC1PolarityConfig 来修改输入捕获通道 1 的极性的，如下：

```
void TIM_OC1PolarityConfig(TIM_TypeDef * TIMx, uint16_t TIM_OCPolarity)
```

要设置为上升沿捕获，则为：

```
TIM_OC1PolarityConfig(TIM5,TIM_ICPolarity_Rising);//设置为上升沿捕获
```

还有一个函数用来设置计数器寄存器值，这个同样很好理解：

```
TIM_SetCounter(TIM5,0);
```

这行代码的意思就是计数值清零。

接下来看看主程序内容如下：

```
extern u8   TIM5CH1_CAPTURE_STA;        //输入捕获状态
extern u16 TIM5CH1_CAPTURE_VAL;         //输入捕获值
int main(void)
{
    u32 temp = 0;
    delay_init();           //延时函数初始化
    NVIC_PriorityGroupConfig(NVIC_PriorityGroup_2);     //设置 NVIC 中断分组 2
    uart_init(115200);          //串口初始化波特率为 115200
    LED_Init();   //LED 端口初始化
    TIM3_PWM_Init(899,0);//不分频。PWM 频率 = 72000/(899 + 1) = 80 kHz
    TIM5_Cap_Init(0XFFFF,72 - 1);//以 1Mhz 的频率计数
    while(1)
    {
        delay_ms(10);
        TIM_SetCompare2(TIM3,TIM_GetCapture2(TIM3) + 1);
        if(TIM_GetCapture2(TIM3) == 300)
            TIM_SetCompare2(TIM3,0);
        if(TIM5CH1_CAPTURE_STA&0X80)//成功捕获到了一次上升沿
        {
            temp = TIM5CH1_CAPTURE_STA&0X3F;
            temp * = 65536;//溢出时间总和
            temp + = TIM5CH1_CAPTURE_VAL;//得到总的高电平时间
            printf("HIGH:%d us\r\n",temp);      //打印总的高点平时间
            TIM5CH1_CAPTURE_STA = 0;        //开启下一次捕获
        }
    }
}
```

该 main 函数是在 PWM 实验的基础上修改来的，我们保留了 PWM 输出，同时通过设置 TIM5_Cap_Init(0XFFFF,72−1)将 TIM5_CH1 的捕获计数器设计为 1 μs 计数一次，并设置重装载值为最大，所以我们的捕获时间精度为 1 μs。

主函数通过 TIM5CH1_CAPTURE_STA 的第 7 位来判断有没有成功捕获到一次高电平，如果成功捕获，则将高电平时间通过串口输出到计算机。

至此，我们的软件设计就完成了。

14.4 下载验证

完成软件设计后,将编译好的文件下载到战舰 STM32 开发板上可以看到,DS0 的状态和第 13 章差不多,由暗→亮地循环,说明程序已经正常在跑了。打开串口调试助手,选择对应的串口,然后按 WK_UP 按键,可以看到串口打印的高电平持续时间,如图 14.4.1 所示。

图 14.4.1 PWM 控制 DS0 亮度

可以看出,其中有 2 次高电平在 $50~\mu s$ 以内的,这种就是按键按下时发生的抖动。这就是为什么我们按键输入的时候一般都需要做防抖处理,目的是防止类似的情况干扰正常输入。还可以用杜邦线连接 PA0 和 PB5,看看第 13 章中设置的 PWM 输出的高电平是如何变化的。

第 15 章

TFTLCD 显示实验

前面几章的实验均没有涉及液晶显示,这一章将介绍 LCD 的使用。本章将介绍 ALIENTEK 2.8 寸 TFT LCD 模块,其采用 TFTLCD 面板,可以显示 16 位色的真彩图片。本章将利用战舰 STM32 开发板上的 LCD 接口来点亮 TFTLCD,并实现 ASCII 字符和彩色的显示等功能,同时在串口打印 LCD 控制器 ID,并在 LCD 上面显示。

15.1 TFTLCD&FSMC 简介

15.1.1 TFTLCD 简介

TFTLCD 即薄膜晶体管液晶显示器,英文全称为 Thin Film Transistor - Liquid Crystal Display。TFTLCD 与无源 TN-LCD、STN-LCD 的简单矩阵不同,它在液晶显示屏的每一个像素上都设置有一个薄膜晶体管(TFT),可有效地克服非选通时的串扰,使显示液晶屏的静态特性与扫描线数无关,因此大大提高了图像质量。TFTLCD 叫真彩液晶显示器。

ALIENTEK TFTLCD 模块有如下特点:

① 2.4/2.8/3.5/4.3/7 寸这 5 种大小的屏幕可选。

② 320×240 的分辨率(3.5 寸分辨率为 320×480,4.3 寸和 7 寸分辨率为 800×480)。

③ 16 位真彩显示。

④ 自带触摸屏,可以用来作为控制输入。

本章以 2.8 寸的 ALIENTEK TFTLCD 模块为例介绍,该模块支持 65K 色显示,显示分辨率为 320×240,接口为 16 位的 80 并口,自带触摸屏。该模块的外观如图 15.1.1 所示。模块原理图如图 15.1.2 所示。TFTLCD 模块采用 2×17 的 2.54 公排针与外部连接,接口定义如图 15.1.3 所示。

从图 15.1.3 可以看出,ALIENTEK TFTLCD 模块采用 16 位的并方式与外部连接。之所以不采用 8 位的方式,是因为彩屏的数据量比较大,尤其在显示图片的时候,如果用 8 位数据线,就会比 16 位方式慢一倍以上,我们当然希望速度越快越好,所以选择 16 位的接口。图 15.1.3 还列出了触摸屏芯片的接口,该模块的 80 并口有如下一些信号线:

第 15 章 TFTLCD 显示实验

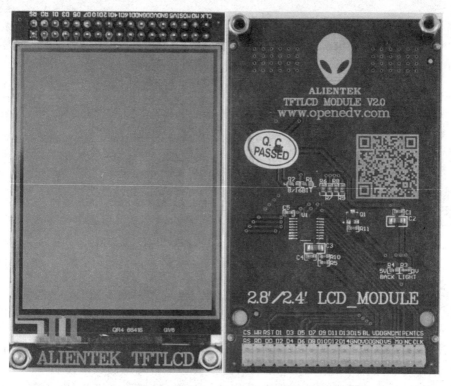

图 15.1.1 ALIENTEK 2.8 寸 TFTLCD 外观图

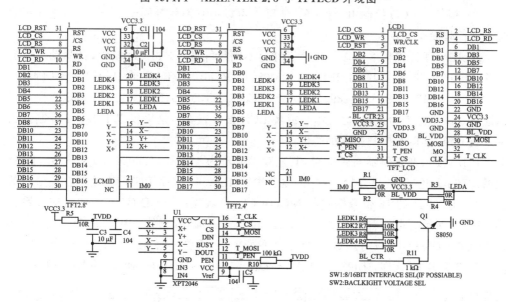

图 15.1.2 ALIENTEK 2.8 寸 TFTLCD 模块原理图

> CS:TFTLCD 片选信号。
> WR:向 TFTLCD 写入数据。

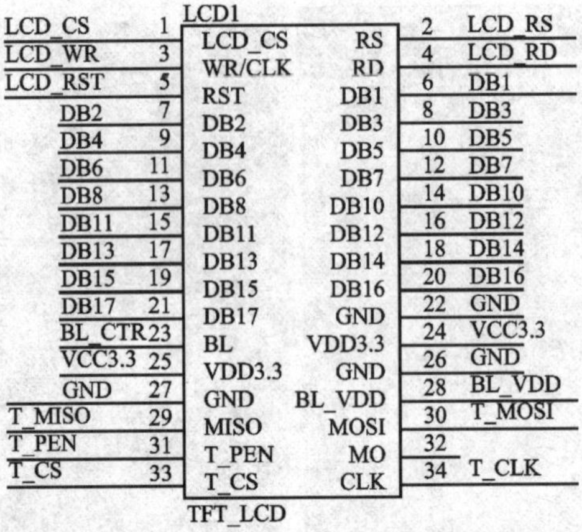

```
LCD_CS      1   LCD1            2   LCD_RS
LCD_WR      3   LCD_CS    RS    4   LCD_RD
LCD_RST     5   WR/CLK    RD    6   DB1
DB2         7   RST       DB1   8   DB3
DB4         9   DB2       DB3   10  DB5
DB6        11   DB4       DB5   12  DB7
DB8        13   DB6       DB7   14  DB10
DB11       15   DB8       DB10  16  DB12
DB13       17   DB11      DB12  18  DB14
DB15       19   DB13      DB14  20  DB16
DB17       21   DB15      DB16  22  GND
BL_CTR     23   DB17      GND   24  VCC3.3
VCC3.3     25   BL        VDD3.3 26 GND
GND        27   VDD3.3    GND   28  BL_VDD
T_MISO     29   GND       BL_VDD 30 T_MOSI
T_PEN      31   MISO      MOSI  32
T_CS       33   T_PEN     MO    34  T_CLK
                T_CS      CLK
                TFT_LCD
```

图 15.1.3 ALIENTEK 2.8 寸 TFTLCD 模块接口图

> RD:从 TFTLCD 读取数据。
> D[15:0]:16 位双向数据线。
> RST:硬复位 TFTLCD。
> RS:命令/数据标志(0,读/写命令;1,读/写数据)。

注意,TFTLCD 模块的 RST 信号线是直接接到 STM32 的复位脚上,并不由软件控制,这样可以省下来一个 I/O 口。另外还需要一个背光控制线来控制 TFTLCD 的背光。所以,总共需要的 I/O 口数目为 21 个。注意,我们标注的 DB1~DB8、DB10~DB17 是相对于 LCD 控制 IC 标注的,实际上可以把它们就等同于 D0~D15,这样理解起来就比较简单一点。

ALIENTEK 提供 2.8/3.5/4.3/7 寸等不同尺寸的 TFTLCD 模块,其驱动芯片有很多种类型,比如 ILI9341/ILI9325/RM68042/RM68021/ILI9320/ILI9328/LGDP4531/LGDP4535/SPFD5408/SSD1289/1505/B505/C505/NT35310/NT35510 等(具体的型号可以通过下载本章实验代码,通过串口或者 LCD 显示查看),这里仅以 ILI9341 控制器为例进行介绍,其他的控制基本都类似。

ILI9341 液晶控制器自带显存,其显存总大小为 172 800(240×320×18/8),即 18 位模式(26 万色)下的显存量。在 16 位模式下,ILI9341 采用 RGB565 格式存储颜色数据,此时 ILI9341 的 18 位数据线与 MCU 的 16 位数据线、LCD GRAM 的对应关系如图 15.1.4 所示。可以看出,ILI9341 在 16 位模式下面,数据线有用的是 D17~D13 和 D11~D1,D0 和 D12 没有用到,实际上在我们 LCD 模块里面,ILI9341 的 D0 和 D12 压根就没有引出来,这样,ILI9341 的 D17~D13 和 D11~D1 对应 MCU 的 D15~D0。

9341总线	D17	D16	D15	D14	D13	D12	D11	D10	D9	D8	D7	D6	D5	D4	D3	D2	D1	D0
MCU数据(16位)	D15	D14	D13	D12	D11	NC	D10	D9	D8	D7	D6	D5	D4	D3	D2	D1	D0	NC
LCD GRAM(16位)	R[4]	R[3]	R[2]	R[1]	R[0]	NC	G[5]	G[4]	G[3]	G[2]	G[1]	G[0]	B[4]	B[3]	B[2]	B[1]	B[0]	NC

图 15.1.4 16 位数据与显存对应关系图

第 15 章　TFTLCD 显示实验

这样 MCU 的 16 位数据中,最低 5 位代表蓝色,中间 6 位为绿色,最高 5 位为红色。数值越大,表示该颜色越深。另外,特别注意 ILI9341 所有的指令都是 8 位的(高 8 位无效),且参数除了读/写 GRAM 的时候是 16 位,其他操作参数都是 8 位的,这个和 ILI9320 等驱动器不一样,必须加以注意。

接下来介绍 ILI9341 的几个重要命令(其他命令很多可以找到 ILI9341 的 datasheet 看看),分别是 0XD3、0X36、0X2A、0X2B、0X2C、0X2E 这 6 条指令。

首先来看指令:0XD3,这是读 ID4 指令,用于读取 LCD 控制器的 ID,如表 15.1.1 所列。可以看出,0XD3 指令后面跟了 4 个参数,最后 2 个参数读出来是 0X93 和 0X41,刚好是我们控制器 ILI9341 的数字部分。通过该指令即可判别出所用 LCD 驱动器是什么型号,这样,我们的代码就可以根据控制器的型号去执行对应驱动 IC 的初始化代码,从而兼容不同驱动 IC 的屏,使得一个代码支持多款 LCD。

表 15.1.1　0XD3 指令描述

顺序	控制			各位描述									HEX
	RS	RD	WR	D15~D8	D7	D6	D5	D4	D3	D2	D1	D0	
指令	0	1	↑	XX	1	1	0	1	0	0	1	1	D3H
参数 1	1	↑	1	XX	X	X	X	X	X	X	X	X	X
参数 2	1	↑	1	XX	0	0	0	0	0	0	0	0	00H
参数 3	1	↑	1	XX	1	0	0	1	0	0	1	1	93H
参数 4	1	↑	1	XX	0	1	0	0	0	0	0	1	41H

接下来看指令:0X36,这是存储访问控制指令,可以控制 ILI9341 存储器的读/写方向,简单说,就是在连续写 GRAM 的时候,可以控制 GRAM 指针的增长方向,从而控制显示方式(读 GRAM 也是一样)。该指令如表 15.1.2 所列。可以看出,0X36 指令后面紧跟一个参数,这里主要关注 MY、MX、MV 这 3 个位。通过这 3 个位的设置,我们可以控制整个 ILI9341 的全部扫描方向,如表 15.1.3 所列。

表 15.1.2　0X36 指令描述

顺序	控制			各位描述									HEX
	RS	RD	WR	D15~D8	D7	D6	D5	D4	D3	D2	D1	D0	
指令	0	1	↑	XX	0	0	1	1	0	1	1	0	36H
参数	1	1	↑	XX	MY	MX	MV	ML	BGR	MH	0	0	

这样,在利用 ILI9341 显示内容的时候就有很大灵活性了,比如显示 BMP 图片、BMP 解码数据,就是从图片的左下角开始,慢慢显示到右上角。如果设置 LCD 扫描方向为从左到右、从下到上,那么只需要设置一次坐标,然后就不停地往 LCD 填充颜色数据即可,这样可以大大提高显示速度。

表 15.1.3　MY、MX、MV 设置与 LCD 扫描方向关系表

控制位			效果
MY	MX	MV	LCD 扫描方向（GRAM 自增方式）
0	0	0	从左到右,从上到下
1	0	0	从左到右,从下到上
0	1	0	从右到左,从上到下
1	1	0	从右到左,从下到上
0	0	1	从上到下,从左到右
0	1	1	从上到下,从右到左
1	0	1	从下到上,从左到右
1	1	1	从下到上,从右到左

接下来看指令:0X2A,这是列地址设置指令,在从左到右、从上到下的扫描方式(默认)下面,用于设置横坐标(x 坐标),如表 15.1.4 所列。

表 15.1.4　0X2A 指令描述

顺　序	控　制			各位描述								HEX
	RS	RD	WR	D15～D8	D7	D6	D5	D4	D3	D2	D1	D0	
指令	0	1	↑	XX	0	0	1	0	1	0	1	0	2AH
参数 1	1	1	↑	XX	SC15	SC14	SC13	SC12	SC11	SC10	SC9	SC8	SC
参数 2	1	1	↑	XX	SC7	SC6	SC5	SC4	SC3	SC2	SC1	SC0	
参数 3	1	1	↑	XX	EC15	EC14	EC13	EC12	EC11	EC10	EC9	EC8	EC
参数 4	1	1	↑	XX	EC7	EC6	EC5	EC4	EC3	EC2	EC1	EC0	

在默认扫描方式时,该指令用于设置 x 坐标。该指令带有 4 个参数,实际上是 2 个坐标值:SC 和 EC,即列地址的起始值和结束值,SC 必须小于等于 EC,且 0≤SC/EC≤239。一般在设置 x 坐标的时候,只需要带 2 个参数即可,也就是设置 SC 即可,因为如果 EC 没有变化,我们只需要设置一次即可(在初始化 ILI9341 的时候设置),从而提高速度。

与 0X2A 指令类似,指令 0X2B 是页地址设置指令,在从左到右、从上到下的扫描方式(默认)下面,用于设置纵坐标(y 坐标),如表 15.1.5 所列。

在默认扫描方式时,该指令用于设置 y 坐标。该指令带有 4 个参数,实际上是 2 个坐标值 SP 和 EP,即页地址的起始值和结束值,SP 必须小于等于 EP,且 0≤SP/EP≤319。一般在设置 y 坐标的时候,我们只需要带 2 个参数即可,也就是设置 SP 即可,因为如果 EP 没有变化,我们只需要设置一次即可(在初始化 ILI9341 的时候设置),从而提高速度。

第 15 章　TFTLCD 显示实验

表 15.1.5　0X2B 指令描述

顺序	控制			各位描述								HEX
	RS	RD	WR	D15~D8	D7	D6	D5	D4	D3	D2	D1	D0	
指令	0	1	↑	XX	0	0	1	0	1	0	1	0	2BH
参数1	1	1	↑	XX	SP15	SP14	SP13	SP12	SP11	SP10	SP9	SP8	SP
参数2	1	1	↑	XX	SP7	SP6	SP5	SP4	SP3	SP2	SP1	SP0	
参数3	1	1	↑	XX	EP15	EP14	EP13	EP12	EP11	EP10	EP9	EP8	EP
参数4	1	1	↑	XX	EP7	EP6	EP5	EP4	EP3	EP2	EP1	EP0	

接下来看指令:0X2C,该指令是写 GRAM 指令。在发送该指令之后,我们便可以往 LCD 的 GRAM 里面写入颜色数据了,该指令支持连续写,指令描述如表 15.1.6 所列。可知,在收到指令 0X2C 之后,数据有效位宽变为 16 位,可以连续写入 LCD GRAM 值,而 GRAM 的地址将根据 MY/MX/MV 设置的扫描方向进行自增。例如,假设设置的是从左到右、从上到下的扫描方式,那么设置好起始坐标(通过 SC,SP 设置)后,每写入一个颜色值,GRAM 地址将会自动自增1(SC++)。如果碰到 EC,则回到 SC,同时 SP++,一直到坐标:EC,EP 结束,其间无需再次设置的坐标,从而大大提高写入速度。

表 15.1.6　0X2C 指令描述

顺序	控制			各位描述								HEX
	RS	RD	WR	D15~D8	D7	D6	D5	D4	D3	D2	D1	D0	
指令	0	1	↑	XX	0	0	1	0	1	1	0	0	2CH
参数1	1	1	↑				D1[15:0]						XX
……	1	1	↑				D2[15:0]						XX
参数n	1	1	↑				Dn[15:0]						XX

最后,来看看指令 0X2E,该指令是读 GRAM 指令,用于读取 ILI9341 的显存(GRAM)。该指令在 ILI9341 的数据手册上面的描述是有误的,真实的输出情况如表 15.1.7 所列。

该指令用于读取 GRAM,ILI9341 在收到该指令后,第一次输出的是 dummy 数据,也就是无效的数据,第二次开始,读取到的才是有效的 GRAM 数据(从坐标:SC,SP 开始),输出规律为:每个颜色分量占 8 个位,一次输出 2 个颜色分量。比如,第一次输出是 R1G1,随后的规律为:B1R2→G2B2→R3G3→B3R4→G4B4→R5G5…依此类推。如果只需要读取一个点的颜色值,那么只需要接收到参数 3 即可;如果要连续读取(利用 GRAM 地址自增,方法同上),那么就按照上述规律去接收颜色数据。

以上就是操作 ILI9341 常用的几个指令,通过这几个指令便可以很好地控制 ILI9341 显示我们所要显示的内容了。

表 15.1.7 0X2E 指令描述

顺序	控制			各位描述												HEX
	RS	RD	WR	D15~D11	D10	D9	D8	D7	D6	D5	D4	D3	D2	D1	D0	
指令	0	1	↑	XX	XX	XX	XX	0	0	1	0	1	1	1	0	2EH
参数1	1	↑	1	XX	XX	XX	XX	XX	XX	XX	XX	XX	XX	XX	XX	dummy
参数2	1	↑	1	R1[4:0]	XX	XX	XX	G1[5:0]						XX	XX	R1G1
参数3	1	↑	1	B1[4:0]	XX	XX	XX	R2[4:0]					XX	XX	XX	B1R2
参数4	1	↑	1	G2[5:0]		XX	XX	XX	B2[4:0]					XX	XX	G2B2
参数5	1	↑	1	R3[4:0]	XX	XX	XX	G3[5:0]						XX	XX	R3G3
参数N	1	↑	1	按以上规律输出												

一般 TFTLCD 模块的使用流程如图 15.1.5 所示。任何 LCD,使用流程都可以简单地用以上流程图表示。其中,硬复位和初始化序列只需要执行一次即可。而画点流程就是:设置坐标→写 GRAM 指令→写入颜色数据,然后在 LCD 上面就可以看到对应的点显示我们写入的颜色了。读点流程为:设置坐标→读 GRAM 指令→读取颜色数据,这样就可以获取到对应点的颜色数据了。

以上只是最简单的操作,也是最常用的操作,有了这些操作,一般就可以正常使用 TFTLCD 了。接下来将用该模块(2.8 寸屏模块)显示字符和数字,相关设置步骤如下:

① 设置 STM32F1 与 TFTLCD 模块相连接的 I/O。

这一步先将我们与 TFTLCD 模块相连的 I/O 口进行初始化,以便驱动 LCD。这里用到的是 FSMC。

② 初始化 TFTLCD 模块。

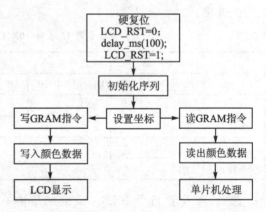

图 15.1.5 TFTLCD 使用流程

即图 15.1.5 的初始化序列,这里没有硬复位 LCD,因为战舰 STM32F103 的 LCD 接口将 TFTLCD 的 RST 同 STM32F1 的 RESET 连接在一起了,只要按下开发板的 RESET 键,就会对 LCD 进行硬复位。初始化序列就是向 LCD 控制器写入一系列的设置值(比如伽马校准),这些初始化序列一般由 LCD 供应商提供给客户,我们直接使用这些序列即可,不需要深入研究。初始化之后,LCD 才可以正常使用。

③ 通过函数将字符和数字显示到 TFTLCD 模块上。

这一步则通过图 15.1.5 左侧的流程,即:设置坐标→写 GRAM 指令→写 GRAM 来实现,但是这个步骤只是一个点的处理,要显示字符/数字就必须多次使用这个步骤,从而达到显示字符/数字的目的,所以需要设计一个函数来实现数字/字符的显示,之后调用该函数就可以实现数字/字符的显示了。

15.1.2　FSMC 简介

大容量且引脚数在 100 脚以上的 STM32F103 芯片都带有 FSMC 接口,ALIENTEK 战舰 STM32 开发板的主芯片为 STM32F103ZET6,是带有 FSMC 接口的。FSMC,即灵活的静态存储控制器,能够与同步或异步存储器和 16 位 PC 存储器卡连接,STM32 的 FSMC 接口支持包括 SRAM、NAND Flash、NOR Flash 和 PSRAM 等存储器。FSMC 的框图如图 15.1.6 所示。

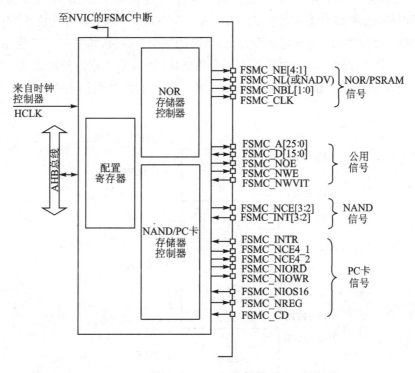

图 15.1.6　FSMC 框图

可以看出,STM32 的 FSMC 将外部设备分为 3 类:NOR/PSRAM 设备、NAND 设备、PC 卡设备。它们共用地址数据总线等信号,具有不同的 CS 以区分不同的设备,比如本章用到的 TFTLCD 就是用的 FSMC_NE4 做片选,其实就是将 TFTLCD 当成 SRAM 来控制。

这里介绍下为什么可以把 TFTLCD 当成 SRAM 设备用:首先了解下外部 SRAM 的连接,外部 SRAM 的控制一般有地址线(如 A0～A18)、数据线(如 D0～ D15)、写信号(WE)、读信号(OE)、片选信号(CS);如果 SRAM 支持字节控制,那么还有 UB/LB 信号。而 TFTLCD 的信号包括 RS、D0～D15、WR、RD、CS、RST 和 BL 等,其中真正在操作 LCD 的时候需要用到的就只有 RS、D0～D15、WR、RD 和 CS。其操作时序和 SRAM 的控制完全类似,唯一不同就是 TFTLCD 有 RS 信号,但是没有地址信号。

TFTLCD 通过 RS 信号来决定传送的数据是数据还是命令,本质上可以理解为一个地址信号,比如把 RS 接在 A0 上面,那么当 FSMC 控制器写地址 0 的时候,会使得 A0 变为 0,对 TFTLCD 来说就是写命令。而 FSMC 写地址 1 的时候,A0 将会变为 1,对 TFTLCD 来说,就是写数据了。这样,就把数据和命令区分开了,它们其实就是对应 SRAM 操作的两个连续地址。当然 RS 也可以接在其他地址线上,战舰 STM32 开发板是把 RS 连接在 A10 上面的。

STM32 的 FSMC 支持 8/16/32 位数据宽度,这里用到的 LCD 是 16 位宽度的,所以在设置的时候,选择 16 位宽就可以了。再来看看 FSMC 的外部设备地址映像,STM32 的 FSMC 将外部存储器划分为固定大小为 256 MB 的 4 个存储块,如图 15.1.7 所示。可以看出,FSMC 总共管理 1 GB 空间,拥有 4 个存储块(Bank),本章用到的是块 1,所以本章仅讨论块 1 的相关配置,其他块的配置可参考《STM32 参考手册》第 19 章(324 页)的相关介绍。

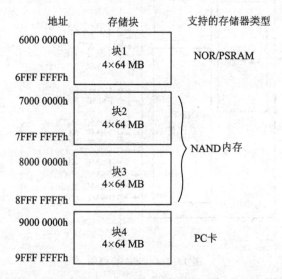

图 15.1.7　FSMC 存储块地址映像

STM32 的 FSMC 存储块 1(Bank1)分为 4 个区,每个区管理 64 MB 空间,每个区都有独立的寄存器对所连接的存储器进行配置。Bank1 的 256 MB 空间由 28 根地址线(HADDR[27:0])寻址。

这里 HADDR 是内部 AHB 地址总线,其中,HADDR[25:0]来自外部存储器地址 FSMC_A[25:0],而 HADDR[26:27]对 4 个区进行寻址,如表 15.1.8 所列。表中要特别注意 HADDR[25:0]的对应关系:

➢ 当 Bank1 接的是 16 位宽度存储器时,HADDR[25:1]→FSMC_A[24:0]。
➢ 当 Bank1 接的是 8 位宽度存储器时,HADDR[25:0]→FSMC_A[25:0]。

第 15 章　TFTLCD 显示实验

表 15.1.8　Bank1 存储区选择表

Bank1 所选区	片选信号	地址范围	HADDR [27:26]	HADDR [25:0]
第 1 区	FSMC_NE1	0X6000 0000~63FF FFFF	00	FSMC_A[25:0]
第 2 区	FSMC_NE2	0X6400 0000~67FF FFFF	01	
第 3 区	FSMC_NE3	0X6800 0000~6BFF FFFF	10	
第 4 区	FSMC_NE4	0X6C00 0000~6FFF FFFF	11	

不论外部接 8 位/16 位宽设备，FSMC_A[0]永远接在外部设备地址 A[0]。这里，TFTLCD 使用的是 16 位数据宽度，所以 HADDR[0]并没有用到，只有 HADDR[25:1]是有效的，对应关系变为 HADDR[25:1]→FSMC_A[24:0]，相当于右移了一位。另外，HADDR[27:26]的设置是不需要我们干预的。比如，当选择使用 Bank1 的第三个区，也就是使用 FSMC_NE3 来连接外部设备的时候，对应了 HADDR[27:26]=10，我们要做的就只是配置对应第 3 区的寄存器组来适应外部设备即可。STM32 的 FSMC 各 Bank 配置寄存器如表 15.1.9 所列。

表 15.1.9　FSMC 各 Bank 配置寄存器表

内部控制器	存储块	管理的地址范围	支持的设备类型	配置寄存器
NOR Flash 控制器	Bank1	0X6000 0000~ 0X6FFF FFFF	SRAM/ROM NOR Flash PSRAM	FSMC_BCR1/2/3/4 FSMC_BTR1/2/2/3 FSMC_BWTR1/2/3/4
NAND Flash /PC CARD 控制器	Bank2	0X7000 0000~ 0X7FFF FFFF	NAND Flash	FSMC_PCR2/3/4 FSMC_SR2/3/4 FSMC_PMEM2/3/4 FSMC_PATT2/3/4 FSMC_PIO4
	Bank3	0X8000 0000~ 0X8FFF FFFF		
	Bank4	0X9000 0000~ 0X9FFF FFFF	PC Card	

NOR Flash 控制器主要通过 FSMC_BCRx、FSMC_BTRx 和 FSMC_BWTRx 寄存器设置(其中 x=1~4,对应 4 个区)。通过这 3 个寄存器可以设置 FSMC 访问外部存储器的时序参数，拓宽了可选用的外部存储器的速度范围。FSMC 的 NOR Flash 控制器支持同步和异步突发两种访问方式。选用同步突发访问方式时，FSMC 将 HCLK(系统时钟)分频后，发送给外部存储器作为同步时钟信号 FSMC_CLK，此时需要的设置的时间参数有 2 个：

① HCLK 与 FSMC_CLK 的分频系数(CLKDIV)，可以为 2~16 分频；
② 同步突发访问中获得第一个数据所需要的等待延迟(DATLAT)。
对于异步突发访问方式，FSMC 主要设置 3 个时间参数：地址建立时间(ADDSET)、数据建立时间(DATAST)和地址保持时间(ADDHLD)。FSMC 综合了

SRAM/ROM、PSRAM 和 NOR Flash 产品的信号特点,定义了 4 种不同的异步时序模型。选用不同的时序模型时,需要设置不同的时序参数,如表 15.1.10 所列。

表 15.1.10 NOR Flash 控制器支持的时序模型

时序模型		简单描述	时间参数
异步	Mode1	SRAM/CRAM 时序	DATAST、ADDSET
	ModeA	SRAM/CRAM OE 选通型时序	DATAST、ADDSET
	Mode2/B	NOR Flash 时序	DATAST、ADDSET
	ModeC	NOR Flash OE 选通型时序	DATAST、ADDSET
	ModeD	延长地址保持时间的异步时序	DATAST、ADDSET、ADDHLK
同步突发		根据同步时钟 FSMC_CK 读取多个顺序单元的数据	CLKDIV、DATLAT

实际扩展时,根据选用存储器的特征确定时序模型,从而确定各时间参数与存储器读/写周期参数指标之间的计算关系;利用该计算关系和存储芯片数据手册中给定的参数指标,可计算出 FSMC 所需要的各时间参数,从而对时间参数寄存器进行合理配置。

本章使用异步模式 A(ModeA)方式来控制 TFTLCD,模式 A 的读操作时序如图 15.1.8 所示。

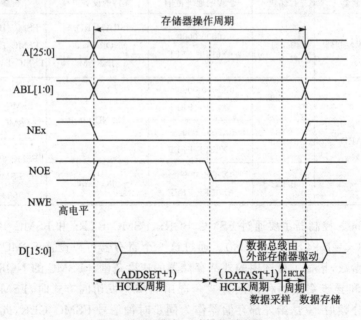

图 15.1.8 模式 A 读操作时序图

模式 A 支持独立的读/写时序控制,这个对驱动 TFTLCD 来说非常有用。因为 TFTLCD 在读的时候一般比较慢,而在写的时候可以比较快,如果读/写用一样的时序,那么只能以读的时序为基准,从而导致写的速度变慢,或者在读数据的时候重新配置 FSMC 的延时,在读操作完成的时候再配置回写的时序,这样虽然也不会降低写的

第 15 章 TFTLCD 显示实验

速度,但是频繁配置比较麻烦。而如果有独立的读/写时序控制,那么只要初始化的时候配置好,之后就不用再配置,既可以满足速度要求,又不需要频繁改配置。

模式 A 的写操作时序如图 15.1.9 所示。

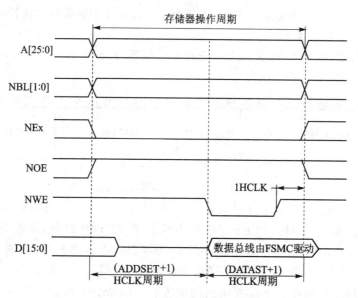

图 15.1.9 模式 A 写操作时序

从模式 A 的读/写时序图可以看出,读操作还存在额外的 2 个 HCLK 周期,用于数据存储,所以同样的配置读操作一般比写操作会慢一点。图 15.1.8 和图 15.1.9 中的 ADDSET 与 DATAST 是通过不同的寄存器设置的,接下来讲解 Bank1 的几个控制寄存器。

首先介绍 SRAM/NOR 闪存片选控制寄存器:FSMC_BCRx(x=1~4),该寄存器各位描述如图 15.1.10 所示。

31 30 29 28 27 26 25 24 23 22 21	20	19	18 17 16	15	14	13	12	11	10	9	8	7	6	5 4	3 2	1	0
保留	CBURSTRW	保留	保留	EXTMOD	WAITEN	WREN	AWTCFG	WRAPOD	WAITPOL	BURSTEN	保留	FACCEN	MWID	MTYP	AUXEN	MBKEN
res	rw	res	res	rw	rw	rw	rw	rw	rw	rw	res	rw	rw	rw	rw	rw

图 15.1.10 FSMC_BCRx 寄存器各位描述

该寄存器在本章用到的设置有 EXTMOD、WREN、MWID、MTYP 和 MBKEN。

EXTMOD:扩展模式使能位,也就是是否允许读/写不同的时序,很明显,本章需要读/写不同的时序,故该位需要设置为 1。

WREN:写使能位。我们需要向 TFTLCD 写数据,故该位必须设置为 1。

MWID[1:0]:存储器数据总线宽度。00 表示 8 位数据模式,01 表示 16 位数据模式,10 和 11 保留。我们的 TFTLCD 是 16 位数据线,所以设置 WMID[1:0]=01。

MTYP[1:0]:存储器类型。00 表示 SRAM、ROM;01 表示 PSRAM;10 表示 NOR FLASH;11 保留。前面提到,我们把 TFTLCD 当成 SRAM 用,所以需要设置 MTYP[1:0]=00。

MBKEN:存储块使能位。这个容易理解,我们需要用到该存储块控制 TFTLCD,当然要使能这个存储块了。

接下来看看 SRAM/NOR 闪存片选时序寄存器:FSMC_BTRx(x=1~4),该寄存器各位描述如图 15.1.11 所示。

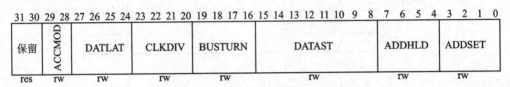

图 15.1.11　FSMC_BTRx 寄存器各位描述

这个寄存器包含了每个存储器块的控制信息,可以用于 SRAM、ROM 和 NOR 闪存存储器。如果 FSMC_BCRx 寄存器中设置了 EXTMOD 位,则有两个时序寄存器分别对应读(本寄存器)和写操作(FSMC_BWTRx 寄存器)。因为要求读/写分开时序控制,所以 EXTMOD 是使能了的,也就是本寄存器是读操作时序寄存器,用来控制读操作的相关时序。本章要用到的设置有 ACCMOD、DATAST 和 ADDSET 这 3 个设置。

ACCMOD[1:0]:访问模式。00 表示访问模式 A;01 表示访问模式 B;10 表示访问模式 C;11 表示访问模式 D。本章用到模式 A,故设置为 00。

DATAST[7:0]:数据保持时间。0 为保留设置,其他设置则代表保持时间为 DATAST 个 HCLK 时钟周期,最大为 255 个 HCLK 周期。对 ILI9341 来说,其实就是 RD 低电平持续时间,一般为 355 ns。而一个 HCLK 时钟周期为 13.8 ns 左右(1/72 MHz),为了兼容其他屏,这里设置 DATAST 为 15,也就是 16 个 HCLK 周期,时间大约是234 ns (未计算数据存储的 2 个 HCLK 时间,对 9341 来说超频了,但是实际上是可以正常使用的)。

ADDSET[3:0]:地址建立时间。其建立时间为:ADDSET 个 HCLK 周期,最大为 15 个 HCLK 周期。对 ILI9341 来说,这里相当于 RD 高电平持续时间,为 90 ns。本来这里应该设置和 DATAST 一样,但是由于 STM32F103FSMC 的性能问题,就算设置 ADDSET 为 0,RD 的高电平持续时间也达到了 190 ns 以上,所以这里可以设置 ADDSET 为较小的值。本章设置 ADDSET 为 1,即 2 个 HCLK 周期,实际 RD 高电平大于 200 ns。

最后再来看看 SRAM/NOR 闪写时序寄存器:FSMC_BWTRx(x=1~4),该寄存器各位描述如图 15.1.12 所示。

第15章 TFTLCD 显示实验

31	30	29	28	27	26	25	24	23	22	21	20	19	18	17	16	15	14	13	12	11	10	9	8	7	6	5	4	3	2	1	0
保留		ACCMOD		DATLAT				CLKDIV				保留				DATAST								ADDHLD				ADDSET			
res		rw		rw				rw				rw				rw								rw				rw			

图 15.1.12 FSMC_BWTRx 寄存器各位描述

该寄存器在本章用作写操作时序控制寄存器,需要用到的设置同样是 ACCMOD、DATAST 和 ADDSET 这 3 个设置。这 3 个设置的方法同 FSMC_BTRx 一模一样,只是这里对应的是写操作的时序。ACCMOD 设置同 FSMC_BTRx 一模一样,同样是选择模式 A,另外 DATAST 和 ADDSET 则对应低电平和高电平持续时间,对 ILI9341 来说,这两个时间只需要 15 ns 就够了,比读操作快得多。所以这里设置 DATAST 为 3,即 4 个 HCLK 周期,时间约为 55 ns(因为 9320 等控制器这个时间要求比较长,要 50 ns)。然后 ADDSET(也存在性能问题)设置为 0,即一个 HCLK 周期,实际 WR 高电平时间大于 100 ns。

至此,我们对 STM32 的 FSMC 介绍就差不多了,就可以开始写 LCD 的驱动代码了。注意:MDK 的寄存器定义里面并没有定义 FSMC_BCRx、FSMC_BTRx、FSMC_BWTRx 等单独的寄存器,而是将它们进行了一些组合。FSMC_BCRx 和 FSMC_BTRx 组合成 BTCR[8]寄存器组,对应关系如下:

> BTCR[0]对应 FSMC_BCR1,BTCR[1]对应 FSMC_BTR1;
> BTCR[2]对应 FSMC_BCR2,BTCR[3]对应 FSMC_BTR2;
> BTCR[4]对应 FSMC_BCR3,BTCR[5]对应 FSMC_BTR3;
> BTCR[6]对应 FSMC_BCR4,BTCR[7]对应 FSMC_BTR4。

FSMC_BWTRx 则组合成 BWTR[7],对应关系如下:

> BWTR[0]对应 FSMC_BWTR1,BWTR[2]对应 FSMC_BWTR2;
> BWTR[4]对应 FSMC_BWTR3,BWTR[6]对应 FSMC_BWTR4;
> BWTR[1]、BWTR[3]和 BWTR[5]保留,没有用到。

下面来讲解一下 FSMC 相关的库函数。

1. FSMC 初始化函数

根据前面的讲解,初始化 FSMC 主要是初始化 3 个寄存器 FSMC_BCRx、FSMC_BTRx、FSMC_BWTRx,那么在固件库中是怎么初始化这 3 个参数的呢? 固件库提供了 3 个 FSMC 初始化函数分别为:

```
FSMC_NORSRAMInit();
FSMC_NANDInit();
FSMC_PCCARDInit();
```

这 3 个函数分别用来初始化 4 种类型存储器。这里根据名字就很好判断对应关系。使用同一个函数 FSMC_NORSRAMInit()来初始化 NOR 和 SRAM,所以之后使用的 FSMC 初始化函数为 FSMC_NORSRAMInit()。下面看看函数定义:

```c
void FSMC_NORSRAMInit(FSMC_NORSRAMInitTypeDef* FSMC_NORSRAMInitStruct);
```

这个函数只有一个入口参数,也就是 FSMC_NORSRAMInitTypeDef 类型指针变量,这个结构体的成员变量非常多,因为 FSMC 相关的配置项非常多。

```c
typedef struct
{
    uint32_t FSMC_Bank;
    uint32_t FSMC_DataAddressMux;
    uint32_t FSMC_MemoryType;
    uint32_t FSMC_MemoryDataWidth;
    uint32_t FSMC_BurstAccessMode;
    uint32_t FSMC_AsynchronousWait;
    uint32_t FSMC_WaitSignalPolarity;
    uint32_t FSMC_WrapMode;
    uint32_t FSMC_WaitSignalActive;
    uint32_t FSMC_WriteOperation;
    uint32_t FSMC_WaitSignal;
    uint32_t FSMC_ExtendedMode;
    uint32_t FSMC_WriteBurst;
    FSMC_NORSRAMTimingInitTypeDef* FSMC_ReadWriteTimingStruct;
    FSMC_NORSRAMTimingInitTypeDef* FSMC_WriteTimingStruct;
}FSMC_NORSRAMInitTypeDef;
```

从这个结构体我们可以看出,前面有 13 个基本类型(unit32_t)的成员变量,用来配置片选控制寄存器 FSMC_BCRx。最后面还有两个 SMC_NORSRAMTimingInitTypeDef 指针类型的成员变量。前面讲到,FSMC 有读时序和写时序之分,所以这里就是用来设置读时序和写时序的参数了,也就是说,这两个参数用来配置寄存器 FSMC_BTRx 和 FSMC_BWTRx。下面主要来看看模式 A 下的相关配置参数:

> 参数 FSMC_Bank 用来设置使用到的存储块标号和区号,前面讲过,我们是使用的存储块 1 区号 4,所以选择值为 FSMC_Bank1_NORSRAM4。

> 参数 FSMC_MemoryType 用来设置存储器类型,这里是 SRAM,所以选择值为 FSMC_MemoryType_SRAM。

> 参数 FSMC_MemoryDataWidth 用来设置数据宽度,可选 8 位还是 16 位,这里是 16 位数据宽度,所以选择值为 FSMC_MemoryDataWidth_16b。

> 参数 FSMC_WriteOperation 用来设置写使能,毫无疑问,前面讲解过我们要向 TFT 写数据,所以要写使能,这里选择 FSMC_WriteOperation_Enable。

> 参数 FSMC_ExtendedMode 是设置扩展模式使能位,也就是是否允许读/写不同的时序,这里采取的读/写不同时序,所以设置值为 FSMC_ExtendedMode_Enable。

上面的这些参数是与模式 A 相关的,下面也来稍微了解一下其他几个参数的意义吧:

> 参数 FSMC_DataAddressMux 用来设置地址/数据复用使能,若设置为使能,那么地址的低 16 位和数据将共用数据总线,仅对 NOR 和 PSRAM 有效,所以设置为默认值不复用,值 FSMC_DataAddressMux_Disable。

➢ 参数 FSMC_BurstAccessMode、FSMC_AsynchronousWait、FSMC_WaitSignal-Polarity、FSMC_WaitSignalActive、FSMC_WrapMode、FSMC_WaitSignal、FSMC_WriteBurst 和 FSMC_WaitSignal 在成组模式同步模式才需要设置。

接下来看看设置读/写时序参数的两个变量 FSMC_ReadWriteTimingStruct 和 FSMC_WriteTimingStruct，它们都是 FSMC_NORSRAMTimingInitTypeDef 结构体指针类型，这两个参数在初始化的时候分别用来初始化片选控制寄存器 FSMC_BTRx 和写操作时序控制寄存器 FSMC_BWTRx。下面看看 FSMC_NORSRAMTimingInitTypeDef 类型的定义：

```
typedef struct
{
    uint32_t FSMC_AddressSetupTime;
    uint32_t FSMC_AddressHoldTime;
    uint32_t FSMC_DataSetupTime;
    uint32_t FSMC_BusTurnAroundDuration;
    uint32_t FSMC_CLKDivision;
    uint32_t FSMC_DataLatency;
    uint32_t FSMC_AccessMode;
}FSMC_NORSRAMTimingInitTypeDef;
```

这个结构体有 7 个参数，用来设置 FSMC 读/写时序。其实这些参数的意思在讲解 FSMC 的时序的时候有提到，主要是设计地址建立保持时间、数据建立时间等配置，而我们的实验中读/写时序不一样，读/写速度要求不一样，所以对于参数 FSMC_DataSetupTime 设置了不同的值。

2. FSMC 使能函数

FSMC 对不同的存储器类型同样提供了不同的使能函数：

```
void FSMC_NORSRAMCmd(uint32_t FSMC_Bank, FunctionalState NewState);
void FSMC_NANDCmd(uint32_t FSMC_Bank, FunctionalState NewState);
void FSMC_PCCARDCmd(FunctionalState NewState);
```

这个比较好理解，这里不讲解，我们是 SRAM 所以使用的第一个函数。

15.2 硬件设计

本实验用到的硬件资源有指示灯 DS0、TFTLCD 模块。TFTLCD 模块的电路如图 15.1.2 所示，这里介绍 TFTLCD 模块与 ALIETEK 战舰 STM32 开发板的连接。战舰 STM32 开发板底板的 LCD 接口和开发板底板的 OLED/CAMERA 接口（P6 接口）直接可以对插，连接关系如图 15.2.1 所示。图中圈出来的部分就是连接 TFTLCD 模块的接口，液晶模块直接插上去即可。

在硬件上，TFTLCD 模块与战舰 STM32F103 的 I/O 口对应关系如下：LCD_BL（背光控制）对应 PB0，LCD_CS 对应 PG12 即 FSMC_NE4，LCD_RS 对应 PG0 即 FSMC_A10，LCD_WR 对应 PD5 即 FSMC_NWE，LCD_RD 对应 PD4 即 FSMC_NOE，

LCD_D[15：0]则直接连接在 FSMC_D15～FSMC_D0。战舰 STM32 开发板的内部已经将这些线连接好了,我们只需要将 TFTLCD 模块插上去就好了。实物连接(4.3 寸 TFTLCD 模块)如图 15.2.2 所示。

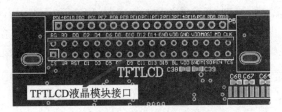

图 15.2.1　TFTLCD 与开发板连接示意图

图 15.2.2　TFTLCD 与开发板连接实物图

15.3　软件设计

打开本书配套资料的 TFTLCD 显示实验工程,可以看到我们添加了两个文件 lcd.c 和头文件 lcd.h。同时,FSMC 相关的库函数分布在 stm32f10x_fsmc.c 文件和头文件 stm32f10x_fsmc.h 中。

Lcd.c 里面代码比较多,这里就不贴出来了,只介绍几个重要的函数。完整版的代码见本书配套资料"4,程序源码→标准例程-V3.5 库函数版本→实验 13 TFTLCD 显示实验的 lcd.c 文件"。

本实验用到 FSMC 驱动 LCD,通过前面的介绍我们知道,TFTLCD 的 RS 接在 FSMC 的 A10 上面,CS 接在 FSMC_NE4 上,并且是 16 位数据总线。即我们使用的是 FSMC 存储器 1 的第 4 区,定义如下 LCD 操作结构体(在 lcd.h 里面定义):

```
//LCD操作结构体
typedef struct
{   vu16 LCD_REG;
    vu16 LCD_RAM;
} LCD_TypeDef;
//使用 NOR/SRAM 的 Bank1.sector4,地址位 HADDR[27,26] = 11 A10 作为数据命令区分线
//注意 16 位数据总线时,STM32 内部地址会右移一位对齐
```

第15章 TFTLCD 显示实验

```
#define LCD_BASE        ((u32)(0x6C000000 | 0x000007FE))
#define LCD             ((LCD_TypeDef *)LCD_BASE)
```

其中，LCD_BASE 必须根据外部电路的连接来确定，使用 Bank1.sector4 就是从地址 0X6C000000 开始，而 0X000007FE 则是 A10 的偏移量。将这个地址强制转换为 LCD_TypeDef 结构体地址，那么可以得到 LCD→LCD_REG 的地址就是 0X6C00 07FE，对应 A10 的状态为 0（即 RS=0），而 LCD→LCD_RAM 的地址就是 0X6C00 0800（结构体地址自增），对应 A10 的状态为 1（即 RS=1）。

所以，有了这个定义，要往 LCD 写命令/数据的时候，可以这样写：

```
LCD->LCD_REG = CMD;        //写命令
LCD->LCD_RAM = DATA;       //写数据
```

而读的时候反过来操作就可以了，如下所示：

```
CMD = LCD->LCD_REG;        //读 LCD 寄存器
DATA = LCD->LCD_RAM;       //读 LCD 数据
```

其中，CS、WR、RD 和 I/O 口方向都是由 FSMC 控制，不需要手动设置了。接下来，先介绍一下 lcd.h 里面的另一个重要结构体：

```
//LCD 重要参数集
typedef struct
{
    u16 width;            //LCD 宽度
    u16 height;           //LCD 高度
    u16 id;               //LCD ID
    u8  dir;              //横屏还是竖屏控制:0,竖屏;1,横屏
    u16 wramcmd;          //开始写 gram 指令
    u16 setxcmd;          //设置 x 坐标指令
    u16 setycmd;          //设置 y 坐标指令
}_lcd_dev;
//LCD 参数
extern _lcd_dev lcddev;   //管理 LCD 重要参数
```

该结构体用于保存一些 LCD 重要参数信息，比如 LCD 的长宽、LCD ID（驱动 IC 型号）、LCD 横竖屏状态等，这个结构体虽然占用了 10 个字节的内存，但是却可以让驱动函数支持不同尺寸的 LCD，同时可以实现 LCD 横竖屏切换等重要功能，所以还是利大于弊的。有了以上了解，下面开始介绍 lcd.c 里面的一些重要函数。

先看 7 个简单但是很重要的函数：

```
//写寄存器函数
//regval:寄存器值
    void LCD_WR_REG(u16 regval)
{
LCD->LCD_REG = regval;//写入要写的寄存器序号
}
//写 LCD 数据
//data:要写入的值
void LCD_WR_DATA(u16 data)
{
    LCD->LCD_RAM = data;
```

```
}
//读 LCD 数据
//返回值:读到的值
u16 LCD_RD_DATA(void)
{
    vu16 ram;            //防止被优化
    ram = LCD->LCD_RAM;
    return ram;
}
//写寄存器
//LCD_Reg:寄存器地址
//LCD_RegValue:要写入的数据
void LCD_WriteReg(u16 LCD_Reg, u16 LCD_RegValue)
{
    LCD->LCD_REG = LCD_Reg;           //写入要写的寄存器序号
    LCD->LCD_RAM = LCD_RegValue;      //写入数据
}
//读寄存器
//LCD_Reg:寄存器地址
//返回值:读到的数据
u16 LCD_ReadReg(u16 LCD_Reg)
{
    LCD_WR_REG(LCD_Reg);              //写入要读的寄存器序号
    delay_us(5);
    return LCD_RD_DATA();             //返回读到的值
}
//开始写 GRAM
void LCD_WriteRAM_Prepare(void)
{
    LCD->LCD_REG = lcddev.wramcmd;
}
//LCD 写 GRAM
//RGB_Code:颜色值
void LCD_WriteRAM(u16 RGB_Code)
{
    LCD->LCD_RAM = RGB_Code;//写十六位 GRAM
}
```

因为 FSMC 自动控制了 WR/RD/CS 等这些信号,所以这 7 个函数实现起来都非常简单。注意,上面有几个函数添加了一些对 MDK-O2 优化的支持,去掉则在-O2 优化的时候会出问题。通过这几个简单函数的组合,就可以对 LCD 进行各种操作了。

第八个要介绍的函数是坐标设置函数,该函数代码如下:

```
//设置光标位置
//Xpos:横坐标;Ypos:纵坐标
void LCD_SetCursor(u16 Xpos, u16 Ypos)
{
    if(lcddev.id==0X9341||lcddev.id==0X5310)
    {
        LCD_WR_REG(lcddev.setxcmd);
        LCD_WR_DATA(Xpos>>8);LCD_WR_DATA(Xpos&0XFF);
```

```
            LCD_WR_REG(lcddev.setycmd);
            LCD_WR_DATA(Ypos>>8);LCD_WR_DATA(Ypos&0XFF);
        }else if(lcddev.id == 0X6804)
        {
            if(lcddev.dir == 1)Xpos = lcddev.width - 1 - Xpos;//横屏时处理
            LCD_WR_REG(lcddev.setxcmd);
            LCD_WR_DATA(Xpos>>8);LCD_WR_DATA(Xpos&0XFF);
            LCD_WR_REG(lcddev.setycmd);
            LCD_WR_DATA(Ypos>>8);LCD_WR_DATA(Ypos&0XFF);
        }else if(lcddev.id == 0X1963)
        {
            if(lcddev.dir == 0)//x坐标需要变换
            {
                Xpos = lcddev.width - 1 - Xpos;
                LCD_WR_REG(lcddev.setxcmd);
                LCD_WR_DATA(0);LCD_WR_DATA(0);
                LCD_WR_DATA(Xpos>>8);LCD_WR_DATA(Xpos&0XFF);
            }else
            {
                LCD_WR_REG(lcddev.setxcmd);
                LCD_WR_DATA(Xpos>>8);LCD_WR_DATA(Xpos&0XFF);
                LCD_WR_DATA((lcddev.width - 1)>>8);
                LCD_WR_DATA((lcddev.width - 1)&0XFF);
            }
            LCD_WR_REG(lcddev.setycmd);
            LCD_WR_DATA(Ypos>>8);LCD_WR_DATA(Ypos&0XFF);
            LCD_WR_DATA((lcddev.height - 1)>>8);LCD_WR_DATA((lcddev.height - 1)&0XFF);
        }else if(lcddev.id == 0X5510)
        {
            LCD_WR_REG(lcddev.setxcmd);LCD_WR_DATA(Xpos>>8);
            LCD_WR_REG(lcddev.setxcmd + 1);LCD_WR_DATA(Xpos&0XFF);
            LCD_WR_REG(lcddev.setycmd);LCD_WR_DATA(Ypos>>8);
            LCD_WR_REG(lcddev.setycmd + 1);LCD_WR_DATA(Ypos&0XFF);
        }else
        {
            if(lcddev.dir == 1)Xpos = lcddev.width - 1 - Xpos;//横屏其实就是调转x,y坐标
            LCD_WriteReg(lcddev.setxcmd,Xpos);
            LCD_WriteReg(lcddev.setycmd,Ypos);
        }
    }
```

该函数非常重要,实现了将 LCD 的当前操作点设置到指定坐标(x,y),有了该函数就可以在液晶上任意作图了。这里面的 lcddev.setxcmd、lcddev.setycmd、lcddev.width、lcddev.height 等指令/参数都是在 LCD_Display_Dir 函数里面初始化的。该函数根据 lcddev.id 的不同执行不同的设置,详细可参考本例程源码。另外,因为 9341/5310/6804/1963/5510 等的设置同其他屏有些不太一样,所以进行了区别对待。

接下来介绍第九个函数:画点函数,实现代码如下:

```
//画点
//x,y:坐标
```

```c
//POINT_COLOR:此点的颜色
void LCD_DrawPoint(u16 x,u16 y)
{
    LCD_SetCursor(x,y);            //设置光标位置
    LCD_WriteRAM_Prepare();        //开始写入GRAM
    LCD->LCD_RAM = POINT_COLOR;
}
```

该函数实现比较简单,就是先设置坐标,然后往坐标写颜色。其中,POINT_COLOR 是我们定义的一个全局变量,用于存放画笔颜色。另外一个全局变量:BACK_COLOR,代表 LCD 的背景色。LCD_DrawPoint 函数虽然简单,但是至关重要,其他几乎所有上层函数都是通过调用这个函数实现的。

有了画点,当然还需要有读点的函数,第九个介绍的函数就是读点函数,用于读取 LCD 的 GRAM。TFTLCD 模块为彩色的,以 16 位色计算,一款 320×240 的液晶需要 320×240×2 字节来存储颜色值,也就是也需要 150 KB,这对任何一款单片机来说,都不是一个小数目了。而且在图形叠加的时候,可以先读回原来的值,然后写入新的值,在完成叠加后又恢复原来的值,这样在做一些简单菜单的时候是很有用的。这里读取 TFTLCD 模块数据的函数为 LCD_ReadPoint,该函数直接返回读到的 GRAM 值。该函数使用之前要先设置读取的 GRAM 地址,通过 LCD_SetCursor 函数来实现。LCD_ReadPoint 的代码如下:

```c
//读取个某点的颜色值
//x,y:坐标
//返回值:此点的颜色
u16 LCD_ReadPoint(u16 x,u16 y)
{
    vu16 r=0,g=0,b=0;
    if(x>=lcddev.width||y>=lcddev.height)return 0;//超过了范围,直接返回
    LCD_SetCursor(x,y);
    if(lcddev.id==0X9341||lcddev.id==0X6804||lcddev.id==0X5310||lcddev.id==0X1963)
    LCD_WR_REG(0X2E);//9341/6804/3510/1963 发送读 GRAM 指令
    else if(lcddev.id==0X5510)LCD_WR_REG(0X2E00);   //5510 发送读 GRAM 指令
    else LCD_WR_REG(0X22);                          //其他 IC 发送读 GRAM 指令
    if(lcddev.id==0X9320)opt_delay(2);              //FOR 9320,延时 2us
    r=LCD_RD_DATA();                                //dummy Read
    if(lcddev.id==0X1963)return r;                  //1963 直接读就可以
    opt_delay(2);
    r=LCD_RD_DATA();                                //实际坐标颜色
    if(lcddev.id==0X9341||lcddev.id==0X5310||lcddev.id==0X5510)//这些 LCD
                                                    //要分 2 次读出
    {
        opt_delay(2);
        b=LCD_RD_DATA();
        g=r&0XFF;//对于 9341/5310/5510,第一次读取的是 RG 值,R 在前,G 在后,各占 8 位
        g<<=8;
    }
    if(lcddev.id==0X9325||lcddev.id==0X4535||lcddev.id==0X4531||lcddev.id==
```

```
0XB505||
        lcddev.id==0XC505)return r;//这几种 IC 直接返回颜色值
        else if(lcddev.id==0X9341||lcddev.id==0X5310||lcddev.id==0X5510)return(((r
            >>11)<<11)|((g>>10)<<5)|(b>>11));
        //ILI9341/NT35310/NT35510 需要公式转换一下
        else return LCD_BGR2RGB(r);//其他 IC
}
```

在 LCD_ReadPoint 函数中,因为我们的代码不止支持一种 LCD 驱动器,所以,根据不同的 LCD 驱动器((lcddev.id)型号,执行不同的操作,以实现对各个驱动器兼容,提高函数的通用性。

第十个要介绍的是字符显示函数 LCD_ShowChar。在介绍该函数之前,我们先来介绍一下字符(ASCII 字符集)是怎么显示在 TFTLCD 模块上去的。要显示字符,先要有字符的点阵数据,ASCII 常用的字符集总共有 95 个,从空格符开始,分别为!"#$%&'()*+,-0123456789:;<=>?@ABCDEFGHIJKLMNOPQRSTUVWXYZ[\]^_`abcdefghijklmnopqrstuvwxyz{|}~。

先要得到这个字符集的点阵数据,这里介绍一个款很好的字符提取软件:PCtoLCD2002 完美版。该软件可以提供各种字符,包括汉字(字体和大小都可以自己设置)阵提取,且取模方式可以设置好几种,常用的取模方式该软件都支持。该软件还支持图形模式,也就是用户可以自己定义图片的大小,然后画图,根据所画的图形再生成点阵数据,这功能在制作图标或图片的时候很有用。

该软件的界面如图 15.3.1 所示。然后选择界面上方的"选项"菜单,则弹出的配置界面设置取模方式如图 15.3.2 所示。图中设置的取模方式在右上角的取模说明里面有,即从第一列开始向下每取 8 个点作为一个字节,如果最后不足 8 个点就补满 8 位。取模顺序是从高到低,即第一个点作为最高位。如 * _____ 取为 10000000。其实就是按如图 15.3.3 所示的这种方式。

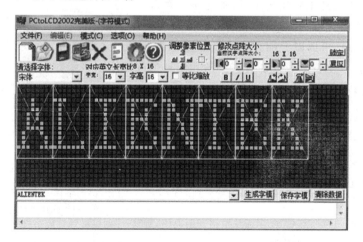

图 15.3.1　PCtoLCD2002 软件界面

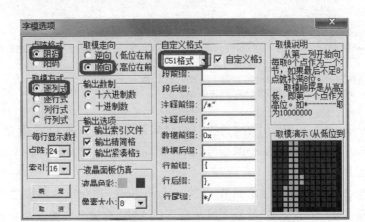

图 15.3.2 设置取模方式

图 15.3.3 取模方式图解

从上到下、从左到右,高位在前。按这样的取模方式把 ASCII 字符集按 12×6 大小、16×8 和 24×12 大小取模出来(对应汉字大小为 12×12、16×16 和 24×24,字符的只有汉字的一半大),保存在 font.h 里面。每个 12×6 的字符占用 12 个字节,每个 16×8 的字符占用 16 个字节,每个 24×12 的字符占用 36 个字节。具体见 font.h 部分代码(该部分不在这里列出来了,可参考本例程源代码)。

知道了字符提取的方法,就很容易编写字符显示函数了,这里介绍的字符显示函数 LCD_ShowChar,可以以叠加方式或者非叠加方式显示。叠加方式显示多用于在显示的图片上再显示字符。非叠加方式一般用于普通的显示。该函数实现代码如下:

```
//在指定位置显示一个字符
//x,y:起始坐标;num:要显示的字符;""-- ->"~"
//size:字体大小 12/16/24;mode:叠加方式(1)还是非叠加方式(0)
void LCD_ShowChar(u16 x,u16 y,u8 num,u8 size,u8 mode)
{
    u8 temp,t1,t;
    u16 y0 = y;
    u8 csize = (size/8 + ((size%8)? 1:0)) * (size/2);//得到字体一个字符对应点阵集
                                                     //所占的字节数
    num = num - ' ';//ASCII 字库从空格开始取模,所以 - ' '即可得到对应字符的字库(点阵)
    for(t = 0;t<csize;t ++)
    {
        if(size == 12)temp = asc2_1206[num][t];         //调用 1206 字体
        else if(size == 16)temp = asc2_1608[num][t];    //调用 1608 字体
```

```c
        else if(size==24)temp=asc2_2412[num][t];    //调用 2412 字体
        else return;                                //没有的字库
        for(t1=0;t1<8;t1++)
        {
            if(temp&0x80)LCD_Fast_DrawPoint(x,y,POINT_COLOR);
            else if(mode==0)LCD_Fast_DrawPoint(x,y,BACK_COLOR);
            temp<<=1;
            y++;
            if(y>=lcddev.height)return;             //超区域了
            if((y-y0)==size)
            {
                y=y0; x++;
                if(x>=lcddev.width)return;//超区域了
                break;
            }
        }
    }
}
```

LCD_ShowChar 函数里面采用快速画点函数 LCD_Fast_DrawPoint 来画点显示字符,该函数同 LCD_DrawPoint 一样,只是带了颜色参数,且减少了函数调用的时间,详见本例程源码。该代码中用到了 3 个字符集点阵数据数组 asc2_2412、asc2_1206 和 asc2_1608,这几个字符集的点阵数据的提取方式同 17 章介绍的提取方法是一模一样的。

最后,我们再介绍一下 TFTLCD 模块的初始化函数 LCD_Init。该函数先初始化 STM32 与 TFTLCD 连接的 I/O 口,并配置 FSMC 控制器,然后读取 LCD 控制器的型号,根据控制 IC 的型号执行不同的初始化代码,其简化代码如下:

```c
//初始化 lcd
//该初始化函数可以初始化各种 ILI93XX 液晶,但其他函数是基于 ILI9320 的
//在其他型号的驱动芯片上没有测试
void LCD_Init(void)
{
    GPIO_InitTypeDef GPIO_InitStructure;
    FSMC_NORSRAMInitTypeDef  FSMC_NSInitStructure;
    FSMC_NORSRAMTimingInitTypeDef  readWriteTiming;
    FSMC_NORSRAMTimingInitTypeDef  writeTiming;
    RCC_AHBPeriphClockCmd(RCC_AHBPeriph_FSMC,ENABLE);//使能 FSMC 时钟
    RCC_APB2PeriphClockCmd(RCC_APB2Periph_GPIOB|RCC_APB2Periph_GPIOD|
    RCC_APB2Periph_GPIOE|RCC_APB2Periph_GPIOG|
    RCC_APB2Periph_AFIO,ENABLE);   //①使能 GPIO 以及 AFIO 复用功能时钟
    GPIO_InitStructure.GPIO_Pin = GPIO_Pin_0;      //PB0 推挽输出背光
    GPIO_InitStructure.GPIO_Mode = GPIO_Mode_Out_PP; //推挽输出
    GPIO_InitStructure.GPIO_Speed = GPIO_Speed_50MHz;
    GPIO_Init(GPIOB,&GPIO_InitStructure);          //②初始化 PB0
    //PORTD 复用推挽输出
    GPIO_InitStructure.GPIO_Pin = GPIO_Pin_0|GPIO_Pin_1|GPIO_Pin_4|GPIO_Pin_5|
    GPIO_Pin_8|GPIO_Pin_9|GPIO_Pin_10|GPIO_Pin_14|GPIO_Pin_15;
    GPIO_InitStructure.GPIO_Mode = GPIO_Mode_AF_PP;  //复用推挽输出
    GPIO_InitStructure.GPIO_Speed = GPIO_Speed_50MHz;
```

```c
    GPIO_Init(GPIOD,&GPIO_InitStructure);            //②初始化 PORTD
//PORTE 复用推挽输出
    GPIO_InitStructure.GPIO_Pin = GPIO_Pin_7|GPIO_Pin_8|GPIO_Pin_9|GPIO_Pin_10|
    GPIO_Pin_11|GPIO_Pin_12|GPIO_Pin_13|GPIO_Pin_14|GPIO_Pin_15;
    GPIO_InitStructure.GPIO_Mode = GPIO_Mode_AF_PP;   //复用推挽输出
    GPIO_InitStructure.GPIO_Speed = GPIO_Speed_50MHz;
    GPIO_Init(GPIOE,&GPIO_InitStructure);            //②初始化 PORTE
//PORTG12 复用推挽输出 A0
    GPIO_InitStructure.GPIO_Pin = GPIO_Pin_0|GPIO_Pin_12;     //PORTD 复用推挽输出
    GPIO_InitStructure.GPIO_Mode = GPIO_Mode_AF_PP;   //复用推挽输出
    GPIO_InitStructure.GPIO_Speed = GPIO_Speed_50MHz;
    GPIO_Init(GPIOG,&GPIO_InitStructure);            //②初始化 PORTG
    readWriteTiming.FSMC_AddressSetupTime = 0x01;    //地址建立时间 2 个 HCLK 1
    readWriteTiming.FSMC_AddressHoldTime = 0x00;     //地址保持时间模式 A 未用到
    readWriteTiming.FSMC_DataSetupTime = 0x0f;       //数据保存时间为 16 个 HCLK
    readWriteTiming.FSMC_BusTurnAroundDuration = 0x00;
    readWriteTiming.FSMC_CLKDivision = 0x00;
    readWriteTiming.FSMC_DataLatency = 0x00;
    readWriteTiming.FSMC_AccessMode = FSMC_AccessMode_A;   //模式 A
    writeTiming.FSMC_AddressSetupTime = 0x00;        //地址建立时间为 1 个 HCLK
    writeTiming.FSMC_AddressHoldTime = 0x00;         //地址保持时间(A
    writeTiming.FSMC_DataSetupTime = 0x03;//数据保存时间为 4 个 HCLK
    writeTiming.FSMC_BusTurnAroundDuration = 0x00;
    writeTiming.FSMC_CLKDivision = 0x00;
    writeTiming.FSMC_DataLatency = 0x00;
    writeTiming.FSMC_AccessMode = FSMC_AccessMode_A; //模式 A
    FSMC_NSInitStructure.FSMC_Bank = FSMC_Bank1_NORSRAM4;    //这里我们使
                                                     //用 NE4,也就对应 BTCR[6],[7]
    FSMC_NSInitStructure.FSMC_DataAddressMux = FSMC_DataAddressMux_Disable;
                                                     //不复用数据地址
    FSMC_NSInitStructure.FSMC_MemoryType = FSMC_MemoryType_SRAM;//SRAM
    FSMC_NSInitStructure.FSMC_MemoryDataWidth = FSMC_MemoryDataWidth_16b;
                                                     //存储器数据宽度为 16 bit
    FSMC_NSInitStructure.FSMC_BurstAccessMode = FSMC_BurstAccessMode_Disable;
    FSMC_NSInitStructure.FSMC_WaitSignalPolarity = FSMC_WaitSignalPolarity_Low;
    FSMC_NSInitStructure.FSMC_AsynchronousWait = FSMC_AsynchronousWait_Disable;
    FSMC_NSInitStructure.FSMC_WrapMode = FSMC_WrapMode_Disable;
    FSMC_NSInitStructure.FSMC_WaitSignalActive = FSMC_WaitSignalActive_BeforeWaitState;
    FSMC_NSInitStructure.FSMC_WriteOperation = FSMC_WriteOperation_Enable;
                                                     //存储器写使能
    FSMC_NSInitStructure.FSMC_WaitSignal = FSMC_WaitSignal_Disable;
    FSMC_NSInitStructure.FSMC_ExtendedMode = FSMC_ExtendedMode_Enable;
//读写使用不同的时序
    FSMC_NSInitStructure.FSMC_WriteBurst = FSMC_WriteBurst_Disable;
    FSMC_NSInitStructure.FSMC_ReadWriteTimingStruct = &readWriteTiming;
    FSMC_NSInitStructure.FSMC_WriteTimingStruct = &writeTiming;   //写时序
    FSMC_NORSRAMInit(&FSMC_NSInitStructure);         //③初始化 FSMC 配置
    FSMC_NORSRAMCmd(FSMC_Bank1_NORSRAM4,ENABLE);     //④使能 BANK1
    delay_ms(50);               //delay 50 ms
    lcddev.id = LCD_ReadReg(0x0000);      //读 ID(9320/9325/9328/4531/4535 等 IC)
    if(lcddev.id<0XFF||lcddev.id == 0XFFFF||lcddev.id == 0X9300)
```

第15章 TFTLCD 显示实验

```
//ID 不正确,新增 0X9300 判断,因为 9341 在未被复位的情况下会被读成 9300
{
    //尝试 9341 ID 的读取
    LCD_WR_REG(0XD3);
    lcddev.id = LCD_RD_DATA();              //dummy read
    lcddev.id = LCD_RD_DATA();              //读到 0X00
    lcddev.id = LCD_RD_DATA();              //读取 93
    lcddev.id<<= 8;
    lcddev.id|= LCD_RD_DATA();              //读取 41
    if(lcddev.id!= 0X9341)                  //非 9341,尝试是不是 6804
    {
        LCD_WR_REG(0XBF);
        lcddev.id = LCD_RD_DATA();          //dummy read
        lcddev.id = LCD_RD_DATA();          //读回 0X01
        lcddev.id = LCD_RD_DATA();          //读回 0XD0
        lcddev.id = LCD_RD_DATA();          //这里读回 0X68
        lcddev.id<<= 8;
        lcddev.id|= LCD_RD_DATA();          //这里读回 0X04
        if(lcddev.id!= 0X6804)              //也不是 6804,尝试看看是不是 NT35310
        {
            LCD_WR_REG(0XD4);
            lcddev.id = LCD_RD_DATA();      //dummy read
            lcddev.id = LCD_RD_DATA();      //读回 0X01
            lcddev.id = LCD_RD_DATA();      //读回 0X53
            lcddev.id<<= 8;
            lcddev.id|= LCD_RD_DATA();      //这里读回 0X10
            if(lcddev.id!= 0X5310)          //也不是 NT35310,尝试看看是不是 NT35510
            {
                LCD_WR_REG(0XDA00);
                lcddev.id = LCD_RD_DATA();  //读回 0X00
                LCD_WR_REG(0XDB00);
                lcddev.id = LCD_RD_DATA();  //读回 0X80
                lcddev.id<<= 8;
                LCD_WR_REG(0XDC00);
                lcddev.id|= LCD_RD_DATA();  //读回 0X00
                if(lcddev.id == 0x8000)lcddev.id = 0x5510;
                //NT35510 读回的 ID 是 8000H,为方便区分,我们强制设置为 5510
                if(lcddev.id!= 0X5510)//也不是 NT5510,尝试看看是不是 SSD1963
                {
                    LCD_WR_REG(0XA1);
                    lcddev.id = LCD_RD_DATA();
                    lcddev.id = LCD_RD_DATA();//读回 0X57
                    lcddev.id<<= 8;
                    lcddev.id|= LCD_RD_DATA();//读回 0X61
                    if(lcddev.id == 0X5761)lcddev.id = 0X1963;//SSD1963 读回的 ID 是
                    //5761H,为方便区分,我们强制设置为 1963
                }
            }
        }
    }
}
```

```
    printf(" LCD ID:%x\r\n",lcddev.id); //打印 LCD ID
    if(lcddev.id==0X9341)//9341 初始化
    {
        ……//9341 初始化代码
    }else if(lcddev.id==0xXXXX)                    //其他 LCD 初始化代码
    {
        ……//其他 LCD 驱动 IC,初始化代码
    }
    LCD_Display_Dir(0);                            //默认为竖屏显示
    LCD_LED=1;                                     //点亮背光
    LCD_Clear(WHITE);
}
```

从初始化代码可以看出,LCD 初始化步骤为①~⑤在代码中标注:

① GPIO,FSMC,AFIO 时钟使能。
② GPIO 初始化:GPIO_Init()函数。
③ FSMC 初始化:FSMC_NORSRAMInit()函数。
④ FSMC 使能:FSMC_NORSRAMCmd()函数。
⑤ 同的 LCD 驱动器的初始化代码。

该函数先对 FSMC 相关 I/O 进行初始化,然后是 FSMC 的初始化,最后根据读到的 LCD ID 对不同的驱动器执行不同的初始化代码。从上面的代码可以看出,这个初始化函数可以针对十多款不同的驱动 IC 执行初始化操作,大大提高了整个程序的通用性。以后的学习中应该多使用这样的方式,以提高程序的通用性、兼容性。

特别注意:本函数使用了 printf 来打印 LCD ID,所以,如果在主函数里面没有初始化串口,那么将导致程序死在 printf 里面! 如果不想用 printf,那么须注释掉它。

可以打开 lcd.h 和 lcd.c 文件看里面的代码,从而了解各个函数功能。main.c 内容如下:

```
int main(void)
{
    u8 x=0;
    u8 lcd_id[12];                                 //存放 LCD ID 字符串
    delay_init();                                  //延时函数初始化
    NVIC_PriorityGroupConfig(NVIC_PriorityGroup_2);//设置 NVIC 中断分组 2
    uart_init(115200);                             //串口初始化波特率为 115200
    LED_Init();                                    //LED 端口初始化
    LCD_Init();
    POINT_COLOR=RED;
    sprintf((char*)lcd_id,"LCD ID:%04X",lcddev.id);//将 LCD ID 打印到 lcd_id 数组
    while(1)
    {
        switch(x)
        {
            case 0:LCD_Clear(WHITE);break;
            case 1:LCD_Clear(BLACK);break;
            …省略部分定义
            case 10:LCD_Clear(LGRAY);break;
```

```
            case 11:LCD_Clear(BROWN);break;
        }
        POINT_COLOR = RED;
        LCD_ShowString(30,40,210,24,24,"WarShip STM32 ^_^");
        LCD_ShowString(30,70,200,16,16,"TFTLCD TEST");
        LCD_ShowString(30,90,200,16,16,"ATOM@ALIENTEK");
        LCD_ShowString(30,110,200,16,16,lcd_id);       //显示 LCD ID
        LCD_ShowString(30,130,200,12,12,"2014/5/4");
        x++;
        if(x==12)x=0;
        LED0 = ! LED0;
        delay_ms(1000);
    }
}
```

该部分代码将显示一些固定的字符,字体大小包括 24×12、16×8 和 12×6 这 3 种,同时显示 LCD 驱动 IC 的型号,然后不停地切换背景颜色,每 1 s 切换一次。而 LED0 也会不停地闪烁,指示程序已经在运行了。其中用到一个 sprintf 的函数,该函数用法同 printf,只是 sprintf 把打印内容输出到指定的内存区间上。

编译通过之后开始下载验证代码。

15.4 下载验证

将程序下载到战舰 STM32 后,可以看到 DS0 不停地闪烁,提示程序已经在运行了。同时可以看到 TFTLCD 模块的显示如图 15.4.1 所示。可以看到,屏幕的背景是不停切换的,同时 DS0 不停地闪烁,证明我们的代码被正确执行了,达到了预期目的,实现了 TFTLCD 的驱动以及字符的显示。另外,本例程除了不支持 CPLD 方案的 7 寸屏模块,其余所有的 ALIENTEK TFTLCD 模块都可以支持,直接插上去即可使用。

图 15.4.1 TFTLCD 显示效果图

第 16 章

USMART 调试组件实验

本章将介绍一个十分重要的辅助调试工具：USMART 调试组件。该组件由 ALIENTEK 开发提供，功能类似 Linux 的 shell(RTT 的 finsh 也属于此类)，最主要的功能就是通过串口调用单片机里面的函数并执行，对调试代码是很有帮助的。

16.1 USMART 调试组件简介

USMART 是由 ALIENTEK 开发的一个灵巧的串口调试互交组件，使用它可以通过串口助手调用程序里面的任何函数并执行。因此，可以随意更改函数的输入参数（支持数字(10/16 进制)、字符串、函数入口地址等作为参数），单个函数最多支持 10 个输入参数，并支持函数返回值显示，目前最新版本为 V3.1。

USMART 的特点如下：
- 可以调用绝大部分用户直接编写的函数。
- 资源占用极少(最少情况:Flash:4 KB;SRAM:72 字节)。
- 支持参数类型多(数字(包含 10/16 进制)、字符串、函数指针等)。
- 支持函数返回值显示。
- 支持参数及返回值格式设置。
- 支持函数执行时间计算(V3.1 版本新特性)。
- 使用方便。

有了 USMART,就可以轻易地修改函数参数、查看函数运行结果，从而快速解决问题。比如调试一个摄像头模块，需要修改其中的几个参数来得到最佳的效果，普通的做法：写函数→修改参数→下载→看结果→不满意→修改参数→下载→看结果→不满意…不停地循环，直到满意为止。这样做很麻烦，而且会损耗单片机。而利用 USMART,则只需要在串口调试助手里面输入函数及参数，然后直接串口发送给单片机，就执行了一次参数调整。不满意的话，则在串口调试助手修改参数再发送就可以了，直到满意为止。这样，修改参数十分方便，不需要编译、不需要下载、不会让单片机"折寿"。

USMART 支持的参数类型基本满足任何调试了，支持的类型有 10 或者 16 进制数字、字符串指针(如果该参数是用作参数返回，可能会有问题)、函数指针等。因此，绝大部分函数可以直接被 USMART 调用；对于不能直接调用的，则只需要重写一个函

第 16 章　USMART 调试组件实验

数,把影响调用的参数去掉即可,这个重写后的函数即可以被 USMART 调用了。

USMART 的实现流程简单概括就是:第一步,添加需要调用的函数(在 usmart_config.c 里面的 usmart_nametab 数组里面添加);第二步,初始化串口;第三步,初始化 USMART(通过 usmart_init 函数实现);第四步,轮询 usmart_scan 函数,处理串口数据。

接下来简单介绍 USMART 组件的移植。

USMART 组件总共包含 6 个文件,如图 16.1.1 所示。其中,redeme.txt 是一个说明文件,不参与编译。其他 5 个文件中,usmart.c 负责与外部互交等,usmat_str.c 主要负责命令和参数解析,usmart_config.c 主要由用户添加需要由 USMART 管理的函数。

图 16.1.1　USMART 组件代码

usmart.h 和 usmart_str.h 是两个头文件,其中,usmart.h 里面含有几个用户配置宏定义,可以用来配置 usmart 的功能及总参数长度(直接和 SRAM 占用挂钩)、是否使能定时器扫描、是否使用读/写函数等。

USMART 的移植只需要实现 5 个函数。其中,4 个函数都在 usmart.c 里面,另外一个是串口接收函数,必须有由用户自己实现,用于接收串口发送过来的数据。

第一个函数,串口接收函数。该函数是通过 SYSTEM 文件夹默认的串口接收来实现的。SYSTEM 文件夹里面的串口接收函数最大可以一次接收 200 字节,用于从串口接收函数名和参数等。如果在其他平台移植,则可参考 SYSTEM 文件夹串口接收的实现方式进行移植。

第二个是 void usmart_init(void)函数,该函数的实现代码如下:

```
//初始化串口控制器
//sysclk:系统时钟(Mhz)
void usmart_init(u8 sysclk)
{
#if USMART_ENTIMX_SCAN==1
    Timer4_Init(1000,(u32)sysclk*100-1);　//分频,时钟为 10 kHz,100 ms 中断一次
                        //注意,计数频率必须为 10 kHz,以和 runtime 单位(0.1ms)同步
#endif
    usmart_dev.sptype=1;　　//十六进制显示参数
}
```

该函数有一个参数 sysclk,用于定时器初始化。这里需要说明一下,为了让我们的

库函数和寄存器实现函数一致，这里不直接通过 SystemCoreClock 来获取系统时钟，直接通过在外面设置的方式（当然也可以去掉 sysclk 这个参数），这样函数体里面的 Timer4_Init 函数就可修改为 Timer4_Init(1000,(u32) SystemCoreClock/10000−1)。另外，USMART_ENTIMX_SCAN 是在 usmart.h 里面定义的一个是否使能定时器中断扫描的宏定义。如果为 1，就通过定时器初始化函数 Timer4_Init 初始化定时器 4 中断，每 100 ms 中断一次，并在中断服务程序 TIM4_IRQHandler 里面调用 usmart_scan 函数进行扫描，这里就不列出代码，因为之前的实验对这方面讲解较多。如果为 0，那么需要用户间隔一定时间（100 ms 左右为宜）调用一次 usmart_scan 函数，以实现串口数据处理。注意：如果要使用函数执行时间统计功能（runtime 1），则必须设置 USMART_ENTIMX_SCAN 为 1。另外，为了让统计时间精确到 0.1 ms，定时器的计数时钟频率必须设置为 10 kHz，否则时间就不是 0.1 ms 了。

第三和第四个函数仅用于服务 USMART 的函数执行时间统计功能（串口指令：runtime 1），分别是：usmart_reset_runtime 和 usmart_get_runtime，这两个函数代码如下：

```
//复位 runtime
//需要根据所移植到的 MCU 的定时器参数进行修改
void usmart_reset_runtime(void)
{
    TIM_ClearFlag(TIM4,TIM_FLAG_Update);        //清除中断标志位
    TIM_SetAutoreload(TIM4,0XFFFF);             //将重装载值设置到最大
    TIM_SetCounter(TIM4,0);                     //清空定时器的 CNT
    usmart_dev.runtime=0;}
//获得 runtime 时间
//返回值:执行时间,单位:0.1ms,最大延时时间为定时器 CNT 值的 2 倍 * 0.1ms
//需要根据所移植到的 MCU 的定时器参数进行修改
u32 usmart_get_runtime(void)
{
    if(TIM_GetFlagStatus(TIM4,TIM_FLAG_Update)==SET)//在运行期间产生定时器溢出
    {
        usmart_dev.runtime+=0XFFFF;
    }
    usmart_dev.runtime+=TIM_GetCounter(TIM4);
    return usmart_dev.runtime;//返回计数值
}
```

这里还是利用定时器 4 来做执行时间计算，usmart_reset_runtime 函数在每次 USMART 调用函数之前执行清除计数器，然后在函数执行完之后调用 usmart_get_runtime 获取整个函数的运行时间。由于 usmart 调用的函数都是在中断里面执行的，所以不方便再用定时器的中断功能来实现定时器溢出统计，因此，USMART 的函数执行时间统计功能最多可以统计定时器溢出一次的时间。对 STM32 来说，定时器是 16 位的，最大计数是 65 535，而由于我们定时器设置的是 0.1 ms 一个计时周期（10 kHz），所以最长计时时间是 65 535×2×0.1 ms=13.1 s。也就是说，如果函数执行时间超过 13.1 s，那么计时将不准确。

最后一个是 usmart_scan 函数，用于执行 usmart 扫描。该函数需要得到两个参

第 16 章 USMART 调试组件实验

量,第一个是从串口接收到的数组(USART_RX_BUF),第二个是串口接收状态(USART_RX_STA)。接收状态包括接收到的数组大小以及接收是否完成。该函数代码如下:

```c
//usmart 扫描函数
//通过调用该函数,实现 usmart 的各个控制.该函数需要每隔一定时间被调用一次
//以及时执行从串口发过来的各个函数
//本函数可以在中断里面调用,从而实现自动管理
//如果非 ALIENTEK 用户,则 USART_RX_STA 和 USART_RX_BUF[]需要用户自己实现
void usmart_scan(void)
{
    u8 sta,len;
    if(USART_RX_STA&0x8000)       //串口接收完成了吗
    {
        len = USART_RX_STA&0x3fff;      //得到此次接收到的数据长度
        USART_RX_BUF[len] = '\0';       //在末尾加入结束符
        sta = usmart_dev.cmd_rec(USART_RX_BUF);   //得到函数各个信息
        if(sta == 0)usmart_dev.exe();   //执行函数
        else
        {
            len = usmart_sys_cmd_exe(USART_RX_BUF);
            if(len! = USMART_FUNCERR)sta = len;
            if(sta)
            {
                switch(sta)
                {
                    case USMART_FUNCERR:
                        printf("函数错误! \r\n");
                        break;
                    case USMART_PARMERR:
                        printf("参数错误! \r\n");
                        break;
                    case USMART_PARMOVER:
                        printf("参数太多! \r\n");
                        break;
                    case USMART_NOFUNCFIND:
                        printf("未找到匹配的函数! \r\n");
                        break;
                }
            }
        }
        USART_RX_STA = 0;//状态寄存器清空
    }
}
```

该函数的执行过程:先判断串口接收是否完成(USART_RX_STA 的最高位是否为1),如果完成,则取得串口接收到的数据长度(USART_RX_STA 的低 14 位),并在末尾增加结束符,再执行解析,解析完之后清空接收标记(USART_RX_STA 置零)。如果没执行完,则直接跳过,不进行任何处理。

完成这几个函数的移植,就可以使用 USMART 了。注意,USMART 同外部的互

•219•

交一般是通过 usmart_dev 结构体实现的,所以 usmart_init 和 usmart_scan 的调用分别是通过 usmart_dev.init 和 usmart_dev.scan 实现的。

下面将在第 15 章实验的基础上移植 USMART,并通过 USMART 调用一些 TFTLCD 的内部函数。

16.2 硬件设计

本实验用到的硬件资源有指示灯 DS0 和 DS1、串口、TFTLCD 模块。这 3 个硬件在前面章节均有介绍,本章不再介绍。

16.3 软件设计

这里在第 15 章实验的基础上通过添加文件的方式讲解 USMART 的引入,也可以直接打开本书配套资料的实例工程。打开第 15 章的工程,复制 USMART 文件夹(该文件夹可以在本书配套资料的本章实验例程里面找到)到本工程文件夹下面,如图 16.3.1 所示。

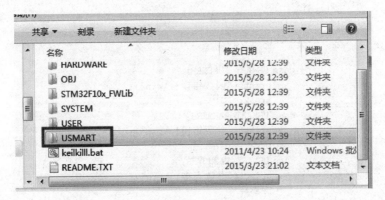

图 16.3.1　复制 USMART 文件夹到工程文件夹下

接着,打开工程,并新建 USMART 组,添加 USMART 组件代码,同时把 USMART 文件夹添加到头文件包含路径,在主函数里面加入 include "usmart.h" 如图 16.3.2 所示。

由于 USMART 默认提供了 STM32 的 TIM4 中断初始化设置代码,我们只需要在 usmart.h 里面设置 USMART_ENTIMX_SCAN 为 1 即可完成 TIM4 的设置。通过 TIM4 的中断服务函数调用 usmart_dev.scan()(就是 usmart_scan 函数),从而实现 usmart 的扫描。此部分代码可参考 usmart.c。

此时就可以使用 USMART 了,不过在主程序里面还得执行 USMART 的初始化,另外还需要针对想要被 USMART 调用的函数在 usmart_config.c 里面进行添加。下面先介绍如何添加自己想要被 USMART 调用的函数。打开 usmart_config.c,

第 16 章 USMART 调试组件实验

图 16.3.2 添加 USMART 组件代码

如图 16.3.3 所示。

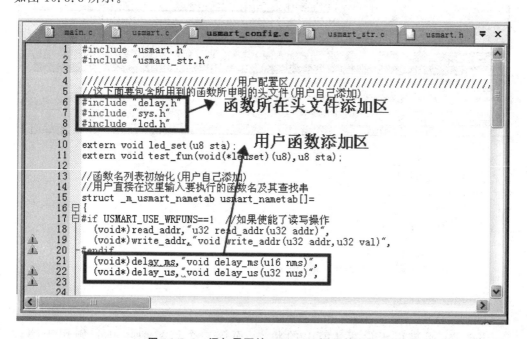

图 16.3.3 添加需要被 USMART 调用的函数

这里的添加函数很简单,只要把函数所在头文件添加进来,并把函数名按图16.3.3所示的方式增加即可,默认添加了两个函数:delay_ms 和 delay_us。另外,read_addr 和 write_addr 属于 USMART 自带的函数,用于读/写指定地址的数据,通过配置 USMART_USE_WRFUNS 可以使能或者禁止这两个函数。

这里根据自己的需要按图16.3.3的格式添加其他函数,添加完之后如图16.3.4所示。图中添加了 lcd.h,并添加了很多 LCD 函数,最后还添加了 led_set 和 test_fun 两个函数,这两个函数在 main.c 里面实现代码如下:

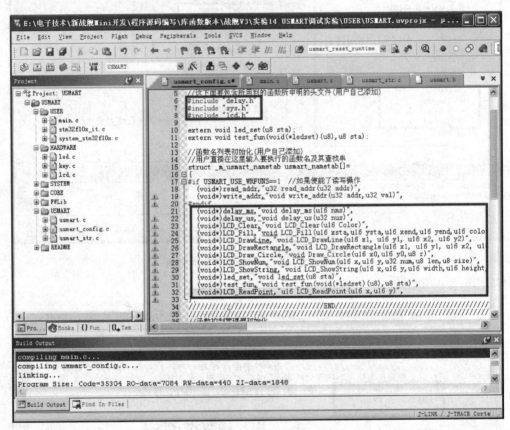

图 16.3.4　添加函数后

```
//LED 状态设置函数
void led_set(u8 sta)
{
    LED1 = sta;
}
//函数参数调用测试函数
void test_fun(void( * ledset)(u8),u8 sta)
{
    ledset(sta);
}
```

led_set 函数用于设置 LED1 的状态,而第二个函数 test_fun 则用于测试

第 16 章 USMART 调试组件实验

USMART 对函数参数的支持,test_fun 的第一个参数是函数,在 USMART 里面也是可以被调用的。

在添加完函数之后,我们修改 main 函数,如下:

```
int main(void)
{
    delay_init();           //延时函数初始化
    NVIC_PriorityGroupConfig(NVIC_PriorityGroup_2);  //设置 NVIC 中断分组 2
    uart_init(115200);      //串口初始化波特率为 115200
    LED_Init();             //LED 端口初始化
    LCD_Init();
    usmart_dev.init(SystemCoreClock/1000000);//初始化 USMART
    POINT_COLOR = RED;
    LCD_ShowString(30,50,200,16,16,"WarShip STM32 ^_^");
    LCD_ShowString(30,70,200,16,16,"USMART TEST");
    LCD_ShowString(30,90,200,16,16,"ATOM@ALIENTEK");
    LCD_ShowString(30,110,200,16,16,"2015/1/14");
    while(1)
    {
        LED0 = ! LED0;
        delay_ms(500);
    }
}
```

此代码显示简单的信息后就是在死循环等待串口数据。至此,整个 USMART 的移植就完成了。编译成功后就可以下载程序到开发板,开始 USMART 的体验。

16.4 下载验证

将程序下载到战舰 STM32 后,可以看到 DS0 不停地闪烁,提示程序已经在运行了。同时,屏幕上显示了一些字符(就是主函数里面要显示的字符)。

打开串口调试助手 XCOM,选择正确的串口号,单击"多条发送",并选中"发送新行"(即发送回车键)选项,然后发送 list 指令即可打印所有 USMART 可调用函数,如图 16.4.1 所示。

图中 list、id、?、help、hex、dec 和 runtime 都属于 USMART 自带的系统命令,单击后方的数字按钮即可发送对应的指令。下面简单介绍下这几个命令:

list,该命令用于打印所有 USMART 可调用函数。发送该命令后,串口将收到所有能被 USMART 调用得到函数,如图 16.4.1 所示。

id,该指令用于获取各个函数的入口地址。比如前面写的 test_fun 函数就有一个函数参数,我们需要先通过 id 指令获取 led_set 函数的 id(即入口地址),然后将这个 id 作为函数参数,传递给 test_fun。

help(或者'?'也可以),发送该指令后,串口将打印 USMART 使用的帮助信息。

hex 和 dec,这两个指令可以带参数,也可以不带参数。当不带参数的时候,hex 和 dec 分别用于设置串口显示数据格式为 16 进制/10 进制。当带参数的时候,hex 和 dec

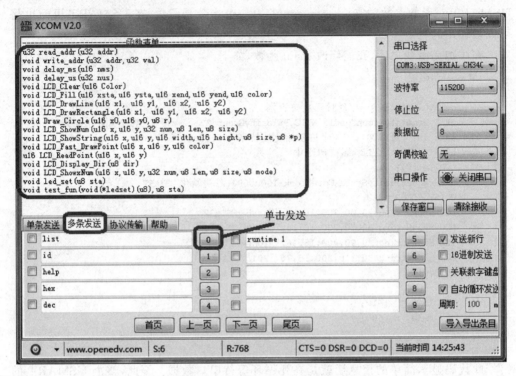

图 16.4.1 驱动串口调试助手

就执行进制转换,比如输入 hex 1234,串口将打印 HEX:0X4D2,也就是将 1234 转换为 16 进制打印出来。又比如输入 dec 0X1234,串口将打印 DEC:4660,就是将 0X1234 转换为 10 进制打印出来。

runtime 指令,用于函数执行时间统计功能的开启和关闭,发送 runtime 1 可以开启函数执行时间统计功能;发送 runtime 0 可以关闭函数执行时间统计功能。函数执行时间统计功能,默认是关闭的。

注意,所有的指令都是大小写敏感的,不要写错。

接下来将介绍如何调用 list 打印的这些函数,先来看一个简单的 delay_ms 的调用,我们分别输入 delay_ms(1000) 和 delay_ms(0x3E8),如图 16.4.2 所示。可以看出,delay_ms(1000) 和 delay_ms(0x3E8) 的调用结果是一样的,都是延时 1 000 ms,因为 USMART 默认设置的是 hex 显示,所以看到串口打印的参数都是 16 进制格式的,可以通过发送 dec 指令切换为十进制显示。另外,由于 USMART 对调用函数的参数大小写不敏感,所以参数写成 0X3E8 或者 0x3e8 都是正确的。另外,发送 runtime 1 开启运行时间统计功能,从测试结果看,USMART 的函数运行时间统计功能是相当准确的。

再看另外一个函数,LCD_ShowString 函数,用于显示字符串,我们通过串口输入:LCD_ShowString(20,200,200,100,16,"This is a test for usmart!!"),如图 16.4.3 所示。该函数用于在指定区域显示指定字符串,发送给开发板后就可以看到 LCD 在指定的地方显示了"This is a test for usmart!!"字符串。

第 16 章　USMART 调试组件实验

图 16.4.2　串口调用 delay_ms 函数

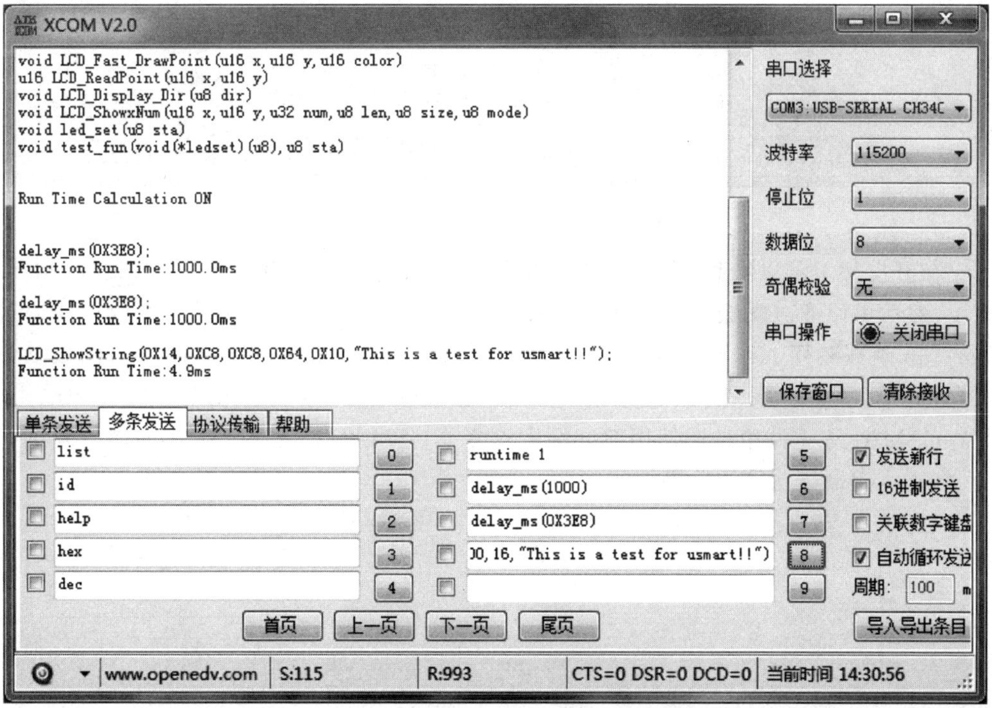

图 16.4.3　串口调用 LCD_ShowString 函数

其他函数的调用也都是一样的方法,这里就不多介绍了,最后说一下带有函数参数的函数的调用。将 led_set 函数作为 test_fun 的参数,通过在 test_fun 里面调用 led_set 函数实现对 DS1(LED1)的控制。前面说过,要调用带有函数参数的函数,就必须先得到函数参数的入口地址(id),通过输入 id 指令可以得到 led_set 的函数入口地址是 0X0800022D(注意:这个地址要以实际串口输出结果为准),所以,在串口输入 test_fun (0X0800022D,0)就可以控制 DS1 亮了,如图 16.4.4 所示。

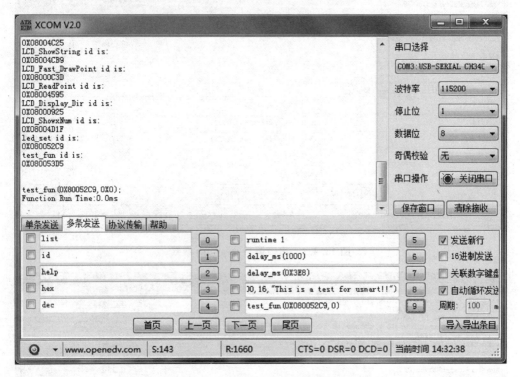

图 16.4.4　串口调用 test_fun 函数

在开发板上可以看到,收到串口发送的 test_fun(0X080052C9,0)后,开发板的 DS1 亮了,然后可以通过发送 test_fun(0X080052C9,1)来关闭 DS1。说明我们成功地通过 test_fun 函数调用 led_set,实现了对 DS1 的控制,也就验证了 USMART 对函数参数的支持。

USMART 调试组件的使用就介绍到这里。USMART 是一个非常不错的调试组件,可以达到事半功倍的效果。

第 17 章

RTC 实时时钟实验

本章将利用 ALIENTEK 2.8 寸 TFTLCD 模块来显示日期和时间,实现一个简单的时钟。另外也介绍了 BKP 的使用。

17.1 STM32F1 RTC 时钟简介

STM32 的实时时钟(RTC)是一个独立的定时器,拥有一组连续计数的计数器,在相应软件配置下可提供时钟日历的功能。修改计数器的值可以重新设置系统当前的时间和日期。

RTC 模块和时钟配置系统(RCC_BDCR 寄存器)是在后备区域,即在系统复位或从待机模式唤醒后 RTC 的设置和时间维持不变。但是在系统复位后,将自动禁止访问后备寄存器和 RTC,以防止对后备区域(BKP)的意外写操作。所以在设置时间之前,先要取消备份区域(BKP)写保护。

RTC 的简化框图,如图 17.1.1 所示。RTC 由两个主要部分组成,第一部分(APB1 接口)用来和 APB1 总线相连。此单元还包含一组 16 位寄存器,可通过 APB1 总线对其进行读/写操作。APB1 接口由 APB1 总线时钟驱动,用来与 APB1 总线连接。

另一部分(RTC 核心)由一组可编程计数器组成,分成两个主要模块。第一个模块是 RTC 的预分频模块,可编程产生 1 s 的 RTC 时间基准 TR_CLK。RTC 的预分频模块包含了一个 20 位的可编程分频器(RTC 预分频器)。如果在 RTC_CR 寄存器中设置了相应的允许位,则在每个 TR_CLK 周期中 RTC 产生一个中断(秒中断)。第二个模块是一个 32 位的可编程计数器,可被初始化为当前的系统时间,一个 32 位的时钟计数器,按秒钟计算,可以记录 4 294 967 296 s,约合 136 年,作为一般应用已经足够了。

RTC 还有一个闹钟寄存器 RTC_ALR,用于产生闹钟。系统时间按 TR_CLK 周期累加,并与存储在 RTC_ALR 寄存器中的可编程时间相比较,如果 RTC_CR 控制寄存器中设置了相应允许位,比较匹配时将产生一个闹钟中断。

RTC 内核完全独立于 RTC APB1 接口,而软件是通过 APB1 接口访问 RTC 的预分频值、计数器值和闹钟值的。但是相关可读寄存器只在 RTC APB1 时钟进行重新同步的 RTC 时钟的上升沿被更新,RTC 标志也是如此。这就意味着,如果 APB1 接口刚刚被开启之后,在第一次的内部寄存器更新之前,从 APB1 上读取的 RTC 寄存器值可

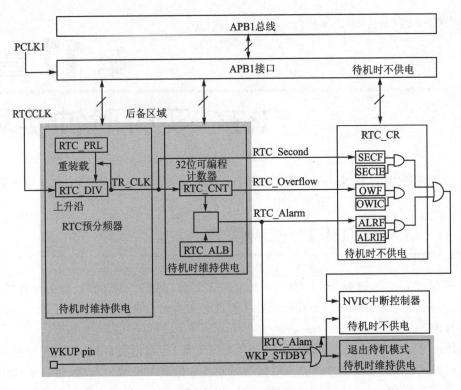

图 17.1.1 RTC 框图

能被破坏了(通常读到 0)。因此,若读取 RTC 寄存器曾经被禁止的 RTC APB1 接口,软件必须首先等待 RTC_CRL 寄存器的 RSF 位(寄存器同步标志位,bit3)被硬件置 1。

接下来介绍 RTC 相关的几个寄存器。首先要介绍的是 RTC 控制寄存器,RTC 总共有 2 个控制寄存器 RTC_CRH 和 RTC_CRL,两个都是 16 位的。RTC_CRH 的各位描如图 17.1.2 所示。该寄存器用来控制中断,本章将要用到秒钟中断,所以该寄存器必须设置最低位为 1,以允许秒钟中断。

15	14	13	12	11	10	9	8	7	6	5	4	3	2	1	0
						保留							OWIE	ALRIE	SECIE
													rw	rw	rw

位 15:3	保留,被硬件强制为 0
位 2	OWIE:允许溢出中断位 0:屏蔽(不允许)溢出中断;1:允许溢出中断
位 1	ALRIE:允许闹钟中断 0:屏蔽(不允许)闹钟中断;1:允许闹钟中断
位 0	SECIE:允许秒中断 0:屏蔽(不允许)秒中为;1:允许秒中断

图 17.1.2 RTC_CRH 寄存器各位描述

再看看 RTC_CRL 寄存器,该寄存器各位描述如图 17.1.3 所示。本章用到的是该寄存器的 0、3~5 这几个位。第 0 位是秒钟标志位,在进入闹钟中断的时候,通过判断

第 17 章 RTC 实时时钟实验

这位来决定是不是发生了秒钟中断。然后必须通过软件将该位清零（写 0）。第 3 位为寄存器同步标志位，在修改控制寄存器 RTC_CRH/CRL 之前必须先判断该位是否已经同步了，如果没有则等待同步，在没同步的情况下修改 RTC_CRH/CRL 的值是不行的。第 4 位为配置标位，在软件修改 RTC_CNT/RTC_ALR/RTC_PRL 值的时候，必须先软件置位该位，以允许进入配置模式。第 5 位为 RTC 操作位，该位由硬件操作，软件只读；通过该位可以判断上次对 RTC 寄存器的操作是否完成，如果没有，则必须等待上一次操作结束才能开始下一次操作。

15	14	13	12	11	10	9	8	7	6	5	4	3	2	1	0
				保留						RTOFF	CNF	RSF	OWF	ALRF	SECF
										r	rw	rc w0	rc w0	rc w0	rc w0

位 15：6	保留，被硬件强制为 0
位 5	RTOFF：RTC 操作关闭 RTC 模块利用这位来指示对其寄存器进行的最后一次操作的状态，指示操作是否完成。若此位为 0，则表示无法对任何的 RTC 寄存器进行写操作。此位为只读位。 0：上一次对 RTC 寄存器的写操作仍在进行；1：上一次对 RTC 寄存器的写操作已经完成
位 4	CNF：配置标志 此位必须由软件置'1'以进入配置模式，从而允许向 RTC_CNT、RTC_ALR 或 RTC_PRL 寄存器写入数据。只有当此位在被'1'并重新由软件清'0'后，才会执行写操作。 0：退出配置模式（开始更新 RTC 寄存器）；1：进入配置模式
位 3	RSF：寄存器同步标志 每当 RTC_CNT 寄存器和 RTC_DIV 寄存器由软件更新或清'0'时，此位由硬件置'1'。在 APB1 复位后，或 APB1 时钟停止后，此位必须由软件清'0'。要进行任何的读操作之前，用户程序必须等待这位被硬件置'1'，以确保 RTC_CNT、RTC_ALR 或 RTC_PRL 已经被同步。 0：寄存器尚未被同步；1：寄存器已经被同步
位 2	OWF：溢出标志 当 32 位可编程计数器溢出时，此位由硬件置'1'。如果 RTC_CRH 寄存器中 OWIE=1，则产生中断。此位只能由软件清'0'。对此位写'1'是无效的。 0：无溢出；1：32 位可编程计数器溢出
位 1	ALRF：闹钟标志 当 32 位可编程计数器达到 RTC_ALR 寄存器所设置的预定值，此位由硬件置'1'。如果 RTC_CRH 寄存器中 ALRIE=1，则产生中断。此位只能由软件清'0'。对此位写'1'是无效的。 0：无闹钟；1：有闹钟
位 0	SECF：秒标志 当 32 位可编程预分频器溢出时，此位由硬件置'1'同时 RTC 计数器加 1。因此，此标志为分辨率可缩程的 RTC 计数器提供一个周期性的信号（通常为 1 秒）。如果 RTC_CRH 寄存器中 SECIE=1，则产生中断。此位只能由软件清除。对此位写'1'是无效的。 0：秒标志条件不成立；1：秒标志条件成立

图 17.1.3 RTC_CRL 寄存器各位描述

第二个要介绍的寄存器是 RTC 预分频装载寄存器，也由 2 个寄存器组成，RTC_PRLH 和 RTC_PRLL。这两个寄存器用来配置 RTC 时钟的分频数，比如使用外部 32.768 kHz 的晶振作为时钟的输入频率，那么要设置这两个寄存器的值为 32 767，以得到一秒钟的计数频率。RTC_PRLH 的各位描述如图 17.1.4 所示。可以看出，RTC_PRLH 只有低 4 位有效，用来存储 PRL 的 19～16 位。而 PRL 的前 16 位存放在 RTC_PRLL 里面，寄存器 RTC_PRLL 的各位描述如图 17.1.5 所示。

15	14	13	12	11	10	9	8	7	6	5	4	3	2	1	0
保留													PRL[19:16]		
													w	w	w

位 15:6	保留，被硬件强制为 0
位 3:0	PRL[19:16]:RTC 预分频装置载值高位 根据以下公式，这些位用来定义计数器的时钟频率： $f_{TR\_CLK}=f_{RTCCLK}/(PRL[19:0]+1)$ 注：不推荐使用 0 值，否则无法正确的产生 RTC 中断和标志位

图 17.1.4　RTC_PRLH 寄存器各位描述

15	14	13	12	11	10	9	8	7	6	5	4	3	2	1	0
PRL[15:0]															
w	w	w	w	w	w	w	w	w	w	w	w	w	w	w	w

位 15:0　PRL[15:0]:RTC 预分频装载值低位
　　　　根据以下公式，这些位用来定义计数器的时钟频率：
　　　　$f_{TR\_CLK}=f_{RTCCLK}/(PRL[19:0]+1)$

图 17.1.5　RTC_PRLL 寄存器各位描述

　　接下来介绍 RTC 预分频器余数寄存器，该寄存器也由 2 个寄存器组成 RTC_DIVH 和 RTC_DIVL，这两个寄存器的作用就是获得比秒钟更准确的时钟，比如可以得到 0.1 s 或者 0.01 s 等。该寄存器的值是自减的，用于保存还需要多少时钟周期获得一个秒信号。在一次秒钟更新后，由硬件重新装载。这两个寄存器和 RTC 预分频装载寄存器的各位是一样的，这里就不列出来了。

　　接着要介绍的是 RTC 最重要的寄存器，即 RTC 计数器寄存器 RTC_CNT。该寄存器由 2 个 16 位的寄存器组成，RTC_CNTH 和 RTC_CNTL，总共 32 位，用来记录秒钟值（一般情况下）。注意，在修改这个寄存器的时候要先进入配置模式。

　　最后介绍 RTC 部分的最后一个寄存器，RTC 闹钟寄存器。该寄存器也由 2 个 16 位的寄存器组成，RTC_ALRH 和 RTC_ALRL，总共也是 32 位，用来标记闹钟产生的时间（以秒为单位）。如果 RTC_CNT 的值与 RTC_ALR 的值相等，并使能了中断，则产生一个闹钟中断。该寄存器的修改也要进入配置模式才能进行。

　　因为我们使用到备份寄存器来存储 RTC 的相关信息（这里主要用来标记时钟是否已经经过了配置），这里顺便介绍一下 STM32 的备份寄存器。备份寄存器是 42 个 16 位的寄存器（战舰开发板就是大容量的），可用来存储 84 个字节的用户应用程序数据。它们处在备份域里，当 VDD 电源被切断，它们仍然由 VBAT 维持供电。即使系统在待机模式下被唤醒或系统复位或电源复位时，它们也不会被复位。

　　此外，BKP 控制寄存器用来管理侵入检测和 RTC 校准功能。

　　复位后，对备份寄存器和 RTC 的访问被禁止，并且备份域被保护以防止可能存在的意外写操作。执行以下操作可以使能对备份寄存器和 RTC 的访问：

　　① 通过设置寄存器 RCC_APB1ENR 的 PWREN 和 BKPEN 位来打开电源和后备接口的时钟；

　　② 电源控制寄存器（PWR_CR）的 DBP 位来使能对后备寄存器和 RTC 的访问。

第 17 章 RTC 实时时钟实验

一般用 BKP 来存储 RTC 的校验值或者记录一些重要的数据,相当于一个 EEP-ROM;不过这个 EEPROM 并不是真正的 EEPROM,而是需要电池来维持它的数据。BKP 的详细介绍可看《STM32 参考手册》的第 47 页 5.1 节。

最后还要介绍一下备份区域控制寄存器 RCC_BDCR。该寄存器的各位描述如图 17.1.6 所示。RTC 的时钟源选择及使能设置都是通过这个寄存器来实现的,所以在 RTC 操作之前先要通过这个寄存器选择 RTC 的时钟源,然后才能开始其他的操作。

31	30	29	28	27	26	25	24	23	22	21	20	19	18	17	16
保留															BDRST
															rw

15	14	13	12	11	10	9	8	7	6	5	4	3	2	1	0
RTC EN	保留					RTCSEL[1:0]		保留					LSE BYP	LSE RDY	LSEON
rw						rw	rw						rw	r	rw

位 31:17	保留,始终读为 0
位 16	BDRST:备份域软件复位 由软件置'1'或清'0' 0:复位未激活;1:复位整个备份域
位 15	RTCEN:RTC 时钟使能 由软件置'1'或清'0' 0:RTC 时钟关闭;1:RTC 时钟开启
位 14:10	保留,始终读为 0
位 9:8	RTCSEL[1:0]:RTC 时钟源选择 由软件设置来选择 RTC 时钟源。一旦 RTC 时钟源被选定,直到下次后备域被复位,它不能在被改变。可通过设置 BDRST 位来清除。 00:无时钟;01:LSE 振荡器作为 RTC 时钟; 10:LSI 振荡器作为 RTC 时钟;11:HSE 振荡器在 128 分频后作为 RTC 时钟
位 7:3	保留。始终读为 0
位 2	LSEBYP:外部低速时钟振荡器旁路 在调试模式下由软件置'1'或清'0'来旁路 LSE。只有在外部 32 kHz 振荡器关闭时,才能写入该位 0:LSE 时钟未被旁路;1:LSE 时钟被旁路
位 1	LSERDY:外部低速 LSE 就绪 由硬什置'1'或清'0'来指示是否外部 32 kHz 振荡器就绪。在 LSEON 被清零后,该位需要 6 个外部低速振荡器的周期才被清零。 0:外部 32 kHz 振荡器未就绪;1:外部 32 kHz 振荡器就绪
位 0	LSEON:外部低速振荡器使能 由软件置'1'或清'0' 0:外部 32 kHz 振荡器关闭;1:外部 32 kHz 振荡器开启

图 17.1.6 RCC_BDCR 寄存器各位描述

下面看看要经过哪几个步骤的配置才能使 RTC 正常工作,这里将对每个步骤通过库函数的实现方式来讲解。

固件库中 RTC 相关定义在源文件 stm32f4xx_rtc.c 以及头文件 stm32f4xx_rtc.h 中,BKP 相关的库函数在文件 stm32f10x_bkp.c 和文件 stm32f10x_bkp.h 文件中。

RTC 正常工作的一般配置步骤如下:

① 使能电源时钟和备份区域时钟。

要访问 RTC 和备份区域就必须先使能电源时钟和备份区域时钟：

RCC_APB1PeriphClockCmd(RCC_APB1Periph_PWR | RCC_APB1Periph_BKP, ENABLE);

② 取消备份区写保护。

要向备份区域写入数据，就要先取消备份区域写保护（写保护在每次硬复位之后被使能），否则无法向备份区域写入数据。我们需要用到向备份区域写入一个字节来标记时钟已经配置过了，从而避免每次复位之后重新配置时钟。取消备份区域写保护的库函数实现方法是：

PWR_BackupAccessCmd(ENABLE);//使能 RTC 和后备寄存器访问

③ 复位备份区域，开启外部低速振荡器。

在取消备份区域写保护之后，我们可以先对这个区域复位，以清除前面的设置，当然这个操作不要每次都执行，因为备份区域的复位将导致之前存在的数据丢失，所以要不要复位，要看情况而定。然后使能外部低速振荡器，这里一般要先判断 RCC_BDCR 的 LSERDY 位来确定低速振荡器已经就绪了才开始下面的操作。

备份区域复位的函数是：

BKP_DeInit();//复位备份区域

开启外部低速振荡器的函数是：

RCC_LSEConfig(RCC_LSE_ON);//开启外部低速振荡器

④ 选择 RTC 时钟，并使能。

这里通过 RCC_BDCR 的 RTCSEL 来选择外部 LSI 作为 RTC 的时钟，然后通过 RTCEN 位使能 RTC 时钟。

库函数中，选择 RTC 时钟的函数是：

RCC_RTCCLKConfig(RCC_RTCCLKSource_LSE);   //选择 LSE 作为 RTC 时钟

对于 RTC 时钟的选择，还有 RCC_RTCCLKSource_LSI 和 RCC_RTCCLKSource_HSE_Div128 两个，前者为 LSI，后者为 HSE 的 128 分频。

使能 RTC 时钟的函数是：

RCC_RTCCLKCmd(ENABLE);   //使能 RTC 时钟

⑤ 设置 RTC 的分频，并配置 RTC 时钟。

开启了 RTC 时钟之后要做的就是设置 RTC 时钟的分频数，通过 RTC_PRLH 和 RTC_PRLL 来设置，然后等待 RTC 寄存器操作完成并同步之后设置秒钟中断。然后设置 RTC 的允许配置位（RTC_CRH 的 CNF 位）并设置时间（其实就是设置 RTC_CNTH 和 RTC_CNTL 两个寄存器）。

在进行 RTC 配置之前首先要打开允许配置位（CNF），库函数是：

RTC_EnterConfigMode();///允许配置

在配置完成之后，千万别忘记更新配置，同时退出配置模式，函数是：

RTC_ExitConfigMode();//退出配置模式，更新配置

设置 RTC 时钟分频数，库函数是：

第 17 章 RTC 实时时钟实验

```
void RTC_SetPrescaler(uint32_t PrescalerValue);
```
这个函数只有一个入口参数，就是 RTC 时钟的分频数，很好理解。

然后是设置秒中断允许，RTC 使能中断的函数是：
```
void RTC_ITConfig(uint16_t RTC_IT, FunctionalState NewState);
```
这个函数的第一个参数是设置秒中断类型，这是通过宏定义定义的。对于使能秒中断方法是：
```
RTC_ITConfig(RTC_IT_SEC, ENABLE);//使能 RTC 秒中断
```
下一步便是设置时间了。设置时间实际上就是设置 RTC 的计数值，时间与计数值之间是需要换算的。库函数中设置 RTC 计数值的方法是：
```
void RTC_SetCounter(uint32_t CounterValue)最后在配置完成之后
```
⑥ 更新配置，设置 RTC 中断分组。

在设置完时钟之后，我们将配置更新同时退出配置模式，这里还是通过 RTC_CRH 的 CNF 来实现。库函数的方法是：
```
RTC_ExitConfigMode();//退出配置模式，更新配置
```
在退出配置模式更新配置之后在备份区域 BKP_DR1 写入 0X5050，代表已经初始化过时钟了，下次开机（或复位）的时候先读取 BKP_DR1 的值，然后判断是否是 0X5050 来决定是不是要配置。接着配置 RTC 的秒钟中断并进行分组。

往备份区域写用户数据的函数是：
```
void BKP_WriteBackupRegister(uint16_t BKP_DR, uint16_t Data);
```
这个函数的第一个参数就是寄存器的标号了，这是通过宏定义定义的。比如要往 BKP_DR1 写入 0x5050，方法是：
```
BKP_WriteBackupRegister(BKP_DR1, 0X5050);
```
同时，有写便有读，读取备份区域指定寄存器的用户数据的函数是：
```
uint16_t BKP_ReadBackupRegister(uint16_t BKP_DR);
```
设置中断分组的方法之前已经详细讲解过，调用 NVIC_Init 函数即可。

⑦ 编写中断服务函数。

最后要编写中断服务函数。在秒钟中断产生的时候，读取当前的时间值并显示到 TFTLCD 模块上。

通过以上几个步骤就完成了对 RTC 的配置，并通过秒钟中断来更新时间。

17.2 硬件设计

本实验用到的硬件资源有：指示灯 DS0、串口、TFTLCD 模块、RTC。前面 3 个都介绍过了，而 RTC 属于 STM32 内部资源，其配置也是通过软件设置好就可以了。不过 RTC 不能断电，否则数据就丢失了。如果想让时间在断电后还可以继续走，那么必须确保开发板的电池有电（ALIENTEK 战舰 STM32 开发板标配是有电池的）。

17.3 软件设计

打开本书配套资料的 RTC 时钟实验,可以看到,我们的工程中加入了 rtc.c 源文件和 rtc.h 头文件,同时,引入了 stm32f10x_rtc.c 和 stm32f10x_bkp.c 库文件。

rtc.c 中的代码不全部贴出了,这里针对几个重要的函数进行简要说明。首先是 RTC_Init,其代码如下:

```
//实时时钟配置
//初始化 RTC 时钟,同时检测时钟是否工作正常
//BKP->DR1 用于保存是否第一次配置的设置
//返回 0:正常;其他:错误代码
u8 RTC_Init(void)
{
    u8 temp = 0;
    //检查是不是第一次配置时钟
    RCC_APB1PeriphClockCmd(RCC_APB1Periph_PWR|RCC_APB1Periph_BKP, ENABLE);
                                        //①使能 PWR 和 BKP 外设时钟
    PWR_BackupAccessCmd(ENABLE);        //②使能后备寄存器访问
    if(BKP_ReadBackupRegister(BKP_DR1)!= 0x5050)
                    //从指定的后备寄存器中读出数据:读出了与写入的指定数据不相符
    {
        BKP_DeInit();                           //③复位备份区域
        RCC_LSEConfig(RCC_LSE_ON);              //设置外部低速晶振(LSE)
        while(RCC_GetFlagStatus(RCC_FLAG_LSERDY) == RESET&&temp<250)
                    //检查指定的 RCC 标志位设置与否,等待低速晶振就绪
        {
            temp++;delay_ms(10);
        }
        if(temp>=250)return 1;//初始化时钟失败,晶振有问题
        RCC_RTCCLKConfig(RCC_RTCCLKSource_LSE);//设置 RTC 时钟源 LSE
        RCC_RTCCLKCmd(ENABLE);                  //使能 RTC 时钟
        RTC_WaitForLastTask();//等待最近一次对 RTC 寄存器的写操作完成
        RTC_WaitForSynchro();//等待 RTC 寄存器同步
        RTC_ITConfig(RTC_IT_SEC,ENABLE);        //使能 RTC 秒中断
        RTC_WaitForLastTask();//等待最近一次对 RTC 寄存器的写操作完成
        RTC_EnterConfigMode();    //允许配置
        RTC_SetPrescaler(32767);  //设置 RTC 预分频的值
        RTC_WaitForLastTask();    //等待最近一次对 RTC 寄存器的写操作完成
        RTC_Set(2015,1,14,17,42,55);  //设置时间
        RTC_ExitConfigMode();     //退出配置模式
        BKP_WriteBackupRegister(BKP_DR1,0X5050);
                        //向指定的后备寄存器中写入用户程序数据 0x5050
    }
    else        //系统继续计时
    {
        RTC_WaitForSynchro();     //等待最近一次对 RTC 寄存器的写操作完成
        RTC_ITConfig(RTC_IT_SEC,ENABLE);//使能 RTC 秒中断
        RTC_WaitForLastTask();//等待最近一次对 RTC 寄存器的写操作完成
```

第 17 章　RTC 实时时钟实验

```
    }
    RTC_NVIC_Config();              //RCT中断分组设置
    RTC_Get();                      //更新时间
    return 0;                       //ok
}
```

　　该函数用来初始化 RTC 时钟,但是只在第一次的时候设置时间,以后如果重新上电/复位都不会再进行时间设置了(前提是备份电池有电)。在第一次配置的时候,我们是按照上面介绍的 RTC 初始化步骤来做的,这里设置时间是通过时间设置函数 RTC_Set 函数来实现的。这里默认将时间设置为 2015 年 1 月 14 日 17 点 42 分 55 秒。在设置好时间之后,我们通过 BKP_WriteBackupRegister()函数向 BKP→DR1 写入标志字 0X5050,用于标记时间已经被设置了。这样,再次发生复位的时候,该函数通过 BKP_ReadBackupRegister()读取 BKP→DR1 的值来判断、决定是不是需要重新设置时间;如果不需要设置,则跳过时间设置,仅仅使能秒钟中断一下,就进行中断分组,然后返回了。这样不会重复设置时间,使得我们设置的时间不会因复位或者断电而丢失。

　　该函数还有返回值,返回值代表此次操作的成功与否,返回 0 代表初始化 RTC 成功,返回值非零则代表错误代码了。

　　再来介绍一下 RTC_Set 函数,该函数代码如下:

```
//设置时钟
//把输入的时钟转换为秒钟
//以1970年1月1日为基准   1970～2099年为合法年份
//返回值:0,成功;其他:错误代码
u8 const table_week[12] = {0,3,3,6,1,4,6,2,5,0,3,5};  //月修正数据表
const u8 mon_table[12] = {31,28,31,30,31,30,31,31,30,31,30,31};//平年的月份日期表
u8 RTC_Set(u16 syear,u8 smon,u8 sday,u8 hour,u8 min,u8 sec)
{
    u16 t;
    u32 seccount = 0;
    if(syear<1970||syear>2099)return 1;
    for(t = 1970;t<syear;t++)                    //把所有年份的秒钟相加
    {
        if(Is_Leap_Year(t))seccount + = 31622400; //闰年的秒钟数
        else seccount + = 31536000;               //平年的秒钟数
    }
    smon - = 1;
    for(t = 0;t<smon;t++)                        //把前面月份的秒钟数相加
    {
        seccount + = (u32)mon_table[t] * 86400;  //月份秒钟数相加
        if(Is_Leap_Year(syear)&&t = = 1)seccount + = 86400;  //闰年2月份增加一天的
                                                             //秒钟数
    }
    seccount + = (u32)(sday - 1) * 86400;        //把前面日期的秒钟数相加
    seccount + = (u32)hour * 3600;               //小时秒钟数
    seccount + = (u32)min * 60;                  //分钟秒钟数
    seccount + = sec;                            //最后的秒钟加上去
    RCC_APB1PeriphClockCmd(RCC_APB1Periph_PWR|
        RCC_APB1Periph_BKP,ENABLE);              //使能PWR和BKP外设时钟
```

```
    PWR_BackupAccessCmd(ENABLE);          //使能 RTC 和后备寄存器访问
    RTC_SetCounter(seccount);             //设置 RTC 计数器的值
    RTC_WaitForLastTask();                //等待最近一次对 RTC 寄存器的写操作完成
    return 0;
}
```

该函数用于设置时间,把输入的时间转换为以 1970 年 1 月 1 日 0 时 0 分 0 秒当作起始时间的秒钟信号,后续的计算都以这个时间为基准的。由于 STM32 的秒钟计数器可以保存 136 年的秒钟数据,这样可以计时到 2106 年。

接着介绍 RTC_Alarm_Set 函数,该函数用于设置闹钟时间,同 RTC_Set 函数几乎一模一样,主要区别就是将调用 RTC_SetCounter 函数换成了调用 RTC_SetAlarm 函数,用于设置闹钟时间,具体代码请参考本例程源码。

接着介绍 RTC_Get 函数,该函数用于获取时间和日期等数据,其代码如下:

```
//得到当前的时间,结果保存在 calendar 结构体里面
//返回值:0,成功;其他:错误代码
u8 RTC_Get(void)
{   static u16 daycnt = 0;
    u32 timecount = 0;
    u32 temp = 0;
    u16 temp1 = 0;
    timecount = RTC->CNTH;                //得到计数器中的值(秒钟数)
    timecount<< = 16;
    timecount + = RTC->CNTL;
    temp = timecount/86400;               //得到天数(秒钟数对应的)
    if(daycnt! = temp)                    //超过一天了
    {
        daycnt = temp;
        temp1 = 1970;                     //从 1970 年开始
        while(temp> = 365)
        {
            if(Is_Leap_Year(temp1))       //是闰年
            {
                if(temp> = 366)temp - = 366;//闰年的秒钟数
                else break;
            }
            else temp - = 365;            //平年
            temp1 ++ ;
        }
        calendar.w_year = temp1;          //得到年份
        temp1 = 0;
        while(temp> = 28)                 //超过了一个月
        {
            if(Is_Leap_Year(calendar.w_year)&&temp1 == 1)//当年是不是闰年/2 月份
            {
                if(temp> = 29)temp - = 29;//闰年的秒钟数
                else break;
            }
            else
            {   if(temp> = mon_table[temp1])temp - = mon_table[temp1];//平年
```

第17章 RTC实时时钟实验

```
                else break;
        }
            temp1++;
    }
    calendar.w_month = temp1 + 1;        //得到月份
    calendar.w_date = temp + 1;          //得到日期
}
temp = timecount%86400;                  //得到秒钟数
calendar.hour = temp/3600;               //小时
calendar.min = (temp%3600)/60;           //分钟
calendar.sec = (temp%3600)%60;           //秒钟
calendar.week = RTC_Get_Week(calendar.w_year,calendar.w_month,calendar.w_date);
//获取星期
return 0;
}
```

该函数其实就是将存储在秒钟寄存器 RTC→CNTH 和 RTC→CNTL 中的秒钟数据（通过函数 RTC_SetCounter 设置）转换为真正的时间和日期。该代码还用到了一个 calendar 的结构体，calendar 是 rtc.h 里面将要定义的一个时间结构体，用来存放时钟的年月日时分秒等信息。因为 STM32 的 RTC 只有秒钟计数器，而年月日时分秒这些需要自己通过软件计算。把计算好的值保存在 calendar 里面，方便其他程序调用。

最后介绍秒钟中断服务函数，该函数代码如下：

```
//RTC 时钟中断
//每秒触发一次
void RTC_IRQHandler(void)
{
    if (RTC_GetITStatus(RTC_IT_SEC) != RESET)         //秒钟中断
    {
        RTC_Get();                                    //更新时间
    }
    if(RTC_GetITStatus(RTC_IT_ALR) != RESET)          //闹钟中断
    {
        RTC_ClearITPendingBit(RTC_IT_ALR);            //清闹钟中断
        RTC_Get();                                    //更新时间
        printf("Alarm Time:%d-%d-%d %d:%d:%d\n",calendar.w_year,calendar.w_month,
            calendar.w_date,calendar.hour,calendar.min,calendar.sec);//输出闹铃时间
    }
    RTC_ClearITPendingBit(RTC_IT_SEC|RTC_IT_OW);      //清闹钟中断
    RTC_WaitForLastTask();
}
```

此部分代码比较简单，通过 RTC_GetITStatus 来判断发生的是何种中断，如果是秒钟中断，则执行一次时间的计算，获得最新时间，结果保存在 calendar 结构体里面，因此，可以在 calendar 里面读到最新的时间、日期等信息。如果是闹钟中断，则更新时间后将当前的闹铃时间通过 printf 打印出来，可以在串口调试助手看到当前的闹铃情况。

rtc.c 的其他程序可直接看本书配套资料的源码。接下来看看 rtc.h 代码，其中定义了一个结构体：

```
typedef struct
```

```
{
    vu8 hour;
    vu8 min;
    vu8 sec;
    //公历日月年周
    vu16 w_year;
    vu8  w_month;
    vu8  w_date;
    vu8  week;
}_calendar_obj;
```

从上面结构体定义可以看到，_calendar_obj 结构体包含的成员变量是一个完整的公历信息，包括年、月、日、周、时、分、秒 7 个元素。以后要想知道当前时间，只需要通过 RTC_Get 函数执行时钟转换，然后就可以从 calendar 里面读出当前的公历时间了。

main.c 里面的代码如下：

```
int main(void)
{
    u8 t = 0;
    delay_init();                    //延时函数初始化
    NVIC_PriorityGroupConfig(NVIC_PriorityGroup_2);    //设置 NVIC 中断分组 2
    uart_init(115200);               //串口初始化波特率为 115200
    LED_Init();                      //LED 端口初始化
    LCD_Init();                      //LCD 初始化
    usmart_dev.init(72);             //初始化 USMART
    POINT_COLOR = RED;               //设置字体为红色
    LCD_ShowString(30,50,200,16,16,"WarShip STM32F103 ^_^");
    LCD_ShowString(30,70,200,16,16,"RTC TEST");
    LCD_ShowString(30,90,200,16,16,"ATOM@ALIENTEK");
    LCD_ShowString(30,110,200,16,16,"2015/1/14");
    while(RTC_Init())                //RTC 初始化，一定要初始化成功
    {
        LCD_ShowString(60,130,200,16,16,"RTC ERROR!   ");
        delay_ms(800);
        LCD_ShowString(60,130,200,16,16,"RTC Trying...");
    }
    //显示时间
    POINT_COLOR = BLUE;              //设置字体为蓝色
    LCD_ShowString(60,130,200,16,16,"    -  -    ");
    LCD_ShowString(60,162,200,16,16,"  :  :  ");
    while(1)
    {
        if(t! = calendar.sec)
        {
            t = calendar.sec;
            LCD_ShowNum(60,130,calendar.w_year,4,16);
            LCD_ShowNum(100,130,calendar.w_month,2,16);
            LCD_ShowNum(124,130,calendar.w_date,2,16);
            switch(calendar.week)
            {
                case 0:LCD_ShowString(60,148,200,16,16,"Sunday   ");
```

```
                break;
        case 1:LCD_ShowString(60,148,200,16,16,"Monday   ");
                break;
        case 2:LCD_ShowString(60,148,200,16,16,"Tuesday  ");
                break;
        case 3:LCD_ShowString(60,148,200,16,16,"Wednesday");
                break;
        case 4:LCD_ShowString(60,148,200,16,16,"Thursday ");
                break;
        case 5:LCD_ShowString(60,148,200,16,16,"Friday   ");
                break;
        case 6:LCD_ShowString(60,148,200,16,16,"Saturday");
                break;
        }
        LCD_ShowNum(60,162,calendar.hour,2,16);
        LCD_ShowNum(84,162,calendar.min,2,16);
        LCD_ShowNum(108,162,calendar.sec,2,16);
        LED0 = ! LED0;
    }
    delay_ms(10);
    };
}
```

这部分代码在包含了 rtc.h 之后,通过判断 calendar.sec 是否改变来决定要不要更新时间显示。同时,设置 LED0 每 2 秒钟闪烁一次,用来提示程序已经开始跑了。

为了方便设置时间,在 usmart_config.c 里面修改 usmart_nametab 如下:

```
struct _m_usmart_nametab usmart_nametab[] =
{
#if USMART_USE_WRFUNS == 1        //如果使能了读写操作
    (void *)read_addr,"u32 read_addr(u32 addr)",
    (void *)write_addr,"void write_addr(u32 addr,u32 val)",
#endif
    (void *)delay_ms,"void delay_ms(u16 nms)",
    (void *)delay_us,"void delay_us(u32 nus)",
    (void *)RTC_Set,"u8 RTC_Set(u16 syear,u8 smon,u8 sday,u8 hour,u8 min,u8 sec)",
};
```

将 RTC_Set 加入了 USMART,同时去掉了第 16 章的设置(减少代码量),这样通过串口就可以直接设置 RTC 时间了。

至此,RTC 实时时钟的软件设计就完成了。

17.4　下载验证

将程序下载到战舰 STM32 后,可以看到 DS0 不停地闪烁,提示程序已经在运行了。同时可以看到,TFTLCD 模块开始显示时间,实际显示效果如图 17.4.1 所示。如果时间不正确,则可以用第 16 章介绍的方法,通过串口调用 RTC_Set 来设置当前时间。

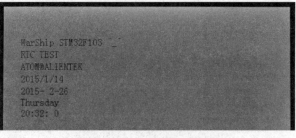

图 17.4.1 RTC 实验效果图

第 18 章

待机唤醒实验

本章将介绍 STM32F1 的待机唤醒功能,利用 WK_UP 按键来实现唤醒和进入待机模式的功能,然后利用 DS0 指示状态。

18.1 STM32 待机模式简介

很多单片机都有低功耗模式,STM32 也不例外。在系统或电源复位以后,微控制器处于运行状态。运行状态下的 HCLK 为 CPU 提供时钟,内核执行程序代码。当 CPU 不需继续运行时,可以利用多个低功耗模式来节省功耗,如等待某个外部事件时。用户需要根据最低电源消耗、最快速启动时间和可用的唤醒源等条件,选定一个最佳的低功耗模式。

STM32 的低功耗模式有 3 种:睡眠模式(Cortex-M3 内核停止,外设仍然运行)、停止模式(所有时钟都停止)、待机模式(1.8 V 内核电源关闭)。在运行模式下,也可以通过降低系统时钟、关闭 APB 和 AHB 总线上未被使用的外设的时钟来降低功耗。3 种低功耗模式一览表如表 18.1.1 所列。

表 18.1.1 STM32 低功耗一览表

模式	进入操作	唤醒	对 1.8 V 区域时钟的影响	对 VDD 区域时钟的影响	电压调节器
睡眠	WFI	任一中断	CPU 时钟关,对其他时钟和 ADC 时钟无影响	无	开
	WFE	唤醒事件			
停机	PDDS 和 LPDS 位 +SLEEPDEEP 位 +WFI 或 WFE	任一外部中断(在外部中断寄存器中设置)	所有使用 1.8 V 的区域的时钟都已关闭,HSI 和 HSE 的振荡器关闭	无	在低功耗模式下可进行开/关设置(依据电源控制寄存器(PWR_CR)的设定)
待机	PDDS 位 + SLEEPDEEP 位 +WFI 或 WFE	WKUP 引脚的上升沿、RTC 警告事件、NRST 引脚上的外部复位、IWDG 复位			关

在这 3 种低功耗模式中,最低功耗的是待机模式,在此模式下,最低只需要 2 μA 左右的电流。停机模式是次低功耗的,其典型的电流消耗在 20 μA 左右。最后就是睡眠模式了。用户可以根据需求来决定使用哪种低功耗模式。

本章仅介绍 STM32 的最低功耗模式-待机模式。待机模式可实现 STM32 的最低功耗,该模式是在 Cortex-M3 深睡眠模式时关闭电压调节器,整个 1.8 V 供电区域被断电,PLL、HSI 和 HSE 振荡器也被断电,SRAM 和寄存器内容丢失,仅备份的寄存器和待机电路维持供电。

那么如何进入待机模式呢?其实很简单,只要按图 18.1.1 所示的步骤执行就可以了。图中还列出了退出待机模式的操作,从图中可知,有 4 种方式可以退出待机模式,即当一个外部复位(NRST 引脚)、IWDG 复位、WKUP 引脚上的上升沿或 RTC 闹钟事件发生时,微控制器从待机模式退出。从待机唤醒后,除了电源控制/状态寄存器(PWR_CSR),所有寄存器被复位。

待机模式	说明
进入	在以下条件下执行 WFI 或 WFE 指令: -设置 Cortex-M3 系统控制寄存器中的 SLEEPDEEP 位 -设置电源控制寄存器(PWR_CR)中的 PDDS 位 -清除电蝴控制/状态寄存器(PWR_CSR)中的 WUF 位被
退出	WKUP 引脚的上升沿、RTC 闹钟、NRST 引脚上外部复位、IWDG 复位
唤醒延时	复位阶段时电压调节器的启动

图 18.1.1 STM32 进入及退出待机模式的条件

从待机模式唤醒后的代码执行等同于复位后的执行(采样启动模式引脚,读取复位向量等)。电源控制/状态寄存器(PWR_CSR)将会指示内核由待机状态退出。在进入待机模式后,除了复位引脚、被设置为防侵入或校准输出时的 TAMPER 引脚、被使能的唤醒引脚(WK_UP 脚),其他的 I/O 引脚都将处于高阻态。

图 18.1.1 已经清楚地说明了进入待机模式的通用步骤,其中涉及 2 个寄存器,即电源控制寄存器(PWR_CR)和电源控制/状态寄存器(PWR_CSR)。下面介绍一下这两个寄存器。

电源控制寄存器(PWR_CR)关键位描述如图 18.1.2 所示。这里通过设置 PWR_CR 的 PDDS 位使 CPU 进入深度睡眠时进入待机模式,同时通过 CWUF 位清除之前的唤醒位。

15	14	13	12	11	10	9	8	7	6	5	4	3	2	1	0
保留							DBP	PLS[2:0]			PVDE	CSBF	CWUF	PDDS	LPDS
							rw	rw	rw	rw	rw	rc_w1	rc_w1	rw	rw

位 31:9	保留。始终读为 0
位 8	DBP:取消后备区域的写保护 在复位后,RTC 和后备寄存器处于被保护状态以防意外写入。设置这位允许写入这些寄存器。 0:禁止写入 RTC 和后备寄存器; 1:允许写入 RTC 和后备寄存器

图 18.1.2 PWR_CR 寄存器各位描述

第 18 章 待机唤醒实验

位 3	CSBF:清除待机位 始终读出为 0 0:无功效;1:清除 SBF 待机位(写)
位 2	CWUF:清除唤醒位 始终读出为 0 0:无功效;1:2 个系统时钟周期后清除 WUF 唤醒位(写)
位 1	PDDS:掉电深睡眠 与 LPDS 位协同操作 0:当 CPU 进入深睡眠时进入停机模式,调压器的状态由 LPDS 位控制。 1:CPU 进入深睡眠时进入待机模式

图 18.1.2　PWR_CR 寄存器各位描述(续)

电源控制/状态寄存器(PWR_CSR)的各位描述如图 18.1.3 所示。这里通过设置 PWR_CSR 的 EWUP 位来使能 WKUP 引脚用于待机模式唤醒。还可以从 WUF 来检查是否发生了唤醒事件,不过本章并没有用到。

31	30	29	28	27	26	25	24	23	22	21	20	19	18	17	16
保留															
15	14	13	12	11	10	9	8	7	6	5	4	3	2	1	0
保留							EWUP	保留					PVDO	SBF	WUF
							rw						r	r	r

位 31：0	保留。始终读为 0
位 8	EWUP:使能 WKUP 引脚 0:WKUP 引脚为通用 I/O。WKLIP 引脚上的事件不能将 CPU 从待机模式唤醒 1:WKUP 引脚用于将 CPU 从待机模式唤醒,WKUP 引脚被强置为输入下拉的配置(WKUP 引脚上的上升沿将系统从待机模式唤醒) 注:在系统复位时清除这一位
位 7：3	保留。始终读为 0
位 2	PVDO:PVD 输出 与 PVD 被 PVDE 位使能后该位才有效 0:V_{DD}/V_{DDA} 高于由 PLS[2:0]选定的 PVD 阈值 1:V_{DD}/V_{DDA} 高于由 PLS[2:0]选定的 PVD 阈值 注:在待机模式下 PVD 被停止。因此,待机模式后或复位后,直到设置 PVDE 位之前,该位为 0
位 1	SBF:待机标志 该位由硬件设置,并只能由 POR/PDR(上电/掉电复位)或设置电源控制寄存器(FWR_CR)的 CSBF 位清除。 0:系统不在待机模式;1:系统进入待机模式
位 0	WUF:唤醒标击 该位由硬件设置,并只能由 POR/PDR(上电/掉电复位)或设置电源控制寄存器(FWR_CR)的 CWUF 位清除。 0:没有发生唤醒事件 1:在 WKUP 引脚上发生唤醒事件或出现 RTC 闹钟事件。 注:与 WKUP 引脚已经是高电平时,在(通过设置 EWUP 位)使能 WKUP 引脚时,会检查到一个额外的事件

图 18.1.3　PWR_CSR 寄存器各位描述

通过以上介绍,我们了解了进入待机模式的方法,以及设置 WK_UP 引脚,从而把 STM32 从待机模式唤醒的方法,具体步骤如下:

① 使能电源时钟。

因为要配置电源控制寄存器,所以必须先使能电源时钟。在库函数中,使能电源时钟的方法是:

`RCC_APB1PeriphClockCmd(RCC_APB1Periph_PWR,ENABLE);//使能 PWR 外设时钟`

② 设置 WK_UP 引脚作为唤醒源。

使能时钟之后后再设置 PWR_CSR 的 EWUP 位,使能 WK_UP 用于将 CPU 从待机模式唤醒。在库函数中,设置使能 WK_UP 用于唤醒 CPU 待机模式的函数是:

`PWR_WakeUpPinCmd(ENABLE);    //使能唤醒管脚功能`

③ 设置 SLEEPDEEP 位、PDDS 位,执行 WFI 指令,进入待机模式。

进入待机模式,首先要设置 SLEEPDEEP 位(该位在系统控制寄存器(SCB_SCR)的第二位,详见《ARM Cortex – M3 权威指南》第 182 页表 13.1)。接着通过 PWR_CR 设置 PDDS 位,使得 CPU 进入深度睡眠时进入待机模式。最后执行 WFI 指令开始进入待机模式,并等待 WK_UP 中断的到来。在库函数中,进入待机模式是在函数 PWR_EnterSTANDBYMode 中实现的:

`void PWR_EnterSTANDBYMode(void);`

④ 最后编写 WK_UP 中断函数。

因为我们通过 WK_UP 中断(PA0 中断)来唤醒 CPU,所以有必要设置一下该中断函数,同时也通过该函数进入待机模式。

通过以上几个步骤的设置就可以使用 STM32 的待机模式了,并且可以通过 WK_UP 来唤醒 CPU。我们最终要实现这样一个功能:长按(3 s)WK_UP 按键开机,并且通过 DS0 的闪烁指示程序已经开始运行;再次长按该键则进入待机模式,DS0 关闭,程序停止运行,类似于手机的开关机。

18.2 硬件设计

本实验用到的硬件资源有:指示灯 DS0、WK_UP 按键。本章使用 WK_UP 按键用于唤醒和进入待机模式,然后通过 DS0 来指示程序是否在运行。这两个硬件的连接前面均有介绍。

18.3 软件设计

打开待机唤醒实验工程可以发现,工程中多了一个 wkup.c 和 wkup.h 文件,相关的用户代码写在这两个文件中。同时,对于待机唤醒功能,我们需要引入 stm32f10x_pwr.c 和 stm32f0x_pwr.h 文件。

打开 wkup.c,可以看到如下关键代码:

```
void Sys_Standby(void)
{
```

```c
    RCC_APB1PeriphClockCmd(RCC_APB1Periph_PWR,ENABLE);//使能 PWR 外设时钟
    PWR_WakeUpPinCmd(ENABLE);            //使能唤醒引脚功能
    PWR_EnterSTANDBYMode();              //进入待命(STANDBY)模式
}
//系统进入待机模式
void Sys_Enter_Standby(void)
{
    RCC_APB2PeriphResetCmd(0X01FC,DISABLE);    //复位所有 I/O 口
    Sys_Standby();
}
//检测 WKUP 脚的信号
//返回值 1:连续按下 3s 以上     0:错误的触发
u8 Check_WKUP(void)
{
    u8 t = 0;//记录按下的时间
    LED0 = 0; //亮灯 DS0
    while(1)
    {
        if(WKUP_KD)
        {
            t ++;                   //已经按下了
            delay_ms(30);
            if(t >= 100)            //按下超过 3 秒钟
            {
                LED0 = 0;           //点亮 DS0
                return 1;           //按下 3s 以上了
            }
        }else
        {
            LED0 = 1;   return 0;//按下不足 3 秒
        }
    }
}
//中断,检测到 PA0 脚的一个上升沿
//中断线 0 线上的中断检测
void EXTI0_IRQHandler(void)
{
    EXTI_ClearITPendingBit(EXTI_Line0);    //清除 LINE10 上的中断标志位
    if(Check_WKUP())                       //关机吗
    {
        Sys_Enter_Standby();
    }
}
//PA0 WKUP 唤醒初始化
void WKUP_Init(void)
{   GPIO_InitTypeDef GPIO_InitStructure;
    NVIC_InitTypeDef NVIC_InitStructure;
    EXTI_InitTypeDef EXTI_InitStructure;
    RCC_APB2PeriphClockCmd(RCC_APB2Periph_GPIOA|
    RCC_APB2Periph_AFIO, ENABLE);          //使能 GPIOA 和复用功能时钟
    GPIO_InitStructure.GPIO_Pin = GPIO_Pin_0;    //PA.0
```

```
    GPIO_InitStructure.GPIO_Mode = GPIO_Mode_IPD;       //上拉输入
    GPIO_Init(GPIOA,&GPIO_InitStructure);               //初始化 I/O
    GPIO_EXTILineConfig(GPIO_PortSourceGPIOA,GPIO_PinSource0);//PA0-中断线 0
    EXTI_InitStructure.EXTI_Line = EXTI_Line0;          //设置按键所有的外部线路
    EXTI_InitStructure.EXTI_Mode = EXTI_Mode_Interrupt; //外部中断模式
    EXTI_InitStructure.EXTI_Trigger = EXTI_Trigger_Rising;  //上升沿触发
    EXTI_InitStructure.EXTI_LineCmd = ENABLE;
    EXTI_Init(&EXTI_InitStructure);//初始化外部中断
    NVIC_InitStructure.NVIC_IRQChannel = EXTI0_IRQn;    //使能外部中断通道
    NVIC_InitStructure.NVIC_IRQChannelPreemptionPriority = 2;  //先占优先级 2 级
    NVIC_InitStructure.NVIC_IRQChannelSubPriority = 2;  //从优先级 2 级
    NVIC_InitStructure.NVIC_IRQChannelCmd = ENABLE;     //外部中断通道使能
    NVIC_Init(&NVIC_InitStructure);                     //初始化 NVIC
    if(Check_WKUP() == 0)Sys_Standby();                 //不是开机,进入待机模式
}
```

注意,不要同时引用 exit.c 文件,因为 exit.c 里面也有一个 void EXTI0_IRQHandler(void)函数,如果不删除,MDK 就会报错。该部分代码比较简单,这里说明两点:

① 在 void Sys_Enter_Standby(void)函数里面,我们要在进入待机模式前把所有开启的外设全部关闭,这里仅仅复位了所有的 I/O 口,使得 I/O 口全部为浮空输入。其他外设(比如 ADC 等)根据自己开启的情况进行一一关闭就可,这样才能达到最低功耗!

② 在 void WKUP_Init(void)函数里面,我们要先判断 WK_UP 是否按下了 3 s 来决定要不要开机,如果没有按下 3 s,程序直接就进入了待机模式。所以在下载完代码的时候是看不到任何反应的。我们必须先按 WK_UP 按键 3 秒钟以开机,才能看到 DS0 闪烁。

main.c 里面 main 函数代码如下:

```
int main(void)
{
    delay_init();                                       //延时函数初始化
    NVIC_PriorityGroupConfig(NVIC_PriorityGroup_2);     //设置 NVIC 中断分组 2
    uart_init(115200);                                  //串口初始化波特率为 115200
    LED_Init();                                         //LED 端口初始化
    WKUP_Init();                                        //待机唤醒初始化
    LCD_Init();                                         //LCD 初始化
    POINT_COLOR = RED;
    //…此处省略部分液晶显示代码
    while(1)
    { LED0 = ! LED0;
        delay_ms(250);
    }
}
```

这里先初始化 LED 和 WK_UP 按键(通过 WKUP_Init()函数初始化),如果检测到有长按 WK_UP 按键 3 s 以上则开机,并执行 LCD 初始化,在 LCD 上面显示一些内容;如果没有长按,则在 WKUP_Init 里面调用 Sys_Enter_Standby 函数,直接进入待机模式。

开机后,在死循环里面等待 WK_UP 中断的到来,得到中断后,在中断函数里面判断 WK_UP 按下的时间长短来决定是否进入待机模式,如果按下时间超过 3 s,则进入待机;否则,退出中断,继续执行 main 函数的死循环等待,同时不停地取反 LED0,让红灯闪烁。

注意:下载代码后一定要长按 WK_UP 按键来开机,否则将直接进入待机模式,无任何现象。

18.4 下载与测试

编译成功之后,下载代码到战舰 STM32 V3 上,此时看不到任何现象,和没下载代码一样。其实这是正常的,程序下载完之后,开发板检测不到 WK_UP(即 WK_UP 按键)的持续按下(3 s 以上),所以直接进入待机模式,看起来和没有下载代码一样。然后,长按 WK_UP 按键 3 s 左右(WK_UP 按下时 DS0 会长亮),可以看到 DS0 开始闪烁,液晶也会显示一些内容。然后再长按 WK_UP,DS0 会灭掉,液晶灭掉,程序再次进入待机模式。

第 19 章

ADC 实验

本章将利用 STM32F1 的 ADC1 通道 1 来采样外部电压值,并在 TFTLCD 模块上显示出来。

19.1 STM32 ADC 简介

STM32 拥有 1~3 个 ADC(STM32F101/102 系列只有一个 ADC),这些 ADC 可以独立使用,也可以使用双重模式(提高采样率)。STM32 的 ADC 是 12 位逐次逼近型的模拟数字转换器,有 18 个通道,可测量 16 个外部和 2 个内部信号源。各通道的 A/D 转换可以单次、连续、扫描或间断模式执行。ADC 的结果可以左对齐或右对齐方式存储在 16 位数据寄存器中。模拟看门狗特性允许应用程序检测输入电压是否超出用户定义的高/低阈值。

STM32F103 系列最少都拥有 2 个 ADC,我们选择的 STM32F103ZET 包含有 3 个 ADC。STM32 的 ADC 最大的转换速率为 1 MHz,也就是转换时间为 1 μs(在 ADC-CLK=14 MHz,采样周期为 1.5 个 ADC 时钟下得到),不要让 ADC 的时钟超过 14 MHz,否则将导致结果准确度下降。

STM32 将 ADC 的转换分为 2 个通道组:规则通道组和注入通道组。规则通道相当于正常运行的程序,而注入通道就相当于中断。在程序正常执行的时候,中断是可以打断正常的执行的。同这个类似,注入通道的转换可以打断规则通道的转换,在注入通道被转换完成之后,规则通道才得以继续转换。

通过一个形象的例子可以说明:假如在家里的院子内放了 5 个温度探头,室内放了 3 个温度探头,则需要时刻监视室外温度即可,但偶尔想看看室内的温度,因此可以使用规则通道组循环扫描室外的 5 个探头并显示 A/D 转换结果。当想看室内温度时,通过一个按钮启动注入转换组(3 个室内探头)并暂时显示室内温度;当放开这个按钮后,系统又会回到规则通道组继续检测室外温度。从系统设计上,测量并显示室内温度的过程中断了测量并显示室外温度的过程,但程序设计上可以在初始化阶段分别设置好不同的转换组,系统运行中不必再变更循环转换的配置,从而达到两个任务互不干扰和快速切换的结果。可以设想一下,如果没有规则组和注入组的划分,当按下按钮后,需要重新配置 A/D 循环扫描的通道,然后在释放按钮后须再次配置 A/D 循环扫描的通道。

第 19 章　ADC 实验

上面的例子因为速度较慢,不能完全体现这样区分(规则通道组和注入通道组)的好处,但工业应用领域中有很多检测和监视探头需要较快地处理,这样对 A/D 转换的分组将简化事件处理的程序,并提高事件处理的速度。

STM32 的 ADC 的规则通道组最多包含 16 个转换,而注入通道组最多包含 4 个通道。这两个通道组的详细介绍可参考《STM32 参考手册的》第 155 页,第 11 章。

STM32 的 ADC 可以进行很多种不同的转换模式,这些模式在《STM32 参考手册》的第 11 章也都有详细介绍,这里就不一一列举了。本章仅介绍如何使用规则通道的单次转换模式。

STM32 的 ADC 在单次转换模式下只执行一次转换,该模式可以通过 ADC_CR2 寄存器的 ADON 位(只适用于规则通道)启动,也可以通过外部触发启动(适用于规则通道和注入通道),这是 CONT 位为 0。

以规则通道为例,一旦所选择的通道转换完成,转换结果将被存在 ADC_DR 寄存器中,EOC(转换结束)标志将被置位;如果设置了 EOCIE,则会产生中断。然后 ADC 将停止,直到下次启动。

接下来介绍一下执行规则通道的单次转换需要用到的 ADC 寄存器。第一个要介绍的是 ADC 控制寄存器(ADC_CR1 和 ADC_CR2)。ADC_CR1 的各位描述如图 19.1.1 所示。

31	30	29	28	27	26	25	24	23	22	21	20	19	18	17	16
			保留					AWD EN	AWD ENJ	保留		DUALMOD[3:0]			
								rw	rw			rw	rw	rw	rw

15	14	13	12	11	10	9	8	7	6	5	4	3	2	1	0
DISCNUM[2:0]			DISC ENJ	DISC EN	JAUTO	AWD SGL	SCAN	JEOC IE	AWDIE	EOCIE		AWDCH[4:0]			
rw	rw	rw	rw	rw	rw	rw	rw	rw	rw	rw	rw	rw	rw	rw	rw

图 19.1.1　ADC_CR1 寄存器各位描述

这里不再详细介绍每个位,而是抽出几个本章要用到的位进行针对性介绍,详细的说明及介绍可参考《STM32 参考手册》第 11 章的相关章节。

ADC_CR1 的 SCAN 位用于设置扫描模式,由软件设置和清除,如果设置为 1,则使用扫描模式;如果为 0,则关闭扫描模式。在扫描模式下,由 ADC_SQRx 或 ADC_JSQRx 寄存器选中的通道被转换。如果设置了 EOCIE 或 JEOCIE,则只在最后一个通道转换完毕才会产生 EOC 或 JEOC 中断。

ADC_CR1[19:16]用于设置 ADC 的操作模式,详细的对应关系如图 19.1.2 所示。本章要使用的是独立模式,所以设置这几位为 0 就可以了。

接着介绍 ADC_CR2,该寄存器的各位描述如图 19.1.3 所示。ADON 位用于开关 A/D 转换器。CONT 位用于设置是否进行连续转换,我们使用单次转换,所以 CONT 位必须为 0。CAL 和 RSTCAL 用于 AD 校准。ALIGN 用于设置数据对齐,我们使用右对齐,该位设置为0。

位 19:16	DUALMOD[3:0]:双模式选择 软件使用这些位选择操作模式。 0000:独立模式;0001:混合的同步规则＋注入同步模式 0010:混合的同步规则＋变替触发模式;0011:混合同步注入＋快速变替模式 0100:混合同步注入＋慢速变替模式;0101:注入同步模式 0110:规则同步模式;0111:快速变替模式 1000:慢速变替模式;1001:交替触发模式 注:在 ADC2 和 ADC3 中这些位为保留位 在双模式中,改变通道的配置会产生一个重新开始的条件,这将导致同步丢失。建议在进行任何配置改变前关闭双模式

图 19.1.2　ADC 操作模式

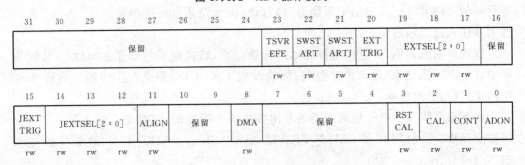

图 19.1.3　ADC_CR2 寄存器操作模式

EXTSEL[2:0]用于选择启动规则转换组转换的外部事件,详细的设置关系如图 19.1.4 所示。这里使用的是软件触发(SWSTART),所以设置这 3 个位为 111。ADC_CR2 的 SWSTART 位用于开始规则通道的转换,每次转换(单次转换模式下)都需要向该位写 1。AWDEN 为用于使能温度传感器和 Vrefint。

位 19:17	EXTSEL[2:0]:选择启动规则通道组转换的外部事件 这些位选择用于启动规则通道组转换的外部事件 ADC1 和 ADC2 的触发配置如下: 000:定时器 1 的 CC1 事件　　　100:定时器 3 的 TRGO 事件 001:定时器 1 的 CC2 事件　　　101:定时器 4 的 CC4 事件 010:定时器 1 的 CC3 事件　　　110:EXTI 线 11/TIM8_TRGO,仅大容量产品具有 TIM8_TRGO 功能 011:定时器 2 的 CC2 事件　　　111:SWSTART ADC3 的触发配置如下: 000:定时器 3 的 CC1 事件　　　100:定时器 8 的 TRGO 事件 001:定时器 2 的 CC3 事件　　　101:定时器 5 的 CC1 事件 010:定时器 1 的 CC3 事件　　　110:定时器 5 的 CC3 事件 011:定时器 8 的 CC1 事件　　　111:SWSTART

图 19.1.4　ADC 选择启动规则转换事件设置

第二个要介绍的是 ADC 采样事件寄存器(ADC_SMPR1 和 ADC_SMPR2),这两个寄存器用于设置通道 0～17 的采样时间,每个通道占用 3 个位。ADC_SMPR1 的各位描述如图 19.1.5 所示。ADC_SMPR2 的各位描述如图 19.1.6 所示。

第 19 章 ADC 实验

31	30	29	28	27	26	25	24	23	22	21	20	19	18	17	16
保留								SMP14[2∶0]			SMP16[2∶0]			SMP15[2∶1]	
							rw	rw	rw	rw	rw	rw	rw	rw	rw

15	14	13	12	11	10	9	8	7	6	5	4	3	2	1	0
SMP 15_0	SMP14[2∶0]			SMP13[2∶0]			SMP12[2∶0]			SMP11[2∶0]			SMP10[2∶0]		
rw	rw	rw	rw	rw	rw	rw	rw	rw	rw	rw	rw	rw	rw	rw	rw

位 31∶24	保留。必须保持为 0
位 23∶0	SMPx[2∶0]:选择通道 x 的采样时间 这些位用于独立地选择每个通道的采样时间。在采样周期中通道选择位必须保持不变。 000:1.5 周期　　　　100:41.5 周期 001:7.5 周期　　　　101:55.5 周期 010:13.5 周期　　　110:71.5 周期 011:28.5 周期　　　111:239.5 周期 注: - ADC1 的模拟输入通道 16 和通道 17 在芯片内部分别连到了温度传感器和 VREFINT。 - ADC2 的模拟输入通道 16 和通道 17 在芯片内部连到了 V_{SS}。 - ADC3 模拟输入通道 14,15,16,17 与 V_{SS} 相连

图 19.1.5　ADC_SMPR1 寄存器各位描述

31	30	29	28	27	26	25	24	23	22	21	20	19	18	17	16
保留		SMP9[2∶0]			SMP8[2∶0]			SMP7[2∶0]			SMP6[2∶0]			SMP5[2∶1]	
		rw	rw	rw	rw	rw	rw	rw	rw	rw	rw	rw	rw	rw	rw

15	14	13	12	11	10	9	8	7	6	5	4	3	2	1	0
SMP 5_0	SMP4[2∶0]			SMP3[2∶0]			SMP2[2∶0]			SMP1[2∶0]			SMP0[2∶0]		
rw	rw	rw	rw	rw	rw	rw	rw	rw	rw	rw	rw	rw	rw	rw	rw

位 31∶30	保留。必须保持为 0
位 23∶0	SMPx[2∶0]:选择通道 x 的采样时间 这些位用于独立地选择每个通道的采样时间。在采样周期中通道选择位必须保持不变。 000:1.5 周期　　　　100:41.5 周期 001:7.5 周期　　　　101:55.5 周期 010:13.5 周期　　　110:71.5 周期 011:28.5 周期　　　111:239.5 周期 注:ADC3 模拟输入通道 9 与 V_{ss} 相连

图 19.1.6　ADC_SMPR2 寄存器各位描述

对于每个要转换的通道,采样时间建议尽量长一点,以获得较高的准确度,但是这样会降低 ADC 的转换速率。ADC 的转换时间可以由以下公式计算:

$$T_{covn} = 采样时间 + 12.5 个周期$$

其中,T_{covn} 为总转换时间,采样时间是根据每个通道的 SMP 位的设置来决定的。例如,当 ADCCLK=14 MHz 的时候,并设置 1.5 个周期的采样时间,则得到 T_{covn}=1.5+12.5=14 个周期=1 μs。

第三个要介绍的是 ADC 规则序列寄存器(ADC_SQR1~3),该寄存器总共有 3 个,这几个寄存器的功能都差不多,这里仅介绍一下 ADC_SQR1,该寄存器的各位描述如图 19.1.7 所示。

31	30	29	28	27	26	25	24	23	22	21	20	19	18	17	16
			保留					L[3:0]				SQ16[4:1]			
								rw	rw	rw	rw	rw	rw	rw	rw

15	14	13	12	11	10	9	8	7	6	5	4	3	2	1	0
SQ16_0	SQ15[4:0]					SQ14[4:0]					SQ13[4:0]				
rw	rw	rw	rw	rw	rw	rw	rw	rw	rw	rw	rw	rw	rw	rw	rw

位 31:24	保留。必须保持为 0
位 23:20	L[3:0]:规则通道序列长度 这些位定义了在规则通道转换序列中转换总数。 0000:一个转换 0001:2 个转换 …… 1111:16 个转换
位 19:15	SQ16[4:0]:规则序列中的第 16 个转换 这些位定义了转换序列中的第 16 个转换通道的编 0(0~17)
位 14:10	SQ15[4:0]:规则序列中的第 15 个转换
位 9:5	SQ14[4:0]:规则序列中的第 14 个转换
位 4:0	SQ13[4:0]:规则序列中的第 13 个转换

图 19.1.7　ADC_SQR1 寄存器各位描述

L[3:0]用于存储规则序列的长度,这里只用了一个,所以设置这几个位的值为 0。其他的 SQ13~16 则存储了规则序列中第 13~16 个通道的编号(0~17)。另外两个规则序列寄存器同 ADC_SQR1 大同小异,这里就不再介绍了。注意:我们选择的是单次转换,所以只有一个通道在规则序列里面,这个序列就是 SQ1,通过 ADC_SQR3 的最低 5 位(也就是 SQ1)设置。

第四个要介绍的是 ADC 规则数据寄存器(ADC_DR)。规则序列中的 A/D 转化结果都将被存在这个寄存器里面,而注入通道的转换结果被保存在 ADC_JDRx 里面。ADC_DR 的各位描述如图 19.1.8 所示。

31	30	29	28	27	26	25	24	23	22	21	20	19	18	17	16
							ADC2DATA[15:0]								
r	r	r	r	r	r	r	r	r	r	r	r	r	r	r	r

15	14	13	12	11	10	9	8	7	6	5	4	3	2	1	0
							DATA[15:0]								
r	r	r	r	r	r	r	r	r	r	r	r	r	r	r	r

位 31:16	ADC2DATA[15:0]:ADC2 转换的数据 -在 ADC1 中,双模式下,这些位包含了 ADC2 转换的规则通道数据 -在 ADC2 中,不用这些位
位 15:0	DATA[15:0]:规则转换的数据 这些位为只请,包含了规则通道的转换结果。数据是左或右对齐

图 19.1.8　ADC_DRx 寄存器各位描述

这里要提醒一点的是,该寄存器的数据可以通过 ADC_CR2 的 ALIGN 位设置左

第 19 章 ADC 实验

对齐还是右对齐。

最后一个要介绍的 ADC 寄存器为 ADC 状态寄存器（ADC_SR），该寄存器保存了 ADC 转换时的各种状态。该寄存器的各位描述如图 19.1.9 所示。

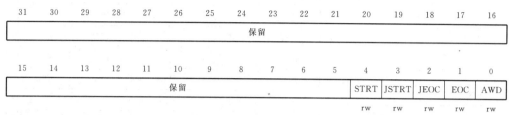

位 31：15	保留。必须保持为 0
位 4	STRT：规则通道开始位 该位由硬件在规则通道转换开始时设置，由软件清除。 0：规则通道转换未开始；1：规则通道转换已开始
位 3	JSTRT：注入通道开始位 该位由硬件在注入通道组转换开始时设置，由软件清除。 0：注入通道转换未开始；1：注入通道转换已开始
位 2	JEOC：注入通道转换结束位 该位由硬件在所有注入通道组转换结束时设置，由软件清除。 0：转换未完成；1：转换完成
位 1	EOC：转换结束位 该位由硬件在（规则或注入）通道组转换结束时设置，由软件清除或由读 AOC_DR 时清除 0：转换未完成；1：转换完成
位 0	AWD：模拟看门狗标志位 该位由硬件在转换的电压值超出了 ADC_LTR 和 ADC_HTR 寄存器定义的范围时设置，由软件清除。 0：没有发生模拟看门狗事件；1：发生模拟看门狗事件

图 19.1.9　ADC_SR 寄存器各位描述

这里要用到的是 EOC 位，我们通过判断该位来决定此次规则通道的 A/D 转换是否已经完成，如果完成，则从 ADC_DR 中读取转换结果，否则等待转换完成。

通过以上寄存器的介绍，我们了解了 STM32 的单次转换模式下的相关设置，下面介绍使用库函数的函数来设定使用 ADC1 的通道 1 进行 A/D 转换。这里需要说明一下，使用到的库函数分布在 stm32f10x_adc.c 文件和 stm32f10x_adc.h 文件中。下面讲解其详细设置步骤：

① 开启 PA 口时钟和 ADC1 时钟，设置 PA1 为模拟输入。

STM32F103ZET6 的 ADC 通道 1 在 PA1 上，所以，先要使能 PORTA 的时钟和 ADC1 时钟，然后设置 PA1 为模拟输入。使能 GPIOA 和 ADC 时钟用 RCC_APB2PeriphClockCmd 函数，设置 PA1 的输入方式，使用 GPIO_Init 函数即可。这里列出 STM32 的 ADC 通道与 GPIO 对应表，如图 19.1.10 所示。

② 复位 ADC1，同时设置 ADC1 分频因子。

开启 ADC1 时钟之后，我们要复位 ADC1，将 ADC1 的全部寄存器重设为默认值之后就可以通过 RCC_CFGR 设置 ADC1 的分频因子。分频因子要确保 ADC1 的时钟（ADCCLK）不超过 14 MHz。这个设置分频因子为 6，时钟为 72 MHz/6＝12 MHz，库函数的实现方法是：

	ADC1	ADC2	ADC3		ADC1	ADC2	ADC3
通道 0	PA0	PA0	PA0	通道 9	PB1	PB0	
通道 1	PA1	PA1	PA1	通道 10	PC0	PC0	PC0
通道 2	PA2	PA2	PA2	通道 11	PC1	PC1	PC1
通道 3	PA3	PA3	PA3	通道 12	PC2	PC2	PC2
通道 4	PA4	PA4	PF6	通道 13	PC3	PC3	PC3
通道 5	PA5	PA5	PF7	通道 14	PC4	PC4	
通道 6	PA6	PA6	PF8	通道 15	PC5	PC5	
通道 7	PA7	PA7	PF9	通道 16	温度传感器		
通道 8	PB0	PB0	PF10	通道 17	内部参照电压		

图 19.1.10 ADC 通道与 GPIO 对应表

```
RCC_ADCCLKConfig(RCC_PCLK2_Div6);
```

ADC 时钟复位的方法是：

```
ADC_DeInit(ADC1);
```

这个函数非常容易理解，就是复位指定的 ADC。

③ 初始化 ADC1 参数，设置 ADC1 的工作模式以及规则序列的相关信息。

在设置完分频因子之后，我们就可以开始 ADC1 的模式配置了，设置单次转换模式、触发方式选择、数据对齐方式等都在这一步实现。同时，还要设置 ADC1 规则序列的相关信息，这里只有一个通道，并且是单次转换的，所以设置规则序列中通道数为 1。这些在库函数中是通过函数 ADC_Init 实现的，下面看看其定义：

```
void ADC_Init(ADC_TypeDef * ADCx, ADC_InitTypeDef * ADC_InitStruct);
```

可以看出，第一个参数是指定 ADC 号。第二个参数跟其他外设初始化一样，同样是通过设置结构体成员变量的值来设定的。

```
typedef struct
{
    uint32_t ADC_Mode;
    FunctionalState ADC_ScanConvMode;
    FunctionalState ADC_ContinuousConvMode;
    uint32_t ADC_ExternalTrigConv;
    uint32_t ADC_DataAlign;
    uint8_t ADC_NbrOfChannel;
}ADC_InitTypeDef;
```

参数 ADC_Mode 用来设置 ADC 的模式。ADC 的模式非常多，包括独立模式、注入同步模式等，这里选择独立模式，所以参数为 ADC_Mode_Independent。

参数 ADC_ScanConvMode 用来设置是否开启扫描模式，因为是单次转换，这里选择不开启值 DISABLE 即可。

参数 ADC_ContinuousConvMode 用来设置是否开启连续转换模式，因为是单次转换模式,所以选择不开启连续转换模式,DISABLE 即可。

参数 ADC_ExternalTrigConv 用来设置启动规则转换组转换的外部事件,这里选择软件触发,选择值为 ADC_ExternalTrigConv_None 即可。

参数 DataAlign 用来设置 ADC 数据对齐方式是左对齐还是右对齐,这里选择右对齐方式 ADC_DataAlign_Right。

参数 ADC_NbrOfChannel 用来设置规则序列的长度,这里是单次转换,所以值为 1 即可。

下面看看初始化范例:

```
ADC_InitTypeDef ADC_InitStructure;
ADC_InitStructure.ADC_Mode = ADC_Mode_Independent;//ADC 工作模式:独立模式
ADC_InitStructure.ADC_ScanConvMode = DISABLE;//AD 单通道模式
ADC_InitStructure.ADC_ContinuousConvMode = DISABLE;//AD 单次转换模式
ADC_InitStructure.ADC_ExternalTrigConv = ADC_ExternalTrigConv_None;
//转换由软件而不是外部触发启动
ADC_InitStructure.ADC_DataAlign = ADC_DataAlign_Right;//ADC 数据右对齐
ADC_InitStructure.ADC_NbrOfChannel = 1;//顺序进行规则转换的 ADC 通道的数目 1
ADC_Init(ADC1,&ADC_InitStructure);//根据指定的参数初始化外设 ADCx
```

⑤ 使能 ADC 并校准。

设置完了以上信息后就使能 A/D 转换器,执行复位校准和 A/D 校准。注意,这两步是必须的,不校准将导致结果很不准确。

使能指定的 ADC 的方法是:

```
ADC_Cmd(ADC1,ENABLE);//使能指定的 ADC1
```

执行复位校准的方法是:

```
ADC_ResetCalibration(ADC1);
```

执行 ADC 校准的方法是:

```
ADC_StartCalibration(ADC1);//开始指定 ADC1 的校准状态
```

记住,每次进行校准之后要等待校准结束。这里是通过获取校准状态来判断是否校准结束。

下面一一列出复位校准和 A/D 校准的等待结束方法:

```
while(ADC_GetResetCalibrationStatus(ADC1));//等待复位校准结束
while(ADC_GetCalibrationStatus(ADC1));//等待校 AD 准结束
```

⑥ 读取 ADC 值。

上面的校准完成之后,ADC 就算准备好了。接下来要做的就是设置规则序列 1 里面的通道、采样顺序以及通道的采样周期,然后启动 ADC 转换。转换结束后,读取 ADC 转换结果值就可以了。这里设置规则序列通道以及采样周期的函数是:

```
void ADC_RegularChannelConfig(ADC_TypeDef * ADCx, uint8_t ADC_Channel,
 uint8_t Rank,uint8_t ADC_SampleTime);
```

这里是规则序列中的第一个转换,同时采样周期为 239.5,所以设置为:

```
ADC_RegularChannelConfig(ADC1,ch,1,ADC_SampleTime_239Cycles5);
```

软件开启 ADC 转换的方法是：

```
ADC_SoftwareStartConvCmd(ADC1,ENABLE);//使能指定的 ADC1 的软件转换启动功能
```

开启转换之后就可以获取转换 ADC 转换结果数据，方法是：

```
ADC_GetConversionValue(ADC1);
```

同时在 A/D 转换中还要根据状态寄存器的标志位来获取 A/D 转换的各个状态信息。库函数获取 A/D 转换的状态信息的函数是：

```
FlagStatus ADC_GetFlagStatus(ADC_TypeDef * ADCx, uint8_t ADC_FLAG)
```

比如要判断 ADC1d 的转换是否结束，方法是：

```
while(! ADC_GetFlagStatus(ADC1,ADC_FLAG_EOC));//等待转换结束
```

这里还需要说明一下 ADC 的参考电压。战舰 STM32 开发板使用的是 STM32F103ZET6，该芯片有外部参考电压：V_{ref-} 和 V_{ref+}，其中，V_{ref-} 必须和 V_{SSA} 连接在一起，而 V_{ref+} 的输入范围为 2.4～V_{DDA}。战舰 STM23 开发板通过 P7 端口设置 V_{ref-} 和 V_{ref+} 参考电压，默认是通过跳线帽将 V_{ref-} 接到 GND、V_{ref+} 接到 V_{DDA}，参考电压就是 3.3 V。如果想自己设置其他参考电压，则将参考电压接在 V_{ref-} 和 V_{ref+} 上就可以了。本章的参考电压设置的是 3.3 V。

通过以上几个步骤的设置，我们就能正常地使用 STM32 的 ADC1 来执行 A/D 转换操作了。

19.2 硬件设计

本实验用到的硬件资源有：指示灯 DS0、TFTLCD 模块、ADC、杜邦线。前面 2 个均已介绍过，而 ADC 属于 STM32 内部资源，实际上只需要软件设置就可以正常工作，不过需要在外部连接其端口到被测电压上面。本章通过 ADC1 的通道 1(PA1)来读取外部电压值，战舰 STM32 开发板上面没有设计参考电压源，但是板上有几个可以提供测试的地方：①3.3 V 电源。②GND。③后备电池。注意：这里不能接到板上 5 V 电源上去测试，这可能会烧坏 ADC！

因为要连接到其他地方测试电压，所以需要一根杜邦线或者自备的连接线，一头插在多功能端口 P14 的 ADC 插针上(与 PA1 连接)，另外一头接要测试的电压点(确保该电压不大于 3.3 V 即可)。

19.3 软件设计

打开我们的 ADC 转换实验，可以看到工程中多了一个 adc.c 文件和 adc.h 文件。同时 ADC 相关的库函数是在 stm32f10x_adc.c 文件和 stm32f10x_adc.h 文件中。

打开 adc.c，可以看到代码如下：

```
//初始化 ADC
//这里仅以规则通道为例默认将开启通道 0～3
```

第 19 章　ADC 实验

```
void Adc_Init(void)
{   ADC_InitTypeDef ADC_InitStructure;
    GPIO_InitTypeDef GPIO_InitStructure;
    RCC_APB2PeriphClockCmd(RCC_APB2Periph_GPIOA|
    RCC_APB2Periph_ADC1, ENABLE );           //使能 ADC1 通道时钟
    RCC_ADCCLKConfig(RCC_PCLK2_Div6);        //设置 ADC 分频因子 6
    //72 MHz/6 = 12 MHz,ADC 最大时间不能超过 14 MHz
    //PA1 作为模拟通道输入引脚
    GPIO_InitStructure.GPIO_Pin = GPIO_Pin_1;
    GPIO_InitStructure.GPIO_Mode = GPIO_Mode_AIN;    //模拟输入
    GPIO_Init(GPIOA, &GPIO_InitStructure);           //初始化 GPIOA.1
    ADC_DeInit(ADC1);   //复位 ADC1,将外设 ADC1 的全部寄存器重设为缺省值
    ADC_InitStructure.ADC_Mode = ADC_Mode_Independent;    //ADC 独立模式
    ADC_InitStructure.ADC_ScanConvMode = DISABLE;         //单通道模式
    ADC_InitStructure.ADC_ContinuousConvMode = DISABLE;   //单次转换模式
    ADC_InitStructure.ADC_ExternalTrigConv = ADC_ExternalTrigConv_None;//转换由
                                            //软件而不是外部触发启动
    ADC_InitStructure.ADC_DataAlign = ADC_DataAlign_Right;//ADC 数据右对齐
    ADC_InitStructure.ADC_NbrOfChannel = 1;//顺序进行规则转换的 ADC 通道的数目
    ADC_Init(ADC1,&ADC_InitStructure);      //根据指定的参数初始化外设 ADCx
    ADC_Cmd(ADC1,ENABLE);               //使能指定的 ADC1
    ADC_ResetCalibration(ADC1);             //开启复位校准
    while(ADC_GetResetCalibrationStatus(ADC1));//等待复位校准结束
    ADC_StartCalibration(ADC1);             //开启 AD 校准
    while(ADC_GetCalibrationStatus(ADC1));   //等待校准结束
}
//获得 ADC 值
//ch:通道值 0~3
u16 Get_Adc(u8 ch)
{
    //设置指定 ADC 的规则组通道,设置它们的转化顺序和采样时间
    ADC_RegularChannelConfig(ADC1,ch,1,ADC_SampleTime_239Cycles5);
                        //通道 1,规则采样顺序值为 1,采样时间为 239.5 周期
    ADC_SoftwareStartConvCmd(ADC1,ENABLE);//使能软件转换功能
    while(! ADC_GetFlagStatus(ADC1,ADC_FLAG_EOC));//等待转换结束
    return ADC_GetConversionValue(ADC1);//返回最近一次 ADC1 规则组的转换结果
}
u16 Get_Adc_Average(u8 ch,u8 times)
{
    u32 temp_val = 0;
    u8 t;
    for(t = 0;t<times;t ++ )
    {
        temp_val + = Get_Adc(ch);
        delay_ms(5);
    }
    return temp_val/times;
}
```

此部分代码就 3 个函数,Adc_Init 函数用于初始化 ADC1。这里基本上是按上面的步骤来初始化的,仅开通了一个通道,即通道 1。第二个函数 Get_Adc 用于读取某个

通道的 ADC 值，例如读取通道 1 上的 ADC 值就可以通过 Get_Adc(1) 得到。最后一个函数 Get_Adc_Average 用于多次获取 ADC 值，取平均，用来提高准确度。

接下来看看 main.c 的代码如下：

```c
int main(void)
{
    u16 adcx;
    float temp;
    delay_init();                   //延时函数初始化
    NVIC_PriorityGroupConfig(NVIC_PriorityGroup_2);  //设置 NVIC 中断分组 2
    uart_init(115200);              //串口初始化波特率为 115200
    LED_Init();                     //LED 端口初始化
    LCD_Init();                     //LCD 初始化
    Adc_Init();                     //ADC 初始化
    //…此处省略部分液晶显示代码
    POINT_COLOR = BLUE;             //设置字体为蓝色
    LCD_ShowString(60,130,200,16,16,"ADC_CH0_VAL:");
    LCD_ShowString(60,150,200,16,16,"ADC_CH0_VOL:0.000V");
    while(1)
    {
        adcx = Get_Adc_Average(ADC_Channel_1,10);
        LCD_ShowxNum(156,130,adcx,4,16,0);//显示 ADC 的值
        temp = (float)adcx * (3.3/4096);
        adcx = temp;
        LCD_ShowxNum(156,150,adcx,1,16,0);//显示电压值
        temp -= adcx;
        temp *= 1000;
        LCD_ShowxNum(172,150,temp,3,16,0X80);
        LED0 = ! LED0;
        delay_ms(250);
    }
}
```

此部分代码中，程序先在 TFTLCD 模块上显示一些提示信息，然后，每隔 250 ms 读取一次 ADC 通道 0 的值，并显示读到的 ADC 值（数字量）以及转换成模拟量后的电压值。同时控制 LED0 闪烁，以提示程序正在运行。

19.4 下载验证

在代码编译成功之后，下载代码到 ALIENTEK 战舰 STM32 开发板上，可以看到 LCD 显示如图 19.4.1 所示。图中是将 ADC 和 TPAD 连接在一起，可以看到，TPAD 信号电平为 3 V 左右，这是因为存在上拉电阻 R41 的缘故。

同时伴随 DS0 的不停闪烁，提示程序在运行。读者可以试试用杜邦线连接 PA1 到其他地方，看看电压值是否准确？但是一定别接到 5 V 上面，会烧坏 ADC！

通过这一章的学习了解了 STM32 ADC 的使用，但这仅仅是 STM32 强大的 ADC 功能的一小点应用。STM32 的 ADC 在很多地方都可以用到，其 DMA 功能是很不错

第 19 章 ADC 实验

的,建议有兴趣的读者深入研究下,相信会给以后的开发带来方便。

图 19.4.1 ADC 实验实际测试图

第 20 章

光敏传感器实验

本章介绍战舰 STM32F103 自带的一个光敏传感器,等要用到 ADC 采集,通过 ADC 采集电压获取光敏传感器的电阻变化,从而得出环境光线的变化,并在 TFTLCD 上面显示出来。

20.1 光敏传感器简介

光敏传感器是最常见的传感器之一,种类繁多,主要有光电管、光电倍增管、光敏电阻、光敏三极管、太阳能电池、红外线传感器、紫外线传感器、光纤式光电传感器、色彩传感器、CCD 和 CMOS 图像传感器等。光传感器是目前产量最多、应用最广的传感器之一,在自动控制和非电量电测技术中占有非常重要的地位。

光敏传感器是利用光敏元件将光信号转换为电信号的传感器,敏感波长在可见光波长附近,包括红外线波长和紫外线波长。光传感器不只局限于对光的探测,还可以作为探测元件组成其他传感器,对许多非电量进行检测,只要将这些非电量转换为光信号的变化即可。

战舰 STM32F103 板载了一个光敏二极管(光敏电阻)作为光敏传感器,它对光的变化非常敏感。光敏二极管也叫光电二极管,与半导体二极管在结构上是类似的,其管芯是一个具有光敏特征的 PN 结,具有单向导电性,因此工作时需加上反向电压。无光照时,有很小的饱和反向漏电流,即暗电流,此时光敏二极管截止。当受到光照时,饱和反向漏电流大大增加,形成光电流,随入射光强度的变化而变化。当光线照射 PN 结时,可以使 PN 结中产生电子空穴对,使少数载流子的密度增加。这些载流子在反向电压下漂移,使反向电流增加。因此,可以利用光照强弱来改变电路中的电流。

利用这个电流变化串接一个电阻,就可以转换成电压的变化,从而通过 ADC 读取电压值,判断外部光线的强弱。

本章利用 ADC3 的通道 6(PF8)来读取光敏二极管电压的变化,从而得到环境光线的变化,并将得到的光线强度显示在 TFTLCD 上面。

20.2 硬件设计

本实验用到的硬件资源有指示灯 DS0、TFTLCD 模块、ADC、光敏传感器。

第 20 章　光敏传感器实验

前 3 个之前均有介绍。光敏传感器与 STM32F1 的连接如图 20.2.1 所示。图中，LS1 是光敏二极管(实物在开发板摄像头接口右侧)，R34 为其提供反向电压，当环境光线变化时，LS1 两端的电压也会随之改变，从而通过 ADC3_IN6 通道读取 LIGHT_SENSOR(PF8)上面的电压，即可得到环境光线的强弱。光线越强，电压越低，光线越暗，电压越高。

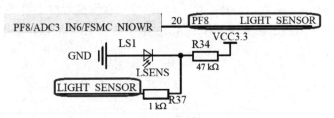

图 20.2.1　光敏传感器与 STM32F1 连接示意图

20.3　软件设计

打开本章实验工程可以看到，我们在 HARDWARE 分组下面添加了新的文件 lsens.c，同时将头文件 lsens.h 路径加入到头文件包含路径中。

打开 lsens.c，代码如下：

```
//初始化光敏传感器
void Lsens_Init(void)
{
    GPIO_InitTypeDef GPIO_InitStructure;
    RCC_APB2PeriphClockCmd(RCC_APB2Periph_GPIOF,ENABLE);//使能 PORTF 时钟
    GPIO_InitStructure.GPIO_Pin = GPIO_Pin_8;//PF8 anolog 输入
    GPIO_InitStructure.GPIO_Mode = GPIO_Mode_AIN;//模拟输入引脚
    GPIO_Init(GPIOF, &GPIO_InitStructure);
    Adc3_Init();}
//读取 Light Sens 的值
//0~100;0,最暗;100,最亮
u8 Lsens_Get_Val(void)
{
    u32 temp_val = 0;
    u8 t;
    for(t = 0;t<LSENS_READ_TIMES;t + + )
    {
        temp_val + = Get_Adc3(LSENS_ADC_CHX);            //读取 ADC 值
        delay_ms(5);
    }
    temp_val/ = LSENS_READ_TIMES;                        //得到平均值
    if(temp_val>4000)temp_val = 4000;
    return(u8)(100 - (temp_val/40));
}
```

这里就 2 个函数，其中 Lsens_Init 用于初始化光敏传感器，其实就是初始化 PF8

为模拟输入,然后通过 Adc3_Init 函数初始化 ADC3。Lsens_Get_Val 函数用于获取当前光照强度,通过 Get_Adc3 得到 ADC3_CH6 转换的电压值,经过简单量化后,处理成 0~100 的光强值。0 对应最暗,100 对应最亮。

头文件 lsens.h 内容比较简单,主要是一些函数申明以及宏定义常量。

接下来打开 adc.c,可以看到添加了 Adc3_Init 和 Get_Adc3 两个函数。Adc3_Init 函数和 ADC_Init 函数几乎是一模一样,但是没有设置对应 I/O 为模拟输入,因为这个在 Lsens_Init 函数已经实现。Get_Adc3 用于获取 ADC3 某个通道的转换结果。

主函数内容:

```
int main(void)
{
    u8 adcx;
    delay_init();                    //延时函数初始化
    NVIC_PriorityGroupConfig(NVIC_PriorityGroup_2);    //设置中断优先级分组为组 2
    uart_init(115200);               //串口初始化为 115200
    LED_Init();                      //初始化与 LED 连接的硬件接口
    LCD_Init();                      //初始化 LCD
    Lsens_Init();                    //初始化光敏传感器
    //…此处省略部分液晶显示代码
    LCD_ShowString(30,130,200,16,16,"LSENS_VAL:");
    while(1)
    {
        adcx = Lsens_Get_Val();
        LCD_ShowxNum(30 + 10 * 8,130,adcx,3,16,0);//显示 ADC 的值
        LED0 = ! LED0;
        delay_ms(250);
    }
}
```

此部分代码也比较简单,初始化各个外设之后进入死循环,通过 Lsens_Get_Val 获取光敏传感器得到的光强值(0~100),并显示在 TFTLCD 上面。

20.4　下载验证

编译成功之后,下载代码到 ALIENTEK 战舰 STM32F103 上,可以看到 LCD 显示如图 20.4.1 所示。

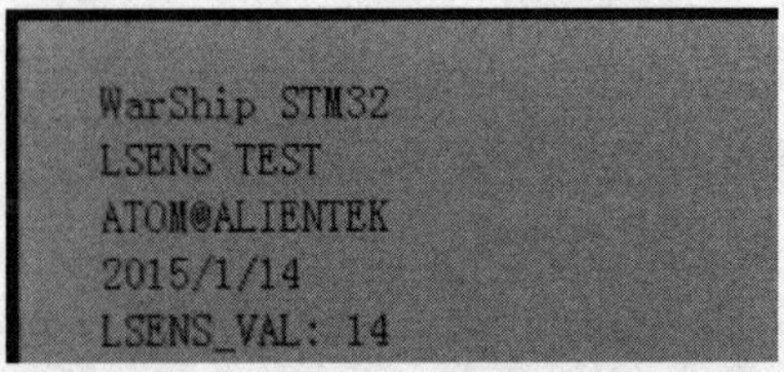

图 20.4.1　光敏传感器实验测试图

伴随 DS0 的不停闪烁提示程序在运行。此时,我们可以通过给 LS1 不同的光照强度来观察 LSENS_VAL 值的变化,光照越强,该值越大,光照越弱,该值越小。

第 21 章

DAC 实验

本章利用按键(或 USMART)控制 STM32 内部 DAC 模块的通道 1 来输出电压,通过 ADC1 的通道 1 采集 DAC 的输出电压,在 LCD 模块上面显示 ADC 获取到的电压值以及 DAC 的设定输出电压值等信息。

21.1 STM32 DAC 简介

大容量的 STM32F103 具有内部 DAC,战舰 STM32 选择的是 STM32F103ZET6,属于大容量产品,所以是带有 DAC 模块的。

STM32 的 DAC 模块(数字/模拟转换模块)是 12 位数字输入,电压输出型的 DAC;可以配置为 8 位或 12 位模式,也可以与 DMA 控制器配合使用。DAC 工作在 12 位模式时,数据可以设置成左对齐或右对齐。DAC 模块有 2 个输出通道,每个通道都有单独的转换器。在双 DAC 模式下,2 个通道可以独立转换,也可以同时进行转换并同步更新 2 个通道的输出。DAC 可以通过引脚输入参考电压 V_{REF+} 以获得更精确的转换结果。

STM32 的 DAC 模块主要特点有:
① 2 个 DAC 转换器:每个转换器对应一个输出通道;
② 8 位或者 12 位单调输出;
③ 12 位模式下数据左对齐或者右对齐;
④ 同步更新功能;
⑤ 噪声波形生成;
⑥ 三角波形生成;
⑦ 双 DAC 通道同时或者分别转换;
⑧ 每个通道都有 DMA 功能。

单个 DAC 通道的框图如图 21.1.1 所示。图中 V_{DDA} 和 V_{SSA} 为 DAC 模块模拟部分的供电,而 V_{REF+} 则是 DAC 模块的参考电压。DAC_OUTx 就是 DAC 的输出通道了(对应 PA4 或者 PA5 引脚)。

从图 21.1.1 可以看出,DAC 输出是受 DORx 寄存器直接控制的,但是不能直接往 DORx 寄存器写入数据,而是通过 DHRx 间接的传给 DORx 寄存器,实现对 DAC 输出的控制。前面提到,STM32 的 DAC 支持 8/12 位模式,8 位模式的时候是固定的右对

齐的,而12位模式又可以设置左对齐/右对齐。单DAC通道x总共有3种情况:

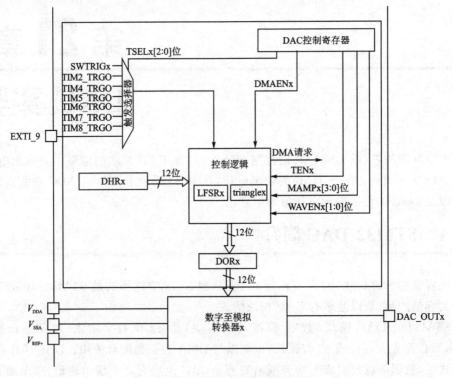

图21.1.1　DAC通道模块框图

① 8位数据右对齐:用户将数据写入DAC_DHR8Rx[7:0]位(实际是存入DHRx[11:4]位)。

② 12位数据左对齐:用户将数据写入DAC_DHR12Lx[15:4]位(实际是存入DHRx[11:0]位)。

③ 12位数据右对齐:用户将数据写入DAC_DHR12Rx[11:0]位(实际是存入DHRx[11:0]位)。

本章使用的就是单DAC通道1,采用12位右对齐格式,所以采用第③种情况。

如果没有选中硬件触发(寄存器DAC_CR1的TENx位置0),存入寄存器DAC_DHRx的数据会在一个APB1时钟周期后自动传至寄存器DAC_DORx。如果选中硬件触发(寄存器DAC_CR1的TENx位置1),数据传输在触发发生以后3个APB1时钟周期后完成。一旦数据从DAC_DHRx寄存器装入DAC_DORx寄存器,在经过时间$t_{SETTLING}$之后,输出即有效,这段时间的长短依电源电压和模拟输出负载的不同会有所变化。可以从STM32F103ZET6的数据手册查到$t_{SETTLING}$的典型值为3 μs,最大是4 μs。所以DAC的转换速度最快是250 kHz左右。

本章将不使用硬件触发(TEN=0),其转换的时间框图如图21.1.2所示。

当DAC的参考电压为V_{REF+}的时候,DAC的输出电压是线性的从0～V_{REF+},12位

模式下 DAC 输出电压与 V_{REF+} 以及 DORx 的计算公式如下:

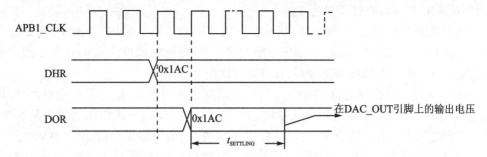

图 21.1.2　TEN=0 时 DAC 模块转换时间框图

$$DACx\ 输出电压 = V_{REF}(DORx/4\ 095)$$

接下来介绍一下要实现 DAC 的通道 1 输出需要用到的一些寄存器。首先是 DAC 控制寄存器 DAC_CR,该寄存器的各位描述如图 21.1.3 所示。

31	30	29	28	27	26	25	24	23	22	21	20	19	18	17	16
保留			DMAEN2	MAMP2[3:0]				WAVE2[2:0]			TSEL2[2:0]		TEN2	BOFF2	EN2
			rw	rw	rw	rw	rw	rw	rw	rw	rw	rw	rw	rw	rw
15	14	13	12	11	10	9	8	7	6	5	4	3	2	1	0
保留			DMAEN1	MAMP1[3:0]				WAVE2[2:0]			TSEL1[2:0]		TEN1	BOFF1	EN1
			rw	rw	rw	rw	rw	rw	rw	rw	rw	rw	rw	rw	rw

图 21.1.3　寄存器 DAC_CR 各位描述

DAC_CR 的低 16 位用于控制通道 1,而高 16 位用于控制通道 2,这里仅列出比较重要的最低 8 位的详细描述,如图 21.1.4 所示。

位 7:6	WAVE1[1:0]:DAC 通道 1 噪声/三角波生成使能 该 2 位由软件设置和清除。 00:关闭波形生成;10:使能噪声波形发生器;1x:性能三角波发生器
位 5:3	TSEL1[2:0]:DAC 通道 1 触发选择 该位用于选择 DAC 通道 1 的外部触发事件。 000:TIM6 TRGO 事件;001:对于互联型号产品是 TIM3 TRGO 事件,对于大容量产品是 TIM8 TRGO 事件; 010:TIM7 TRGO 事件;011:TIM5 TRGO 事件;100:TIM2 TRGO 事件;101:TIM4 TRGO 事件;110:外部中断线 9; 111:软件触发。 注意:该位只能在 TEN1=1(DAC 通道 1 触发使能)时设置
位 2	TEN1:DAC 通道 1 触发使能 该位由软件设置和清除,用来使能/关闭 DAC 通道 1 的触发。 0:关闭 DAC 通道 1 触发,写入寄存器 DAC_DHRx 的数据在一个 APB1 时钟周期后传入寄存器 DAC_DOR1; 1:使能 DAC 通道 1 触发,写入寄存器 DAC_DHRx 的数据在 3 个 APB1 时钟周期后传入寄存器 DAC_DOR1。 注意:如果选择软件触发,写入寄存器 DAC_DHRx 的数据只需要一个 APB1 时钟周期就可以传入寄存器 DAC_DOR1
位 1	BOFF1:关闭 DAC 通道 1 输出缓存 该位由软件设置和清除,用来使能/关闭 DAC 通道 1 的输出缓存。 0:使能 DAC 通道 1 输出缓存;1:关闭 DAC 通道 1 输出缓存
位 0	EN1:DAC 通道 1 使能 该位由软件设置和清除,用来使能/失能 DAC 通道 1。 0:关闭 DAC 通道 1;1:性能 DAC 通道 1

图 21.1.4　寄存器 DAC_CR 低 8 位详细描述

首先来看 DAC 通道 1 使能位(EN1),该位用来控制 DAC 通道 1 使能,本章就是用的 DAC 通道 1,所以该位设置为 1。

再看关闭 DAC 通道 1 输出缓存控制位(BOFF1),这里 STM32 的 DAC 输出缓存做的有些不好,如果使能的话,虽然输出能力强一点,但是输出没法到 0,这是个很严重的问题。所以本章不使用输出缓存,即设置该位为 1。

DAC 通道 1 触发使能位(TEN1),用来控制是否使用触发,这里不使用触发,所以设置该位为 0。DAC 通道 1 触发选择位(TSEL1[2∶0]),这里我们没用到外部触发,所以设置这几个位为 0 就行了。DAC 通道 1 噪声/三角波生成使能位(WAVE1[1∶0]),这里同样没用到波形发生器,故也设置为 0 即可。DAC 通道 1 屏蔽/幅值选择器(MAMP[3∶0]),这些位仅在使用了波形发生器的时候有用,本章没有用到波形发生器,故设置为 0 就可以了。最后是 DAC 通道 1 DMA 使能位(DMAEN1),本章没有用到 DMA 功能,故还是设置为 0。

通道 2 的情况和通道 1 一样,这里就不细说了。在 DAC_CR 设置好之后,DAC 就可以正常工作了,我们仅需要再设置 DAC 的数据保持寄存器的值,就可以在 DAC 输出通道得到想要的电压了(对应 I/O 口设置为模拟输入)。本章用 DAC 通道 1 的 12 位右对齐数据保持寄存器 DAC_DHR12R1,该寄存器各位描述如图 21.1.5 所示。

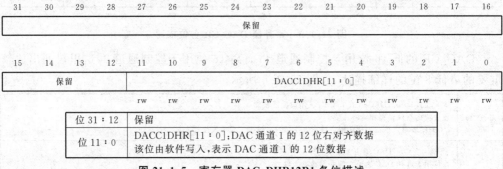

图 21.1.5 寄存器 DAC_DHR12R1 各位描述

该寄存器用来设置 DAC 输出,通过写入 12 位数据到该寄存器,就可以在 DAC 输出通道 1(PA4)得到我们所要的结果。

通过以上介绍,我们了解了 STM32 实现 DAC 输出的相关设置,本章使用库函数的方法来设置 DAC 模块的通道 1 来输出模拟电压,其详细设置步骤如下:

① 开启 PA 口时钟,设置 PA4 为模拟输入。

STM32F103ZET6 的 DAC 通道 1 在 PA4 上,所以,我们先要使能 PORTA 的时钟,然后设置 PA4 为模拟输入。DAC 本身是输出,但是为什么端口要设置为模拟输入模式呢?因为一但使能 DACx 通道之后,相应的 GPIO 引脚(PA4 或者 PA5)会自动与 DAC 的模拟输出相连,设置为输入,是为了避免额外的干扰。

使能 GPIOA 时钟:

```
RCC_APB2PeriphClockCmd(RCC_APB2Periph_GPIOA, ENABLE);   //使能 PORTA 时钟
```

设置 PA1 为模拟输入只需要设置初始化参数即可:

第 21 章　DAC 实验

```
GPIO_InitStructure.GPIO_Mode = GPIO_Mode_AIN;//模拟输入
```

② 使能 DAC1 时钟。

同其他外设一样,要想使用,必须先开启相应的时钟。STM32 的 DAC 模块时钟是由 APB1 提供的,所以调用函数 RCC_APB1PeriphClockCmd() 设置 DAC 模块的时钟使能。

```
RCC_APB1PeriphClockCmd(RCC_APB1Periph_DAC,ENABLE);   //使能 DAC 通道时钟
```

③ 初始化 DAC,设置 DAC 的工作模式。

该部分设置全部通过 DAC_CR 设置实现,包括 DAC 通道 1 使能、DAC 通道 1 输出缓存关闭、不使用触发、不使用波形发生器等设置。这里 DMA 初始化是通过函数 DAC_Init 完成的:

```
void DAC_Init(uint32_t DAC_Channel, DAC_InitTypeDef * DAC_InitStruct)
```

跟前面一样,首先来看看参数设置结构体类型 DAC_InitTypeDef 的定义:

```
typedef struct
{
  uint32_t DAC_Trigger;
  uint32_t DAC_WaveGeneration;
  uint32_t DAC_LFSRUnmask_TriangleAmplitude;
  uint32_t DAC_OutputBuffer;
}DAC_InitTypeDef;
```

这个结构体的定义还是比较简单的,只有 4 个成员变量,下面我们一一讲解。

第一个参数 DAC_Trigger 用来设置是否使用触发功能,前面已经讲解过这个的含义,这里不是用触发功能,所以值为 DAC_Trigger_None。

第二个参数 DAC_WaveGeneratio 用来设置是否使用波形发生,这里不使用,所以值为 DAC_WaveGeneration_None。

第三个参数 DAC_LFSRUnmask_TriangleAmplitude 用来设置屏蔽/幅值选择器,这个变量只在使用波形发生器的时候才有用,这里设置为 0 即可,值为 DAC_LFSRUnmask_Bit0。

第四个参数 DAC_OutputBuffer 用来设置输出缓存控制位,我们不使用输出缓存,所以值为 DAC_OutputBuffer_Disable。实例代码:

```
DAC_InitTypeDef DAC_InitType;
 DAC_InitType.DAC_Trigger = DAC_Trigger_None;//不使用触发功能 TEN1 = 0
 DAC_InitType.DAC_WaveGeneration = DAC_WaveGeneration_None;//不使用波形发生
 DAC_InitType.DAC_LFSRUnmask_TriangleAmplitude = DAC_LFSRUnmask_Bit0;
 DAC_InitType.DAC_OutputBuffer = DAC_OutputBuffer_Disable ;//DAC1 输出缓存关闭
 DAC_Init(DAC_Channel_1,&DAC_InitType);//初始化 DAC 通道 1
```

④ 使能 DAC 转换通道

初始化 DAC 之后,当然要使能 DAC 转换通道,库函数方法是:

```
DAC_Cmd(DAC_Channel_1,ENABLE);    //使能 DAC1
```

⑤ 设置 DAC 的输出值。

通过前面 4 个步骤的设置,DAC 就可以开始工作了。我们使用 12 位右对齐数据

·267·

格式,所以通过设置 DHR12R1 就可以在 DAC 输出引脚(PA4)得到不同的电压值了。库函数的函数是:

```
DAC_SetChannel1Data(DAC_Align_12b_R,0);
```

第一个参数设置对齐方式,可以为 12 位右对齐 DAC_Align_12b_R、12 位左对齐 DAC_Align_12b_L 或 8 位右对齐 DAC_Align_8b_R 方式。

第二个参数就是 DAC 的输入值了,初始化设置为 0。

这里还可以读出 DAC 的数值,函数是:

```
DAC_GetDataOutputValue(DAC_Channel_1);
```

设置和读出一一对应很好理解,这里就不多讲解了。

注意:本例程使用的是 3.3 V 的参考电压,即 V_{REF+} 连接 V_{DDA}。

通过以上几个步骤的设置,我们就能正常使用 STM32 的 DAC 通道 1 来输出不同的模拟电压了。

21.2 硬件设计

本章用到的硬件资源有指示灯 DS0、WK_UP 和 KEY1 按键、串口、TFTLCD 模块、ADC、DAC。本章使用 DAC 通道 1 输出模拟电压,然后通过 ADC1 的通道 1 对该输出电压进行读取,并显示在 LCD 模块上面,DAC 的输出电压通过按键(或 USMART)设置。

我们需要用到 ADC 采集 DAC 的输出电压,所以需要在硬件上把它们短接起来。ADC 和 DAC 的连接原理图如图 21.2.1 所示。

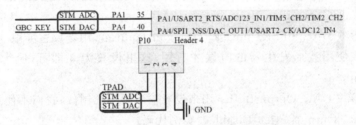

图 21.2.1　ADC、DAC 与 STM32 连接原理图

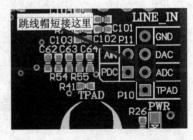

注意:STM_DAC 和 GBC_KEY 共用 PA4,所以,如果开发板 ATK MODULE 位置插了其他模块,那么可能影响 DAC 的输出结果,建议在做 DAC 实验的时候,ATK MODULE 位置不要插任何其他模块。

P10 是多功能端口,只需要通过跳线帽短接 P10 的 ADC 和 DAC 就可以开始做本章实验了,如图 21.2.2 所示。

图 21.2.2　硬件连接示意图

21.3 软件设计

打开本书配套资料的 DAC 实验可以看到，项目中添加了 dac.c 文件以及头文件 dac.h。同时，dac 相关的函数分布在固件库文件 stm32f10x_dac.c 文件和 stm32f10x_dac.h 头文件中。

打开 dac.c，代码如下：

```
#include "dac.h"
//DAC 通道 1 输出初始化
void Dac1_Init(void)
{
    GPIO_InitTypeDef GPIO_InitStructure;
    DAC_InitTypeDef DAC_InitType;
    RCC_APB2PeriphClockCmd(RCC_APB2Periph_GPIOA, ENABLE);//①使能 PA 时钟
    RCC_APB1PeriphClockCmd(RCC_APB1Periph_DAC,ENABLE);   //②使能 DAC 时钟
    GPIO_InitStructure.GPIO_Pin = GPIO_Pin_4;            //端口配置
    GPIO_InitStructure.GPIO_Mode = GPIO_Mode_AIN;//模拟输入
    GPIO_InitStructure.GPIO_Speed = GPIO_Speed_50MHz;
    GPIO_Init(GPIOA,&GPIO_InitStructure);        //①初始化 GPIOA
    GPIO_SetBits(GPIOA,GPIO_Pin_4);              //PA.4 输出高
    DAC_InitType.DAC_Trigger = DAC_Trigger_None;         //不使用触发功能
    DAC_InitType.DAC_WaveGeneration = DAC_WaveGeneration_None;  //不使用波形发生
    DAC_InitType.DAC_LFSRUnmask_TriangleAmplitude = DAC_LFSRUnmask_Bit0;
    DAC_InitType.DAC_OutputBuffer = DAC_OutputBuffer_Disable;//DAC1 输出缓存关
    DAC_Init(DAC_Channel_1,&DAC_InitType);       //③初始化 DAC 通道 1
    DAC_Cmd(DAC_Channel_1,ENABLE);               //④使能 DAC1
    DAC_SetChannel1Data(DAC_Align_12b_R,0);      //⑤12 位右对齐，设置 DAC 初始值
}
//设置通道 1 输出电压
//vol:0~3300,代表 0~3.3V
void Dac1_Set_Vol(u16 vol)
{
    float temp = vol;
    temp/ = 1000;
    temp = temp * 4096/3.3;
    DAC_SetChannel1Data(DAC_Align_12b_R,temp);//12 位右对齐设置 DAC 值
}
```

此部分代码就 2 个函数，一个是 Dac1_Init 函数，用于初始化 DAC 通道 1。步骤 ①~⑤基本上是按上面的步骤来初始化的，经过这个初始化之后，我们就可以正常使用 DAC 通道 1 了。第二个函数 Dac1_Set_Vol，用于设置 DAC 通道 1 的输出电压，通过 USMART 调用该函数就可以随意设置 DAC 通道 1 的输出电压了。

接下来看看 main 函数如下：

```
int main(void)
{
    u16 adcx, dacval = 0;
    float temp;
```

```c
    u8 t = 0, key;
    delay_init();                                   //延时函数初始化
    NVIC_PriorityGroupConfig(NVIC_PriorityGroup_2);  //设置 NVIC 中断分组 2
    uart_init(115200);                              //串口初始化波特率为 115200
    KEY_Init();                                     //初始化按键程序
    LED_Init();                                     //LED 端口初始化
    LCD_Init();                                     //LCD 初始化
    usmart_dev.init(72);                            //初始化 USMART
    Adc_Init();                                     //ADC 初始化
    Dac1_Init();                                    //DAC 初始化
    //…此处省略部分液晶显示代码
    LCD_ShowString(30,130,200,16,16,"WK_UP:+   KEY1:-");
    LCD_ShowString(60,170,200,16,16,"DAC VOL:0.000V");
    LCD_ShowString(60,190,200,16,16,"ADC VOL:0.000V");
    DAC_SetChannel1Data(DAC_Align_12b_R, 0);        //初始值为 0
    while(1)
    {
        t++;
        key = KEY_Scan(0);
        if(key == WKUP_PRES)
        {
            if(dacval<4000)dacval+=200;
            DAC_SetChannel1Data(DAC_Align_12b_R,dacval);//设置 DAC 值
        }elseif(key == KEY1_PRES)
        {
            if(dacval>200)dacval-=200;
            else dacval=0;
            DAC_SetChannel1Data(DAC_Align_12b_R,dacval);//设置 DAC 值
        }
        if(t==10||key==KEY1_PRES||key==WKUP_PRES)
        {
            adcx=DAC_GetDataOutputValue(DAC_Channel_1);  //读取前面设置 DAC 的值
            LCD_ShowxNum(124,150,adcx,4,16,0);           //显示 DAC 寄存器值
            temp=(float)adcx*(3.3/4096);                 //得到 DAC 电压值
            adcx=temp;
            LCD_ShowxNum(124,170,temp,1,16,0);           //显示电压值整数部分
            temp-=adcx;  temp*=1000;
            LCD_ShowxNum(140,170,temp,3,16,0X80);        //显示电压值的小数部分
            adcx=Get_Adc_Average(ADC_Channel_1,10);      //得到 ADC 转换值
            temp=(float)adcx*(3.3/4096);                 //得到 ADC 电压值
            adcx=temp;
            LCD_ShowxNum(124,190,temp,1,16,0);           //显示电压值整数部分
            temp-=adcx;  temp*=1000;
            LCD_ShowxNum(140,190,temp,3,16,0X80);        //显示电压值的小数部分
            LED0=!LED0;t=0;
        }
        delay_ms(10);
    }
}
```

此部分代码中先对需要用到的模块进行初始化,然后显示一些提示信息,本章通过

WK_UP 和 KEY1(也就是上下键)来实现对 DAC 输出的幅值控制。按下 WK_UP 增加，按 KEY1 减小。同时，在 LCD 上面显示 DHR12R1 寄存器的值、DAC 设计输出电压以及 ADC 采集到的 DAC 输出电压。

本章还可以利用 USMART 来设置 DAC 的输出电压值，故需要将 Dac1_Set_Vol 函数加入 USMART 控制，方法前面已经详细介绍了，这里自行添加或者直接查看本书配套资料的源码。

从 main 函数代码可以看出，按键设置输出电压的时候，每次都是以 0.161 V 递增或递减的，而通过 USMART 调用 Dac1_Set_Vol 函数则可以实现任意电平输出控制（当然得在 DAC 可控范围内）。

21.4 下载验证

编译成功之后，下载代码到 ALIENTEK 战舰 STM32 开发板上可以看到，LCD 显示示如图 21.4.1 所示。

图 21.4.1 ADC 实验实际测试图

同时，DS0 的不停闪烁提示程序在运行。此时，通过按 WK_UP 按键可以看到输出电压增大，按 KEY1 则变小。

第 22 章

DMA 实验

本章将利用 STM32F1 的 DMA 来实现串口数据传送,并在 TFTLCD 模块上显示当前的传送进度。

22.1 STM32 DMA 简介

DMA 全称为 Direct Memory Access,即直接存储器访问,将数据从一个地址空间复制到另外一个地址空间。在 CPU 初始化这个传输动作时,传输动作本身是由 DMA 控制器来实行和完成的。典型的例子就是移动一个外部内存的区块到芯片内部更快的内存区。这样的操作并没有让处理器工作拖延,反而可以被重新编程去处理其他的工作。DMA 传输对于高效能嵌入式系统算法和网络是很重要的。DMA 传输方式无需 CPU 直接控制传输,也没有中断处理方式那样保留现场和恢复现场的过程,通过硬件为 RAM 与 I/O 设备开辟一条直接传送数据的通路,能使 CPU 的效率大为提高。

STM32 最多有 2 个 DMA 控制器(DMA2 仅存在大容量产品中),DMA1 有 7 个通道,DMA2 有 5 个通道。每个通道专门用来管理来自于一个或多个外设对存储器访问的请求。还有一个仲裁协调各个 DMA 请求的优先权。

STM32 的 DMA 有以下一些特性:
- 每个通道都直接连接专用的硬件 DMA 请求,都同样支持软件触发。这些功能通过软件来配置。
- 在 7 个请求间的优先权可以通过软件编程设置(共有 4 级:很高、高、中等和低),假如在相等优先权时由硬件决定(请求 0 优先于请求 1,依此类推)。
- 独立的源和目标数据区的传输宽度(字节、半字、全字),模拟打包和拆包的过程。源和目标地址必须按数据传输宽度对齐。
- 支持循环的缓冲器管理。
- 每个通道都有 3 个事件标志(DMA 半传输、DMA 传输完成和 DMA 传输出错),这 3 个事件标志逻辑或成为一个单独的中断请求。
- 存储器和存储器间的传输。
- 外设和存储器,存储器和外设的传输。
- 闪存、SRAM、外设的 SRAM、APB1 APB2 和 AHB 外设均可作为访问的源和目标。

第 22 章 DMA 实验

> 可编程的数据传输数目:最大为 65 536。

STM32F103ZET6 有两个 DMA 控制器,DMA1 和 DMA2,本章仅针对 DMA1 进行介绍。从外设(TIMx、ADC、SPIx、I2Cx 和 USARTx)产生的 DMA 请求,通过逻辑或输入到 DMA 控制器,这就意味着同时只能有一个请求有效。外设的 DMA 请求可以通过设置相应的外设寄存器中的控制位独立开启或关闭。表 22.1.1 是 DMA1 各通道一览表。

表 22.1.1 DMA1 个通道一览表

外设	通道1	通道2	通道3	通道4	通道5	通道6	通道7
ADC	ADC1						
SPI		SPI1_PX	XPI1_TX	XPI2_RX	XPI2_TX		
USART			USART3_TX	USART3_RX	USART1_TX	USART1_RX	USART2_RX	USART2_TX
I²C				I2C2_TX	I2C2_RX	I2C1_TX	I2C1_RX
TIM1		TIM1_CH1	TIM1_CH2	TIM1_TX4 TIM1_TRIG TIM1_COM	TIM1_UP	TIM1_CH3	
TIM2	TIM2_CH3	TIM2_UP			TIM2_CH1		TIM2_CH2 TIM2_CH4
TIM3			TIM3_CH3	TIM3_CH4 TIM3_UP		TIM3_CH1 TIM3_TRIG	
TIM4	TIM4_CH1			TIM4_CH2	TIM4_CH3		TIM4_UP

这里解释一下上面说的逻辑或。例如通道 1 的几个 DMA1 请求(ADC1、TIM2_CH3、TIM4_CH1),这几个是通过逻辑或到通道 1 的,这样同一时间就只能使用其中的一个。其他通道也是类似的。

这里要使用的是串口 1 的 DMA 传送,也就是要用到通道 4。接下来介绍 DMA 设置相关的几个寄存器。

第一个是 DMA 中断状态寄存器(DMA_ISR),各位描述如图 22.1.1 所示。如果开启了 DMA_ISR 中这些中断,在达到条件后就会跳到中断服务函数里面去,即使没开启,我们也可以通过查询这些位来获得当前 DMA 传输的状态。这里常用的是 TCIFx,即通道 DMA 传输完成与否的标志。注意,此寄存器为只读寄存器,所以在这些位被置位后只能通过其他的操作来清除。

第二个是 DMA 中断标志清除寄存器(DMA_IFCR)。该寄存器的各位描述如图 22.1.2 所示。DMA_IFCR 的各位就是用来清除 DMA_ISR 的对应位的,通过写 0 清除。在 DMA_ISR 被置位后,我们必须通过向该位寄存器对应的位写入 0 来清除。

31	30	29	28	27	26	25	24	23	22	21	20	19	18	17	16
保留				TEIF7	HTIF7	TCIF7	GIF7	TEIF6	HTIF6	TCIF6	GIF6	TEIF5	HTIF5	TCIF5	GIF5
				r	r	r	r	r	r	r	r	r	r	r	r

15	14	13	12	11	10	9	8	7	6	5	4	3	2	1	0
TEIF4	HTIF4	TCIF4	GIF4	TEIF3	HTIF3	TCIF3	GIF3	TEIF2	HTIF2	TCIF2	GIF2	TEIF1	HTIF1	TCIF1	GIF1
r	r	r	r	r	r	r	r	r	r	r	r	r	r	r	r

位 31：28	保留，始终读为 0
位 27,23,19,15,11,7,3	TEIFx：通道 x 的传输错误标志(x=1：7) 硬件设置这些位。在 DMA_IFCR 寄存器的相应位写入'1'可以清除这里对应的标志位。 0：在通道 x 没有传输错误(TE)；1：在通道 x 发生了传输错误(TE)
位 26,22,18,14,10,6,2	HTIFx：通道 x 的半传输标志(x=1：7) 硬件设置这些位。在 DMA_IFCR 寄存器的相应位写入'1'可以清除这里对应的标志位。 0：在通道 x 没有半传输事件(HT)；1：在通道 x 产生了半传输事件(HT)
位 25,21,17,13,9,5,1	TCIFx：通道 x 的传输完成标志(x=1：7) 硬件设置这些位。在 DMA_IFCR 寄存器的相应位写入'1'可以清除这里对应的标志位。 0：在通道 x 没有传输完成事件(TC)；1：在通道 x 产生了传输完成事件(TC)
位 24,20,16,12,8,4,0	GIFx：通道 x 的全局中断标志(x=1：7) 硬件设置这些位。在 DMA_IFCR 寄存器的相应位写入'1'可以清除这里对应的标志位。 0：在通道 x 没有 TE、HT 或 TC 事件； 1：在通道 x 产生了 TE、HT 或 TC 事件

图 22.1.1　DMA_ISR 寄存器各位描述

31	30	29	28	27	26	25	24	23	22	21	20	19	18	17	16
保留				CTEIF7	CHTIF7	CTCIF7	CGIF7	CTEIF6	CHTIF6	CTCIF6	CGIF6	CTEIF5	CHTIF5	CTCIF5	CGIF5
				rw	rw	rw	rw	rw	rw	rw	rw	rw	rw	rw	rw

15	14	13	12	11	10	9	8	7	6	5	4	3	2	1	0
CTEIF4	CHTIF4	CTCIF4	CGIF4	CTEIF3	CHTIF3	CTCIF3	CGIF3	CTEIF2	CHTIF2	CTCIF2	CGIF2	CTEIF1	CHTIF1	CTCIF1	CGIF1
rw	rw	rw	rw	rw	rw	rw	rw	rw	rw	rw	rw	rw	rw	rw	rw

位 31：28	保留，始终读为 0
位 27,23,19,15,11,7,3	CTEIFx：清除通道 x 的传输错误标志(x=1：7) 这些位由软件设置和清除。 0：不起作用；1：清除 DMA_ISR 寄存器中的对应 TEIF 标志
位 26,22,18,14,10,6,2	CHTIFx：清除通道 x 的半传输标志(x=1：7) 这些位由软件设置和清除。 0：不起作用；1：清除 DMA_ISR 寄存器中的对应 HTIF 标志
位 25,21,17,13,9,5,1	CTCIFx：清除通道 x 的传输完成标志(x=1：7) 这些位由软件设置和清除。 0：不起作用；1：清除 DMA_ISR 寄存器中的对应 TCIF 标志
位 24,20,16,12,8,4,0	CGIFx：清除通道 x 的全局中断标志(x=1：7) 这些位由软件设置和清除。 0：不起作用；1：清除 DMA_ISR 寄存器中的对应的 GIF、TEIF、HTIF 和 TCIF 标志

图 22.1.2　DMA_IFCR 寄存器各位描述

第三个是 DMA 通道 x 配置寄存器(DMA_CCRx)(x=1：7,下同)，常见《STM32

第22章　DMA 实验

参考手册》第150页10.4.3小节。该寄存器控制着DMA的很多相关信息,包括数据宽度、外设及存储器的宽度、通道优先级、增量模式、传输方向、中断允许、使能等都是通过该寄存器来设置的。所以,DMA_CCRx是DMA传输的核心控制寄存器。

第四个是DMA通道x传输数据量寄存器(DMA_CNDTRx)。这个寄存器控制DMA通道x每次传输所要传输的数据量,设置范围为0~65 535。并且该寄存器的值会随着传输的进行而减少,当该寄存器的值为0的时候,则代表此次数据传输已经全部发送完成了。所以,可以通过这个寄存器的值来知道当前DMA传输的进度。

第五个是DMA通道x的外设地址寄存器(DMA_CPARx)。该寄存器用来存储STM32外设的地址,比如我们使用串口1,那么该寄存器必须写入0x40013804(其实就是&USART1_DR)。如果使用其他外设,则修改成相应外设的地址就行了。

最后一个是DMA通道x的存储器地址寄存器(DMA_CMARx),该寄存器和DMA_CPARx差不多,但是是用来放存储器的地址的。比如我们使用SendBuf[5200]数组来做存储器,那么在DMA_CMARx中写入&SendBuff就可以了。

DMA相关寄存器就介绍到这里,此节要用到串口1的发送,属于DMA1的通道4(表22.1.1),接下来就介绍库函数DMA1通道4的配置步骤:

① 使能DMA时钟。

RCC_AHBPeriphClockCmd(RCC_AHBPeriph_DMA1,ENABLE);//使能DMA时钟

② 初始化DMA通道4参数。

DMA通道配置参数种类比较繁多,包括内存地址、外设地址、传输数据长度、数据宽度、通道优先级等。这些参数的配置在库函数中都是在函数DMA_Init中完成,下面看看函数定义:

void DMA_Init(DMA_Channel_TypeDef* DMAy_Channelx,DMA_InitTypeDef* DMA_InitStruct)

函数的第一个参数是指定初始化的DMA通道号。第二个参数跟其他外设一样,是通过初始化结构体成员变量值来达到初始化的目的。下面来看看DMA_InitTypeDef结构体的定义:

```
typedef struct
{
  uint32_t DMA_PeripheralBaseAddr;
  uint32_t DMA_MemoryBaseAddr;
  uint32_t DMA_DIR;
  uint32_t DMA_BufferSize;
  uint32_t DMA_PeripheralInc;
  uint32_t DMA_MemoryInc;
  uint32_t DMA_PeripheralDataSize;
  uint32_t DMA_MemoryDataSize;
  uint32_t DMA_Mode;
  uint32_t DMA_Priority;
  uint32_t DMA_M2M;
}DMA_InitTypeDef;
```

这个结构体的成员比较多,但是每个成员变量的意义在前面基本都已经讲解过,这

里做个简要的介绍。

第一个参数 DMA_PeripheralBaseAddr 用来设置 DMA 传输的外设基地址，比如要进行串口 DMA 传输，那么外设基地址为串口接收发送数据存储器 USART1→DR 的地址，表示方法为 &USART1→DR。

第二个参数 DMA_MemoryBaseAddr 为内存基地址，也就是存放 DMA 传输数据的内存地址。

第三个参数 DMA_DIR 设置数据传输方向，决定是从外设读取数据到内存还是从内存读取数据发送到外设，也就是外设是源地还是目的地。这里设置为从内存读取数据发送到串口，所以外设自然就是目的地了，所以选择值为 DMA_DIR_PeripheralDST。

第四个参数 DMA_BufferSize 设置一次传输数据量的大小。

第五个参数 DMA_PeripheralInc 设置传输数据的时候外设地址是不变还是递增。如果设置为递增，那么下一次传输的时候地址加 1，这里因为我们是一直往固定外设地址 &USART1→DR 发送数据，所以地址不递增，值为 DMA_PeripheralInc_Disable。

第六个参数 DMA_MemoryInc 设置传输数据时候内存地址是否递增。这个参数和 DMA_PeripheralInc 意思接近，只不过针对的是内存。这里的场景是将内存中连续存储单元的数据发送到串口，毫无疑问内存地址是需要递增的，所以值为 DMA_MemoryInc_Enable。

第七个参数 DMA_PeripheralDataSize 用来设置外设的数据长度是为字节传输（8bits），半字传输（16 bit）还是字传输（32 bit），这里是 8 位字节传输，所以值设置为 DMA_PeripheralDataSize_Byte。

第八个参数 DMA_MemoryDataSize 用来设置内存的数据长度，和第七个参数意思接近，这里同样设置为字节传输 DMA_MemoryDataSize_Byte。

第九个参数 DMA_Mode 用来设置 DMA 模式是否循环采集。也就是说，比如要从内存中采集 64 个字节发送到串口，如果设置为重复采集，那么它会在 64 个字节采集完成之后继续从内存的第一个地址采集，如此循环。这里设置为一次连续采集完成之后不循环，所以设置值为 DMA_Mode_Normal。在下面的实验中，如果设置此参数为循环采集，那么串口不停地打印数据，不会中断，读者在实验中可以修改这个参数测试一下。

第十个参数是设置 DMA 通道的优先级，有低、中、高、超高 3 种模式，这里设置优先级别为中级，所以值为 DMA_Priority_Medium。如果要开启多个通道，那么这个值就非常有意义。

第十一个参数 DMA_M2M 设置是否是存储器到存储器模式传输，这里选择 DMA_M2M_Disable。

上面场景的实例代码：

```
DMA_InitTypeDef DMA_InitStructure;
DMA_InitStructure.DMA_PeripheralBaseAddr = &USART1->DR;  //DMA 外设 ADC 基地址
```

```
DMA_InitStructure.DMA_MemoryBaseAddr = cmar;        //DMA 内存基地址
DMA_InitStructure.DMA_DIR = DMA_DIR_PeripheralDST;  //从内存读取发送到外设
DMA_InitStructure.DMA_BufferSize = 64;              //DMA 通道的 DMA 缓存的大小
DMA_InitStructure.DMA_PeripheralInc = DMA_PeripheralInc_Disable;//外设地址不变
DMA_InitStructure.DMA_MemoryInc = DMA_MemoryInc_Enable;  //内存地址递增
DMA_InitStructure.DMA_PeripheralDataSize = DMA_PeripheralDataSize_Byte; //8 位
DMA_InitStructure.DMA_MemoryDataSize = DMA_MemoryDataSize_Byte; //8 位
DMA_InitStructure.DMA_Mode = DMA_Mode_Normal;       //工作在正常缓存模式
DMA_InitStructure.DMA_Priority = DMA_Priority_Medium;  //DMA 通道 x 拥有中优先级
DMA_InitStructure.DMA_M2M = DMA_M2M_Disable;        //非内存到内存传输
DMA_Init(DMA_CHx,&DMA_InitStructure);               //根据指定的参数初始化
```

③ 使能串口 DMA 发送。

进行 DMA 配置之后就要开启串口的 DMA 发送功能,使用的函数是:

```
USART_DMACmd(USART1,USART_DMAReq_Tx,ENABLE);
```

如果是要使能串口 DMA 接收,那么第二个参数修改为 USART_DMAReq_Rx 即可。

④ 使能 DMA1 通道 4,启动传输。

使能串口 DMA 发送之后,接着就要使能 DMA 传输通道:

```
DMA_Cmd(DMA_CHx,ENABLE);
```

通过以上 3 步设置就可以启动一次 USART1 的 DMA 传输了。

⑤ 查询 DMA 传输状态。

在 DMA 传输过程中,要查询 DMA 传输通道的状态,使用的函数是:

```
FlagStatus DMA_GetFlagStatus(uint32_t DMAy_FLAG)
```

比如要查询 DMA 通道 4 传输是否完成,方法是:

```
DMA_GetFlagStatus(DMA2_FLAG_TC4);
```

这里还有一个比较重要的函数就是获取当前剩余数据量大小的函数:

```
uint16_t DMA_GetCurrDataCounter(DMA_Channel_TypeDef * DMAy_Channelx)
```

比如要获取 DMA 通道 4 还有多少个数据没有传输,方法是:

```
DMA_GetCurrDataCounter(DMA1_Channel4);
```

22.2 硬件设计

所以本章用到的硬件资源有:指示灯 DS0、KEY0 按键、串口、TFTLCD 模块、DMA。本章利用外部按键 KEY0 来控制 DMA 的传送,每按一次 KEY0,DMA 就传送一次数据到 USART1,然后在 TFTLCD 模块上显示进度等信息。DS0 还是用来作为程序运行的指示灯。本章实验需要注意 P6 口的 RXD 和 TXD 是否和 PA9 和 PA10 连接上,如果没有须先连接。

22.3 软件设计

打开我们的 DMA 传输实验,可以发现,实验中多了 dma.c 文件及其头文件 dma.h,

同时要引入 dma 相关的库函数文件 stm32f10x_dma.c 和 stm32f10x_dma.h。

打开 dma.c 文件,代码如下:

```c
#include "dma.h"
DMA_InitTypeDef DMA_InitStructure;
u16 DMA1_MEM_LEN;//保存 DMA 每次数据传送的长度
//DMA1 的各通道配置
//这里的传输形式是固定的,这点要根据不同的情况来修改
//从存储器->外设模式/8 位数据宽度/存储器增量模式
//DMA_CHx:DMA 通道 CHx
//cpar:外设地址    cmar:存储器地址    cndtr:数据传输量
void MYDMA_Config(DMA_Channel_TypeDef * DMA_CHx,u32 cpar,u32 cmar,u16 cndtr)
{
RCC_AHBPeriphClockCmd(RCC_AHBPeriph_DMA1,ENABLE);//使能 DMA 时钟
DMA_DeInit(DMA_CHx);              //将 DMA 的通道 1 寄存器重设为缺省值
DMA1_MEM_LEN = cndtr;
DMA_InitStructure.DMA_PeripheralBaseAddr = cpar;     //DMA 外设 ADC 基地址
DMA_InitStructure.DMA_MemoryBaseAddr = cmar;         //DMA 内存基地址
DMA_InitStructure.DMA_DIR = DMA_DIR_PeripheralDST;   //数据传输方向内存到外设
DMA_InitStructure.DMA_BufferSize = cndtr;            //DMA 通道的 DMA 缓存的大小
DMA_InitStructure.DMA_PeripheralInc = DMA_PeripheralInc_Disable;   //外设地址不变
DMA_InitStructure.DMA_MemoryInc = DMA_MemoryInc_Enable;//内存地址寄存器递增
DMA_InitStructure.DMA_PeripheralDataSize = DMA_PeripheralDataSize_Byte;
//数据宽度为 8 位
DMA_InitStructure.DMA_MemoryDataSize = DMA_MemoryDataSize_Byte;   //数据宽度为 8 位
DMA_InitStructure.DMA_Mode = DMA_Mode_Normal;        //工作在正常缓存模式
DMA_InitStructure.DMA_Priority = DMA_Priority_Medium;  //DM 通道拥有中优先级
DMA_InitStructure.DMA_M2M = DMA_M2M_Disable;         //非内存到内存传输
DMA_Init(DMA_CHx,&DMA_InitStructure);                //初始化 DMA 的通道
}
//开启一次 DMA 传输
void MYDMA_Enable(DMA_Channel_TypeDef * DMA_CHx)
{
DMA_Cmd(DMA_CHx,DISABLE);   //关闭 USART1 TX DMA1 所指示的通道
DMA_SetCurrDataCounter(DMA1_Channel4,DMA1_MEM_LEN);//设置 DMA 缓存的大小
DMA_Cmd(DMA_CHx,ENABLE);    //使能 USART1 TX DMA1 所指示的通道
}
```

该部分代码仅仅 2 个函数,一个是 MYDMA_Config 函数,基本上就是按照上面介绍的步骤来初始化 DMA 的。该函数在外部只能修改通道、源地址、目标地址和传输数据量等几个参数,更多的其他设置只能在该函数内部修改。另外一个是 MYDMA_Enable 函数,用来设置 DMA 缓存大小并且使能 DMA 通道。

最后看看 main 函数如下:

```c
#define SEND_BUF_SIZE 8200
u8 SendBuff[SEND_BUF_SIZE];//发送数据缓冲区
const u8 TEXT_TO_SEND[] = {"ALIENTEK WarShip STM32F1 DMA 串口实验"};
int main(void)
{
    u16 i;
    u8 t = 0, j,mask = 0;
```

第22章 DMA 实验

```c
float pro = 0;              //进度
delay_init();               //延时函数初始化
NVIC_PriorityGroupConfig(NVIC_PriorityGroup_2);  //设置中断优先级分组为组 2
uart_init(115200);          //串口初始化为 115200
LED_Init();                 //初始化与 LED 连接的硬件接口
LCD_Init();                 //初始化 LCD
KEY_Init();                 //按键初始化
MYDMA_Config(DMA1_Channel4,(u32)&USART1->DR,
    (u32)SendBuff,SEND_BUF_SIZE);
//…此处省略部分液晶显示代码
LCD_ShowString(30,130,200,16,16,"KEY0:Start");
j = sizeof(TEXT_TO_SEND);
for(i = 0;i<SEND_BUF_SIZE;i++)//填充数据到 SendBuff
{
    if(t>=j)//加入换行符
    {
        if(mask)
        {
            SendBuff[i] = 0x0a;
            t = 0;
        }else
        {
            SendBuff[i] = 0x0d;
            mask++;
        }
    }else//复制 TEXT_TO_SEND 语句
    {
        mask = 0;
        SendBuff[i] = TEXT_TO_SEND[t];
        t++;
    }
}
POINT_COLOR = BLUE;//设置字体为蓝色
i = 0;
while(1)
{
    t = KEY_Scan(0);
    if(t==KEY0_PRES)//KEY0 按下
    {
        LCD_ShowString(30,150,200,16,16,"Start Transimit....");
        LCD_ShowString(30,170,200,16,16,"   %");//显示百分号
        printf("\r\nDMA DATA:\r\n");
        USART_DMACmd(USART1,USART_DMAReq_Tx,ENABLE);
                                    //使能串口 1 的 DMA 发送
        MYDMA_Enable(DMA1_Channel4);//开始一次 DMA 传输
        //等待 DMA 传输完成,此时我们来做另外一些事,点灯
        //实际应用中,传输数据期间,可以执行另外的任务
        while(1)
        {
            if(DMA_GetFlagStatus(DMA1_FLAG_TC4)!=RESET)//判断通道 4 传输完成
            {
```

```
                    DMA_ClearFlag(DMA1_FLAG_TC4);//清除通道4传输完成标志
                    break;
            }
            pro = DMA_GetCurrDataCounter(DMA1_Channel4);//得到当前剩余数据量
            pro = 1 - pro/SEND_BUF_SIZE;//得到百分比
            pro *= 100;              //扩大100倍
            LCD_ShowNum(30,170,pro,3,16);
        }
        LCD_ShowNum(30,170,100,3,16);//显示100%
        LCD_ShowString(30,150,200,16,16,"Transimit Finished!");//提示传送完成
    }
    i++;
    delay_ms(10);
    if(i==20)
    {
        LED0=!LED0;//提示系统正在运行
        i=0;
    }
  }
}
```

main 函数的流程大致是:先初始化内存 SendBuff 的值,然后通过 KEY0 开启串口 DMA 发送,在发送过程中,通过 DMA_GetCurrDataCounter()函数获取当前还剩余的数据量,从而计算传输百分比;最后在传输结束之后清除相应标志位,提示已经传输完成。注意,因为使用是串口 1 DMA 发送,所以代码中使用 USART_DMACmd 函数开启串口的 DMA 发送:

USART_DMACmd(USART1,USART_DMAReq_Tx,ENABLE);   //使能串口1的 DMA 发送

至此,DMA 串口传输的软件设计就完成了。

22.4 下载验证

编译成功之后,通过串口下载代码到 ALIENTEK 战舰 STM32 开发板上,可以看到 LCD 显示如图 22.4.1 所示。

图 22.4.1　DMA 串口实验实物测试图

DS0 的不停闪烁提示程序在运行。打开串口调试助手,然后按 KEY0 可以看到,串口显示如图 22.4.2 所示的内容。可以看到,串口收到了战舰 STM32F103 发送过来的数据,同时 TFTLCD 上显示了进度等信息,如图 22.4.3 所示。

第22章 DMA 实验

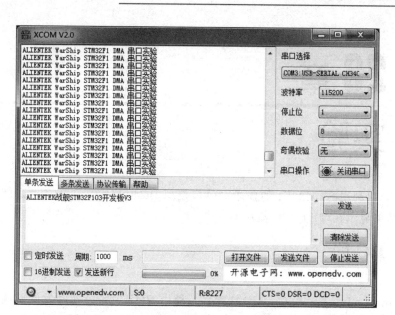

图 22.4.2 串口收到的数据内容

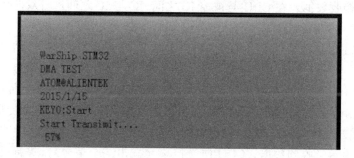

图 22.4.3 DMA 串口数据传输中

至此,整个 DMA 串口实验就结束了。DMA 是个非常好的功能,不但能减轻 CPU 负担,还能提高数据传输速度,合理应用,往往能让你的程序设计变得简单。

第 23 章

IIC 实验

本章介绍利用 STM32F1 的普通 I/O 口模拟 IIC 时序实现和 24C02 之间的双向通信,并将结果显示在 TFTLCD 模块上。

23.1 IIC 简介

IIC(Inter-Integrated Circuit)总线是一种由 PHILIPS 公司开发的两线式串行总线,用于连接微控制器及其外围设备。它是由数据线 SDA 和时钟 SCL 构成的串行总线,可发送和接收数据。在 CPU 与被控 IC 之间、IC 与 IC 之间进行双向传送,高速 IIC 总线一般可达 400 kbps 以上。

IIC 总线在传送数据过程中共有 3 种类型信号,分别是开始信号、结束信号和应答信号。

① 开始信号:SCL 为高电平时,SDA 由高电平向低电平跳变,开始传送数据。

② 结束信号:SCL 为高电平时,SDA 由低电平向高电平跳变,结束传送数据。

③ 应答信号:接收数据的 IC 在接收到 8 bit 数据后,向发送数据的 IC 发出特定的低电平脉冲,表示已收到数据。CPU 向受控单元发出一个信号后,等待受控单元发出一个应答信号;CPU 接收到应答信号后,根据实际情况做出是否继续传递信号的判断。若未收到应答信号,则判断为受控单元出现故障。

这些信号中起始信号是必需的,结束信号和应答信号都可以不要。IIC 总线时序图如图 23.1.1 所示。

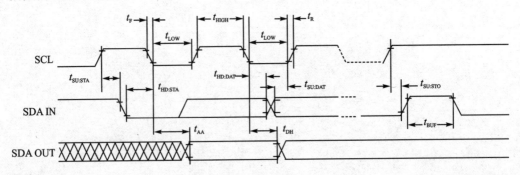

图 23.1.1　IIC 总线时序图

第 23 章　IIC 实验

ALIENTEK 战舰 STM32 开发板板载的 EEPROM 芯片型号为 24C02。该芯片的总容量是 256 字节，该芯片通过 IIC 总线与外部连接，本章就通过 STM32 来实现 24C02 的读/写。

目前大部分 MCU 都带有 IIC 总线接口，STM32 也不例外。但是这里不使用 STM32 的硬件 IIC 来读/写 24C02，而是通过软件模拟。STM32 的硬件 IIC 非常复杂，更重要的是不稳定，故不推荐使用。所以这里就通过模拟来实现了。有兴趣的读者可以研究一下 STM32 的硬件 IIC。

本章实验功能简介：开机的时候先检测 24C02 是否存在，然后在主循环里面用一个按键（KEY0）用来执行写入 24C02 的操作，另外一个按键（WK_UP）用来执行读出操作，在 TFTLCD 模块上显示相关信息。同时，用 DS0 提示程序正在运行。

23.2　硬件设计

本章需要用到的硬件资源有指示灯 DS0、WK_UP 和 KEY1 按键、串口（USMART 使用）、TFTLCD 模块、24C02。前面 4 部分的资源已经介绍过了，这里只介绍 24C02 与 STM32 的连接。24C02 的 SCL 和 SDA 分别连在 STM32 的 PB6 和 PB7 上的，连接关系如图 23.2.1 所示。

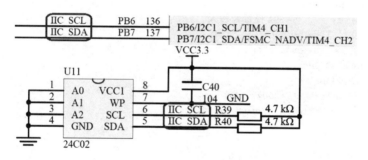

图 23.2.1　STM32 与 24C02 连接图

23.3　软件设计

打开 IIC 实验工程，我们可以看到工程中加入了两个源文件分别是 myiic.c 和 24cxx.c，myiic.c 文件存放 iic 驱动代码，24cxx.c 文件存放 24C02 驱动代码：

打开 myiic.c 文件，关键代码如下：

```
void IIC_Init(void) //初始化 IIC
{
    GPIO_InitTypeDef GPIO_InitStructure;
    RCC_APB2PeriphClockCmd(RCC_APB2Periph_GPIOB, ENABLE );   //PB 时钟使能
    GPIO_InitStructure.GPIO_Pin = GPIO_Pin_6|GPIO_Pin_7;
    GPIO_InitStructure.GPIO_Mode = GPIO_Mode_Out_PP;         //推挽输出
    GPIO_InitStructure.GPIO_Speed = GPIO_Speed_50MHz;
```

```c
    GPIO_Init(GPIOB, &GPIO_InitStructure);           //初始化 GPIO
    GPIO_SetBits(GPIOB,GPIO_Pin_6|GPIO_Pin_7);       //PB6,PB7 输出高
}
void IIC_Start(void)    //产生 IIC 起始信号
{
    SDA_OUT();     //sda线输出
    IIC_SDA = 1;
    IIC_SCL = 1;    delay_us(4);
    IIC_SDA = 0;      //START:when CLK is high,DATA change form high to low
    delay_us(4);
    IIC_SCL = 0;      //钳住 IIC 总线,准备发送或接收数据
}
void IIC_Stop(void)    //产生 IIC 停止信号
{
    SDA_OUT();     //sda线输出
    IIC_SCL = 0; IIC_SDA = 0;    //STOP:when CLK is high DATA change form low to high
    delay_us(4);
    IIC_SCL = 1;   IIC_SDA = 1;       //发送 IIC 总线结束信号
    delay_us(4);
}
//返回值:1,接收应答失败    0,接收应答成功
u8 IIC_Wait_Ack(void)    //等待应答信号到来
{
    u8 ucErrTime = 0;
    SDA_IN();          //SDA 设置为输入
    IIC_SDA = 1;delay_us(1);
    IIC_SCL = 1;delay_us(1);
    while(READ_SDA)
    {   ucErrTime ++ ;
        if(ucErrTime>250)
        {   IIC_Stop();    return 1;
        }
    }
    IIC_SCL = 0;      //时钟输出 0
    return 0;
}
//产生 ACK 应答
void IIC_Ack(void)
{
    IIC_SCL = 0;
    SDA_OUT();
    IIC_SDA = 0;    delay_us(2);
    IIC_SCL = 1;    delay_us(2);
    IIC_SCL = 0;
}
//不产生 ACK 应答
void IIC_NAck(void)
{
    IIC_SCL = 0;
    SDA_OUT();
    IIC_SDA = 1;   delay_us(2);
```

第 23 章 IIC 实验

```c
        IIC_SCL = 1;    delay_us(2);
        IIC_SCL = 0;
}
//返回从机有无应答
//1,有应答 0,无应答
void IIC_Send_Byte(u8 txd)    //IIC 发送一个字节
{
    u8 t;
    SDA_OUT();
    IIC_SCL = 0;//拉低时钟开始数据传输
    for(t = 0;t<8;t++)
    {
        IIC_SDA = (txd&0x80)>>7;
        txd<<= 1;
        delay_us(2);    //对 TEA5767 这三个延时都是必须的
        IIC_SCL = 1;    delay_us(2);
        IIC_SCL = 0;delay_us(2);
    }
}
//读 1 个字节,ack = 1 时,发送 ACK,ack = 0,发送 nACK
u8 IIC_Read_Byte(unsigned char ack)
{
    unsigned char i,receive = 0;
    SDA_IN();          //SDA 设置为输入
    for(i = 0;i<8;i++)
    {
        IIC_SCL = 0;   delay_us(2);
        IIC_SCL = 1;
        receive<<= 1;
        if(READ_SDA)receive++;
        delay_us(1);
    }
    if(!ack)    IIC_NAck();    //发送 nACK
    else        IIC_Ack();     //发送 ACK
    return receive;
}
```

该部分为 IIC 驱动代码,实现包括 IIC 的初始化(I/O 口)、IIC 开始、IIC 结束、ACK、IIC 读/写等功能,在其他函数里面,只需要调用相关的 IIC 函数就可以和外部 IIC 器件通信了。这里并不局限于 24C02,该段代码可以用在任何 IIC 设备上。

下面看看头文件 myiic.h 的代码,里面有两行代码为直接通过寄存器操作设置I/O 口的模式为输入还是输出,代码如下:

```c
#define SDA_IN()  {GPIOB->CRH& = 0XFFFF0FFF;GPIOB->CRH| = 8<<12;}
#define SDA_OUT() {GPIOB->CRH& = 0XFFFF0FFF;GPIOB->CRH| = 3<<12;}
```

其他部分都是一些函数申明之类的,这里不过多解释。

接下来看看 24cxx.c 文件代码:

```c
//初始化 IIC 接口
void AT24CXX_Init(void)
{
```

```c
    IIC_Init();
}
//ReadAddr:开始读数的地址
//返回值  :读到的数据
u8 AT24CXX_ReadOneByte(u16 ReadAddr)  //在AT24CXX指定地址读出一个数据
{
    u8 temp = 0;
    IIC_Start();
    if(EE_TYPE>AT24C16)
    {   IIC_Send_Byte(0XA0);                        //发送写命令
        IIC_Wait_Ack();
        IIC_Send_Byte(ReadAddr>>8);                 //发送高地址
    }else IIC_Send_Byte(0XA0 + ((ReadAddr/256)<<1));   //发送器件地址0XA0,写数据
    IIC_Wait_Ack();
    IIC_Send_Byte(ReadAddr % 256);                  //发送低地址
    IIC_Wait_Ack();
    IIC_Start();
    IIC_Send_Byte(0XA1);                            //进入接收模式
    IIC_Wait_Ack();
    temp = IIC_Read_Byte(0);
    IIC_Stop();                                     //产生一个停止条件
    return temp;
}
//在AT24CXX指定地址写入一个数据
//WriteAddr  :写入数据的目的地址    DataToWrite:要写入的数据
void AT24CXX_WriteOneByte(u16 WriteAddr,u8 DataToWrite)
{
    IIC_Start();
    if(EE_TYPE>AT24C16)
    {   IIC_Send_Byte(0XA0);                        //发送写命令
        IIC_Wait_Ack();
        IIC_Send_Byte(WriteAddr>>8);                //发送高地址
    }else IIC_Send_Byte(0XA0 + ((WriteAddr/256)<<1));  //发送器件地址0XA0,写数据
    IIC_Wait_Ack();
    IIC_Send_Byte(WriteAddr % 256);                 //发送低地址
    IIC_Wait_Ack();
    IIC_Send_Byte(DataToWrite);                     //发送字节
    IIC_Wait_Ack();
    IIC_Stop();                                     //产生一个停止条件
    delay_ms(10);
}
//在AT24CXX里面的指定地址开始写入长度为Len的数据
//该函数用于写入16bit或者32bit的数据.
//WriteAddr  :开始写入的地址
//DataToWrite:数据数组首地址        Len:要写入数据的长度2,4
void AT24CXX_WriteLenByte(u16 WriteAddr,u32 DataToWrite,u8 Len)
{
    u8 t;
    for(t = 0;t<Len;t++)
    {   AT24CXX_WriteOneByte(WriteAddr + t,(DataToWrite>>(8*t))&0xff);
    }
}
```

```c
}

//在AT24CXX里面的指定地址开始读出长度为Len的数据
//该函数用于读出16bit或者32bit的数据
//ReadAddr:开始读出的地址   Len:要读出数据的长度2,4
//返回值   :数据
u32 AT24CXX_ReadLenByte(u16 ReadAddr,u8 Len)
{
    u8 t;
    u32 temp = 0;
    for(t = 0;t<Len;t++)
    {   temp<<= 8;
        temp += AT24CXX_ReadOneByte(ReadAddr + Len - t - 1);
    }
    return temp;
}
//这里用了24XX的最后一个地址(255)来存储标志字
//如果用其他24C系列,这个地址要修改
//返回1:检测失败    返回0:检测成功
u8 AT24CXX_Check(void) //检查AT24CXX是否正常
{
    u8 temp;
    temp = AT24CXX_ReadOneByte(255);         //避免每次开机都写AT24CXX
    if(temp == 0X55)return 0;
    else                                     //排除第一次初始化的情况
    {   AT24CXX_WriteOneByte(255,0X55);
        temp = AT24CXX_ReadOneByte(255);
        if(temp == 0X55)return 0;
    }
    return 1;
}


//在AT24CXX里面的指定地址开始读出指定个数的数据
//ReadAddr:开始读出的地址对24c02为0~255
//pBuffer  :数据数组首地址     NumToRead:要读出数据的个数
void AT24CXX_Read(u16 ReadAddr,u8 * pBuffer,u16 NumToRead)
{
    while(NumToRead)
    {   *pBuffer++ = AT24CXX_ReadOneByte(ReadAddr++);
        NumToRead--;
    }
}
//在AT24CXX里面的指定地址开始写入指定个数的数据
//WriteAddr:开始写入的地址对24c02为0~255
//pBuffer  :数据数组首地址     NumToWrite:要写入数据的个数
void AT24CXX_Write(u16 WriteAddr,u8 * pBuffer,u16 NumToWrite)
{
    while(NumToWrite--)
    {   AT24CXX_WriteOneByte(WriteAddr,*pBuffer);
        WriteAddr++;
        pBuffer++;
```

}
}

　　这部分代码实际就是通过 IIC 接口来操作 24Cxx 芯片,理论上是可以支持 24Cxx 所有系列芯片的(地址引脚必须都设置为 0),但是我们只测试了 24C02,其他器件有待测试。读者也可以验证一下,24CXX 的型号定义在 24cxx.h 文件里面,通过 EE_TYPE 设置。

　　最后,我们在 main 函数里面编写应用代码,main 函数如下:

```c
const u8 TEXT_Buffer[] = {"WarShipSTM32 IIC TEST"};//要写入到 24c02 的字符串数组
#define SIZE sizeof(TEXT_Buffer)
int main(void)
{
    u8 key,datatemp[SIZE];
    u16 i = 0;
    delay_init();                    //延时函数初始化
    NVIC_PriorityGroupConfig(NVIC_PriorityGroup_2);//设置中断优先级分组为组 2
    uart_init(115200);               //串口初始化为 115200
    LED_Init();                      //初始化与 LED 连接的硬件接口
    LCD_Init();                      //初始化 LCD
    KEY_Init();                      //按键初始化
    AT24CXX_Init();                  //IIC 初始化
    //…此处省略部分液晶显示代码
    LCD_ShowString(30,130,200,16,16,"KEY1:Write  KEY0:Read");//显示提示信息
    while(AT24CXX_Check())//检测不到 24c02
    {
        LCD_ShowString(30,150,200,16,16,"24C02 Check Failed!");
        delay_ms(500);
        LCD_ShowString(30,150,200,16,16,"Please Check!       ");
        delay_ms(500);
        LED0 = ! LED0;//DS0 闪烁
    }
    LCD_ShowString(30,150,200,16,16,"24C02 Ready!");
    POINT_COLOR = BLUE;//设置字体为蓝色
    while(1)
    {
        key = KEY_Scan(0);
        if(key == KEY1_PRES)//KEY1 按下,写入 24C02
        {
            LCD_Fill(0,170,239,319,WHITE);//清除半屏
            LCD_ShowString(30,170,200,16,16,"Start Write 24C02....");
            AT24CXX_Write(0,(u8 *)TEXT_Buffer,SIZE);
            LCD_ShowString(30,170,200,16,16,"24C02 Write Finished!");//提示传送完成
        }
        if(key == KEY0_PRES)//KEY1 按下,读取字符串并显示
        {
            LCD_ShowString(30,170,200,16,16,"Start Read 24C02....");
            AT24CXX_Read(0,datatemp,SIZE);
            LCD_ShowString(30,170,200,16,16,"The Data Readed Is:  ");//提示传送完成
            LCD_ShowString(30,190,200,16,16,datatemp);//显示读到的字符串
        }
```

```
            i++; delay_ms(10);
            if(i==20)
            {
                LED0=!LED0;//提示系统正在运行
                i=0;
            }
        }
    }
```

该段代码通过 KEY1 按键来控制 24C02 的写入,通过另外一个按键 KEY0 来控制 24C02 的读取,并在 LCD 模块上面显示相关信息。

至此,软件设计部分就结束了。

23.4 下载验证

编译成功之后,下载代码到 ALIENTEK 战舰 STM32 开发板上,通过先按 WK_UP 按键写入数据,然后按 KEY1 读取数据,得到如图 23.4.1 所示。

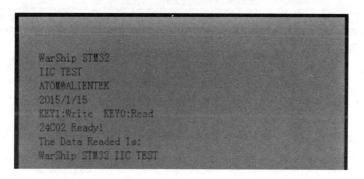

图 23.4.1 程序运行效果图

同时,DS0 会不停闪烁,提示程序正在运行。程序在开机的时候会检测 24C02 是否存在,如果不存在,则会在 TFTLCD 模块上显示错误信息,同时 DS0 慢闪。读者可以通过跳线帽把 PB6 和 PB7 短接就可以看到报错了。

在 USMART 里面加入 AT24CXX_WriteOneByte 和 AT24CXX_ReadOneByte 函数就可以通过 USMART 读取和写入 24C02 的任何地址了,如图 23.4.2 所示。

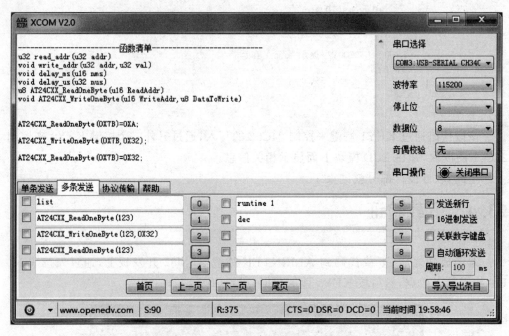

图 23.4.2 USMART 控制 24C02 读/写

第 24 章

SPI 实验

本章将利用 STM32F1 自带的 SPI 来实现对外部 Flash(W25Q128)的读/写,并将结果显示在 TFTLCD 模块上。

24.1 SPI 简介

SPI 是 Serial Peripheral interface 的缩写,顾名思义就是串行外围设备接口,是 Motorola 首先在其 MC68HCXX 系列处理器上定义的,主要应用在 EEPROM、Flash、实时时钟、A/D 转换器、数字信号处理器和数字信号解码器之间。SPI,是一种高速的、全双工、同步的通信总线,并且在芯片的引脚上只占用 4 根线,节约了芯片的引脚,同时为 PCB 的布局上节省空间,提供方便。正是出于这种简单易用的特性,现在越来越多的芯片集成了这种通信协议,STM32 也有 SPI 接口。SPI 的内部简明图如图 24.1.1 所示。

从图中可以看出,主机和从机都有一个串行移位寄存器,主机通过向它的 SPI 串行寄存器写入一个字节来发起一次传输。寄存器通过 MOSI 信号线将字节传送给从机,从机也将自己移位寄存器中的内容通过 MISO 信号线返回给主机。这样,两个移位寄存器中的内容就被交换。外设的写操作和读操作是同步完成的。如果只进行写操作,主机只须忽略接收到的字节;反之,若主机要读取从机的一个字节,就必须发送一个空字节来引发从机的传输。

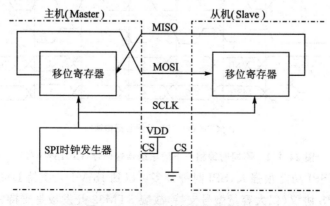

图 24.1.1 SPI 内部结构简明图

SPI 接口一般使用 4 条线通信：
- MISO 主设备数据输入，从设备数据输出。
- MOSI 主设备数据输出，从设备数据输入。
- SCLK 时钟信号，由主设备产生。
- CS 从设备片选信号，由主设备控制。

SPI 主要特点有：可以同时发出和接收串行数据，可以当作主机或从机工作，提供频率可编程时钟，发送结束中断标志，写冲突保护，总线竞争保护等。

SPI 模块为了和外设进行数据交换，根据外设工作要求，其输出串行同步时钟极性和相位可以进行配置，时钟极性（CPOL）对传输协议没有重大的影响。如果 CPOL＝0，串行同步时钟的空闲状态为低电平；如果 CPOL＝1，串行同步时钟的空闲状态为高电平。时钟相位（CPHA）能够选择两种不同的传输协议之一进行数据传输。如果 CPHA＝0，在串行同步时钟的第一个跳变沿（上升或下降）数据被采样；如果 CPHA＝1，在串行同步时钟的第二个跳变沿（上升或下降）数据被采样。SPI 主模块和与之通信的外设备时钟相位和极性应该一致。

不同时钟相位下的总线数据传输时序如图 24.1.2 所示。

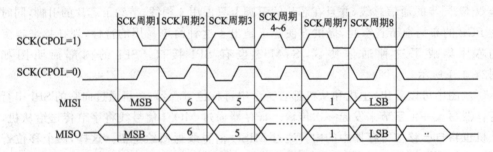

(a) CPHA=0时SPI总线数据传输时序

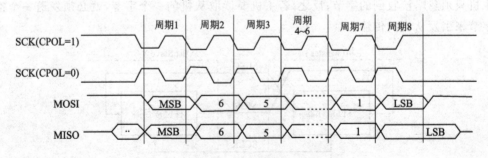

(b) CPHA=1时SPI总线数据传输时序

图 24.1.2　不同时钟相位下的总线传输时序（CPHA＝0/1）

STM32 的 SPI 功能很强大，SPI 时钟最多可以到 18 MHz，支持 DMA，可以配置为 SPI 协议或者 I^2S 协议（仅大容量型号支持，战舰 STM32 开发板是支持的）。

本章将利用 STM32 的 SPI 来读取外部 SPI FLASH 芯片（W25Q128），实现类似

第 24 章 SPI 实验

第 23 章实验的功能。这里只简单介绍 SPI 的使用,STM32 的 SPI 详细介绍请参考《STM32 参考手册》第 457 页,23 节。然后再介绍 SPI Flash 芯片。

这节使用 STM32 的 SPI2 的主模式,下面就来看看 SPI2 部分的设置步骤(SPI 相关的库函数和定义分布在文件 stm32f10x_spi.c 以及头文件 stm32f10x_spi.h 中):

① 配置相关引脚的复用功能,使能 SPI2 时钟。

要用 SPI2,第一步就要使能 SPI2 的时钟。其次要设置 SPI2 的相关引脚为复用输出,这样才会连接到 SPI2 上,否则这些 I/O 口还是默认的状态,也就是标准输入输出口。这里使用的是 PB13、14、15 这 3 个(SCK、MISO、MOSI,CS 使用软件管理方式),所以设置这 3 个为复用 I/O。

```
GPIO_InitTypeDef GPIO_InitStructure;
RCC_APB2PeriphClockCmd(RCC_APB2Periph_GPIOB, ENABLE );//PORTB 时钟使能
RCC_APB1PeriphClockCmd(RCC_APB1Periph_SPI2,  ENABLE);//SPI2 时钟使能
GPIO_InitStructure.GPIO_Pin = GPIO_Pin_13|GPIO_Pin_14|GPIO_Pin_15;
GPIO_InitStructure.GPIO_Mode = GPIO_Mode_AF_PP;   //PB13/14/15 复用推挽输出
GPIO_InitStructure.GPIO_Speed = GPIO_Speed_50MHz;
GPIO_Init(GPIOB,&GPIO_InitStructure);//初始化 GPIOB
```

② 初始化 SPI2,设置 SPI2 工作模式。

接下来要初始化 SPI2,设置 SPI2 为主机模式,设置数据格式为 8 位、设置 SCK 时钟极性及采样方式。并设置 SPI2 的时钟频率(最大 18 MHz)以及数据的格式(MSB 在前还是 LSB 在前)。这在库函数中是通过 SPI_Init 函数来实现的:

```
void SPI_Init(SPI_TypeDef* SPIx, SPI_InitTypeDef* SPI_InitStruct);
```

跟其他外设初始化一样,第一个参数是 SPI 标号,这里使用 SPI2。第二个参数结构体类型 SPI_InitTypeDef 的定义:

```
typedef struct
{
  uint16_t SPI_Direction;
  uint16_t SPI_Mode;
  uint16_t SPI_DataSize;
  uint16_t SPI_CPOL;
  uint16_t SPI_CPHA;
  uint16_t SPI_NSS;
  uint16_t SPI_BaudRatePrescaler;
  uint16_t SPI_FirstBit;
  uint16_t SPI_CRCPolynomial;
}SPI_InitTypeDef;
```

结构体成员变量比较多,这里挑取几个重要的成员变量讲解一下:

第一个参数 SPI_Direction 用来设置 SPI 的通信方式,可以选择为半双工、全双工、串行发和串行收方式,这里选择全双工模式 SPI_Direction_2Lines_FullDuplex。

第二个参数 SPI_Mode 用来设置 SPI 的主从模式,这里设置为主机模式 SPI_Mode_Master,当然也可以选择为从机模式 SPI_Mode_Slave。

第三个参数 SPI_DataSiz 为 8 位还是 16 位帧格式选择项,这里是 8 位传输,选择 SPI_DataSize_8b。

第四个参数 SPI_CPOL 用来设置时钟极性,我们设置串行同步时钟的空闲状态为高电平所以选择 SPI_CPOL_High。

第五个参数 SPI_CPHA 用来设置时钟相位,也就是选择在串行同步时钟的第几个跳变沿(上升或下降)数据被采样,可以为第一个或者第二个条边沿采集,这里选择第二个跳变沿,所以选择 SPI_CPHA_2Edge。

第六个参数 SPI_NSS 设置 NSS 信号由硬件(NSS 引脚)还是软件控制,这里通过软件控制 NSS 关键,而不是硬件自动控制,所以选择 SPI_NSS_Soft。

第七个参数 SPI_BaudRatePrescaler 很关键,就是设置 SPI 波特率预分频值,也就是决定 SPI 的时钟的参数,从不分频到 256 分频 8 个可选值,初始化的时候选择 256 分频值 SPI_BaudRatePrescaler_256,传输速度为 36 MHz/256＝140.625 kHz。

第八个参数 SPI_FirstBit 设置数据传输顺序是 MSB 位在前还是 LSB 位在前,这里选择 SPI_FirstBit_MSB 高位在前。

第九个参数 SPI_CRCPolynomial 用来设置 CRC 校验多项式,提高通信可靠性,大于 1 即可。

设置好上面 9 个参数就可以初始化 SPI 外设了,初始化的范例格式为:

```
SPI_InitTypeDef  SPI_InitStructure;
 SPI_InitStructure.SPI_Direction = SPI_Direction_2Lines_FullDuplex;  //双线双向全双工
 SPI_InitStructure.SPI_Mode = SPI_Mode_Master;//主 SPI
 SPI_InitStructure.SPI_DataSize = SPI_DataSize_8b;//SPI 发送接收 8 位帧结构
 SPI_InitStructure.SPI_CPOL = SPI_CPOL_High;//串行同步时钟的空闲状态为高电平
 SPI_InitStructure.SPI_CPHA = SPI_CPHA_2Edge;//第二个跳变沿数据被采样
 SPI_InitStructure.SPI_NSS = SPI_NSS_Soft;//NSS 信号由软件控制
 SPI_InitStructure.SPI_BaudRatePrescaler = SPI_BaudRatePrescaler_256;//预分频 256
 SPI_InitStructure.SPI_FirstBit = SPI_FirstBit_MSB;//数据传输从 MSB 位开始
 SPI_InitStructure.SPI_CRCPolynomial = 7;//CRC 值计算的多项式
 SPI_Init(SPI2,&SPI_InitStructure);   //根据指定的参数初始化外设 SPIx 寄存器
```

③ 使能 SPI2。

在使能 SPI2 后就可以开始 SPI 通信了。使能 SPI2 的方法是:

```
SPI_Cmd(SPI2,ENABLE);//使能 SPI 外设
```

④ SPI 传输数据。

通信接口当然需要有发送数据和接收数据的函数,固件库提供的发送数据函数原型为:

```
void SPI_I2S_SendData(SPI_TypeDef * SPIx,uint16_t Data);
```

这个函数很好理解,往 SPIx 数据寄存器写入数据 Data,从而实现发送。

固件库提供的接收数据函数原型为:

```
uint16_t SPI_I2S_ReceiveData(SPI_TypeDef * SPIx);
```

这个函数也不难理解,从 SPIx 数据寄存器读出接收到的数据。

第24章 SPI 实验

⑤ 查看 SPI 传输状态。

在 SPI 传输过程中,经常要判断数据是否传输完成,发送区是否为空等等状态,这是通过函数 SPI_I2S_GetFlagStatus 实现的。判断发送是否完成的方法是:

```
SPI_I2S_GetFlagStatus(SPI2,SPI_I2S_FLAG_RXNE);
```

接下来介绍一下 W25Q128。W25Q128 是华邦公司推出的大容量 SPI Flash 产品,W25Q128 的容量为 128 Mbit,该系列还有 W25Q80/16/32/64 等。ALIENTEK 选择的 W25Q128 容量为 128 Mbit,也就是 16 MB。

W25Q128 将 16 MB 的容量分为 256 个块(Block),每个块大小为 64 KB,每个块又分为 16 个扇区(Sector),每个扇区 4 KB。W25Q128 的最小擦除单位为一个扇区,也就是每次必须擦除 4 KB。这样就需要给 W25Q128 开辟一个至少 4 KB 的缓存区,这对 SRAM 要求比较高,要求芯片必须有 4 KB 以上 SRAM 才能很好地操作。

W25Q128 的擦写周期多达 10W 次,具有 20 年的数据保存期限,支持电压为 2.7～3.6 V。W25Q128 支持标准的 SPI,还支持双输出/四输出的 SPI,最大 SPI 时钟可以到 80 MHz(双输出时相当于 160 MHz,四输出时相当于 320 MHz)。更多的 W25Q128 的介绍可参考 W25Q128 的 DATASHEET。

24.2 硬件设计

本章实验功能简介:开机时先检测 W25Q128 是否存在,然后在主循环里面检测两个按键,其中一个按键(KEY1)用来执行写入 W25Q128 的操作,另外一个按键(KEY0)用来执行读出操作,在 TFTLCD 模块上显示相关信息。同时用 DS0 提示程序正在运行。

用到的硬件资源如下:指示灯 DS0、KEY0 和 KEY1 按键、TFTLCD 模块、SPI、W25Q128。这里只介绍 W25Q128 与 STM32 的连接。板上的 W25Q128 是直接连在 STM32 的 SPI2 上的,连接关系如图 24.2.1 所示。这里的 F_CS 是连接在 PB12 上面的。另外要特别注意:W25Q128 和 NRF24L01 共用 SPI2,所以这两个器件在使用的时候必须分时复用(通过片选控制)才行。

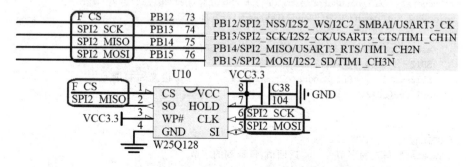

图 24.2.1　STM32 与 W25Q128 连接电路图

24.3 软件设计

打开本书配套资料的 SPI 实验工程,可以看到我们加入了 spi.c、w25qxx.c 文件以及头文件 spi.h、w25qxx.h,同时引入了库函数文件 stm32f10x_spi.c 文件以及头文件 stm32f10x_spi.h。

打开 spi.c 文件,看到如下代码:

```
#include "spi.h"
//以下是 SPI2 的初始化代码,配置成主机模式,访问 SD Card/W25Q128/NRF24L01
void SPI2_Init(void)
{
    GPIO_InitTypeDef GPIO_InitStructure;
    SPI_InitTypeDef  SPI_InitStructure;
    RCC_APB2PeriphClockCmd(RCC_APB2Periph_GPIOB,ENABLE);//PORTB 时钟使能
    RCC_APB1PeriphClockCmd(RCC_APB1Periph_SPI2,   ENABLE);//①SPI2 时钟使能
    GPIO_InitStructure.GPIO_Pin = GPIO_Pin_13|GPIO_Pin_14|GPIO_Pin_15;
    GPIO_InitStructure.GPIO_Mode = GPIO_Mode_AF_PP;    //PB13/14/15 复用推挽输出
    GPIO_InitStructure.GPIO_Speed = GPIO_Speed_50MHz;
    GPIO_Init(GPIOB,&GPIO_InitStructure);              //①初始化 GPIOB
    GPIO_SetBits(GPIOB,GPIO_Pin_13|GPIO_Pin_14|GPIO_Pin_15);  //PB13/14/15 上拉
    SPI_InitStructure.SPI_Direction = SPI_Direction_2Lines_FullDuplex;//设置 SPI 全双工
    SPI_InitStructure.SPI_Mode = SPI_Mode_Master;//设置 SPI 工作模式:设置为主 SPI
    SPI_InitStructure.SPI_DataSize = SPI_DataSize_8b;//8 位帧结构
    SPI_InitStructure.SPI_CPOL = SPI_CPOL_High;//选择了串行时钟的稳态:时钟悬空高
    SPI_InitStructure.SPI_CPHA = SPI_CPHA_2Edge;//数据捕获于第二个时钟沿
    SPI_InitStructure.SPI_NSS = SPI_NSS_Soft;       //NSS 信号由硬件管理
    SPI_InitStructure.SPI_BaudRatePrescaler = SPI_BaudRatePrescaler_256;//预分频 256
    SPI_InitStructure.SPI_FirstBit = SPI_FirstBit_MSB;//数据传输从 MSB 位开始
    SPI_InitStructure.SPI_CRCPolynomial = 7;        //CRC 值计算的多项式
    SPI_Init(SPI2,&SPI_InitStructure);   //②根据指定的参数初始化外设 SPIx 寄存器
    SPI_Cmd(SPI2,ENABLE);                //③使能 SPI 外设
    SPI2_ReadWriteByte(0xff);            //④启动传输
}
//SPI 速度设置函数
//SpeedSet://SPI_BaudRatePrescaler_256 256 分频(SPI 281.25K@sys 72M)
void SPI2_SetSpeed(u8 SPI_BaudRatePrescaler)
{
    assert_param(IS_SPI_BAUDRATE_PRESCALER(SPI_BaudRatePrescaler));
    SPI2->CR1&= 0XFFC7;
    SPI2->CR1|= SPI_BaudRatePrescaler;    //设置 SPI2 速度
    SPI_Cmd(SPI2,ENABLE);
}
//SPIx 读写一个字节
//TxData:要写入的字节      返回值:读取到的字节
u8 SPI2_ReadWriteByte(u8 TxData)
{
    u8 retry = 0;
```

第 24 章　SPI 实验

```
    while(SPI_I2S_GetFlagStatus(SPI2, SPI_I2S_FLAG_TXE) == RESET)//等待发送区空
        {
        retry++;
        if(retry>200)return 0;
        }
    SPI_I2S_SendData(SPI2,TxData);            //通过外设 SPIx 发送一个数据
    retry = 0;
    while(SPI_I2S_GetFlagStatus(SPI2,SPI_I2S_FLAG_RXNE) == RESET)
                                              //等待接收完一个 byte
    {  retry++;
        if(retry>200)return 0;
    }
    return SPI_I2S_ReceiveData(SPI2);         //返回通过 SPIx 最近接收的数据
}
```

　　此部分代码主要初始化 SPI，这里选择 SPI2，所以 SPI2_Init 函数里面相关操作都是针对 SPI2 的，初始化步骤和上面介绍的一样，代码中也使用了①～⑤标注。初始化之后就可以开始使用 SPI2 了。SPI2_Init 函数里把 SPI2 的波特率设置成了最低（36 MHz，256 分频为 140.625 kHz）。外部函数里通过 SPI2_SetSpeed 来设置 SPI2 的速度，而数据发送和接收则是通过 SPI2_ReadWriteByte 函数来实现的。SPI2_SetSpeed 函数是通过寄存器设置方式来实现的，因为固件库并没有提供单独的设置分频系数的函数，当然，也可以勉强调用 SPI_Init 初始化函数来实现分频系数修改。

　　注意，SPI 初始化函数的最后有一个启动传输，这句话最大的作用就是维持 MOSI 为高电平，而且这句话也不是必须的，可以去掉。

　　下面打开 w25qxx.c，里面编写的是与 W25Q128 操作相关的代码。这里仅介绍几个重要的函数，首先是 W25QXX_Read 函数。该函数用于从 W25Q128 的指定地址读出指定长度的数据，其代码如下：

```
//读取 SPI FLASH
//在指定地址开始读取指定长度的数据
//pBuffer:数据存储区      ReadAddr:开始读取的地址(24bit)
//NumByteToRead:要读取的字节数(最大 65 535)
void W25QXX_Read(u8 * pBuffer,u32 ReadAddr,u16 NumByteToRead)
{
    u16 i;
    SPI_FLASH_CS = 0;                              //使能器件
    SPI2_ReadWriteByte(W25X_ReadData);             //发送读取命令
    SPI2_ReadWriteByte((u8)((ReadAddr)>>16));      //发送 24bit 地址
    SPI2_ReadWriteByte((u8)((ReadAddr)>>8));
    SPI2_ReadWriteByte((u8)ReadAddr);
    for(i = 0;i<NumByteToRead;i++)
    {
        pBuffer[i] = SPI2_ReadWriteByte(0XFF);     //循环读数
    }
    SPI_FLASH_CS = 1;
}
```

　　由于 W25Q128 支持以任意地址（但是不能超过 W25Q128 的地址范围）开始读取

数据,所以,这个代码相对来说就比较简单了。在发送24位地址之后,程序就可以开始循环读数据了,其地址自动增加。注意,不能读的数据超过了W25Q128的地址范围,否则读出来的数据就不是想要的数据了。

有读的函数,当然就有写的函数了。接下来介绍W25QXX_Write函数,该函数的作用与W25QXX_Flash_Read的作用类似,不过是用来写数据到W25Q128里面的,其代码如下:

```
u8 W25QXX_BUFFER[4096];
void W25QXX_Write(u8 * pBuffer,u32 WriteAddr,u16 NumByteToWrite)
{
    u32 secpos;
    u16 i, secoff, secremain;
    u8 * W25QXX_BUF;
    W25QXX_BUF = W25QXX_BUFFER;
    secpos = WriteAddr/4096;//扇区地址
    secoff = WriteAddr % 4096;//在扇区内的偏移
    secremain = 4096 - secoff;//扇区剩余空间大小
    if(NumByteToWrite< = secremain)secremain = NumByteToWrite;//不大于4 096个字节
    while(1)
    {
        W25QXX_Read(W25QXX_BUF,secpos * 4096,4096);//读出整个扇区的内容
        for(i = 0;i<secremain;i + + )//校验数据
        {
            if(W25QXX_BUF[secoff + i]! = 0XFF)break;//需要擦除
        }
        if(i<secremain)//需要擦除
        {
            W25QXX_Erase_Sector(secpos);//擦除这个扇区
            for(i = 0;i<secremain;i + + )   //复制
            {
                W25QXX_BUF[i + secoff] = pBuffer[i];
            }
            W25QXX_Write_NoCheck(W25QXX_BUF,secpos * 4096,4096);//写入整个扇区

        }else W25QXX_Write_NoCheck(pBuffer,WriteAddr,secremain);
                                //写已经擦除了的,直接写入扇区剩余区间
        if(NumByteToWrite = = secremain)break;       //写入结束了
        else                                         //写入未结束
        {
            secpos + + ;                             //扇区地址增1
            secoff = 0;                              //偏移位置为0
            pBuffer + = secremain;                   //指针偏移
            WriteAddr + = secremain;                 //写地址偏移
            NumByteToWrite - = secremain;            //字节数递减
            if(NumByteToWrite>4096)secremain = 4096; //下一个扇区还是写不完
            else secremain = NumByteToWrite;         //下一个扇区可以写完了
        }
    };
}
```

第24章 SPI 实验

该函数可以在 W25Q128 的任意地址写入任意长度（必须不超过 W25Q128 的容量）的数据。这里简单介绍一下思路：先获得首地址（WriteAddr）所在的扇区，并计算在扇区内的偏移，然后判断要写入的数据长度是否超过本扇区所剩下的长度，如果不超过，再先看看是否要擦除，如果不要，则直接写入数据即可；如果要，则读出整个扇区，在偏移处开始写入指定长度的数据，然后擦除这个扇区，再一次性写入。当所需要写入的数据长度超过一个扇区的长度的时候，我们先按照前面的步骤把扇区剩余部分写完，再在新扇区内执行同样的操作，如此循环，直到写入结束。

接着打开 w25qxx.h 文件可以看到，这里面就定义了一些与 W25Q128 操作相关的命令（部分省略了）。最后看看 main.c 里面代码如下：

```c
//要写入到W25Q64的字符串数组
const u8 TEXT_Buffer[] = {"WarShipSTM32 SPI TEST"};
#define SIZE sizeof(TEXT_Buffer)
int main(void)
{
    u8 key, datatemp[SIZE];
    u16 i = 0;
    u32 FLASH_SIZE;
    delay_init();              //延时函数初始化
    NVIC_PriorityGroupConfig(NVIC_PriorityGroup_2);//设置中断优先级分组为组2
    uart_init(115200);//串口初始化为115200
    LED_Init();                //初始化与LED连接的硬件接口
    LCD_Init();                //初始化LCD
    KEY_Init();                //按键初始化
    W25QXX_Init();             //W25QXX初始化
    POINT_COLOR = RED;         //设置字体为红色
    LCD_ShowString(30,70,200,16,16,"SPI TEST");
    //......省略部分定义
    while(W25QXX_ReadID()! = W25Q128)//检测不到W25Q128
    {
        LCD_ShowString(30,150,200,16,16,"W25Q128 Check Failed!");
        delay_ms(500);
        LCD_ShowString(30,150,200,16,16,"Please Check!          ");
        delay_ms(500);
        LED0 = ! LED0;//DS0闪烁
    }
    LCD_ShowString(30,150,200,16,16,"W25Q128 Ready!");
    FLASH_SIZE = 128 * 1024 * 1024;//FLASH 大小为16M字节
    POINT_COLOR = BLUE;//设置字体为蓝色
    while(1)
    {
        key = KEY_Scan(0);
        if(key == KEY1_PRES)//KEY1 按下,写入 W25QXX
        {
            LCD_Fill(0,170,239,319,WHITE);//清除半屏
            LCD_ShowString(30,170,200,16,16,"Start Write W25Q128....");
            W25QXX_Write((u8 *)TEXT_Buffer,FLASH_SIZE - 100,SIZE);
                            //从倒数第100个地址处开始,写入SIZE长度的数据
            LCD_ShowString(30,170,200,16,16,"W25Q128 Write Finished!");//传送完成
```

```
        }
        if(key == KEY0_PRES)//KEY0 按下,读取字符串并显示
        {
            LCD_ShowString(30,170,200,16,16,"Start Read W25Q128....");
            W25QXX_Read(datatemp,FLASH_SIZE - 100,SIZE);
                                        //从倒数第 100 个地址处开始,读出 SIZE 个字节
            LCD_ShowString(30,170,200,16,16,"The Data Readed Is:  ");//提示传送完成
            LCD_ShowString(30,190,200,16,16,datatemp);//显示读到的字符串
        }
        i ++ ; delay_ms(10);
        if(i == 20)
        {
            LED0 = ! LED0;i = 0;    //提示系统正在运行
        }
    }
}
```

这部分代码和 IIC 实验那部分代码大同小异,实现的功能就和 IIC 差不多,不过此次写入和读出的是 SPI Flash,而不是 EEPROM。

24.4 下载验证

编译成功后,下载代码到 ALIENTEK 战舰 STM32 开发板上,通过先按 KEY1 按键写入数据,然后按 KEY0 读取数据,得到如图 24.4.1 所示。伴随 DS0 的不停闪烁,提示程序在运行。程序开机的时候会检测 W25Q128 是否存在,如果不存在,则在 TFTLCD 模块上显示错误信息,同时 DS0 慢闪。读者可以把 PB14 和 GND 短接就可以看到报错了。

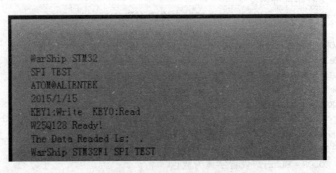

图 24.4.1　程序运行效果图

第 25 章

RS485 实验

本章利用 STM32F1 的串口 2 来实现两块开发板之间的 RS485 通信,并将结果显示在 TFTLCD 模块上。

25.1 RS485 简介

RS485(一般称作 485/EIA-485)是隶属于 OSI 模型物理层的,电气特性规定为 2 线、半双工、多点通信的标准。它的电气特性和 RS232 大不一样,用缆线两端的电压差值来表示传递信号。RS485 仅仅规定了接收端和发送端的电气特性,没有规定或推荐任何数据协议。

RS485 的特点包括:

① 接口电平低,不易损坏芯片。RS485 的电气特性:逻辑"1"以两线间的电压差为 $+(2\sim6)$V 表示;逻辑"0"以两线间的电压差为 $-(2\sim6)$V 表示。接口信号电平比 RS232 降低了,不易损坏接口电路的芯片;且该电平与 TTL 电平兼容,可方便与 TTL 电路连接。

② 传输速率高。10 m 时,RS485 的数据最高传输速率可达 35 Mbps,在 1 200 m 时,传输速度可达 100 kbps。

③ 抗干扰能力强。RS485 接口是采用平衡驱动器和差分接收器的组合,抗共模干扰能力增强,即抗噪声干扰性好。

④ 传输距离远,支持节点多。RS485 总线最长可以传输 1 200 m 以上(速率 ≤100 kbps)一般最大支持 32 个节点,如果使用特制的 RS485 芯片,可以达到 128 个或者 256 个节点,最大的可以支持到 400 个节点。

RS485 推荐使用在点对点网络中,使用线型、总线型网络,不能是星型、环型网络。理想情况下 RS485 需要 2 个匹配电阻,其阻值要等于传输电缆的特性阻抗(一般为 120 Ω)。没有特性阻抗的话,当所有的设备都静止或者没有能量的时候就会产生噪声,而且线移需要双端的电压差。没有终接电阻的话,会使得较快速的发送端产生多个数据信号的边缘,从而导致数据传输出错。RS485 推荐的连接方式如图 25.1.1 所示。如果需要添加匹配电阻,则一般在总线的起止端加入,也就是主机和设备 4 上面各加一个 120 Ω 的匹配电阻。

由于 RS485 具有传输距离远、传输速度快、支持节点多和抗干扰能力更强等特点,所以 RS485 有很广泛的应用。

战舰 STM32 开发板采用 SP3485 作为收发器,该芯片支持 3.3 V 供电,最大传输速度可达 10 Mbps,支持多达 32 个节点,并且有输出短路保护。该芯片的框图如图 25.1.2 所示。图中 A、B 总线接口用于连接 RS485 总线。RO 是接收输出端,DI 是发送数据收入端,RE 是接收使能信号(低电平有效),DE 是发送使能信号(高电平有效)。

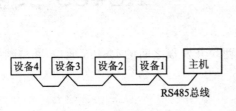

图 25.1.1　RS485 连接

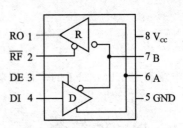

图 25.1.2　SP3485 框图

本章通过该芯片连接 STM32 的串口 2,实现两个开发板之间的 RS485 通信。本章将实现这样的功能:通过连接两个战舰 STM32 开发板的 RS485 接口,然后由 KEY0 控制发送,当按下一个开发板的 KEY0 的时候就发送 5 个数据给另外一个开发板,并在两个开发板上分别显示发送的值和接收到的值。

本章只需要配置好串口 2,就可以实现正常的 RS485 通信了,串口 2 的配置和串口 1 基本类似,只是串口的时钟来自 APB1,最大频率为 36 MHz。

25.2　硬件设计

本章要用到的硬件资源如下:指示灯 DS0、KEY0 按键、TFTLCD 模块、串口 2、RS485 收发芯片。前面 3 个都有详细介绍,这里介绍 RS485 和串口 2 的连接关系,如图 25.2.1 所示。可以看出,STM32F1 的串口 2 通过 P7 端口设置连接到 SP3485,通过 STM32F1 的 PD7 控制 SP3485 的收发,当 PD7=0 的时候,为接收模式;当 PD7=1 的时候,为发送模式。注意,RS485_RE 信号和 DM9000_RST 共用 PD7,所以只能分时复用。

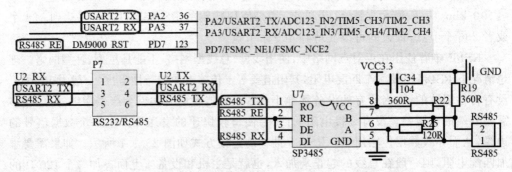

图 25.2.1　STM32 与 SP3485 连接电路图

另外,图中的 R19 和 R22 是两个偏置电阻,用来保证总线空闲时 A、B 之间的电压

第 25 章 RS485 实验

差都会大于 200 mV(逻辑 1),从而避免因总线空闲时,A、B 压差不定引起逻辑错乱可能出现的乱码。

然后,我们要设置好开发板上 P7 排针的连接,通过跳线帽将 PA2 和 PA3 分别连接到 485_RX 和 485_TX 上面,如图 25.2.2 所示。

最后,我们用 2 根导线将两个开发板 RS485 端子的 A 和 A、B 和 B 连接起来。注意,不要接反了(A 接 B),接反了会导致通信异常!

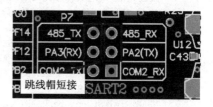

图 25.2.2 硬件连接示意图

25.3 软件设计

打开 RS485 实验例程,可以发现项目中加入了一个 rs485.c 文件以及其头文件 rs485 文件,同时 RS485 通信调用的库函数和定义分布在 stm32f10x_usart.c 文件、头文件 stm32f10x_usart.h 文件中。打开 rs485.c 文件,关键代码如下:

```
#ifdef EN_USART2_RX            //如果使能了接收
u8 RS485_RX_BUF[64];           //接收缓冲,最大 64 个字节
u8 RS485_RX_CNT = 0;           //接收到的数据长度
void USART2_IRQHandler(void)
{
    u8 res;
    if(USART_GetITStatus(USART2,USART_IT_RXNE)! = RESET)        //接收到数据
    {
        res = USART_ReceiveData(USART2);                        //读取接收到的数据
        if(RS485_RX_CNT<64)
        {
            RS485_RX_BUF[RS485_RX_CNT] = res;                   //记录接收到的值
            RS485_RX_CNT++ ;                                    //接收数据增加 1
        }
    }
}
#endif
//初始化 IO 串口 2
//bound:波特率
void RS485_Init(u32 bound)
{
    GPIO_InitTypeDef GPIO_InitStructure;
    USART_InitTypeDef USART_InitStructure;
    NVIC_InitTypeDef NVIC_InitStructure;
    RCC_APB2PeriphClockCmd(RCC_APB2Periph_GPIOA|
    RCC_APB2Periph_GPIOG,ENABLE);                               //使能 GPIOA,G 时钟
    RCC_APB1PeriphClockCmd(RCC_APB1Periph_USART2,ENABLE);       //使能串口 2 时钟

    GPIO_InitStructure.GPIO_Pin = GPIO_Pin_9;       //PG9 端口配置
    GPIO_InitStructure.GPIO_Mode = GPIO_Mode_Out_PP;   //推挽输出
    GPIO_InitStructure.GPIO_Speed = GPIO_Speed_50MHz;
    GPIO_Init(GPIOG,&GPIO_InitStructure);
```

```c
    GPIO_InitStructure.GPIO_Pin = GPIO_Pin_2;                    //PA2
    GPIO_InitStructure.GPIO_Mode = GPIO_Mode_AF_PP;              //复用推挽
    GPIO_Init(GPIOA,&GPIO_InitStructure);
    GPIO_InitStructure.GPIO_Pin = GPIO_Pin_3;                    //PA3
    GPIO_InitStructure.GPIO_Mode = GPIO_Mode_IN_FLOATING;        //浮空输入
    GPIO_Init(GPIOA,&GPIO_InitStructure);
    RCC_APB1PeriphResetCmd(RCC_APB1Periph_USART2,ENABLE);        //复位串口2
    RCC_APB1PeriphResetCmd(RCC_APB1Periph_USART2,DISABLE);       //停止复位
#ifdef EN_USART2_RX                                              //如果使能了接收
    USART_InitStructure.USART_BaudRate = bound;                  //波特率设置
    USART_InitStructure.USART_WordLength = USART_WordLength_8b;  //8位数据长度
    USART_InitStructure.USART_StopBits = USART_StopBits_1;       //一个停止位
    USART_InitStructure.USART_Parity = USART_Parity_No;          //奇偶校验位
    USART_InitStructure.USART_HardwareFlowControl =
    USART_HardwareFlowControl_None;                              //无硬件数据流控制
    USART_InitStructure.USART_Mode = USART_Mode_Rx|USART_Mode_Tx;//收发
    USART_Init(USART2,&USART_InitStructure);                     //初始化串口
    NVIC_InitStructure.NVIC_IRQChannel = USART2_IRQn;            //使能串口2中断
    NVIC_InitStructure.NVIC_IRQChannelPreemptionPriority = 3;    //先占优先级2级
    NVIC_InitStructure.NVIC_IRQChannelSubPriority = 3;           //从优先级2级
    NVIC_InitStructure.NVIC_IRQChannelCmd = ENABLE;              //使能外部中断通道
    NVIC_Init(&NVIC_InitStructure);                              //初始化NVIC寄存器
    USART_ITConfig(USART2,USART_IT_RXNE,ENABLE);                 //开启中断
    USART_Cmd(USART2,ENABLE);                                    //使能串口
#endif
    RS485_TX_EN = 0;                                             //默认为接收模式
}
//RS485发送len个字节.
//buf:发送区首地址 len:发送的字节数
void RS485_Send_Data(u8 * buf,u8 len)
{
    u8 t;
    RS485_TX_EN = 1;//设置为发送模式
    for(t = 0;t<len;t ++)        //循环发送数据
    {
        while(USART_GetFlagStatus(USART2,USART_FLAG_TC) == RESET);
        USART_SendData(USART2,buf[t]);
    }

    while(USART_GetFlagStatus(USART2,USART_FLAG_TC) == RESET);
    RS485_RX_CNT = 0;
    RS485_TX_EN = 0;             //设置为接收模式
}
//RS485查询接收到的数据
//buf:接收缓存首地址 len:读到的数据长度
void RS485_Receive_Data(u8 * buf,u8 * len)
{
    u8 rxlen = RS485_RX_CNT;     u8 i = 0;
    *len = 0;//默认为0
    delay_ms(10);       //等待10 ms,连续超过10 ms没有接收到一个数据,则认为接收结束
    if(rxlen == RS485_RX_CNT&&rxlen)//接收到了数据,且接收完成了
```

```c
    {
        for(i = 0;i<rxlen;i ++ )
        {
            buf[i] = RS485_RX_BUF[i];
        }
        * len = RS485_RX_CNT;     //记录本次数据长度
        RS485_RX_CNT = 0;         //清零
    }
}
```

此部分代码总共 4 个函数,其中,RS485_Init 函数为 RS485 通信初始化函数,其实基本上就是在配置串口 2,只是把 PD7 也顺带配置了,用于控制 SP3485 的收发。如果使能中断接收的话,则会执行串口 2 的中断接收配置。USART2_IRQHandler 函数用于中断接收来自 RS485 总线的数据,将其存放在 RS485_RX_BUF 里面。最后,RS485_Send_Data 和 RS485_Receive_Data 两个函数用来发送数据到 RS485 总线和读取从 RS485 总线收到的数据,都比较简单。

头文件 rs485.h 中代码比较简单,在其中开启了串口 2 的中断接收。最后看看主函数 main 的内容如下:

```c
int main(void)
{
    u8 key, i = 0, t = 0,cnt = 0;
    u8 rs485buf[5];
    delay_init();                //延时函数初始化
    NVIC_PriorityGroupConfig(NVIC_PriorityGroup_2);   //设置中断优先级分组为组 2
    uart_init(115200);           //串口初始化为 115200
    LED_Init();                  //初始化与 LED 连接的硬件接口
    LCD_Init();                  //初始化 LCD
    KEY_Init();                  //按键初始化
    RS485_Init(9600);            //初始化 RS485
    //…此处省略部分液晶显示代码
    while(1)
    {
        key = KEY_Scan(0);
        if(key == KEY0_PRES)     //KEY0 按下,发送一次数据
        {
            for(i = 0;i<5;i ++ )
            {
                rs485buf[i] = cnt + i;//填充发送缓冲区
                LCD_ShowxNum(30 + i * 32,190,rs485buf[i],3,16,0X80);//显示数据
            }
            RS485_Send_Data(rs485buf,5);//发送 5 个字节
        }
        RS485_Receive_Data(rs485buf,&key);
        if(key)//接收到有数据
        {
          if(key>5)key = 5;//最大是 5 个数据.
        for(i = 0;i<key;i ++ )LCD_ShowxNum(30 + i * 32,230,rs485buf[i],3,16,0X80);
                                                                //显示数据
        }
```

```
    t++;delay_ms(10);
    if(t==20)
    {
        LED0=!LED0;//提示系统正在运行
        t=0;cnt++;
        LCD_ShowxNum(30+48,150,cnt,3,16,0X80);//显示数据
    }
}
}
```

此部分代码中,cnt 是一个累加数,一旦 KEY0 按下,就以这个数为基准连续发送 5 个数据。当 RS485 总线收到数据的时候,就将收到的数据直接显示在 LCD 屏幕上。

25.4 下载验证

编译成功之后,下载代码到 ALIENTEK 战舰 STM32 开发板上(注意要 2 个开发板都下载这个代码哦),得到如图 25.4.1 所示界面。

伴随 DS0 的不停闪烁,提示程序在运行。此时,按下 KEY0 就可以在另外一个开发板上面收到这个开发板发送的数据了,如图 25.4.2 和图 25.4.3 所示。

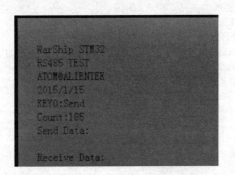

图 25.4.1　程序运行效果图 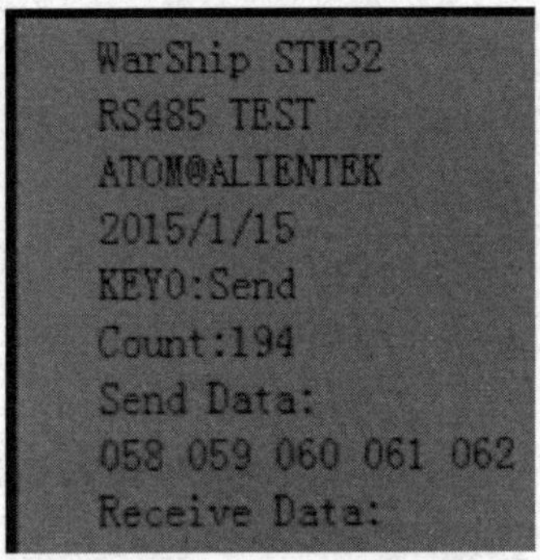　　　　图 25.4.2　RS485 发送数据

图 25.4.2 来自开发板 A,发送了 5 个数据;图 25.4.3 来自开发板 B,接收到了来自开发板 A 的 5 个数据。

本章介绍的 RS485 总线是通过串口控制收发的,我们只需要将 P7 的跳线帽稍作改变(将 PA2/PA3 连接 COM2_RX/COM2_TX),该实验就变成了一个 RS232 串口通信实验了。通过对接两个开发板的 RS232 接口即可得到同样的实验现象,有兴趣的读者可以实验一下。

另外,利用 USMART 测试的部分这里就不做介绍了,读者可自行验证下。

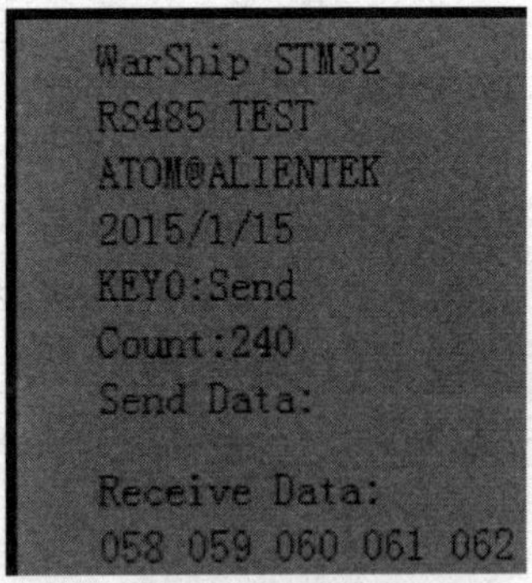

图 25.4.3　RS485 接收数据

第 26 章

CAN 通信实验

本章介绍如何使用 STM32F1 自带的 CAN 控制器来实现两个开发板之间的 CAN 通信,并将结果显示在 TFTLCD 模块上。

26.1 CAN 简介

CAN 是 Controller Area Network 的缩写(以下称为 CAN),是 ISO 国际标准化的串行通信协议。在当前的汽车产业中,出于对安全性、舒适性、方便性、低公害、低成本的要求,各种各样的电子控制系统被开发了出来。由于这些系统之间通信所用的数据类型及对可靠性的要求不尽相同,由多条总线构成的情况很多,线束的数量也随之增加。为适应"减少线束的数量"、"通过多个 LAN 进行大量数据的高速通信"的需要,1986 年德国电气商博世公司开发出面向汽车的 CAN 通信协议。此后,CAN 通过 ISO11898 及 ISO11519 进行了标准化,现在在欧洲已是汽车网络的标准协议。

现在,CAN 的高性能和可靠性已被认同,并被广泛应用于工业自动化、船舶、医疗设备、工业设备等方面。现场总线是当今自动化领域技术发展的热点之一,被誉为自动化领域的计算机局域网。它的出现为分布式控制系统实现各节点之间实时、可靠的数据通信提供了强有力的技术支持。

CAN 控制器根据两根线上的电位差来判断总线电平。总线电平分为显性电平和隐性电平,二者必居其一。发送方通过使总线电平发生变化,将消息发送给接收方。

CAN 协议具有一下特点:

① 多主控制。在总线空闲时,所有单元都可以发送消息(多主控制),而两个以上的单元同时开始发送消息时,根据标识符(Identifier 以下称为 ID)决定优先级。ID 并不表示发送的目的地址,而是表示访问总线的消息的优先级。两个以上的单元同时开始发送消息时,对各消息 ID 的每个位进行逐个仲裁比较。仲裁获胜(被判定为优先级最高)的单元可继续发送消息,仲裁失利的单元则立刻停止发送而进行接收工作。

② 系统的柔软性。与总线相连的单元没有类似于"地址"的信息。因此在总线上增加单元时,连接在总线上的其他单元的软硬件及应用层都不需要改变。

③ 通信速度较快,通信距离远。最高 1 Mbps(距离小于 40 m),最远可达 10 km(速率低于 5 kbps)。

④ 具有错误检测、错误通知和错误恢复功能。所有单元都可以检测错误(错误检

测功能),检测出错误的单元会立即同时通知其他所有单元(错误通知功能),正在发送消息的单元一旦检测出错误,则强制结束当前的发送。强制结束发送的单元会不断反复地重新发送此消息,直到成功发送为止(错误恢复功能)。

⑤ 故障封闭功能。CAN可以判断出错误的类型是总线上暂时的数据错误(如外部噪声等)还是持续的数据错误(如单元内部故障、驱动器故障、断线等)。因此,当总线上发生持续数据错误时,可将引起此故障的单元从总线上隔离出去。

⑥ 连接节点多。CAN总线是可同时连接多个单元的总线。可连接的单元总数理论上是没有限制的,但实际上可连接的单元数受总线上的时间延迟及电气负载的限制。降低通信速度,可连接的单元数增加;提高通信速度,则可连接的单元数减少。

CAN协议的这些特点使得CAN特别适合工业过程监控设备的互连,因此,越来越受到工业界的重视,并已公认为最有前途的现场总线之一。

CAN协议经过ISO标准化后有两个标准:ISO11898标准和ISO11519-2标准。其中,ISO11898是针对通信速率为125 kbps~1 Mbps的高速通信标准,而ISO11519-2是针对通信速率为125 kbps以下的低速通信标准。

本章使用的是450 kbps的通信速率,使用的是ISO11898标准,该标准的物理层特征如图26.1.1所示。可以看出,显性电平对应逻辑0,CAN_H和CAN_L之差为2.5 V左右。而隐性电平对应逻辑1,CAN_H和CAN_L之差为0 V。在总线上显性电平具有优先权,只要有一个单元输出显性电平,总线上即为显性电平。而隐形电平则具有包容的意味,只有所有的单元都输出隐性电平,总线上才为隐性电平(显性电平比隐性电平更强)。另外,在CAN总线的起止端都有一个120 Ω的终端电阻来做阻抗匹配,以减少回波反射。

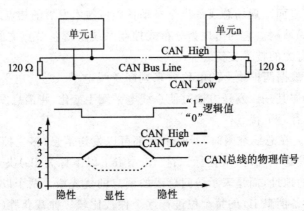

图 26.1.1　ISO11898 物理层特性

CAN协议是通过以下5种类型的帧进行的:数据帧、要控帧、错误帧、过载帧、帧间隔。

另外,数据帧和遥控帧有标准格式和扩展格式两种格式。标准格式有11个位的标识符(ID),扩展格式有29个位的ID。各种帧的用途如表26.1.1所列。

由于篇幅所限,这里仅对数据帧进行详细介绍。数据帧一般由7个段构成,即:

第 26 章 CAN 通信实验

表 26.1.1 CAN 协议各种帧及其用途

帧类型	帧用途
数据帧	用于发送单元向接收单元传送数据的帧
遥控帧	用于接收单元向具有相同 ID 的发送单元请求数据的帧
错误帧	用于当检测出错误时向其它单元通知错误的帧
过载帧	用于接收单元通知其尚未做好接收准备的帧
间隔帧	用于将数据帧及遥控帧与前面的帧分离开来的帧

> 帧起始,表示数据帧开始的段。
> 仲裁段,表示该帧优先级的段。
> 控制段,表示数据的字节数及保留位的段。
> 数据段,数据的内容,一帧可发送 0~8 个字节的数据。
> CRC 段,检查帧的传输错误的段。
> ACK 段,表示确认正常接收的段。
> 帧结束,表示数据帧结束的段。

数据帧的构成如图 26.1.2 所示。图中 D 表示显性电平,R 表示隐形电平(下同)。

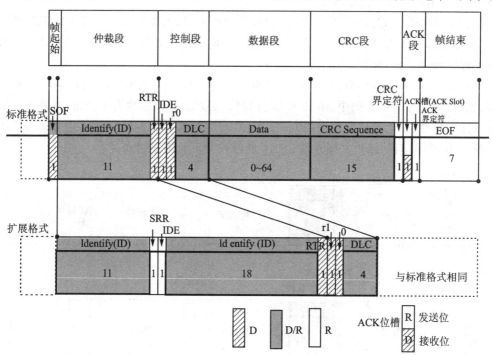

图 26.1.2 数据帧的构成

帧起始,这个比较简单,标准帧和扩展帧都是由一个位的显性电平表示帧起始。

仲裁段,表示数据优先级的段,标准帧和扩展帧格式在本段有所区别,如图 26.1.3 所示。

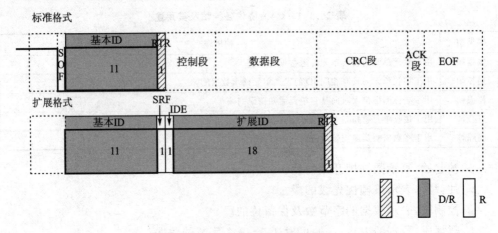

图 26.1.3 数据帧仲裁段构成

标准格式的 ID 有 11 个位，从 ID28～ID18 被依次发送。禁止高 7 位都为隐性（禁止设定：ID=1111111XXXX）。扩展格式的 ID 有 29 个位，基本 ID 从 ID28～ID18，扩展 ID 由 ID17～ID0 表示。基本 ID 和标准格式的 ID 相同。禁止高 7 位都为隐性（禁止设定：基本 ID=1111111XXXX）。

其中，RTR 位用于标识是否是远程帧（0，数据帧；1，远程帧），IDE 位为标识符选择位（0，使用标准标识符；1，使用扩展标识符），SRR 位为代替远程请求位，为隐性位，代替了标准帧中的 RTR 位。

控制段，由 6 个位构成，表示数据段的字节数。标准帧和扩展帧的控制段稍有不同，如图 26.1.4 所示。图中，r0 和 r1 为保留位，必须全部以显性电平发送，但是接收端可以接收显性、隐性及任意组合的电平。DLC 段为数据长度表示段，高位在前，DLC 段有效值为 0～8，但是接收方接收到 9～15 的时候并不认为是错误。

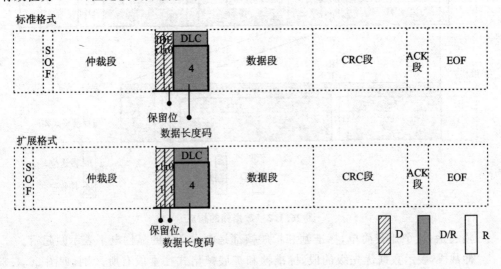

图 26.1.4 数据帧控制段构成

数据段,可包含 0~8 个字节的数据。从最高位(MSB)开始输出,标准帧和扩展帧在这个段的定义都是一样的,如图 26.1.5 所示。

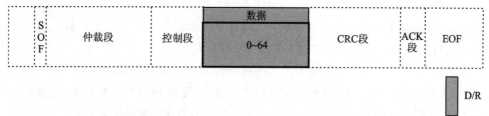

图 26.1.5　数据帧数据段构成

CRC 段,用于检查帧传输错误。由 15 个位的 CRC 顺序和一个位的 CRC 界定符(用于分隔的位)组成。标准帧和扩展帧在这个段的格式也是相同的,如图 26.1.6 所示。

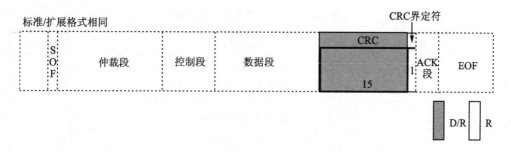

图 26.1.6　数据帧 CRC 段构成

此段 CRC 的值计算范围包括帧起始、仲裁段、控制段、数据段。接收方以同样的算法计算 CRC 值并进行比较,不一致时会通报错误。

ACK 段,用来确认是否正常接收。由 ACK 槽(ACK Slot)和 ACK 界定符 2 个位组成。标准帧和扩展帧在这个段的格式也是相同的,如图 26.1.7 所示。

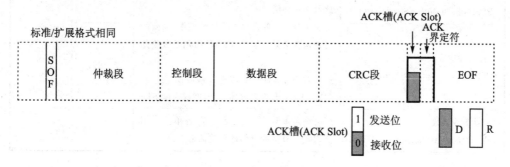

图 26.1.7　数据帧 CRC 段构成

发送单元的 ACK 发送 2 个位的隐性位,而接收到正确消息的单元在 ACK 槽(ACK Slot)发送显性位,通知发送单元正常接收结束,这个过程叫发送 ACK/返回 ACK。发送 ACK 的是在既不处于总线关闭态也不处于休眠态的所有接收单元中,接收到正常消息的单元(发送单元不发送 ACK)。正常消息是指不含填充错误、格式错误、CRC 错误的消息。

帧结束,这个段也比较简单,标准帧和扩展帧在这个段格式一样,由 7 个位的隐性位组成。

至此,数据帧的 7 个段就介绍完了,其他帧的介绍可参考本书配套资料的"CAN 入门书.pdf"相关章节。接下来再来看 CAN 的位时序。

由发送单元在非同步的情况下发送的每秒钟的位数称为位速率。一个位可分为 4 段,分别为同步段(SS)、传播时间段(PTS)、相位缓冲段 1(PBS1)、相位缓冲段 2(PBS2)。这些段又由可称为 Time Quantum(以下称为 T_q)的最小时间单位构成。

一位分为 4 个段,每个段又由若干个 T_q 构成,这称为位时序。

一位由多少个 T_q 构成、每个段又由多少个 T_q 构成等,可以任意设定位时序。通过设定位时序,多个单元可同时采样,也可任意设定采样点。各段的作用和 T_q 数如表 26.1.2 所列。

表 26.1.2　一个位各段及其作用

段名称	段的作用	T_q 数	
同步段 (SS:Synchronization Segment)	多个连接在总线上的单元通过此段实现时序调整,同步进行接收和发送的工作。由隐性电平到显性电平的边沿或由显性电平到隐性电平边沿最好出现在此段中	$1T_q$	
传播时间段 (PTS:Propagation Time Segment)	用于吸收网络上的物理延迟的段。所谓的网络的物理延迟指发送单元的输出延迟、总线上信号的传播延迟、接收单元的输入延迟。 这个段的时间为以上各延迟时间的和的两倍	$1\sim8T_q$	$8\sim25T_q$
相位缓冲段 1 (PBS1:Phase Buffer Segment 1)	当信号边沿不能被包含于 SS 段中时,可在此段进行补偿。	$1\sim8T_q$	
相位缓冲段 2 (PBS2:Phase Buffer Segment 2)	由于各单元以各自独立的时钟工作,细微的时钟误差会累积起来,PBS 段可用于吸收此误差。 通过对相位缓冲段加减 SJW 吸收误差。 SJW 加大后允许误差加大,但通信速度下降	$2\sim8T_q$	
再同步补偿宽度 (SJW:reSl/nchronization Jump Width)	因时钟频率偏差、传送延迟等,各单元有同步误差。SJW 为补偿此误差的最大值	$1\sim4T_q$	

一个位的构成如图 26.1.8 所示。图中的采样点是指读取总线电平,并将读到的电平作为位值的点,位置在 PBS1 结束处。根据这个位时序就可以计算 CAN 通信的波特率了。具体计算方法后面再介绍,先看看前面提到的 CAN 协议具有仲裁功能看是如何实现的。

第 26 章 CAN 通信实验

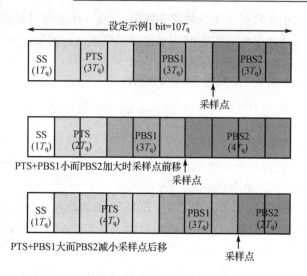

图 26.1.8 一个位的构成

在总线空闲态,最先开始发送消息的单元获得发送权。当多个单元同时开始发送时,各发送单元从仲裁段的第一位开始进行仲裁。连续输出显性电平最多的单元可继续发送。实现过程如图 26.1.9 所示。图中单元 1 和单元 2 同时开始向总线发送数据,开始部分它们的数据格式是一样的,故无法区分优先级,直到 T 时刻,单元 1 输出隐性电平,而单元 2 输出显性电平,此时单元 1 仲裁失利,立刻转入接收状态工作,不再与单元 2 竞争,而单元 2 则顺利获得总线使用权,继续发送自己的数据。这就实现了仲裁,让连续发送显性电平多的单元获得总线使用权。

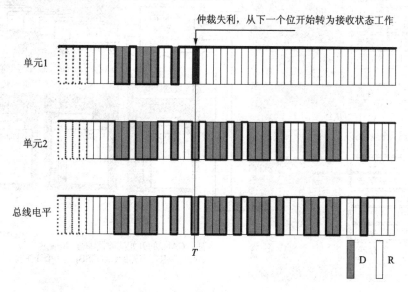

图 26.1.9 CAN 总线仲裁过程

接下来介绍 STM32 的 CAN 控制器。STM32 自带的是 bxCAN,即基本扩展 CAN,它支持 CAN 协议 2.0A 和 2.0B,设计目标是以最小的 CPU 负荷来高效处理大量收到的报文。它也支持报文发送的优先级要求(优先级特性可软件配置)。对于安全紧要的应用,bxCAN 提供所有支持时间触发通信模式所需的硬件功能。

STM32 的 bxCAN 的主要特点有:
- 支持 CAN 协议 2.0A 和 2.0B 主动模式;
- 波特率最高达 1 Mbps;
- 支持时间触发通信;
- 具有 3 个发送邮箱;
- 具有 3 级深度的 2 个接收 FIFO;
- 可变的过滤器组(最多 28 个)。

STM32 互联型产品中带有 2 个 CAN 控制器,而我们使用的 STM32F103ZET6 属于增强型,不是互联型,只有一个 CAN 控制器。双 CAN 的框图如图 26.1.10 所示。图中可以看出,两个 CAN 都分别拥有自己的发送邮箱和接收 FIFO,但是它们共用 28 个滤波器。通过 CAN_FMR 寄存器可以设置滤波器的分配方式。

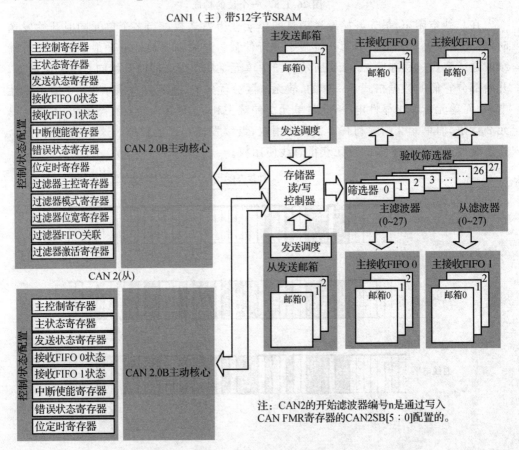

图 26.1.10　双 CAN 框图

STM32 的标识符过滤比较复杂,它的存在减少了 CPU 处理 CAN 通信的开销。STM32 的过滤器组最多有 28 个(互联型),但是 STM32F103ZET6 只有 14 个(增强型),每个滤波器组 x 由 2 个 32 位寄存器(CAN_FxR1 和 CAN_FxR2)组成。

STM32 每个过滤器组的位宽都可以独立配置,以满足应用程序的不同需求。根据位宽的不同,每个过滤器组可提供:

> 一个 32 位过滤器,包括 STDID[10:0]、EXTID[17:0]、IDE 和 RTR 位;
> 2 个 16 位过滤器,包括 STDID[10:0]、IDE、RTR 和 EXTID[17:15]位。

此外过滤器可配置为屏蔽位模式和标识符列表模式。在屏蔽位模式下,标识符寄存器和屏蔽寄存器一起指定报文标识符的任何一位,应该按照"必须匹配"或"不用关心"处理。而在标识符列表模式下,屏蔽寄存器也被当作标识符寄存器用。因此,不是采用一个标识符加一个屏蔽位的方式,而是使用 2 个标识符寄存器。接收报文标识符的每一位都必须跟过滤器标识符相同。

通过 CAN_FMR 寄存器可以配置过滤器组的位宽和工作模式,如图 26.1.11 所示。

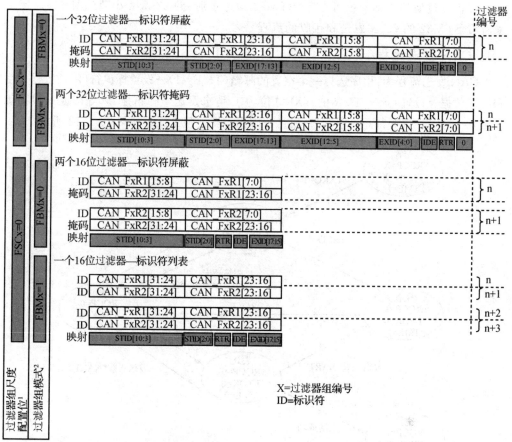

图 26.1.11　过滤器组位宽模式设置

为了过滤出一组标识符,应该设置过滤器组工作在屏蔽位模式。为了过滤出一个标识符,应该设置过滤器组工作在标识符列表模式。

应用程序不用的过滤器组应该保持在禁用状态。过滤器组中的每个过滤器都被编号为(叫过滤器号,图 26.1.11 中的 n)从 0 开始,到某个最大数值(取决于过滤器组的模式和位宽的设置)。

举个简单的例子,我们设置过滤器组 0 工作在:一个 32 位过滤器-标识符屏蔽模式,然后设置 CAN_F0R1=0XFFFF0000,CAN_F0R2=0XFF00FF00。其中,存放到 CAN_F0R1 的值就是期望收到的 ID,即希望收到的映像(STID+EXTID+IDE+RTR)最好是 0XFFFF0000。而 0XFF00FF00 就是必须关心的 ID,表示收到的映像。其位[31:24]和位[15:8]这 16 个位必须和 CAN_F0R1 中对应的位一模一样,而另外的 16 个位则不关心,可以一样,也可以不一样,都认为是正确的 ID,即收到的映像必须是 0XFFxx00xx,才算是正确的(x 表示不关心)。

标识符过滤的详细介绍可参考《STM32 参考手册》的 22.7.4 小节(431 页)。接下来看看 STM32 的 CAN 发送和接收的流程。

1. CAN 发送流程

CAN 发送流程为:程序选择一个空置的邮箱(TME=1)→设置标识符(ID)、数据长度和发送数据→设置 CAN_TIxR 的 TXRQ 位为 1,请求发送→邮箱挂号(等待成为最高优先级)→预定发送(等待总线空闲)→发送→邮箱空置。整个流程如图 26.1.12 所示。

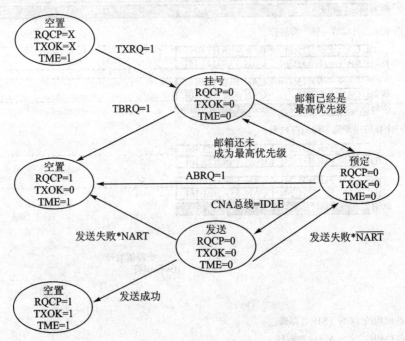

图 26.1.12 发送邮箱

图 26.1.12 中还包含了很多其他处理,不强制退出发送(ABRQ=1)和发送失败处

理等。

2. CAN 的接收流程

CAN 接收到的有效报文被存储在 3 级邮箱深度的 FIFO 中。FIFO 完全由硬件来管理，从而节省了 CPU 的处理负荷，简化了软件并保证了数据的一致性。应用程序只能通过读取 FIFO 输出邮箱来读取 FIFO 中最先收到的报文。这里的有效报文是指那些被正确接收（直到 EOF 都没有错误）且通过了标识符过滤的报文。CAN 的接收有 2 个 FIFO，每个滤波器组都可以设置其关联的 FIFO，通过 CAN_FFA1R 的设置可以将滤波器组关联到 FIFO0/FIFO1。

CAN 接收流程为：FIFO 空→收到有效报文→挂号_1（存入 FIFO 的一个邮箱，这个由硬件控制，我们不需要理会）→收到有效报文→挂号_2→收到有效报文→挂号_3→收到有效报文→溢出。

这个流程里面没有考虑从 FIFO 读出报文的情况，实际情况是必须在 FIFO 溢出之前读出至少一个报文，否则下个报文到来将导致 FIFO 溢出，从而出现报文丢失。每读出一个报文，相应的挂号就减 1，直到 FIFO 空。CAN 接收流程如图 26.1.13 所示。

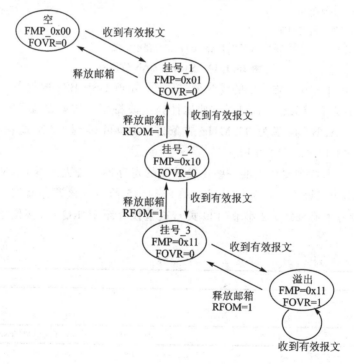

图 26.1.13 FIFO 接收报文

FIFO 接收到的报文数可以通过查询 CAN_RFxR 的 FMP 寄存器来得到，只要 FMP 不为 0，我们就可以从 FIFO 读出收到的报文。

接下来看看 STM32 的 CAN 位时间特性，STM32 的 CAN 位时间特性和之前介绍的稍有点区别。STM32 把传播时间段和相位缓冲段 1（STM32 称之为时间段 1）合并了,所以 STM32 的 CAN 一个位只有 3 段:同步段(SYNC_SEG)、时间段 1(BS1)和时间段 2(BS2)。STM32 的 BS1 段可以设置为 1~16 个时间单元,刚好等于上面介绍的传播时间段和相位缓冲段 1 之和。STM32 的 CAN 位时序如图 26.1.14 所示。

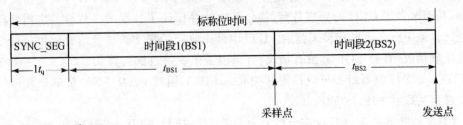

波特率 = $\dfrac{1}{正常的位时间}$

正常的位时间 = $t_q + t_{BS1} + t_{BS2}$

其中:

$t_{BS1} = t_q \times (TS1[3:0]+1)$,

$t_{BS2} = t_q \times (TS2[2:0]+1)$,

$t_q = (BRP[9:0]+1) t_{PCLK}$

这里 t_q 表示一个时间单元。

t_{PCLK} = APB 时钟的时间周期

BRP[9:0]、TS1[3:0]和 TS2[2:0]在 CAN_BTR 寄存器中定义

图 26.1.14 STM32 CAN 位时序

图中还给出了 CAN 波特率的计算公式,只要知道 BS1、BS2 的设置以及 APB1 的时钟频率(一般为 36 MHz),就可以方便地计算出波特率。比如设置 TS1=6、TS2=7 和 BRP=4,在 APB1 频率为 36 MHz 的条件下,即可得到 CAN 通信的波特率 = 36 000/[(7+8+1)×5]=450 kbps。

接下来介绍本章需要用到的一些比较重要的寄存器。首先来看 CAN 的主控制寄存器(CAN_MCR),该寄存器各位描述如图 26.1.15 所示。该寄存器的详细描述可参考《STM32 参考手册》22.9.2 小节(439 页),这里仅介绍 INRQ 位,该位用来控制初始化请求。

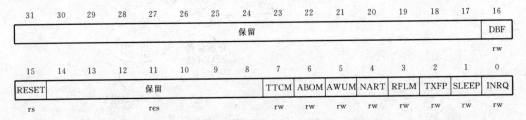

图 26.1.15 寄存器 CAN_MCR 各位描述

软件对该位清 0,可使 CAN 从初始化模式进入正常工作模式:当 CAN 在接收引脚检测到连续的 11 个隐性位后,CAN 就达到同步,并为接收和发送数据做好准备了。为此,硬件相应地对 CAN_MSR 寄存器的 INAK 位清 0。

软件对该位置 1 可使 CAN 从正常工作模式进入初始化模式:一旦当前的 CAN 活

第 26 章 CAN 通信实验

动(发送或接收)结束,CAN 就进入初始化模式。相应地,硬件对 CAN_MSR 寄存器的 INAK 位置 1。

所以在 CAN 初始化的时候先要设置该位为 1,然后进行初始化(尤其是 CAN_BTR 的设置,该寄存器必须在 CAN 正常工作之前设置),之后再设置该位为 0,让 CAN 进入正常工作模式。

第二个介绍 CAN 位时序寄存器(CAN_BTR)。该寄存器用于设置分频系数 BRP、TS1、TS2 以及 SJW 等非常重要的参数,直接决定了 CAN 的波特率。另外,该寄存器还可以设置 CAN 的工作模式,各位描述如图 26.1.16 所示。

31	30	29	28	27	26	25	24	23	22	21	20	19	18	17	16
SILM	LBKM	保留				SJW[1:0]		保留	TS2[2:0]			TS1[3:0]			
rw	rw	res				rw	rw	res	rw	rw	rw	rw	rw	rw	rw
15	14	13	12	11	10	9	8	7	6	5	4	3	2	1	0
保留						BRP[9:0]									
res						rw	rw	rw	rw	rw	rw	rw	rw	rw	rw

位 31	SILM:静默模式(用于调试) 0:正常状态;1:静默模式
位 30	LBKM:环回模式(用于调试) 0:禁止环回模式; 1:允许环回模式
位 29:26	保留位,硬件强制为 0
位 25:24	SJW[1:0]:重新同步跳跃宽度 为了重新同步,该位域定义了 CAN 硬件在每位中可以延长或缩短多少个时间单元的上限。 $t_{RJW} = t_{CAN} \times (SJW[1:0]+1)$
位 23	保留位,硬件强制为 0
位 22:20	TS2[2:0]:时间段 2 该位域定义了时间段 2 占用了多少个时间单元 $t_{BS2} = t_{CAN} \times (TS2[2:0]+1)$
位 19:16	TS1[3:0]:时间段 1 该位域定义了时间段 1 占用了多少个时间单元 $t_{BS1} = t_{CAN} \times (TS1[3:0]+1)$
位 15:10	保留位,硬件强制其值为 0
位 9:0	BRP[9:0]:波特率分频器 该位域定义了时间单元(t_q)的时间长度 $t_q = (BRP[9:0]+1) \times t_{PCLK}$

图 26.1.16 寄存器 CAN_BTR 各位描述

STM32 提供了两种测试模式,环回模式和静默模式,当然它们还可以组合成环回静默模式。这里简单介绍环回模式。

在环回模式下,bxCAN 把发送的报文当作接收的报文并保存(如果可以通过接收过滤)在接收邮箱里,也就是环回模式是一个自发自收的模式,如图 26.1.17 所示。

环回模式可用于自测试。为了避免外部的影响,在环回模式下 CAN 内核忽略确认错误(在数据/远程帧的确认位时

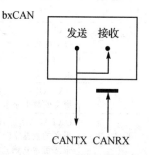

图 26.1.17 CAN 环回模式

刻不检测是否有显性位)。在环回模式下,bxCAN 在内部把 Tx 输出回馈到 Rx 输入上,而完全忽略 CANRX 引脚的实际状态。发送的报文可以在 CANTX 引脚上检测到。

第三个介绍 CAN 发送邮箱标识符寄存器(CAN_TIxR)(x=0～3),该寄存器各位描述如图 26.1.18 所示。

31	30	29	28	27	26	25	24	23	22	21	20	19	18	17	16
\multicolumn{11}{c}{STID[10:0]/EXID[28:18]}						EXID[17:13]				
rw	rw	rw	rw	rw	rw	rw	rw	rw	rw	rw	rw	rw	rw	rw	rw
15	14	13	12	11	10	9	8	7	6	5	4	3	2	1	0
\multicolumn{13}{c}{EXID[12:0]}													IDE	RTR	TXRQ
rw	rw	rw	rw	rw	rw	rw	rw	rw	rw	rw	rw	rw	rw	rw	rw

位 31:21	STID[10:0]/EXID[28:18]:标准标识符或扩展标识符 依据 IDE 位的内容,这些位或是标准标识符,或是扩展身份标识的高字节
位 20:3	EXID[17:0]:扩展标识符 扩展身份标识的低字节
位 2	IDE:标识符选择 该位决定发送邮箱中报文使用的标识符类型 0:使用标准标识符;1:使用扩展标识符
位 1	RTR:远程发送请求 0:数据帧;1:远程帧
位 0	TXRQ:发送数据请求 由软件对其置 1,来请求发送邮箱的数据。当数据发送完成,邮箱为空时,硬件对其清 0

图 26.1.18 寄存器 CAN_TIxR 各位描述

该寄存器主要用来设置标识符(包括扩展标识符)及帧类型,通过 TXRQ 值 1 来请求邮箱发送。因为有 3 个发送邮箱,所以寄存器 CAN_TIxR 有 3 个。

第四个介绍 CAN 发送邮箱数据长度和时间戳寄存器(CAN_TDTxR)(x=0～2),该寄存器本章仅用来设置数据长度,即最低 4 个位。

第五个介绍的是 CAN 发送邮箱低字节数据寄存器(CAN_TDLxR)(x=0～2),该寄存器各位描述如图 26.1.19 所示。

31	30	29	28	27	26	25	24	23	22	21	20	19	18	17	16
\multicolumn{8}{c}{DATA3[7:0]}									\multicolumn{8}{c}{DATA2[7:0]}							
rw	rw	rw	rw	rw	rw	rw	rw	rw	rw	rw	rw	rw	rw	rw	rw
15	14	13	12	11	10	9	8	7	6	5	4	3	2	1	0
\multicolumn{8}{c}{DATA1[7:0]}									\multicolumn{8}{c}{DATA0[7:0]}							
rw	rw	rw	rw	rw	rw	rw	rw	rw	rw	rw	rw	rw	rw	rw	rw

位 31:24	DATA3[7:0]:数据字节 3 报文的数据字节 3
位 23:16	DATA2[7:0]:数据字节 2 报文的数据字节 2
位 15:8	DATA1[7:0]:数据字节 1 报文的数据字节 1
位 7:0	DATA0[7:0]:数据字节 0 报文的数据字节 0。 报文包含 0 到 8 个字节数据,且从字节 0 开始

图 26.1.19 寄存器 CAN_TDLxR 各位描述

第 26 章 CAN 通信实验

该寄存器用来存储将要发送的数据,这里只能存储低 4 个字节;另外还有一个寄存器 CAN_TDHxR,用来存储高 4 个字节,这样总共就可以存储 8 个字节。CAN_TDHxR 的各位描述同 CAN_TDLxR 类似,这里就不单独介绍了。

第六个介绍 CAN 接收 FIFO 邮箱标识符寄存器(CAN_RIxR)(x=0/1),该寄存器各位描述同 CAN_TIxR 寄存器几乎一模一样,只是最低位为保留位。该寄存器用于保存接收到的报文标识符等信息,我们可以通过读该寄存器获取相关信息。

同样的,CAN 接收 FIFO 邮箱数据长度和时间戳寄存器(CAN_RDTxR)、CAN 接收 FIFO 邮箱低字节数据寄存器(CAN_RDLxR)和 CAN 接收 FIFO 邮箱高字节数据寄存器(CAN_RDHxR)分别和发送邮箱的 CAN_TDTxR、CAN_TDLxR 以及 CAN_TDHxR 类似,这里就不单独介绍了,详细介绍可参考《STM32 参考手册》22.9.3 小节(447 页)。

第七个介绍 CAN 过滤器模式寄存器(CAN_FM1R),该寄存器各位描述如图 26.1.20 所示。

位 31:28	保留位,硬件强制为 0
位 13:0	FBMx:过滤器模式(Filter mode) 过滤器组 x 的工作模式。 0:过滤器组 x 的 2 个 32 位寄存器工作在标识符屏蔽位模式; 1:过滤器组 x 的 2 个 32 位寄存器工作在标识符列表模式。 注:位 27:14 只出现在互联型产品中,其他产品为保留位

图 26.1.20 寄存器 CAN_FM1R 各位描述

该寄存器用于设置各滤波器组的工作模式,对 28 个滤波器组的工作模式,都可以通过该寄存器设置,不过该寄存器必须在过滤器处于初始化模式下(CAN_FMR 的 FINIT 位=1),才可以进行设置。对 STM32F103ZET6 来说,只有[13:0]这 14 个位有效。

第八个介绍 CAN 过滤器位宽寄存器(CAN_FS1R),该寄存器各位描述如图 26.1.21 所示。该寄存器用于设置各滤波器组的位宽,对 28 个滤波器组的位宽设置都可以通过该寄存器实现。该寄存器也只能在过滤器处于初始化模式下进行设置。对 STM32F103ZET6 来说,同样只有[13:0]这 14 个位有效。

位 31:28	保留位,硬件强制为 0
位 13:0	FSCx:过滤器位宽设置 过滤器组 x(13~0)的位宽。 0:过滤器位宽为 2 个 16 位;1:过滤器位宽为单个 32 位。 注:位 27:14 只出现在互联产品中,其他产品为保留位

图 26.1.21 寄存器 CAN_FS1R 各位描述

第九个介绍 CAN 过滤器 FIFO 关联寄存器(CAN_FFA1R),该寄存器各位描述如图 26.1.22 所示。

位 31：14	保留位，硬件强制为 0
位 13：0	FFAx：过滤器位宽设置 报文在通过了某过滤器的过滤后，将被存放到其关联的 FIFO 中。 0：过滤器被关联到 FIFO0；1：过滤器被关联到 FIFO1。 注：位 27：14 只出现在互联型产品中，其他产品为保留位

图 26.1.22　寄存器 CAN_FFA1R 各位描述

该寄存器设置报文通过滤波器组之后被存入的 FIFO，如果对应位为 0，则存放到 FIFO0；如果为 1，则存放到 FIFO1。该寄存器也只能在过滤器处于初始化模式下配置。

第十个介绍 CAN 过滤器激活寄存器（CAN_FA1R），该寄存器各位对应滤波器组和前面的几个寄存器类似，对对应位置 1，即开启对应的滤波器组；置 0，则关闭该滤波器组。

最后介绍 CAN 的过滤器组 i 的寄存器 x(CAN_FiRx)（互联产品中 i＝0～27，其他产品中 i＝0～13；x＝1/2）。该寄存器各位描述如图 26.1.23 所示。

位 31：0	FB[31：0]：过滤器位 标识符模式 寄存器的每位对应于所期望的标识符的相应位的电平。 0：期望相应位为显性位；1：期望相应位为隐性位。 屏蔽位模式 寄存器的每位指示是否对应的标识符寄存器位一定要与期望的标识符的相应位一致。 0：不关心，该位不用于比较； 1：必须匹配，到来的标识位必须与滤波器对应的标识符寄存器位相一致

图 26.1.23　寄存器 CAN_FiRx 各位描述

每个滤波器组的 CAN_FiRx 都由 2 个 32 位寄存器构成，即 CAN_FiR1 和 CAN_FiR2。根据过滤器位宽和模式的不同设置，这两个寄存器的功能也不尽相同。过滤器的映射、功能描述和屏蔽寄存器的关联参见图 26.1.11。

接下来看看本章将实现的功能及 CAN 的配置步骤。本章通过 WK_UP 按键选择 CAN 的工作模式（正常模式/环回模式），然后通过 KEY0 控制数据发送，并通过查询的办法将接收到的数据显示在 LCD 模块上。如果是环回模式，则不需要 2 个开发板。如果是正常模式，则需要 2 个战舰开发板，并且将它们的 CAN 接口对接起来，然后一个开发板发送数据，另外一个开发板将接收到的数据显示在 LCD 模块上。

本章 CAN 的初始化配置步骤（CAN 相关的固件库函数和定义分布在文件 stm32f10x_can.c 和头文件 stm32f10x_can.h 文件中）如下：

① 配置相关引脚的复用功能，使能 CAN 时钟。

要用 CAN，第一步就要使能 CAN 的时钟。其次要设置 CAN 的相关引脚为复用输出，这里需要设置 PA11 为上拉输入（CAN_RX 引脚），PA12 为复用输出（CAN_TX 引脚），并使能 PA 口的时钟。使能 CAN1 时钟的函数是：

```
RCC_APB1PeriphClockCmd(RCC_APB1Periph_CAN1,ENABLE);//使能 CAN1 时钟
```

② 设置 CAN 工作模式及波特率等。

第 26 章 　CAN 通信实验

　　这一步先设置 CAN_MCR 寄存器的 INRQ 位，让 CAN 进入初始化模式，然后设置 CAN_MCR 的其他相关控制位。再通过 CAN_BTR 设置波特率和工作模式（正常模式/环回模式）等信息。最后设置 INRQ 为 0，退出初始化模式。

　　库函数中提供了函数 CAN_Init()来初始化 CAN 的工作模式以及波特率，初始化之前，先设置 CAN_MCR 寄存器的 INRQ 为 1，让其进入初始化模式；然后初始化 CAN_MCR 寄存器和 CRN_BTR 寄存器，之后设置 CAN_MCR 寄存器的 INRQ 为 0，让其退出初始化模式。所以在调用这个函数的前后不需要再进行初始化模式设置。下面来看看 CAN_Init()函数的定义：

```
uint8_t CAN_Init(CAN_TypeDef* CANx, CAN_InitTypeDef* CAN_InitStruct);
```

　　第一个参数就是 CAN 标号，这里我们的芯片只有一个 CAN，所以就是 CAN1。

　　第二个参数是 CAN 初始化结构体指针，结构体类型是 CAN_InitTypeDef，下面来看看这个结构体的定义：

```
typedef struct
{
   uint16_t CAN_Prescaler;
   uint8_t CAN_Mode;
   uint8_t CAN_SJW;
   uint8_t CAN_BS1;
   uint8_t CAN_BS2;
   FunctionalState CAN_TTCM;
   FunctionalState CAN_ABOM;
   FunctionalState CAN_AWUM;
   FunctionalState CAN_NART;
   FunctionalState CAN_RFLM;
   FunctionalState CAN_TXFP;
} CAN_InitTypeDef;
```

　　这个结构体看起来成员变量比较多，实际上参数可以分为两类。前面 5 个参数用来设置寄存器 CAN_BTR、模式以及波特率相关的参数。设置模式的参数是 CAN_Mode，实验中用到回环模式 CAN_Mode_LoopBack 和常规模式 CAN_Mode_Normal，还可以选择静默模式以及静默回环模式测试。其他参数 CAN_Prescaler、CAN_SJW、CAN_BS1 和 CAN_BS2 分别用来设置波特率分频器、重新同步跳跃宽度以及时间段 1、时间段 2 占用的时间单元数。后面 6 个成员变量用来设置寄存器 CAN_MCR，也就是设置 CAN 通信相关的控制位。初始化实例为：

```
CAN_InitStructure.CAN_TTCM = DISABLE;           //非时间触发通信模式
CAN_InitStructure.CAN_ABOM = DISABLE;           //软件自动离线管理
CAN_InitStructure.CAN_AWUM = DISABLE;           //睡眠模式通过软件唤醒
CAN_InitStructure.CAN_NART = ENABLE;            //禁止报文自动传送
CAN_InitStructure.CAN_RFLM = DISABLE;           //报文不锁定,新的覆盖旧的
CAN_InitStructure.CAN_TXFP = DISABLE;           //优先级由报文标识符决定
CAN_InitStructure.CAN_Mode = CAN_Mode_LoopBack; //模式设置:1,回环模式
//设置波特率
CAN_InitStructure.CAN_SJW = CAN_SJW_1tq;        //重新同步跳跃宽度为个时间单位
CAN_InitStructure.CAN_BS1 = CAN_BS1_8tq;        //时间段 1 占用 8 个时间单位
```

```
CAN_InitStructure.CAN_BS2 = CAN_BS2_7tq;        //时间段2占用7个时间单位
CAN_InitStructure.CAN_Prescaler = 5;            //分频系数(Fdiv)
CAN_Init(CAN1,&CAN_InitStructure);              //初始化CAN1
```

③ 设置滤波器。

本章将使用滤波器组0,并工作在32位标识符屏蔽位模式下。先设置CAN_FMR的FINIT位,让过滤器组工作在初始化模式下,然后设置滤波器组0的工作模式、标识符ID和屏蔽位。最后激活滤波器,并退出滤波器初始化模式。

库函数中提供了函数CAN_FilterInit()来初始化CAN的滤波器相关参数,在初始化之前,先设置CAN_FMR寄存器的INRQ位INIT,让其进入初始化模式;然后初始化CAN滤波器相关的寄存器,之后设置CAN_FMR寄存器的FINIT为0,让其退出初始化模式。所以,调用这个函数的前后不需要再进行初始化模式设置。下面看看CAN_FilterInit()函数的定义:

```
void CAN_FilterInit(CAN_FilterInitTypeDef * CAN_FilterInitStruct);
```

这个函数只有一个入口参数,就是CAN滤波器初始化结构体指针,结构体类型为CAN_FilterInitTypeDef,下面看看类型定义:

```
typedef struct
{
    uint16_t CAN_FilterIdHigh;
    uint16_t CAN_FilterIdLow;
    uint16_t CAN_FilterMaskIdHigh;
    uint16_t CAN_FilterMaskIdLow;
    uint16_t CAN_FilterFIFOAssignment;
    uint8_t CAN_FilterNumber;
    uint8_t CAN_FilterMode;
    uint8_t CAN_FilterScale;
    FunctionalState CAN_FilterActivation;
} CAN_FilterInitTypeDef;
```

结构体一共有9个成员变量,第1~4个用来设置过滤器的32位id以及32位mask id,分别通过2个16位来组合。

第5个成员变量CAN_FilterFIFOAssignment用来设置FIFO和过滤器的关联关系,我们的实验是关联的过滤器0到FIFO0,所以值为CAN_Filter_FIFO0。

第6个成员变量CAN_FilterNumber用来设置初始化的过滤器组,取值范围为0~13。

第7个成员变量FilterMode用来设置过滤器组的模式,所以取值为标识符列表模式CAN_FilterMode_IdList和标识符屏蔽位模式CAN_FilterMode_IdMask。

第8个成员变量FilterScale用来设置过滤器的位宽为2个16位CAN_FilterScale_16bit还是一个32位CAN_FilterScale_32bit。

第9个成员变量CAN_FilterActivation就很明了了,用来激活该过滤器。

过滤器初始化参考实例代码:

```
CAN_FilterInitStructure.CAN_FilterNumber = 0;   //过滤器0
CAN_FilterInitStructure.CAN_FilterMode = CAN_FilterMode_IdMask;
```

```
CAN_FilterInitStructure.CAN_FilterScale = CAN_FilterScale_32bit；//32 位
CAN_FilterInitStructure.CAN_FilterIdHigh = 0x0000；////32 位 ID
CAN_FilterInitStructure.CAN_FilterIdLow = 0x0000；
CAN_FilterInitStructure.CAN_FilterMaskIdHigh = 0x0000；//32 位 MASK
CAN_FilterInitStructure.CAN_FilterMaskIdLow = 0x0000；
CAN_FilterInitStructure.CAN_FilterFIFOAssignment = CAN_Filter_FIFO0；//FIFO0
CAN_FilterInitStructure.CAN_FilterActivation = ENABLE；   //激活过滤器 0
CAN_FilterInit(&CAN_FilterInitStructure);//滤波器初始化
```

至此，CAN 就可以开始正常工作了。如果用到中断，则还需要进行中断相关的配置，本章因为没用到中断，所以就不介绍了。

④ 发送/接收消息。

库函数中提供了发送和接收消息的函数。发送消息的函数是：

```
uint8_t CAN_Transmit(CAN_TypeDef* CANx, CanTxMsg* TxMessage);
```

第一个参数是 CAN 标号，我们使用 CAN1。第二个参数是相关消息结构体 CanTxMsg 指针类型，CanTxMsg 结构体的成员变量用来设置标准标识符、扩展标识符、消息类型和消息帧长度等信息。

接收消息的函数是：

```
void CAN_Receive(CAN_TypeDef* CANx, uint8_t FIFONumber, CanRxMsg* RxMessage);
```

前面两个参数也比较好理解，CAN 标号和 FIFO 号。第二个参数 RxMessage 用来存放接收到的消息信息。结构体 CanRxMsg 和结构体 CanTxMsg 比较接近，分别用来定义发送消息和描述接收消息。

⑤ CAN 状态获取

对于 CAN 发送消息的状态、挂起消息数目等之类的传输状态信息，库函数提供了一系列的函数，包括 CAN_TransmitStatus() 函数、CAN_MessagePending() 函数、CAN_GetFlagStatus() 函数等，读者可以根据需要来调用。

26.2 硬件设计

本章要用到的硬件资源如下：指示灯 DS0、KEY0 和 WK_UP 按键、TFTLCD 模块、CAN、CAN 收发芯片 JTA1050。前面 3 个之前都已经详细介绍过了，这里介绍 STM32 与 TJA1050 连接关系，如图 26.2.1 所示。

可以看出：STM32 的 CAN 通过 P9 的设置，连接到 TJA1050 收发芯片，然后通过接线端子(CAN)同外部的 CAN 总线连接。图中还可以看出，在战舰 STM32 开发板上面是带有 120 Ω 终端电阻的，如果我们的开发板不是作为 CAN 的终端，则需要把这个电阻去掉，以免影响通信。注意：CAN 和 USB 共用了 PA11 和 PA12，所以不能同时使用。

这里还要注意，要设置好开发板上 P9 排针的连接，通过跳线帽将 PA11 和 PA12 分别连接到 CAN_RX 和 CAN_TX 上面，如图 26.2.2 所示。

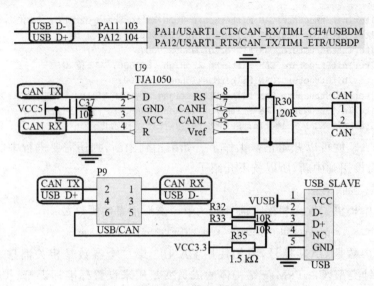

图 26.2.1　STM32 与 TJA1050 连接电路图

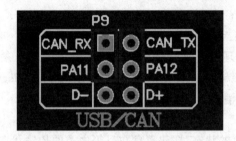

图 26.2.2　硬件连接示意图

最后,用 2 根导线将两个开发板 CAN 端子的 CAN_L 和 CAN_L、CAN_H 和 CAN_H 连接起来,不要接反了(CAN_L 接 CAN_H),接反了会导致通信异常。

26.3　软件设计

打开 CAN 通信实验的工程可以看到,我们增加了文件 can.c 以及头文件 can.h,同时 CAN 相关的固件库函数和定义分布在文件 stm32f10x_can.c 和头文件 stm32f10x_can.h 中。

打开 can.c 文件,关键代码如下:

```
//CAN 初始化
//tsjw:重新同步跳跃时间单元.范围:CAN_SJW_1tq~CAN_SJW_4tq
//tbs2:时间段 2 的时间单元.  范围:CAN_BS2_1tq~CAN_BS2_8tq
//tbs1:时间段 1 的时间单元.  范围:CAN_BS1_1tq~CAN_BS1_16tq
//brp:波特率分频器.范围:1~1024;   tq = (brp) * tpclk1
//波特率 = Fpclk1/((tbs1 + 1 + tbs2 + 1 + 1) * brp);
//mode:CAN_Mode_Normal,普通模式;CAN_Mode_LoopBack,回环模式
//Fpclk1 的时钟在初始化的时候设置为 36M,如果设置
```

```c
//CAN_Mode_Init(CAN_SJW_1tq,CAN_BS2_8tq,CAN_BS1_9tq,4,CAN_Mode_LoopBack)
//则波特率为:36M/((8+9+1)*4)=500Kbps
//返回值:0,初始化OK
//    其他,初始化失败;u8 CAN_Mode_Init(u8 tsjw,u8 tbs2,u8 tbs1,u16 brp,u8 mode)
{
    GPIO_InitTypeDef GPIO_InitStructure;
    CAN_InitTypeDef       CAN_InitStructure;
    CAN_FilterInitTypeDef CAN_FilterInitStructure;
#if CAN_RX0_INT_ENABLE
    NVIC_InitTypeDef  NVIC_InitStructure;
#endif
    RCC_APB2PeriphClockCmd(RCC_APB2Periph_GPIOA,ENABLE);//使能PORTA时钟
    RCC_APB1PeriphClockCmd(RCC_APB1Periph_CAN1,ENABLE);//使能CAN1时钟

    GPIO_InitStructure.GPIO_Pin = GPIO_Pin_12;
    GPIO_InitStructure.GPIO_Speed = GPIO_Speed_50MHz;
    GPIO_InitStructure.GPIO_Mode = GPIO_Mode_AF_PP;//复用推挽
    GPIO_Init(GPIOA,&GPIO_InitStructure);           //初始化I/O
    GPIO_InitStructure.GPIO_Pin = GPIO_Pin_11;
    GPIO_InitStructure.GPIO_Mode = GPIO_Mode_IPU;   //上拉输入
    GPIO_Init(GPIOA,&GPIO_InitStructure);           //初始化I/O

    //CAN单元设置
    CAN_InitStructure.CAN_TTCM = DISABLE;       //非时间触发通信模式
    CAN_InitStructure.CAN_ABOM = DISABLE;       //软件自动离线管理
    CAN_InitStructure.CAN_AWUM = DISABLE;       //睡眠模式通过软件唤醒
    CAN_InitStructure.CAN_NART = ENABLE;        //禁止报文自动传送
    CAN_InitStructure.CAN_RFLM = DISABLE;       //报文不锁定,新的覆盖旧的
    CAN_InitStructure.CAN_TXFP = DISABLE;       //优先级由报文标识符决定
    CAN_InitStructure.CAN_Mode = mode;          //模式设置:0,普通模式;1,回环模式
    //设置波特率
    CAN_InitStructure.CAN_SJW = tsjw;           //重新同步跳跃宽度(Tsjw)
    CAN_InitStructure.CAN_BS1 = tbs1;           //时间段1占用时间单位
    CAN_InitStructure.CAN_BS2 = tbs2;           //时间段3占用时间单位
    CAN_InitStructure.CAN_Prescaler = brp;      //分频系数(Fdiv)为brp+1
    CAN_Init(CAN1,&CAN_InitStructure);          //初始化CAN1
    CAN_FilterInitStructure.CAN_FilterNumber = 0;                      //过滤器0
    CAN_FilterInitStructure.CAN_FilterMode = CAN_FilterMode_IdMask;
    CAN_FilterInitStructure.CAN_FilterScale = CAN_FilterScale_32bit;   //32位
    CAN_FilterInitStructure.CAN_FilterIdHigh = 0x0000;                 //32位ID
    CAN_FilterInitStructure.CAN_FilterIdLow = 0x0000;
    CAN_FilterInitStructure.CAN_FilterMaskIdHigh = 0x0000;             //32位MASK
    CAN_FilterInitStructure.CAN_FilterMaskIdLow = 0x0000;
    CAN_FilterInitStructure.CAN_FilterFIFOAssignment = CAN_Filter_FIFO0;//FIFO0
    CAN_FilterInitStructure.CAN_FilterActivation = ENABLE;      //激活过滤器0
    CAN_FilterInit(&CAN_FilterInitStructure);                   //滤波器初始化
#if CAN_RX0_INT_ENABLE
    CAN_ITConfig(CAN1,CAN_IT_FMP0,ENABLE);                      //FIFO0消息挂号中断允许
    NVIC_InitStructure.NVIC_IRQChannel = USB_LP_CAN1_RX0_IRQn;
    NVIC_InitStructure.NVIC_IRQChannelPreemptionPriority = 1;   //主优先级为1
    NVIC_InitStructure.NVIC_IRQChannelSubPriority = 0;          //次优先级为0
```

```c
        NVIC_InitStructure.NVIC_IRQChannelCmd = ENABLE;
        NVIC_Init(&NVIC_InitStructure);
#endif
    return 0;
}
#if CAN_RX0_INT_ENABLE    //使能RX0中断
void USB_LP_CAN1_RX0_IRQHandler(void)    //中断服务函数
{
    CanRxMsg RxMessage;
    int i = 0;
    CAN_Receive(CAN1, 0, &RxMessage);
    for(i = 0;i<8;i++)
        printf("rxbuf[%d]:%d\r\n",i,RxMessage.Data[i]);
}
#endif
//can发送一组数据(固定格式:ID为0X12,标准帧,数据帧)
//len:数据长度(最大为8)msg:数据指针,最大为8个字节
//返回值:0,成功;   其他,失败
u8 Can_Send_Msg(u8* msg,u8 len)
{
    u8 mbox; u16 i = 0;
    CanTxMsg TxMessage;
    TxMessage.StdId = 0x12;                                    //标准标识符为0
    TxMessage.ExtId = 0x12;                                    //设置扩展标示符(29位)
    TxMessage.IDE = CAN_Id_Standard;                           //标准帧
    TxMessage.RTR = CAN_RTR_Data;                              //数据帧
    TxMessage.DLC = len;                                       //要发送的数据长度
    for(i = 0;i<len;i++)
        TxMessage.Data[i] = msg[i];
    mbox = CAN_Transmit(CAN1,&TxMessage);
    i = 0;
    while((CAN_TransmitStatus(CAN1,mbox)!= CAN_TxStatus_Ok)&&(i<0xfff))i++;
                                                               //等待结束
    if(i>= 0xfff)return 1;
    return 0;
}
//can口接收数据查询
//buf:数据缓存区
//返回值:0,无数据被收到;   其他,接收的数据长度
u8 Can_Receive_Msg(u8 *buf)
{
    u32 i;
    CanRxMsg RxMessage;
    if(CAN_MessagePending(CAN1,CAN_FIFO0) == 0)return 0;//没有接收到数据,直接退出
    CAN_Receive(CAN1, CAN_FIFO0, &RxMessage);           //读取数据
    for(i = 0;i<8;i++)
        buf[i] = RxMessage.Data[i];
    return RxMessage.DLC;
}
```

此部分代码总共3个函数,首先是CAN_Mode_Init函数。该函数用于CAN的初

第 26 章 CAN 通信实验

始化,带有 5 个参数,可以设置 CAN 通信的波特率和工作模式等。该函数就是按 26.1 节末尾的介绍来初始化的,本章设计滤波器组 0 工作在 32 位标识符屏蔽模式,从设计值可以看出,该滤波器是不会对任何标识符进行过滤的,因为所有的标识符位都被设置成不需要关心,方便读者实验。

第二个函数,Can_Send_Msg 函数,用于 CAN 报文的发送,主要是设置标识符 ID 等信息,最后写入数据长度、数据并请求发送,实现一次报文的发送。

第三个函数,Can_Receive_Msg 函数,用来接收数据并且将接收到的数据存放到 buf 中。

can.c 里面还包含了中断接收的配置,通过 can.h 的 CAN_RX0_INT_ENABLE 宏定义来配置是否使能中断接收,本章不开启中断接收。

main.c 文件的内容:

```
int main(void)
{
    u8 key,u8 i = 0,t = 0; cnt = 0, res,canbuf[8];
    u8 mode = CAN_Mode_LoopBack;//CAN 工作模式;CAN_Mode_Normal(0);
                               //普通模式,CAN_Mode_LoopBack(1);环回模式
    delay_init();              //延时函数初始化
    NVIC_PriorityGroupConfig(NVIC_PriorityGroup_2);    //设置 NVIC 中断分组 2
    uart_init(115200);                                 //串口初始化波特率为 115200
    LED_Init();                                        //初始化与 LED 连接的硬件接口
    LCD_Init();                                        //初始化 LCD
    KEY_Init();                                        //按键初始化
    CAN_Mode_Init(CAN_SJW_1tq,CAN_BS2_8tq,CAN_BS1_9tq,4,CAN_Mode_LoopBack);
        //CAN 初始化环回模式,波特率 500 kbps
    //…此处省略部分代码
    LCD_ShowString(60,130,200,16,16,"LoopBack Mode");
    LCD_ShowString(60,150,200,16,16,"KEY0:Send WK_UP:Mode");//显示提示信息
    POINT_COLOR = BLUE;                                //设置字体为蓝色
    LCD_ShowString(60,170,200,16,16,"Count:");         //显示当前计数值
    LCD_ShowString(60,190,200,16,16,"Send Data:");     //提示发送的数据
    LCD_ShowString(60,250,200,16,16,"Receive Data:");  //提示接收到的数据
    while(1)
    {
        key = KEY_Scan(0);
        if(key == KEY0_PRES)   //KEY0 按下,发送一次数据
        {
            for(i = 0;i<8;i++)
            {
                canbuf[i] = cnt + i;   //填充发送缓冲区
                if(i<4)LCD_ShowxNum(60 + i * 32,210,canbuf[i],3,16,0X80);//显示数据
                else LCD_ShowxNum(60 + (i - 4) * 32,230,canbuf[i],3,16,0X80);
                                                                //显示数据
            }
            res = Can_Send_Msg(canbuf,8);                   //发送 8 个字节
            if(res)LCD_ShowString(60 + 80,190,200,16,16,"Failed"); //提示发送失败
            else LCD_ShowString(60 + 80,190,200,16,16,"OK    ");   //提示发送成功
```

```
            }else if(key == WKUP_PRES)        //WK_UP按下,改变CAN的工作模式
            {
                mode = ! mode;
                CAN_Mode_Init(CAN_SJW_1tq,CAN_BS2_8tq,CAN_BS1_9tq,4,mode);
                                                //CAN普通模式初始化,波特率500Kbps
                POINT_COLOR = RED;    //设置字体为红色
                if(mode == 0)              //普通模式,需要2个开发板
                {
                    LCD_ShowString(60,130,200,16,16,"Nnormal Mode");
                }else                    //回环模式,一个开发板就可以测试了.
                {
                    LCD_ShowString(60,130,200,16,16,"LoopBack Mode");
                }
                POINT_COLOR = BLUE;        //设置字体为蓝色
            }
            key = Can_Receive_Msg(canbuf);
            if(key)                              //接收到有数据
            {
                LCD_Fill(60,270,130,310,WHITE);//清除之前的显示
                for(i = 0;i<key;i++)
                {
                    if(i<4)LCD_ShowxNum(60 + i * 32,270,canbuf[i],3,16,0X80);//显示数据
                    else LCD_ShowxNum(60 + (i - 4) * 32,290,canbuf[i],3,16,0X80);//显示数据
                }
            }
            t++; delay_ms(10);
            if(t == 20)
            {
                LED0 = ! LED0;                              //提示系统正在运行
                t = 0;cnt++;
                LCD_ShowxNum(60 + 48,170,cnt,3,16,0X80);//显示数据
            }
        }
    }
```

此部分代码主要关注下 CAN_Mode_Init(CAN_SJW_1tq,CAN_BS1_8tq,CAN_BS2_9tq,4,CAN_Mode_LoopBack),该函数用于设置波特率和 CAN 的模式。根据前面的波特率计算公式可知,这里的波特率被初始化为 500 kbps。mode 参数用于设置 CAN 的工作模式(正常模式/环回模式),通过 WK_UP 按键可以随时切换模式。cnt 是一个累加数,一旦 KEY_RIGHT(KEY0)按下,就以这个数位基准连续发送 5 个数据。当 CAN 总线收到数据的时候,就将收到的数据直接显示在 LCD 屏幕上。

26.4 下载验证

编译成功之后,下载代码到 ALIENTEK 战舰 STM32 开发板上,得到如图 26.4.1 所示界面。

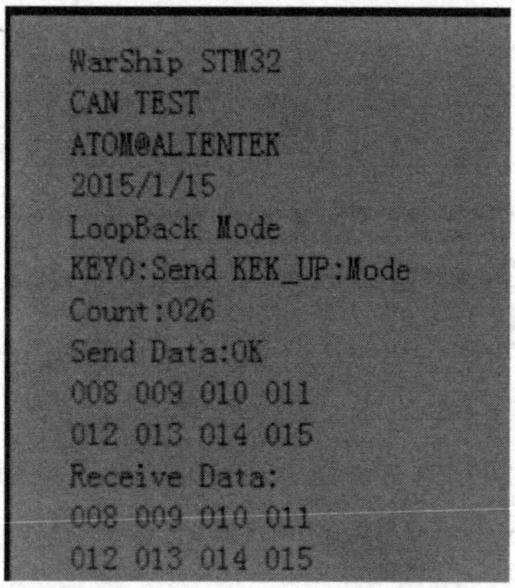

第26章　CAN通信实验

图 26.4.1　程序运行效果图

伴随 DS0 的不停闪烁,提示程序在运行。默认是设置的环回模式,此时按下 KEY0 就可以在 LCD 模块上面看到自发自收的数据(如图 26.4.1 所示),如果选择正常模式(通过 WK_UP 按键切换),就必须连接两个开发板的 CAN 接口,然后就可以互发数据了,如图 26.4.2 和图 26.4.3 所示。

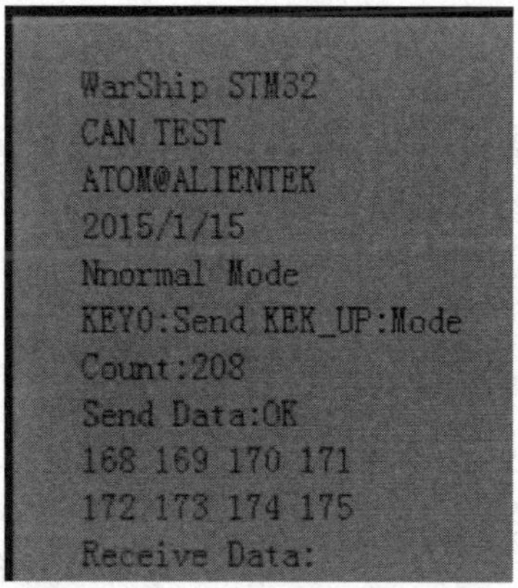

图 26.4.2　CAN 普通模式发送数据 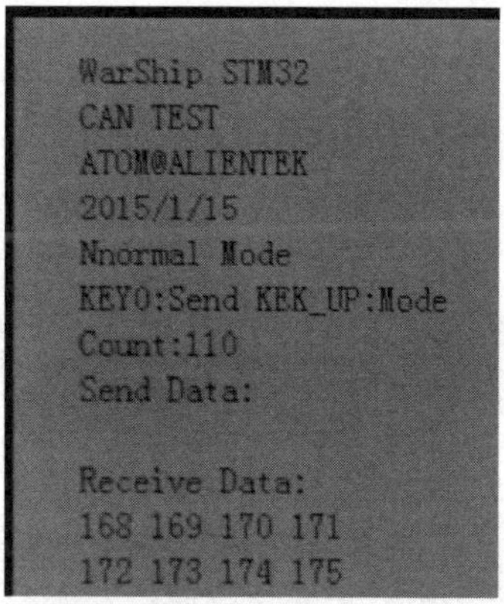　　　　图 26.4.3　CAN 普通模式接收数据

图 26.4.2 来自开发板 A,发送了 8 个数据;图 26.4.3 来自开发板 B,收到了来自开发板 A 的 8 个数据。

第 27 章

触摸屏实验

ALIENTEK 战舰 STM32F103 本身并没有触摸屏控制器,但是它支持触摸屏,可以通过外接带触摸屏的 LCD 模块(比如 ALIENTEK TFTLCD 模块)来实现触摸屏控制。本章介绍 STM32 控制 ALIENTKE TFTLCD 模块(包括电阻触摸与电容触摸)实现触摸屏驱动,最终实现一个手写板的功能。

27.1 触摸屏简介

目前最常用的触摸屏有两种:电阻式触摸屏与电容式触摸屏,下面分别介绍。

27.1.1 电阻式触摸屏

在 Iphone 面世之前,几乎清一色都使用电阻式触摸屏,电阻式触摸屏利用压力感应进行触点检测控制,需要直接应力接触,通过检测电阻来定位触摸位置。ALIENTEK 2.4/2.8/3.5 寸 TFTLCD 模块自带的触摸屏都属于电阻式触摸屏,下面简单介绍电阻式触摸屏的原理。

电阻触摸屏的主要部分是一块与显示器表面非常配合的电阻薄膜屏,这是一种多层的复合薄膜。它以一层玻璃或硬塑料平板作为基层,表面涂有一层透明氧化金属(透明的导电电阻)导电层,上面再盖有一层外表面硬化处理、光滑防擦的塑料层,它的内表面也涂有一层涂层,在它们之间有许多细小的(小于 1/1 000 英寸)透明隔离点把两层导电层隔开绝缘。当手指触摸屏幕时,两层导电层在触摸点位置就有了接触,电阻发生变化,在 X 和 Y 两个方向上产生信号,然后送触摸屏控制器。控制器侦测到这一接触并计算出(X,Y)的位置,再根据获得的位置模拟鼠标的方式运作。这就是电阻技术触摸屏的最基本的原理。

电阻触摸屏的优点:精度高,价格便宜,抗干扰能力强,稳定性好。

电阻触摸屏的缺点:容易被划伤,透光性不太好,不支持多点触摸。

从以上介绍可知,触摸屏都需要一个 A/D 转换器,一般来说是需要一个控制器的。ALIENTEK TFTLCD 模块选择的是 4 线电阻式触摸屏,这种触摸屏的控制芯片有很多,包括 ADS7843、ADS7846、TSC2046、XPT2046 和 AK4182 等。这几款芯片的驱动基本上是一样的,即只要写出了 ADS7843 的驱动,这个驱动对其他几个芯片也是有效的;而且封装也有一样的,完全 PIN TO PIN 兼容。所以在替换起来很方便。

ALIENTEK TFTLCD 模块自带的触摸屏控制芯片为 XPT2046。XPT2046 是一款 4 导线制触摸屏控制器,内含 12 位分辨率 125 kHz 转换速率逐步逼近型 A/D 转换器。XPT2046 支持从 1.5～5.25 V 的低电压 I/O 接口。XPT2046 能通过执行两次 A/D 转换查出被按的屏幕位置,此外,还可以测量加在触摸屏上的压力。内部自带 2.5 V 参考电压可以作为辅助输入、温度测量和电池监测模式之用,电池监测的电压范围可以为 0～6 V。XPT2046 片内集成有一个温度传感器。在 2.7 V 的典型工作状态下,关闭参考电压,功耗可小于 0.75 mW。XPT2046 采用微小的封装形式:TSSOP-16,QFN-16(0.75 mm 厚度)和 VFBGA-48,工作温度范围为 -40～+85℃。

该芯片完全兼容 ADS7843 和 ADS7846,详细使用可以参考这两个芯片的 datasheet。

27.1.2 电容式触摸屏

现在几乎所有智能手机(包括平板电脑)都采用电容屏作为触摸屏,电容屏利用人体感应进行触点检测控制,不需要直接接触或只需要轻微接触,通过检测感应电流来定位触摸坐标。

ALIENTEK 4.3/7 寸 TFTLCD 模块自带的触摸屏采用的是电容式触摸屏,下面简单介绍电容式触摸屏的原理。

电容式触摸屏主要分为两种:

(1) 表面电容式电容触摸屏。

表面电容式触摸屏技术是利用 ITO(铟锡氧化物,是一种透明的导电材料)导电膜,通过电场感应方式感测屏幕表面的触摸行为。但是表面电容式触摸屏有一些局限性,它只能识别一个手指或者一次触摸。

(2) 投射式电容触摸屏。

投射电容式触摸屏是传感器利用触摸屏电极发射出静电场线,一般用于投射电容传感技术的电容类型有两种:自我电容和交互电容。

自我电容又称绝对电容,是最广为采用的一种方法。自我电容通常是指扫描电极与地构成的电容。玻璃表面有用 ITO 制成的横向与纵向的扫描电极,这些电极和地之间就构成一个电容的两极。当用手或触摸笔触摸的时候就会并联一个电容到电路中去,从而使该条扫描线上的总体电容量有所改变。在扫描的时候,控制 IC 依次扫描纵向和横向电极,并根据扫描前后的电容变化来确定触摸点坐标位置。笔记本电脑触摸输入板就采用这种方式,输入板采用 XY 的传感电极阵列形成一个传感格子,当手指靠近触摸输入板时,在手指和传感电极之间产生一个小量电荷。采用特定的运算法则处理来自行、列传感器的信号,从而确定手指的位置。

交互电容又叫跨越电容,它是在玻璃表面的横向和纵向的 ITO 电极的交叉处形成电容。交互电容的扫描方式就是扫描每个交叉处的电容变化来判定触摸点的位置。触摸的时候就会影响到相邻电极的耦合,从而改变交叉处的电容量。交互电容的扫描方法可以侦测到每个交叉点的电容值和触摸后电容变化,因而它需要的扫描时间与自我电容的扫描方式相比要长一些,需要扫描检测 XY 根电极。目前,智能手机/平板电脑等触摸屏,都是采用交互电容技术。

　　ALIENTEK 选择的电容触摸屏也采用的是投射式电容屏(交互电容类型),所以后面仅以投射式电容屏为例介绍。

　　透射式电容触摸屏采用纵横两列电极组成感应矩阵来感应触摸。以两个交叉的电极矩阵,即 X 轴电极和 Y 轴电极,来检测每一格感应单元的电容变化,如图 27.1.1 所示。图中的电极实际是透明的,这里是为了方便读者理解。图中,X、Y 轴的透明电极电容屏的精度、分辨率与 X、Y 轴的通道数有关,通道数越多,精度越高。以上就是电容触摸屏的基本原理,接下来看看电容触摸屏的优缺点:

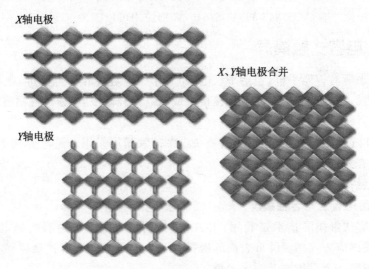

图 27.1.1　投射式电容屏电极矩阵示意图

　　电容触摸屏的优点:手感好,无需校准,支持多点触摸,透光性好。

　　电容触摸屏的缺点:成本高,精度不高,抗干扰能力差。

　　注意,电容触摸屏对工作环境的要求是比较高的,在潮湿、多尘、高低温环境下面都是不适合使用电容屏的。

　　电容触摸屏一般都需要一个驱动 IC 来检测电容触摸,且一般通过 IIC 接口输出触摸数据的。ALIENTEK 7' TFTLCD 模块的电容触摸屏采用 15×10 的驱动结构(10 个感应通道,15 个驱动通道),采用 GT811/FT5206 作为驱动 IC。ALIENTEK 4.3' TFTLCD 模块有两种成触摸屏:①使用 OTT2001A 作为驱动 IC,采用 13×8 的驱动结构(8 个感应通道,13 个驱动通道);②使用 GT9147 作为驱动 IC,采用 17×10 的驱动结构(10 个感应通道,17 个驱动通道)。

　　这两个模块都只支持最多 5 点触摸,本例程支持 ALIENTEK 的 4.3 寸屏模块和新版的 7 寸屏模块(采用 SSD1963＋FT5206 方案)。电容触摸驱动 IC 只介绍 OTT2001A 和 GT9147,GT811/FT5206 的驱动方法同这两款 IC 类似。

　　OTT2001A 是中国台湾旭曜科技生产的一颗电容触摸屏驱动 IC,最多支持 208 个通道,支持 SPI/IIC 接口,在 ALIENTEK 4.3' TFTLCD 电容触摸屏上,OTT2001A 只

第 27 章 触摸屏实验

用了 104 个通道,采用 IIC 接口。IIC 接口模式下,该驱动 IC 与 STM32F1 的连接仅需要 4 根线:SDA、SCL、RST 和 INT,SDA 和 SCL 是 IIC 通信用的,RST 是复位脚(低电平有效),INT 是中断输出信号。

OTT2001A 的器件地址为 0X59(不含最低位,换算成读/写命令则是读:0XB3,写:0XB2),接下来介绍 OTT2001A 的几个重要的寄存器。

(1) 手势 ID 寄存器

手势 ID 寄存器(00H)用于告诉 MCU 哪些点有效、哪些点无效,从而读取对应的数据。该寄存器各位描述如表 27.1.1 所列。

表 27.1.1 手势 ID 寄存器

位	BIT8	BIT6	BIT5	BIT4
说明	保留	保留	保留	0,(X1,Y1)无效 1,(X1,Y1)有效
位	BIT3	BIT2	BIT1	BIT0
说明	0,(X4,Y4)无效 1,(X4,Y4)有效	0,(X3,Y3)无效 1,(X3,Y3)有效	0,(X2,Y2)无效 1,(X2,Y2)有效	0,(X1,Y1)无效 1,(X1,Y1)有效

OTT2001A 支持最多 5 点触摸,所以表中只有 5 个位来表示对应点坐标是否有效,其余位为保留位(读为 0)。通过读取该寄存器可以知道哪些点有数据、哪些点无数据,如果读到的全是 0,则说明没有任何触摸。

(2) 传感器控制寄存器(ODH)

传感器控制寄存器(ODH)也是 8 位,仅最高位有效,其他位都是保留。当最高位为 1 的时候,打开传感器(开始检测),当最高位设置为 0 的时候,关闭传感器(停止检测)。

(3) 坐标数据寄存器(共 20 个)

坐标数据寄存器总共有 20 个,每个坐标占用 4 个寄存器,坐标寄存器与坐标的对应关系如表 27.1.2 所列。

表 27.1.2 坐标寄存器与坐标对应表

寄存器编号	01H	02H	03H	04H
坐标 1	X1[15:8]	X1[7:0]	Y1[15:8]	Y1[7:0]
寄存器编号	05H	06H	07H	08H
坐标 2	X2[15:8]	X2[7:0]	Y2[15:8]	Y2[7:0]
寄存器编号	10H	11H	12H	13H
坐标 3	X3[15:8]	X3[7:0]	Y3[15:8]	Y3[7:0]
寄存器编号	14H	15H	16H	17H
坐标 4	X4[15:8]	X4[7:0]	Y4[15:8]	Y4[7:0]
寄存器编号	18H	19H	1AH	1BH
坐标 5	X5[15:8]	X5[7:0]	Y5[15:8]	Y5[7:0]

从表中可以看出，每个坐标的值可以通过4个寄存器读出，比如要读取坐标1(X1，Y1)，我们则可以读取01H～04H就可以知道当前坐标1的具体数值了。这里也可以只发送寄存器01，然后连续读取4个字节，也可以正常读取坐标1，寄存器地址会自动增加，从而提高读取速度。

OTT2001A相关寄存器的介绍就介绍到这里，更详细的资料可参考"OTT2001A IIC协议指导.pdf"文档。OTT2001A只需要经过简单的初始化就可以正常使用了，初始化流程：复位→延时100 ms→释放复位→设置传感器控制寄存器的最高位为1，开启传感器检查，这样就可以正常使用了。

另外，OTT2001A有两个地方需要特别注意一下：

① OTT2001A的寄存器是8位的，但是发送的时候要发送16位（高8位有效）才可以正常使用。

② OTT2001A的输出坐标默认是以X坐标最大值是2 700，Y坐标最大值是1 500的分辨率输出的，也就是输出范围为X：0～2 700，Y：0～1 500。MCU在读取到坐标后，必须根据LCD分辨率做一个换算，才能得到真实的LCD坐标。

下面简单介绍GT9147。该芯片是深圳汇顶科技研发的一颗电容触摸屏驱动IC，支持100 Hz触点扫描频率，支持5点触摸，支持18×10个检测通道；适合小于4.5寸的电容触摸屏使用。

和OTT2001A一样，GT9147与MCU连接也是通过4根线：SDA、SCL、RST和INT。不过，GT9147的IIC地址可以是0X14或者0X5D。当复位结束后的5 ms内，如果INT是高电平，则使用0X14作为地址，否则使用0X5D作为地址，具体的设置过程请看"GT9147数据手册.pdf"文档。本章使用0X14作为器件地址（不含最低位，换算成读/写命令则是读：0X29，写：0X28），接下来介绍GT9147的几个重要寄存器。

(1) 控制命令寄存器(0X8040)

该寄存器可以写入不同值实现不同的控制，一般使用0和2这两个值。在硬复位之后，一般要往该寄存器写2实行软复位。写入0可正常读取坐标数据（并且会结束软复位）。

(2) 配置寄存器组(0X8047～0X8100)

这里共186个寄存器，用于配置GT9147的各个参数，这些配置一般由厂家提供（一个数组），所以我们只需要将厂家给的配置写入到这些寄存器里面即可完成GT9147的配置。由于GT9147可以保存配置信息（可写入内部FLASH，从而不需要每次上电都更新配置），有几点注意的地方提醒读者：①0X8047寄存器用于指示配置文件版本号，程序写入的版本号必须大于等于GT9147本地保存的版本号才可以更新配置。②0X80FF寄存器用于存储校验和，使得0X8047～0X80FF之间所有数据之和为0。③0X8100用于控制是否将配置保存在本地，写0则不保存配置，写1则保存配置。

(3) 产品ID寄存器(0X8140～0X8143)

这里总共由4个寄存器组成，用于保存产品ID。对于GT9147，这4个寄存器读出来就是9、1、4、7这4个字符（ASCII码格式）。因此，我们可以通过这4个寄存器的值来判断驱动 IC 的型号,从而判断是 OTT2001A 还是 GT9147,以便执行不同的初始化。

(4) 状态寄存器(0X814E)

该寄存器各位描述如表 27.1.3 所列。这里仅关心最高位和最低 4 位,最高位用于表示 buffer 状态,如果有数据(坐标/按键),buffer 就会是 1;最低 4 位用于表示有效触点的个数,范围是 0~5,0,表示没有触摸,5 表示有 5 点触摸。这和前面 OTT2001A 的表示方法稍微有点区别,OTT2001A 是每个位表示一个触点,这里是有多少有效触点值就是多少。最后,该寄存器在每次读取后,如果 bit7 有效,则必须写 0 清除这个位,否则不会输出下一次数据,这个要特别注意!

表 27.1.3 状态寄存器各位描述

寄存器	bit7	bit6	bit5	bit4	bit3	bit2	bit1	bit0
0X814E	buffer 状态	大点	接近有效	按键	有效触点个数			

(5) 坐标数据寄存器(共 30 个)

这里共分成 5 组(5 个点),每组 6 个寄存器存储数据,以触点 1 的坐标数据寄存器组为例,如表 27.1.4 所列。

表 27.1.4 触点 1 坐标寄存器组描述

寄存器	bit7~0	寄存器	bit7~0
0X8150	触点 1 x 坐标低 8 位	0X8151	触点 1 x 坐标高 8 位
0X8152	触点 1 y 坐标低 8 位	0X8153	触点 1 y 坐标高 8 位
0X8154	触点 1 触摸尺寸低 8 位	0X8155	触点 1 触摸尺寸高 8 位

我们一般只用到触点的 x、y 坐标,所以只需要读取 0X8150~0X8153 的数据,组合即可得到触点坐标。其他 4 组分别是 0X8158、0X8160、0X8168 和 0X8170 等开头的 16 个寄存器组成,分别针对触点 2~4 的坐标。同样,GT9147 也支持寄存器地址自增,我们只需要发送寄存器组的首地址再连续读取即可,GT9147 的地址自增,从而提高读取速度。

GT9147 相关寄存器的介绍就介绍到这里,更详细的资料可参考"GT9147 编程指南.pdf"文档。GT9147 只需要经过简单的初始化就可以正常使用了,初始化流程:硬复位→延时 10 ms→结束硬复位→设置 IIC 地址→延时 100 ms→软复位→更新配置(需要时)→结束软复位。此时 GT9147 即可正常使用了。

然后,不停地查询 0X814E 寄存器,判断是否有有效触点,如果有,则读取坐标数据寄存器,得到触点坐标。特别注意,如果 0X814E 读到的值最高位为 1,就必须对该位写 0;否则,无法读到下一次坐标数据。

27.2 硬件设计

本章实验功能简介:开机的时候先初始化 LCD,读取 LCD ID,随后,根据 LCD ID

判断是电阻触摸屏还是电容触摸屏。如果是电阻触摸屏,则先读取 24C02 的数据判断触摸屏是否已经校准过,如果没有校准,则执行校准程序,校准过后再进入电阻触摸屏测试程序;如果已经校准了,就直接进入电阻触摸屏测试程序。

如果是 4.3 寸电容触摸屏,则先读取芯片 ID,判断是不是 GT9147,如果是则执行 GT9147 的初始化代码;如果不是,则执行 OTT2001A 的初始化代码。如果是 7 寸电容触摸屏(仅支持新款 7 寸屏,使用 SSD1963+FT5206 方案),则执行 FT5206 的初始化代码,在初始化电容触摸屏完成后,进入电容触摸屏测试程序(电容触摸屏无须校准)。

电阻触摸屏测试程序和电容触摸屏测试程序基本一样,只是电容触摸屏支持最多 5 点同时触摸,电阻触摸屏只支持一点触摸,其他一模一样。测试界面的右上角会有一个清空的操作区域(RST),单击这个地方就会将输入全部清除,恢复白板状态。使用电阻触摸屏的时候,可以通过按 KEY0 来实现强制触摸屏校准,只要按下 KEY0 就会进入强制校准程序。

所要用到的硬件资源如下:指示灯 DS0、KEY0 按键、TFTLCD 模块(带电阻/电容式触摸屏)、24C02。所有这些资源与 STM32F1 的连接图都已经介绍过了,这里只针对 TFTLCD 模块与 STM32F1 的连接端口再说明一下。TFTLCD 模块的触摸屏(电阻触摸屏)总共有 5 根线与 STM32F1 连接,连接电路图如图 27.2.1 所示。可以看出,T_MOSI、T_MISO、T_SCK、T_CS 和 T_PEN 分别连接在 STM32F1 的 PF9、PB2、PB1、PF11 和 PF10 上。

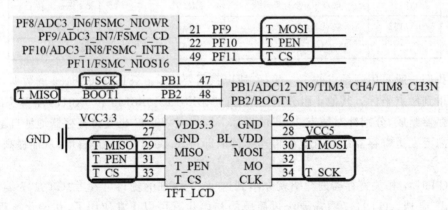

图 27.2.1 触摸屏与 STM32F1 的连接图

如果是电容式触摸屏,我们的接口和电阻式触摸屏一样(图 27.2.1 右侧接口),只是没有用到 5 根线了,而是 4 根线,分别是 T_PEN(CT_INT)、T_CS(CT_RST)、T_CLK(CT_SCL) 和 T_MOSI(CT_SDA)。其中,CT_INT、CT_RST、CT_SCL 和 CT_SDA 分别是 OTT2001A/GT9147/FT5206 的中断输出信号、复位信号、IIC 的 SCL 和 SDA 信号。这里用查询的方式读取 OTT2001A/GT9147/FT5206 的数据,对于 OTT2001A/FT5206 没有用到中断信号(CT_INT),所以同 STM32F1 的连接最少只需要 3 根线即可;不过 GT9147 还需要用到 CT_INT 做 IIC 地址设定,所以需要 4 根线连接。

第 27 章 触摸屏实验

27.3 软件设计

打开本章实验工程可以看到,我们在 HARDWARE 分组下新添加了 touch.c、ctiic.c、cott2001a.c、gt9147.c 和 ft5206.c 这 5 个文件,每个文件都有对应的.h 头文件。其中,touch.c 和对应的头文件 touch.h 是电阻触摸屏部分的代码,兼电容触摸屏的管理控制,其他则是电容触摸屏部分的代码。

打开 touch.c 文件,这里仅介绍几个重要的函数。首先要介绍的是 TP_Read_XY2 函数,该函数专门用于从触摸屏控制 IC 读取坐标的值(0~4 095)。TP_Read_XY2 的代码如下:

```
//连续 2 次读取触摸屏 IC,且这两次的偏差不能超过
//ERR_RANGE,满足条件,则认为读数正确,否则读数错误
//该函数能大大提高准确度
//x,y:读取到的坐标值;返回值:0,失败;1,成功
#define ERR_RANGE 50 //误差范围
u8 TP_Read_XY2(u16 * x,u16 * y)
{
    u16 x1,y1,u16 x2,y2;
    u8 flag;
    flag = TP_Read_XY(&x1,&y1);
    if(flag == 0)return(0);
    flag = TP_Read_XY(&x2,&y2);
    if(flag == 0)return(0);
    //前后两次采样在 + - ERR_RANGE 内
    if(((x2<= x1&&x1<x2 + ERR_RANGE)||(x1<= x2&&x2<x1 + ERR_RANGE))
    &&((y2<= y1&&y1<y2 + ERR_RANGE)||(y1<= y2&&y2<y1 + ERR_RANGE)))
    {
        * x = (x1 + x2)/2;    * y = (y1 + y2)/2;
        return 1;
    }else return 0;
}
```

该函数采用了一个非常好的办法来读取屏幕坐标值,就是连续读两次,两次读取的值之差不能超过一个特定的值(ERR_RANGE),通过这种方式可以大大提高触摸屏的准确度。另外,该函数调用的 TP_Read_XY 函数,用于单次读取坐标值。TP_Read_XY 也采用了一些软件滤波算法,具体见本书配套资料的源码。接下来介绍另外一个函数 TP_Adjust,该函数源码如下:

```
//触摸屏校准代码,得到四个校准参数
void TP_Adjust(void)
{
    u16 pos_temp[4][2];//坐标缓存值
    u8  cnt = 0;
    u16 d1,d2,outtime = 0;
    u32 tem1,tem2;
    float fac;
    POINT_COLOR = BLUE;
```

```
BACK_COLOR = WHITE;
LCD_Clear(WHITE);//清屏
POINT_COLOR = RED;//红色
LCD_Clear(WHITE);//清屏
POINT_COLOR = BLACK;
LCD_ShowString(40,40,160,100,16,(u8 *)TP_REMIND_MSG_TBL);//显示提示信息
TP_Drow_Touch_Point(20,20,RED);//画点 1
tp_dev.sta = 0;                //消除触发信号
tp_dev.xfac = 0;               //xfac用来标记是否校准过,所以校准之前必须清掉! 以免错误
while(1)                       //如果连续 10 秒钟没有按下,则自动退出
{
    tp_dev.scan(1);//扫描物理坐标
    if((tp_dev.sta&0xc0) == TP_CATH_PRES)//按键按下了一次(此时按键松开了)
    {
        outtime = 0;
        tp_dev.sta& = ~(1<<6);                //标记按键已经被处理过了
        pos_temp[cnt][0] = tp_dev.x;
        pos_temp[cnt][1] = tp_dev.y;
        cnt ++;
        switch(cnt)
        {
            case 1:
                TP_Drow_Touch_Point(20,20,WHITE);//清除点 1
                TP_Drow_Touch_Point(lcddev.width - 20,20,RED);//画点 2
                break;
            case 2:
                TP_Drow_Touch_Point(lcddev.width - 20,20,WHITE);//清除点 2
                TP_Drow_Touch_Point(20,lcddev.height - 20,RED);//画点 3
                break;
            case 3:
                TP_Drow_Touch_Point(20,lcddev.height - 20,WHITE);//清除点 3
                TP_Drow_Touch_Point(lcddev.width - 20,lcddev.height - 20,RED);
                //画点 4
                break;
            case 4://全部四个点已经得到
                //对边相等
                tem1 = abs(pos_temp[0][0] - pos_temp[1][0]);//x1 - x2
                tem2 = abs(pos_temp[0][1] - pos_temp[1][1]);//y1 - y2
                tem1 * = tem1;   tem2 * = tem2;
                d1 = sqrt(tem1 + tem2);//得到 1,2 的距离
                tem1 = abs(pos_temp[2][0] - pos_temp[3][0]);//x3 - x4
                tem2 = abs(pos_temp[2][1] - pos_temp[3][1]);//y3 - y4
                tem1 * = tem1;   tem2 * = tem2;
                d2 = sqrt(tem1 + tem2);//得到 3,4 的距离
                fac = (float)d1/d2;
                if(fac<0.95||fac>1.05||d1 == 0||d2 == 0)//不合格
                {
                    cnt = 0;
                    TP_Drow_Touch_Point(lcddev.width - 20,lcddev.height - 20,
                    WHITE);//清除点 4
                    TP_Drow_Touch_Point(20,20,RED); //画点 1
```

```
            TP_Adj_Info_Show(pos_temp[0][0],pos_temp[0][1],pos_temp[1]
        [0],pos_temp[1][1],pos_temp[2][0],pos_temp[2][1],pos_temp[3]
        [0],pos_temp[3][1],fac*100);//显示数据
            continue;
        }
        tem1 = abs(pos_temp[0][0]-pos_temp[2][0]);//x1-x3
        tem2 = abs(pos_temp[0][1]-pos_temp[2][1]);//y1-y3
        tem1 *= tem1; tem2 *= tem2;
        d1 = sqrt(tem1+tem2);//得到1,3的距离
        tem1 = abs(pos_temp[1][0]-pos_temp[3][0]);//x2-x4
        tem2 = abs(pos_temp[1][1]-pos_temp[3][1]);//y2-y4
        tem1 *= tem1; tem2 *= tem2;
        d2 = sqrt(tem1+tem2);//得到2,4的距离
        fac = (float)d1/d2;
        if(fac<0.95||fac>1.05)//不合格
        {
            cnt = 0;
            TP_Drow_Touch_Point(lcddev.width-20,lcddev.height-20,
        WHITE);//清除点4
            TP_Drow_Touch_Point(20,20,RED); //画点1
            TP_Adj_Info_Show(pos_temp[0][0],pos_temp[0][1],pos_temp[1]
        [0],pos_temp[1][1],pos_temp[2][0],pos_temp[2][1],pos_temp[3]
        [0],pos_temp[3][1],fac*100);//显示数据
            continue;
        }//正确了
        //对角线相等
        tem1 = abs(pos_temp[1][0]-pos_temp[2][0]);//x1-x3
        tem2 = abs(pos_temp[1][1]-pos_temp[2][1]);//y1-y3
        tem1 *= tem1;   tem2 *= tem2;
        d1 = sqrt(tem1+tem2);//得到1,4的距离
        tem1 = abs(pos_temp[0][0]-pos_temp[3][0]);//x2-x4
        tem2 = abs(pos_temp[0][1]-pos_temp[3][1]);//y2-y4
        tem1 *= tem1;   tem2 *= tem2;
        d2 = sqrt(tem1+tem2);//得到2,3的距离
        fac = (float)d1/d2;
        if(fac<0.95||fac>1.05)//不合格
        {
            cnt = 0;
            TP_Drow_Touch_Point(lcddev.width-20,lcddev.height-20,
        WHITE);//清除点4
            TP_Drow_Touch_Point(20,20,RED);//画点1
            TP_Adj_Info_Show(pos_temp[0][0],pos_temp[0][1],pos_temp[1]
        [0],pos_temp[1][1],pos_temp[2][0],pos_temp[2][1],pos_temp[3]
        [0],pos_temp[3][1],fac*100);//显示数据
            continue;
        }//正确了
        //计算结果
        tp_dev.xfac = (float)(lcddev.width-40)/(pos_temp[1][0]-
        pos_temp[0][0]);
        //得到xfac
        tp_dev.xoff = (lcddev.width-tp_dev.xfac*(pos_temp[1][0]+
```

```c
                    pos_temp[0][0]))/2;//得到xoff
                    tp_dev.yfac = (float)(lcddev.height - 40)/(pos_temp[2][1] -
                    pos_temp[0][1]);//得到yfac
                    tp_dev.yoff = (lcddev.height - tp_dev.yfac * (pos_temp[2][1]
                    + pos_temp[0][1]))/2;//得到yoff
                    if(abs(tp_dev.xfac)>2||abs(tp_dev.yfac)>2)//触屏和预设的
                                                              //相反了
                    {
                        cnt = 0;
                        TP_Drow_Touch_Point (lcddev.width - 20,lcddev.height -
                                    20,WHITE);//清除点4
                        TP_Drow_Touch_Point(20,20,RED);   //画点1LCD_ShowString
                        (40,26,lcddev.width,lcddev.height,16," TP Need read-
                        just!");
                        tp_dev.touchtype = ! tp_dev.touchtype;//修改触屏类型
                        if(tp_dev.touchtype)//X,Y方向与屏幕相反
                        {
                            CMD_RDX = 0X90;   CMD_RDY = 0XD0;
                        }else   //X,Y方向与屏幕相同
                        {
                            CMD_RDX = 0XD0;CMD_RDY = 0X90;
                        }
                        continue;
                    }
                    POINT_COLOR = BLUE;
                    LCD_Clear(WHITE);//清屏
                    LCD_ShowString(35,110,lcddev.width,lcddev.hei
                    ght,16,"Touch Screen
                    Adjust OK!");//校正完成
                    delay_ms(1000);
                    TP_Save_Adjdata();
                    LCD_Clear(WHITE);//清屏
                    return;//校正完成
                }
            }
            delay_ms(10);
            outtime ++ ;
            if(outtime>1000)
            {
                TP_Get_Adjdata();   break;
            }
        }
    }
}
```

　　TP_Adjust是此部分最核心的代码,这里介绍触摸屏校正原理:传统的鼠标是一种相对定位系统,只和前一次鼠标的位置坐标有关。而触摸屏则是一种绝对坐标系统,要选哪就直接点哪,与相对定位系统有着本质的区别。绝对坐标系统的特点是每一次定位坐标与上一次定位坐标没有关系,每次触摸的数据通过校准转为屏幕上的坐标,不管在什么情况下,触摸屏这套坐标在同一点的输出数据是稳定的。不过由于技术原理的原因,并不能保证同一点触摸时每一次采样数据相同,不能保证绝对坐标定位,这就是

第 27 章 触摸屏实验

触摸屏最怕出现的问题:漂移。对于性能质量好的触摸屏来说,漂移情况出现的并不是很严重。所以很多应用触摸屏的系统启动后,进入应用程序前,先要执行校准程序。通常应用程序中使用的 LCD 坐标是以像素为单位的。比如说:左上角的坐标是一组非 0 的数值,比如(20,20),而右下角的坐标为(220,300)。这些点的坐标都是以像素为单位的,而从触摸屏中读出的是点的物理坐标,其坐标轴的方向、XY 值的比例因子、偏移量都与 LCD 坐标不同,所以,需要在程序中把物理坐标首先转换为像素坐标,然后再赋给 POS 结构,达到坐标转换的目的。

校正思路:了解校正原理之后,我们可以得出下面的从物理坐标到像素坐标的转换关系式:

LCDx = xfac • Px + xoff;LCDy = yfac • Py + yoff;

其中,(LCDx,LCDy)是在 LCD 上的像素坐标,(Px,Py)是从触摸屏读到的物理坐标。xfac、yfac 分别是 X 轴方向和 Y 轴方向的比例因子,而 xoff 和 yoff 则是这两个方向的偏移量。只要事先在屏幕上面显示 4 个点(这 4 个点的坐标是已知的),分别按这 4 个点就可以从触摸屏读到 4 个物理坐标,这样就可以通过待定系数法求出 xfac、yfac、xoff、yoff 这 4 个参数。保存好这 4 个参数,在以后的使用中把所有得到的物理坐标都按照这个关系式来计算,得到的就是准确的屏幕坐标,达到了触摸屏校准的目的。

TP_Adjust 就是根据上面的原理设计的校准函数,注意,该函数里面多次使用了 lcddev.width 和 lcddev.height,用于坐标设置,主要是为了兼容不同尺寸的 LCD(比如 320×240、480×320 和 800×480 的屏都可以兼容)。

接下来看看触摸屏初始化函数:TP_Init,该函数根据 LCD 的 ID(即 lcddev.id)判别是电阻屏还是电容屏,执行不同的初始化,该函数代码如下:

```
//触摸屏初始化
//返回值:0,没有进行校准   1,进行过校准
u8 TP_Init(void)
{
    if(lcddev.id == 0X5510)                  //4.3 寸电容触摸屏
    {
        if(GT9147_Init() == 0)               //是 GT9147
        {
            tp_dev.scan = GT9147_Scan;//扫描函数指向 GT9147 触摸屏扫描
        }else
        {
            OTT2001A_Init();
            tp_dev.scan = OTT2001A_Scan;//扫描函数指向 OTT2001A 触摸屏扫描
        }
        tp_dev.touchtype| = 0X80;            //电容屏
        tp_dev.touchtype| = lcddev.dir&0X01; //横屏还是竖屏
        return 0;
    }else if(lcddev.id == 0X1963)//7 寸电容触摸屏
    {
        FT5206_Init();
        tp_dev.scan = FT5206_Scan;           //扫描函数指向 GT9147 触摸屏扫描
        tp_dev.touchtype| = 0X80;            //电容屏
```

```c
        tp_dev.touchtype|=lcddev.dir&0X01;   //横屏还是竖屏
        return 0;
    }else
    {
        GPIO_InitTypeDef  GPIO_InitStructure;
        RCC_APB2PeriphClockCmd(RCC_APB2Periph_GPIOB|RCC_APB2Periph_GPIOF,
                                         ENABLE); //使能 PB,PF 端口时钟
        GPIO_InitStructure.GPIO_Pin = GPIO_Pin_1;          //PB1 端口配置
        GPIO_InitStructure.GPIO_Mode = GPIO_Mode_Out_PP;  //推挽输出
        GPIO_InitStructure.GPIO_Speed = GPIO_Speed_50MHz;
        GPIO_Init(GPIOB,&GPIO_InitStructure);//B1 推挽输出
        GPIO_SetBits(GPIOB,GPIO_Pin_1);//上拉
        GPIO_InitStructure.GPIO_Pin = GPIO_Pin_2;//PB2 端口配置
        GPIO_InitStructure.GPIO_Mode = GPIO_Mode_IPU;    //上拉输入
        GPIO_Init(GPIOB,&GPIO_InitStructure);//B2 上拉输入
        GPIO_SetBits(GPIOB,GPIO_Pin_2);//上拉
        GPIO_InitStructure.GPIO_Pin = GPIO_Pin_11|GPIO_Pin_9;//F9,PF11 端口配置
        GPIO_InitStructure.GPIO_Mode = GPIO_Mode_Out_PP;//推挽输出
        GPIO_InitStructure.GPIO_Speed = GPIO_Speed_50MHz;
        GPIO_Init(GPIOF,&GPIO_InitStructure);//PF9,PF11 推挽输出
        GPIO_SetBits(GPIOF,GPIO_Pin_11|GPIO_Pin_9);//上拉
        GPIO_InitStructure.GPIO_Pin = GPIO_Pin_10;//PF10 端口配置
        GPIO_InitStructure.GPIO_Mode = GPIO_Mode_IPU;    //上拉输入
        GPIO_Init(GPIOF,&GPIO_InitStructure);//PF10 上拉输入
        GPIO_SetBits(GPIOF,GPIO_Pin_10);//上拉
        TP_Read_XY(&tp_dev.x[0],&tp_dev.y[0]);//第一次读取初始化
        AT24CXX_Init();//初始化 24CXX
        if(TP_Get_Adjdata())return 0;//已经校准
        else//未校准吗
        {
            LCD_Clear(WHITE);//清屏
            TP_Adjust();    //屏幕校准
        }
        TP_Get_Adjdata();
    }
    return 1;
}
```

该函数比较简单,重点说一下:tp_dev.scan。这个结构体函数指针默认指向 TP_Scan,如果是电阻屏,则用默认的即可;如果是电容屏,则指向新的扫描函数 GT9147_Scan、OTT2001A_Scan 或 FT5206_Scan(根据芯片 ID 判断到底指向哪个),执行电容触摸屏的扫描函数。

接下来打开 touch.h 文件可以看到,除了一些函数申明和宏定义标识符之外,我们还定义了一个非常重要的结构体_m_tp_dev,定义如下:

```c
typedef struct
{
    u8 (*init)(void);              //初始化触摸屏控制器
    u8 (*scan)(u8);                //扫描触摸屏.0,屏幕扫描;1,物理坐标
    void (*adjust)(void);          //触摸屏校准
```

第27章 触摸屏实验

```
    u16 x0;                          //原始坐标(第一次按下时的坐标)
    u16 y0;
    u16 x;                           //当前坐标(此次扫描时,触屏的坐标)
    u16 y;
    u8  sta;                         //笔的状态:b7:按下 1/松开 0
                                     //b6:0,没有按键按下;1,有按键按下
////////////////////////////触摸屏校准参数//////////////////////////////
    float xfac;
    float yfac;
    short xoff;
    short yoff;
    //新增的参数,当触摸屏的左右上下完全颠倒时需要用到
    //touchtype = 0 的时候,适合左右为 X 坐标,上下为 Y 坐标的 TP
    //touchtype = 1 的时候,适合左右为 Y 坐标,上下为 X 坐标的 TP
    u8 touchtype;
}_m_tp_dev;
extern _m_tp_dev tp_dev;   //触屏控制器在 touch.c 里面定义
#endif
```

该结构体用于管理和记录触摸屏相关信息,在外部调用的时候一般直接调用 tp_dev 的相关成员函数/变量屏即可达到需要的效果。这样种设计简化了接口,另外管理和维护也比较方便,读者可以仿效一下。

ctiic.c 和 ctiic.h 是电容触摸屏的 IIC 接口部分代码,与第 23 章的 myiic.c 和 myiic.h 基本一样,这里就不单独介绍了。接下来重点看看 ott2001a.c 文件,代码如下:

```
//向 OTT2001A 写入一次数据
//reg:起始寄存器地址    buf:数据缓缓存区    len:写数据长度
//返回值:0,成功;1,失败
u8 OTT2001A_WR_Reg(u16 reg,u8 * buf,u8 len)
{
    u8 i;
    u8 ret = 0;
    CT_IIC_Start();
    CT_IIC_Send_Byte(OTT_CMD_WR);        //发送写命令
    CT_IIC_Wait_Ack();
    CT_IIC_Send_Byte(reg>>8);            //发送高 8 位地址
    CT_IIC_Wait_Ack();
    CT_IIC_Send_Byte(reg&0XFF);          //发送低 8 位地址
    CT_IIC_Wait_Ack();
    for(i = 0;i<len;i ++ )
    {
        CT_IIC_Send_Byte(buf[i]);        //发数据
        ret = CT_IIC_Wait_Ack();
        if(ret)break;
    }
    CT_IIC_Stop();                       //产生一个停止条件
    return ret;
}
//从 OTT2001A 读出一次数据
//reg:起始寄存器地址    buf:数据缓缓存区    len:读数据长度
void OTT2001A_RD_Reg(u16 reg,u8 * buf,u8 len)
```

```c
{
    u8 i;
    CT_IIC_Start();
    CT_IIC_Send_Byte(OTT_CMD_WR);                    //发送写命令
    CT_IIC_Wait_Ack();
    CT_IIC_Send_Byte(reg>>8);                        //发送高8位地址
    CT_IIC_Wait_Ack();
    CT_IIC_Send_Byte(reg&0XFF);                      //发送低8位地址
    CT_IIC_Wait_Ack();
    CT_IIC_Start();
    CT_IIC_Send_Byte(OTT_CMD_RD);                    //发送读命令
    CT_IIC_Wait_Ack();
    for(i=0;i<len;i++)
    {
        buf[i]=CT_IIC_Read_Byte(i==(len-1)?0:1);     //发数据
    }
    CT_IIC_Stop();//产生一个停止条件
}
//传感器打开/关闭操作
//cmd:1,打开传感器;0,关闭传感器
void OTT2001A_SensorControl(u8 cmd)
{
    u8 regval=0X00;
    if(cmd)regval=0X80;
    OTT2001A_WR_Reg(OTT_CTRL_REG,&regval,1);
}
//初始化触摸屏
//返回值:0,初始化成功;1,初始化失败
u8 OTT2001A_Init(void)
{
    u8 regval=0;
    GPIO_InitTypeDef  GPIO_InitStructure;
    RCC_APB2PeriphClockCmd(RCC_APB2Periph_GPIOF, ENABLE); //使能PF端口时钟
    GPIO_InitStructure.GPIO_Pin = GPIO_Pin_11;       // PF11端口配置
    GPIO_InitStructure.GPIO_Mode = GPIO_Mode_Out_PP; //推挽输出
    GPIO_InitStructure.GPIO_Speed = GPIO_Speed_50MHz;
    GPIO_Init(GPIOF, &GPIO_InitStructure);//PF11推挽输出
    GPIO_SetBits(GPIOF,GPIO_Pin_1);                  //上拉
    GPIO_InitStructure.GPIO_Pin = GPIO_Pin_10;       //PB2端口配置
    GPIO_InitStructure.GPIO_Mode = GPIO_Mode_IPU;    //上拉输入
    GPIO_Init(GPIOF, &GPIO_InitStructure);           //PF10上拉输入
    GPIO_SetBits(GPIOF,GPIO_Pin_10);                 //上拉
    CT_IIC_Init();                                   //初始化电容屏的I2C总线
    OTT_RST=0;                                       //复位
    delay_ms(100);
    OTT_RST=1;                                       //释放复位
    delay_ms(100);
    OTT2001A_SensorControl(1);                       //打开传感器
    OTT2001A_RD_Reg(OTT_CTRL_REG,&regval,1);
    printf("CTP ID:%x\r\n",regval);
    if(regval==0x80)return 0;
```

```
            return 1;
}
constu16 OTT_TPX_TBL[5] =
{OTT_TP1_REG,OTT_TP2_REG,OTT_TP3_REG,OTT_TP4_REG,OTT_TP5_REG};
//扫描触摸屏(采用查询方式)
//mode:0,正常扫描
//返回值:当前触屏状态.   0,触屏无触摸;1,触屏有触摸
u8 OTT2001A_Scan(u8 mode)
{
    u8 buf[4],i = 0,res = 0;
    static u8 t = 0;//控制查询间隔,从而降低 CPU 占用率
    t++;
    if((t%10) == 0||t<10)//空闲时,每进入 10 次 CTP_Scan 函数才检测 1 次,节省 CPU 使用率
    {
        OTT2001A_RD_Reg(OTT_GSTID_REG,&mode,1);//读取触摸点的状态
        if(mode&0X1F)
        {
            tp_dev.sta = (mode&0X1F)|TP_PRES_DOWN|TP_CATH_PRES;
            for(i = 0;i<5;i++)
            {
                if(tp_dev.sta&(1<<i))//触摸有效吗
                {
                    OTT2001A_RD_Reg(OTT_TPX_TBL[i],buf,4);//读取 XY 坐标值
                    if(tp_dev.touchtype&0X01)//横屏
                    {
                        tp_dev.y[i] = (((u16)buf[2]<<8) + buf[3]) * OTT_SCAL_Y;
                        tp_dev.x[i] = 800 - ((((u16)buf[0]<<8) + buf[1]) * OTT_SCAL_X);
                    }else
                    {
                        tp_dev.x[i] = (((u16)buf[2]<<8) + buf[3]) * OTT_SCAL_Y;
                        tp_dev.y[i] = (((u16)buf[0]<<8) + buf[1]) * OTT_SCAL_X;
                    }
                    //printf("x[%d]:%d,y[%d]:%d\r\n",i,tp_dev.x[i],i,tp_dev.y[i]);
                }
            }
            res = 1;
            if(tp_dev.x[0] == 0 && tp_dev.y[0] == 0)mode = 0;//读到的数据都是 0 则忽略
            t = 0;//触发一次,则会最少连续监测 10 次,从而提高命中率
        }
    }
    if((mode&0X1F) == 0)//无触摸点按下
    {
        if(tp_dev.sta&TP_PRES_DOWN)//之前是被按下的
        {
            tp_dev.sta& = ~(1<<7);//标记按键松开
        }else//之前就没有被按下
        {
            tp_dev.x[0] = 0xffff;
            tp_dev.y[0] = 0xffff;
            tp_dev.sta& = 0XE0;//清除点有效标记
        }
```

		}
		if(t>240)t=10;//重新从10开始计数
		return res;
}

此部分总共5个函数,其中,OTT2001A_WR_Reg 和 OTT2001A_RD_Reg 分别用于读/写 OTT2001A 芯片。注意,寄存器地址是16位的,与 OTT2001A 手册介绍的是有出入的,必须16位才能正常操作。重点介绍下 OTT2001A_Scan 函数,该函数用于扫描电容触摸屏是否有按键按下,由于我们不是用中断方式来读取 OTT2001A 的数据,而是采用查询的方式,所以这里使用了一个静态变量来提高效率。当无触摸的时候,尽量减少对 CPU 的占用;当有触摸的时候,又保证能迅速检测到。对 OTT2001A 数据的读取则完全采用上面介绍的方法,先读取手势 ID 寄存器(OTT_GSTID_REG),判断是不是有有效数据,如果有,则读取;否则,直接忽略,继续后面的处理。

接下来看 gt9147.c 里面的代码,这里仅介绍 GT9147_Init 和 GT9147_Scan 两个函数,代码如下:

```
//初始化 GT9147 触摸屏
//返回值:0,初始化成功;1,初始化失败
u8 GT9147_Init(void)
{
    u8 temp[5];
    GPIO_InitTypeDef  GPIO_InitStructure;
    RCC_APB2PeriphClockCmd(RCC_APB2Periph_GPIOF, ENABLE);   //使能 PF 端口时钟

    GPIO_InitStructure.GPIO_Pin = GPIO_Pin_11;              // PF11 端口配置
    GPIO_InitStructure.GPIO_Mode = GPIO_Mode_Out_PP;        //推挽输出
    GPIO_InitStructure.GPIO_Speed = GPIO_Speed_50MHz;
    GPIO_Init(GPIOF, &GPIO_InitStructure);                  //PF11 推挽输出
    GPIO_SetBits(GPIOF,GPIO_Pin_1);                         //上拉
    GPIO_InitStructure.GPIO_Pin = GPIO_Pin_10;              // PB2 端口配置
    GPIO_InitStructure.GPIO_Mode = GPIO_Mode_IPU;           //上拉输入
    GPIO_Init(GPIOF, &GPIO_InitStructure);                  //PF10 上拉输入
    GPIO_SetBits(GPIOF,GPIO_Pin_10);                        //上拉
    CT_IIC_Init();                                          //初始化电容屏的 IIC 总线
    GT_RST=0;delay_ms(10);                                  //复位
    GT_RST=1;delay_ms(10);                                  //释放复位
    GPIO_InitStructure.GPIO_Pin = GPIO_Pin_10;              //PB2 端口配置
    GPIO_InitStructure.GPIO_Mode = GPIO_Mode_IPD;           //下拉输入
    GPIO_Init(GPIOF, &GPIO_InitStructure);                  //PF10 下拉输入
    GPIO_ResetBits(GPIOF,GPIO_Pin_10);                      //下拉
    delay_ms(100);
    GT9147_RD_Reg(GT_PID_REG,temp,4);                       //读取产品 ID
    temp[4]=0;
    printf("CTP ID:%s\r\n",temp);                           //打印 ID
    if(strcmp((char*)temp,"9147")==0)                       //ID==9147
    {
        temp[0]=0X02;
        GT9147_WR_Reg(GT_CTRL_REG,temp,1);                  //软复位 GT9147
        GT9147_RD_Reg(GT_CFGS_REG,temp,1);                  //读取 GT_CFGS_REG 寄存器
```

第 27 章　触摸屏实验

```
            if(temp[0]<0X60)                  //默认版本比较低,需要更新flash配置
            {
                printf("Default Ver:%d\r\n",temp[0]);
                GT9147_Send_Cfg(1);//更新并保存配置
            }
            delay_ms(10);
            temp[0] = 0X00;
            GT9147_WR_Reg(GT_CTRL_REG,temp,1);    //结束复位
            return 0;
        }
    }
    return 1;
}
const u16 GT9147_TPX_TBL[5] =
{GT_TP1_REG,GT_TP2_REG,GT_TP3_REG,GT_TP4_REG,GT_TP5_REG};
//扫描触摸屏(采用查询方式)
//mode:0,正常扫描.
//返回值:当前触屏状态.   0,触屏无触摸;1,触屏有触摸
u8 GT9147_Scan(u8 mode)
{
    u8 buf[4], i = 0,res = 0, temp;
    static u8 t = 0;//控制查询间隔,从而降低 CPU 占用率
    t++;
    if((t%10) == 0||t<10)//空闲时,每进入 10 次 CTP_Scan 函数才检测 1 次,节省 CPU 使用率
    {
        GT9147_RD_Reg(GT_GSTID_REG,&mode,1);//读取触摸点的状态
        if((mode&0XF)&&((mode&0XF)<6))
        {
            temp = 0XFF<<(mode&0XF);//将点的个数转换为 1 的位数,匹配 tp_dev.sta 定义
            tp_dev.sta = (~temp)|TP_PRES_DOWN|TP_CATH_PRES;
            for(i = 0;i<5;i++)
            {
                if(tp_dev.sta&(1<<i))//触摸有效吗
                {
                    GT9147_RD_Reg(GT9147_TPX_TBL[i],buf,4);//读取 XY 坐标值
                    if(tp_dev.touchtype&0X01)//横屏
                    {
                        tp_dev.y[i] = ((u16)buf[1]<<8) + buf[0];
                        tp_dev.x[i] = 800 - (((u16)buf[3]<<8) + buf[2]);
                    }else
                    {
                        tp_dev.x[i] = ((u16)buf[1]<<8) + buf[0];
                        tp_dev.y[i] = ((u16)buf[3]<<8) + buf[2];
                    }
                    //printf("x[%d]:%d,y[%d]:%d\r\n",i,tp_dev.x[i],i,tp_dev.y[i]);
                }
            }
            res = 1;
            if(tp_dev.x[0] == 0 && tp_dev.y[0] == 0)mode = 0;//读到的数据都是 0 则忽略
            t = 0;//触发一次,则会最少连续监测 10 次,从而提高命中率
        }
    }
    if(mode&0X80&&((mode&0XF)<6))
```

```c
        {
            temp = 0;
            GT9147_WR_Reg(GT_GSTID_REG,&temp,1);//清标志
        }
    }
    if((mode&0X8F) == 0X80)//无触摸点按下
    {
        if(tp_dev.sta&TP_PRES_DOWN)//之前是被按下的
        {
            tp_dev.sta& = ~(1<<7);//标记按键松开
        }else//之前就没有被按下
        {
            tp_dev.x[0] = 0xffff;
            tp_dev.y[0] = 0xffff;
            tp_dev.sta& = 0XE0;//清除点有效标记
        }
    }
    if(t>240)t = 10;//重新从 10 开始计数
    return res;
}
```

以上代码中,GT9147_Init 用于初始化 GT9147,读过读取 0X8140～0X8143 这 4 个寄存器,并判断是否是"9147"来确定是不是 GT9147 芯片;在读取到正确的 ID 后,软复位 GT9147,然后根据当前芯片版本号确定是否需要更新配置。通过 GT9147_Send_Cfg 函数发送配置信息(一个数组),配置完后结束软复位,即完成 GT9147 初始化。GT9147_Scan 函数用于读取触摸屏坐标数据,这个和前面的 OTT2001A_Scan 大同小异。

最后打开 main.c 文件,这里仅介绍 3 个重要的函数:

```c
//5 个触控点的颜色(电容触摸屏用)
const u16 POINT_COLOR_TBL[5] = {RED,GREEN,BLUE,BROWN,GRED};
//电阻触摸屏测试函数
void rtp_test(void)
{
    u8 key; u8 i = 0;
    while(1)
    {
        key = KEY_Scan(0);
        tp_dev.scan(0);
        if(tp_dev.sta&TP_PRES_DOWN)                //触摸屏被按下
        {
            if(tp_dev.x[0]<lcddev.width&&tp_dev.y[0]<lcddev.height)
            {
                if(tp_dev.x[0]>(lcddev.width-24)&&tp_dev.y[0]<16)Load_Drow_Dialog();
                else TP_Draw_Big_Point(tp_dev.x[0],tp_dev.y[0],RED);//画图
            }
        }else delay_ms(10);//没有按键按下的时候
        if(key == KEY0_PRES)//KEY0 按下,则执行校准程序
        {
            LCD_Clear(WHITE);//清屏
```

```c
            TP_Adjust();    //屏幕校准
            Load_Drow_Dialog();
        }
        i++;
        if(i%20==0)LED0=!LED0;
    }
}
//电容触摸屏测试函数
void ctp_test(void)
{
    u8 t=0; u8 i=0;
    u16 lastpos[5][2];                          //最后一次的数据
    while(1)
    {
        tp_dev.scan(0);
        for(t=0;t<CT_MAX_TOUCH;t++)
        {
            if((tp_dev.sta)&(1<<t))
            {
                if(tp_dev.x[t]<lcddev.width&&tp_dev.y[t]<lcddev.height)
                {
                    if(lastpos[t][0]==0XFFFF)
                    {
                        lastpos[t][0] = tp_dev.x[t];
                        lastpos[t][1] = tp_dev.y[t];
                    }
                    lcd_draw_bline(lastpos[t][0],lastpos[t][1],tp_dev.x[t],tp_dev.y[t],2,
                                                    POINT_COLOR_TBL[t]);//画线
                    lastpos[t][0] = tp_dev.x[t];
                    lastpos[t][1] = tp_dev.y[t];
                    if(tp_dev.x[t]>(lcddev.width-24)&&tp_dev.y[t]<16)
                    {
                        Load_Drow_Dialog();//清除
                    }
                }
            }else lastpos[t][0]=0XFFFF;
        }
        delay_ms(5);i++;
        if(i%20==0)LED0=!LED0;
    }
}
int main(void)
{
    delay_init();           //延时函数初始化
    NVIC_PriorityGroupConfig(NVIC_PriorityGroup_2);//设置中断优先级分组为组2
    uart_init(115200);                      //串口初始化为115200
    LED_Init();                             //初始化与LED连接的硬件接口
    LCD_Init();                             //初始化LCD
    KEY_Init();                             //按键初始化
    tp_dev.init();                          //触摸屏初始化
    LCD_ShowString(30,70,200,16,16,"TOUCH TEST");
```

```
//…此处省略部分非关键代码
if(tp_dev.touchtype&0X80 == 0)//仅电阻屏显示校准提示信息,电容屏不提示
LCD_ShowString(30,130,200,16,16,"Press KEY0 to Adjust");
delay_ms(1500);
Load_Drow_Dialog();
if(tp_dev.touchtype&0X80)ctp_test();        //电容屏测试
else rtp_test();                            //电阻屏测试
}
```

rtp_test 函数用于电阻触摸屏的测试。该函数代码比较简单,就是扫描按键和触摸屏,如果触摸屏有按下,则在触摸屏上面划线;如果按中 RST 区域,则执行清屏。如果按键 KEY0 按下,则执行触摸屏校准。

ctp_test 函数用于电容触摸屏的测试。由于我们采用 tp_dev.sta 来标记当前按下的触摸屏点数,所以判断是否有电容触摸屏按下,也就是判断 tp_dev.sta 的最低 5 位,如果有数据,则划线;如果没数据则忽略,且 5 个点划线的颜色各不一样,方便区分。另外,电容触摸屏不需要校准,所以没有校准程序。

main 函数比较简单,初始化相关外设,然后根据触摸屏类型选择执行 ctp_test 还是 rtp_test。

27.4 下载验证

编译成功之后,下载代码到 ALIENTEK 战舰 STM32F103 上,电阻触摸屏测试如图 27.4.1 所示界面。图中我们在电阻屏上画了一些内容,右上角的 RST 可以用来清屏,单击该区域即可清屏重画。另外,按 KEY0 可以进入校准模式,如果发现触摸屏不准,则可以按 KEY0 进入校准,重新校准一下即可正常使用。

如果是电容触摸屏,测试界面如图 27.4.2 所示。图中同样输入了一些内容。电容屏支持多点触摸,每个点的颜色都不一样,图中的波浪线就是 3 点触摸画出来的,最多可以 5 点触摸。注意:电容触摸屏支持 ALIENTEK 4.3 寸电容触摸屏模块或者 ALIENTEK 新款 7 寸电容触摸屏模块(SSD1963+FT5206 方案),老款的 7 寸电容触摸屏模块(CPLD+GT811 方案)本例程不支持!

同样,单击右上角的 RST 标志可以清屏。电容屏无须校准,所以按 KEY0 无效,KEY0 校准仅对电阻屏有效。

第 27 章 触摸屏实验

图 27.4.1 电阻触摸屏测试程序运行效果

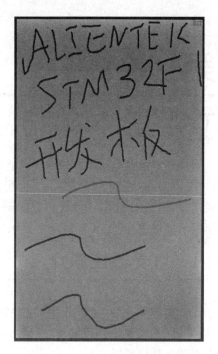

图 27.4.2 电容触摸屏测试界面

第 28 章

红外遥控实验

ALIENTK 战舰 STM32F103 标配了红外接收头和一个很小巧的红外遥控器。本章利用 STM32F1 的输入捕获功能解码开发板标配的这个红外遥控器的编码信号,并将解码后的键值 TFTLCD 模块上显示出来。

28.1 红外遥控简介

红外遥控是一种无线、非接触控制技术,具有抗干扰能力强、信息传输可靠、功耗低、成本低、易实现等显著优点,被诸多电子设备特别是家用电器广泛采用,并越来越多地应用到计算机系统中。

由于红外线遥控不具有像无线电遥控那样穿过障碍物去控制被控对象的能力,所以,在设计红外线遥控器时,不必像无线电遥控器那样,每套(发射器和接收器)要有不同的遥控频率或编码(否则就会隔墙控制或干扰邻居的家用电器),所以同类产品的红外线遥控器可以有相同的遥控频率或编码,而不会出现遥控信号"串门"的情况。这对于大批量生产以及在家用电器上普及红外线遥控提供了极大的方面。由于红外线为不可见光,因此对环境影响很小。而且红外光波长远小于无线电波的波长,所以红外线遥控不会影响其他家用电器,也不会影响临近的无线电设备。

红外遥控的编码目前广泛使用的是 NEC Protocol 的 PWM(脉冲宽度调制)和 Philips RC-5 Protocol 的 PPM(脉冲位置调制)。ALIENTEK 战舰 STM32 开发板配套的遥控器使用的是 NEC 协议,其特征如下:

① 8 位地址和 8 位指令长度;
② 地址和命令 2 次传输(确保可靠性);
③ PWM 脉冲位置调制,以发射红外载波的占空比代表"0"和"1";
④ 载波频率为 38 kHz;
⑤ 位时间为 1.125 ms 或 2.25 ms。

NEC 码的位定义:一个脉冲对应 560 μs 的连续载波,一个逻辑 1 传输需要 2.25 ms(560 μs 脉冲+1680 μs 低电平),一个逻辑 0 的传输需要 1.125 ms(560 μs 脉冲+560 μs 低电平)。而遥控接收头在收到脉冲的时候为低电平,在没有脉冲的时候为高电平,这样,我们在接收头端收到的信号为:逻辑 1 应该是 560 μs 低+1680 μs 高,逻辑 0 应该是 560 μs 低+560 μs 高。

第 28 章 红外遥控实验

NEC 遥控指令的数据格式为：同步码头、地址码、地址反码、控制码、控制反码。同步码由一个 9 ms 的低电平和一个 4.5 ms 的高电平组成，地址码、地址反码、控制码、控制反码均是 8 位数据格式。按照低位在前，高位在后的顺序发送。采用反码是为了增加传输的可靠性（可用于校验）。

遥控器的按键"▽"按下时，从红外接收头端收到的波形如图 28.1.1 所示。可以看到，其地址码为 0，控制码为 168。可以看到，在 100 ms 之后还收到了几个脉冲，这是 NEC 码规定的连发码（由 9 ms 低电平＋2.5 ms 高电平＋0.56 ms 低电平＋97.94 ms 高电平组成）。如果在一帧数据发送完毕之后按键仍然没有放开，则发射重复码，即连发码，可以通过统计连发码的次数来标记按键按下的长短/次数。

图 28.1.1 按键"▽"所对应的红外波形

第 14 章曾经介绍过利用输入捕获来测量高电平的脉宽，本章刚好可以利用输入捕获的这个功能来实现遥控解码。

28.2 硬件设计

本实验采用定时器的输入捕获功能实现红外解码，实验功能简介：首先开机，在 LCD 上显示一些信息之后即进入等待红外触发，如果接收到正确的红外信号，则解码，并在 LCD 上显示键值、所代表的意义以及按键次数等信息。用 LED0 来指示程序正在运行。

所要用到的硬件资源如下：指示灯 DS0、TFTLCD 模块（带触摸屏）、红外接收头、红外遥控器。前两个在之前的实例已经介绍过了，遥控器属于外部器件，遥控接收头在板子上，与 MCU 的连接原理图如 28.2.1 所示。

红外遥控接收头连接在 STM32 的 PB9（TIM4_CH4）上。硬件上不需要变动，只要程序将 TIM4_CH4 设计为输入捕获，然后将收到的脉冲信号解码就可以了。开发板配套的红外遥控器外观如图 28.2.2 所示。

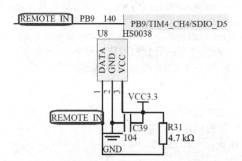

图 28.2.1 红外遥控接收头与 STM32 的连接电路图

图 28.2.2 红外遥控器

28.3 软件设计

打开本书配套资料的红外遥控器实验工程,可以看到我们添加了 remote.c 和 remote.h 两个文件,同时因为我们使用的是输入捕获,所以还用到库函数 stm32f10x_tim.c 和头文件 stm32f10x_tim.h。

打开 remote.c 文件,关键代码如下:

```c
//红外遥控初始化
//设置 IO 以及定时器 4 的输入捕获
void Remote_Init(void)
{
    GPIO_InitTypeDef GPIO_InitStructure;
    NVIC_InitTypeDef NVIC_InitStructure;
    TIM_TimeBaseInitTypeDef  TIM_TimeBaseStructure;
    TIM_ICInitTypeDef  TIM_ICInitStructure;
    RCC_APB2PeriphClockCmd(RCC_APB2Periph_GPIOB,ENABLE);    //使能 PORTB 时钟
    RCC_APB1PeriphClockCmd(RCC_APB1Periph_TIM4,ENABLE);     //TIM4 时钟使能
    GPIO_InitStructure.GPIO_Pin = GPIO_Pin_9;               //PB9 输入
    GPIO_InitStructure.GPIO_Mode = GPIO_Mode_IPD;           //上拉输入
    GPIO_InitStructure.GPIO_Speed = GPIO_Speed_50MHz;
    GPIO_Init(GPIOB,&GPIO_InitStructure);                   //初始化 GPIOB.9
    GPIO_SetBits(GPIOB,GPIO_Pin_9);                         //GPIOB.9 输出高
    TIM_TimeBaseStructure.TIM_Period = 10000;   //设定计数器自动重装值最大 10 ms 溢出
    TIM_TimeBaseStructure.TIM_Prescaler =(72-1);   //预分频器,1M 的计数频率,1 us
    TIM_TimeBaseStructure.TIM_ClockDivision = TIM_CKD_DIV1; //设置时钟分割
    TIM_TimeBaseStructure.TIM_CounterMode = TIM_CounterMode_Up;
                                                            //TIM 向上计数模式
    TIM_TimeBaseInit(TIM4,&TIM_TimeBaseStructure);  //根据指定的参数初始化 TIMx
    TIM_ICInitStructure.TIM_Channel = TIM_Channel_4;    //选择输入 IC4 映射到 TI4 上
    TIM_ICInitStructure.TIM_ICPolarity = TIM_ICPolarity_Rising;//上升沿捕获
    TIM_ICInitStructure.TIM_ICSelection = TIM_ICSelection_DirectTI;
    TIM_ICInitStructure.TIM_ICPrescaler = TIM_ICPSC_DIV1;   //配置输入分频,不分频
    TIM_ICInitStructure.TIM_ICFilter = 0x03;//IC4F=0011 8 个定时器时钟周期滤波
    TIM_ICInit(TIM4,&TIM_ICInitStructure);//初始化定时器输入捕获通道
    TIM_Cmd(TIM4,ENABLE);                                   //使能定时器 4
    NVIC_InitStructure.NVIC_IRQChannel = TIM4_IRQn;         //TIM3 中断
    NVIC_InitStructure.NVIC_IRQChannelPreemptionPriority = 1;//先占优先级 0 级
    NVIC_InitStructure.NVIC_IRQChannelSubPriority = 3;      //从优先级 3 级
    NVIC_InitStructure.NVIC_IRQChannelCmd = ENABLE;         //IRQ 通道被使能
    NVIC_Init(&NVIC_InitStructure);   //根据指定的参数初始化外设 NVIC 寄存器
    TIM_ITConfig(TIM4,TIM_IT_Update|TIM_IT_CC4,ENABLE);//允许更新中断
//允许 CC4IE 捕获中断
}
//遥控器接收状态
//[7]:收到了引导码标志;[6]:得到了一个按键的所有信息
//[5]:保留;[4]:标记上升沿是否已经被捕获;[3:0]:溢出计时器
u8 RmtSta = 0;
u16 Dval;//下降沿时计数器的值
```

第28章 红外遥控实验

```
u32 RmtRec = 0;//红外接收到的数据
u8  RmtCnt = 0;//按键按下的次数
void TIM4_IRQHandler(void)         //定时器2中断服务程序
{
    if(TIM_GetITStatus(TIM4,TIM_IT_Update)!= RESET)
    {
        if(RmtSta&0x80)//上次有数据被接收到了
        {   RmtSta& = ~0X10;//取消上升沿已经被捕获标记
            if((RmtSta&0X0F) == 0X00)RmtSta| = 1<<6;  //标记已经完成一次键值信息采集
            if((RmtSta&0X0F)<14)RmtSta ++ ;
            else
            {   RmtSta& = ~(1<<7);//清空引导标识
                RmtSta& = 0XF0;//清空计数器
            }
        }
    }
    if(TIM_GetITStatus(TIM4,TIM_IT_CC4)!= RESET)
    {
        if(RDATA)//上升沿捕获
        {   TIM_OC4PolarityConfig(TIM4,TIM_ICPolarity_Falling);//下降沿捕获
            TIM_SetCounter(TIM4,0);                            //清空定时器值
            RmtSta| = 0X10;              //标记上升沿已经被捕获
        }else   //下降沿捕获
        {
            Dval = TIM_GetCapture4(TIM4);   //读取CCR1 也可以清CC1IF标志位
            TIM_OC4PolarityConfig(TIM4,TIM_ICPolarity_Rising);  //上升沿捕获

            if(RmtSta&0X10)   //完成一次高电平捕获
            {
                if(RmtSta&0X80)//接收到了引导码
                {
                    if(Dval>300&&Dval<800)//560 为标准值,560 us
                    {
                        RmtRec<< = 1;//左移一位
                        RmtRec| = 0;//接收到 0
                    }else if(Dval>1400&&Dval<1800)//1680 为标准值,1 680 us
                    {
                        RmtRec<< = 1;//左移一位
                        RmtRec| = 1;//接收到 1
                    }else if(Dval>2200&&Dval<2600)//得到按键键值增加的信息
                                                  //2500 为标准值 2.5 ms
                    {
                        RmtCnt ++ ;    //按键次数增加 1 次
                        RmtSta& = 0XF0;//清空计时器
                    }
                }else if(Dval>4200&&Dval<4700)//4500 为标准值 4.5 ms
                {
                    RmtSta| = 1<<7;//标记成功接收到了引导码
                    RmtCnt = 0;//清除按键次数计数器
                }
```

```c
            }
            RmtSta&=~(1<<4);
        }
    }
    TIM_ClearITPendingBit(TIM4,TIM_IT_Update|TIM_IT_CC4);
}
//处理红外键盘
//返回值:0,没有任何按键按下,其他,按下的按键键值
u8 Remote_Scan(void)
{
    u8 sta = 0,t1,t2;
    if(RmtSta&(1<<6))//得到一个按键的所有信息了
    {
        t1 = RmtRec>>24;//得到地址码
        t2 = (RmtRec>>16)&0xff;//得到地址反码
        if((t1 == (u8)~t2)&&t1 == REMOTE_ID)//检验遥控识别码(ID)及地址
        {
            t1 = RmtRec>>8;
            t2 = RmtRec;
            if(t1 == (u8)~t2)sta = t1;//键值正确
        }
        if((sta == 0)||((RmtSta&0X80) == 0))//按键数据错误/遥控已经没有按下了
        {
            RmtSta&=~(1<<6);//清除接收到有效按键标识
            RmtCnt = 0;//清除按键次数计数器
        }
    }
    return sta;
}
```

该部分代码包含 3 个函数,首先是 Remote_Init 函数,用于初始化 I/O 口,并配置 TIM4_CH4 为输入捕获,同时设置其相关参数,这里的配置跟输入捕获实验的配置基本接近,可以参考输入捕获实验的讲解。TIM4_IRQHandler 函数是 TIM4 的中断服务函数,在该函数里面实现对红外信号的高电平脉冲的捕获,同时根据之前简介的协议内容来解码。该函数用到几个全局变量,用于辅助解码,并存储解码结果。

高电平捕获思路:首先输入捕获设置的是捕获上升沿,在上升沿捕获到以后立即设置输入捕获模式为捕获下降沿(以便捕获本次高电平),然后,清零定时器的计数器值并标记捕获到上升沿。当下降沿到来时,再次进入捕获中断服务函数,立即更改输入捕获模式为捕获上升沿(以便捕获下一次高电平),然后处理此次捕获到的高电平。

最后是 Remote_Scan 函数,用来扫描解码结果,相当于按键扫描,输入捕获解码的红外数据通过该函数传送给其他程序。

接下来打开 remote.h,该文件代码比较简单,宏定义的标识符 REMOTE_ID 就是开发板配套的遥控器的识别码;对于其他遥控器可能不一样,只要修改为使用的遥控器就可以了。下面看看 main.c 里面主函数代码:

```c
int main(void)
{
```

```
u8 key,t = 0, * str = 0;
delay_init();                           //延时函数初始化
NVIC_PriorityGroupConfig(NVIC_PriorityGroup_2);//设置中断优先级分组为组 2
uart_init(115200);                      //串口初始化为 115 200
LED_Init();                             //LED 端口初始化
LCD_Init();
KEY_Init();
Remote_Init();//红外接收初始化
//…此处省略部分液晶显示代码
while(1)
{
    key = Remote_Scan();
    if(key)
    {
        LCD_ShowNum(86,130,key,3,16);//显示键值
        LCD_ShowNum(86,150,RmtCnt,3,16);   //显示按键次数
        switch(key)
        {
            case 0:str = "ERROR";break;
            case 162:str = "POWER";break;
            //…此处省略部分代码
            case 66:str = "0";break;
            case 82:str = "DELETE";break;
        }
        LCD_Fill(86,170,116 + 8 * 8,170 + 16,WHITE);//清楚之前的显示
        LCD_ShowString(86,170,200,16,16,str);//显示 SYMBOL
    }else delay_ms(10);
    t ++ ;
    if(t == 20)
    {
        t = 0;LED0 = ! LED0;
    }
}
```

main 函数代码比较简单,主要是通过 Remote_Scan 函数获得红外遥控输入的数据(键值),然后显示在 LCD 上面。至此,我们的软件设计部分就结束了。

28.4 下载验证

编译成功之后,下载代码到 ALIENTEK 战舰 STM32F103 上可以看到,LCD 显示如图 28.4.1 所示的内容。此时通过遥控器按下不同的按键,则可以看到 LCD 上显示了不同按键的键值以及按键次数和对应的遥控器上的符号,如图 28.4.2 所示。

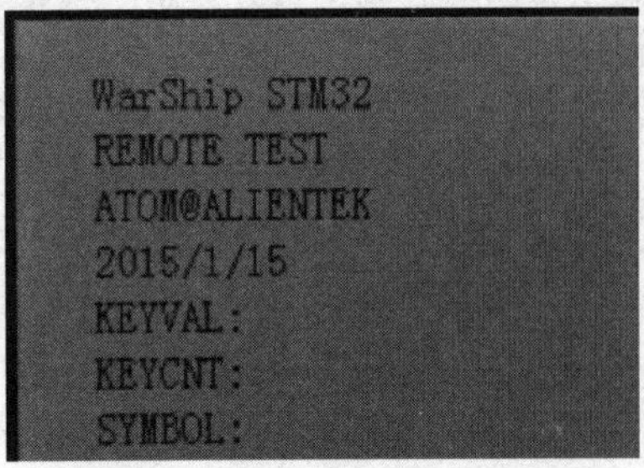

图 28.4.1　程序运行效果图 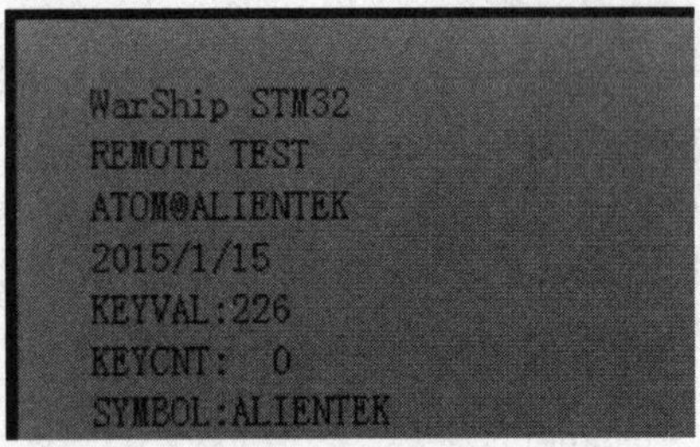　　　　图 28.4.2　解码成功

第 29 章

DS18B20 数字温度传感器实验

虽然 STM32 内部自带了温度传感器,但是因为芯片温升较大等问题,与实际温度差别较大,所以,本章将介绍如何通过 STM32 来读取外部数字温度传感器的温度,从而得到较为准确的环境温度。本章将学习使用单总线技术来实现 STM32 和外部温度传感器(DS18B20)的通信,并把从温度传感器得到的温度显示在 TFTLCD 模块上。

29.1 DS18B20 简介

DS18B20 是由 DALLAS 半导体公司推出的"一线总线"接口的温度传感器。与传统的热敏电阻等测温元件相比,它是一种新型的体积小、适用电压宽、与微处理器接口简单的数字化温度传感器。一线总线结构具有简洁且经济的特点,可使用户轻松地组建传感器网络,从而为测量系统的构建引入全新概念,测量温度范围为-55~+125℃,精度为±0.5℃。现场温度直接以"一线总线"的数字方式传输,大大提高了系统的抗干扰性。它能直接读出被测温度,并且可根据实际要求通过简单的编程实现 9~12 位的数字值读数方式。它工作在 3~5.5 V 的电压范围,采用多种封装形式,从而使系统设计灵活、方便,设定分辨率及用户设定的报警温度存储在 EEPROM 中,掉电后依然保存。其内部结构如图 29.1.1 所示。

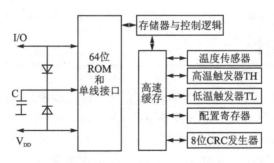

图 29.1.1 DS18B20 内部结构图

ROM 中的 64 位序列号是出厂前标记好的,可以看作该 DS18B20 的地址序列码,每 DS18B20 的 64 位序列号均不相同。64 位 ROM 的排列是:前 8 位是产品家族码,接着 48 位是 DS18B20 的序列号,最后 8 位是前面 56 位的循环冗余校验码(CRC=X8+X5+X4+1)。ROM 作用是使每一个 DS18B20 都各不相同,这样就可实现一根总线上挂接多个。

所有的单总线器件要求采用严格的信号时序,以保证数据的完整性。DS18B20共有6种信号类型:复位脉冲、应答脉冲、写0、写1、读0和读1。所有这些信号,除了应答脉冲以外,都由主机发出同步信号,并且发送所有的命令和数据都是字节的低位在前。这里简单介绍这几个信号的时序:

(1) 复位脉冲和应答脉冲

单总线上的所有通信都是以初始化序列开始。主机输出低电平,保持低电平时间至少480 μs,以产生复位脉冲。接着主机释放总线,4.7 kΩ的上拉电阻将单总线拉高,延时15~60 μs,并进入接收模式(Rx)。接着DS18B20拉低总线60~240 μs,以产生低电平应答脉冲,若为低电平,再延时480 μs。

(2) 写时序

写时序包括写0时序和写1时序。所有写时序至少需要60 μs,且在2次独立的写时序之间至少需要1 μs的恢复时间,两种写时序均起始于主机拉低总线。写1时序:主机输出低电平,延时2 μs,然后释放总线,延时60 μs。写0时序:主机输出低电平,延时60 μs,然后释放总线,延时2 μs。

(3) 读时序

单总线器件仅在主机发出读时序时才向主机传输数据,所以,在主机发出读数据命令后,必须马上产生读时序,以便从机能够传输数据。所有读时序至少需要60 μs,且在2次独立的读时序之间至少需要1 μs的恢复时间。每个读时序都由主机发起,至少拉低总线1 μs。主机在读时序期间必须释放总线,并且在时序起始后的15 μs之内采样总线状态。典型的读时序过程为:主机输出低电平延时2 μs,然后主机转入输入模式延时12 μs,然后读取单总线当前的电平,然后延时50 μs。

了解了单总线时序之后再来看看DS18B20的典型温度读取过程:复位→发SKIP ROM命令(0XCC)→发开始转换命令(0X44)→延时→复位→发送SKIP ROM命令(0XCC)→发读存储器命令(0XBE)→连续读出两个字节数据(即温度)→结束。

29.2 硬件设计

由于开发板上标准配置是没有DS18B20这个传感器的,只有接口,所以要做本章的实验,就必须找一个DS18B20插在预留的DS18B20接口上。

本章实验功能简介:开机的时候先检测是否有DS18B20存在,如果没有,则提示错误。只有在检测到DS18B20之后才开始读取温度并显示在LCD上,如果发现了DS18B20,则程序每隔100 ms左右读取一次数据,并把温度显示在LCD上。同样,用DS0来指示程序正在运行。

所要用到的硬件资源如下:指示灯DS0、TFTLCD模块、DS18B20接口、DS18B20温度传感器。前两部分在之前的实例已经介绍过了,而DS18B20温度传感器属于外部器件(板上没有直接焊接),这里也不介绍。本章仅介绍DS18B20接口和STM32的连

第 29 章　DS18B20 数字温度传感器实验

接电路,如图 29.2.1 所示。可以看出,我们使用的是 STM32 的 PG11 来连接 U13 的 DQ 引脚,图中 U13 为 DHT11(数字温湿度传感器)和 DS18B20 共用的一个接口。

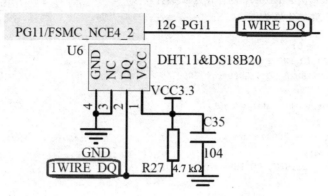

图 29.2.1　DS18B20 接口与 STM32 的连接电路图

DS18B20 只用到 U6 的 3 个引脚(U6 的 1、2 和 3 脚),将 DS18B20 传感器插入到这个上面就可以通过 STM32 来读取 DS18B20 的温度了。连接示意图如图 29.2.2 所示。可以看出,DS18B20 的平面部分(有字的那面)应该朝内,而曲面部分朝外。然后插入如图 29.2.2 所示的 3 个孔内。

图 29.2.2　DS18B20 连接示意图

29.3　软件设计

打开我们的 DS18B20 数字温度传感器实验工程可以看到,我们添加了 ds18b20.c 文件以及其头文件 ds18b20.h 文件,所有 ds18b20 驱动代码和相关定义都分布在这两个文件中。

打开 ds18b20.c,该文件关键代码如下:

```
//复位 DS18B20
void DS18B20_Rst(void)
{
    DS18B20_IO_OUT();           //SET PA0 OUTPUT
    DS18B20_DQ_OUT = 0;         //拉低 DQ
    delay_us(750);              //拉低 750 us
    DS18B20_DQ_OUT = 1;         //DQ = 1
    delay_us(15);               //15US
```

```c
}
//等待 DS18B20 的回应
//返回 1:未检测到 DS18B20 的存在返回 0:存在
u8 DS18B20_Check(void)
{
    u8 retry = 0;
    DS18B20_IO_IN();//SET PA0 INPUT
    while(DS18B20_DQ_IN&&retry<200)
    {
        retry++; delay_us(1);
    };
    if(retry>=200)return 1;
    else retry = 0;
    while(!DS18B20_DQ_IN&&retry<240)
    {
        retry++; delay_us(1);
    };
    if(retry>=240)return 1;
    return 0;
}
//从 DS18B20 读取一个位
//返回值:1/0
u8 DS18B20_Read_Bit(void) // read one bit
{
    u8 data;
    DS18B20_IO_OUT();//SET PA0 OUTPUT
    DS18B20_DQ_OUT = 0;
    delay_us(2);
    DS18B20_DQ_OUT = 1;
    DS18B20_IO_IN();//SET PA0 INPUT
    delay_us(12);
    if(DS18B20_DQ_IN)data = 1;
    else data = 0;
    delay_us(50);
    return data;
}
//从 DS18B20 读取一个字节
//返回值:读到的数据
u8 DS18B20_Read_Byte(void)    // read one byte
{
    u8 i,j,dat;
    dat = 0;
    for (i = 1;i<=8;i++)
    {
        j = DS18B20_Read_Bit();
        dat = (j<<7)|(dat>>1);
    }
    return dat;
}
//写一个字节到 DS18B20
//dat:要写入的字节
```

```
void DS18B20_Write_Byte(u8 dat)
{
    u8 j,testb;
    DS18B20_IO_OUT();//SET PA0 OUTPUT;
    for(j = 1;j<= 8;j++)
    {
        testb = dat&0x01;
        dat = dat>>1;
        if(testb)
        {    DS18B20_DQ_OUT = 0;// Write 1
            delay_us(2);
            DS18B20_DQ_OUT = 1; delay_us(60);
        }
        else
        {    DS18B20_DQ_OUT = 0; delay_us(60);    // Write 0

            DS18B20_DQ_OUT = 1; delay_us(2);
        }
    }
}
//开始温度转换
void DS18B20_Start(void)// ds1820 start convert
{   DS18B20_Rst();
    DS18B20_Check();
    DS18B20_Write_Byte(0xcc);//skip rom
    DS18B20_Write_Byte(0x44);//convert
}
//初始化DS18B20的IO口DQ同时检测DS的存在
//返回1:不存在  返回0:存在
u8 DS18B20_Init(void)
{
    GPIO_InitTypeDef  GPIO_InitStructure;
    RCC_APB2PeriphClockCmd(RCC_APB2Periph_GPIOG, ENABLE);     //使能PG口时钟
    GPIO_InitStructure.GPIO_Pin = GPIO_Pin_11;                //PORTG.11 推挽输出
    GPIO_InitStructure.GPIO_Mode = GPIO_Mode_Out_PP;          //推挽输出
    GPIO_InitStructure.GPIO_Speed = GPIO_Speed_50MHz;
    GPIO_Init(GPIOG,&GPIO_InitStructure);                     //初始化GPIO
    GPIO_SetBits(GPIOG,GPIO_Pin_11);                          //输出1
    DS18B20_Rst();
    return DS18B20_Check();
}
//从ds18b20得到温度值   精度:0.1C
//返回值:温度值(-550~1250)
short DS18B20_Get_Temp(void)
{
    u8 temp;
    u8 TL,TH;
    short tem;
    DS18B20_Start ();                        //ds1820 start convert
    DS18B20_Rst();
    DS18B20_Check();
```

```c
            DS18B20_Write_Byte(0xcc);//skip rom
            DS18B20_Write_Byte(0xbe);//convert
            TL = DS18B20_Read_Byte();//LSB
            TH = DS18B20_Read_Byte();//MSB
            if(TH>7)
            {
                TH = ~TH;TL = ~TL;
                temp = 0;        //温度为负
            }else temp = 1;      //温度为正
            tem = TH;            //获得高八位
            tem<< = 8;
            tem + = TL;          //获得低 8 位
            tem = (float)tem * 0.625;  //转换
            if(temp)return tem;  //返回温度值
            else return - tem;
        }
```

该部分代码就是根据前面介绍的单总线操作时序来读取 DS18B20 温度值的。DS18B20 的温度通过 DS18B20_Get_Temp 函数读取,返回值为带符号的短整形数据,返回值的范围为-550~1 250,其实就是温度值扩大了 10 倍。

然后打开 ds18b20.h,该文件下面主要是一些 I/O 口位带操作定义以及函数申明。最后打开 main.c,该文件代码如下:

```c
        int main(void)
        {
            u8 t = 0;
            short temperature;
            delay_init();        //延时函数初始化
            NVIC_PriorityGroupConfig(NVIC_PriorityGroup_2);//设置中断优先级分组为组 2
            uart_init(115200);//串口初始化为 115 200
            LED_Init();    //初始化与 LED 连接的硬件接口
            LCD_Init();    //初始化 LCD
            //…省略部分液晶显示代码
            while(DS18B20_Init())//DS18B20 初始化
            {
                LCD_ShowString(30,130,200,16,16,"DS18B20 Error");
                delay_ms(200);
                LCD_Fill(30,130,239,130 + 16,WHITE);
                delay_ms(200);
            }
            LCD_ShowString(30,130,200,16,16,"DS18B20 OK");
            POINT_COLOR = BLUE;//设置字体为蓝色
            LCD_ShowString(30,150,200,16,16,"Temp:   .C");
            while(1)
            {
                if(t%10 == 0)//每 100ms 读取一次
                {   temperature = DS18B20_Get_Temp();
                    if(temperature<0)
                    {
                        LCD_ShowChar(30 + 40,150,'-',16,0);//显示负号
                        temperature = - temperature;//转为正数
```

```
            }else LCD_ShowChar(30 + 40,150,~~,16,0);//去掉负号
            LCD_ShowNum(30 + 40 + 8,150,temperature/10,2,16);//显示正数部分
            LCD_ShowNum(30 + 40 + 32,150,temperature%10,1,16);//显示小数部分
        }
        delay_ms(10);t++;
        if(t==20)
        {   t=0;LED0=!LED0;
        }
    }
}
```

主函数代码很简单,一系列初始化之后就是每 100 ms 读取一次 DS18B20 的值,然后转化为温度后显示在 LCD 上。至此,本章的软件设计就结束了。

29.4 下载验证

编译成功之后,下载代码到 ALIENTEK 战舰 STM32 开发板上,可以看到 LCD 显示开始显示当前的温度值(假定 DS18B20 已经接上去了),如图 29.4.1 所示。该程序还可以读取并显示负温度值,具备条件的读者可以测试一下。

图 29.4.1 DS18B20 读取到的温度值

第 30 章

6 轴传感器 MPU6050 实验

本章介绍一款 6 轴(3 轴加速度+3 轴角速度(陀螺仪))传感器:MPU6050,该传感器广泛用于 4 轴、平衡车和空中鼠标等设计,具有非常广泛的应用范围。ALIENTEK 战舰 STM32F1 开发板本身并不带 MPU6050 传感器,但是可以通过 ATK MODULE 接口外扩 ATK-MPU6050 模块来实现本例程。

本章将使用 STM32F1 来驱动 MPU6050,读取原始数据,并利用其自带的 DMP 实现姿态解算,结合匿名 4 轴上位机软件和 LCD 显示,教读者如何使用这款功能强大的 6 轴传感器。

30.1 MPU6050 简介

30.1.1 MPU6050 基础介绍

MPU6050 是 InvenSense 公司推出的整合性 6 轴运动处理组件,相较于多组件方案,不需要分别安装加速度和陀螺仪芯片,减少了安装空间。MPU6050 内部整合了 3 轴陀螺仪和 3 轴加速度传感器,并且含有一个第二 IIC 接口,可用于连接外部磁力传感器,并利用自带的数字运动处理器(DMP,Digital Motion Processor)硬件加速引擎,通过主 IIC 接口向应用端输出完整的 9 轴融合演算数据。有了 DMP 就可以使用 InvenSense 公司提供的运动处理资料库,非常方便地实现姿态解算,降低了运动处理运算对操作系统的负荷,同时大大降低了开发难度。

MPU6050 的特点包括:

① 以数字形式输出 6 轴或 9 轴(需外接磁传感器)的旋转矩阵、四元数(quaternion)、欧拉角格式(Euler Angle forma)的融合演算数据(需 DMP 支持);

② 具有 131 LSB/(°/s)敏感度与全格感测范围为±250、±500、±1 000 与±2 000°/s 的 3 轴角速度感测器(陀螺仪);

③ 集成可程序控制,范围为±2g、±4g、±8g 和±16g 的 3 轴加速度传感器;

④ 移除加速器与陀螺仪轴间敏感度,降低设定给予的影响与感测器的飘移;

⑤ 自带数字运动处理(DMP,Digital Motion Processing)引擎可减少 MCU 复杂的融合演算数据、感测器同步化、姿势感应等的负荷;

⑥ 内建运作时间偏差与磁力感测器校正演算技术,免除了客户须另外进行校正的

需求;
⑦ 自带一个数字温度传感器;
⑧ 带数字输入同步引脚(Sync pin),支持视频电子影相稳定技术与 GPS;
⑨ 可程序控制的中断(interrupt),支持姿势识别、摇摄、画面放大缩小、滚动、快速下降中断、high - G 中断、零动作感应、触击感应、摇动感应功能;
⑩ VDD 供电电压为 2.5(1±5%)V、3.0(1±5%)V、3.3(1±5%)V;VLOGIC 可低至 1.8(1±5%)V;
⑪ 陀螺仪工作电流:5 mA,陀螺仪待机电流:5 μA;加速器工作电流:500 μA,加速器省电模式电流:40 μA@10 Hz;
⑫ 自带 1 024 字节 FIFO,有助于降低系统功耗;
⑬ 高达 400 kHz 的 IIC 通信接口;
⑭ 超小封装尺寸:4×4×0.9 mm(QFN)。

MPU6050 传感器的检测轴如图 30.1.1 所示。MPU6050 的内部框图如图 30.1.2 所示。其中,SCL 和 SDA 是连接 MCU 的 IIC 接口,MCU 通过这个 IIC 接口来控制 MPU6050。另外还有一个 IIC 接口:AUX_CL 和 AUX_DA,这个接口可用来连接外部从设备,比如磁传感器,这样就可以组成一个 9 轴传感器。VLOGIC 是 I/O 口电压,该引脚最低可以到 1.8 V,一般直接接 VDD 即可。AD0 是从 IIC 接口(接 MCU)的地址控制引脚,该引脚控制 IIC 地址的最低位。如果接 GND,则 MPU6050 的 IIC 地址是 0X68;如果接 VDD,则是 0X69。注意:这里的地址不包含数据传输的最低位(最低位用来表示读/写)!

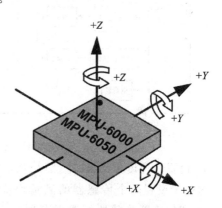

图 30.1.1　MPU6050 检测轴及其方向

战舰 STM32F1 开发板通过 PA15 控制 ATK－MPU6050 模块 AD0 接 GND,因而选择 MPU6050 的 IIC 地址是 0X68(不含最低位),IIC 通信的时序参见第 23 章。

接下来介绍利用 STM32F1 读取 MPU6050 的加速度和角度传感器数据(非中断方式)需要哪些初始化步骤:

1) 初始化 IIC 接口

MPU6050 采用 IIC 与 STM32F1 通信,所以需要先初始化与 MPU6050 连接的 SDA 和 SCL 数据线。

2) 复位 MPU6050

这一步让 MPU6050 内部所有寄存器恢复默认值,这里通过对电源管理寄存器 1 (0X6B)的 bit7 写 1 实现。复位后,电源管理寄存器 1 恢复默认值(0X40),然后必须设置该寄存器为 0X00,以唤醒 MPU6050,进入正常工作状态。

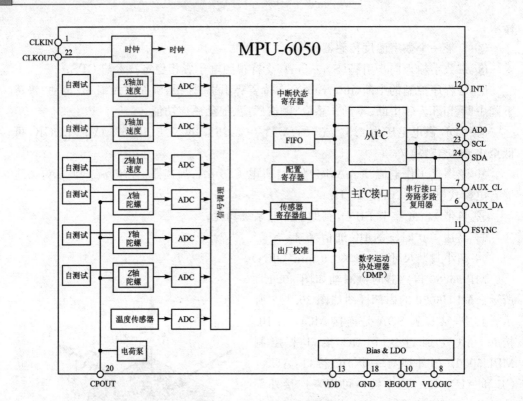

图 30.1.2 MPU6050 框图

3) 设置角速度传感器(陀螺仪)和加速度传感器的满量程范围

这一步设置两个传感器的满量程范围(FSR),这里分别通过陀螺仪配置寄存器(0X1B)和加速度传感器配置寄存器(0X1C)设置。一般设置陀螺仪的满量程范围为±2 000 dps,加速度传感器的满量程范围为±2g。

4) 设置其他参数

这里还需要配置的参数有关闭中断、关闭 AUX IIC 接口、禁止 FIFO、设置陀螺仪采样率和设置数字低通滤波器(DLPF)等。本章不用中断方式读取数据,所以关闭中断;也没用到 AUX IIC 接口外接其他传感器,所以也关闭这个接口。分别通过中断使能寄存器(0X38)和用户控制寄存器(0X6A)控制。MPU6050 可以使用 FIFO 存储传感器数据,不过本章没有用到,所以关闭所有 FIFO 通道,这个通过 FIFO 使能寄存器(0X23)控制,默认都是 0(即禁止 FIFO),所以用默认值就可以了。陀螺仪采样率通过采样率分频寄存器(0X19)控制,这个采样率一般设置为 50 即可。数字低通滤波器(DLPF)则通过配置寄存器(0X1A)设置,一般设置 DLPF 为带宽的 1/2 即可。

5) 配置系统时钟源并使能角速度传感器和加速度传感器

系统时钟源同样是通过电源管理寄存器 1(0X6B)来设置的,该寄存器的最低 3 位用于设置系统时钟源选择,默认值是 0(内部 8 MHz RC 振荡),不过一般设置为 1,选择 x 轴陀螺 PLL 作为时钟源,以获得更高精度的时钟。同时,使能角速度传感器和加速度传感器,这两个操作通过电源管理寄存器 2(0X6C)来设置,设置对应位为 0 即可开启。

第 30 章　6 轴传感器 MPU6050 实验

至此，MPU6050 的初始化就完成了，可以正常工作了（其他未设置的寄存器全部采用默认值即可），接下来就可以读取相关寄存器，得到加速度传感器、角速度传感器和温度传感器的数据了。先简单介绍几个重要的寄存器。

首先介绍电源管理寄存器 1，该寄存器地址为 0X6B，各位描述如图 30.1.3 所示。其中，DEVICE_RESET 位用来控制复位，设置为 1 则复位 MPU6050；复位结束后，MPU 硬件自动清零该位。SLEEEP 位用于控制 MPU6050 的工作模式，复位后该位为 1，即进入了睡眠模式（低功耗），所以要清零该位以进入正常工作模式。TEMP_DIS 用于设置是否使能温度传感器，设置为 0 则使能。最后，CLKSEL[2：0]用于选择系统时钟源，选择关系如表 30.1.1 所列。

寄存器（Hex）	寄存器（Decimal）	Bit7	Bit6	Bit5	Bit4	Bit3	Bit2	Bit1	Bit0
6B	107	DEVICE_RESET	SLEEP	CYCLE	—	TEMP_DIS	CLKSEL[2：0]		

图 30.1.3　电源管理寄存器 1 各位描述

表 30.1.1　CLKSEL 选择列表

CLKSEL[2：0]	时钟源	CLKSEL[2：0]	时钟源
000	内部 8 MHz RC 晶振	100	PLL，使用外部 32.768 kHz 作为参考
001	PLL，使用 X 轴陀螺作为参考	101	PLL，使用外部 19.2 MHz 作为参考
010	PLL，使用 Y 轴陀螺作为参考	110	保留
011	PLL，使用 Z 轴陀螺作为参考	111	关闭时钟，保持时序产生电路复位状态

默认是使用内部 8 MHz RC 晶振的，精度不高，所以一般选择 X/Y/Z 轴陀螺作为参考的 PLL 作为时钟源，一般设置 CLKSEL=001 即可。

接着看陀螺仪配置寄存器，该寄存器地址为 0X1B，各位描述如图 30.1.4 所示。该寄存器只关心 FS_SEL[1：0]这两个位，用于设置陀螺仪的满量程范围：0，±250°/s；1，±500°/s；2，±1 000°/s；3，±2 000°/s；一般设置为 3，即±2 000°/s，因为陀螺仪的 ADC 为 16 位分辨率，所以得到灵敏度为 65 536/4 000＝16.4 LSB/(°/s)。

寄存器（Hex）	寄存器（Decimal）	Bit7	Bit6	Bit5	Bit4	Bit3	Bit2	Bit1	Bit0
1B	27	XG_ST	YG_ST	ZG_ST	FS_SE[1：0]		—	—	—

图 30.1.4　陀螺仪配置寄存器各位描述

接下来看加速度传感器配置寄存器，寄存器地址为 0X1C，各位描述如图 30.1.5 所示。该寄存器只关心 AFS_SEL[1：0]这两个位，用于设置加速度传感器的满量程范围：0，±2g；1，±4g；2，±8g；3，±16g；一般设置为 0，即±2g，因为加速度传感器的 ADC 也是 16 位，所以得到灵敏度为：65 536/4＝16 384 LSB/g。

寄存器（Hex）	寄存器（Decimal）	Bit7	Bit6	Bit5	Bit4	Bit3	Bit2	Bit1	Bit0
1C	28	XA_ST	YA_ST	ZA_ST	AFS_SEL[1：0]		—	—	—

图 30.1.5　加速度传感器配置寄存器各位描述

接下来看看 FIFO 使能寄存器，寄存器地址为 0X23，各位描述如图 30.1.6 所示。

该寄存器用于控制 FIFO 使能,在简单读取传感器数据的时候,可以不用 FIFO,设置对应位为 0 即可禁止 FIFO,设置为 1 则使能 FIFO。注意加速度传感器的 3 个轴,全由一个位(ACCEL_FIFO_EN)控制,只要该位置 1,则加速度传感器的 3 个通道都开启 FIFO 了。

寄存器(Hex)	寄存器(Decimal)	Bit7	Bit6	Bit5	Bit4	Bit3	Bit2	Bit1	Bit0
23	35	TEMP_FIFO_EN	XG_FIFO_EN	YG_FIFO_EN	ZG_FIFO_EN	ACCEL_FIFO_EN	SLV2_FIFO_EN	SLV1_FIFO_EN	SLV0_FIFO_EN

图 30.1.6　FIFO 使能寄存器各位描述

接下来看陀螺仪采样率分频寄存器,寄存器地址为:0X19,各位描述如图 30.1.7 所示。该寄存器用于设置 MPU6050 的陀螺仪采样频率,计算公式为:

寄存器(Hex)	寄存器(Decimal)	Bit7	Bit6	Bit5	Bit4	Bit3	Bit2	Bit1	Bit0
19	25				SMPLRT_DIV[7:0]				

图 30.1.7　陀螺仪采样率分频寄存器各位描述

$$采样频率 = 陀螺仪输出频率/(1+SMPLRT\_DIV)$$

这里陀螺仪的输出频率是 1 kHz 或者 8 kHz,与数字低通滤波器(DLPF)的设置有关,当 DLPF_CFG=0/7 的时候,频率为 8 kHz,其他情况是 1 kHz。而且 DLPF 滤波频率一般设置为采样率的一半。采样率假定设置为 50 Hz,那么 SMPLRT_DIV=1 000/50-1=19。

接下来看配置寄存器,寄存器地址为 0X1A,各位描述如图 30.1.8 所示。

寄存器(Hex)	寄存器(Decimal)	Bit7	Bit6	Bit5	Bit4	Bit3	Bit2	Bit1	Bit0
1A	26	—	—	EXT_SYNC_SET[2:0]			DLPF_CFG[2:0]		

图 30.1.8　配置寄存器各位描述

这里主要关心数字低通滤波器(DLPF)的设置位,即 DLPF_CFG[2:0],加速度计和陀螺仪都是根据这 3 个位的配置进行过滤的。DLPF_CFG 不同配置对应的过滤情况如表 30.1.2 所列。

表 30.1.2　DLPF_CFG 配置表

DLPF_CFG[2:0]	加速度传感器 F_s=1 kHz		角速度传感器(陀螺仪)		
	带宽/Hz	延迟/ms	带宽/Hz	延迟/ms	F_s/kHz
000	260	0	256	0.98	8
001	184	2.0	188	1.9	1
010	94	3.0	98	2.8	1
011	44	4.9	42	4.8	1
100	21	8.5	20	8.3	1
101	10	13.8	10	13.4	1
110	5	19.0	5	18.6	1
111	保留		保留		8

第 30 章 6 轴传感器 MPU6050 实验

这里的加速度传感器输出速率(F_s)固定是 1 kHz,而角速度传感器的输出速率(F_s)则根据 DLPF_CFG 的配置有所不同。一般设置角速度传感器的带宽为其采样率的一半,如果设置采样率为 50 Hz,那么带宽就应该设置为 25 Hz,取近似值 20 Hz,就应该设置 DLPF_CFG=100。

接下来看电源管理寄存器 2,寄存器地址为 0X6C,各位描述如图 30.1.9 所示。该寄存器的 LP_WAKE_CTRL 用于控制低功耗时的唤醒频率,本章用不到。剩下的 6 位分别控制加速度和陀螺仪的 $x/y/z$ 轴是否进入待机模式,这里全部都不进入待机模式,所以全部设置为 0 即可。

寄存器(Hex)	寄存器(Decimal)	Bit7	Bit6	Bit5	Bit4	Bit3	Bit2	Bit1	Bit0
6C	108	LP_WAKE_CTR[1:0]		STBY_XA	STBY_YA	STBY_ZA	STBY_XG	STBY_YG	STBY_ZG

图 30.1.9 电源管理寄存器 2 各位描述

接下来看看陀螺仪数据输出寄存器,总共有 6 个寄存器组成,地址为 0X43~0X48。通过读取这 6 个寄存器就可以读到陀螺仪 $x/y/z$ 轴的值,比如 x 轴的数据可以通过读取 0X43(高 8 位)和 0X44(低 8 位)寄存器得到,其他轴依此类推。

同样,加速度传感器数据输出寄存器也有 6 个,地址为 0X3B~0X40。通过读取这 6 个寄存器,就可以读到加速度传感器 $x/y/z$ 轴的值,比如读 x 轴的数据可以通过读取 0X3B(高 8 位)和 0X3C(低 8 位)寄存器得到,其他轴依此类推。

最后,温度传感器的值可以通过读取 0X41(高 8 位)和 0X42(低 8 位)寄存器得到,温度换算公式为:

$$Temperature = 36.53 + regval/340$$

其中,Temperature 为计算得到的温度值,单位为℃,regval 为从 0X41 和 0X42 读到的温度传感器值。

MPU6050 的详细资料和相关寄存器介绍,请参考本书配套资料"7、硬件资料→MPU6050 资料→MPU-6000 and MPU-6050 Product Specification.pdf"和"MPU-6000 and MPU-6050 Register Map and Descriptions.pdf"这两个文档,该目录还提供了部分 MPU6050 的中文资料供读者参考学习。

30.1.2 DMP 使用简介

经过 30.1.1 小节的介绍可以读出 MPU6050 的加速度传感器和角速度传感器的原始数据。不过这些原始数据对想搞 4 轴之类的初学者来说用处不大,我们期望得到的是姿态数据,也就是欧拉角:航向角(yaw)、横滚角(roll)和俯仰角(pitch)。有了这 3 个角就可以得到当前 4 轴的姿态,这才是我们想要的结果。

要得到欧拉角数据,就得利用原始数据进行姿态融合解算,这个比较复杂,初学者不易掌握。而 MPU6050 自带了数字运动处理器(即 DMP),并且,InvenSense 提供了一个 MPU6050 的嵌入式运动驱动库,两者结合可以将原始数据直接转换成四元数输出,从而很方便地计算出欧拉角,进而得到 yaw、roll 和 pitch。

使用内置的 DMP 大大简化了 4 轴的代码设计,且 MCU 不用进行姿态解算过程,大大降低了 MCU 的负担,从而有更多的时间去处理其他事件,提高系统实时性。

使用 MPU6050 的 DMP 输出的四元数是 q30 格式的,也就是浮点数放大了 2^{30} 倍。在换算成欧拉角之前,必须先将其转换为浮点数,也就是除以 2^{30},然后再计算。计算公式为:

```
q0 = quat[0]/q30;//q30 格式转换为浮点数
q1 = quat[1]/q30;
q2 = quat[2]/q30;
q3 = quat[3]/q30;
//计算得到俯仰角/横滚角/航向角
pitch = asin(-2*q1*q3+2*q0*q2)*57.3;                                //俯仰角
roll = atan2(2*q2*q3+2*q0*q1,-2*q1*q1-2*q2*q2+1)*57.3;              //横滚角
yaw = atan2(2*(q1*q2+q0*q3),q0*q0+q1*q1-q2*q2-q3*q3)*57.3;          //航向角
```

其中,quat[0]~quat[3]是 MPU6050 的 DMP 解算后的四元数,为 q30 格式,所以要除以一个 2^{30},其中 q30 是一个常量 1 073 741 824,即 2^{30},然后带入公式计算出欧拉角。上述计算公式的 57.3 是弧度转换为角度,即 $180/\pi$,这样得到的结果就是以度(°)为单位的。

InvenSense 提供的 MPU6050 运动驱动库是基于 MSP430 的,需要将其移植一下才可以用到 STM32F1 上面,官方原版驱动在本书配套资料"7,硬件资料→MPU6050 资料→DMP 资料→Embedded_MotionDriver_5.1.rar"。这是官方原版的驱动,代码比较多,不过官方提供了两个资料供读者学习:Embedded Motion Driver V5.1.1 API 说明.pdf 和 Embedded Motion Driver V5.1.1 教程.pdf,这两个文件都在 DMP 资料文件夹里面,读者可以阅读这两个文件来熟悉官方驱动库的使用。

官方 DMP 驱动库移植起来还是比较简单的,主要是实现这 4 个函数:i2c_write,i2c_read,delay_ms 和 get_ms。移植后的驱动代码放在本例程的 HARDWARE→MPU6050→eMPL 文件夹内,总共 6 个文件,如图 30.1.10 所示。

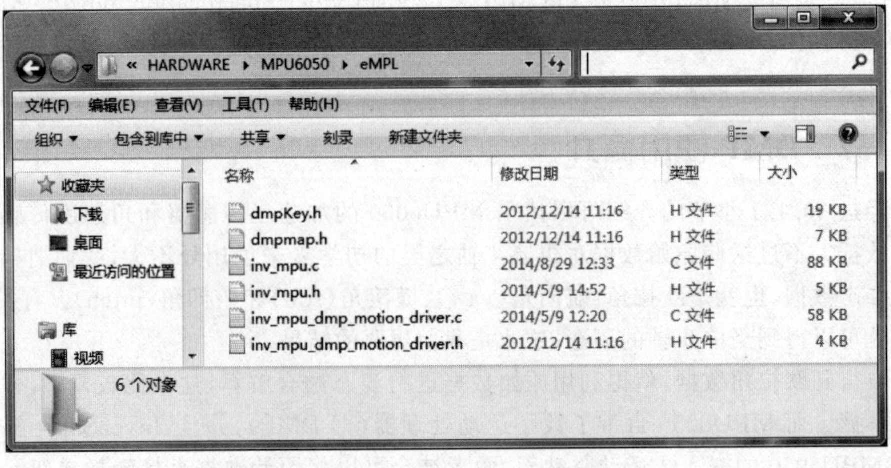

图 30.1.10 移植后的驱动库代码

第30章 6轴传感器 MPU6050 实验

该驱动库重点就是两个 c 文件：inv_mpu.c 和 inv_mpu_dmp_motion_driver.c。其中，inv_mpu.c 中添加了几个函数，方便读者使用，重点介绍两个函数：mpu_dmp_init 和 mpu_dmp_get_data。

mpu_dmp_init 是 MPU6050 DMP 初始化函数，代码如下：

```c
//返回值:0,正常  其他,失败
u8 mpu_dmp_init(void) //mpu6050,dmp 初始化
{
    u8 res = 0;
    IIC_Init();//初始化 IIC 总线
    if(mpu_init() == 0)//初始化 MPU6050
    {
        res = mpu_set_sensors(INV_XYZ_GYRO|INV_XYZ_ACCEL);//设置需要的传感器
        if(res)return 1;
        res = mpu_configure_fifo(INV_XYZ_GYRO|INV_XYZ_ACCEL);//设置 FIFO
        if(res)return 2;
        res = mpu_set_sample_rate(DEFAULT_MPU_HZ);//设置采样率
        if(res)return 3;
        res = dmp_load_motion_driver_firmware();//加载 dmp 固件
        if(res)return 4;
        res = dmp_set_orientation(inv_orientation_matrix_to_scalar(gyro_orientation));
        //设置陀螺仪方向
        if(res)return 5;
        res = dmp_enable_feature(DMP_FEATURE_6X_LP_QUAT|DMP_FEATURE_TAP|
        DMP_FEATURE_ANDROID_ORIENT|DMP_FEATURE_SEND_RAW_ACCEL|
        DMP_FEATURE_SEND_CAL_GYRO|DMP_FEATURE_GYRO_CAL);
        //设置 dmp 功能
        if(res)return 6;
        res = dmp_set_fifo_rate(DEFAULT_MPU_HZ);//设置 DMP 输出速率(最大 200Hz)
        if(res)return 7;
        res = run_self_test();//自检
        if(res)return 8;
        res = mpu_set_dmp_state(1);//使能 DMP
        if(res)return 9;
    }
    return 0;
}
```

此函数首先通过 IIC_Init(需外部提供)初始化与 MPU6050 连接的 IIC 接口，然后调用 mpu_init 函数初始化 MPU6050，之后就是设置 DMP 所用传感器、FIFO、采样率和加载固件等一系列操作。在所有操作都正常之后，最后通过 mpu_set_dmp_state(1) 使能 DMP 功能，之后便可以通过 mpu_dmp_get_data 来读取姿态解算后的数据了。

mpu_dmp_get_data 函数代码如下：

```c
//得到 dmp 处理后的数据(注意,本函数需要比较多堆栈,局部变量有点多)
//pitch:俯仰角 精度:0.1° 范围:-90.0°<--->+90.0°
//roll:横滚角 精度:0.1° 范围:-180.0°<--->+180.0°
//yaw:航向角 精度:0.1° 范围:-180.0°<--->+180.0°
//返回值:0,正常  其他,失败
u8 mpu_dmp_get_data(float *pitch,float *roll,float *yaw)
```

```c
{
    float q0=1.0f,q1=0.0f,q2=0.0f,q3=0.0f;
    unsigned long sensor_timestamp;
    short gyro[3], accel[3], sensors;
    unsigned char more;
    long quat[4];
    if(dmp_read_fifo(gyro, accel, quat, &sensor_timestamp, &sensors,&more))return 1;
    if(sensors&INV_WXYZ_QUAT)
    {
        q0 = quat[0] / q30;//q30格式转换为浮点数
        q1 = quat[1] / q30;  q2 = quat[2] / q30;  q3 = quat[3] / q30;
        //计算得到俯仰角/横滚角/航向角
        * pitch = asin(-2 * q1 * q3 + 2 * q0 * q2) * 57.3;//pitch
        * roll = atan2(2 * q2 * q3 + 2 * q0 * q1, -2 * q1 * q1 - 2 * q2 * q2 + 1) * 57.3;//roll
        * yaw = atan2(2 * (q1 * q2 + q0 * q3),q0 * q0 + q1 * q1 - q2 * q2 - q3 * q3) * 57.3;//yaw
    }else return 2;
    return 0;
}
```

此函数用于得到 DMP 姿态解算后的俯仰角、横滚角和航向角。不过本函数局部变量有点多,使用的时候建议设置堆栈大一点(在 startup_stm32f10x_hd.s 里面设置,默认是 400)。这里就用到了前面介绍的四元数转欧拉角公式,将 dmp_read_fifo 函数读到的 q30 格式四元数转换成欧拉角。

利用这两个函数就可以读取到姿态解算后的欧拉角,使用非常方便。

30.2 硬件设计

本实验采用战舰 STM32F1 开发板的 ATK MODULE 接口连接 ATK‐MPU6050 模块,实验功能简介:程序先初始化 MPU6050 等外设,然后利用 DMP 库初始化 MPU6050 及使能 DMP,最后在死循环里面不停读取温度传感器、加速度传感器、陀螺仪、DMP 姿态解算后的欧拉角等数据,并通过串口上报给上位机(温度不上报)。利用上位机软件(ANO_Tech 匿名四轴上位机_V2.6.exe)可以实时显示 MPU6050 的传感器状态曲线,并显示 3D 姿态,可以通过 KEY0 按键开启/关闭数据上传功能。同时,在 LCD 模块上面显示温度和欧拉角等信息。DS0 来指示程序正在运行。

所要用到的硬件资源如下:指示灯 DS0、KEY0 按键、TFTLCD 模块、串口、ATK‐MPU6050 模块、ATK MODULE 接口。前 4 个在之前的实例已经介绍过了,这里介绍 ATK‐MPU6050 模块与战舰 STM32F1 开发板的连接。ATK‐MPU6050 模块原理图如图 30.2.1 所示。

从图 30.2.1 可知,ATK‐MPU6050 模块通过 P1 排针与外部连接,引出了 VCC、GND、IIC_SDA、IIC_SCL、MPU_INT 和 MPU_AD0 等信号,其中,IIC_SDA 和 IIC_SCL 带了 4.7 kΩ 上拉电阻,外部可以不用再加上拉电阻了。另外,MPU_AD0 自带了 10 kΩ 下拉电阻,当 AD0 悬空时,默认 IIC 地址为(0X68)。模块的 P1 接口可以直接插在战舰 STM32F1 开发板的 ATK MODULE 接口上,如图 30.2.2 所示。而 ATK

第30章 6轴传感器MPU6050实验

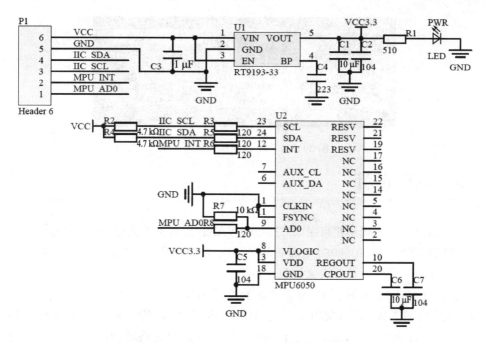

图30.2.1 ATK-MPU6050模块原理图

MODULE接口与MCU的连接原理图如图30.2.3所示。

图30.2.2 ATK-MPU6050模块与开发板实物连接图

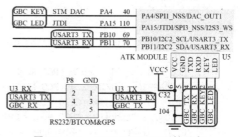

图30.2.3 ATK MODULE接口与STM32F103的连接原理图

可以看出,ATK MODULE接口必须将P8的USART3_TX(PB10)和GBC_RX、USART3_RX(PB11)和GBC_TX连接,才能完成和STM32的连接,如图30.2.4所示。

这样连接好后,ATK-MPU6050模块的IIC_SCL、IIC_SDA、MPU_INT和MPU_AD0分别连接在STM32的PB10、PB11、PA4和PA15上面。不过,本例程并没有用到中断。另外,MPU_AD0通过PA15输出低电平,从而选则MPU6050的器件地址是0X68。

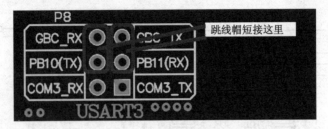

图 30.2.4 P8 跳线帽连接示意图

30.3 软件设计

打开本章实验工程所在目录,在 HARDWARE 文件夹下新建一个 MPU6050 的文件夹。然后新建一个 mpu6050.c 和 mpu6050.h 的文件保存在 MPU6050 文件夹下,并在工程中将这个文件夹加入头文件包含路径。

同时,将 DMP 驱动库代码(见本书配套资料例程源码"实验 32 MPU6050 六轴传感器实验\HARDWARE\MPU6050\eMPL")里面的 eMPL 文件夹复制到本例程 MPU6050 文件夹里面,将 eMPL 文件夹也加入头文件包含路径,然后将 eMPL 文件夹里面的两个 c 文件 inv_mpu.c 和 inv_mpu_dmp_motion_driver.c 加入 HARDWARE 组。

由于 mpu6050.c 里面代码比较多,这里仅介绍几个重要的函数。首先是 MPU_Init,该函数代码如下:

```
u8 MPU_Init(void)
{
    u8 res;
    GPIO_InitTypeDef  GPIO_InitStructure;

    RCC_APB2PeriphClockCmd(RCC_APB2Periph_AFIO,ENABLE);//使能 AFIO 时钟
    RCC_APB2PeriphClockCmd(RCC_APB2Periph_GPIOA,ENABLE);//使能外设 PA 时钟
    GPIO_InitStructure.GPIO_Pin = GPIO_Pin_15;//端口配置
    GPIO_InitStructure.GPIO_Mode = GPIO_Mode_Out_PP;//推挽输出
    GPIO_InitStructure.GPIO_Speed = GPIO_Speed_50MHz;//I/O 口速度为 50 MHz
    GPIO_Init(GPIOA,&GPIO_InitStructure);//根据设定参数初始化 GPIOA
    GPIO_PinRemapConfig(GPIO_Remap_SWJ_JTAGDisable,ENABLE);
        //禁止 JTAG,从而 PA15 可以做普通 I/O 使用,否则 PA15 不能做普通 I/O
    MPU_AD0_CTRL = 0;//控制 MPU6050 的 AD0 脚为低电平,从机地址为:0X68
    MPU_IIC_Init();//初始化 IIC 总线
    MPU_Write_Byte(MPU_PWR_MGMT1_REG,0X80);//复位 MPU6050
    delay_ms(100);
    MPU_Write_Byte(MPU_PWR_MGMT1_REG,0X00);//唤醒 MPU6050
    MPU_Set_Gyro_Fsr(3);//陀螺仪传感器,±2000 dps
    MPU_Set_Accel_Fsr(0);//加速度传感器,±2g
    MPU_Set_Rate(50);//设置采样率 50 Hz
    MPU_Write_Byte(MPU_INT_EN_REG,0X00);//关闭所有中断
    MPU_Write_Byte(MPU_USER_CTRL_REG,0X00);//I2C 主模式关闭
```

第30章 6轴传感器MPU6050实验

```c
        MPU_Write_Byte(MPU_FIFO_EN_REG,0X00);//关闭FIFO
        MPU_Write_Byte(MPU_INTBP_CFG_REG,0X80);//INT引脚低电平有效
        res = MPU_Read_Byte(MPU_DEVICE_ID_REG);
        if(res == MPU_ADDR)//器件ID正确
        {
            MPU_Write_Byte(MPU_PWR_MGMT1_REG,0X01);//设置CLKSEL,PLL X轴为参考
            MPU_Write_Byte(MPU_PWR_MGMT2_REG,0X00);//加速度与陀螺仪都工作
            MPU_Set_Rate(50);//设置采样率为50Hz
        }else return 1;
        return 0;
    }
```

该函数就是按30.1.1小节介绍的方法对MPU6050进行初始化,执行成功后便可以读取传感器数据了。

然后再看MPU_Get_Temperature、MPU_Get_Gyroscope和MPU_Get_Accelerometer这3个函数,源码如下:

```c
    //得到温度值
    //返回值:温度值(扩大了100倍)
    short MPU_Get_Temperature(void)
    {
        u8 buf[2];
        short raw; float temp;
        MPU_Read_Len(MPU_ADDR,MPU_TEMP_OUTH_REG,2,buf);
        raw = ((u16)buf[0]<<8)|buf[1];
        temp = 36.53 + ((double)raw)/340;
        return temp * 100;;
    }
    //得到陀螺仪值(原始值)
    //gx,gy,gz:陀螺仪x,y,z轴的原始读数(带符号)
    //返回值:0,成功  其他,错误代码
    u8 MPU_Get_Gyroscope(short * gx,short * gy,short * gz)
    {
        u8 buf[6],res;
        res = MPU_Read_Len(MPU_ADDR,MPU_GYRO_XOUTH_REG,6,buf);
        if(res == 0)
        {
            * gx = ((u16)buf[0]<<8)|buf[1];
            * gy = ((u16)buf[2]<<8)|buf[3];
            * gz = ((u16)buf[4]<<8)|buf[5];
        }
        return res;;
    }
    //得到加速度值(原始值)
    //gx,gy,gz:陀螺仪x,y,z轴的原始读数(带符号)
    //返回值:0,成功  其他,错误代码
    u8 MPU_Get_Accelerometer(short * ax,short * ay,short * az)
    {
        u8 buf[6],res;
        res = MPU_Read_Len(MPU_ADDR,MPU_ACCEL_XOUTH_REG,6,buf);
        if(res == 0)
```

```c
    {
        *ax = ((u16)buf[0]<<8)|buf[1];
        *ay = ((u16)buf[2]<<8)|buf[3];
        *az = ((u16)buf[4]<<8)|buf[5];
    }
    return res;;
}
```

其中,MPU_Get_Temperature 用于获取 MPU6050 自带温度传感器的温度值,然后 MPU_Get_Gyroscope 和 MPU_Get_Accelerometer 分别用于读取陀螺仪和加速度传感器的原始数据。

最后看 MPU_Write_Len 和 MPU_Read_Len 这两个函数,代码如下:

```c
//IIC连续写
//addr:器件地址   reg:寄存器地址   len:写入长度      buf:数据区
//返回值:0,正常  其他,错误代码
u8 MPU_Write_Len(u8 addr,u8 reg,u8 len,u8 *buf)
{
    u8 i;
    IIC_Start();
    IIC_Send_Byte((addr<<1)|0);//发送器件地址+写命令
    if(IIC_Wait_Ack()){IIC_Stop();return 1;}//等待应答
    IIC_Send_Byte(reg);//写寄存器地址
    IIC_Wait_Ack();//等待应答
    for(i=0;i<len;i++)
    {
        IIC_Send_Byte(buf[i]);//发送数据
        if(IIC_Wait_Ack()){IIC_Stop();return 1;}//等待ACK
    }
    IIC_Stop();
    return 0;
}
//IIC连续读
//addr:器件地址   reg:要读取的寄存器地址 len:要读取的长度   buf:读取到的数据存储区
//返回值:0,正常  其他,错误代码
u8 MPU_Read_Len(u8 addr,u8 reg,u8 len,u8 *buf)
{
    IIC_Start();
    IIC_Send_Byte((addr<<1)|0);//发送器件地址+写命令
    if(IIC_Wait_Ack()){ IIC_Stop();return 1; }//等待应答
    IIC_Send_Byte(reg);//写寄存器地址
    IIC_Wait_Ack();//等待应答
    IIC_Start();
    IIC_Send_Byte((addr<<1)|1);//发送器件地址+读命令
    IIC_Wait_Ack();//等待应答
    while(len)
    {
        if(len==1)*buf=IIC_Read_Byte(0);//读数据,发送nACK
        else *buf=IIC_Read_Byte(1);//读数据,发送ACK
        len--;buf++;
    }
```

第30章 6轴传感器MPU6050实验

```
    IIC_Stop();//产生一个停止条件
    return 0;
}
```

MPU_Write_Len用于指定器件和地址连续写数据,可用于实现DMP部分的i2c_write函数。而MPU_Read_Len用于指定器件和地址连续读数据,可用于实现DMP部分的i2c_read函数。DMP移植部分的4个函数中,这里就实现了2个,剩下的delay_ms就直接采用delay.c里面的delay_ms实现,get_ms则直接提供一个空函数即可。

最后看看main.c文件代码:

```
//串口1发送1个字符
//c:要发送的字符
void usart1_send_char(u8 c)
{
    while(USART_GetFlagStatus(USART1,USART_FLAG_TC)==RESET);
                                            //循环发送,直到发送完毕
    USART_SendData(USART1,c);
}
//传送数据给匿名四轴上位机软件(V2.6版本)
//fun:功能字.0XA0~0XAF   data:数据缓存区,最多28字节
//len:data区有效数据个数
void usart1_niming_report(u8 fun,u8 * data,u8 len)
{
    u8 send_buf[32]; u8 i;
    if(len>28)return;//最多28字节数据
    send_buf[len+3]=0;//校验置零
    send_buf[0]=0X88;//帧头
    send_buf[1]=fun;//功能字
    send_buf[2]=len;//数据长度
    for(i=0;i<len;i++)send_buf[3+i]=data[i];//复制数据
    for(i=0;i<len+3;i++)send_buf[len+3]+=send_buf[i];//计算校验和
    for(i=0;i<len+4;i++)usart1_send_char(send_buf[i]);//发送数据到串口1
}
//发送加速度传感器数据和陀螺仪数据
//aacx,aacy,aacz:x,y,z三个方向上面的加速度值
//gyrox,gyroy,gyroz:x,y,z三个方向上面的陀螺仪值
void mpu6050_send_data(short aacx,short aacy,short aacz,short gyrox,short gyroy,short
                gyroz)
{
    u8 tbuf[12];
    tbuf[0]=(aacx>>8)&0XFF; tbuf[1]=aacx&0XFF;
    tbuf[2]=(aacy>>8)&0XFF; tbuf[3]=aacy&0XFF;
    tbuf[4]=(aacz>>8)&0XFF; tbuf[5]=aacz&0XFF;
    tbuf[6]=(gyrox>>8)&0XFF; tbuf[7]=gyrox&0XFF;
    tbuf[8]=(gyroy>>8)&0XFF; tbuf[9]=gyroy&0XFF;
    tbuf[10]=(gyroz>>8)&0XFF; tbuf[11]=gyroz&0XFF;
    usart1_niming_report(0XA1,tbuf,12);//自定义帧,0XA1
}
//通过串口1上报结算后的姿态数据给电脑
//aacx,aacy,aacz:x,y,z三个方向上面的加速度值
//gyrox,gyroy,gyroz:x,y,z三个方向上面的陀螺仪值
```

```c
//roll:横滚角.单位0.01度。-18000->18000对应-180.00 -> 180.00度
//pitch:俯仰角.单位0.01度。-9000-9000对应-90.00->90.00度
//yaw:航向角.单位为0.1度 0->3600  对应 0->360.0度
void usart1_report_imu(short aacx,short aacy,short aacz,short gyrox,short gyroy,short
                       gyroz,short roll,short pitch,short yaw)
{
    u8 tbuf[28]; u8 i;
    for(i=0;i<28;i++)tbuf[i]=0;//清0
    tbuf[0]=(aacx>>8)&0XFF; tbuf[1]=aacx&0XFF;
    tbuf[2]=(aacy>>8)&0XFF; tbuf[3]=aacy&0XFF;
    tbuf[4]=(aacz>>8)&0XFF; tbuf[5]=aacz&0XFF;
    tbuf[6]=(gyrox>>8)&0XFF; tbuf[7]=gyrox&0XFF;
    tbuf[8]=(gyroy>>8)&0XFF; tbuf[9]=gyroy&0XFF;
    tbuf[10]=(gyroz>>8)&0XFF; tbuf[11]=gyroz&0XFF;
    tbuf[18]=(roll>>8)&0XFF; tbuf[19]=roll&0XFF;
    tbuf[20]=(pitch>>8)&0XFF; tbuf[21]=pitch&0XFF;
    tbuf[22]=(yaw>>8)&0XFF; tbuf[23]=yaw&0XFF;
    usart1_niming_report(0XAF,tbuf,28);//飞控显示帧,0XAF
}
int main(void)
{
    u8 t=0, key=0,report=1;              //默认开启上报
    float pitch,roll,yaw;                //欧拉角
    short aacx,aacy,aacz;                //加速度传感器原始数据
    short gyrox,gyroy,gyroz;             //陀螺仪原始数据
    short temp;                          //温度
    NVIC_PriorityGroupConfig(NVIC_PriorityGroup_2);  //设置NVIC中断分组2
    uart_init(500000);                   //串口初始化为500000
    delay_init();                        //延时初始化
    usmart_dev.init(72);                 //初始化 USMART
    LED_Init();                          //初始化与LED连接的硬件接口
    KEY_Init();                          //初始化按键
    LCD_Init();                          //初始化LCD
    MPU_Init();                          //初始化MPU6050
    //…省略部分非关键代码
    while(mpu_dmp_init())
    {
        LCD_ShowString(30,130,200,16,16,"MPU6050 Error"); delay_ms(200);
        LCD_Fill(30,130,239,130+16,WHITE); delay_ms(200);
    }
    LCD_ShowString(30,130,200,16,16,"MPU6050 OK");
    LCD_ShowString(30,150,200,16,16,"KEY0:UPLOAD ON/OFF");
    POINT_COLOR=BLUE;//设置字体为蓝色
    LCD_ShowString(30,170,200,16,16,"UPLOAD ON ");
    LCD_ShowString(30,200,200,16,16,"Temp:      .C");
    LCD_ShowString(30,220,200,16,16,"Pitch:     .C");
    LCD_ShowString(30,240,200,16,16,"Roll:      .C");
    LCD_ShowString(30,260,200,16,16,"Yaw:       .C");
    while(1)
    {
        key=KEY_Scan(0);
```

```c
if(key == KEY0_PRES)
{
    report = ! report;
    if(report)LCD_ShowString(30,170,200,16,16,"UPLOAD ON ");
    else LCD_ShowString(30,170,200,16,16,"UPLOAD OFF");
}
if(mpu_dmp_get_data(&pitch,&roll,&yaw) == 0)
{
    temp = MPU_Get_Temperature();//得到温度值
    MPU_Get_Accelerometer(&aacx,&aacy,&aacz);//得到加速度传感器数据
    MPU_Get_Gyroscope(&gyrox,&gyroy,&gyroz);//得到陀螺仪数据
    if(report)mpu6050_send_data(aacx,aacy,aacz,gyrox,gyroy,gyroz);
    //用自定义帧发送加速度和陀螺仪原始数据
    if(report)usart1_report_imu(aacx,aacy,aacz,gyrox,gyroy,gyroz,(int)(roll
                          * 100),(int)(pitch * 100),(int)(yaw * 10));
    if((t % 10) == 0)
    {
        if(temp<0)
        {
            LCD_ShowChar(30 + 48,200,'-',16,0);          //显示负号
            temp = - temp;                               //转为正数
        }else LCD_ShowChar(30 + 48,200,' ',16,0);        //去掉负号
        LCD_ShowNum(30 + 48 + 8,200,temp/100,3,16);      //显示整数部分
        LCD_ShowNum(30 + 48 + 40,200,temp % 10,1,16);    //显示小数部分
        temp = pitch * 10;
        if(temp<0)
        {
            LCD_ShowChar(30 + 48,220,'-',16,0);          //显示负号
            temp = - temp;                               //转为正数
        }else LCD_ShowChar(30 + 48,220,' ',16,0);        //去掉负号
        LCD_ShowNum(30 + 48 + 8,220,temp/10,3,16);       //显示整数部分
        LCD_ShowNum(30 + 48 + 40,220,temp % 10,1,16);    //显示小数部分
        temp = roll * 10;
        if(temp<0)
        {
            LCD_ShowChar(30 + 48,240,'-',16,0);          //显示负号
            temp = - temp;                               //转为正数
        }else LCD_ShowChar(30 + 48,240,' ',16,0);        //去掉负号
        LCD_ShowNum(30 + 48 + 8,240,temp/10,3,16);       //显示整数部分
        LCD_ShowNum(30 + 48 + 40,240,temp % 10,1,16);    //显示小数部分
        temp = yaw * 10;
        if(temp<0)
        {
            LCD_ShowChar(30 + 48,260,'-',16,0);          //显示负号
            temp = - temp;                               //转为正数
        }else LCD_ShowChar(30 + 48,260,' ',16,0);        //去掉负号
        LCD_ShowNum(30 + 48 + 8,260,temp/10,3,16);       //显示整数部分
        LCD_ShowNum(30 + 48 + 40,260,temp % 10,1,16);    //显示小数部分
        t = 0;
        LED0 = ! LED0;//LED闪烁
    }
```

```
        }
        t++;
    }
}
```

此部分代码除了 main 函数,还有几个函数用于上报数据给上位机软件,利用上位机软件显示传感器波形以及 3D 姿态显示,有助于更好地调试 MPU6050。上位机软件使用 ANO_Tech 匿名 4 轴上位机_V2.6.exe,该软件在本书配套资料"6,软件资料→软件→匿名四轴上位机"文件夹里面可以找到,使用方法见该文件夹下的"README.txt"。其中,usart1_niming_report 函数用于将数据打包、计算校验和,然后上报给匿名 4 轴上位机软件。mpu6050_send_data 函数用于上报加速度和陀螺仪的原始数据,可用于波形显示传感器数据,通过 A1 自定义帧发送。usart1_report_imu 函数用于上报飞控显示帧,可以实时 3D 显示 MPU6050 的姿态、传感器数据等。

这里,main 函数比较简单,需要注意的是,为了高速上传数据,这里将串口 1 的波特率设置为 500 kbps 了,测试的时候要注意下。

最后,将 MPU_Write_Byte、MPU_Read_Byte 和 MPU_Get_Temperature 这 3 个函数加入 USMART 控制,这样就可以通过串口调试助手改写和读取 MPU6050 的寄存器数据了,并可以读取温度传感器的值,方便调试(注意,在 USMART 调试的时候最好通过按 KEY0 先关闭数据上传功能,否则会受到很多乱码,妨碍调试)。

30.4 下载验证

本例程测试需要自备一个 ATK - MPU6050 模块。代码编译成功之后,下载代码到 ALIENTEK 战舰 STM32F1 开发板上,可以看到 LCD 显示如图 30.4.1 所示的内容(假定 ATK - MPU6050 模块已经接到战舰 STM32 开发板的 ATK MODULE 接口)。

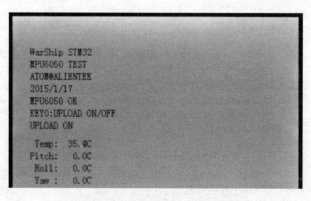

图 30.4.1 程序运行时 LCD 显示内容

屏幕显示了 MPU6050 的温度、俯仰角(pitch)、横滚角(roll)和航向角(yaw)的数值。然后,我们可以晃动开发板看看各角度的变化。

另外,通过按 KEY0 可以开启或关闭数据上报,开启状态下可以打开 ANO_Tech

匿名四轴上位机_V2.6.exe。这个软件接收 STM32F1 上传的数据，从而图形化显示传感器数据以及飞行姿态，如图 30.4.2 和图 30.4.3 所示。

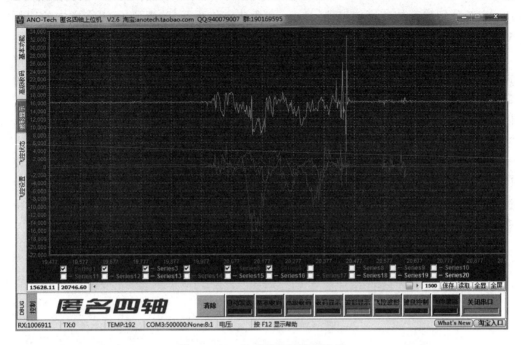

图 30.4.2　传感器数据波形显示

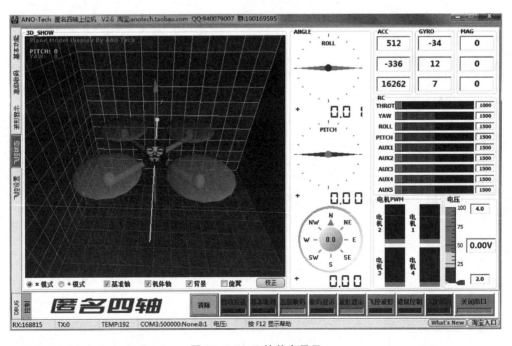

图 30.4.3　飞控状态显示

图 30.4.2 就是波形化显示通过 mpu6050_send_data 函数发送的数据,采用 A1 功能帧发送,总共 6 条线(Series1~6)显示波形,全部来自 A1 功能帧,int16 数据格式,Series1~6 分别代表加速度传感器 $x/y/z$ 和角速度传感器(陀螺仪)$x/y/z$ 方向的原始数据。

图 30.4.3 则 3D 显示了我们开发板的姿态,通过 usart1_report_imu 函数发送的数据显示,采用飞控显示帧格(AF)式上传,同时还显示了加速度陀螺仪等传感器的原始数据。注意,首先我们要在界面左侧的"基本功能"选项卡里面设置好 USB 虚拟串口号以及波特率(500000),然后在"飞控状态"选项卡里面依次在右下方选上"高级收码"、"波形显示"和"打开串口"3 个按钮即可。

最后还可以用 USMART 读/写 MPU6050 的任何寄存器来调试代码。最后,建议读者用 USMART 调试的时候先按 KEY0 关闭数据上传功能,否则会收到很多乱码!注意,波特率设置为 500 kbps(设置方法:XCOM 在关闭串口状态下选择自定义波特率,然后输入 500 000,再打开串口就可以了)。

第 31 章

Flash 模拟 EEPROM 实验

STM32 本身没有自带 EEPROM，但是具有 IAP（在应用编程）功能，所以可以把它的 Flash 当成 EEPROM 来使用。本章利用 STM32 内部的 Flash 来实现第 24 章类似的效果，不过这次是将数据直接存放在 STM32 内部，而不是存放在 W25Q128 中。

31.1 STM32 Flash 简介

不同型号 STM32 的 Flash 容量也有所不同，最小的只有 16 KB，最大的则达到了 1 024 KB。战舰 STM32 开发板选择的 STM32F103ZET6 的 Flash 容量为 512 KB，属于大容量产品（另外还有中容量和小容量产品）。大容量产品的闪存模块组织如图 31.1.1 所示。

块	名 称	地址范围	长度/B
主存储器	页 0	0x0800 0000～0x0800 07FF	2K
	页 1	0x0800 0800～0x0800 0FFF	2K
	页 2	0x0800 1000～0x0801 17FF	2K
	页 3	0x0800 1800～0x0801 FFFF	2K
	⋮	⋮	⋮
	页 255	0x0807 F800～0x0807 FFFF	2K
信息块	启动程序代码	0x1FFF F000～0x1FFF F7FF	2K
	用户选择字节	0x1FFF F800～0x1FFF F80F	16
闪存存储器接口寄存器	FLASH_ACR	0x4002 2000～0x4002 2003	4
	FLASH_KEYR	0x4002 2004～0x4002 2007	4
	FLASH_OPTKEYR	0x4002 2008～0x4002 200B	4
	FLASH_SR	0x4002 200C～0x4002 200F	4
	FLASH_CR	0x4002 2010～0x4002 2013	4
	FLASH_AR	0x4002 2014～0x4002 2017	4
	保留	0x4002 2018～0x4002 201B	4
	FLASH_OBR	0x4002 201C～0x4002 201F	4
	FLASH_WRPR	0x4002 2020～0x4002 2023	4

图 31.1.1 大容量产品闪存模块组织

STM32 的闪存模块由：主存储器、信息块和闪存存储器接口寄存器 3 部分组成。

主存储器,用来存放代码和数据常数(如 const 类型的数据)。大容量产品被划分为 256 页,每页 2 KB。小容量和中容量产品每页只有 1 KB。从图 31.1.1 可以看出主存储器的起始地址就是 0X08000000,B0、B1 都接 GND 的时候就是从 0X08000000 开始运行代码的。

信息块,该部分分为 2 个小部分,其中启动程序代码用来存储 ST 自带的启动程序,用于串口下载代码;当 B0 接 V3.3、B1 接 GND 的时候,运行的就是这部分代码。用户选择字节一般用于配置写保护、读保护等功能,本章不介绍。

闪存存储器接口寄存器,用于控制闪存读/写等,是整个闪存模块的控制机构。

对主存储器和信息块的写入由内嵌的闪存编程/擦除控制器(FPEC)管理,编程与擦除的高电压由内部产生。

在执行闪存写操作时,任何对闪存的读操作都会锁住总线,写操作完成后读操作才能正确地进行。即在进行写或擦除操作时,不能进行代码或数据的读取操作。

1. 闪存的读取

内置闪存模块可以在通用地址空间直接寻址,任何 32 位数据的读操作都能访问闪存模块的内容并得到相应的数据。读接口在闪存端包含一个读控制器,还包含一个 AHB 接口与 CPU 衔接。这个接口的主要工作是产生读闪存的控制信号并预取 CPU 要求的指令块,预取指令块仅用于在 I-Code 总线上的取指操作,数据常量是通过 D-Code 总线访问的。这两条总线的访问目标是相同的闪存模块,访问 D-Code 将比预取指令优先级高。

这里要特别留意一个闪存等待时间,因为 CPU 运行速度比 Flash 快得多,STM32F103 的 Flash 最快访问速度≤24 MHz,如果 CPU 频率超过这个速度,那么必须加入等待时间,比如一般使用 72 MHz 的主频,那么 Flash 等待周期就必须设置为 2,该设置通过 FLASH_ACR 寄存器设置。

例如,要从地址 addr 读取一个半字(半字为 16 为,字为 32 位),可以通过如下的语句读取:

$$data = *(vu16 *)addr;$$

将 addr 强制转换为 vu16 指针,然后取该指针所指向的地址的值,即得到了 addr 地址的值。类似地,将上面的 vu16 改为 vu8 即可读取指定地址的一个字节。相对 Flash 读取来说,STM32 Flash 的写就复杂一点了,下面介绍 STM32 闪存的编程和擦除。

2. 闪存的编程和擦除

STM32 的闪存编程是由 FPEC(闪存编程和擦除控制器)模块处理的,这个模块包含 7 个 32 位寄存器,分别是:FPEC 键寄存器(FLASH_KEYR)、选择字节键寄存器(FLASH_OPTKEYR)、闪存控制寄存器(FLASH_CR)、闪存状态寄存器(FLASH_SR)、闪存地址寄存器(FLASH_AR)、选择字节寄存器(FLASH_OBR)、写保护寄存器(FLASH_WRPR)。其中,FPEC 键寄存器总共有 3 个键值:

第 31 章　Flash 模拟 EEPROM 实验

```
RDPRT 键 = 0X000000A5
KEY1 = 0X45670123
KEY2 = 0XCDEF89AB
```

STM32 复位后，FPEC 模块是被保护的，不能写入 FLASH_CR 寄存器。通过写入特定的序列到 FLASH_KEYR 寄存器可以打开 FPEC 模块(即写入 KEY1 和 KEY2)，只有在写保护被解除后，我们才能操作相关寄存器。

STM32 闪存的编程每次必须写入 16 位(不能单纯的写入 8 位数据)，当 FLASH_CR 寄存器的 PG 位为 1 时，在一个闪存地址写入一个半字将启动一次编程；写入任何非半字的数据，FPEC 都会产生总线错误。在编程过程中(BSY 位为 1)，任何读/写闪存的操作都会使 CPU 暂停，直到此次闪存编程结束。

同样，STM32 的 Flash 在编程的时候也必须要求其写入地址的 Flash 是被擦除了的(也就是其值必须是 0XFFFF)；否则无法写入，在 FLASH_SR 寄存器的 PGERR 位将得到一个警告。

STM23 的 Flash 编程过程如图 31.1.2 所示。可以得到闪存的编程顺序如下：
- 检查 FLASH_CR 的 LOCK 是否解锁，如果没有则先解锁；
- 检查 FLASH_SR 寄存器的 BSY 位，以确认没有其他正在进行的编程操作；
- 设置 FLASH_CR 寄存器的 PG 位为 1；
- 在指定的地址写入要编程的半字；
- 等待 BSY 位变为 0；
- 读出写入的地址并验证数据。

前面提到，在 STM32 的 Flash 编程的时候，要先判断缩写地址是否被擦除了，所以，我们有必要再介绍一下 STM32 的闪存擦除。STM32 的闪存擦除分为两种：页擦除和整片擦除。页擦除过程如图 31.1.3 所示。可以看出，STM32 的页擦除顺序为：

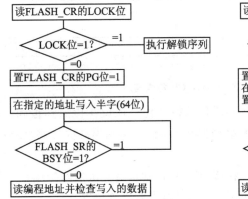

图 31.1.2　STM32 闪存编程过程

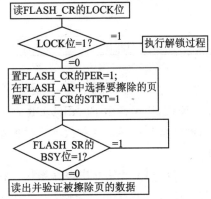

图 31.1.3　STM32 闪存页擦除过程

- 检查 FLASH_CR 的 LOCK 是否解锁，如果没有则先解锁；
- 检查 FLASH_SR 寄存器的 BSY 位，以确认没有其他正在进行的闪存操作；
- 设置 FLASH_CR 寄存器的 PER 位为 1；

> 用 FLASH_AR 寄存器选择要擦除的页;
> 设置 FLASH_CR 寄存器的 STRT 位为 1;
> 等待 BSY 位变为 0;
> 读出被擦除的页并做验证。

本章只用到了 STM32 的页擦除功能,整片擦除功能这里就不介绍了。通过以上了解,我们基本上知道了 STM32 闪存的读/写所要执行的步骤了,接下来看看与读/写相关的寄存器说明。

第一个介绍的是 FPEC 键寄存器 FLASH_KEYR,各位描述如图 31.1.4 所示。该寄存器主要用来解锁 FPEC,必须在该寄存器写入特定的序列(KEY1 和 KEY2)解锁后,才能对 FLASH_CR 寄存器进行写操作。

31	30	29	28	27	26	25	24	23	22	21	20	19	18	17	16
FKEYR[31:16]														
w	w	w	w	w	w	w	w	w	w	w	w	w	w	w	w
15	14	13	12	11	10	9	8	7	6	5	4	3	2	1	0
FKEYR[15:0]														
w	w	w	w	w	w	w	w	w	w	w	w	w	w	w	w

注:所有这些位是只写的,读出时返回 0。
位 31~0   FKEYR:FPEC 键
           这些位用于输入 FPEC 的解锁键

图 31.1.4 寄存器 FLASH_KEYR 各位描述

第二个要介绍的是闪存控制寄存器:FLASH_CR,各位描述如图 31.1.5 所示。该寄存器本章只用到了它的 LOCK、STRT、PER 和 PG 这 4 个位。

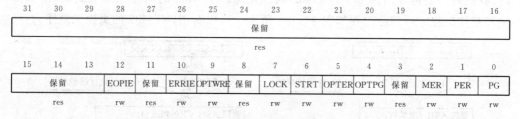

图 31.1.5 寄存器 FLASH_CR 各位描述

LOCK 位,用于指示 FLASH_CR 寄存器是否被锁住。该位在检测到正确的解锁序列后,硬件将其清零。在一次不成功的解锁操作后,在下次系统复位之前,该位将不再改变。

STRT 位,用于开始一次擦除操作。在该位写入 1,则执行一次擦除操作。

PER 位,用于选择页擦除操作。在页擦除的时候,需要将该位置 1。

PG 位,用于选择编程操作,在往 Flash 写数据的时候该位需要置 1。

FLASH_CR 的其他位就不在这里介绍了,可参考《STM32F10xxx 闪存编程参考手册》第 18 页。

第三个要介绍的是闪存状态寄存器:FLASH_SR,各位描述如图 31.1.6 所示。该

第31章 Flash 模拟 EEPROM 实验

寄存器主要用来指示当前 FPEC 的操作编程状态。

位 31~6	保留。必须保持为清除状态 0
位 5	EOP：操作结束 当闪存操作(编程/擦除)完成时,硬件设置这位为 1,写入 1 可以清除这位状态。 注：每次成功的编程或擦除都会设置 EOP 状态
位 4	WRPRTERR：写保护错误 试图对写保护的闪存地址编程时,硬件设置这位为 1,写入 1 可以清除这位状态
位 3	保留。必须保持为清除状态 0
位 2	PGERR：编程错误 试图对内容不是'0xFFFF'的地址编程时,硬件设置这位为 1,写入 1 可以清除这位状态。 注：进行编程操作之前,必须先清除 FLASH_CR 寄存器的 TRT 位
位 1	保留。必须保持为清除状态 0
位 0	BSY：忙 该位指示闪存操作正在进行。在闪存操作开始时,该位被设置为 1；在操作结束或发生错误时该位被清除为 0

图 31.1.6　寄存器 FLASH_SR 各位描述

最后,再来看看闪存地址寄存器：FLASH_AR,各位描述如图 31.1.7 所示。该寄存器在本章主要用来设置要擦除的页。

位 31~0	FAR：闪存地址 当进行编程时选择要编程的地址,当进行页擦除时选择要擦除的页。 注意：当 FLASH_SR 中的 BSY 位为'1',不能写这个寄存器

图 31.1.7　寄存器 FLASH_AR 各位描述

STM32 Flash 就介绍到这,更详细的介绍可参考《STM32F10xxx 闪存编程参考手册》。下面讲解使用 STM32 的官方固件库操作 Flash 的几个常用函数。这些函数和定义分布在文件 stm32f10x_flash.c 以及 stm32f10x_flash.h 文件中。

(1) 锁定解锁函数

上面讲到在对 Flash 进行写操作前必须先解锁,解锁操作也是必须在 FLASH_KEYR 寄存器写入特定的序列(KEY1 和 KEY2)。固件库函数实现很简单：

　　void FLASH_Unlock(void);

同样,对 Flash 写操作完成之后要锁定 Flash,使用的库函数是：

　　void FLASH_Lock(void);

(2) 写操作函数

固件库提供了 3 个 Flash 写函数：

　　FLASH_Status FLASH_ProgramWord(uint32_t Address, uint32_t Data);
　　FLASH_Status FLASH_ProgramHalfWord(uint32_t Address, uint16_t Data);
　　FLASH_Status FLASH_ProgramOptionByteData(uint32_t Address, uint8_t Data);

FLASH_ProgramWord 为 32 位字写入函数,其他分别为 16 位半字写入和用户选择字节写入函数。这里需要说明,32 位字节写入实际上是写入两次 16 位数据,写完第一次后地址＋2，这与前面讲解的STM32闪存的编程每次必须写入16位并不矛盾。写入8位实际也是占用的两个地址，跟写入16位基本上没啥区别。

(3) 擦除函数

固件库提供3个Flash擦除函数：

```
FLASH_Status FLASH_ErasePage(uint32_t Page_Address);
FLASH_Status FLASH_EraseAllPages(void);
FLASH_Status FLASH_EraseOptionBytes(void);
```

第一个函数是页擦除函数，根据页地址擦除特定的页数据；第二个函数是擦除所有的页数据；第三个函数是擦除用户选择字节数据。

(4) 获取Flash状态

使用的函数是：

```
FLASH_Status FLASH_GetStatus(void);
```

返回值是通过枚举类型定义的：

```
typedef enum
{
    FLASH_BUSY = 1,//忙
    FLASH_ERROR_PG,//编程错误
    FLASH_ERROR_WRP,//写保护错误
    FLASH_COMPLETE,//操作完成
    FLASH_TIMEOUT//操作超时
}FLASH_Status;
```

从这里面可以看到Flash操作的5个状态。

(5) 等待操作完成函数

执行闪存写操作时，任何对闪存的读操作都会锁住总线，写操作完成后读操作才能正确进行；即在进行写或擦除操作时，不能进行代码或数据的读取操作。所以在每次操作之前，我们都要等待上一次操作完成这次操作才能开始。使用的函数是：

```
FLASH_Status FLASH_WaitForLastOperation(uint32_t Timeout)
```

入口参数为等待时间，返回值是Flash的状态。这个函数在固件库中使用得不多，但是在固件库函数体中间可以多次看到。

(6) 读Flash特定地址数据函数

有写就必定有读，而读取Flash指定地址的半字的函数固件库并没有给出来，这里自己写的一个函数：

```
u16 STMFLASH_ReadHalfWord(u32 faddr)
{
    return *(vu16*)faddr;
}
```

31.2 硬件设计

本章实验功能简介：开机的时候先显示一些提示信息，然后在主循环里面检测两个按键，其中一个按键(WK_UP)用来执行写入Flash的操作，另外一个按键(KEY1)用

第31章 Flash 模拟 EEPROM 实验

来执行读出操作,在 TFTLCD 模块上显示相关信息。同时用 DS0 提示程序正在运行。

所要用到的硬件资源如下:指示灯 DS0、WK_UP 和 KEY1 按键、TFTLCD 模块、STM32 内部 Flash。本章需要用到的资源和电路连接已经全部介绍过了,接下来直接开始软件设计。

31.3 软件设计

打开我们的 Flash 模拟 EEPROM 实验工程,可以看到添加了两个文件 stmflash.c 和 stm32flash.h。同时还引入了固件库 flash 操作文件 stm32f10x_flash.c 和头文件 stm32f10x_flash.h。打开 stmflash.c 文件,代码如下:

```
//faddr:读地址(此地址必须为2的倍数!!)
//返回值:对应数据
u16 STMFLASH_ReadHalfWord(u32 faddr) //读取指定地址的半字(16 位数据)
{
    return *(vu16*)faddr;
}
#if STM32_FLASH_WREN//如果使能了写
//不检查的写入
//WriteAddr:起始地址   pBuffer:数据指针   NumToWrite:半字(16 位)数
void STMFLASH_Write_NoCheck(u32 WriteAddr,u16 * pBuffer,u16 NumToWrite)
{
    u16 i;
    for(i = 0;i<NumToWrite;i++)
    {   FLASH_ProgramHalfWord(WriteAddr,pBuffer[i]);
        WriteAddr + = 2;//地址增加 2.
    }
}
//从指定地址开始写入指定长度的数据
//WriteAddr:起始地址(此地址必须为2的倍数!!)     pBuffer:数据指针
//NumToWrite:半字(16 位)数(就是要写入的 16 位数据的个数.)
#if STM32_FLASH_SIZE<256
#define STM_SECTOR_SIZE 1024 //字节
#else
#define STM_SECTOR_SIZE2048
#endif
u16 STMFLASH_BUF[STM_SECTOR_SIZE/2];//最多是 2 KB
void STMFLASH_Write(u32 WriteAddr,u16 * pBuffer,u16 NumToWrite)
{
    u32 secpos;    //扇区地址
    u16 secoff;    //扇区内偏移地址(16 位字计算)
    u16 secremain; //扇区内剩余地址(16 位字计算)
    u16 i;
    u32 offaddr;   //去掉 0X08000000 后的地址
    if(WriteAddr<STM32_FLASH_BASE||(WriteAddr> =
        (STM32_FLASH_BASE + 1024 * STM32_FLASH_SIZE)))return;//非法地址
    FLASH_Unlock();              //解锁
    offaddr = WriteAddr - STM32_FLASH_BASE;   //实际偏移地址
```

```c
        secpos = offaddr/STM_SECTOR_SIZE;
        secoff = (offaddr%STM_SECTOR_SIZE)/2;//在扇区内的偏移(2个字节为基本单位.)
        secremain = STM_SECTOR_SIZE/2 - secoff;//扇区剩余空间大小
        if(NumToWrite< = secremain)secremain = NumToWrite;//不大于该扇区范围
        while(1)
        {
            STMFLASH_Read(secpos * STM_SECTOR_SIZE + STM32_FLASH_BASE,
                STMFLASH_BUF,STM_SECTOR_SIZE/2);   //读出整个扇区的内容
            for(i = 0;i<secremain;i + + )                              //校验数据
            {   if(STMFLASH_BUF[secoff + i]! = 0XFFFF)break;//需要擦除
            }
            if(i<secremain)//需要擦除这个扇区
            {
                FLASH_ErasePage(secpos * STM_SECTOR_SIZE + STM32_FLASH_BASE);
                for(i = 0;i<secremain;i + + )//复制
                {   STMFLASH_BUF[i + secoff] = pBuffer[i];
                }
                STMFLASH_Write_NoCheck(secpos * STM_SECTOR_SIZE +
                        STM32_FLASH_BASE,STMFLASH_BUF,
                        STM_SECTOR_SIZE/2);//写入整个扇区
            }else STMFLASH_Write_NoCheck(WriteAddr,pBuffer,secremain);
                                                //写已经擦除了的,直接写入扇区剩余区间
            if(NumToWrite = = secremain)break;//写入结束了
            else    //写入未结束
            {
                secpos + + ;//扇区地址增1
                secoff = 0;      //偏移位置为0
                pBuffer + = secremain;     //指针偏移
                WriteAddr + = secremain;     //写地址偏移
                NumToWrite - = secremain;//字节(16位)数递减
                   //下一个扇区还是写不完
                if(NumToWrite>(STM_SECTOR_SIZE/2))secremain = STM_SECTOR_SIZE/2;
                else secremain = NumToWrite;//下一个扇区可以写完了
            }
        };
    FLASH_Lock();//上锁
}
#endif
//从指定地址开始读出指定长度的数据
//ReadAddr:起始地址    pBuffer:数据指针    NumToWrite:半字(16位)数
void STMFLASH_Read(u32 ReadAddr,u16 * pBuffer,u16 NumToRead)
{
    u16 i;
    for(i = 0;i<NumToRead;i + + )
    {
        pBuffer[i] = STMFLASH_ReadHalfWord(ReadAddr);//读取2个字节
        ReadAddr + = 2; //偏移2个字节
    }
}
//WriteAddr:起始地址    WriteData:要写入的数据
void Test_Write(u32 WriteAddr,u16 WriteData)
```

第31章　Flash 模拟 EEPROM 实验

```
{
    STMFLASH_Write(WriteAddr,&WriteData,1);//写入一个字
}
```

STMFLASH_Write 函数用于在 STM32 的指定地址写入指定长度的数据,其实现与第 24 章的 W25QXX_Write 函数基本类似,不过该函数对写入地址是有要求的,必须保证以下两点：

① 该地址必须是用户代码区以外的地址。
② 该地址必须是 2 的倍数。

条件①比较好理解,如果把用户代码擦除了,可想而知正在运行的程序可能就被废了,从而出现死机的情况。条件②则是 STM32 Flash 的要求,每次必须写入 16 位,如果写的地址不是 2 的倍数,那么写入的数据可能就不是写在要写的地址了。

另外,该函数的 STMFLASH_BUF 数组也是根据所用 STM32 的 Flash 容量来确定的,战舰 STM32 开发板的 Flash 是 512 KB,所以 STM_SECTOR_SIZE 的值为 512,故该数组大小为 2 KB。

最后,打开 main.c 文件,修改 main 函数如下：

```c
const u8 TEXT_Buffer[] = {"STM32F103 FLASH TEST"};
#define SIZE sizeof(TEXT_Buffer)//数组长度
#define FLASH_SAVE_ADDR    0X08070000//设置 FLASH 保存地址(必须为偶数
                            //且其值要大于本代码所占用 FLASH 的大小 + 0X08000000)
int main(void)
{
    u8 key,datatemp[SIZE];
    u16 i = 0;
    delay_init();        //延时函数初始化
    NVIC_PriorityGroupConfig(NVIC_PriorityGroup_2);//设置中断优先级分组为组 2
    uart_init(115200);//串口初始化为 115200
    LED_Init();     //初始化与 LED 连接的硬件接口
    KEY_Init();//初始化按键
    LCD_Init();    //初始化 LCD
    //…省略部分非关键代码
    while(1)
    {
        key = KEY_Scan(0);
        if(key == KEY1_PRES)//KEY1 按下,写入 STM32 FLASH
        {
            LCD_Fill(0,170,239,319,WHITE);//清除半屏
            LCD_ShowString(30,170,200,16,16,"Start Write FLASH....");
            STMFLASH_Write(FLASH_SAVE_ADDR,(u16 *)TEXT_Buffer,SIZE);
            LCD_ShowString(30,170,200,16,16,"FLASH Write Finished!");//提示传送完成
        }
        if(key == KEY0_PRES)//KEY0 按下,读取字符串并显示
        {
            LCD_ShowString(30,170,200,16,16,"Start Read FLASH....");
            STMFLASH_Read(FLASH_SAVE_ADDR,(u16 *)datatemp,SIZE);
            LCD_ShowString(30,170,200,16,16,"The Data Readed Is:  ");//提示传送完成
            LCD_ShowString(30,190,200,16,16,datatemp);//显示读到的字符串
```

```
        }
        i++; delay_ms(10);
        if(i==20)
        {
            LED0=!LED0;//提示系统正在运行
            i=0;
        }
    }
}
```

主函数部分代码非常简单,首先进行按键扫描,然后分别进行按键的写操作和读操作。至此,软件设计部分就结束了。

31.4 下载验证

编译成功之后,下载代码到 ALIENTEK 战舰 STM32 开发板上,先按 WK_UP 按键写入数据,然后按 KEY1 读取数据,得到如图 31.4.1 所示界面。

```
WarShip STM32
FLASH EEPROM TEST
ATOM@ALIENTEK
2015/1/18
KEY1:Write  KEY0:Read

The Data Readed Is:
STM32F103 FLASH TEST
```

图 31.4.1 程序运行效果图

伴随 DS0 的不停闪烁,提示程序在运行。本章的测试还可以借助 USMART,在 USMART 里面添加 STMFLASH_ReadHalfWord 函数,即可以读取任意地址的数据。当然,也可以将 STMFLASH_Write 稍微改造下,这样就可以在 USMART 里面验证 STM32 Flash 的读/写了。

第 32 章
摄像头实验

ALIENTEK 战舰 STM32 开发板板载了一个摄像头接口(P8),用来连接 ALIENTEK OV7670 摄像头模块。本章将使用 STM32 驱动 ALIENTEK OV7670 摄像头模块,实现摄像头功能。

32.1 OV7670 简介

OV7670 是 OV(OmniVision)公司生产的一颗 1/6 寸的 CMOS VGA 图像传感器,体积小,工作电压低,提供单片 VGA 摄像头和影像处理器的所有功能。通过 SCCB 总线控制,可以输出整帧、子采样、取窗口等方式的各种分辨率 8 位影像数据。该产品 VGA 图像最高达到 30 帧/秒。用户可以完全控制图像质量、数据格式和传输方式。所有图像处理功能过程包括伽玛曲线、白平衡、度、色度等都可以通过 SCCB 接口编程。OmmiVision 图像传感器应用独有的传感器技术,通过减少或消除光学或电子缺陷(如固定图案噪声、托尾、浮散等),提高图像质量,得到清晰的稳定的彩色图像。

OV7670 的特点有:
- 高灵敏度、低电压适合嵌入式应用;
- 标准的 SCCB 接口,兼容 IIC 接口;
- 支持 RawRGB、RGB(GBR4:2:2,RGB565/RGB555/RGB444),YUV(4:2:2)和 YCbCr(4:2:2)输出格式;
- 支持 VGA、CIF,和从 CIF 到 40×30 的各种尺寸输出;
- 支持自动曝光控制、自动增益控制、自动白平衡、自动消除灯光条纹、自动黑电平校;准等自动控制功能,同时支持色饱和度、色相、伽马、锐度等设置;
- 支持闪光灯;
- 支持图像缩放。

OV7670 的功能框图如图 32.1.1 所示。OV7670 传感器包括如下功能模块:

1) 感光整列(Image Array)

OV7670 总共有 656×488 个像素,其中 640×480 个有效(即有效像素为 30W)。

2) 时序发生器(Video Timing Generator)

时序发生器具有的功能包括整列控制和帧率发生(7 种不同格式输出)、内部信号发生器和分布、帧率时序、自动曝光控制、输出外部时序(VSYNC、HREF/HSYNC 和 PCLK

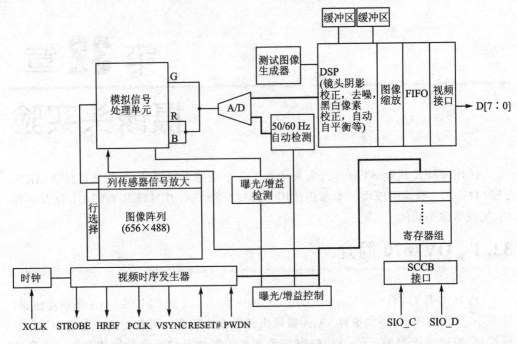

图 32.1.1　OV7670 功能框图

3）模拟信号处理（Analog Processing）

模拟信号处理所有模拟功能，并包括自动增益（AGC）和自动白平衡（AWB）。

4）A/D 转换（A/D）

原始的信号经过模拟处理器模块之后，分 G 和 BR 两路进入一个 10 位的 A/D 转换器。A/D 转换器工作在 12 MHz，与像素频率完全同步（转换的频率和帧率有关）。

除 A/D 转换器外，该模块还有 3 个功能：黑电平校正（BLC）、U/V 通道延迟、A/D 范围控制。A/D 范围乘积和 A/D 的范围控制共同设置 A/D 的范围和最大值，允许用户根据应用调整图片的亮度。

5）测试图案发生器（Test Pattern Generator）

测试图案发生器功能包括八色彩色条图案、渐变至黑白彩色条图案和输出脚移位"1"。

6）数字处理器（DSP）

这个部分控制由原始信号插值到 RGB 信号的过程，并控制一些图像质量：

➢ 边缘锐化（二维高通滤波器）；

➢ 颜色空间转换（原始信号到 RGB 或者 YUV/YCbYCr）；

➢ RGB 色彩矩阵以消除串扰；

➢ 色相和饱和度的控制；

➢ 黑/白点补偿；

➢ 降噪；

➢ 镜头补偿；

➢ 可编程的伽玛；

第 32 章　摄像头实验

- 10 位到 8 位数据转换。

7）缩放功能（Image Scaler）

这个模块按照预先设置的要求输出数据格式，能将 YUV/RGB 信号从 VGA 缩小到 CIF 以下的任何尺寸。

8）数字视频接口（Digital Video Port）

通过寄存器 COM2[1：0]调节 IOL/IOH 的驱动电流，以适应用户的负载。

9）SCCB 接口（SCCB Interface）

SCCB 接口控制图像传感器芯片的运行，详细使用方法参照本书配套资料的"OmniVision Technologies Seril Camera Control Bus(SCCB) Specification"文档。

10）LED 和闪光灯的输出控制（LED and Storbe Flash Control Output）

OV7670 有闪光灯模式，可以控制外接闪光灯或闪光 LED 的工作。OV7670 的寄存器通过 SCCB 时序访问并设置，SCCB 时序和 IIC 时序十分类似，可参考本书配套资料的相关文档。

接下来介绍一下 OV7670 的图像数据输出格式，首先简单介绍几个定义：

- VGA，即分辨率为 640×480 的输出模式；
- QVGA，即分辨率为 320×240 的输出格式，也就是本章需要用到的格式；
- QQVGA，即分辨率为 160×120 的输出格式；
- PCLK，即像素时钟，一个 PCLK 时钟，输出一个像素（或半个像素）；
- VSYNC，即帧同步信号；
- HREF/HSYNC，即行同步信号。

OV7670 的图像数据输出（通过 D[7：0]）就是在 PCLK、VSYNC 和 HREF/HSYNC 的控制下进行的。行输出时序如图 32.1.2 所示。可以看出，图像数据在 HREF 为高的时候输出。当 HREF 变高后，每一个 PCLK 时钟输出一个字节数据。比如采用 VGA 时序、RGB565 格式输出，每 2 个字节组成一个像素的颜色（高字节在前，低字节在后），这样每行输出总共有 640×2 个 PCLK 周期，输出 640×2 个字节。

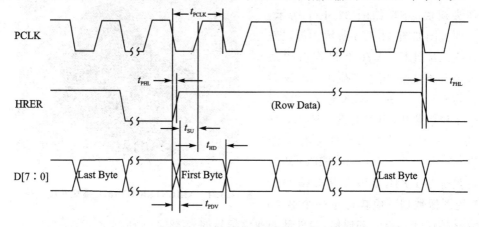

图 32.1.2　OV7670 行输出时序

再来看看帧时序(VGA 模式),如图 32.1.3 所示。图中清楚地表示了 OV7670 在 VGA 模式下的数据输出。注意,图中的 HSYNC 和 HREF 其实是同一个引脚产生的信号,只是在不同场合下面使用不同的信号方式,本章用到的是 HREF。

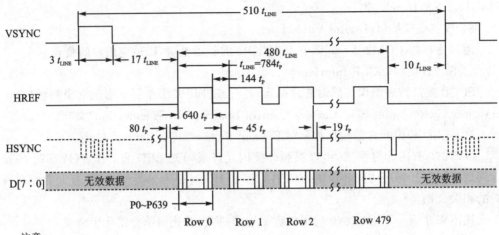

图 32.1.3 OV7670 帧时序

因为 OV7670 的像素时钟(PCLK)最高可达 24 MHz,用 STM32F103ZET6 的 I/O 口直接抓取非常困难,也十分占耗 CPU(可以通过降低 PCLK 输出频率来实现 I/O 口抓取,但是不推荐)。所以,本章并不是采取直接抓取来自 OV7670 的数据,而是通过 FIFO 读取。ALIENTEK OV7670 摄像头模块自带了一个 FIFO 芯片,用于暂存图像数据,有了这个芯片就可以很方便地获取图像数据了,而不再需要单片机具有高速 I/O,也不会耗费多少 CPU。可以说,只要是个单片机,都可以通过 ALIENTEK OV7670 摄像头模块实现拍照的功能。

接下来介绍 ALIENTEK OV7670 摄像头模块,外观如图 32.1.4 所示。模块原理图如图 32.1.5 所示。可以看出,ALIENTEK OV7670 摄像头模块自带了有源晶振,用于产生 12 MHz 时钟作为 OV7670 的 XCLK 输入。同时自带了稳压芯片,用于提供 OV7670 稳定的 2.8 V 工作电压,并带有一个 FIFO 芯片(AL422B)。该 FIFO 芯片的容量是 384 KB,足够存储 2 帧 QVGA 的图像数据。模块通过一个 2×9 的双排排针(P1)与外部通信,与外部的通信信号如表 32.1.1 所列。

图 32.1.4 ALIENTEK OV7670 摄像头模块外观图

第32章 摄像头实验

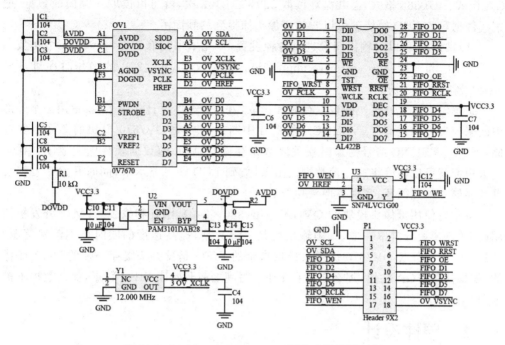

图 32.1.5 ALIENTEK OV7670 摄像头模块原理图

表 32.1.1 OV7670 模块信号及其作用描述

信 号	作用描述	信 号	作用描述
VCC3.3	模块供电脚,接 3.3 V 电源	FIFO_WEN	FIFO 写使能
GND	模块地线	FIFO_WRST	FIFO 写指针复位
OV_SCL	SCCB 通信时钟信号	FIFO_RRST	FIFO 读指针复位
OV_SDA	SCCB 通信数据信号	FIFO_OE	FIFO 输出使能(片选)
FIFO_D[7:0]	FIFO 输出数据(8 位)	OV_VSYNC	OV7670 帧同步信号
FIFO_RCLK	读 FIFO 时钟		

下面看看如何使用 ALIENTEK OV7670 摄像头模块(以 QVGA 模式、RGB565 格式为例)。对于该模块,我们只关心两点:①如何存储图像数据;②如何读取图像数据。

首先来看如何存储图像数据。ALIENTEK OV7670 摄像头模块存储图像数据的过程为:等待 OV7670 同步信号→FIFO 写指针复位→FIFO 写使能→等待第二个 OV7670 同步信号→FIFO 写禁止。通过以上 5 个步骤就完成了一帧图像数据的存储。

接下来看看如何读取图像数据。存储完一帧图像以后就可以开始读取图像数据了,读取过程为:FIFO 读指针复位→给 FIFO 读时钟(FIFO_RCLK)→读取第一个像素高字节→给 FIFO 读时钟→读取第一个像素低字节→给 FIFO 读时钟→读取第二个像素高字节→循环读取剩余像素→结束。

可以看出,ALIENTEK OV7670 摄像头模块数据的读取也是十分简单,比如 QV-

GA 模式、RGB565 格式,总共循环读取 320×240×2 次,就可以读取一帧图像数据,把这些数据写入 LCD 模块就可以看到摄像头捕捉到的画面了。

OV7670 还可以对输出图像进行各种设置,详见本书配套资料"OV7670 中文数据手册 1.01"和"OV7670 software application note"文档,AL422B 的操作时序可参考 AL422B 的数据手册。

了解了 OV7670 模块的数据存储和读取,就可以开始设计代码了,本章用一个外部中断来捕捉帧同步信号(VSYNC),然后在中断里面启动 OV7670 模块的图像数据存储,下一次 VSHNC 信号到来时就关闭数据存储,然后一帧数据就存储完成了。在主函数里面就可以慢慢将这一帧数据读出来,放到 LCD 即可显示了,同时开始第二帧数据的存储。如此循环,实现摄像头功能。

本章将使用摄像头模块的 QVGA 输出(320×240),刚好和战舰 STM32 开发板使用的 LCD 模块分辨率一样,一帧输出就是一屏数据,提高速度的同时也不浪费资源。

注意:ALIENTEK OV7670 摄像头模块自带的 FIFO 是没办法缓存一帧的 VGA 图像的,如果使用 VGA 输出,那么必须在 FIFO 写满之前开始读 FIFO 数据,保证数据不被覆盖。

32.2 硬件设计

本章实验功能简介:开机后,初始化摄像头模块(OV7670),如果初始化成功,则在 LCD 模块上面显示摄像头模块所拍摄到的内容。可以通过 KEY0 设置光照模式(5 种模式)、通过 KEY1 设置色饱和度、通过 KEY2 设置亮度、通过 KEY_UP 设置对比度、通过 TPAD 设置特效(总共 7 种特效)。通过串口可以查看当前的帧率(这里是指 LCD 显示的帧率,而不是指 OV7670 的输出帧率),同时可以借助 USMART 设置 OV7670 的寄存器,方便读者调试。DS0 指示程序运行状态。

本实验用到的硬件资源有:指示灯 DS0、KEY0/KEY1/KEY2/KEY_UP 和 TPAD 按键、串口、TFTLCD 模块、摄像头模块。ALIENTEK OV7670 摄像头模块在 32.1 节已经详细介绍过,这里主要介绍该模块与 ALIETEK 战舰 STM32 开发板的连接。

开发板的左下角的 2×9 的 P6 排座是摄像头模块/OLED 模块共用接口,本章需要将 ALIENTEK OV7670 摄像头模块插入这个接口(P6)即可,该接口与 STM32 的连接关系如图 32.2.1 所示。可以看出,OV7670 摄像头模块的各信号脚与 STM32 的连接关系为:OV_SDA 接 PG13、OV_SCL 接 PD3、FIFO_RCLK 接 PB4、FIFO_WEN 接 PB3、FIFO_WRST 接 PD6、FIFO_RRST 接 PG14、FIFO_OE 接 PG15、OV_VSYNC 接 PA8、OV_D[7∶0]接 PC[7∶0]。战舰 STM32 的内部已经将这些线连接好了,我们只需要将 OV7670 摄像头模块插上去就好了。注意,有几个信号线和其他外设共用了,OV_SCL 与 JOY_CLK 共用 PD3,所以摄像头和手柄不可以同时使用;FIFO_WEN、FIFO_RCLK 和 JTAG 的信号线 JTDO、JTRST 共用了,所以使用摄像头的时候不能使用 JTAG 模式调试,而应该选择 SW 模式(SW 模式不需要用到 JTDO 和 JTRST);

OV_VSYNC 和 PWM_DAC 共用了 PA8，所以它们也不可以同时使用。实物连接如图32.2.2所示。

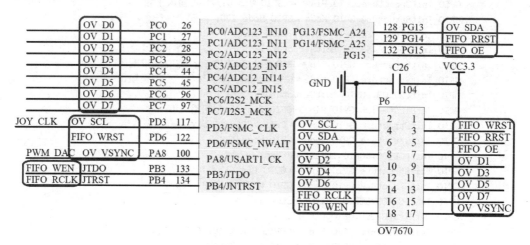

图 32.2.1　摄像头模块接口与STM32连接图

图 32.2.2　OV7670 摄像头模块与开发板连接实物图

32.3　软件设计

打开摄像头实验的工程，可以看到我们的工程中多了 ov7670.c 和 sccb.c 源文件，以及头文件 ov7670.h、sccb.h 和 ov7670cfg.h 等 5 个文件。

本章总共新增了 5 个文件，代码比较多，这里仅挑两个重要的地方进行讲解。首先来看 ov7670.c 里面的 OV7670_Init 函数，该函数代码如下：

```
u8 OV7670_Init(void)
{
    u8 temp;   u16 i = 0;
    GPIO_InitTypeDef  GPIO_InitStructure;
    RCC_APB2PeriphClockCmd(RCC_APB2Periph_GPIOA|RCC_APB2Periph_GPIOB
```

```c
                    RCC_APB2Periph_GPIOC|RCC_APB2Periph_GPIOD|
                    RCC_APB2Periph_GPIOG, ENABLE);   //使能相关端口时钟
    GPIO_InitStructure.GPIO_Pin   = GPIO_Pin_8;//PA8 输入上拉
    GPIO_InitStructure.GPIO_Mode = GPIO_Mode_IPU;
    GPIO_InitStructure.GPIO_Speed = GPIO_Speed_50MHz;
    GPIO_Init(GPIOA,&GPIO_InitStructure);            //初始化 GPIOA.8
    GPIO_InitStructure.GPIO_Pin = GPIO_Pin_3|GPIO_Pin_4;//端口配置
    GPIO_InitStructure.GPIO_Mode = GPIO_Mode_Out_PP;    //推挽输出
    GPIO_Init(GPIOB,&GPIO_InitStructure);
    GPIO_SetBits(GPIOB,GPIO_Pin_3|GPIO_Pin_4);//初始化 GPIO
    GPIO_InitStructure.GPIO_Pin   = 0xff;//PC0~7 输入上拉
    GPIO_InitStructure.GPIO_Mode = GPIO_Mode_IPU;
    GPIO_Init(GPIOC,&GPIO_InitStructure);
    GPIO_InitStructure.GPIO_Pin   = GPIO_Pin_6;
    GPIO_InitStructure.GPIO_Mode = GPIO_Mode_Out_PP;
    GPIO_Init(GPIOD,&GPIO_InitStructure);
    GPIO_SetBits(GPIOD,GPIO_Pin_6);
    GPIO_InitStructure.GPIO_Pin   = GPIO_Pin_14|GPIO_Pin_15;
    GPIO_InitStructure.GPIO_Mode = GPIO_Mode_Out_PP;
    GPIO_Init(GPIOG,&GPIO_InitStructure);
    GPIO_SetBits(GPIOG,GPIO_Pin_14|GPIO_Pin_15);
    GPIO_PinRemapConfig(GPIO_Remap_SWJ_JTAGDisable,ENABLE);//SWD
    SCCB_Init();         //初始化 SCCB 的 I/O 口
    if(SCCB_WR_Reg(0x12,0x80))return 1;//复位 SCCB
    delay_ms(50);
    temp = SCCB_RD_Reg(0x0b);    //读取产品型号
    if(temp! = 0x73)return 2;
    temp = SCCB_RD_Reg(0x0a);
    if(temp! = 0x76)return 2;
    //初始化序列
    for(i = 0;i<sizeof(ov7670_init_reg_tbl)/sizeof(ov7670_init_reg_tbl[0])/2;i++)
    {
        SCCB_WR_Reg(ov7670_init_reg_tbl[i][0],ov7670_init_reg_tbl[i][1]);
        delay_ms(2);
    }
    return 0x00; //ok
}
```

此部分代码先初始化 OV7670 相关的 I/O 口(包括 SCCB_Init),最主要的是完成 OV7670 的寄存器序列初始化。OV7670 的寄存器多(百几十个),配置麻烦,厂家提供了参考配置序列(详见 OV7670 software application note)。本章用到的配置序列存放在 ov7670_init_reg_tbl 数组里面,该数组是一个 2 维数组,存储初始化序列寄存器及其对应的值,该数组存放在 ov7670cfg.h 里面。

接下来看看 ov7670cfg.h 里面 ov7670_init_reg_tbl 的内容,代码如下:

```c
//初始化寄存器序列及其对应的值
const u8 ov7670_init_reg_tbl[][2] =
{
    /* 以下为 OV7670 QVGA RGB565 参数   */
    {0x3a, 0x04},//
```

第 32 章 摄像头实验

```
        {0x40, 0x10},
        {0x12, 0x14},//QVGA,RGB 输出
        ……省略部分设置
        {0x6e, 0x11},//100
        {0x6f, 0x9f},//0x9e for advance AWB
        {0x55, 0x00},//亮度
        {0x56, 0x40},//对比度
        {0x57, 0x80},//0x40,  change according to Jim's request
};
```

以上代码省略了很多,我们大概了解下结构。每个条目的第一个字节为寄存器号(也就是寄存器地址),第二个字节为要设置的值,比如{0x3a,0x04}表示在 0X03 地址写入 0X04 这个值。

通过这么一长串(110 多个)寄存器的配置就完成了 OV7670 的初始化,本章配置 OV7670 工作在 QVGA 模式,RGB565 格式输出。在完成初始化之后即可以开始读取 OV7670 的数据了。OV7670 文件夹里面的其他代码就不逐个介绍了,可参考本书配套资料该例程源码。

因为本章还用到了帧率(LCD 显示的帧率)统计和中断处理,所以还需要修改 timer.c、timer.h、exti.c 及 exti.h 这几个文件。在 timer.c 里面新增 TIM6_Int_Init 和 TIM6_IRQHandler 两个函数,用于统计帧率,增加代码如下:

```
u8 ov_frame;//统计帧数
//定时器 6 中断服务程序
void TIM6_IRQHandler(void)
{   if (TIM_GetITStatus(TIM6, TIM_IT_Update) != RESET) //更新中断发生
    {
            printf("frame:%dfps\r\n",ov_frame);//打印帧率
            ov_frame = 0;
    }
        TIM_ClearITPendingBit(TIM6, TIM_IT_Update  );    //清中断标志位


}
//基本定时器 6 中断初始化
//这里时钟选择为 APB1 的 2 倍,而 APB1 为 36 MHz
//arr:自动重装值。psc:时钟预分频数
void TIM6_Int_Init(u16 arr,u16 psc)
{
    TIM_TimeBaseInitTypeDef   TIM_TimeBaseStructure;
    NVIC_InitTypeDef NVIC_InitStructure;
    RCC_APB1PeriphClockCmd(RCC_APB1Periph_TIM6, ENABLE);//时钟使能
    TIM_TimeBaseStructure.TIM_Period = arr;//自动重装载周期值
    TIM_TimeBaseStructure.TIM_Prescaler =psc;//预分频值
    TIM_TimeBaseStructure.TIM_ClockDivision = 0;//设置时钟分割:TDTS = Tck_tim
    TIM_TimeBaseStructure.TIM_CounterMode = TIM_CounterMode_Up;  //向上计数模式
    TIM_TimeBaseInit(TIM6, &TIM_TimeBaseStructure);//根据指定的参数初始化 TIMx
    TIM_ITConfig( TIM6,TIM_IT_Update|TIM_IT_Trigger,ENABLE);//使能更新触发中断
    TIM_Cmd(TIM6, ENABLE);   //使能 TIMx 外设
    NVIC_InitStructure.NVIC_IRQChannel = TIM6_IRQn;           //TIM3 中断
    NVIC_InitStructure.NVIC_IRQChannelPreemptionPriority = 1;  //先占优先级 0 级
```

```c
    NVIC_InitStructure.NVIC_IRQChannelSubPriority = 3;    //从优先级 3 级
    NVIC_InitStructure.NVIC_IRQChannelCmd = ENABLE;       //IRQ 通道被使能
    NVIC_Init(&NVIC_InitStructure);   //根据指定的参数初始化外设 NVIC 寄存器
}
```

这里用到基本定时器 TIM6 来统计帧率,也就是 1 秒钟中断一次,打印 ov_frame 的值,ov_frame 用于统计 LCD 帧率。再在 timer.h 里面添加 TIM6_Int_Init 函数的定义,就完成对 timer.c 和 timer.h 的修改了。在 exti.c 里面添加 EXTI8_Init 和 EXTI9_5_IRQHandler 函数,用于 OV7670 模块的 FIFO 写控制。exti.c 文件新增部分代码如下:

```c
//ov_sta:0,开始一帧数据采集
u8 ov_sta;//帧中断标记
void EXTI9_5_IRQHandler(void) //外部中断 5~9 服务程序
{
    if(EXTI_GetITStatus(EXTI_Line8) == SET)//是 8 线的中断
    {
        OV7670_WRST = 0;//复位写指针
        OV7670_WRST = 1;
        OV7670_WREN = 1;//允许写入 FIFO
        ov_sta++ ;//帧中断加 1
    }
    EXTI_ClearITPendingBit(EXTI_Line8);    //清除 EXTI8 线路挂起位
}
void EXTI8_Init(void) //外部中断 8 初始化
{
    EXTI_InitTypeDef EXTI_InitStructure;
    NVIC_InitTypeDef NVIC_InitStructure;
    GPIO_EXTILineConfig(GPIO_PortSourceGPIOA,GPIO_PinSource8);//PA8 对中断线 8
    EXTI_InitStructure.EXTI_Line = EXTI_Line8;
    EXTI_InitStructure.EXTI_Mode = EXTI_Mode_Interrupt;
    EXTI_InitStructure.EXTI_Trigger = EXTI_Trigger_Rising;
    EXTI_InitStructure.EXTI_LineCmd = ENABLE;
    EXTI_Init(&EXTI_InitStructure);//根据指定的参数初始化外设 EXTI 寄存器
    NVIC_InitStructure.NVIC_IRQChannel = EXTI9_5_IRQn;     //使能外部中断通道
    NVIC_InitStructure.NVIC_IRQChannelPreemptionPriority = 0;//抢占优先级 0
    NVIC_InitStructure.NVIC_IRQChannelSubPriority = 0;     //子优先级 0
    NVIC_InitStructure.NVIC_IRQChannelCmd = ENABLE;       //使能外部中断通道
    NVIC_Init(&NVIC_InitStructure);    //根据指定的参数初始化外设 NVIC 寄存器
}
```

因为 OV7670 的帧同步信号(OV_VSYNC)接在 PA8 上面,所以这里配置 PA8 作为中端输入。因为 STM32 的外部中断 5~9 共用一个中端服务函数(EXTI9_5_IRQHandler),所以在该函数里面需要先判断中断是不是来自中断线 8 的,然后再做处理。

中断处理部分流程:每当帧中断到来后,先判断 ov_sta 的值是否为 0,如果是 0,则说明可以往 FIFO 里面写入数据,执行复位 FIFO 写指针,并允许 FIFO 写入;此时, AL422B 将从地址 0 开始,存储新一帧的图像数据。然后设置 ov_sta++ 即可,标记新的一帧数据正在存储中。如果 ov_sta 不为 0,则说明之前存储在 FIFO 里面的一帧数

第32章 摄像头实验

据还未被读取过,直接禁止 FIFO 写入,等待 MCU 读取 FIFO 数据,以免数据覆盖。

然后,STM32 只需要判断 ov_sta 是否大于 0 来读取 FIFO 里面的数据,读完一帧后,设置 ov_sta 为 0,以免重复读取,同时还可以使能 FIFO 新帧的写入。再在 exti.h 里面添加 EXTI8_Init 函数的定义,就完成对 exti.c 和 exti.h 的修改了。

最后,打开 main.c 文件,代码如下:

```c
const u8 * LMODE_TBL[5] = {"Auto","Sunny","Cloudy","Office","Home"};//5 种光照模式
const u8 * EFFECTS_TBL[7] = {"Normal","Negative","B&W","Redish","Greenish",
                             "Bluish","Antique"};//7 种特效
extern u8 ov_sta;//在 exit.c 里面定义
extern u8 ov_frame;//在 timer.c 里面定义
void camera_refresh(void) //更新 LCD 显示
{
    u32 j;  u16 color;
    if(ov_sta)//有帧中断更新吗
    {
        LCD_Scan_Dir(U2D_L2R);//从上到下,从左到右
        if(lcddev.id == 0X1963)
          LCD_Set_Window((lcddev.width - 240)/2,(lcddev.height - 320)/2,240,320);
        else if(lcddev.id == 0X5510||lcddev.id == 0X5310)
          LCD_Set_Window((lcddev.width - 320)/2,(lcddev.height - 240)/2,320,240);
        LCD_WriteRAM_Prepare();      //开始写入 GRAM
        OV7670_RRST = 0;//开始复位读指针
        OV7670_RCK_L;
        OV7670_RCK_H;OV7670_RCK_L;
        OV7670_RRST = 1;//复位读指针结束
        OV7670_RCK_H;
        for(j = 0;j<76800;j ++ )
        {
            OV7670_RCK_L;
            color = GPIOC - >IDR&0XFF;//读数据
            OV7670_RCK_H; color<< = 8;
            OV7670_RCK_L;
            color| = GPIOC - >IDR&0XFF;//读数据
            OV7670_RCK_H;
            LCD - >LCD_RAM = color;
        }
        ov_sta = 0;//清零帧中断标记
        ov_frame ++ ;
        LCD_Scan_Dir(DFT_SCAN_DIR);//恢复默认扫描方向
    }
}
int main(void)
{
    u8 lightmode = 0,saturation = 2,brightness = 2,contrast = 2;
    u8key,effect = 0, i = 0, tm = 0;
    u8 msgbuf[15];//消息缓存区

    delay_init();     //延时函数初始化
    NVIC_PriorityGroupConfig(NVIC_PriorityGroup_2);//设置中断优先级分组为组 2
```

```c
uart_init(115200);                    //串口初始化为 115 200
usmart_dev.init(72);     //初始化 USMART
LED_Init();      //初始化与 LED 连接的硬件接口
KEY_Init();//初始化按键
LCD_Init();      //初始化 LCD
TPAD_Init();         //触摸按键初始化
//…此处省略部分非关键代码
while(OV7670_Init())//初始化 OV7670
{
    LCD_ShowString(30,230,200,16,16,"OV7670 Error!!");
    delay_ms(200);
    LCD_Fill(30,230,239,246,WHITE);
    delay_ms(200);
}
LCD_ShowString(30,230,200,16,16,"OV7670 Init OK");
delay_ms(1500);
OV7670_Light_Mode(lightmode);
OV7670_Color_Saturation(saturation);
OV7670_Brightness(brightness);
OV7670_Contrast(contrast);
OV7670_Special_Effects(effect);
TIM6_Int_Init(10000,7199);           //10 kHz 计数频率,1 秒钟中断
EXTI8_Init();    //使能定时器捕获
OV7670_Window_Set(12,176,240,320);//设置窗口
OV7670_CS = 0;
LCD_Clear(BLACK);
while(1)
{
    key = KEY_Scan(0);//不支持连按
    if(key)
    {
        tm = 20;
        switch(key)
        {
            case KEY0_PRES://灯光模式 Light Mode
                lightmode++;
                if(lightmode>4)lightmode = 0;
                OV7670_Light_Mode(lightmode);
                sprintf((char *)msgbuf,"%s",LMODE_TBL[lightmode]);
                break;
            case KEY1_PRES://饱和度 Saturation
                saturation++;
                if(saturation>4)saturation = 0;
                OV7670_Color_Saturation(saturation);
                sprintf((char *)msgbuf,"Saturation:%d",(signed char)saturation-2);
                break;
            case KEY2_PRES://亮度 Brightness
                brightness++;
                if(brightness>4)brightness = 0;
                OV7670_Brightness(brightness);
                sprintf((char *)msgbuf,"Brightness:%d",(signed char)brightness-2);
```

```
            break;
        case WKUP_PRES://对比度 Contrast
            contrast++;
            if(contrast>4)contrast=0;
            OV7670_Contrast(contrast);
            sprintf((char*)msgbuf,"Contrast:%d",(signed char)contrast-2);
            break;
    }
}
if(TPAD_Scan(0))//检测到触摸按键
{
    effect++;
    if(effect>6)effect=0;
    OV7670_Special_Effects(effect);//设置特效
    sprintf((char*)msgbuf,"%s",EFFECTS_TBL[effect]);
    tm=20;
}
camera_refresh();//更新显示
if(tm)
{
    LCD_ShowString((lcddev.width-240)/2+30,(lcddev.height-320)/2+60,200,
                                                                16,16,msgbuf);
    tm--;
}
i++;
if(i==15)//DS0 闪烁.
{
    i=0;
    LED0=!LED0;
}
```

此部分代码除了 mian 函数,还有一个 camera_refresh 函数,该函数用于读取摄像头模块自带 FIFO 里面的数据,并显示在 LCD 上面。对分辨率大于 320×240 的屏幕,则通过开窗函数(LCD_Set_Window)将显示区域开窗在屏幕的正中央。注意,为了提高 FIFO 读取速度,将 FIFO_RCK 采用快速 I/O 控制,关键代码如下(在 ov7670.h 里面):

```
#define OV7670_RCK_H GPIOB->BSRR=1<<4//设置读数据时钟高电平
#define OV7670_RCK_L GPIOB->BRR=1<<4//设置读数据时钟低电平
```

OV7670_RCK_H 和 OV7670_RCK_L 就用到了 BSRR 和 BRR 寄存器,以实现快速 IO 设置,从而提高读取速度。

前面提到,要用 USMART 来设置摄像头的参数,只需要在 usmart_nametab 里面添加 SCCB_WR_Reg 和 SCCB_RD_Reg 这两个函数,就可以轻松调试摄像头了。

最后,为了得到最快的显示速度,将 MDK 的代码优化等级设置为-O2 级别(在 C/C++选项卡里面设置),这样 LCD 的显示帧率可以达到 18 帧。注意:这里是因为 TPAD_Scan 扫描占用了很多时间(>15 ms/次),帧率才是 18 帧;如果屏蔽掉 TPAD_

Scan,则可以达到 30 帧。

32.4 下载验证

编译成功之后,下载代码到 ALIENTEK 战舰 STM32 开发板上,得到如图 32.4.1 所示界面。

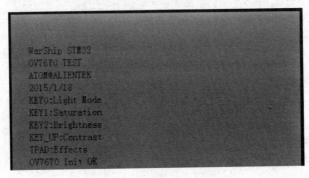

图 32.4.1 程序运行效果图

随后进入监控界面,此时可以按不同的按键(KEY0~KEY2、KEY_UP、TPAD 等)来设置摄像头的相关参数和模式,得到不同的成像效果。同时,还可以在串口通过 USMART 调用 SCCB_WR_Reg 等函数来设置 OV7670 的各寄存器,达到调试测试 OV7670 的目的,如图 32.4.2 所示。

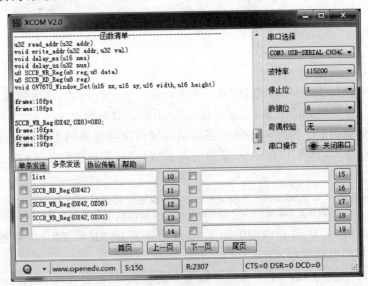

图 32.4.2 USMART 调试 OV7670

从图 32.4.2 还可以看出,LCD 显示帧率为 19 帧左右,而实际上 OV7670 的输出速度是 30 帧(即 OV_VSYNC 的频率)。图中通过 USMART 发送 SCCB_WR_Reg (0X42,0X08),即可设置 OV7670 输出彩条,方便读者测试。

第 33 章 外部 SRAM 实验

　　STM32F103ZET6 自带了 64 KB 的 SRAM,对一般应用来说已经足够了,不过在一些对内存要求高的场合就不够用了,比如运行算法或者运行 GUI 等,所以战舰 STM32 开发板板载了一颗 1 MB 容量的 SRAM 芯片 IS62WV51216,满足大内存使用的需求。

　　本章使用 STM32 来驱动 IS62WV51216,实现对 IS62WV51216 的访问控制,并测试其容量。

33.1　IS62WV51216 简介

　　IS62WV51216 是 ISSI(Integrated Silicon Solution,Inc)公司生产的一颗 16 位宽 512K(512×16 bit,即 1 MB)容量的 CMOS 静态内存芯片,具有如下几个特点:
- 高速,具有 45 ns/55 ns 访问速度。
- 低功耗。
- TTL 电平兼容。
- 全静态操作,不需要刷新和时钟电路。
- 三态输出。
- 字节控制功能,支持高/低字节控制。

　　IS62WV51216 的功能框图如图 33.1.1 所示。图中 A0~18 为地址线,总共 19 根地址线(即 2^{19}=512K,1K=1 024);IO0~15 为数据线,总共 16 根数据线。CS2 和 CS1 都是片选信号,不过 CS2 是高电平有效,CS1 是低电平有效;OE 是输出使能信号(读信号);WE 为写使能信号;UB 和 LB 分别是高字节控制和低字节控制信号。

　　战舰 STM32 开发板使用的是 TSOP44 封装的 IS62WV51216 芯片,该芯片直接接在 STM32 的 FSMC 上。IS62WV51216 原理图如图 33.1.2 所示。可以看出,IS62WV51216 同 STM32 的连接关系:A[0:18]接 FMSC_A[0:18]、D[0:15]接 FSMC_D[0:15],UB 接 FSMC_NBL1,LB 接 FSMC_NBL0,OE 接 FSMC_OE,WE 接 FSMC_WE,CS 接 FSMC_NE3。

　　本章使用 FSMC 的 BANK1 区域 3 来控制 IS62WV51216,FSMC 的详细介绍可参考第 15 章。第 15 章采用读/写不同的时序来操作 TFTLCD 模块(因为 TFTLCD 模块读的速度比写的速度慢很多),但是本章中 IS62WV51216 的读/写时间基本一致,所以设置读/写相同的时序来访问 FSMC。

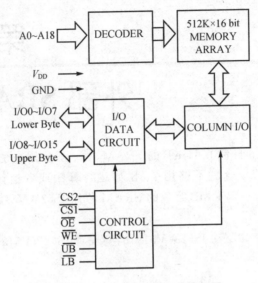

图 33.1.1　IS62WV51216 功能框图

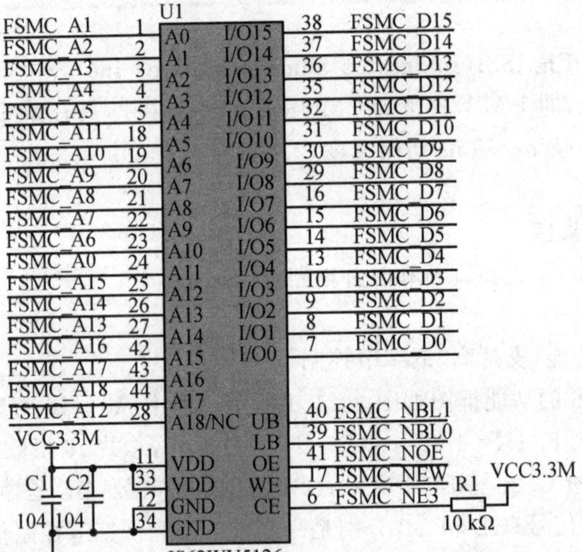

图 33.1.2　IS62WV51216 原理图

最后来看看实现 IS62WV51216 的访问需要对 FSMC 进行哪些配置,步骤如下:
① 使能 FSMC 时钟,并配置 FSMC 相关的 I/O 及其时钟使能。

要使用 FSMC,当然首先得开启其时钟。然后需要把 FSMC_D0～15、FSMCA0～18 等相关 I/O 口全部配置为复用输出,并使能各 I/O 组的时钟。

使能 FSMC 时钟的方法:

```
RCC_AHBPeriphClockCmd(RCC_AHBPeriph_FSMC,ENABLE);
```

第33章 外部 SRAM 实验

② 设置 FSMC BANK1 区域 3。

此部分包括设置区域 3 的存储器的工作模式、位宽和读/写时序等。本章使用模式 A、16 位宽，读/写共用一个时序寄存器。使用的函数是：

void FSMC_NORSRAMInit(FSMC_NORSRAMInitTypeDef * FSMC_NORSRAMInitStruct)

③ 使能 BANK1 区域 3。

使能 BANK 的方法跟前面 LCD 实验也是一样的，函数是：

void FSMC_NORSRAMCmd(uint32_t FSMC_Bank, FunctionalState NewState);

通过以上几个步骤就完成了 FSMC 的配置，可以访问 IS62WV51216 了。注意，因为使用的是 BANK1 的区域 3，所以 HADDR[27：26]=10，故外部内存的首地址为 0X68000000。

33.2 硬件设计

本章实验功能简介：开机后显示提示信息，按下 KEY1 按键即测试外部 SRAM 容量大小并显示在 LCD 上，按下 WK_UP 按键即显示预存在外部 SRAM 的数据。DS0 指示程序运行状态。

本实验用到的硬件资源有：指示灯 DS0、KEY1 和 WK_UP 按键、串口、TFTLCD 模块、IS62WV51216。这些都已经介绍过（IS62WV51216 与 STM32F1 的各 I/O 对应关系参考本书配套资料原理图），接下来开始软件设计。

33.3 软件设计

打开外部 SRAM 实验工程，可以看到，我们增加了 sram.c 文件以及头文件 sram.h，FSMC 初始化相关配置和定义都在这两个文件中。同时还引入了 FSMC 固件库文件 stm32f10x_fsmc.c 和 stm32f10x_fsmc.h 文件。

打开 sram.c 文件，代码如下：

```
#include "sram.h"
#include "usart.h"
//使用 NOR/SRAM 的 Bank1.sector3,地址位 HADDR[27,26] = 10
//对 IS61LV25616/IS62WV25616,地址线范围为 A0~A17
//对 IS61LV51216/IS62WV51216,地址线范围为 A0~A18
#define Bank1_SRAM3_ADDR    ((u32)(0x68000000))
//初始化外部 SRAM
void FSMC_SRAM_Init(void)
{
    FSMC_NORSRAMInitTypeDef  FSMC_NSInitStructure;
    FSMC_NORSRAMTimingInitTypeDef  readWriteTiming;
    GPIO_InitTypeDef  GPIO_InitStructure;

    RCC_APB2PeriphClockCmd(RCC_APB2Periph_GPIOD|RCC_APB2Periph_GPIOE|
             RCC_APB2Periph_GPIOF|RCC_APB2Periph_GPIOG,ENABLE);
```

```c
RCC_AHBPeriphClockCmd(RCC_AHBPeriph_FSMC,ENABLE);
GPIO_InitStructure.GPIO_Pin = 0xFF33; //PORTD 复用推挽输出
GPIO_InitStructure.GPIO_Mode = GPIO_Mode_AF_PP;    //复用推挽输出
GPIO_InitStructure.GPIO_Speed = GPIO_Speed_50MHz;
GPIO_Init(GPIOD,&GPIO_InitStructure);
GPIO_InitStructure.GPIO_Pin = 0xFF83; //PORTE 复用推挽输出
GPIO_Init(GPIOE,&GPIO_InitStructure);
GPIO_InitStructure.GPIO_Pin = 0xF03F;    //PORTD 复用推挽输出
GPIO_Init(GPIOF,&GPIO_InitStructure);
GPIO_InitStructure.GPIO_Pin = 0x043F; //PORTD 复用推挽输出
GPIO_Init(GPIOG,&GPIO_InitStructure);
readWriteTiming.FSMC_AddressSetupTime = 0x00;    //地址建立时间为 1 个 HCLK
readWriteTiming.FSMC_AddressHoldTime = 0x00;     //地址保持时间模式 A 未用到
readWriteTiming.FSMC_DataSetupTime = 0x03;       //数据保持时间为 3 个 HCLK
readWriteTiming.FSMC_BusTurnAroundDuration = 0x00;
readWriteTiming.FSMC_CLKDivision = 0x00;
readWriteTiming.FSMC_DataLatency = 0x00;
readWriteTiming.FSMC_AccessMode = FSMC_AccessMode_A;    //模式 A
FSMC_NSInitStructure.FSMC_Bank = FSMC_Bank1_NORSRAM3; //BTCR[4],[5]。
FSMC_NSInitStructure.FSMC_DataAddressMux = FSMC_DataAddressMux_Disable;
FSMC_NSInitStructure.FSMC_MemoryType = FSMC_MemoryType_SRAM    //SRAM
FSMC_NSInitStructure.FSMC_MemoryDataWidth = FSMC_MemoryDataWidth_16b;
                                                               //存储器数据宽度为 16bit
FSMC_NSInitStructure.FSMC_BurstAccessMode = FSMC_BurstAccessMode_Disable;
FSMC_NSInitStructure.FSMC_WaitSignalPolarity = FSMC_WaitSignalPolarity_Low;
FSMC_NSInitStructure.FSMC_AsynchronousWait = FSMC_AsynchronousWait_Disable;
FSMC_NSInitStructure.FSMC_WrapMode = FSMC_WrapMode_Disable;
FSMC_NSInitStructure.FSMC_WaitSignalActive =
FSMC_WaitSignalActive_BeforeWaitState;
FSMC_NSInitStructure.FSMC_WriteOperation = FSMC_WriteOperation_Enable;
                                                               //存储器写使能
FSMC_NSInitStructure.FSMC_WaitSignal = FSMC_WaitSignal_Disable;
FSMC_NSInitStructure.FSMC_ExtendedMode = FSMC_ExtendedMode_Disable;
                                                               //读写使用相同的时序
FSMC_NSInitStructure.FSMC_WriteBurst = FSMC_WriteBurst_Disable;
FSMC_NSInitStructure.FSMC_ReadWriteTimingStruct = &readWriteTiming;
FSMC_NSInitStructure.FSMC_WriteTimingStruct = &readWriteTiming;
FSMC_NORSRAMInit(&FSMC_NSInitStructure);    //初始化 FSMC 配置
FSMC_NORSRAMCmd(FSMC_Bank1_NORSRAM3,ENABLE);    //使能 BANK3
}
//在指定地址开始,连续写入 n 个字节
//pBuffer:字节指针   WriteAddr:要写入的地址   n:要写入的字节数
void FSMC_SRAM_WriteBuffer(u8 * pBuffer,u32 WriteAddr,u32 n)
{
    for(;n!=0;n--)
    {
        *(vu8 *)(Bank1_SRAM3_ADDR + WriteAddr) = * pBuffer;
        WriteAddr ++ ;
        pBuffer ++ ;
    }
}
```

第33章 外部SRAM实验

```
//在指定地址开始,连续读出n个字节
//pBuffer:字节指针  ReadAddr:要读出的起始地址  n:要写入的字节数
void FSMC_SRAM_ReadBuffer(u8 * pBuffer,u32 ReadAddr,u32 n)
{
    for(;n!=0;n--)
    {
        * pBuffer++ = *(vu8 *)(Bank1_SRAM3_ADDR + ReadAddr);
        ReadAddr += 1;
    }
}
```

此部分代码包含3个函数,FSMC_SRAM_Init函数用于初始化,包括FSMC相关I/O口的初始化以及FSMC配置;FSMC_SRAM_WriteBuffer和FSMC_SRAM_ReadBuffer两个函数分别用于在外部SRAM的指定地址写入和读取指定长度的数据(以字节为单位)。

这里需要注意的是:当FSMC位宽为16位的时候,HADDR右移一位同地址对齐,但是ReadAddr却没有加2,而是加1,是因为我们这里用的数据为宽是8位,通过UB和LB来控制高低字节位,所以地址在这里是可以只加1的。另外,因为我们使用的是BANK1的区域3,所以外部SRAM的基址为0x68000000。

下面我们打开main.c文件,内容如下:

```
u32 testsram[250000] __attribute__((at(0X68000000)));//测试用数组
//外部内存测试(最大支持1M字节内存测试)
void fsmc_sram_test(u16 x,u16 y)
{
    u32 i = 0; u8 temp = 0;
    u8 sval = 0;//在地址0读到的数据
    LCD_ShowString(x,y,239,y+16,16,"Ex Memory Test:   0KB");
    //每隔4K字节,写入一个数据,总共写入256个数据,刚好是1MB
    for(i = 0;i<1024*1024;i+=4096)
    {
        FSMC_SRAM_WriteBuffer(&temp,i,1);
        temp++;
    }
    //依次读出之前写入的数据,进行校验
    for(i = 0;i<1024*1024;i+=4096)
    {
        FSMC_SRAM_ReadBuffer(&temp,i,1);
        if(i==0)sval = temp;
        else if(temp<=sval)break;//后面读出的数据一定要比第一次读到的数据大
        LCD_ShowxNum(x+15*8,y,(u16)(temp-sval+1)*4,4,16,0);//显示内存容量
    }
}
int main(void)
{
    u8 key,i = 0;
    u32 ts = 0;
    delay_init();       //延时函数初始化
    NVIC_PriorityGroupConfig(NVIC_PriorityGroup_2);//设置中断优先级分组为组2
```

```c
uart_init(115200);    //串口初始化为115200
LED_Init();    //初始化与 LED 连接的硬件接口
KEY_Init();//初始化按键
LCD_Init();    //初始化 LCD
FSMC_SRAM_Init();//初始化外部 SRAM
//…此处省略部分非关键代码
POINT_COLOR = BLUE;//设置字体为蓝色
for(ts = 0;ts<250000;ts ++ )testsram[ts] = ts;//预存测试数据
while(1)
{
    key = KEY_Scan(0);//不支持连按
    if(key == KEY0_PRES)fsmc_sram_test(30,170);//测试 SRAM 容量
    else if(key == KEY1_PRES)//打印预存测试数据
    {
    for(ts = 0;ts<250000;ts ++ )LCD_ShowxNum(30,190,testsram[ts],6,16,0);//显示数据
    }else delay_ms(10);
    i ++ ;
    if(i == 20)//DS0 闪烁.
    {
        i = 0;LED0 = ! LED0;
    }
}
}
```

此部分代码除了 mian 函数,还有一个 fsmc_sram_test 函数,用于测试外部 SRAM 的容量大小并显示其容量。

此段代码定义了一个超大数组 testsram,指定该数组定义在外部 SRAM 起始地址(__attribute__((at(0X68000000)))),用来测试外部 SRAM 数据的读/写。注意,该数组的定义方法是我们推荐的使用外部 SRAM 的方法。如果想用 MDK 自动分配,那么需要用到分散加载并添加汇编的 FSMC 初始化代码,相对来说比较麻烦。而且外部 SRAM 访问速度又远不如内部 SRAM,如果将一些需要快速访问的 SRAM 定义到外部 SRAM,则会严重拖慢程序运行速度。而如果以推荐的方式来分配外部 SRAM,那么就可以控制 SRAM 的分配,可以针对性地选择放外部还是放内部,有利于提高程序运行速度,使用起来也比较方便。

最后,将 fsmc_sram_test_write 和 fsmc_sram_test_read 函数加入 USMART 控制,这样就可以通过串口调试助手测试外部 SRAM 任意地址的读/写了。

33.4 下载验证

编译成功之后,下载代码到 ALIENTEK 战舰 STM32 开发板上,得到如图 33.4.1 所示界面。

此时按下 KEY1 就可以在 LCD 上看到内存测试的画面,同样,按下 WK_UP 就可以看到 LCD 显示存放在数组 testsram 里面的测试数据,如图 33.4.2 所示。

第33章 外部 SRAM 实验

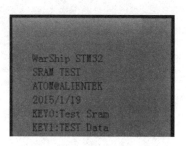 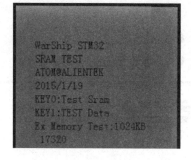

图 33.4.1 程序运行效果图　　图 33.4.2 外部 SRAM 测试界面

该实验还可以借助 USMART 来测试,有兴趣的读者可以测试一下。

第 34 章

内存管理实验

第 33 章学会了使用 STM32 驱动外部 SRAM,以扩展 STM32 的内存,加上 STM32 本身自带的 64 KB 内存,可供使用的内存还是比较多的。如果我们所用的内存都像前面的 testsram 那样定义一个数组来使用,显然不是一个好办法。本章将学习内存管理来实现对内存的动态管理。

34.1 内存管理简介

内存管理是指软件运行时对计算机内存资源的分配和使用的技术,最主要目的是如何高效、快速地分配,并且在适当的时候释放和回收内存资源。内存管理的实现方法有很多种,其实最终都是要实现 2 个函数:malloc 和 free,malloc 函数用于内存申请,free 函数用于内存释放。

本章介绍一种比较简单的办法来实现,即分块式内存管理方法。下面介绍一下该方法的实现原理,如图 34.1.1 所示。可以看出,分块式内存管理由内存池和内存管理表两部分组成。内存池等分为 n 块,对应的内存管理表大小也为 n,内存管理表的每一个项对应内存池的一块内存。

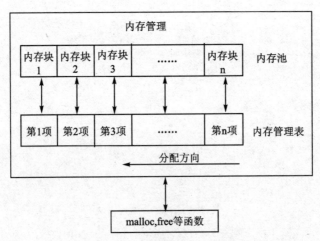

图 34.1.1 分块式内存管理原理

内存管理表的项值代表的意义为:当该项值为 0 的时候,代表对应的内存块未被占用；当该项值非零的时候,代表该项对应的内存块已经被占用,其数值则代表被连续占用的内存块数。比如某项值为 10,那么说明包括本项对应的内存块在内,总共分配了 10 个内存块给外部的某个指针。

内存分配方向如图 34.1.1 所示,是从顶→底的分配方向,即首先从最末端开始找空内存。当内存管理刚初始化的时候,内存表全部清零,表示没有任何内存块被占用。

1. 分配原理

当指针 p 调用 malloc 申请内存的时候,先判断 p 要分配的内存块数(m),然后从第 n 项开始向下查找,直到找到 m 块连续的空内存块(即对应内存管理表项为 0),然后将这 m 个内存管理表项的值都设置为 m(标记被占用)。最后,把最后的这个空内存块的地址返回指针 p,完成一次分配。注意,当内存不够的时候(找到最后也没找到连续的 m 块空闲内存),则返回 NULL 给 p,表示分配失败。

2. 释放原理

当 p 申请的内存用完,需要释放的时候,调用 free 函数实现。free 函数先判断 p 指向的内存地址所对应的内存块,然后找到对应的内存管理表项目,得到 p 所占用的内存块数目 m(内存管理表项目的值就是所分配内存块的数目),将这 m 个内存管理表项目的值都清零,标记释放,完成一次内存释放。

34.2 硬件设计

本章实验功能简介:开机后显示提示信息,等待外部输入。KEY0 用于申请内存,每次申请 2 KB 内存。KEY1 用于写数据到申请到的内存里面,KEY2 用于释放内存,WK_UP 用于切换操作内存区(内部内存/外部内存),DS0 用于指示程序运行状态。本章还可以通过 USMART 调试,测试内存管理函数。

本实验用到的硬件资源有:指示灯 DS0、4 个按键、串口、TFTLCD 模块、IS62WV51216。这些都已经介绍过,接下来开始软件设计。

34.3 软件设计

打开内存管理实验工程目录可以看到,我们将内存管理部分单独做一个分组,同时在工程目录下新建一个 MALLOC 的文件夹,再新建 malloc.c 和 malloc.h 两个文件,将它们保存在 MALLOC 文件夹下。在 MDK 中新建一个 MALLOC 分组,然后将 malloc.c 文件加入到该组,并将 MALLOC 文件夹添加到头文件包含路径。

打开 malloc.c 文件,代码如下:

```
#include "malloc.h"
//内存池(4字节对齐)
__align(4) u8 mem1base[MEM1_MAX_SIZE];   //内部 SRAM 内存池
__align(4) u8 mem2base[MEM2_MAX_SIZE] __attribute__((at(0X68000000)));
```

```c
//外部 SRAM 内存池
//内存管理表
u16 mem1mapbase[MEM1_ALLOC_TABLE_SIZE];//内部 SRAM 内存池
MAPu16 mem2mapbase[MEM2_ALLOC_TABLE_SIZE] __attribute__((at(0X68000000 + MEM2_MAX_SIZE)));
//外部 SRAM 内存池 MAP
//内存管理参数
const u32 memtblsize[2] = {MEM1_ALLOC_TABLE_SIZE,MEM2_ALLOC_TABLE_SIZE};//内存表大小
const u32 memblksize[2] = {MEM1_BLOCK_SIZE,MEM2_BLOCK_SIZE};//内存分块大小
const u32 memsize[2] = {MEM1_MAX_SIZE,MEM2_MAX_SIZE};//内存总大小
//内存管理控制器
struct _m_mallco_dev mallco_dev =
{
    mem_init,                     //内存初始化
    mem_perused,                  //内存使用率
    mem1base,mem2base,            //内存池
    mem1mapbase,mem2mapbase,      //内存管理状态表
    0,0,                          //内存管理未就绪
};
//复制内存    *des:目的地址    *src:源地址    n:需要复制的内存长度(字节为单位)
void mymemcpy(void *des,void *src,u32 n)
{
    u8 *xdes = des;
    u8 *xsrc = src;
    while(n--) *xdes++ = *xsrc++;
}
//设置内存
//*s:内存首地址    c:要设置的值    count:需要设置的内存大小(字节为单位)
void mymemset(void *s,u8 c,u32 count)
{
    u8 *xs = s;
    while(count--) *xs++ = c;
}
//内存管理初始化
//memx:所属内存块
void mem_init(u8 memx)
{
    mymemset(mallco_dev.memmap[memx], 0,memtblsize[memx]*2);//内存状态表数据清零
    mymemset(mallco_dev.membase[memx],0,memsize[memx]);//内存池所有数据清零
    mallco_dev.memrdy[memx] = 1;//内存管理初始化 OK
}
//获取内存使用率
//memx:所属内存块    返回值:使用率(0~100)
u8 mem_perused(u8 memx)
{
    u32 used = 0;
    u32 i;
    for(i = 0;i<memtblsize[memx];i++) if(mallco_dev.memmap[memx][i])used++;
    return (used*100)/(memtblsize[memx]);
}
//内存分配(内部调用)
//memx:所属内存块    size:要分配的内存大小(字节)
```

```c
//返回值:0XFFFFFFFF,代表错误;其他,内存偏移地址
u32 mem_malloc(u8 memx,u32 size)
{
    signed long offset = 0;
    u16 nmemb;//需要的内存块数
    u16 cmemb = 0;//连续空内存块数
    u32 i;
    if(!mallco_dev.memrdy[memx])mallco_dev.init(memx);//未初始化,先执行初始化
    if(size == 0)return 0XFFFFFFFF;//不需要分配
    nmemb = size/memblksize[memx];//获取需要分配的连续内存块数
    if(size % memblksize[memx])nmemb++;
    for(offset = memtblsize[memx]-1;offset>=0;offset--)//搜索整个内存控制区
    {
        if(!mallco_dev.memmap[memx][offset])cmemb++;//连续空内存块数增加
        else cmemb = 0;//连续内存块清零
        if(cmemb == nmemb)//找到了连续 nmemb 个空内存块
        {
            for(i = 0;i<nmemb;i++)//标注内存块非空
            {
                mallco_dev.memmap[memx][offset + i] = nmemb;
            }
            return (offset * memblksize[memx]);//返回偏移地址
        }
    }
    return 0XFFFFFFFF;//未找到符合分配条件的内存块
}
//释放内存(内部调用)
//memx:所属内存块  offset:内存地址偏移
//返回值:0,释放成功;1,释放失败
u8 mem_free(u8 memx,u32 offset)
{
    int i;
    if(!mallco_dev.memrdy[memx])//未初始化,先执行初始化
    {
        mallco_dev.init(memx); return 1;//未初始化
    }
    if(offset<memsize[memx])//偏移在内存池内.
    {
        int index = offset/memblksize[memx];//偏移所在内存块号码
        int nmemb = mallco_dev.memmap[memx][index];//内存块数量
        for(i = 0;i<nmemb;i++)//内存块清零
        {
            mallco_dev.memmap[memx][index + i] = 0;
        }
        return 0;
    }else return 2;//偏移超区了
}
//释放内存(外部调用)
//memx:所属内存块  ptr:内存首地址
void myfree(u8 memx,void * ptr)
{
```

```c
    u32 offset;
    if(ptr==NULL)return;//地址为0.
    offset=(u32)ptr-(u32)mallco_dev.membase[memx];
    mem_free(memx,offset);//释放内存
}
//分配内存(外部调用)
//memx:所属内存块  size:内存大小(字节)
//返回值:分配到的内存首地址.
void * mymalloc(u8 memx,u32 size)
{
    u32 offset;
    offset=mem_malloc(memx,size);
    if(offset==0XFFFFFFFF)return NULL;
    else return (void *)((u32)mallco_dev.membase[memx]+offset);
}
//重新分配内存(外部调用)
//memx:所属内存块  * ptr:旧内存首地址  size:要分配的内存大小(字节)
//返回值:新分配到的内存首地址
void * myrealloc(u8 memx,void * ptr,u32 size)
{
    u32 offset;
    offset=mem_malloc(memx,size);
    if(offset==0XFFFFFFFF)return NULL;
    else
    {
        mymemcpy((void *)((u32)mallco_dev.membase[memx]+offset),ptr,size);
        //复制旧内存内容到新内存
        myfree(memx,ptr);   //释放旧内存
        return (void *)((u32)mallco_dev.membase[memx]+offset);//返回新内存首地址
    }
}
```

这里通过内存管理控制器 mallco_dev 结构体(mallco_dev 结构体见 malloc.h)实现对两个内存池的管理控制。一个是内部 SRAM 内存池,定义为:

`__align(32) u8 mem1base[MEM1_MAX_SIZE];`

另外一个是外部 SRAM 内存池,定义为:

`__align(32) u8 mem2base[MEM2_MAX_SIZE] __attribute__((at(0X68000000)));`

其中,MEM1_MAX_SIZE 和 MEM2_MAX_SIZE 为在 malloc.h 里面定义的内存池大小,外部内存池指定地址为 0X68000000,也就是从外部 SRAM 的首地址开始的,内部内存则由编译器自动分配。__align(32)定义内存池为 32 字节对齐,以适应各种不同场合的需求。

此部分代码的核心函数为:mem_malloc 和 mem_free,分别用于内存申请和内存释放。思路就是 34.1 节介绍的那样分配和释放内存,不过这两个函数只是内部调用,外部调用使用的是 mymalloc 和 myfree 两个函数。然后打开 malloc.h,该文件代码如下:

```c
#ifndef __MALLOC_H
#define __MALLOC_H
#ifndef NULL
```

```c
#define NULL 0
#endif
//定义两个内存池
#define SRAMIN  0//内部内存池
#define SRAMEX  1//外部内存池
#define SRAMBANK 2//定义支持的SRAM块数
//mem1 内存参数设定.mem1完全处于内部SRAM里面
#define MEM1_BLOCK_SIZE 32        //内存块大小为32字节
#define MEM1_MAX_SIZE 40*1024     //最大管理内存40 KB
#define MEM1_ALLOC_TABLE_SIZE
MEM1_MAX_SIZE/MEM1_BLOCK_SIZE //内存表大小
//mem2 内存参数设定.mem2的内存池处于外部SRAM里面
#define MEM2_BLOCK_SIZE 32        //内存块大小为32字节
#define MEM2_MAX_SIZE 960*1024    //最大管理内存960 KB
#define MEM2_ALLOC_TABLE_SIZE MEM2_MAX_SIZE/MEM2_BLOCK_SIZE
//内存表大小
//内存管理控制器
struct _m_mallco_dev
{
    void (*init)(u8);//初始化
    u8 (*perused)(u8);         //内存使用率
    u8 *membase[SRAMBANK];//内存池 管理SRAMBANK个区域的内存
    u16 *memmap[SRAMBANK];//内存管理状态表
    u8 memrdy[SRAMBANK];//内存管理是否就绪
};
extern struct _m_mallco_dev mallco_dev; //在mallco.c里面定义

void mymemset(void *s,u8 c,u32 count);//设置内存
void mymemcpy(void *des,void *src,u32 n);//复制内存
void my_mem_init(u8 memx);//内存管理初始化函数(外/内部调用)
u32 my_mem_malloc(u8 memx,u32 size);//内存分配(内部调用)
u8 my_mem_free(u8 memx,u32 offset);//内存释放(内部调用)
u8 my_mem_perused(u8 memx);//获得内存使用率(外/内部调用)
////////////////////////////////////////////////////////////////////////////
//用户调用函数
void myfree(u8 memx,void *ptr);//内存释放(外部调用)
void *mymalloc(u8 memx,u32 size);//内存分配(外部调用)
void *myrealloc(u8 memx,void *ptr,u32 size);//重新分配内存(外部调用)
#endif
```

这部分代码定义了很多关键数据,比如内存块大小的定义 MEM1_BLOCK_SIZE 和 MEM2_BLOCK_SIZE 都是 32 字节。内存池总大小内部为 40 KB,外部为 960 KB。MEM1_ALLOC_TABLE_SIZE 和 MEM2_ALLOC_TABLE_SIZE 分别代表内存池 1 和 2 的内存管理表大小。

从这里可以看出,如果内存分块越小,那么内存管理表就越大,当分块为 2 字节一个块的时候,内存管理表就和内存池一样大了(管理表的每项都是 u16 类型)。显然这是不合适的,这里取 32 字节,比例为 1∶16,内存管理表相对就比较小了。

其他就不多说了,读者自行看代码理解就好。最后,打开 main.c 文件,代码如下:

```c
int main(void)
```

```c
{
    u8 key, i = 0, * p = 0, * tp = 0;
    u8 paddr[18];//存放 P Addr: + p 地址的 ASCII 值
    u8 sramx = 0;//默认为内部 sram
    delay_init();      //延时函数初始化
    NVIC_PriorityGroupConfig(NVIC_PriorityGroup_2);//设置中断优先级分组为组2
    uart_init(115200);//串口初始化为 115 200
    LED_Init();     //初始化与 LED 连接的硬件接口
    KEY_Init();//初始化按键
    LCD_Init();     //初始化 LCD
    FSMC_SRAM_Init();//初始化外部 SRAM
    my_mem_init(SRAMIN);//初始化内部内存池
    my_mem_init(SRAMEX);//初始化外部内存池
    //…此处省略部分非关键代码
    while(1)
    {
        key = KEY_Scan(0);//不支持连按
        switch(key)
        {
            case 0:break;//没有按键按下

            case KEY0_PRES://KEY0 按下
                p = mymalloc(sramx,2048);//申请 2 KB
                if(p! = NULL)sprintf((char * )p,"Memory Malloc Test % 03d",i);
                                                        //向 p 写入一些内容

                break;
            case KEY1_PRES://KEY1 按下
                if(p! = NULL)
                {
                    sprintf((char * )p,"Memory Malloc Test % 03d",i);//更新显示内容
                    LCD_ShowString(30,250,200,16,16,p);//显示 P 的内容
                }
                break;
            case KEY2_PRES://KEY2 按下
                myfree(sramx,p);     //释放内存
                p = 0;        //指向空地址
                break;
            case WKUP_PRES://KEY UP 按下
                sramx = ! sramx;     //切换当前 malloc/free 操作对象
                if(sramx)LCD_ShowString(30,170,200,16,16,"SRAMEX");
                else LCD_ShowString(30,170,200,16,16,"SRAMIN");
                break;
        }
        if(tp! = p)
        {
            tp = p;
            sprintf((char * )paddr,"P Addr:0X % 08X",(u32)tp);
            LCD_ShowString(30,230,200,16,16,paddr);   //显示 p 的地址
            if(p)LCD_ShowString(30,250,200,16,16,p);  //显示 P 的内容
            else LCD_Fill(30,250,239,266,WHITE);      //p = 0,清除显示
        }
    }
```

```
        delay_ms(10);   i++;
        if((i%20)==0)//DS0 闪烁.
        {
LCD_ShowNum(30+96,190,my_mem_perused(SRAMIN),3,16);//显示内部内存使用率
LCD_ShowNum(30+96,210,my_mem_perused(SRAMEX),3,16);//显示外部内存使用率
            LED0=!LED0;
        }
    }
}
```

该部分代码比较简单,主要是对 mymalloc 和 myfree 的应用。注意,如果对一个指针进行多次内存申请,而之前的申请又没释放,那么将造成"内存泄露"。这是内存管理不希望发生的,久而久之,可能导致无内存可用的情况！所以,在使用的时候,申请的内存用完以后一定要释放。

另外,本章希望利用 USMART 调试内存管理,所以在 USMART 里面添加了 mymalloc 和 myfree 两个函数,用于测试内存分配和内存释放。读者可以通过 USMART 自行测试。

34.4 下载验证

编译成功之后,下载代码到 ALIENTEK 战舰 STM32 开发板上,得到如图 34.4.1 所示界面。可以看到,所有内存的使用率均为 0%,说明还没有任何内存被使用。此时按下 KEY0,就可以看到内部 SRAM 内存被使用 5% 了,同时可以看到下面提示了指针 p 所指向的地址(其实就是被分配到的内存地址)和内容。多按几次 KEY0,可以看到内存使用率持续上升(注意对比 p 的值,可以发现是递减的,说明是从顶部开始分配内存),此时如果按下 KEY2,则可以发现内存使用率降低了 5%;但是再按 KEY2 将不再降低,说明"内存泄露"了。这就是前面提到的对一个指针多次申请内存,而之前申请的内存又没释放,导致的"内存泄露"。

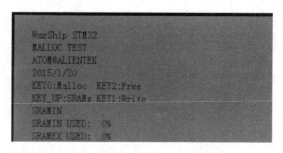

图 34.4.1 程序运行效果图

按 KEY_UP 按键,可以切换当前操作内存(内部 SRAM 内存/外部 SRAM 内存); KEY1 键用于更新 p 的内容,更新后的内容将重新显示在 LCD 模块上面。

本章还可以借助 USMART 测试内存的分配和释放,有兴趣的读者可以动手试试,如图 34.4.2 所示。

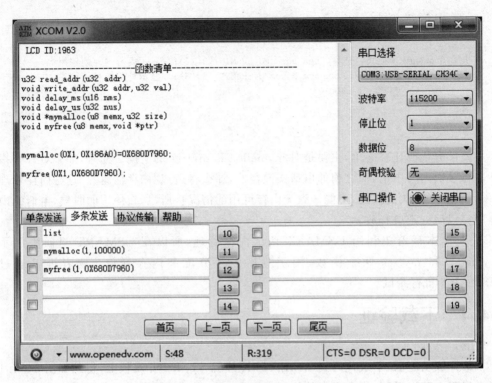

图 34.4.2 USMART 测试内存管理函数

第 35 章

SD 卡实验

很多单片机系统都需要大容量存储设备来存储数据,目前常用的有 U 盘、Flash 芯片、SD 卡等。它们各有优点,综合比较,最适合单片机系统的莫过于 SD 卡了,它不仅容量可以做到很大(32 GB 以上)、支持 SPI/SDIO 驱动,而且有多种体积的尺寸可供选择(标准的 SD 卡尺寸以及 TF 卡尺寸等),能满足不同应用的要求。

只需要几个 I/O 口即可外扩一个 32 GB 以上的外部存储器,容量从几十 M 到几十 G 选择尺度很大,更换也很方便,编程也简单,是单片机大容量外部存储器的首选。

ALIENTKE 战舰 STM32F103 自带了标准的 SD 卡接口,可使用 STM32F1 自带的 SDIO 接口驱动,4 位模式,最高通信速度可达 24 MHz,最高每秒可传输数据 12 MB,对于一般应用足够了。本章将介绍如何在 ALIENTEK 战舰 STM32F103 上实现 SD 卡的读取。

35.1 SDIO 简介

ALIENTEK 战舰 STM32F103 自带 SDIO 接口,本节简单介绍 STM32F1 的 SDIO 接口,包括主要功能及框图、时钟、命令与响应和相关寄存器简介等,最后介绍 SD 卡的初始化流程。

35.1.1 SDIO 主要功能及框图

STM32F1 的 SDIO 控制器支持多媒体卡(MMC 卡)、SD 存储卡、SD I/O 卡和 CE-ATA 设备等。STM32F1 的 SDIO 控制器包含 2 个部分:SDIO 适配器模块和 AHB 总线接口,其功能框图如图 35.1.1 所示。复位后默认情况下 SDIO_D0 用于数据传输。初始化后主机可以改变数据总线的宽度(通过 ACMD6 命令设置)。

SDIO 的主要功能如下:
- 与多媒体卡系统规格书版本 4.2 全兼容,支持 3 种不同的数据总线模式:1 位(默认)、4 位和 8 位。
- 与较早的多媒体卡系统规格版本全兼容(向前兼容)。
- 与 SD 存储卡规格版本 2.0 全兼容。
- 与 SD I/O 卡规格版本 2.0 全兼容,支持两种不同的数据总线模式:1 位(默认)和 4 位。

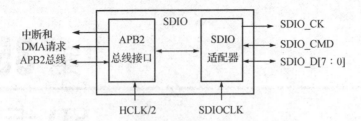

图 35.1.1　STM32F1 的 SDIO 控制器功能框图

➢ 完全支持 CE‐ATA 功能（与 CE‐ATA 数字协议版本 1.1 全兼容），8 位总线模式下数据传输速率可达 48 MHz。

➢ 数据和命令输出使能信号用于控制外部双向驱动器。

如果一个多媒体卡接到了总线上，则 SDIO_D0、SDIO_D[3∶0]或 SDIO_D[7∶0]可以用于数据传输。MMC 版本 V3.31 和之前版本的协议只支持一位数据线，所以只能用 SDIO_D0（为了通用性考虑，在程序里面我们只要检测到是 MMC 卡就设置为一位总线数据）。

如果一个 SD 或 SD I/O 卡接到了总线上，则可以通过主机配置数据传输使用 SDIO_D0 或 SDIO_D[3∶0]。所有的数据线都工作在推挽模式。

SDIO_CMD 有两种操作模式：

① 用于初始化时的开路模式（仅用于 MMC 版本 V3.31 或之前版本）；

② 用于命令传输的推挽模式（SD、SD I/O 卡和 MMC V4.2 在初始化时也使用推挽驱动）。

35.1.2　SDIO 的时钟

从图 35.1.1 可以看到 SDIO 总共有 3 个时钟，分别是：

① 卡时钟（SDIO_CK）：每个时钟周期在命令和数据线上传输一位命令或数据。对于多媒体卡 V3.31 协议，时钟频率可以在 0～20 MHz 间变化；对于多媒体卡 V4.0/4.2 协议，时钟频率可以在 0～48 MHz 间变化；对于 SD 或 SD I/O 卡，时钟频率可以在 0～25 MHz 间变化。

② SDIO 适配器时钟（SDIOCLK）：该时钟用于驱动 SDIO 适配器，其频率等于 AHB 总线频率（HCLK），并用于产生 SDIO_CK 时钟。

③ AHB 总线接口时钟（HCLK/2）：该时钟用于驱动 SDIO 的 AHB 总线接口，其频率为 HCLK/2。

前面提到，SD 卡时钟（SDIO_CK）根据卡的不同可能有好几个区间，这就涉及时钟频率的设置。SDIO_CK 与 SDIOCLK 的关系为：

$$SDIO\_CK = SDIOCLK/(2+CLKDIV)$$

其中，SDIOCLK 为 HCLK，一般是 72 MHz，而 CLKDIV 则是分配系数，可以通过 SDIO 的 SDIO_CLKCR 寄存器进行设置（确保 SDIO_CK 不超过卡的最大操作频率）。

注意，在 SD 卡刚刚初始化的时候，其时钟频率（SDIO_CK）是不能超过 400 kHz

的,否则可能无法完成初始化。在初始化以后,就可以设置时钟频率到最大了(但不可超过 SD 卡的最大操作时钟频率)。

35.1.3　SDIO 的命令与响应

SDIO 的命令分为应用相关命令(ACMD)和通用命令(CMD)两部分。应用相关命令(ACMD)的发送必须先发送通用命令(CMD55),然后才能发送应用相关命令(ACMD)。

SDIO 的所有命令和响应都是通过 SDIO_CMD 引脚传输的,任何命令的长度都是固定为 48 位,SDIO 的命令格式如表 35.1.1 所列。

表 35.1.1　SDIO 命令格式

位的位置	宽度	值	说明	位的位置	宽度	值	说明
47	1	0	起始位	[39:8]	32	—	参数
46	1	1	传输位	[7:1]	7	—	CRC7
[45:40]	6	—	命令索引	0	1	1	结束位

所有的命令都是由 STM32F1 发出,其中,开始位、传输位、CRC7 和结束位由 SDIO 硬件控制,我们需要设置的就只有命令索引和参数部分。其中,命令索引(如 CMD0、CMD1 之类的)在 SDIO_CMD 寄存器里面设置,命令参数由寄存器 SDIO_ARG 设置。

一般情况下,选中的 SD 卡在接收到命令后都会回复一个应答(注意,CMD0 是无应答的),这个应答称为响应,响应也是在 CMD 线上串行传输的。STM32F1 的 SDIO 控制器支持 2 种响应类型,即短响应(48 位)和长响应(136 位),这两种响应类型都带 CRC 错误检测(注意不带 CRC 的响应应该忽略 CRC 错误标志,如 CMD1 的响应)。

短响应的格式如表 35.1.2 所列。长响应的格式如表 35.1.3 所列。

表 35.1.2　SDIO 命令格式

位的位置	宽度	值	说明	位的位置	宽度	值	说明
47	1	0	起始位	[39:8]	32	—	参数
46	1	0	传输位	[7:1]	7	—	CRC7(或 1111111)
[45:40]	6	—	命令索引	0	1	1	结束位

表 35.1.3　SDIO 命令格式

位的位置	宽度	值	说明	位的位置	宽度	值	说明
135	1	0	起始位	[127:1]	127	—	CID 或 CSD (包括内部 CRC7)
134	1	0	传输位				
[133:128]	6	111111	保留	0	1	1	结束位

同样,硬件滤除了开始位、传输位、CRC7 以及结束位等信息;对于短响应,命令索引存放在 SDIO_RESPCMD 寄存器,参数则存放在 SDIO_RESP1 寄存器里面。对于长

响应,则仅留 CID/CSD 位域,存放在 SDIO_RESP1~SDIO_RESP4 这 4 个寄存器。

SD 存储卡总共有 5 类响应(R1、R2、R3、R6、R7),这里以 R1 为例简单介绍。R1(普通响应命令)响应输入短响应,其长度为 48 位,R1 响应的格式如表 35.1.4 所列。

表 35.1.4 R1 响应格式

位的位置	宽度	值	说明	位的位置	宽度	值	说明
47	1	0	起始位	[39:8]	32	X	卡状态
46	1	0	传输位	[7:1]	7	X	CRC7
[45:40]	6	X	命令索引	0	1	1	结束位

收到 R1 响应后可以从 SDIO_RESPCMD 寄存器和 SDIO_RESP1 寄存器分别读出命令索引和卡状态信息。其他响应的介绍参考本书配套资料"SD 卡 2.0 协议.pdf"或《STM32 中文参考手册》第 20 章。

最后看看数据在 SDIO 控制器与 SD 卡之间的传输。对于 SDI/SDIO 存储器,数据是以数据块的形式传输的;而对于 MMC 卡,数据是以数据块或者数据流的形式传输。本节只考虑数据块形式的数据传输。

SDIO(多)数据块读操作如图 35.1.2 所示。可以看出,从机在收到主机相关命令后开始发送数据块给主机,所有数据块都带有 CRC 校验值(CRC 由 SDIO 硬件自动处理)。单个数据块读的时候,在收到一个数据块以后即可以停止了,不需要发送停止命令(CMD12)。但是多块数据读的时候,SD 卡将一直发送数据给主机,直到接到主机发送的 STOP 命令(CMD12)。

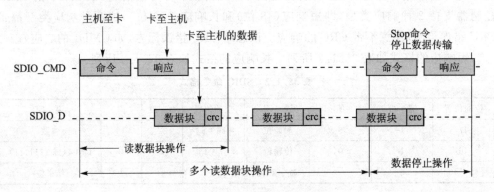

图 35.1.2 SDIO(多)数据块读操作

SDIO(多)数据块写操作,如图 35.1.3 所示。数据块写操作同数据块读操作基本类似,只是数据块写的时候多了一个繁忙判断,新的数据块必须在 SD 卡非繁忙的时候发送。这里的繁忙信号由 SD 卡拉低 SDIO_D0,以表示繁忙,SDIO 硬件自动控制,不需要软件处理。

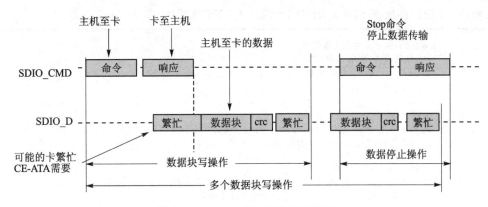

图 35.1.3 SDIO(多)数据块写操作

35.1.4 SDIO 相关寄存器介绍

第一个来看 SDIO 电源控制寄存器(SDIO_POWER),定义如图 35.1.4 所示。该寄存器复位值为 0,所以 SDIO 的电源是关闭的。要启用 SDIO,第一步就是要设置该寄存器最低 2 个位均为 1,让 SDIO 上电,开启卡时钟。

31	30	29	28	27	26	25	24	23	22	21	20	19	18	17	16	15	14	13	12	11	10	9	8	7	6	5	4	3	2	1	0
保留																															PWRCTRL	
res																																rw	

位 31:2	保留,始终读为 0
位 1:0	PWRCTRL:电源控制位 这些位用于定义卡时钟的当前功能状态: 00:电源关闭,卡的时钟停止。 01:保留 10:保留的上电状态。 11:上电状态,卡的时钟开启

图 35.1.4 SDIO_POWER 寄存器位定义

第二个看 SDIO 时钟控制寄存器(SDIO_CLKCR),主要用于设置 SDIO_CK 的分配系数、开关等,并可以设置 SDIO 的数据位宽。该寄存器的定义如图 35.1.5 所示。图中仅列出了部分要用到的位设置,WIDBUS 用于设置 SDIO 总线位宽,正常使用的时候,设置为 1,即 4 位宽度。BYPASS 用于设置分频器是否旁路,一般要使用分频器,所以这里设置为 0,禁止旁路。CLKEN 用于设置是否使能 SDIO_CK,我们设置为 1。CLKDIV 用于控制 SDIO_CK 的分频,设置为 1,即可得到 24 MHz 的 SDIO_CK 频率。

第三个要介绍的是 SDIO 参数制寄存器(SDIO_ARG)。该寄存器比较简单,就是一个 32 位寄存器,用于存储命令参数。注意,必须在写命令之前先写这个参数寄存器!

第四个要介绍的是 SDIO 命令响应寄存器(SDIO_RESPCMD)。该寄存器为 32 位,但只有低 6 位有效,比较简单,用于存储最后收到的命令响应中的命令索引。如果传输的命令响应不包含命令索引,则该寄存器的内容不可预知。

第五个要介绍的是 SDIO 响应寄存器组(SDIO_RESP1~SDIO_RESP4)。该寄存器组总共由 4 个 32 位寄存器组成,用于存放接收到的卡响应部分信息。如果收到短响应,则数据存放在 SDIO_RESP1 寄存器里面,其他 3 个寄存器没有用到。而如果收到长响应,则依次存放在 SDIO_RESP1~SDIO_RESP4 里面,如表 35.1.5 所列。

位 12:11	WIDBUS;宽总线模式使能位 00:默认模式,使用 SDIO_D0 01:4 位总线模式,使用 SDIO_D[3:0]。 10:8 位总线模式,使用 SDIO_D[7:0]
位 10	BYPASS;旁路时钟分频器 0:关闭旁路:驱动 SDIO_CK 输出信号之前,依据 CLKDIV 数据对 SDIOCLK 分频。 1:使能旁路:SDIOCLK 直接驱动 SDIO_CK 输出信号
位 9	PWRSAV;省电配置位 为了省电,当总线为空闲时,设置 PWRSAV 位可以关闭 SDIO_CK 时钟输出。 0:始终输出 SDIO_CK。1:仅在有总线活动时才输出 SDIO_CK
位 8	CLKEN;时钟使能位(clock enable bit) 0:SDIO_CK 关闭。1:SDIO_CK 使能
位 7:0	CLKDIV;时钟分频系数 这个域定义了输入时钟(SDIOCLK)与输出时钟(SDIO_CK)间的分频系数: SDIO_CK 频率=SDIOCLK/[CLKDIV+2]

图 35.1.5 SDIO_CLKCR 寄存器位定义

表 35.1.5 响应类型和 SDIO_RESPx 寄存器

寄存器	短响应	长响应	寄存器	短响应	长响应
SDIO_RESP1	卡状态[31:0]	卡状态[127:96]	SDIO_RESP3	未使用	卡状态[63:32]
SDIO_RESP2	未使用	卡状态[95:64]	SDIO_RESP4	未使用	卡状态[31:1]0b

第七个介绍 SDIO 命令寄存器(SDIO_CMD),各位定义如图 35.1.6 所示。图中只列出了部分位的描述,其中低 6 位为命令索引,也就是要发送的命令索引号(比如发送 CMD1,其值为 1,索引就设置为 1)。位[7:6]用于设置等待响应位,用于指示 CPSM 是否需要等待以及等待类型等。CPSM(即命令通道状态机)的详细介绍可参阅《STM32 中文参考手册》V10 的第 368 页。命令通道状态机一般都是开启的,所以位 10 要设置为 1。

位 10	CPSMEN;命令通道状态机(CPSM)使能位 如果设置该位,则使能 CPSM
位 7:6	WAITRESP;等待响应位 这 2 位指示 CPSM 是否需要等待响应,如果需要等待响应,则指示响应类型。 00:无响应,期待 CMDSENT 标志;01:短响应,期待 CMDREND 或 CCRCFAIL 标志 10:无响应,期待 CMDSENT 标志;11:长响应,期待 CMDREND 或 CCRCFAIL 标志
位 5:0	CMDINDEX;命令索引 命令索引是作为命令的一部分发送到卡中

图 35.1.6 SDIO_CMD 寄存器位定义

第八个要介绍的是 SDIO 数据定时器寄存器(SDIO_DTIMER),用于存储以卡总线时钟(SDIO_CK)为周期的数据超时时间。一个计数器将从 SDIO_DTIMER 寄存器

第35章 SD卡实验

加载数值,并在数据通道状态机(DPSM)进入 Wait_R 或繁忙状态时进行递减计数。当 DPSM 处在这些状态时,如果计数器减为 0,则设置超时标志。DPSM(即数据通道状态机)类似 CPSM,详细可参考《STM32 中文参考手册》V10 的第 372 页。注意:在写入数据控制寄存器,并进行数据传输之前,必须先写入该寄存器(SDIO_DTIMER)和数据长度寄存器(SDIO_DLEN)!

第九个要介绍的是 SDIO 数据长度寄存器(SDIO_DLEN),低 25 位有效,用于设置需要传输的数据字节长度。对于块数据传输,该寄存器的数值必须是数据块长度(通过 SDIO_DCTRL 设置)的倍数。

第十个要介绍的是 SDIO 数据控制寄存器(SDIO_DCTRL),各位定义如图 35.1.7 所示。该寄存器用于控制数据通道状态机(DPSM),包括数据传输使能、传输方向、传输模式、DMA 使能、数据块长度等信息都是通过该寄存器设置。需要根据自己的实际情况来配置该寄存器,才可正常实现数据收发。

位 11	SDIOEN:SD I/O 使能功能 如果设置了该位,则 DPSM 执行 SD I/O 卡特定的操作
位 10	RWMOD:读等待模式 0:停止 SDIO_CK 控制读等待; 1:使用 SDIO_D2 控制读等待
位 9	RWSTOP:读等待停止 0:如果设置了 RWSTART,执行读等待; 1:如果设置了 RWSTART,停止读等待
位 8	RWSTART:读等待开始 设置该位开始读等待操作
位 7:4	DBLOCKSIZE:数据块长度 当选择了块数据传输模式,该域定义数据块长度: 0000:块长度=2^0=1 字节; 1000:块长度=2^8=256 字节; 0001:块长度=2^1=2 字节; 1001:块长度=2^9=512 字节; 0010:块长度=2^2=4 字节; 1010:块长度=2^{10}=1 024 字节; 0011:块长度=2^3=8 字节; 1011:块长度=2^{11}=2 048 字节; 0100:(十进制 4)块长度=2^4=16 字节; 1100:块长度=2^{12}=4 096 字节; 0101:(十进制 5)块长度=2^5=32 字节; 1101:块长度=2^{13}=8 192 字节; 0110:(十进制 6)块长度=2^6=64 字节; 1110:块长度=2^{14}=16 384 字节; 0111:块长度=2^7=128 字节; 1111:保留
位 3	DMAEN:DMA 使能位 0:关闭 DMA;1:使能 DMA
位 2	DTMODE:数据传输模式 0:块数据传输;1:流数据传输
位 1	DTDIR:数据传输方向 0:控制器至卡;1:卡至控制器

图 35.1.7   SDIO_DCTRL 寄存器位定义

接下来介绍几个位定义十分类似的寄存器,分别是状态寄存器(SDIO_STA)、清除中断寄存器(SDIO_ICR)和中断屏蔽寄存器(SDIO_MASK),这 3 个寄存器每个位的定义都相同,只是功能各有不同,所以可以一起介绍。以状态寄存器(SDIO_STA)为例,该寄存器各位定义如图 35.1.8 所示。

位 31:24	保留,始终读为 0
位 23	CEATAEND:在 CMD61 接收到 CE-ATA 命令完成信号
位 22	SDIOIT:收到 SDIO 中断
位 21	RXDVAL:在接收 FIFO 中的数据可用
位 20	TXDVAL:在发送 FIFO 中的数据可用
位 19	RXFIFOE:接收 FIFO 空
位 18	TXFIFOE:发送 FIFO 空 若使用了硬件流控制,当 FIFO 还差 2 个字满时,RXFIFOF 信号变为有效
位 17	RXFIFOF:接收 FIFO 满 若使用了硬件流控制,当 FIFO 还差 2 个字满时,RXFIFOF 信号变为有效
位 16	TXFIFOF:发送 FIFO 满
位 15	RXFIFOHF:接收 FIFO 半满:FIFO 中至少还有 8 个字。
位 14	TXFIFOHE:发送 FIFO 半空:FIFO 中至少还可以写入 8 个字。
位 13	RXACT:正在接收数据
位 12	TXACT:正在发送数据
位 11	CMDACT:正在传输命令
位 10	DBCKEND:已发送/接收数据块(CRC 检测成功)(Data block sent/received)
位 9	STBITERR:在宽总线模式,没有在所有数据信号上检测到起始位
位 8	DATAEND:数据结束(数据计数器,SDIO_DCOUNT=0)
位 7	CMDSENT:命令已发送(不需要响应)
位 6	CMDRENO:已接收到响应(CRC 检测成功)
位 5	RXOVERR:接收 FIFO 上溢错误
位 4	TXUNDERR:发送 FIFO 下溢错误
位 3	DTIMEOUT:数据超时
位 2	CTIMEOUT:命令响应超时 命令超时时间是一个固定的值,为 64 个 SDIO_CK 时钟周期
位 1	DCRCFAIL:已发送/接收数据块(CRC 检测失败)
位 0	CCRCFAIL:已收到命令响应(CRC 检测失败)

图 35.1.8　SDIO_STA 寄存器位定义

状态寄存器可以用来查询 SDIO 控制器的当前状态,以便处理各种事务。比如 SDIO_STA 的位 2 表示命令响应超时,说明 SDIO 的命令响应出了问题。通过设置 SDIO_ICR 的位 2 可以清除这个超时标志,而设置 SDIO_MASK 的位 2,则可以开启命令响应超时中断,设置为 0 关闭。

最后介绍 SDIO 的数据 FIFO 寄存器(SDIO_FIFO)。数据 FIFO 寄存器包括接收和发送 FIFO,由一组连续的 32 个地址上的 32 个寄存器组成,CPU 可以使用 FIFO

读/写多个操作数。例如,要从 SD 卡读数据,就必须读 SDIO_FIFO 寄存器;要写数据到 SD 卡,则要写 SDIO_FIFO 寄存器。SDIO 将这 32 个地址分为 16 个一组,发送接收各占一半。而每次读/写的时候,最多就是读取发送 FIFO 或写入接收 FIFO 的一半大小的数据,也就是 8 个字(32 个字节)。注意:操作 SDIO_FIFO(不论读出还是写入)必须以 4 字节对齐的内存进行操作,否则将导致出错!

35.1.5　SD 卡初始化流程

要实现 SDIO 驱动 SD 卡,最重要的步骤就是 SD 卡的初始化。只要 SD 卡初始化完成了,那么剩下的(读/写操作)就简单了,所以这里重点介绍 SD 卡的初始化。从"SD 卡 2.0 协议"(见本书配套资料)文档得到 SD 卡初始化流程图如图 35.1.9 所示。

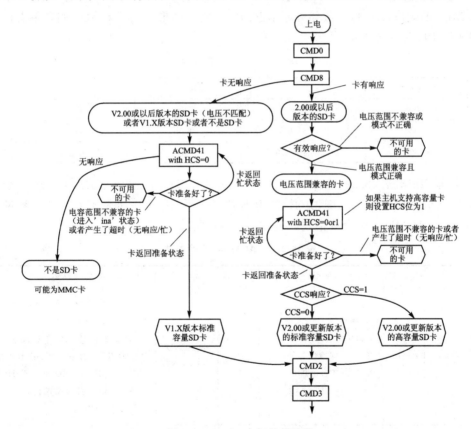

图 35.1.9　SD 卡初始化流程

可以看到,不管什么卡(这里将卡分为 4 类:SD2.0 高容量卡(SDHC,最大 32G),SD2.0 标准容量卡(SDSC,最大 2G),SD1.x 卡和 MMC 卡),首先要执行的是卡上电(需要设置 SDIO_POWER[1:0]=11),上电后发送 CMD0,对卡进行软复位;之后发送 CMD8 命令,用于区分 SD 卡 2.0,只有 2.0 及以后的卡才支持 CMD8 命令,MMC 卡和 V1.x 的卡是不支持该命令的。CMD8 的格式如图 35.1.10 所示。

位域	47	46	[45:40]	[39:20]	[19:16]	[15:8]	[7:1]	0
位宽	1	1	6	20	4	8	7	1
值	'0'	'1'	'001000'	'00000h'	x	x	x	'1'
描述	起始值	传输位	命令索引	保留位	供电电压(VHS)	检查模式	CRC7	结束位

图 35.1.10 CMD8 命令格式

这里需要在发送 CMD8 的时候,通过其带的参数可以设置 VHS 位,以告诉 SD 卡,主机的供电情况。VHS 位定义如表 35.1.6 所列。这里使用参数 0X1AA,即告诉 SD 卡主机供电为 2.7~3.6 V 之间。如果 SD 卡支持 CMD8 且支持该电压范围,则通过 CMD8 的响应(R7)将参数部分原本返回给主机。如果不支持 CMD8 或者不支持这个电压范围,则不响应。

表 35.1.6 VHS 位定义

供电电压	说 明	供电电压	说 明
0000b	未定义	0100b	保留
0001b	2.7~3.6 V	1000b	保留
0010b	低电压范围保留值	Others	未定义

发送 CMD8 后,发送 ACMD41(注意,发送 ACMD41 之前要先发送 CMD55)来进一步确认卡的操作电压范围,并通过 HCS 位来告诉 SD 卡主机是不是支持高容量卡(SDHC)。ACMD41 的命令格式如表 35.1.7 所列。

表 35.1.7 ACMD41 命令格式

ACMD 索引	类 型	参 数	响 应	缩 写	指令描述
ACMD41	bcr	[31]保留位 [30]HCS(OCR[30]) [29:24]保留位 [23:0]VDD电压窗口 (OCR[23:0])	R3	SD_SEND_ OP_COND	发送主机容量支持信息(HCS)以及要求被访问的卡在响应时通过 CMD 线发送其操作条件寄存器(OCR)内容给主机。当 SD 卡接收到 SEND_IF_COND 命令时 HCS 有效。保留位必须设置为 0。CCS 位赋值给 OCR[30]

ACMD41 得到的响应(R3)包含 SD 卡 OCR 寄存器内容,OCR 寄存器内容定义如表 35.1.8 所列。

对于支持 CMD8 指令的卡,主机通过 ACMD41 的参数设置 HCS 位为 1,从而告诉 SD 卡主机支 SDHC 卡。如果设置为 0,则表示主机不支持 SDHC 卡。SDHC 卡如果接收到 HCS 为 0,则永远不会返回卡就绪状态。对于不支持 CMD8 的卡,HCS 位设置为 0 即可。

第35章 SD卡实验

表 35.1.8 OCR 寄存器定义

OCR 位位置	描 述	OCR 位位置	描 述	OCR 位位置	描 述
0~6	保留	17	2.9~3.0	22	3.4~3.4
7	低电压范围保留位	18	3.0~3.1	23	3.5~3.6
8~14	保留	19	3.1~3.2	24~29	保留
15	2.7~2.8	20	3.2~3.3	30	卡容量状态位(CCS)[1]
16	2.8~2.9	21	3.3~3.4	31	卡上电状态位(busy)[2]

注:1.仅在卡上电状态位为 1 的时候有效

2.当卡还未完成上电流程时,此位为 0

3.位 0~23 为 VDD 电压窗口

SD 卡在接收到 ACMD41 后返回 OCR 寄存器内容,如果是 2.0 的卡,主机可以通过判断 OCR 的 CCS 位来判断是 SDHC 还是 SDSC;如果是 1.x 的卡,则忽略该位。OCR 寄存器的最后一个位用于告诉主机 SD 卡是否上电完成,如果上电完成,该位将会被置 1。

对于 MMC 卡,则不支持 ACMD41 指令,不响应 CMD55 指令。所以,对 MMC 卡,我们只需要发送 CMD0 后再发送 CMD1(作用同 ACMD41),检查 MMC 卡的 OCR 寄存器即可实现 MMC 卡的初始化。

至此,我们便实现了对 SD 卡的类型区分,图 35.1.10 最后发送了 CMD2 和 CMD3 命令,用于获得卡 CID 寄存器数据和卡相对地址(RCA)。

CMD2 用于获得 CID 寄存器的数据,CID 寄存器数据各位定义如表 35.1.9 所列。

表 35.1.9 卡 CID 寄存器位定义

名 字	域	宽 度	CID 位划分	名 字	域	宽 度	CID 位划分
制造商 ID	MID	8	[127:120]	保留	—	4	[23:20]
CEM/应用 ID	OID	16	[119:104]	制造日期	MDT	12	[23:20]
产品名称	PNM	40	[103:64]	CRC7 校验值	CRC	7	[7:1]
产品修订	PRV	8	[63:56]	未用到,恒为 1	—	1	[0:0]
产品序列号	PSN	32	[55:24]				

SD 卡在收到 CMD2 后返回 R2 长响应(136 位),其中包含 128 位有效数据(CID 寄存器内容),存放在 SDIO_RESP1~4 这 4 个寄存器里面。通过读取这 4 个寄存器,就可以获得 SD 卡的 CID 信息。

CMD3 用于设置卡相对地址(RCA,必须为非 0)。对于 SD 卡(非 MMC 卡),在收到 CMD3 后,将返回一个新的 RCA 给主机,方便主机寻址。RCA 的存在允许一个 SDIO 接口挂多个 SD 卡,通过 RCA 来区分主机要操作的是哪个卡。而对于 MMC 卡,则不是由 SD 卡自动返回 RCA,而是主机主动设置 MMC 卡的 RCA,即通过 CMD3 带参数(高 16 位用于 RCA 设置)实现 RCA 设置。同样,MMC 卡也支持一个 SDIO 接口挂多个 MMC 卡,不同于 SD 卡的是所有的 RCA 都是由主机主动设置的,而 SD 卡的

RCA 则是 SD 卡发给主机的。

在获得卡 RCA 之后便可以发送 CMD9（带 RCA 参数），获得 SD 卡的 CSD 寄存器内容，从 CSD 寄存器可以得到 SD 卡的容量和扇区大小等十分重要的信息。CSD 寄存器的详细介绍可参考"SD 卡 2.0 协议.pdf"。

至此，SD 卡初始化基本就结束了。最后，通过 CMD7 命令选中我们要操作的 SD 卡，即可开始对 SD 卡的读/写操作了。SD 卡的其他命令和参数可参考"SD 卡 2.0 协议.pdf"。

接下来讲解 SDIO 操作相关的固件库函数。STM32F1 的 SDIO 相关操作的函数分布在源文件 stm32f10x_sdio.c 以及对应的头文件 stm32f10x_sdio.h 中。

(1) SDIO 时钟相关初始化函数 SDIO_Init

该函数函数原型为：

```
void SDIO_Init(SDIO_InitTypeDef * SDIO_InitStruct);
```

该函数主要是通过设置 SDIO_InitTypeDef 结构体类型、参数成员变量的值达到设置 SDIO 时钟控制寄存器 SDIO_CLKCR 的目的，参数包括旁路时钟分频器、时钟分频系数等。

(2) SDIO 发送命令函数 SDIO_SendCommand

该函数原型为：

```
void SDIO_SendCommand(SDIO_CmdInitTypeDef * SDIO_CmdInitStruct);
```

该函数主要用来设置 SDIO 的命令寄存器 SDIO_CMD 和命令参数寄存器 SDIO_ARG。在发送命令之前必须先设置命令参数，这个函数就是一举两得，包括设置参数和发送命令两个功能。具体的函数配置可以对照前面讲解的寄存器 SDIO_CMD 和 SDIO_ARG 的含义来实现。

(3) SDIO 数据通道配置函数 SDIO_DataConfig

该函数原型为：

```
void SDIO_DataConfig(SDIO_DataInitTypeDef * SDIO_DataInitStruct);
```

该函数通过设置 SDIO_DataInitTypeDef 结构体类型、参数成员变量的值来配置 SDIO 的数据通道状态机，包括数据传输使能、传输方向、传输模式、DMA 使能、数据块长度等信息。

(4) SDIO 数据 FIFO 寄存器读/写函数：SDIO_ReadData 和 SDIO_WriteData

这两个函数比较简单，就是设置和读取 SDIO_FIFO 寄存器。

(5) 其他常用函数

其他常用函数包括 SDIO 时钟使能函数 SDIO_ClockCmd、电源状态控制函数 SDIO_SetPowerState、SDIO DMA 使能函数 SDIO_DMACmd 以及 SDIO 状态获取函数 SDIO_GetFlagStatus 等。

35.2 硬件设计

本章实验功能简介：开机的时候先初始化 SD 卡，如果 SD 卡初始化完成，则提示

LCD初始化成功。按下KEY0,读取SD卡扇区0的数据,然后通过串口发送到计算机。如果没初始化通过,则在LCD上提示初始化失败。同样,用DS0来指示程序正在运行。

本实验用到的硬件资源有指示灯DS0、KEY0按键、串口、TFTLCD模块、SD卡。前面4部分已经介绍过了,这里介绍战舰STM32F103板载的SD卡接口和STM32的连接关系,如图35.2.1所示。

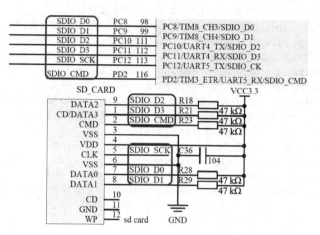

图35.2.1　SD卡接口与STM32F1连接原理图

战舰STM32F103的SD卡座(SD_CARD)在PCB背面,SD卡座与STM32F1的连接在开发板上是直接连接在一起的,硬件上不需要任何改动。注意,战舰板使用的是大的SD卡座,所以一般手机用的TF卡是不可以直接插战舰板用的,但是可以通过TF卡+卡套(需自备)的方式插战舰板上使用。

35.3　软件设计

打开本章实验工程可以看到,我们在工程中添加了sdio_sdcard.c源文件,同时把对应的头文件sdio_sdcard.h加入到头文件包含路径。在FWLib分组还添加了SDIO相关的库函数支持文件stm32f10x_sdio.c。

sdio_sdcard.c里面代码比较多,这里仅介绍几个重要的函数,第一个是SD_Init函数,该函数源码如下:

```
//初始化SD卡
//返回值:错误代码;(0,无错误)
SD_Error SD_Init(void)
{
    NVIC_InitTypeDef NVIC_InitStructure;
    GPIO_InitTypeDef  GPIO_InitStructure;
    u8 clkdiv = 0;
    SD_Error errorstatus = SD_OK;
    RCC_APB2PeriphClockCmd(RCC_APB2Periph_GPIOC|RCC_APB2Periph_GPIOD,
```

```
ENABLE);//使能 PORTC,PORTD 时钟
RCC_AHBPeriphClockCmd(RCC_AHBPeriph_SDIO|RCC_AHBPeriph_DMA2,ENABLE);
                                        //使能 SDIO,DMA2 时钟
GPIO_InitStructure.GPIO_Pin =
GPIO_Pin_8|GPIO_Pin_9|GPIO_Pin_10|GPIO_Pin_11|GPIO_Pin_12;//PC.8~12 复用输出
GPIO_InitStructure.GPIO_Mode = GPIO_Mode_AF_PP;    //复用推挽输出
GPIO_InitStructure.GPIO_Speed = GPIO_Speed_50MHz;  //IO 口速度为 50 MHz
GPIO_Init(GPIOC,&GPIO_InitStructure);  //根据设定参数初始化 PC.8~12
GPIO_InitStructure.GPIO_Pin = GPIO_Pin_2;//PD2 复用输出
GPIO_InitStructure.GPIO_Mode = GPIO_Mode_AF_PP;    //复用推挽输出
GPIO_InitStructure.GPIO_Speed = GPIO_Speed_50MHz;  //IO 口速度为 50MHz
GPIO_Init(GPIOD,&GPIO_InitStructure);  //根据设定参数初始化 PD2
GPIO_InitStructure.GPIO_Pin = GPIO_Pin_7;//PD7 上拉输入
GPIO_InitStructure.GPIO_Mode = GPIO_Mode_IPU;//复用推挽输出
GPIO_InitStructure.GPIO_Speed = GPIO_Speed_50MHz;  //IO 口速度为 50 MHz
GPIO_Init(GPIOD,&GPIO_InitStructure);  //根据设定参数初始化 PD7
SDIO_DeInit();//SDIO 外设寄存器设置为默认值
NVIC_InitStructure.NVIC_IRQChannel = SDIO_IRQn;//SDIO 中断配置
NVIC_InitStructure.NVIC_IRQChannelPreemptionPriority = 0;  //抢占优先级 0
NVIC_InitStructure.NVIC_IRQChannelSubPriority = 0;  //子优先级 0
NVIC_InitStructure.NVIC_IRQChannelCmd = ENABLE;//使能外部中断通道
NVIC_Init(&NVIC_InitStructure);    //初始化外设 NVIC 寄存器
errorstatus = SD_PowerON();//SD 卡上电
if(errorstatus == SD_OK)
        errorstatus = SD_InitializeCards();//初始化 SD 卡
if(errorstatus == SD_OK)
        errorstatus = SD_GetCardInfo(&SDCardInfo);//获取卡信息
if(errorstatus == SD_OK)
        errorstatus = SD_SelectDeselect((u32)(SDCardInfo.RCA<<16));//选中 SD 卡
if(errorstatus == SD_OK)
        errorstatus = SD_EnableWideBusOperation(1);//4 位宽度
if((errorstatus == SD_OK)||(SDIO_MULTIMEDIA_CARD == CardType))
{
if(SDCardInfo.CardType == SDIO_STD_CAPACITY_SD_CARD_V1_1||
            SDCardInfo.CardType == SDIO_STD_CAPACITY_SD_CARD_V2_0)
    {
    clkdiv = SDIO_TRANSFER_CLK_DIV + 6;//V1.1/V2.0 卡,设置最高 72/12 = 6 MHz
    }else clkdiv = SDIO_TRANSFER_CLK_DIV;//SDHC 等其他卡设置最高 12 MHz
    SDIO_Clock_Set(clkdiv);//设置时钟频率
    errorstatus = SD_SetDeviceMode(SD_POLLING_MODE);//设置为查询模式
}
    return errorstatus;
}
```

该函数先实现 SDIO 时钟及相关 I/O 口的初始化,再对 SDIO 部分寄存器进行了清零操作,然后开始 SD 卡的初始化流程,这个过程在 35.1.5 小节有详细介绍了。首先,通过 SD_PowerON 函数完成 SD 卡的上电,并获得 SD 卡的类型(SDHC/SDSC/SDV1.x/MMC),然后,调用 SD_InitializeCards 函数完成 SD 卡的初始化,该函数代码如下:

```
//初始化所有的卡,并让卡进入就绪状态
```

第 35 章　SD 卡实验

```c
//返回值:错误代码
SD_Error SD_InitializeCards(void)
{
    SD_Error errorstatus = SD_OK;
    u16 rca = 0x01;
    if(SDIO_GetPowerState() == 0)return SD_REQUEST_NOT_APPLICABLE;
                                                    //检查电源状态,确保为上电状态
    if(SDIO_SECURE_DIGITAL_IO_CARD! = CardType)
    {
      SDIO_CmdInitStructure.SDIO_Argument = 0x0;//发送 CMD2,取得 CID,长响应
      SDIO_CmdInitStructure.SDIO_CmdIndex = SD_CMD_ALL_SEND_CID;
      SDIO_CmdInitStructure.SDIO_Response = SDIO_Response_Long;
      SDIO_CmdInitStructure.SDIO_Wait = SDIO_Wait_No;
      SDIO_CmdInitStructure.SDIO_CPSM = SDIO_CPSM_Enable;
      SDIO_SendCommand(&SDIO_CmdInitStructure);//发送 CMD2,取得 CID,长响应
      errorstatus = CmdResp2Error();  //等待 R2 响应
      if(errorstatus! = SD_OK)return errorstatus;//响应错误
        CID_Tab[0] = SDIO->RESP1;
        CID_Tab[1] = SDIO->RESP2;
        CID_Tab[2] = SDIO->RESP3;
        CID_Tab[3] = SDIO->RESP4;
    }
    if((SDIO_STD_CAPACITY_SD_CARD_V1_1 == CardType)||
    (SDIO_STD_CAPACITY_SD_CARD_V2_0 == CardType)||
    (SDIO_SECURE_DIGITAL_IO_COMBO_CARD == CardType)||
    (SDIO_HIGH_CAPACITY_SD_CARD == CardType))//判断卡类型
    {
      SDIO_CmdInitStructure.SDIO_Argument = 0x00;//发送 CMD3,短响应
      SDIO_CmdInitStructure.SDIO_CmdIndex = SD_CMD_SET_REL_ADDR;//cmd3
      SDIO_CmdInitStructure.SDIO_Response = SDIO_Response_Short;   //r6
      SDIO_CmdInitStructure.SDIO_Wait = SDIO_Wait_No;
      SDIO_CmdInitStructure.SDIO_CPSM = SDIO_CPSM_Enable;
      SDIO_SendCommand(&SDIO_CmdInitStructure);//发送 CMD3,短响应
      errorstatus = CmdResp6Error(SD_CMD_SET_REL_ADDR,&rca);//等待 R6 响应
      if(errorstatus! = SD_OK)return errorstatus;   //响应错误
    }
    if(SDIO_MULTIMEDIA_CARD == CardType)
    {
      SDIO_CmdInitStructure.SDIO_Argument = (u32)(rca<<16);//发送 CMD3,短响应
      SDIO_CmdInitStructure.SDIO_CmdIndex = SD_CMD_SET_REL_ADDR;//cmd3
      SDIO_CmdInitStructure.SDIO_Response = SDIO_Response_Short;   //r6
      SDIO_CmdInitStructure.SDIO_Wait = SDIO_Wait_No;
      SDIO_CmdInitStructure.SDIO_CPSM = SDIO_CPSM_Enable;
      SDIO_SendCommand(&SDIO_CmdInitStructure);//发送 CMD3,短响应
      errorstatus = CmdResp2Error();   //等待 R2 响应
      if(errorstatus! = SD_OK)return errorstatus;   //响应错误
    }
    if(SDIO_SECURE_DIGITAL_IO_CARD! = CardType)//
    {
    RCA = rca;
    SDIO_CmdInitStructure.SDIO_Argument = (uint32_t)(rca<<16);//发送 CMD9 + 卡 RCA
```

```c
SDIO_CmdInitStructure.SDIO_CmdIndex = SD_CMD_SEND_CSD;
SDIO_CmdInitStructure.SDIO_Response = SDIO_Response_Long;
SDIO_CmdInitStructure.SDIO_Wait = SDIO_Wait_No;
SDIO_CmdInitStructure.SDIO_CPSM = SDIO_CPSM_Enable;
SDIO_SendCommand(&SDIO_CmdInitStructure);
errorstatus = CmdResp2Error();//等待R2响应
if(errorstatus! = SD_OK)return errorstatus;//响应错误
    CSD_Tab[0] = SDIO->RESP1;
    CSD_Tab[1] = SDIO->RESP2;
    CSD_Tab[2] = SDIO->RESP3;
    CSD_Tab[3] = SDIO->RESP4;
}
return SD_OK;//卡初始化成功
}
```

SD_InitializeCards 函数发送 CMD2 和 CMD3 获得 CID 寄存器内容和 SD 卡的相对地址(RCA),并通过 CMD9 获取 CSD 寄存器内容。到这里,实际上 SD 卡的初始化就已经完成了。

随后,SD_Init 函数又通过调用 SD_GetCardInfo 函数获取 SD 卡相关信息,之后调用 SD_SelectDeselect 函数,选择要操作的卡(CMD7+RCA),通过 SD_EnableWideBusOperation 函数设置 SDIO 的数据位宽为 4 位(但 MMC 卡只能支持一位模式)。最后设置 SDIO_CK 时钟的频率及工作模式(DMA/轮询)。

接下来看看 SD 卡读块函数:SD_ReadBlock,该函数用于从 SD 卡指定地址读出一个块(扇区)数据,该函数代码如下:

```c
//SD卡读取一个块
//buf:读数据缓存区(必须4字节对齐!!)  addr:读取地址   blksize:块大小
SD_Error SD_ReadBlock(u8 * buf,long long addr,u16 blksize)
{
    SD_Error errorstatus = SD_OK;
    u8 power;
    u32 count = 0, * tempbuff = (u32 *)buf;//转换为u32指针
    u32 timeout = SDIO_DATATIMEOUT;
    if(NULL == buf)return SD_INVALID_PARAMETER;
    SDIO->DCTRL = 0x0;//数据控制寄存器清零(关DMA)
    if(CardType == SDIO_HIGH_CAPACITY_SD_CARD)//大容量卡
    {
        blksize = 512;   addr>> = 9;
    }
    SDIO_DataInitStructure.SDIO_DataBlockSize = SDIO_DataBlockSize_1b;
    SDIO_DataInitStructure.SDIO_DataLength = 0;
    SDIO_DataInitStructure.SDIO_DataTimeOut = SD_DATATIMEOUT;
    SDIO_DataInitStructure.SDIO_DPSM = SDIO_DPSM_Enable;
    SDIO_DataInitStructure.SDIO_TransferDir = SDIO_TransferDir_ToCard;
    SDIO_DataInitStructure.SDIO_TransferMode = SDIO_TransferMode_Block;
    SDIO_DataConfig(&SDIO_DataInitStructure);
    if(SDIO->RESP1&SD_CARD_LOCKED)return SD_LOCK_UNLOCK_FAILED;//卡锁了
    if((blksize>0)&&(blksize< = 2048)&&((blksize&(blksize-1)) == 0))
    {
```

第35章 SD 卡实验

```
            power = convert_from_bytes_to_power_of_two(blksize);
            SDIO_CmdInitStructure.SDIO_Argument =   blksize;
            SDIO_CmdInitStructure.SDIO_CmdIndex = SD_CMD_SET_BLOCKLEN;
            SDIO_CmdInitStructure.SDIO_Response = SDIO_Response_Short;
            SDIO_CmdInitStructure.SDIO_Wait = SDIO_Wait_No;
            SDIO_CmdInitStructure.SDIO_CPSM = SDIO_CPSM_Enable;
            SDIO_SendCommand(&SDIO_CmdInitStructure);
                                    //发送 CMD16 + 设置数据长度为 blksize,短响应
            errorstatus = CmdResp1Error(SD_CMD_SET_BLOCKLEN);//等待 R1 响应
            if(errorstatus! = SD_OK)return errorstatus;   //响应错误
        }else return SD_INVALID_PARAMETER;
        SDIO_DataInitStructure.SDIO_DataBlockSize =  power<<4;//清除 DPSM 状态机配置
        SDIO_DataInitStructure.SDIO_DataLength = blksize;
        SDIO_DataInitStructure.SDIO_DataTimeOut = SD_DATATIMEOUT;
        SDIO_DataInitStructure.SDIO_DPSM = SDIO_DPSM_Enable;
        SDIO_DataInitStructure.SDIO_TransferDir = SDIO_TransferDir_ToSDIO;
        SDIO_DataInitStructure.SDIO_TransferMode = SDIO_TransferMode_Block;
        SDIO_DataConfig(&SDIO_DataInitStructure);
        SDIO_CmdInitStructure.SDIO_Argument =   addr;
        SDIO_CmdInitStructure.SDIO_CmdIndex = SD_CMD_READ_SINGLE_BLOCK;
        SDIO_CmdInitStructure.SDIO_Response = SDIO_Response_Short;
        SDIO_CmdInitStructure.SDIO_Wait = SDIO_Wait_No;
        SDIO_CmdInitStructure.SDIO_CPSM = SDIO_CPSM_Enable;
        SDIO_SendCommand(&SDIO_CmdInitStructure);
                                //发送 CMD17 + 从 addr 地址出读取数据,短响应
        errorstatus = CmdResp1Error(SD_CMD_READ_SINGLE_BLOCK);//等待 R1 响应
        if(errorstatus! = SD_OK)return errorstatus;//响应错误
        if(DeviceMode == SD_POLLING_MODE)//查询模式,轮询数据
        {
            INTX_DISABLE();;//关闭总中断(POLLING 模式,严禁中断打断 SDIO 读写操作!!!)
            while(! (SDIO->STA&((1<<5)|(1<<1)|(1<<3)|(1<<10)|(1<<9))))
            {
                if(SDIO_GetFlagStatus(SDIO_FLAG_RXFIFOHF)! = RESET)
                //接收区半满,表示至少存了 8 个字
                {
                    for(count = 0;count<8;count ++ )//循环读取数据
                    {
                        *(tempbuff + count) = SDIO->FIFO;
                    }
                    tempbuff + = 8;
                    timeout = 0X7FFFFF;//读数据溢出时间
                }else   //处理超时
                {
                    if(timeout == 0)return SD_DATA_TIMEOUT;
                    timeout -- ;
                }
            }
    if(SDIO_GetFlagStatus(SDIO_FLAG_DTIMEOUT)! = RESET)//数据超时错误
        {
            SDIO_ClearFlag(SDIO_FLAG_DTIMEOUT);   //清错误标志
            return SD_DATA_TIMEOUT;
```

```c
}else if(SDIO_GetFlagStatus(SDIO_FLAG_DCRCFAIL) != RESET)//数据块CRC错误
{
    SDIO_ClearFlag(SDIO_FLAG_DCRCFAIL);    //清错误标志
    return SD_DATA_CRC_FAIL;
}else if(SDIO_GetFlagStatus(SDIO_FLAG_RXOVERR) != RESET)  //接收fifo上溢错误
{
    SDIO_ClearFlag(SDIO_FLAG_RXOVERR);//清错误标志
    return SD_RX_OVERRUN;
}else if(SDIO_GetFlagStatus(SDIO_FLAG_STBITERR) != RESET)  //接收起始位错误
{
    SDIO_ClearFlag(SDIO_FLAG_STBITERR);//清错误标志
    return SD_START_BIT_ERR;
}
while(SDIO_GetFlagStatus(SDIO_FLAG_RXDAVL) != RESET)//FIFO还存在可用数据
{
    *tempbuff = SDIO_ReadData();//循环读取数据
    tempbuff++;
}
INTX_ENABLE();//开启总中断
SDIO_ClearFlag(SDIO_STATIC_FLAGS);//清除所有标记
}else if(DeviceMode == SD_DMA_MODE)
{
    SD_DMA_Config((u32*)buf,blksize,DMA_DIR_PeripheralSRC);
    TransferError = SD_OK;
    StopCondition = 0;//单块读,不需要发送停止传输指令
    TransferEnd = 0;//传输结束标置位,在中断服务置1
    SDIO->MASK| = (1<<1)|(1<<3)|(1<<8)|(1<<5)|(1<<9);//配置需要的中断
    SDIO_DMACmd(ENABLE);
    while(((DMA2->ISR&0X2000) == RESET)&&(TransferEnd == 0)&&
        (TransferError == SD_OK)&&timeout)timeout--;//等待传输完成
    if(timeout == 0)return SD_DATA_TIMEOUT;//超时
    if(TransferError! = SD_OK)errorstatus = TransferError;
}
return errorstatus;
}
```

该函数先发送 CMD16,用于设置块大小;然后配置 SDIO 控制器读数据的长度,这里用函数 convert_from_bytes_to_power_of_two 求出 blksize 以 2 为底的指数,用于 SDIO 读数据长度设置。然后发送 CMD17(带地址参数 addr),从指定地址读取一块数据。最后,根据设置的模式(查询模式/DMA 模式),从 SDIO_FIFO 读出数据。

该函数有两个注意的地方:①addr 参数类型为 long long,以支持大于 4G 的卡,否则操作大于 4G 的卡可能有问题!②轮询方式读/写 FIFO 时严禁任何中断打断,否则可能导致读写数据出错!所以使用了 INTX_DISABLE 函数关闭总中断,在 FIFO 读/写操作结束后才打开总中断(INTX_ENABLE 函数设置)。

另外,还有 3 个底层读写函数:SD_ReadMultiBlocks,用于多块读;SD_WriteBlock,用于单块写;SD_WriteMultiBlocks,用于多块写。注意,无论哪个函数,其数据 buf 的地址都必须是 4 字节对齐的!关于控制命令,详细可参考"SD 卡 2.0 协议.pdf"。

最后来看看 SDIO 与文件系统的两个接口函数:SD_ReadDisk 和 SD_WriteDisk,

这两个函数的代码如下：

```c
//读 SD 卡
//buf:读数据缓存区    sector:扇区地址    cnt:扇区个数
//返回值:错误状态;0,正常;其他,错误代码
u8 SD_ReadDisk(u8 * buf,u32 sector,u8 cnt)
{
    u8 sta = SD_OK;
    long long lsector = sector;
    u8 n;
    lsector<<= 9;
    if((u32)buf % 4! = 0)
    {
        for(n = 0;n<cnt;n + + )
        {
            sta = SD_ReadBlock(SDIO_DATA_BUFFER,lsector + 512 * n,512);//单扇区读操作
            memcpy(buf,SDIO_DATA_BUFFER,512);
            buf + = 512;
        }
    }else
    {
        if(cnt == 1)sta = SD_ReadBlock(buf,lsector,512);       //单个 sector 的读操作
        else sta = SD_ReadMultiBlocks(buf,lsector,512,cnt);//多个 sector
    }
    return sta;
}
//写 SD 卡
//buf:写数据缓存区    sector:扇区地址    cnt:扇区个数
//返回值:错误状态;0,正常;其他,错误代码;
u8 SD_WriteDisk(u8 * buf,u32 sector,u8 cnt)
{
    u8 sta = SD_OK;
    u8 n;
    long long lsector = sector;
    lsector<<= 9;
    if((u32)buf % 4! = 0)
    {
        for(n = 0;n<cnt;n + + )
        {
            memcpy(SDIO_DATA_BUFFER,buf,512);
            sta = SD_WriteBlock(SDIO_DATA_BUFFER,lsector + 512 * n,512);//单扇区写
            buf + = 512;
        }
    }else
    {
        if(cnt == 1)sta = SD_WriteBlock(buf,lsector,512);       //单个 sector 的写操作
        else sta = SD_WriteMultiBlocks(buf,lsector,512,cnt);//多个 sector
    }
    return sta;
}
```

这两个函数在下一章（FATFS 实验）将会用到的，这里提前介绍下。其中，SD_

ReadDisk 用于读数据,通过调用 SD_ReadBlock 和 SD_ReadMultiBlocks 实现。SD_WriteDisk 用于写数据,通过调用 SD_WriteBlock 和 SD_WriteMultiBlocks 实现。注意,因为 FATFS 提供给 SD_ReadDisk 或者 SD_WriteDisk 的数据缓存区地址不一定是 4 字节对齐的,所以这两个函数里面做了 4 字节对齐判断,如果不是 4 字节对齐的,则通过一个 4 字节对齐缓存(SDIO_DATA_BUFFER)作为数据过度,以确保传递给底层读/写函数的 buf 是 4 字节对齐的。

接下来,打开 main.c 文件,关键代码如下:

```c
//通过串口打印 SD 卡相关信息
void show_sdcard_info(void)
{
    switch(SDCardInfo.CardType)
    {
        case SDIO_STD_CAPACITY_SD_CARD_V1_1:
            printf("Card Type:SDSC V1.1\r\n");break;
        case SDIO_STD_CAPACITY_SD_CARD_V2_0:
            printf("Card Type:SDSC V2.0\r\n");break;
        case SDIO_HIGH_CAPACITY_SD_CARD:
            printf("Card Type:SDHC V2.0\r\n");break;
        case SDIO_MULTIMEDIA_CARD:
            printf("Card Type:MMC Card\r\n");break;
    }
    printf("Card ManufacturerID:%d\r\n",SDCardInfo.SD_cid.ManufacturerID);//制造商 ID
    printf("Card RCA:%d\r\n",SDCardInfo.RCA);//卡相对地址
    printf("Card Capacity:%d MB\r\n",(u32)(SDCardInfo.CardCapacity>>20));//显示容量
    printf("Card BlockSize:%d\r\n\r\n",SDCardInfo.CardBlockSize);//显示块大小
}
int main(void)
{
    u8 key; u8 t=0; u8 *buf=0;
    u32 sd_size;
    delay_init();       //延时函数初始化
    NVIC_PriorityGroupConfig(NVIC_PriorityGroup_2);//设置中断优先级分组为组 2
    uart_init(115200);//串口初始化为 115200
    LED_Init();     //初始化与 LED 连接的硬件接口
    KEY_Init();//初始化按键
    LCD_Init();     //初始化 LCD
    my_mem_init(SRAMIN);//初始化内部内存池
    //此处省略部分非关键代码
    while(SD_Init())//检测不到 SD 卡
    {
        LCD_ShowString(30,150,200,16,16,"SD Card Error!"); delay_ms(500);
        LCD_ShowString(30,150,200,16,16,"Please Check! "); delay_ms(500);
        LED0=!LED0;//DS0 闪烁
    }
    show_sdcard_info();//打印 SD 卡相关信息
    POINT_COLOR=BLUE;//设置字体为蓝色
    //检测 SD 卡成功
    LCD_ShowString(30,150,200,16,16,"SD Card OK    ");
```

```
LCD_ShowString(30,170,200,16,16,"SD Card Size:      MB");
LCD_ShowNum(30+13*8,170,SDCardInfo.CardCapacity>>20,5,16);//显示SD卡容量
while(1)
{
    key = KEY_Scan(0);
    if(key == KEY0_PRES)//KEY0按下了
    {
        buf = mymalloc(0,512);//申请内存
        if(buf == 0)
        {
            printf("failed\r\n");
            continue;
        }
        if(SD_ReadDisk(buf,0,1) == 0)//读取0扇区的内容
        {
            LCD_ShowString(30,190,200,16,16,"USART1 Sending Data...");
            printf("SECTOR 0 DATA:\r\n");
            for(sd_size = 0;sd_size<512;sd_size++)printf("%x ",buf[sd_size]);//打印数据
            printf("\r\nDATA ENDED\r\n");
            LCD_ShowString(30,190,200,16,16,"USART1 Send Data Over!");
        }
        myfree(0,buf);//释放内存
    }
    t++;
    delay_ms(10);
    if(t == 20){LED0 = !LED0;t = 0;}
}
```

这里总共 2 个函数，show_sdcard_info 函数用于从串口输出 SD 卡相关信息。main 函数先初化 SD 卡，初始化成功后调用 show_sdcard_info 函数输出 SD 卡相关信息，并在 LCD 上面显示 SD 卡容量。然后进入死循环，如果有按键 KEY0 按下，则通过 SD_ReadDisk 读取 SD 卡的扇区 0(物理磁盘，扇区 0)，并将数据通过串口打印出来。这里对第 34 章学过的内存管理稍微用了下，以后尽量使用内存管理来设计。

35.4　下载验证

编译成功之后，下载代码到 ALIENTEK 战舰 STM32F103 上，可以看到 LCD 显示如图 35.4.1 所示的内容(假设 SD 卡已经插上了)。

打开串口调试助手，按下 KEY0 就可以看到从开发板发回来的数据了，如图 35.4.2 所示。注意，不同的 SD 卡，读出来的扇区 0 是不尽相同的，所以不要因为读出来的数据和图 35.4.2 不同而感到惊讶。

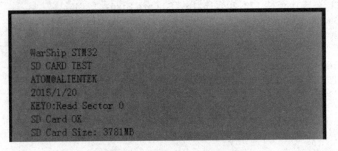

图 35.4.1　程序运行效果图

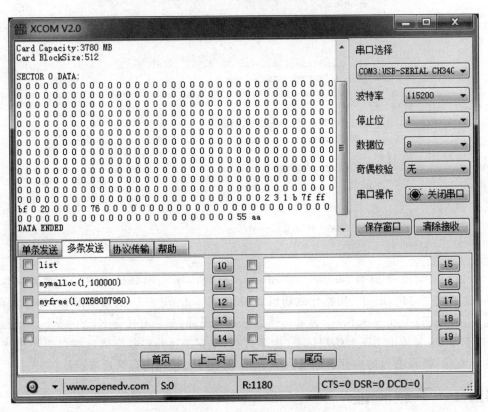

图 35.4.2　串口收到的 SD 卡扇区 0 内容

第 36 章 FATFS 实验

本章将使用 FATFS 来管理 SD 卡,实现 SD 卡文件的读/写等基本功能。

36.1 FATFS 简介

FATFS 是一个完全免费开源的 FAT 文件系统模块,专门为小型的嵌入式系统而设计。它完全用标准 C 语言编写,所以具有良好的硬件平台独立性,只须做简单的修改就可以移植到 8051、PIC、AVR、SH、Z80、H8、ARM 等系列单片机上。它支持 FAT12、FATl6 和 FAT32,支持多个存储媒介;有独立的缓冲区,可以对多个文件进行读/写,并特别对 8 位单片机和 16 位单片机做了优化。

FATFS 的特点有:
① Windows 兼容的 FAT 文件系统(支持 FAT12/FAT16/FAT32);
② 与平台无关,移植简单;
③ 代码量少、效率高;
④ 多种配置选项:支持多卷(物理驱动器或分区,最多 10 个卷);多个 ANSI/OEM 代码页包括 DBCS;支持长文件名、ANSI/OEM 或 Unicode;支持 RTOS;支持多种扇区大小;只读、最小化的 API 和 I/O 缓冲区等。

FATFS 的这些特点,加上免费、开源的原则,使其应用非常广泛。FATFS 模块的层次结构如图 36.1.1 所示。

最顶层是应用层,使用者无需理会 FATFS 的内部结构和复杂的 FAT 协议,只需要调用 FATFS 模块提供给用户的一系列应用接口函数,如 f_open、f_read、f_write 和 f_close 等,就可以像在 PC 上读/写文件那样简单。

中间层 FATFS 模块,实现了 FAT 文件读/写协议。FATFS 模块提供的是 ff.c 和 ff.h。除非有必要,使用者一般不用修改,使用时将头文件直接包含进去即可。

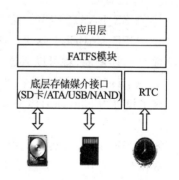

图 36.1.1　FATFS 层次结构图

需要我们编写移植代码的是 FATFS 模块提供的底层接口,它包括存储媒介读/写接口(disk I/O)和供给文件创建修改时间的实时时钟。

FATFS的源码可以在http://elm-chan.org/fsw/ff/00index_e.html下载到,目前最新版本为R0.11。本章使用最新版本的FATFS来介绍,下载最新版本的FATFS软件包,解压后可以得到两个文件夹:doc和src。doc里面主要是对FATFS的介绍,而src里面才是我们需要的源码。

其中,与平台无关的是:
ffconf.h:FATFS模块配置文件;
ff.h:FATFS和应用模块公用的包含文件;
ff.c:FATFS模块;
diskio.h:FATFS和disk I/O模块公用的包含文件;
interger.h:数据类型定义;
option:可选的外部功能(比如支持中文等)。

与平台相关的代码(需要用户提供)是:
diskio.c:FATFS和disk I/O模块接口层文件

FATFS模块在移植的时候,一般只需要修改2个文件,即ffconf.h和diskio.c。FATFS模块的所有配置项都存放在ffconf.h里面,我们可以通过配置里面的一些选项来满足自己的需求。接下来介绍几个重要的配置选项。

① _FS_TINY。这个选项在R0.07版本中开始出现,之前的版本都以独立的C文件出现(FATFS和Tiny FATFS),有了这个选项之后两者整合在一起了,使用起来更方便。我们使用FATFS,所以把这个选项定义为0即可。

② _FS_READONLY。这个用来配置是不是只读,本章需要读/写都用,所以这里设置为0即可。

③ _USE_STRFUNC。这个用来设置是否支持字符串类操作,比如f_putc、f_puts等,本章需要用到,故设置这里为1。

④ _USE_MKFS。这个用来定时是否使能格式化,本章需要用到,所以设置这里为1。

⑤ _USE_FASTSEEK。这个用来使能快速定位,这里设置为1,使能快速定位。

⑥ _USE_LABEL。这个用来设置是否支持磁盘盘符(磁盘名字)读取与设置。这里设置为1,即使能,就可以通过相关函数读取或者设置磁盘的名字了。

⑦ _CODE_PAGE。这个用于设置语言类型,包括很多选项(见FATFS官网说明),这里设置为936,即简体中文(GBK码,需要c936.c文件支持,该文件在option文件夹)。

⑧ _USE_LFN。该选项用于设置是否支持长文件名(还需要_CODE_PAGE支持),取值范围为0~3。0,表示不支持长文件名,1~3是支持长文件名,但是存储地方不一样,这里选择使用3,通过ff_memalloc函数来动态分配长文件名的存储区域。

⑨ _VOLUMES。用于设置FATFS支持的逻辑设备数目,这里设置为2,即支持2个设备。

⑩ _MAX_SS。扇区缓冲的最大值,一般设置为 512。

其他配置项这里就不一一介绍了,FATFS 的说明文档里面有很详细的介绍,读者自己阅读即可。FATFS 的移植主要分为 3 步:

① 数据类型:在 integer.h 里面去定义好数据的类型。这里需要了解读者用的编译器的数据类型,并根据编译器定义好数据类型。

② 配置:通过 ffconf.h 配置 FATFS 的相关功能,以满足需要。

③ 函数编写:打开 diskio.c 进行底层驱动编写,一般需要编写 6 个接口函数,如图 36.1.2 所示。

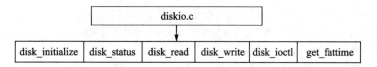

图 36.1.2　diskio 需要实现的函数

FATFS 在 STM32F4 上面的移植步骤:

① 这里使用的是 MDK5.13 编译器,其数据类型和 integer.h 里面定义的一致,所以此步不需要做任何改动。

② 关于 ffconf.h 里面的相关配置,前面已经有介绍(之前介绍的 10 个配置),将对应配置修改为我们介绍时候的值即可,其他的配置用默认配置。

③ 因为 FATFS 模块完全与磁盘 I/O 层分开,因此需要下面的函数来实现底层物理磁盘的读/写,并获取当前时间。底层磁盘 I/O 模块并不是 FATFS 的一部分,并且必须由用户提供。这些函数一般有 6 个,在 diskio.c 里面。

首先是 disk_initialize 函数,该函数介绍如图 36.1.3 所示。

函数名称	disk_initialize
函数原型	DSTATUS disk_initialize(BYTE Drive)
功能描述	初始化磁盘驱动器
函数参数	Drive:指定要初始化的逻辑驱动器号,即盘符,应当取值 0~9
返回值	函数返回一个磁盘状态作为结果,对于磁盘状态的细节信息,请参考 disk_status 函数
所在文件	ff.c
示例	disk_initialize(0);　　　　　　　　　　/*初始化驱动器 0　　　　　　　*/
注意事项	disk_initialize 函数初始化一个逻辑驱动器为读/写做准备,函数成功时,返回值的 STA_NOINIT 标志被清零; 应用程序不应调用此函数,否则卷上的 FAT 结构可能会损坏; 如果需要重新初始化文件系统,可使用 f_mount 函数; 在 FATFS 模块上卷注册处理时调用该函数可控制设备的改变; 此函数在 FATFS 挂在卷时调用,应用程序不应该在 FATFS 活动时使用此函数

图 36.1.3　disk_initialize 函数介绍

第二个函数是 disk_status 函数,该函数介绍如图 36.1.4 所示。

函数名称	disk_status
函数原型	DSTATUS disk_status(BYTE Drive)
功能描述	返回当前磁盘驱动器的状态
函数参数	Drive：指定要确认的逻辑驱动器号，即盘符，应当取值 0~9
返回值	磁盘状态返回下列标志的组合，FATFS 只使用 STA_NOINIT 和 STA_PROTECTED STA_NOINIT：表明磁盘驱动未初始化，下面列出了产生该标志置位或清零的原因： 　　　　　　置位：系统复位，磁盘被移除和磁盘初始化函数失败； 　　　　　　清零：磁盘初始化函数成功 STA_NODISK：表明驱动器中没有设备，安装磁盘驱动器后总为 0 STA_PROTECTED：表明设备被写保护，不支持写保护的设备总为 0，当 STA_NODISK 置位时非法
所在文件	ff.c
示例	disk_status(0);　　　　　　　　　　　/* 获取驱动器 0 的状态　　　　　　　　*/

图 36.1.4　disk_status 函数介绍

第三个函数是 disk_read 函数，该函数介绍如图 36.1.5 所示。

函数名称	disk_read
函数原型	DRESULT disk_read(BYTE Drive, BYTE * Buffer, DWORD SectorNumber, BYTE SectorCount)
功能描述	从磁盘驱动器上读取扇区
函数参数	Drive：指定逻辑驱动器号，即盘符，应当取值 0~9 Buffer：指向存储读取数据字节数组的指针，需要为所读取字节数的大小，扇区统计的扇区大小是需要的 注：FATFS 指定的内存地址并不总是字对齐的，如果硬件不支持不对齐的数据传输，函数里需要进行处理 SectorNumber：指定起始扇区的逻辑块(LBA)上的地址 SectorCount：指定要读取的扇区数，取值 1~128
返回值	RES_OK(0)：函数成功 RES_ERROR：读操作期间产生了任何错误且不能恢复它 RES_PARERR：非法参数 RES_NOTRDY：磁盘驱动器没有初始化
所在文件	ff.c

图 36.1.5　disk_read 函数介绍

第四个函数是 disk_write 函数，该函数介绍如图 36.1.6 所示。
第五个函数是 disk_ioctl 函数，该函数介绍如图 36.1.7 所示。
最后一个函数是 get_fattime 函数，该函数介绍如图 36.1.8 所示。

第 36 章 FATFS 实验

函数名称	disk_write
函数原型	DRESULT disk_write(BYTE Drive, const BYTE * Buffer, DWORD SectorNumber, BYTE SectorCount)
功能描述	向磁盘写入一个或多个扇区
函数参数	Drive：指定逻辑驱动器号，即盘符，应当取值 0～9 Buffer：指向要写入字节数组的指针， 注：FATFS 指定的内存地址并不总是字对齐的，如果硬件不支持不对齐的数据传输，函数里需要进行处理 SectorNumber：指定起始扇区的逻辑块(LBA)上的地址 SectorNumber：指定要写入的扇区数，取值 1～128
返回值	RES_OK(0)：函数成功 RES_ERROR：读操作期间产生了任何错误且不能恢复它 RES_WRPRT：媒体被写保护 RES_PARERR：非法参数 RES_NOTRDY：磁盘驱动器没有初始化
所在文件	ff.c
注意事项	只读配置中不需要此函数

图 36.1.6 disk_write 函数介绍

函数名称	disk_ioctl
函数原型	DRESULT disk_ioctl(BYTE Drive, BYTE Command, void * Buffer)
功能描述	控制设备指定特性和除了读/写外的杂项功能
函数参数	Drive：指定逻辑驱动器号，即盘符，应当取值 0～9 Command：指定命令代码 Buffer：指向参数缓冲区的指针，取决于命令代码，不使用时，指定一个 NULL 指针
返回值	RES_OK(0)：函数成功 RES_ERROR：读操作期间产生了任何错误且不能恢复它 RES_PARERR：非法参数 RES_NOTRDY：磁盘驱动器没有初始化
所在文件	ff.c
注意事项	CTRL_SYNC：确保磁盘驱动器已经完成了写处理，当磁盘 I/O 有一个写回缓存，立即刷新原扇区，只读配置下不适用此命令 GET_SECTOR_SIZE：返回磁盘的扇区大小，只用于 f_mkfs() GET_SECTOR_COUNT：返回可利用的扇区数，_MAX_SS≥1 024 时可用 GET_BLOCK_SIZE：获取擦除块大小，只用于 f_mkfs() CTRL_ERASE_SECTOR：强制擦除一块的扇区，_USE_ERASE>0 时可用

图 36.1.7 disk_ioctl 函数介绍

函数名称	get_fattime
函数原型	DWORD get_fattime()
功能描述	获取当前时间
函数参数	无
返回值	当前时间以双字值封装返回,位域如下： bit31:2 年 (0～12) (从 1980 开始) bit24:21 月 (1～12) bit20:16 日 (1～31) bit15:11 小时 (0～23) bit10:5 分钟 (0～59) bit:0 秒 (0～29)
所在文件	ff.c
注意事项	get_fattime 函数必须返回一个合法的时间即使系统不支持实时时钟,如果返回 0,文件没有一个合法的时间； 只读配置下无需此函数

图 36.1.8 get_fattime 函数介绍

以上 6 个函数将在软件设计部分一一实现。通过以上 3 个步骤,我们就完成了对 FATFS 的移植,就可以在代码里面使用 FATFS 了。

FATFS 提供了很多 API 函数,在 FATFS 的自带介绍文件里面都有详细的介绍(包括参考代码),这里就不多说了。注意,使用 FATFS 的时候,必须先通过 f_mount 函数注册一个工作区,才能开始后续 API 的使用。

36.2 硬件设计

本章实验功能简介:开机的时候先初始化 SD 卡,之后注册两个工作区(一个给 SD 卡用,一个给 SPI Flash 用),然后获取 SD 卡的容量和剩余空间,并显示在 LCD 模块上,最后等待 USMART 输入指令进行各项测试。本实验通过 DS0 指示程序运行状态。

本实验用到的硬件资源有:指示灯 DS0、串口、TFTLCD 模块、SD 卡、SPI Flash。这些在之前都已经介绍过,不清楚可参考之前内容。

36.3 软件设计

本章将 FATFS 部分单独做一个分组,在工程目录下新建一个 FATFS 的文件夹,然后将 FATFS R0.11 程序包解压到该文件夹下。同时,在 FATFS 文件夹里面新建一个 exfuns 的文件夹,用于存放我们针对 FATFS 做的一些扩展代码。设计完如图 36.3.1 所示。

第 36 章 FATFS 实验

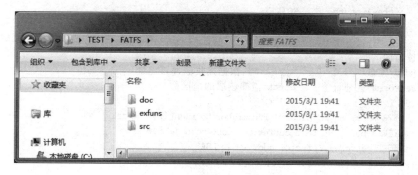

图 36.3.1　FATFS 文件夹子目录

打开本章实验工程可以看到,由于本章要用到 USMART 组件、SPI 和 W25Q128 等驱动,所以我们添加 USMART 组件到工程(方法见 16.3 节),同时还添加 spi.c 和 w25qxx.c 到 HARDWARE 组下。再新建了 FATFS 分组,将图 36.3.1 的 src 文件夹里面的 ff.c、diskio.c 以及 option 文件夹下的 cc936.c 这 3 个文件加入到 FATFS 组下,并将 src 文件夹加入头文件包含路径。

打开 diskio.c,代码如下:

```
#define SD_CARD 0    //SD 卡,卷标为 0
#define EX_FLASH 1//外部 flash,卷标为 1
#define FLASH_SECTOR_SIZE 512
//对于 W25Q128
//前 12 MB 给 fatfs 用,12 MB 后,用于存放字库,字库占 3.09 MB.剩余的给客户自己用
u16    FLASH_SECTOR_COUNT = 2048 * 12;//W25Q1218,前 12 MB 给 FATFS 占用
#define FLASH_BLOCK_SIZE 8    //每个 BLOCK 有 8 个扇区
//获得磁盘状态
DSTATUS disk_status (
    BYTE pdrv/ * Physical drive nmuber to identify the drive */
)
{
    return RES_OK;
}
//初始化磁盘
DSTATUS disk_initialize (
    BYTE pdrv/ * Physical drive nmuber to identify the drive */
)
{
    u8 res = 0;
    switch(pdrv)
    {
        case SD_CARD://SD 卡
            res = SD_Init();    break;//SD 卡初始化
        case EX_FLASH://外部 flash
            W25QXX_Init();
            FLASH_SECTOR_COUNT = 2048 * 12;//W25Q1218,前 12M 字节给 FATFS 占用
            break;
        default: res = 1;
```

```c
    if(res)return  STA_NOINIT;
    else return 0;//初始化成功
}
//读扇区
//pdrv:磁盘编号 0~9      * buff:数据接收缓冲首地址
//sector:扇区地址        count:需要读取的扇区数
DRESULT disk_read (
    BYTE pdrv,/* Physical drive nmuber to identify the drive */
    BYTE * buff,/* Data buffer to store read data */
    DWORD sector,/* Sector address in LBA */
    UINT count/* Number of sectors to read */
)
{
    u8 res = 0;
    if(! count)return RES_PARERR;//count 不能等于 0,否则返回参数错误
    switch(pdrv)
    {
        case SD_CARD://SD 卡
            res = SD_ReadDisk(buff,sector,count);
            while(res)//读出错
            {
                SD_Init();//重新初始化 SD 卡
                res = SD_ReadDisk(buff,sector,count);
            }
            break;
        case EX_FLASH://外部 flash
            for(;count>0;count--)
            {
                W25QXX_Read(buff,sector * FLASH_SECTOR_SIZE,
                            FLASH_SECTOR_SIZE);
                sector++;
                buff += FLASH_SECTOR_SIZE;
            }
            res = 0;
            break;
        default:
            res = 1;
    }
    //处理返回值,将 SPI_SD_driver.c 的返回值转成 ff.c 的返回值
    if(res == 0x00)return RES_OK;
    else return RES_ERROR;
}
//写扇区
//pdrv:磁盘编号 0~9      * buff:发送数据首地址
//sector:扇区地址        count:需要写入的扇区数
#if _USE_WRITE
DRESULT disk_write (
    BYTE pdrv,              /* Physical drive nmuber to identify the drive */
    const BYTE * buff,      /* Data to be written */
    DWORD sector,           /* Sector address in LBA */
    UINT count              /* Number of sectors to write */
```

)
{
    u8 res = 0;
    if(! count)return RES_PARERR;//count 不能等于 0,否则返回参数错误
    switch(pdrv)
    {
        case SD_CARD://SD 卡
            res = SD_WriteDisk((u8 *)buff,sector,count);
            while(res)//写出错
            {
                SD_Init();//重新初始化 SD 卡
                res = SD_WriteDisk((u8 *)buff,sector,count);
                //printf("sd wr error:%d\r\n",res);
            }
            break;
        case EX_FLASH://外部 flash
            for(;count>0;count--)
            {
                W25QXX_Write((u8 *)buff,sector*FLASH_SECTOR_SIZE,
                                FLASH_SECTOR_SIZE);
                sector++;
                buff+=FLASH_SECTOR_SIZE;
            }
            res = 0;
            break;
        default:res = 1;
    }
    //处理返回值,将 SPI_SD_driver.c 的返回值转成 ff.c 的返回值
    if(res == 0x00)return RES_OK;
    else return RES_ERROR;
}
#endif
//其他表参数的获得
//pdrv:磁盘编号 0~9   ctrl:控制代码   *buff:发送/接收缓冲区指针
#if _USE_IOCTL
DRESULT disk_ioctl(
    BYTE pdrv,   /* Physical drive nmuber (0..) */
    BYTE cmd,   /* Control code */
    void *buff   /* Buffer to send/receive control data */
)
{
    DRESULT res;
    if(pdrv == SD_CARD)//SD 卡
    {
        switch(cmd)
        {
            case CTRL_SYNC:
                res = RES_OK; break;
            case GET_SECTOR_SIZE:
                *(DWORD *)buff = 512;
                res = RES_OK;break;

```c
                case GET_BLOCK_SIZE:
                    *(WORD*)buff = SDCardInfo.CardBlockSize;
                    res = RES_OK; break;
                case GET_SECTOR_COUNT:
                    *(DWORD*)buff = SDCardInfo.CardCapacity/512;
                    res = RES_OK; break;
                default:
                    res = RES_PARERR; break;
            }
    }else if(pdrv==EX_FLASH)//外部 FLASH
    {
        switch(cmd)
        {
            case CTRL_SYNC:
                res = RES_OK; break;
            case GET_SECTOR_SIZE:
                *(WORD*)buff = FLASH_SECTOR_SIZE;
                res = RES_OK;break;
            case GET_BLOCK_SIZE:
                *(WORD*)buff = FLASH_BLOCK_SIZE;
                res = RES_OK;break;
            case GET_SECTOR_COUNT:
                *(DWORD*)buff = FLASH_SECTOR_COUNT;
                res = RES_OK;break;
            default:
                res = RES_PARERR;break;
        }
    }else res=RES_ERROR;//其他的不支持
    return res;
}
#endif
//获得时间
//User defined function to give a current time to fatfs module      */
//31-25: Year(0-127 org.1980), 24-21: Month(1-12), 20-16: Day(1-31) */
//15-11: Hour(0-23), 10-5: Minute(0-59), 4-0: Second(0-29 *2)       */
DWORD get_fattime (void)
{
    return 0;
}
//动态分配内存
void *ff_memalloc (UINT size)
{
    return (void*)mymalloc(SRAMIN,size);
}
//释放内存
void ff_memfree (void* mf)
{
    myfree(SRAMIN,mf);
}
```

该函数实现了 36.1 节提到的 6 个函数,同时因为 ffconf.h 里面设置了对长文件名

第 36 章 FATFS 实验

的支持为方法 3,所以必须实现 ff_memalloc 和 ff_memfree 这两个函数。本章用 FATFS 管理了 2 个磁盘:SD 卡和 SPI Flash。SD 卡比较好说,但是对于 SPI Flash,因为其扇区是 4 KB 大小,为了方便设计,强制将其扇区定义为 512 字节,这样带来的好处就是设计使用相对简单;坏处就是擦除次数大增,所以不要随便往 SPI Flash 里面写数据,非必要最好别写,频繁写很容易将 SPI Flash 写坏。另外,diskio.c 里面的函数直接决定了磁盘编号(盘符/卷标)所对应的具体设备,比如,以上代码中设置 SD_CARD 为 0,EX_FLASH 位为 1,对应到 disk_read/disk_write 函数里面,我们就通过 switch 来判断到底要操作 SD 卡还是 SPI Flash,然后,分别执行对应设备的相关操作,以此实现磁盘编号和磁盘的关联。

打开 ffconf.h 头文件,可以看到我们还修改了 FATFS 相关配置项。cc936.c 主要提供 UNICODE 到 GBK、GBK 到 UNICODE 的码表转换,里面就是两个大数组,并提供一个 ff_convert 的转换函数,供 UNICODE 和 GBK 码互换,这个在中文长文件名支持的时候必须用到。

前面提到,FATFS 文件夹下还新建了一个 exfuns 的文件夹,用于保存一些 FATFS 一些针对 FATFS 的扩展代码,本章编写了 4 个文件,分别是 exfuns.c、exfuns.h、fattester.c 和 fattester.h。其中,exfuns.c 主要定义了一些全局变量,方便 FATFS 的使用,同时实现了磁盘容量获取等函数。fattester.c 文件主要是为了测试 FATFS 用,因为 FATFS 的很多函数无法直接通过 USMART 调用,所以在 fattester.c 里面对这些函数进行了一次再封装,使得可以通过 USMART 调用。这几个文件的代码可参考本例程源码,将 exfuns.c 和 fattester.c 加入 FATFS 组下,同时将 exfuns 文件夹加入头文件包含路径。

然后,打开 main.c,main 函数代码如下:

```
int main(void)
{
    u32 total,free;
    u8 t = 0; u8 res = 0;
    delay_init();        //延时函数初始化
    NVIC_PriorityGroupConfig(NVIC_PriorityGroup_2);//设置中断优先级分组为组 2
    uart_init(115200);    //串口初始化为 115200
    usmart_dev.init(72);//初始化 USMART
    LED_Init();          //初始化与 LED 连接的硬件接口
    KEY_Init();          //初始化按键
    LCD_Init();          //初始化 LCD
    W25QXX_Init();       //初始化 W25Q128
    my_mem_init(SRAMIN); //初始化内部内存池
    //…此处省略部分液晶显示代码
    while(SD_Init())//检测不到 SD 卡
    {
        LCD_ShowString(30,150,200,16,16,"SD Card Error!"); delay_ms(500);
        LCD_ShowString(30,150,200,16,16,"Please Check! "); delay_ms(500);
        LED0 = ! LED0;//DS0 闪烁
    }
```

```c
exfuns_init();                           //为fatfs相关变量申请内存
f_mount(fs[0],"0:",1);                   //挂载SD卡
res = f_mount(fs[1],"1:",1);             //挂载FLASH
if(res == 0X0D)//FLASH磁盘,FAT文件系统错误,重新格式化FLASH
{
    LCD_ShowString(30,150,200,16,16,"Flash Disk Formatting...");//格式化FLASH
    res = f_mkfs("1:",1,4096);//格式化FLASH,1,盘符;1,不需要引导区,8个扇区为1个簇
    if(res == 0)
    {
        f_setlabel((const TCHAR *)"1:ALIENTEK");//设置Flash磁盘名:ALIENTEK
        LCD_ShowString(30,150,200,16,16,"Flash Disk Format Finish");//格式化完成
    }else LCD_ShowString(30,150,200,16,16,"Flash Disk Format Error ");//格式化失败
    delay_ms(1000);
}
LCD_Fill(30,150,240,150+16,WHITE);//清除显示
while(exf_getfree("0",&total,&free))//得到SD卡的总容量和剩余容量
{
    LCD_ShowString(30,150,200,16,16,"SD Card Fatfs Error!");
    delay_ms(200);
    LCD_Fill(30,150,240,150+16,WHITE);//清除显示
    delay_ms(200);
    LED0 = ! LED0;//DS0闪烁
}
POINT_COLOR = BLUE;//设置字体为蓝色
LCD_ShowString(30,150,200,16,16,"FATFS OK!");
LCD_ShowString(30,170,200,16,16,"SD Total Size:     MB");
LCD_ShowString(30,190,200,16,16,"SD  Free Size:     MB");
LCD_ShowNum(30+8*14,170,total>>10,5,16);//显示SD卡总容量MB
LCD_ShowNum(30+8*14,190,free>>10,5,16);//显示SD卡剩余容量MB
while(1)
{
    t++;
    delay_ms(200);
    LED0 = ! LED0;
}
}
```

main函数里为SD卡和Flash都注册了工作区(挂载),在初始化SD卡并显示其容量信息后,进入死循环,等待USMART测试。

最后,在usmart_config.c里面的usmart_nametab数组添加如下内容:

```c
(void *)mf_mount,"u8 mf_mount(u8 * path,u8 mt)",
(void *)mf_open,"u8 mf_open(u8 * path,u8 mode)",
(void *)mf_close,"u8 mf_close(void)",
//…此处省略部分定义
(void *)mf_gets,"void mf_gets(u16 size)",
(void *)mf_putc,"u8 mf_putc(u8 c)",
(void *)mf_puts,"u8 mf_puts(u8 * c)",
```

这些函数均在fattester.c里面实现,通过调用这些函数即可实现对FATFS对应API函数的测试。至此,软件设计部分就结束了。

36.4 下载验证

编译成功之后,下载代码到 ALIENTEK 战舰 STM32F103 上,可以看到 LCD 显示如图 36.4.1 所示的内容(假定 SD 卡已经插上了)。

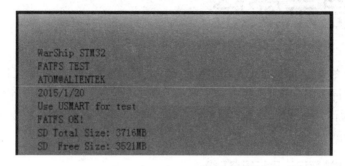

图 36.4.1　程序运行效果图

打开串口调试助手就可以串口调用前面添加的各种 FATFS 测试函数了,比如输入 mf_scan_files("0:")即可扫描 SD 卡根目录的所有文件,如图 36.4.2 所示。

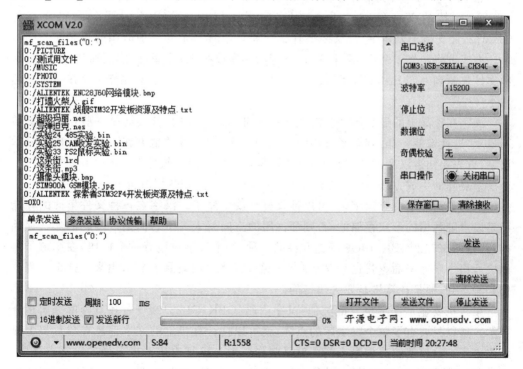

图 36.4.2　扫描 SD 卡根目录所有文件

其他函数的测试用类似的办法即可实现。注意,这里 0 代表 SD 卡,1 代表 SPI Flash。注意,mf_unlink 函数在删除文件夹的时候必须保证文件夹是空的,才可以正常删除,否则不能删除。

第 37 章

汉字显示实验

汉字显示在很多单片机系统都需要用到,少则几个字,多则整个汉字库的支持,更有甚者还要支持多国字库,那就更麻烦了。本章将使用外部 Flash 来存储字库,并可以通过 SD 卡更新字库。STM32F1 读取存在 Flash 里面的字库,然后将汉字显示在 LCD 上面。

37.1 汉字显示原理简介

常用的汉字内码系统有 GB2312、GB13000、GBK、BIG5(繁体)等几种,其中,GB2312 支持的汉字仅有几千个,很多时候不够用,而 GBK 内码不仅完全兼容 GB2312,还支持了繁体字,总汉字数有 2 万多个,完全能满足一般应用的要求。

本实例将制作 3 个 GBK 字库,制作好的字库放在 SD 卡里面,然后通过 SD 卡将字库文件复制到外部 Flash 芯片 W25Q128 里,这样,W25Q128 就相当于一个汉字字库芯片了。

汉字在液晶上的显示原理与前面显示字符的是一样的,其实就是一些点的显示与不显示,这就像笔一样,有笔经过的地方就画出来,没经过的地方就不画。所以要显示汉字,首先要知道汉字的点阵数据,这些数据可以由专门的软件来生成。只要知道了一个汉字点阵的生成方法,那么程序里面就可以把这个点阵数据解析成一个汉字。

知道如何显示一个汉字,就可以推及整个汉字库了。汉字在各种文件里面的存储不是以点阵数据的形式存储的(否则那占用的空间就太大了),而是以内码的形式存储的,就是 GB2312/GBK/BIG5 等这几种的一种,每个汉字对应着一个内码,在知道了内码之后再去字库里面查找这个汉字的点阵数据,然后在液晶上显示出来。这个过程我们是看不到,但是计算机是要去执行的。

单片机要显示汉字也与此类似:汉字内码(GBK/GB2312)→查找点阵库→解析→显示。所以只要有了整个汉字库的点阵,就可以把计算机上的文本信息在单片机上显示出来了。这里要解决的最大问题就是制作一个与汉字内码对得上号的汉字点阵库,而且要方便单片机的查找。每个 GBK 码由 2 个字节组成,第一个字节为 0X81~0XFE,第二个字节分为两部分,一是 0X40~0X7E,二是 0X80~0XFE。其中,与 GB2312 相同的区域,字完全相同。

把第一个字节代表的意义称为区,那么 GBK 里面总共有 126 个区(0XFE-0X81

第 37 章 汉字显示实验

+1),每个区内有 190 个汉字(0XFE－0X80+0X7E－0X40+2),总共就有 126×190＝23 940 个汉字。点阵库只要按照这个编码规则从 0X8140 开始逐一建立,每个区的点阵大小为每个汉字所用的字节数×190。这样,就可以得到在这个字库里面定位汉字的方法：

当 GBKL<0X7F 时：Hp=((GBKH－0x81)×190+GBKL－0X40)(size • 2);

当 GBKL>0X80 时：Hp=((GBKH－0x81)×190+GBKL－0X41)(size • 2);

其中,GBKH、GBKL 分别代表 GBK 的第一个字节和第二个字节(也就是高位和低位),size 代表汉字字体的大小(比如 16 字体、12 字体等),Hp 则为对应汉字点阵数据在字库里面的起始地址(假设是从 0 开始存放)。

这样只要得到了汉字的 GBK 码,就可以显示这个汉字了,从而实现汉字在液晶上的显示。

第 36 章提到要用 cc936.c 支持长文件名,但是 cc936.c 文件里面的两个数组太大了(172 KB),直接刷在单片机里面太占用 Flash 了,所以必须把这两个数组存放在外部 Flash。cc936 里面包含的两个数组 oem2uni 和 uni2oem 存放 unicode 和 gbk 的互相转换对照表,这两个数组很大,这里利用 ALIENTEK 提供的一个 C 语言数组转 BIN(二进制)的软件：C2B 转换助手 V1.1.exe,将这两个数组转为 BIN 文件。将这两个数组复制出来存放为一个新的文本文件,假设为 UNIGBK.TXT,然后用 C2B 转换助手打开这个文本文件,如图 37.1.1 所示。

图 37.1.1　C2B 转换助手

然后单击"转换",就可以在当前目录下(文本文件所在目录下)得到一个 UNIG-BK.bin 的文件。这样就完成将 C 语言数组转换为.bin 文件,然后只需要将 UNIGBK.bin 保存到外部 Flash 就实现了该数组的转移。

cc936.c 里面主要是通过 ff_convert 调用这两个数组,实现 UNICODE 和 GBK 的互转,该函数源代码如下：

```
WCHAR ff_convert (/* Converted code, 0 means conversion error */
    WCHARsrc,     /* Character code to be converted */
    UINTdir/* 0: Unicode to OEMCP, 1: OEMCP to Unicode */
)
{
    const WCHAR * p;
    WCHAR c;
    int i, n, li, hi;
    if (src < 0x80) {/* ASCII */
        c = src;
    } else {
        if (dir) {/* OEMCP to unicode */
            p = oem2uni;
```

```
                hi = sizeof(oem2uni) / 4 - 1;
            } else { /* Unicode to OEMCP */
                p = uni2oem;
                hi = sizeof(uni2oem) / 4 - 1;
            }
            li = 0;
            for (n = 16; n; n--) {
                i = li + (hi - li) / 2;
                if (src == p[i * 2]) break;
                if (src > p[i * 2]) li = i;
                else hi = i;
            }
            c = n ? p[i * 2 + 1] : 0;
        }
    }
    return c;
}
```

此段代码通过二分法(16阶)在数组里面查找 UNICODE(或 GBK)码对应的 GBK(或 UNICODE)码。将数组存放在外部 Flash 的时候,将该函数修改为:

```
WCHAR ff_convert (/* Converted code, 0 means conversion error */
    WCHAR src,/* Character code to be converted */
    UINT dir/* 0: Unicode to OEMCP, 1: OEMCP to Unicode */
)
{
    WCHAR t[2];
    WCHAR c;
    u32 i, li, hi;
    u16 n;
    u32 gbk2uni_offset = 0;
    if(src < 0x80)c = src;//ASCII,直接不用转换
    else
    {
        if(dir) gbk2uni_offset = ftinfo.ugbksize/2;//GBK 2 UNICODE
        else gbk2uni_offset = 0;//UNICODE 2 GBK
        /* Unicode to OEMCP */
        hi = ftinfo.ugbksize/2;//对半开
        hi = hi / 4 - 1;
        li = 0;
        for (n = 16; n; n--)
        {
            i = li + (hi - li) / 2;
            W25QXX_Read((u8 *)&t,ftinfo.ugbkaddr + i * 4 + gbk2uni_offset,4);//读出 4 个字节
            if (src == t[0]) break;
            if (src > t[0])li = i;
            else hi = i;
        }
        c = n ? t[1] : 0;
    }
    return c;
}
```

代码中的 ftinfo.ugbksize 为刚刚生成的 UNIGBK.bin 的大小,而 ftinfo.ugbkaddr

第 37 章 汉字显示实验

是存放 UNIGBK.bin 文件的首地址。这里同样采用的是二分法查找。

字库的生成要用到一款软件,由易木雨软件工作室设计的点阵字库生成器 V3.8。该软件可以在 WINDOWS 系统下生成任意点阵大小的 ASCII、GB2312(简体中文)、GBK(简体中文)、BIG5(繁体中文)、HANGUL(韩文)、SJIS(日文)、Unicode 以及泰文、越南文、俄文、乌克兰文、拉丁文、8859 系列等二十几种编码的字库,不但支持生成二进制文件格式的文件,也可以生成 BDF 文件、图片功能,并支持横向、纵向等多种扫描方式,且扫描方式可以根据用户的需求进行增加。该软件的界面如图 37.1.2 所示。

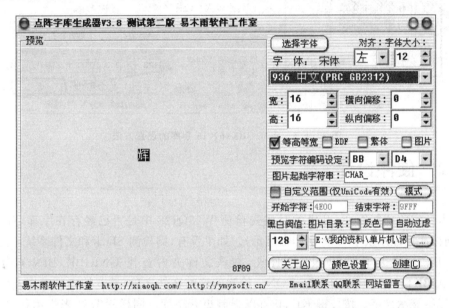

图 37.1.2 点阵字库生成器默认界面

要生成 16×16 的 GBK 字库,则选择 936 中文 PRC GBK,字宽和高均选择 16,字体大小选择 12,然后模式选择纵向取模方式二(字节高位在前,低位在后),最后单击"创建"就可以开始生成需要的字库了(.DZK 文件)。具体设置如图 37.1.3 所示。

注意:计算机端的字体大小与我们生成点阵大小的关系为:

$$fsize = dsize \cdot 6/8$$

其中,fsize 是计算机端字体大小,dsize 是点阵大小(12、16、24 等)。所以 16×16 点阵大小对应的是 12 字体。

生成完以后,我们把文件名和后缀改成 GBK16.FON(这里是手动修改后缀)。同样的方法生成 12×12 的点阵库(GBK12.FON)和 24×24 的点阵库(GBK24.FON),总共制作 3 个字库。

另外,该软件还可以生成其他很多字库,字体也可选,读者可以根据自己的需要按照上面的方法生成即可。该软件的详细介绍请看软件自带的"点阵字库生成器说明书"。

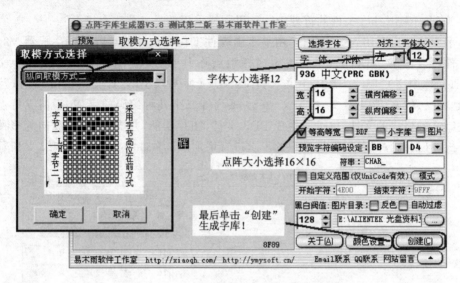

图 37.1.3 生成 GBK16×16 字库的设置方法

37.2 硬件设计

本章实验功能简介:开机的时候先检测 W25Q128 中是否已经存在字库,如果存在,则按次序显示汉字(3 种字体都显示)。如果没有,则检测 SD 卡和文件系统,并查找 SYSTEM 文件夹下的 FONT 文件夹,在该文件夹内查找 UNIGBK.BIN、GBK12. FON、GBK16.FON 和 GBK24.FON。检测到这些文件之后,就开始更新字库,更新完毕才开始显示汉字。按按键 KEY0 可以强制更新字库。同样用 DS0 来指示程序正在运行。

所要用到的硬件资源如下:指示灯 DS0、KEY0 按键、串口、TFTLCD 模块、SD 卡、SPI Flash。这几部分在之前的实例中都介绍过了,在此就不介绍了。

37.3 软件设计

打开本章实验工程可以看到,我们在 HARDWARE 文件夹所在的文件夹下新建了一个 TEXT 文件夹。在 TEXT 文件夹下新建了 fontupd.c、fontupd.h、text.c、text.h 这 4 个文件,并将该文件夹加入头文件包含路径。

打开 fontupd.c,代码如下:

```
//字库区域占用的总扇区数大小(字库信息 + unigbk 表 + 3 个字库 = 3238700 字节,约占 791
//个 W25QXX 扇区)
#define FONTSECSIZE 791
//字库存放起始地址
#define FONTINFOADDR 1024*1024*12
//战舰 STM32F103,是从 12M 地址以后开始存放字库,前面 12 MB 被 fatfs 占用了
//12 MB 以后紧跟 3 个字库 + UNIGBK.BIN,总大小 3.09 MB,被字库占用了,不能动
```

第37章 汉字显示实验

```c
//15.10 MB 以后,用户可以自由使用.建议用最后的 100 KB 比较好
//用来保存字库基本信息,地址,大小等
_font_info ftinfo;
//字库存放在磁盘中的路径
u8 * const GBK24_PATH = "/SYSTEM/FONT/GBK24.FON";//GBK24 的存放位置
u8 * const GBK16_PATH = "/SYSTEM/FONT/GBK16.FON";//GBK16 的存放位置
u8 * const GBK12_PATH = "/SYSTEM/FONT/GBK12.FON";//GBK12 的存放位置
u8 * const UNIGBK_PATH = "/SYSTEM/FONT/UNIGBK.BIN";//UNIGBK.BIN 的存放位置
//显示当前字体更新进度
//x,y:坐标   size:字体大小    fsize:整个文件大小   pos:当前文件指针位置
u32 fupd_prog(u16 x,u16 y,u8 size,u32 fsize,u32 pos)
{
    ……//此处省略代码
}
//更新某一个
//x,y:坐标   size:字体大小    fxpath:路径
//fx:更新的内容 0,ungbk;1,gbk12;2,gbk16;3,gbk24
//返回值:0,成功;其他,失败
u8 updata_fontx(u16 x,u16 y,u8 size,u8 * fxpath,u8 fx)
{
    u32 flashaddr = 0;
    FIL * fftemp;
    u8 res,rval = 0, * tempbuf;
    u16 bread;
    u32 offx = 0;
    fftemp = (FIL * )mymalloc(SRAMIN,sizeof(FIL));//分配内存
    if(fftemp == NULL)rval = 1;
    tempbuf = mymalloc(SRAMIN,4096);            //分配 4 096 个字节空间
    if(tempbuf == NULL)rval = 1;
    res = f_open(fftemp,(const TCHAR * )fxpath,FA_READ);
    if(res)rval = 2;//打开文件失败
    if(rval == 0)
    {
        switch(fx)
        {
            case 0://更新 UNIGBK.BIN
                ftinfo.ugbkaddr = FONTINFOADDR + sizeof(ftinfo);//紧跟 UNIGBK 码表
                ftinfo.ugbksize = fftemp->fsize;//UNIGBK 大小
                flashaddr = ftinfo.ugbkaddr;
                break;
            case 1:
                ftinfo.f12addr = ftinfo.ugbkaddr + ftinfo.ugbksize;//紧跟 GBK12 字库
                ftinfo.gbk12size = fftemp->fsize;//GBK12 字库大小
                flashaddr = ftinfo.f12addr;//GBK12 的起始地址
                break;
            case 2:
                ftinfo.f16addr = ftinfo.f12addr + ftinfo.gbk12size;//紧跟 GBK16 字库
                ftinfo.gbk16size = fftemp->fsize;//GBK16 字库大小
                flashaddr = ftinfo.f16addr;//GBK16 的起始地址
                break;
            case 3:
```

```c
                    ftinfo.f24addr = ftinfo.f16addr + ftinfo.gbk16size;//紧跟 GBK24 字库
                    ftinfo.gkb24size = fftemp->fsize;//GBK24 字库大小
                    flashaddr = ftinfo.f24addr;//GBK24 的起始地址
                    break;
            }
            while(res == FR_OK)//死循环执行
            {
                res = f_read(fftemp,tempbuf,4096,(UINT *)&bread);//读取数据
                if(res! = FR_OK)break;//执行错误
                W25QXX_Write(tempbuf,offx + flashaddr,4096);//从 0 开始写 4 096 个数据
                offx + = bread;
                fupd_prog(x,y,size,fftemp->fsize,offx);   //进度显示
                if(bread! = 4096)break;//读完了
            }
            f_close(fftemp);
        }
        myfree(SRAMIN,fftemp);//释放内存
        myfree(SRAMIN,tempbuf);//释放内存
        return res;
    }
    //更新字体文件,UNIGBK,GBK12,GBK16,GBK24 一起更新
    //x,y:提示信息的显示地址
    //size:字体大小   src:字库来源磁盘."0:",SD 卡;"1:",FLASH 盘,"2:",U 盘
    //提示信息字体大小
    //返回值:0,更新成功；  其他,错误代码
    u8 update_font(u16 x,u16 y,u8 size,u8 * src)
    {
        u8 * pname; u8 res = 0, rval = 0;
        u32 * buf;
        u16 i,j;
        FIL * fftemp;
        res = 0XFF;
        ftinfo.fontok = 0XFF;
        pname = mymalloc(SRAMIN,100);//申请 100 字节内存
        buf = mymalloc(SRAMIN,4096);//申请 4 KB 内存
        fftemp = (FIL *)mymalloc(SRAMIN,sizeof(FIL));//分配内存
        if(buf == NULL||pname == NULL||fftemp == NULL)
        {
            myfree(SRAMIN,fftemp);
            myfree(SRAMIN,pname);
            myfree(SRAMIN,buf);
            return 5;//内存申请失败
        }
        //先查找文件是否正常
        strcpy((char *)pname,(char *)src);//copy src 内容到 pname
        strcat((char *)pname,(char *)UNIGBK_PATH);
        res = f_open(fftemp,(const TCHAR *)pname,FA_READ);
        if(res)rval| = 1<<4;//打开文件失败
        strcpy((char *)pname,(char *)src);//copy src 内容到 pname
        strcat((char *)pname,(char *)GBK12_PATH);
        res = f_open(fftemp,(const TCHAR *)pname,FA_READ);
```

第37章　汉字显示实验

```
    if(res)rval|=1<<5;//打开文件失败
    strcpy((char*)pname,(char*)src);//copy src 内容到 pname
    strcat((char*)pname,(char*)GBK16_PATH);
    res=f_open(fftemp,(const TCHAR*)pname,FA_READ);
    if(res)rval|=1<<6;//打开文件失败
    strcpy((char*)pname,(char*)src);//copy src 内容到 pname
    strcat((char*)pname,(char*)GBK24_PATH);
    res=f_open(fftemp,(const TCHAR*)pname,FA_READ);
    if(res)rval|=1<<7;//打开文件失败
    myfree(SRAMIN,fftemp);//释放内存
    if(rval==0)//字库文件都存在
    {
        LCD_ShowString(x,y,240,320,size,"Erasing sectors...");//提示正在擦除扇区
        for(i=0;i<FONTSECSIZE;i++)//先擦除字库区域,提高写入速度
        {
            fupd_prog(x+20*size/2,y,size,FONTSECSIZE,i);//进度显示
            W25QXX_Read((u8*)buf,((FONTINFOADDR/4096)+i)*4096,4096);//读扇区
            for(j=0;j<1024;j++)//校验数据
            {
                if(buf[j]!=0XFFFFFFFF)break;//需要擦除
            }
            if(j!=1024)W25QXX_Erase_Sector((FONTINFOADDR/4096)+i);//要擦除扇区
        }
        myfree(SRAMIN,buf);
        LCD_ShowString(x,y,240,320,size,"Updating UNIGBK.BIN");
        strcpy((char*)pname,(char*)src);//copy src 内容到 pname
        strcat((char*)pname,(char*)UNIGBK_PATH);
        res=updata_fontx(x+20*size/2,y,size,pname,0);//更新 UNIGBK.BIN
        if(res){myfree(SRAMIN,pname);return 1;}
        LCD_ShowString(x,y,240,320,size,"Updating GBK12.BIN  ");
        strcpy((char*)pname,(char*)src);//copy src 内容到 pname
        strcat((char*)pname,(char*)GBK12_PATH);
        res=updata_fontx(x+20*size/2,y,size,pname,1);//更新 GBK12.FON
        if(res){myfree(SRAMIN,pname);return 2;}
        LCD_ShowString(x,y,240,320,size,"Updating GBK16.BIN  ");
        strcpy((char*)pname,(char*)src);//copy src 内容到 pname
        strcat((char*)pname,(char*)GBK16_PATH);
        res=updata_fontx(x+20*size/2,y,size,pname,2);//更新 GBK16.FON
        if(res){myfree(SRAMIN,pname);return 3;}
        LCD_ShowString(x,y,240,320,size,"Updating GBK24.BIN  ");
        strcpy((char*)pname,(char*)src);//copy src 内容到 pname
        strcat((char*)pname,(char*)GBK24_PATH);
        res=updata_fontx(x+20*size/2,y,size,pname,3);//更新 GBK24.FON
        if(res){myfree(SRAMIN,pname);return 4;}
        //全部更新好了
        ftinfo.fontok=0XAA;
        W25QXX_Write((u8*)&ftinfo,FONTINFOADDR,sizeof(ftinfo));//保存字库信息
    }
    myfree(SRAMIN,pname);//释放内存
    myfree(SRAMIN,buf);
    return rval;//无错误
```

```
}
//初始化字体
//返回值:0,字库完好.其他,字库丢失
u8 font_init(void)
{
    u8 t = 0;
    W25QXX_Init();
    while(t<10)//连续读取 10 次,都是错误,说明确实是有问题,得更新字库了
    {
        t ++ ;
        W25QXX_Read((u8 * )&ftinfo,FONTINFOADDR,sizeof(ftinfo));//ftinfo 结构体数据
        if(ftinfo.fontok == 0XAA)break;
        delay_ms(20);
    }
    if(ftinfo.fontok! = 0XAA)return 1;
    return 0;
}
```

此部分代码主要用于字库的更新操作(包含 UNIGBK 的转换码表更新),其中,ftinfo 是 fontupd.h 里面定义的一个结构体,用于记录字库首地址及字库大小等信息。我们将 W25Q128 的前 12 MB 给 FATFS 管理(用作本地磁盘),12 MB 之后的空间依次用来存放字库结构体、UNIGBK.bin 文件和 3 个汉字字库,这部分内容首地址是 (1 024×12)×1 024,空间大小约为 3.09 MB,最后 W25Q128 还剩下约 0.9 MB 给用户自己用。

头文件 fontupd.h 内部除了函数声明之外,我们还定义了结构体_font_info,定义如下:

```
__packed typedef struct
{
    u8 fontok;              //字库存在标志,0XAA,字库正常;其他,字库不存在
    u32 ugbkaddr;           //unigbk 的地址
    u32 ugbksize;           //unigbk 的大小
    u32 f12addr;            //gbk12 地址
    u32 gbk12size;          //gbk12 的大小
    u32 f16addr;            //gbk16 地址
    u32 gbk16size;          //gbk16 的大小
    u32 f24addr;            //gbk24 地址
    u32 gkb24size;          //gbk24 的大小
}_font_info;
```

这里可以看到 ftinfo 的结构体定义,总共占用 33 个字节,第一个字节用来标识字库是否 OK,其他的用来记录地址和文件大小。

接下来看看 text.c 源文件内容,代码如下:

```
//code 字符指针开始
//从字库中查找出字模
//code 字符串的开始地址,GBK 码
//mat 数据存放地址(size/8 + ((size%8)? 1:0)) * (size)bytes 大小
//size:字体大小
void Get_HzMat(unsigned char * code,unsigned char * mat,u8 size)
```

第37章 汉字显示实验

```c
{
    unsigned char qh,ql;
    unsigned char i;
    unsigned long foffset;
    u8 csize=(size/8+((size%8)? 1:0))*(size);//得到一个字符对应点阵集所占的字节数
    qh = * code;
    ql = * ( ++ code);
    if(qh<0x81||ql<0x40||ql==0xff||qh==0xff)//非常用汉字
    {
        for(i=0;i<csize;i++)*mat++=0x00;//填充满格
        return;    //结束访问
    }
    if(ql<0x7f)ql-=0x40;//注意
    else ql-=0x41;
    qh-=0x81;
    foffset=((unsigned long)190*qh+ql)*csize;//得到字库中的字节偏移量
    switch(size)
    {
        case 12:W25QXX_Read(mat,foffset+ftinfo.f12addr,csize);break;
        case 16:W25QXX_Read(mat,foffset+ftinfo.f16addr,csize);break;
        case 24:W25QXX_Read(mat,foffset+ftinfo.f24addr,csize);break;
    }
}
//显示一个指定大小的汉字
//x,y:汉字的坐标  font:汉字GBK码
//size:字体大小  mode:0,正常显示,1,叠加显示
void Show_Font(u16 x,u16 y,u8 * font,u8 size,u8 mode)
{
    u8 temp,t,t1;
    u16 y0=y;
    u8 dzk[72];
    u8 csize=(size/8+((size%8)? 1:0))*(size);//得到一个字符对应点阵集所占的字节数
    if(size!=12&&size!=16&&size!=24)return;//不支持的size
    Get_HzMat(font,dzk,size);    //得到相应大小的点阵数据
    for(t=0;t<csize;t++)
    {
        temp=dzk[t];             //得到点阵数据
        for(t1=0;t1<8;t1++)
        {
            if(temp&0x80)LCD_Fast_DrawPoint(x,y,POINT_COLOR);
            else if(mode==0)LCD_Fast_DrawPoint(x,y,BACK_COLOR);
            temp<<=1;
            y++;
            if((y-y0)==size) { y=y0; x++; break;}
        }
    }
}
//在指定位置开始显示一个字符串
//支持自动换行
//(x,y):起始坐标    width,height:区域   str :字符串
//size:字体大小 mode:0,非叠加方式;1,叠加方式
```

```c
void Show_Str(u16 x,u16 y,u16 width,u16 height,u8 * str,u8 size,u8 mode)
{
    ……//此处代码省略
}
//在指定宽度的中间显示字符串
//如果字符长度超过了 len,则用 Show_Str 显示
//len:指定要显示的宽度
void Show_Str_Mid(u16 x,u16 y,u8 * str,u8 size,u8 len)
{
    ……//此处代码省略
}
```

此部分代码总共有 4 个函数,我们省略了两个函数(Show_Str_Mid 和 Show_Str)的代码,另外两个函数中,Get_HzMat 函数用于获取 GBK 码对应的汉字字库,通过 37.1 节介绍的办法在外部 Flash 查找字库,然后返回对应的字库点阵。Show_Font 函数用于在指定地址显示一个指定大小的汉字,采用的方法和 LCD_ShowChar 采用的方法一样,都是画点显示,这里就不细说了。

前面提到我们对 cc936.c 文件做了修改,将其命名为 mycc936.c,并保存在 exfuns 文件夹下,将工程 FATFS 组下的 cc936.c 删除,然后重新添加 mycc936.c 到 FATFS 组下。mycc936.c 的源码其实就是在 cc936.c 的基础上去掉了两个大数组,然后对 ff_convert 进行了修改,详见本例程源码。

最后,打开 main.c 源文件,关键代码如下:

```c
int main(void)
{
    u32 fontcnt; u8 i,j; u8 key,t;
    u8 fontx[2];//gbk 码
    delay_init();         //延时函数初始化
    NVIC_PriorityGroupConfig(NVIC_PriorityGroup_2);//设置中断优先级分组为组 2
    uart_init(115200);    //串口初始化为 115200
    usmart_dev.init(72);              //初始化 USMART
    LED_Init();                       //初始化与 LED 连接的硬件接口
    KEY_Init();                       //初始化按键
    LCD_Init();                       //初始化 LCD
    W25QXX_Init();                    //初始化 W25Q128
    my_mem_init(SRAMIN);              //初始化内部内存池
    exfuns_init();                    //为 fatfs 相关变量申请内存
    f_mount(fs[0],"0:",1);            //挂载 SD 卡
    f_mount(fs[1],"1:",1);            //挂载 FLASH.
    while(font_init())                //检查字库
    {
UPD:
        LCD_Clear(WHITE);    //清屏
        POINT_COLOR = RED;//设置字体为红色
        LCD_ShowString(30,50,200,16,16,"WarShip STM32");
        while(SD_Init())//检测 SD 卡
        {
            LCD_ShowString(30,70,200,16,16,"SD Card Failed!"); delay_ms(200);
            LCD_Fill(30,70,200 + 30,70 + 16,WHITE); delay_ms(200);
```

第37章 汉字显示实验

```
    }
    LCD_ShowString(30,70,200,16,16,"SD Card OK");
    LCD_ShowString(30,90,200,16,16,"Font Updating...");
    key = update_font(20,110,16,"0:");//更新字库
    while(key)//更新失败
    {
        LCD_ShowString(30,110,200,16,16,"Font 死我活 Update Failed!"); delay_ms(200);
        LCD_Fill(20,110,200 + 20,110 + 16,WHITE); delay_ms(200);
    }
    LCD_ShowString(30,110,200,16,16,"Font Update Success!    ");
    delay_ms(1500);
    LCD_Clear(WHITE);//清屏
}
//…此处省略部分液晶显示代码
while(1)
{
    fontcnt = 0;
    for(i = 0x81;i<0xff;i ++ )
    {
        fontx[0] = i;
        LCD_ShowNum(118,150,i,3,16);//显示内码高字节
        for(j = 0x40;j<0xfe;j ++ )
        {
            if(j == 0x7f)continue;
            fontcnt ++ ;
            LCD_ShowNum(118,170,j,3,16);//显示内码低字节
            LCD_ShowNum(118,190,fontcnt,5,16);//汉字计数显示
            fontx[1] = j;
            Show_Font(30 + 132,220,fontx,24,0);
            Show_Font(30 + 144,244,fontx,16,0);
            Show_Font(30 + 108,260,fontx,12,0);
            t = 200;
            while(t -- )//延时,同时扫描按键
            {
                delay_ms(1);
                key = KEY_Scan(0);
                if(key == KEY0_PRES)goto UPD;
            }
            LED0 = ! LED0;
        }
    }
}
```

此部分代码实现了硬件描述部分描述的功能,至此整个软件设计就完成了。这节有太多的代码,而且工程也增加了不少,整个工程截图如图37.3.1所示。

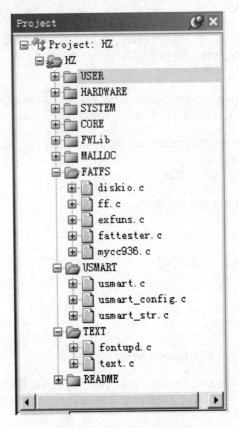

图 37.3.1 工程建成截图

37.4 下载验证

编译成功之后,下载代码到 ALIENTEK 战舰 STM32F103 上,可以看到 LCD 开始显示汉字及汉字内码,如图 37.4.1 所示。

图 37.4.1 汉字显示实验显示效果

第37章　汉字显示实验

一开始就显示汉字,是因为 ALIENTEK 战舰 STM32F103 在出厂的时候都是测试过的,里面刷了综合测试程序,已经把字库写入到了 W25Q128 里面,所以并不会提示更新字库。如果想要更新字库,那么必须先找一张 SD 卡,把本书配套资料"5,SD 卡根目录文件"文件夹下面的 SYSTEM 文件夹复制到 SD 卡根目录下,插入开发板并按复位,之后,在显示汉字的时候按下 KEY0,就可以开始更新字库了。字库更新界面如图 37.4.2 所示。

图 37.4.2　汉字字库更新界面

还可以通过 USMART 来测试该实验,将 Show_Str 函数加入 USMART 控制(方法前面已经讲了很多次了),就可以通过串口调用该函数,在屏幕上显示任何想要显示的汉字了。

第 38 章
图片显示实验

开发产品时,很多时候都会用到图片解码,本章将介绍如何通过 STM32F1 来解码 BMP/JPG/JPEG/GIF 等图片,并在 LCD 上显示出来。

38.1 图片格式简介

常用的图片格式有很多,一般最常用的有 3 种:JPEG(或 JPG)、BMP 和 GIF。其中,JPEG(或 JPG)和 BMP 是静态图片,而 GIF 则是可以实现动态图片。下面简单介绍这 3 种图片格式。

1. BMP 图片格式

BMP(全称 Bitmap)是 Window 操作系统中的标准图像文件格式,文件后缀名为".bmp",使用非常广。它采用位映射存储格式,除了图像深度可选以外,不采用其他任何压缩,因此,BMP 文件所占用的空间很大,但是没有失真。BMP 文件的图像深度可选 1 bit、4 bit、8 bit、16 bit、24 bit 及 32 bit。BMP 文件存储数据时,图像的扫描方式是按从左到右、从下到上的顺序。

典型的 BMP 图像文件由 4 部分组成:
① 位图头文件数据结构,包含 BMP 图像文件的类型、显示内容等信息;
② 位图信息数据结构,包含 BMP 图像的宽、高、压缩方法以及定义颜色等信息;
③ 调色板,这个部分是可选的,有些位图需要调色板,有些位图,比如真彩色图(24 位的 BMP)就不需要调色板;
④ 位图数据,这部分的内容根据 BMP 位图使用的位数不同而不同,在 24 位图中直接使用 RGB,而其他的小于 24 位的使用调色板中颜色索引值。

BMP 的详细介绍可参考本书配套资料中的"BMP 图片文件详解.pdf"。

2. JPEG 文件格式

JPEG 是 Joint Photographic Experts Group(联合图像专家组)的缩写,文件后辍名为".jpg"或".jpeg",是最常用的图像文件格式,由一个软件开发联合会组织制定。同 BMP 格式不同,JPEG 是一种有损压缩格式,能够将图像压缩在很小的储存空间,图像中重复或不重要的资料会被丢失,因此容易造成图像数据的损伤(BMP 不会,但是 BMP 占用空间大)。尤其是使用过高的压缩比例将使最终解压缩后恢复的图像质量明

第38章　图片显示实验

显降低,如果追求高品质图像,不宜采用过高压缩比例。但是 JPEG 压缩技术十分先进,它用有损压缩方式去除冗余的图像数据,在获得极高的压缩率的同时能展现十分丰富生动的图像,换句话说,就是可以用最少的磁盘空间得到较好的图像品质。而且 JPEG 是一种很灵活的格式,具有调节图像质量的功能,允许用不同的压缩比例对文件进行压缩,支持多种压缩级别,压缩比率通常在 10∶1~40∶1 之间,压缩比越大,品质就越低;相反地,压缩比越小,品质就越好。比如可以把 1.37 Mbit 的 BMP 位图文件压缩至 20.3 KB。当然,也可以在图像质量和文件尺寸之间找到平衡点。JPEG 格式压缩的主要是高频信息,对色彩的信息保留较好,适合应用于互联网,可减少图像的传输时间,可以支持 24 bit 真彩色,也普遍应用于需要连续色调的图像。

JPEG/JPG 的解码过程可以简单的概述为如下几个部分:

① 从文件头读出文件的相关信息。

JPEG 文件数据分为文件头和图像数据两大部分,其中文件头记录了图像的版本、长宽、采样因子、量化表、哈夫曼表等重要信息。所以解码前必须将文件头信息读出,以备图像数据解码过程之用。

② 从图像数据流读取一个最小编码单元(MCU),并提取出里边的各个颜色分量单元。

③ 将颜色分量单元从数据流恢复成矩阵数据。

使用文件头给出的哈夫曼表对分割出来的颜色分量单元进行解码,把其恢复成 8×8 的数据矩阵。

④ 8×8 的数据矩阵进一步解码。

此部分解码工作以 8×8 的数据矩阵为单位,其中包括相邻矩阵的直流系数差分解码、使用文件头给出的量化表反量化数据、反 Zig-zag 编码、隔行正负纠正、反向离散余弦变换等 5 个步骤,最终输出仍然是一个 8×8 的数据矩阵。

⑤ 颜色系统 YCrCb 向 RGB 转换。

将一个 MCU 的各个颜色分量单元解码结果整合起来,将图像颜色系统从 YCrCb 向 RGB 转换。

⑥ 排列整合各个 MCU 的解码数据。

不断读取数据流中的 MCU 并对其解码,直至读完所有 MCU 为止,将各 MCU 解码后的数据正确排列成完整的图像。

JPEG 的解码本身是比较复杂的,这里 FATFS 的作者提供了一个轻量级的 JPG/JPEG 解码库:TjpgDec,最少仅需 3 KB 的 RAM 和 3.5 KB 的 FLASH 即可实现 JPG/JPEG 解码。本例程采用 TjpgDec 作为 JPG/JPEG 的解码库,TjpgDec 的详细使用可参考本书配套资料"6,软件资料\图片编解码\TjpgDec 技术手册"文档。

BMP 和 JPEG 这两种图片格式均不支持动态效果,而 GIF 则是可以支持动态效果。

3. GIF 图片格式

GIF(Graphics Interchange Format)是 CompuServe 公司开发的图像文件存储格式,1987 年开发的 GIF 文件格式版本号是 GIF87a,1989 年进行了扩充,扩充后的版本号定义为 GIF89a。

GIF 图像文件以数据块(block)为单位来存储图像的相关信息。一个 GIF 文件由表示图形/图像的数据块、数据子块以及显示图形/图像的控制信息块组成,称为 GIF 数据流(Data Stream)。数据流中的所有控制信息块和数据块都必须在文件头(Header)和文件结束块(Trailer)之间。

GIF 文件格式采用了 LZW(Lempel-Ziv Walch)压缩算法来存储图像数据,定义了允许用户为图像设置背景的透明(transparency)属性。此外,GIF 文件格式可在一个文件中存放多幅彩色图形/图像。如果在 GIF 文件中存放有多幅图,它们可以像演幻灯片那样显示或者像动画那样演示。

一个 GIF 文件的结构可分为文件头(File Header)、GIF 数据流(GIF Data Stream)和文件终结器(Trailer)3 个部分。文件头包含 GIF 文件署名(Signature)和版本号(Version);GIF 数据流由控制标识符、图像块(Image Block)和其他的一些扩展块组成;文件终结器只有一个值为 0x3B 的字符(';')表示文件结束。

GIF 的详细介绍可参考本书配套资料 GIF 解码相关资料。

38.2 硬件设计

本章实验功能简介:开机的时候先检测字库,然后检测 SD 卡是否存在,如果 SD 卡存在,则开始查找 SD 卡根目录下的 PICTURE 文件夹,如果找到则显示该文件夹下面的图片文件(支持 bmp、jpg、jpeg 或 gif 格式),循环显示。通过按 KEY0 和 KEY2 可以快速浏览下一张和上一张,KEY_UP 按键用于暂停/继续播放,DS1 用于指示当前是否处于暂停状态。如果未找到 PICTURE 文件夹/任何图片文件,则提示错误。同样用 DS0 来指示程序正在运行。

所要用到的硬件资源如下:指示灯 DS0 和 DS1、KEY0/KEY2 和 KEY_UP 这 3 个按键、串口、TFTLCD 模块、SD 卡、SPI Flash。这几部分在之前的实例中都介绍过了,在此就不介绍了。注意,在 SD 卡根目录下要建一个 PICTURE 的文件夹,用来存放 JPEG、JPG、BMP 或 GIF 等图片。

38.3 软件设计

打开本章实验工程目录可以看到,首先我们在工程根目录文件夹下新建一个 PICTURE 的文件夹。在该文件夹里面新建 bmp.c、bmp.h、tjpgd.c、tjpgd.h、integer.h、gif.c、gif.h、piclib.c 和 piclib.h 这 9 个文件。同时,在工程中新建 PICTURE 分组,将

第 38 章 图片显示实验

其中的.c 源文件添加到该分组下,再将 PICTURE 文件夹加入头文件包含路径。

bmp.c 和 bmp.h 用于实现对 bmp 文件的解码;tjpgd.c 和 tjpgd.h 用于实现对 jpeg/jpg 文件的解码;gif.c 和 gif.h 用于实现对 gif 文件的解码。这几个代码太长了,可参考本书配套资料本例程的源码。打开 piclib.c,代码如下:

```
_pic_info picinfo;//图片信息
_pic_phy pic_phy;//图片显示物理接口
//lcd.h 没有提供划横线函数,需要自己实现
void piclib_draw_hline(u16 x0,u16 y0,u16 len,u16 color)
{
    if((len==0)||(x0>lcddev.width)||(y0>lcddev.height))return;
    LCD_Fill(x0,y0,x0+len-1,y0,color);
}
//填充颜色
//x,y:起始坐标;width,height:宽度和高度;*color:颜色数组
void piclib_fill_color(u16 x,u16 y,u16 width,u16 height,u16 *color)
{
    LCD_Color_Fill(x,y,x+width-1,y+height-1,color);
}
//画图初始化,在画图之前,必须先调用此函数
//指定画点/读点
void piclib_init(void)
{
    pic_phy.read_point=LCD_ReadPoint;//读点函数实现,仅 BMP 需要
    pic_phy.draw_point=LCD_Fast_DrawPoint;//画点函数实现
    pic_phy.fill=LCD_Fill;//填充函数实现,仅 GIF 需要
    pic_phy.draw_hline=piclib_draw_hline;//画线函数实现,仅 GIF 需要
    pic_phy.fillcolor=piclib_fill_color;//颜色填充函数实现,仅 TJPGD 需要
    picinfo.lcdwidth=lcddev.width;//得到 LCD 的宽度像素
    picinfo.lcdheight=lcddev.height;//得到 LCD 的高度像素
    picinfo.ImgWidth=0;//初始化宽度为 0
    picinfo.ImgHeight=0;//初始化高度为 0
    picinfo.Div_Fac=0;//初始化缩放系数为 0
    picinfo.S_Height=0;//初始化设定的高度为 0
    picinfo.S_Width=0;//初始化设定的宽度为 0
    picinfo.S_XOFF=0;//初始化 x 轴的偏移量为 0
    picinfo.S_YOFF=0;//初始化 y 轴的偏移量为 0
    picinfo.staticx=0;//初始化当前显示到的 x 坐标为 0
    picinfo.staticy=0;//初始化当前显示到的 y 坐标为 0
}
//快速 ALPHA BLENDING 算法.
//src:源颜色    dst:目标颜色    alpha:透明程度(0～32)
//返回值:混合后的颜色
u16 piclib_alpha_blend(u16 src,u16 dst,u8 alpha)
{
    u32 src2;
    u32 dst2;
    src2=((src<<16)|src)&0x07E0F81F;
```

```c
        dst2 = ((dst<<16)|dst)&0x07E0F81F;
        dst2 = ((((dst2 - src2) * alpha)>>5) + src2)&0x07E0F81F;
        return (dst2>>16)|dst2;
}
//初始化智能画点
//内部调用
void ai_draw_init(void)
{
    float temp,temp1;
    temp = (float)picinfo.S_Width/picinfo.ImgWidth;
    temp1 = (float)picinfo.S_Height/picinfo.ImgHeight;
    if(temp<temp1)temp1 = temp;//取较小的那个
    if(temp1>1)temp1 = 1;
    //使图片处于所给区域的中间
    picinfo.S_XOFF + = (picinfo.S_Width - temp1 * picinfo.ImgWidth)/2;
    picinfo.S_YOFF + = (picinfo.S_Height - temp1 * picinfo.ImgHeight)/2;
    temp1 * = 8192;//扩大 8 192 倍
    picinfo.Div_Fac = temp1;
    picinfo.staticx = 0xffff;
    picinfo.staticy = 0xffff;//放到一个不可能的值上面
}
//判断这个像素是否可以显示
//(x,y):像素原始坐标   chg   :功能变量
//返回值:0,不需要显示.1,需要显示
u8 is_element_ok(u16 x,u16 y,u8 chg)
{
    if(x! = picinfo.staticx||y! = picinfo.staticy)
    {
        if(chg = = 1) { picinfo.staticx = x; picinfo.staticy = y; }
        return 1;
    }else return 0;
}
//智能画图
//FileName:要显示的图片文件   BMP/JPG/JPEG/GIF
//x,y,width,height:坐标及显示区域尺寸
//fast:使能 jpeg/jpg 小图片(图片尺寸小于等于液晶分辨率)快速解码,0,不使能;1,使能
//图片在开始和结束的坐标点范围内显示
u8 ai_load_picfile(const u8 * filename,u16 x,u16 y,u16 width,u16 height,u8 fast)
{
    u8res;//返回值
    u8 temp;
    if((x + width)>picinfo.lcdwidth)return PIC_WINDOW_ERR;//x 坐标超范围了
    if((y + height)>picinfo.lcdheight)return PIC_WINDOW_ERR;//y 坐标超范围了
    //得到显示方框大小
    if(width = = 0||height = = 0)return PIC_WINDOW_ERR;//窗口设定错误
    picinfo.S_Height = height;
    picinfo.S_Width = width;
    //显示区域无效
    if(picinfo.S_Height = = 0||picinfo.S_Width = = 0)
```

第38章 图片显示实验

```
    {
        picinfo.S_Height = lcddev.height;
        picinfo.S_Width = lcddev.width;
        return FALSE;
    }
    if(pic_phy.fillcolor == NULL)fast = 0;//颜色填充函数未实现,不能快速显示
    //显示的开始坐标点
    picinfo.S_YOFF = y;
    picinfo.S_XOFF = x;
    //文件名传递
    temp = f_typetell((u8*)filename);//得到文件的类型
    switch(temp)
    {
        case T_BMP:res = stdbmp_decode(filename); break; //解码 bmp
        case T_JPG:
        case T_JPEG: res = jpg_decode(filename,fast); break;//解码 JPG/JPEG
        case T_GIF: res = gif_decode(filename,x,y,width,height); break;//解码 gif
        default: res = PIC_FORMAT_ERR; break;//非图片格式
    }
    return res;
}
//动态分配内存
void * pic_memalloc (u32 size)
{
    return (void*)mymalloc(SRAMIN,size);
}
//释放内存
void pic_memfree (void* mf)
{
    myfree(SRAMIN,mf);
}
```

此段代码总共 9 个函数,其中,piclib_draw_hline 和 piclib_fill_color 函数因为 LCD 驱动代码没有提供,所以在这里单独实现。如果 LCD 驱动代码有提供,则直接用 LCD 提供的即可。

piclib_init 函数,用于初始化图片解码的相关信息。其中,_pic_phy 是 piclib.h 里面定义的一个结构体,用于管理底层 LCD 接口函数,这些函数必须由用户在外部实现。_pic_info 则是另外一个结构体,用于图片缩放处理。

piclib_alpha_blend 函数,用于实现半透明效果,在小格式(图片分辨率小于 LCD 分辨率)bmp 解码的时候,可能被用到。

ai_draw_init 函数,用于实现图片在显示区域的居中显示初始化,其实就是根据图片大小选择缩放比例和坐标偏移值。

is_element_ok 函数,用于判断一个点是不是应该显示出来,在图片缩放的时候该函数是必须用到的。

ai_load_picfile 函数,是整个图片显示的对外接口,外部程序通过调用该函数可以

实现 bmp、jpg/jpeg 和 gif 的显示。该函数根据输入文件的后缀名判断文件格式,然后交给相应的解码程序(bmp 解码/jpeg 解码/gif 解码)执行解码,完成图片显示。注意,这里用到一个 f_typetell 的函数来判断文件的后缀名,f_typetell 函数在 exfuns.c 里面实现,具体可参考本书配套资料本例程源码。

最后,pic_memalloc 和 pic_memfree 分别用于图片解码时需要用到的内存申请和释放,通过调用 mymalloc 和 myfreee 来实现。

接下来打开头文件 piclib.h,关键代码如下:

```
typedef struct
{
    u16( * read_point)(u16,u16);//读点函数
    void( * draw_point)(u16,u16); //画点函数
    void( * fill)(u16,u16,u16,u16); ///单色填充函数
    void( * draw_hline)(u16,u16,u16,u16);//画水平线函数
    void( * fillcolor)(u16,u16,u16,u16 * );//颜色填充
}_pic_phy;
extern _pic_phy pic_phy;
//图像信息
typedef struct
{
    u16 lcdwidth;           //LCD 的宽度
    u16 lcdheight;          //LCD 的高度
    u32 ImgWidth;           //图像的实际宽度和高度
    u32 ImgHeight;
    u32 Div_Fac;            //缩放系数(扩大了 8 192 倍的)
    u32 S_Height;           //设定的高度和宽度
    u32 S_Width;
    u32 S_XOFF;             //x 轴和 y 轴的偏移量
    u32 S_YOFF;
    u32 staticx;            //当前显示到的 xy 坐标
    u32 staticy;
}_pic_info;
```

这里基本就是前面提到的两个结构体的定义,其他一些函数的申明比较简单,我们就不列出来。最后看看 main.c 源文件,代码如下:

```
//得到 path 路径下,目标文件的总个数
//path:路径
//返回值:总有效文件数
u16 pic_get_tnum(u8 * path)
{
    u8 res; u16 rval = 0;
    DIR tdir; //临时目录
    FILINFO tfileinfo;//临时文件信息
    u8 * fn;
    res = f_opendir(&tdir,(const TCHAR * )path);//打开目录
    tfileinfo.lfsize = _MAX_LFN * 2 + 1;//长文件名最大长度
    tfileinfo.lfname = mymalloc(SRAMIN,tfileinfo.lfsize);//为长文件缓存区分配内存
    if(res = = FR_OK&&tfileinfo.lfname! = NULL)
    {
```

第38章 图片显示实验

```c
        while(1)//查询总的有效文件数
        {
            res = f_readdir(&tdir,&tfileinfo);//读取目录下的一个文件
            if(res! = FR_OK||tfileinfo.fname[0] == 0)break;//错误了/到末尾了,退出
            fn = (u8 *)(*tfileinfo.lfname? tfileinfo.lfname:tfileinfo.fname);
            res = f_typetell(fn);
            if((res&0XF0) == 0X50) rval ++ ;//取高四位,是否图片文件? 是则加1
        }
    }
    return rval;
}
int main(void)
{
    u8 res; u8 t;u16 temp;
    DIR picdir;                          //图片目录
    FILINFO picfileinfo;                 //文件信息
    u8 * fn;                             //长文件名
    u8 * pname;                          //带路径的文件名
    u16 totpicnum;                       //图片文件总数
    u16 curindex;                        //图片当前索引
    u8 key;                              //键值
    u8 pause = 0;                        //暂停标记
    u16 * picindextbl;                   //图片索引表
    delay_init();                        //延时函数初始化
    NVIC_PriorityGroupConfig(NVIC_PriorityGroup_2);    //设置中断优先级分组为组2
    uart_init(115200);                   //串口初始化为115200
    usmart_dev.init(72);                 //初始化USMART
    LED_Init();                          //初始化与LED连接的硬件接口
    KEY_Init();                          //初始化按键
    LCD_Init();                          //初始化LCD
    W25QXX_Init();                       //初始化W25Q128
    my_mem_init(SRAMIN);                 //初始化内部内存池
    exfuns_init();                       //为fatfs相关变量申请内存
    f_mount(fs[0],"0:",1);               //挂载SD卡
    f_mount(fs[1],"1:",1);               //挂载FLASH
    POINT_COLOR = RED;
    while(font_init())                   //检查字库
    {
        LCD_ShowString(30,50,200,16,16,"Font Error!"); delay_ms(200);
        LCD_Fill(30,50,240,66,WHITE); delay_ms(200);//清除显示
    }
    //…此处省略部分液晶显示代码
    while(f_opendir(&picdir,"0:/PICTURE"))//打开图片文件夹
    {
        Show_Str(30,170,240,16,"PICTURE文件夹错误!",16,0);delay_ms(200);
        LCD_Fill(30,170,240,186,WHITE);delay_ms(200);//清除显示
    }
    totpicnum = pic_get_tnum("0:/PICTURE");//得到总有效文件数
    while(totpicnum == NULL)//图片文件为0
    {
        Show_Str(30,170,240,16,"没有图片文件!",16,0);delay_ms(200);
```

```c
            LCD_Fill(30,170,240,186,WHITE);delay_ms(200);//清除显示
}
picfileinfo.lfsize = _MAX_LFN * 2 + 1;//长文件名最大长度
picfileinfo.lfname = mymalloc(SRAMIN,picfileinfo.lfsize);//长文件缓存区分配内存
pname = mymalloc(SRAMIN,picfileinfo.lfsize);//带路径文件名分配内存
picindextbl = mymalloc(SRAMIN,2 * totpicnum);//申请 2 * totpicnum 内存,存放索引
while(picfileinfo.lfname == NULL||pname == NULL||picindextbl == NULL)//分配出错
{
    Show_Str(30,170,240,16,"内存分配失败!",16,0);delay_ms(200);
    LCD_Fill(30,170,240,186,WHITE);delay_ms(200);//清除显示
}
//记录索引
res = f_opendir(&picdir,"0:/PICTURE");              //打开目录
if(res == FR_OK)
{
    curindex = 0;                                   //当前索引为 0
    while(1)                                        //全部查询一遍
    {
        temp = picdir.index;//记录当前 index
        res = f_readdir(&picdir,&picfileinfo);      //读取目录下的一个文件
        if(res!= FR_OK||picfileinfo.fname[0] == 0)break;//错误了/末尾,退出
        fn = (u8 *)( * picfileinfo.lfname? picfileinfo.lfname:picfileinfo.fname);
        res = f_typetell(fn);
        if((res&0XF0) == 0X50)//取高四位,看看是不是图片文件
        {
            picindextbl[curindex] = temp;//记录索引
            curindex ++ ;
        }
    }
}
Show_Str(30,170,240,16,"开始显示...",16,0);
delay_ms(1500);
piclib_init();                                      //初始化画图
curindex = 0;                                       //从 0 开始显示
res = f_opendir(&picdir,(const TCHAR * )"0:/PICTURE");  //打开目录
while(res == FR_OK)                                 //打开成功
{
    dir_sdi(&picdir,picindextbl[curindex]);         //改变当前目录索引
    res = f_readdir(&picdir,&picfileinfo);          //读取目录下的一个文件
    if(res!= FR_OK||picfileinfo.fname[0] == 0)break; //错误了/到末尾了,退出
    fn = (u8 *)( * picfileinfo.lfname? picfileinfo.lfname:picfileinfo.fname);
    strcpy((char * )pname,"0:/PICTURE/");           //复制路径(目录)
    strcat((char * )pname,(const char * )fn);       //将文件名接在后面
    LCD_Clear(BLACK);
    ai_load_picfile(pname,0,0,lcddev.width,lcddev.height,1);//显示图片
    Show_Str(2,2,240,16,pname,16,1); //显示图片名字
    t = 0;
    while(1)
    {
        key = KEY_Scan(0);                          //扫描按键
        if(t>250)key = 1;                           //模拟一次按下 KEY0
```

第 38 章　图片显示实验

```
            if((t%20)==0)LED0=!LED0;              //LED0 闪烁,提示程序正在运行
            if(key==KEY2_PRES)                     //上一张
            {
                if(curindex)curindex--;
                else curindex=totpicnum-1;
                break;
            }else if(key==KEY0_PRES)               //下一张
            {
                curindex++;
                if(curindex>=totpicnum)curindex=0; //到末尾的时候,自动从头开始
                break;
            }else if(key==WKUP_PRES)
            {
                pause=!pause;
                LED1=!pause;                       //暂停的时候 LED1 亮.
            }
            if(pause==0)t++;
            delay_ms(10);
        }
        res=0;
    }
    myfree(SRAMIN,picfileinfo.lfname);             //释放内存
    myfree(SRAMIN,pname);                          //释放内存
    myfree(SRAMIN,picindextbl);                    //释放内存
}
```

此部分除了 mian 函数,还有一个 pic_get_tnum 的函数,用来得到 path 路径下所有有效文件(图片文件)的个数。mian 函数里面通过索引(图片文件在 PICTURE 文件夹下的编号)来查找上一个/下一个图片文件,这里需要用到 FATFS 自带的一个函数(dir_sdi)来设置当前目录的索引(因为 f_readdir 只能沿着索引一直往下找,不能往上找),方便定位到任何一个文件。dir_sdi 在 FATFS 下面被定义为 static 函数,所以必须在 ff.c 里面将该函数的 static 修饰词去掉,然后在 ff.h 里面添加该函数的申明,以便 main 函数使用。

其他部分就比较简单了。至此,整个图片显示实验的软件设计部分就结束了。该程序将实现浏览 PICTURE 文件夹下的所有图片,并显示其名字,每隔 3 s 左右切换一幅图片。

38.4　下载验证

编译成功之后,下载代码到 ALIENTEK 战舰 STM32F103 上,可以看到 LCD 开始显示图片(假设 SD 卡及文件都准备好了,即在 SD 卡根目录新建 PICTURE 文件夹,并存放一些图片文件(.bmp/.jpg/.gif)在该文件夹内),如图 38.4.1 所示。

按 KEY0 和 KEY2 可以快速切换到下一张或上一张,KEY_UP 按键可以暂停自动播放,同时 DS1 亮,指示处于暂停状态,再按一次 KEY_UP 则继续播放。同时,由于我们的代码支持 gif 格式的图片显示(注意尺寸不能超过 LCD 屏幕尺寸),所以可以放

一些 gif 图片到 PICTURE 文件夹来看动画了。

图 38.4.1　图片显示实验显示效果

本章同样可以通过 USMART 来测试，将 ai_load_picfile 函数加入 USMART 控制，就可以通过串口调用该函数，在屏幕上任何区域显示任何想要显示的图片了！同时，可以发送：runtime 1，来开启 USMART 的函数执行时间统计功能，从而获取解码一张图片所需时间，方便验证。

第 39 章

音乐播放器实验

ALIENTEK 战舰 STM32F103 板载了 VS1053B 这颗高性能音频编解码芯片，该芯片可以支持 wav/mp3/wma/flac/ogg/midi/aac 等音频格式的播放，并且支持录音。本章利用战舰 STM32F103 实现一个简单的音乐播放器（支持 wav/mp3/wma/flac/ogg/midi/aac 等格式）。

39.1　VS1053 简介

VS1053 是继 VS1003 后荷兰 VLSI 公司出品的又一款高性能解码芯片，可以实现对 MP3/OGG/WMA/FLAC/WAV/AAC/MIDI 等音频格式的解码，同时还可以支持 ADPCM/OGG 等格式的编码，性能相对以往的 VS1003 提升不少。VS1053 拥有一个高性能的 DSP 处理器核 VS_DSP，16 KB 的指令 RAM，0.5 KB 的数据 RAM，通过 SPI 控制，具有 8 个可用的通用 I/O 口和一个串口；芯片内部还带了一个可变采样率的立体声 ADC（支持咪头/咪头+线路/2 线路）、一个高性能立体声 DAC 及音频耳机放大器。

VS1053 的特性如下：

- 支持众多音频格式解码，包括 OGG/MP3/WMA/WAV/FLAC（需要加载 patch）/MIDI/AAC 等；
- 对话筒输入或线路输入的音频信号进行 OGG（需要加载 patch）/IMA ADPCM 编码；
- 高低音控制；
- 带有 EarSpeaker 空间效果（用耳机虚拟现场空间效果）；
- 单时钟操作 12～13 MHz；
- 内部 PLL 锁相环时钟倍频器；
- 内含高性能片上立体声 DAC，两声道间无相位差；
- 过零交差侦测和平滑的音量调整；
- 内含能驱动 30 Ω 负载的耳机驱动器；
- 模拟/数字，I/O 单独供电；
- 为用户代码和数据准备的 16 KB 片上 RAM；
- 可扩展外部 DAC 的 I^2S 接口；
- 用于控制和数据的串行接口（SPI）；

➢ 新功能可以通过软件和 8 GPIO 添加。

VS1053 相对于它的"前辈"VS1003,增加了编解码格式的支持(比如支持 OGG/FLAC,还支持 OGG 编码,VS1003 不支持)、增加了 GPIO 数量到 8 个(VS1003 只有 4 个)、增加了内部指令 RAM 容量到 16 KB(VS1003 只有 5.5 KB)、增加了 I²S 接口(VS1003 没有)、支持 EarSpeaker 空间效果(VS1003 不支持)等。同时,VS1053 的 DAC 相对于 VS1003 有不少提高,同样的歌曲,用 VS1053 播放听起来比 1003 效果好很多。

VS1053 的封装引脚和 VS1003 完全兼容,所以如果以前用的是 VS1003,则只需要把 VS1003 换成 VS1053,就可以实现硬件更新,电路板完全不用修改。注意,VS1003 的 CVDD 是 2.5 V,而 VS1053 的 CVDD 是 1.8 V,所以还需要把稳压芯片也变一下,其他都可以照旧了。

VS1053 通过 SPI 接口来接收输入的音频数据流,可以是一个系统的从机,也可以作为独立的主机。这里只把它当成从机使用。通过 SPI 口向 VS1053 不停地输入音频数据,它就会自动解码了,然后从输出通道输出音乐,这时接上耳机就能听到所播放的歌曲了。

ALIENTEK 战舰 STM32 开发板自带了一颗 VS1053 音频编解码芯片,所以,直接可以通过开发板来播放各种音频格式,实现一个音乐播放器。战舰 STM32 开发板自带的 VS1053 解码芯片电路原理图,如图 39.1.1 所示。

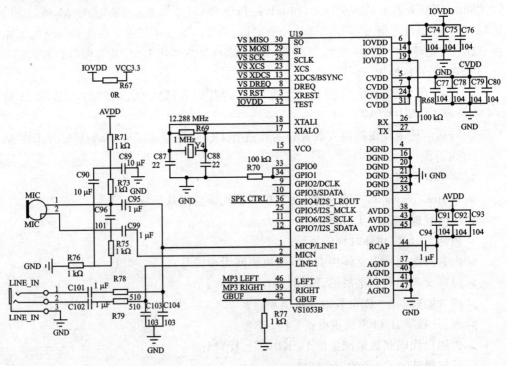

图 39.1.1 ALIENTEK 音频解码模块原理图

第 39 章 音乐播放器实验

VS1053 通过 7 根线同 STM32 连接,分别是:VS_MISO、VS_MOSI、VS_SCK、VS_XCS、VS_XDCS、VS_DREQ 和 VS_RST。这 7 根线同 STM32 的连接关系如图 39.1.2 所示。

芯片	信号线						
	VS_MISO	VS_MOSI	VS_SCK	VS_XCS	VS_XDCS	VS_DREQ	VS_RST
VS1053							
STM32F103ZET6	PA6	PA7	PA5	PF7	PF6	PC13	PE6

图 39.1.2 VS1053 各信号线与 STM32 连接关系

其中,VS_RST 是 VS1053 的复位信号线,低电平有效。VS_DREQ 是一个数据请求信号,用来通知主机 VS1053 可以接收数据与否。VS_MISO、VS_MOSI 和 VS_SCK 则是 VS1053 的 SPI 接口,它们在 VS_XCS 和 VS_XDCS 下面来执行不同的操作。从图 39.1.2 可以看出,VS1053 的 SPI 是接在 STM32 的 SPI1 上面的。

VS1053 的 SPI 支持两种模式:①VS1002 有效模式(即新模式)。②VS1001 兼容模式。这里仅介绍 VS1002 有效模式(此模式也是 VS1053 的默认模式)。表 39.1.1 是在新模式下 VS1053 的 SPI 信号线功能描述。

表 39.1.1 VS1053 新模式下 SPI 口信号线功能

SDI 引脚	SCI 引脚	描述
XDCS	XCS	低电平有效片选输入,高电平强制使串行接口进入 standby 模式,结束当前操作,高电平也强制串行输出 so 变成高阻态。如果 SM_SDISHARE 为 1,不使用 XDCS,但是此信号在 XCS 中产品
SCK		串行时钟输入,串行时钟也使用内部的寄存器接口主时钟,SCK 可以被门控或是连续的,对任一情况,在 XCS 变为低电平后,SCK 上的第一个上升沿标志着第一位数据被写入
SI		串行输入,如果片选有效,SI 就在 SCK 的上升沿处采样
—	SO	串行输出,在读操作时,数据在 SCK 的下降沿处从此脚移出,在写操作时为高阻态

VS1053 的 SPI 数据传送分为 SDI 和 SCI,分别用来传输数据/命令。SDI 和前面介绍的 SPI 协议一样的,不过 VS1053 的数据传输是通过 DREQ 控制的,主机在判断 DREQ 有效(高电平)之后,直接发送即可(一次可以发送 32 个字节)。

这里重点介绍一下 SCI。SCI 串行总线命令接口包含了一个指令字节、一个地址字节和一个 16 位的数据字。读/写操作可以读/写单个寄存器,在 SCK 的上升沿读出数据位,所以主机必须在下降沿刷新数据。SCI 的字节数据总是高位在前低位在后的。第一个字节指令字节,只有 2 个指令,也就是读和写,读为 0X03,写为 0X02。

一个典型的 SCI 读时序如图 39.1.3 所示。可以看出,通过先拉低 XCS(VS_XCS),然后发送读指令(0X03),再发送一个地址,最后,在 SO 线(VS_MISO)上就可以读到输出的数据了。而同时 SI(VS_MOSI)上的数据将被忽略。

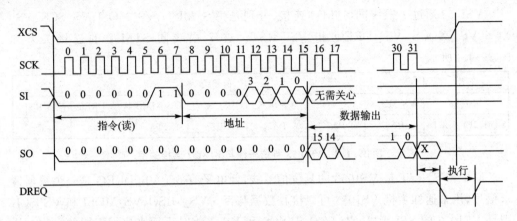

图 39.1.3 SCI 读时序

再来看看 SCI 的写时序,如图 39.1.4 所示。图中时序和图 39.1.3 基本类似,都是先发指令,再发地址。不过写时序中指令是写指令(0X02),并且数据是通过 SI 写入 VS1053 的,SO 则一直维持低电平。细心的读者可能发现了,在这两个图中,DREQ 信号上都产生了一个短暂的低脉冲,也就是执行时间。这个不难理解,在写入和读出 VS1053 的数据之后,它需要一些时间来处理内部的事情,这段时间是不允许外部打断的,所以,在 SCI 操作之前,最好判断一下 DREQ 是否为高电平,如果不是,则等待 DREQ 变为高。

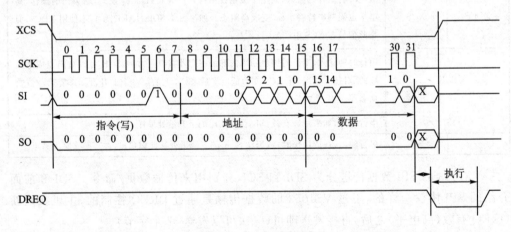

图 39.1.4 SCI 写时序

再来看看 VS1053 的 SCI 寄存器,VS1053 的所有 SCI 寄存器如表 39.1.2 所列。VS1053 总共有 16 个 SCI 寄存器,这里不介绍全部的寄存器,仅仅介绍几个本章需要用到的寄存器。

首先是 MODE 寄存器,用于控制 VS1053 的操作,是最关键的寄存器之一。该寄存器的复位值为 0x0800,其实就是默认设置为新模式。表 39.1.3 是 MODE 寄存器的各位描述。

第39章 音乐播放器实验

表 39.1.2　SCI 寄存器

寄存器	类　型	复位值	缩　写	描　述
0X00	RW	0X0800	MODE	模式控制
0X01	RW	0X000C	STATUS	VS0153 状态
0X02	RW	0X0000	BASS	内置低音/高音控制
0X03	RW	0X0000	CLOCKF	时钟频率＋倍频数
0X04	RW	0X0000	DECODE_TIME	解码时间长度（秒）
0X05	RW	0X0000	AUDATA	各种音频数据
0X06	RW	0X0000	WRAM	RAM 写/读
0X07	RW	0X0000	WRAMADDR	RAM 写/读的基址
0X08	R	0X0000	HDAT0	流的数据标头 0
0X09	R	0X0000	HDAT1	流的数据标头 1
0X0A	RW	0X0000	AIADDR	应用程序起始地址
0X0B	RW	0X0000	VOL	音量控制
0X0C	RW	0X0000	AICTRL0	应用控制寄存器 0
0X0D	RW	0X0000	AICTRL1	应用控制寄存器 1
0X0E	RW	0X0000	AICTRL2	应用控制寄存器 2
0X0F	RW	0X0000	AICTRL3	应用控制寄存器 3

表 39.1.3　MODE 寄存器各位描述

位	0	1	2	3	4	5	6	7
名称	SM_DIFF	SM_LAYER12	SM_RESET	SM_CANCEL	SM_EARSPEAKEY_LO	SM_TEST	SM_STREAM	SM_EARSPEAKE R_HI
功能	差分	允许 MPEG I&II	软件复位	取消当前文件的解码	EarSpeaker 低设定	允许 SDI 测试	流模式	EarSpeaker 高设定
描述	0,正常的同相音频 1,左通道反相	0,不允许 1,允许	0,不复位 1,复位	0,不取消 1,取消	0,关闭 1,激活	0,禁止 1,允许	0,不是 1,是	0,关闭 1,激活
位	8	9	10	11	12	13	14	15
名称	SM_DACT	SM_SDIORD	SM_SDISHA_RE	SM_SDINEW	SM_ADPCM	—	SM_LINE1	SM_CLK_RANGE
功能	DCLK 的有效边沿	SDI 位顺序	共享 SPI 片选	VS1002 本地 SPI 模式	ADPCM 激活	—	咪/线路 1 选择	输入时钟范围
描述	0,上升沿 1,下降沿	0,MSB 在前 1,MSD 在后	0,不共享 1,共享	0,非本地模式 1,本地模式	0,不激活 1,激活	—	0,MICP 1,LINE1	0,12..13Mhz 1,24..26Mhz

　　这个寄存器只介绍一下第 2 和第 11 位,也就是 SM_RESET 和 SM_SDINEW。其他位用默认的即可。这里 SM_RESET 可以提供一次软复位,建议在每播放一首歌曲之后软复位一次。SM_SDINEW 为模式设置位,这里选择的是 VS1002 新模式(本地模

式),所以设置该位为 1(默认的设置)。其他位的详细介绍可参考 VS1053 的数据手册。

接着看看 BASS 寄存器,该寄存器可以用于设置 VS1053 的高低音效。该寄存器的各位描述如表 39.1.4 所列。

表 39.1.4 BASS 寄存器各位描述

名称	位	描述
ST_AMPLITUDE	15:12	高音控制,1.5 dB 步进(−8:7,为 0 表示关闭)
ST_FREQLIMIT	11:8	最低频限 1 000 Hz 步进(0:15)
SB_AMPLITUDE	7:4	低音加重,1 dB 步进(0:15,为 0 表示关闭)
SB_FREQLIMIT	3:0	最低频限 10 Hz 步进(2:15)

通过这个寄存器以上位的一些设置,我们可以随意配置自己喜欢的音效(其实就是高低音的调节)。VS1053 的 EarSpeaker 效果则由 MODE 寄存器控制,请参考表 39.1.3。

接下来介绍 CLOCKF 寄存器,这个寄存器用来设置时钟频率、倍频等相关信息。该寄存器的各位描述如表 39.1.5 所列。

表 39.1.5 CLOCKF 寄存器各位描述

位	15:13	12:11	10:0
名称	SC_MULT	SC_ADD	SC_FREQ
描述	时钟倍频数	允许倍频	时钟频率
说明	CLKI=XTALI× (SC_MULT×0.5+1)	倍频增量 =SC_ADD·0.5	当时钟频率不为 12.288 MHz 时,外部时钟的频率。外部时钟为 12.288 MHz 时,此部分设置为 0 即可

此寄存器重点说明 SC_FREQ,SC_FREQ 是以 4 kHz 为步进的一个时钟寄存器,当外部时钟不是 12.288 MHz 的时候,其计算公式为:

$$SC\_FREQ = (XTALI - 8\,000\,000)/4\,000$$

式中 XTALI 的单位为 Hz。表 39.1.5 中 CLKI 是内部时钟频率,XTALI 是外部晶振的时钟频率。由于我们使用的是 12.288 MHz 的晶振,这里设置此寄存器的值为 0X9800,也就是设置内部时钟频率为输入时钟频率的 3 倍,倍频增量为 1.0 倍。

接下来看看 DECODE_TIME 这个寄存器。该寄存器是一个存放解码时间的寄存器,以秒钟为单位,通过读取该寄存器的值就可以得到解码时间了。不过它是一个累计时间,所以需要在每首歌播放之前把它清空一下,以得到这首歌的准确解码时间。

HDAT0 和 HDTA1 是两个数据流头寄存器,不同的音频文件读出来的值意义不一样,我们可以通过这两个寄存器来获取音频文件的码率,从而可以计算音频文件的总长度。这两个寄存器的详细介绍可参考 VS1053 的数据手册。

最后介绍一下 VOL 这个寄存器,该寄存器用于控制 VS1053 的输出音量,可以分别控制左右声道的音量。每个声道的控制范围为 0~254,每个增量代表 0.5 db 的衰减,所以该值越小,代表音量越大。比如设置为 0X0000 则音量最大,而设置为

0XFEFE 则音量最小。注意：如果设置 VOL 的值为 0XFFFF，则芯片进入掉电模式！

接下来说说如何控制通过最简单的步骤来控制 VS1053 播放一首歌曲。

1）复位 VS1053

这里包括了硬复位和软复位，是为了让 VS1053 的状态回到原始状态，准备解码下一首歌曲。建议读者在每首歌曲播放之前都执行一次硬件复位和软件复位，以便更好地播放音乐。

2）配置 VS1053 的相关寄存器

这里配置的寄存器包括 VS1053 的模式寄存器（MODE）、时钟寄存器（CLOCKF）、音调寄存器（BASS）、音量寄存器（VOL）等。

3）发送音频数据

剩下来要做的事情就是往 VS1053 里面发音频数据了，只要是 VS1053 支持的音频格式，直接往里面发就可以了，VS1053 会自动识别并进行播放。不过发送数据要在 DREQ 信号的控制下有序地进行，不能乱发。这个规则很简单：只要 DREQ 变高，就向 VS1053 发送 32 个字节。然后继续等待 DREQ 变高，直到音频数据发送完。

经过以上 3 步就可以播放音乐了。

39.2 硬件设计

本章实验功能简介：开机后先初始化各外设，然后检测字库是否存在，如果检测无问题，则开始循环播放 SD 卡 MUSIC 文件夹里面的歌曲（必须在 SD 卡根目录建立一个 MUSIC 文件夹，并存放歌曲在里面），在 TFTLCD 上显示歌曲名字、播放时间、歌曲总时间、歌曲总数目、当前歌曲的编号等信息。KEY0 用于选择下一曲，KEY2 用于选择上一曲，KEY_UP 和 KEY1 用来调节音量。DS0 还是用于指示程序运行状态，DS1 用于指示 VS1053 正在初始化。

本实验用到的资源如下：指示灯 DS0 和 DS1、4 个按键（KEY_UP/KEY0/KEY1/KEY2）、串口、TFTLCD 模块、SD 卡、SPI FLASH、VS1053、TDA1308、HT6872。前面 7 个都已经介绍过了，重点来看看 TDA1308 和 HT6872。TDA1308 是一个 AB 类的耳机功放芯片，用于驱动耳机，其电路图如图 39.2.1 所示。

MP3_RIGHT 和 MP3_LEFT 是来自 VS1053 的音频输出，经过 TDA1308 功放后，输出到 PHONE 接口，用于推动耳机。PWM_AUDIO 则连接多功能接口的 AIN，可用于外接音频输入或者 PWM 音频。注意，PWM_AUDIO 仅仅输入了 TDA1308 的一个声道，所以插上耳机的时候，听到也是只有一边有声音。SPK_IN 则连接到了 HT6872，用于 HT6872 的输入。

HT6872 是一颗单声道、高功率（最大可达 4.7 W）D 类功放 IC，驱动板载的 2 W 喇叭（在板子背面）。HT6872 原理图如图 39.2.2 所示。图中 SPK_IN 就是 HT6872 的音频输入，来自图 39.2.1，然后 SP＋和 SP－则分别连接喇叭的正负极。SPK_CTRL 信号控制着 HT6872 的工作模式，该信号由 VS1053 的 36 脚（GPIO4）控制（见

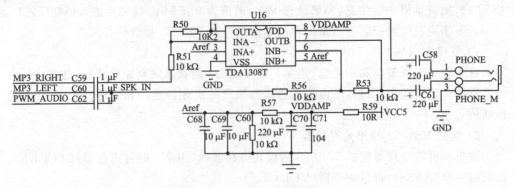

图 39.2.1 TDA1308 原理图

图 39.1.1），当 SPK_CTRL 脚为低电平时 HT6872 进入关断模式，也就是功放不工作了；当 SPK_CTRL 脚为高电平的时候，HT6872 进入正常工作模式，此时喇叭可以播放 SPK_IN 输入的音频信号。这样，我们通过 SPK_CTRL 就可以控制喇叭的开关了。

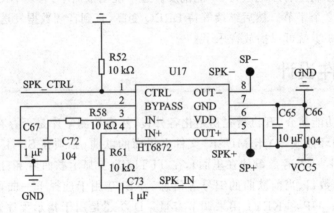

图 39.2.2 HT6872 原理图

关于如何控制 VS1053 的 GPIO，详见《VS1053 中文数据手册》的 10.7 节(67 页)。本例程播放歌曲的时候，喇叭输出是默认开启的，方便读者测试。

本实验需要准备一个 SD 卡(在里面新建一个 MUSIC 文件夹，并存放一些歌曲在 MUSIC 文件夹下)和一个耳机(非必备)，分别插入 SD 卡接口和耳机接口，然后下载本实验就可以通过耳机来听歌了。

39.3 软件设计

打开本章实验工程可以看到，我们新建了 APP 分组，同时在该分组下添加 mp3player.c 和 mp3player.h 两个文件。同时还在 HARDWARE 分组下添加了 vs10xx.c 源文件文件。

本章代码比较多，这里仅挑一些重点函数介绍。首先打开 vs10xx.c，这里要介绍的是函数 VS_Soft_Reset，该函数用于软复位 VS1053，代码如下：

第39章 音乐播放器实验

```
//软复位 VS10XX
void VS_Soft_Reset(void)
{
    u8 retry = 0;
    while(VS_DQ == 0);                         //等待软件复位结束
    VS_SPI_ReadWriteByte(0Xff);                //启动传输
    retry = 0;
    while(VS_RD_Reg(SPI_MODE)! = 0x0800)       //软件复位,新模式
    {
        VS_WR_Cmd(SPI_MODE,0x0804);            //软件复位,新模式
        delay_ms(2);                           //等待至少 1.35ms
        if(retry++ > 100)break;
    }
    while(VS_DQ == 0);                         //等待软件复位结束
    retry = 0;
    while(VS_RD_Reg(SPI_CLOCKF)! = 0X9800)     //设置时钟,3 倍频,1.5xADD
    {
        VS_WR_Cmd(SPI_CLOCKF,0X9800);          //设置时钟,3 倍频,1.5xADD
        if(retry++ > 100)break;
    }
    delay_ms(20);
}
```

该函数比较简单,先配置一下 VS1053 的模式顺便执行软复位操作,在软复位结束之后,再设置好时钟,完成一次软复位。接下来介绍 VS_WR_Cmd 函数,该函数用于向 VS1053 写命令,代码如下:

```
//向 VS10XX 写命令
//address:命令地址   data:命令数据
void VS_WR_Cmd(u8 address,u16 data)
{
    while(VS_DQ == 0);                                 //等待空闲
    VS_SPI_SpeedLow();                                 //低速
    VS_XDCS = 1;VS_XCS = 0;
    VS_SPI_ReadWriteByte(VS_WRITE_COMMAND);            //发送 VS10XX 的写命令
    VS_SPI_ReadWriteByte(address);                     //地址
    VS_SPI_ReadWriteByte(data>>8);                     //发送高八位
    VS_SPI_ReadWriteByte(data);                        //第八位
    VS_XCS = 1;
    VS_SPI_SpeedHigh();                                //高速
}
```

该函数用于向 VS1053 发送命令,注意,VS1053 的写操作比读操作快(写 1/4 CLKI,读 1/7 CLKI),虽然说写寄存器最快可以到 1/4CLKI,但是经实测在 1/4CLKI 的时候会出错,所以在写寄存器的时候最好把 SPI 速度调慢点,然后发送音频数据的时候就可以有 1/4CLKI 的速度了。有写命令的函数,当然也有读命令的函数了。VS_RD_Reg用于读取 VS1053 的寄存器的内容。该函数代码如下:

```
//读 VS10XX 的寄存器
//address:寄存器地址
//返回值:读到的值
```

```c
//注意不要用倍速读取,会出错
u16 VS_RD_Reg(u8 address)
{
    u16 temp = 0;
    while(VS_DQ == 0);                              //非等待空闲状态
    VS_SPI_SpeedLow();                              //低速
    VS_XDCS = 1;   VS_XCS = 0;
    VS_SPI_ReadWriteByte(VS_READ_COMMAND);          //发送 VS10XX 的读命令
    VS_SPI_ReadWriteByte(address);                  //地址
    temp = VS_SPI_ReadWriteByte(0xff);              //读取高字节
    temp = temp<<8;
    temp + = VS_SPI_ReadWriteByte(0xff);            //读取低字节
    VS_XCS = 1;
    VS_SPI_SpeedHigh();                             //高速
    return temp;
}
```

该函数的作用和 VS_WR_Cmd 的作用相反,用于读取寄存器的值。vs10xx.c 的剩余代码、vs10xx.h 以及 flac.h 的代码这里就不贴出来了,其中 flac.h 仅仅用来存储播放 flac 格式所需的 patch 文件,以支持 flac 解码。读者可以去本书配套资料查看它们的详细源码。然后打开 mp3player.c,该文件仅介绍一个函数,其他代码可参考本书配套资料的源码。这里要介绍的是 mp3_play_song 函数,该函数代码如下:

```c
//播放一曲指定的歌曲
//返回值:0,正常播放完成;1,下一曲;2,上一曲;0XFF,出现错误了
u8 mp3_play_song(u8 * pname)
{
    FIL * fmp3;
    u16 br; u16 i = 0; u8 key;
    u8 res, rval = 0, * databuf;
    fmp3 = (FIL *)mymalloc(SRAMIN,sizeof(FIL));     //申请内存
    databuf = (u8 *)mymalloc(SRAMIN,4096);          //开辟 4096 字节的内存区域
    if(databuf == NULL||fmp3 == NULL)rval = 0XFF;   //内存申请失败
    if(rval == 0)
    {
        VS_Restart_Play();                          //重启播放
        VS_Set_All();                               //设置音量等信息
        VS_Reset_DecodeTime();                      //复位解码时间
        res = f_typetell(pname);                    //得到文件后缀
        if(res == 0x4c)                             //如果是 flac,加载 patch
        {
            VS_Load_Patch((u16 *)vs1053b_patch,VS1053B_PATCHLEN);
        }
        res = f_open(fmp3,(const TCHAR *)pname,FA_READ);//打开文件
        if(res == 0)           //打开成功
        {
            VS_SPI_SpeedHigh();         //高速
            while(rval == 0)
            {
                res = f_read(fmp3,databuf,4096,(UINT *)&br);//读出 4096 个字节
                i = 0;
```

```
            do//主播放循环
            {   if(VS_Send_MusicData(databuf + i) == 0)//给 VS10XX 发送音频数据
                {
                    i + = 32;
                }else
                {   key = KEY_Scan(0);
                    switch(key)
                    {
                        case KEY0_PRES:    rval = 1;break;//下一曲
                        case KEY2_PRES:    rval = 2;break;//上一曲
                        case WKUP_PRES://音量增加
                            if(vsset.mvol<250)
                            {
                                vsset.mvol + = 5;
                                VS_Set_Vol(vsset.mvol);
                            }else vsset.mvol = 250;
                            mp3_vol_show((vsset.mvol - 100)/5);//音量限制
                            break;
                        case KEY1_PRES://音量减
                            if(vsset.mvol>100)
                            {
                                vsset.mvol - = 5;
                                VS_Set_Vol(vsset.mvol);
                            }else vsset.mvol = 100;
                            mp3_vol_show((vsset.mvol - 100)/5);//音量限制
                            break;
                    }
                    mp3_msg_show(fmp3 - >fsize);//显示信息
                }
            }while(i<4096);//循环发送 4 096 个字节
            if(br! = 4096||res! = 0)
            {
                rval = 0;break;//读完了
            }
        }
        f_close(fmp3);
    }else rval = 0XFF;//出现错误
}
myfree(SRAMIN,databuf);
myfree(SRAMIN,fmp3);
return rval;
}
```

该函数就是解码 MP3 的核心函数了,该函数在初始化 VS1053 后,根据文件格式选择是否加载 patch(如果是 flac 格式,则需要加载 patch),最后在死循环里面等待 DREQ 信号的到来。每次 VS_DQ 变高,就通过 VS_Send_MusicData 函数向 VS1053 发送 32 个字节,直到整个文件读完。此段代码还包含了对按键的处理(音量调节、上一首、下一首)及当前播放的歌曲的一些状态(码率、播放时间、总时间)显示。

mp3player.c 的其他代码和 mp3player.h 可直接参考本书配套资料源码。最后,

打开 main.c 文件,主函数 main 代码如下:

```c
int main(void)
{
    delay_init();              //延时函数初始化
    NVIC_PriorityGroupConfig(NVIC_PriorityGroup_2);//设置中断优先级分组为组2
    uart_init(115200);         //串口初始化为115200
    LED_Init();                //初始化与LED连接的硬件接口
    KEY_Init();                //初始化按键
    LCD_Init();                //初始化LCD
    W25QXX_Init();             //初始化W25Q128
    VS_Init();                 //初始化VS1053
    my_mem_init(SRAMIN);       //初始化内部内存池
    exfuns_init();             //为fatfs相关变量申请内存
    f_mount(fs[0],"0:",1);     //挂载SD卡
    f_mount(fs[1],"1:",1);     //挂载FLASH.
    POINT_COLOR = RED;
    while(font_init())         //检查字库
    {
        LCD_ShowString(30,50,200,16,16,"Font Error!"); delay_ms(200);
        LCD_Fill(30,50,240,66,WHITE);//清除显示
    }
    //…此处省略部分液晶显示代码
    Show_Str(30,130,200,16,"KEY0:NEXT  KEY2:PREV",16,0);
    Show_Str(30,150,200,16,"KEY_UP:VOL+ KEY1:VOL- ",16,0);
    while(1)
    {
        LED1 = 0;
        Show_Str(30,170,200,16,"存储器测试...",16,0);
        printf("Ram Test:0X%04X\r\n",VS_Ram_Test());//打印RAM测试结果
        Show_Str(30,170,200,16,"正弦波测试...",16,0);
        VS_Sine_Test();
        Show_Str(30,170,200,16,"<<音乐播放器>>",16,0);
        LED1 = 1;
        mp3_play();
    }
}
```

该函数先检测外部 Flash 是否存在字库,然后执行 VS1053 的 RAM 测试和正弦测试,这两个测试结束后调用 mp3_play 函数开始播放 SD 卡 MUSIC 文件夹里面的音乐。

39.4 下载验证

编译成功之后,下载代码到 ALIENTEK 战舰 STM32 开发板上,程序先执行字库监测,然后对 VS1053 进行 RAM 测试和正弦测试。当检测到 SD 卡根目录的 MUSIC 文件夹有有效音频文件(VS1053 所支持的格式)的时候,就开始自动播放歌曲了,如图 39.4.1 所示。可以看出,当前正在播放第 3 首歌曲,总共 5 首歌曲,歌曲名、播放时间、总时长、码率、音量等信息等也都有显示。此时 DS0 会随着音乐的播放而闪烁,2 秒

第 39 章 音乐播放器实验

闪烁一次。

图 39.4.1 音乐播放中

  此时我们便可以听到开发板板载喇叭播放出来的音乐了,也可以在开发板的 PHONE 端子插入耳机来听歌。同时,可以通过按 KEY0 和 KEY2 来切换下一曲和上一曲,通过 KEY_UP 按键来控制音量增加,通过 KEY1 控制音量减小。

  本实验还可以通过 USMART 来测试 VS1053 的其他功能,通过将 vs10xx.c 里面的部分函数加入 USMART 管理,可以很方便地设置/获取 VS1053 各种参数,达到验证测试的目的。

  至此,我们就完成了一个简单的 MP3 播放器了,在此基础上进一步完善,就可以做出一个比较实用的 MP3 了。

第 40 章

串口 IAP 实验

IAP,即在应用编程,很多单片机都支持这个功能,STM32 也不例外。在之前的 Flash 模拟 EEPROM 实验里面,我们学习了 STM32 的 Flash 自编程,本章将结合 Flash 自编程的知识,通过 STM32 的串口实现一个简单的 IAP 功能。

40.1 IAP 简介

IAP(In Application Programming)即在应用编程,是用户自己的程序在运行过程中对 User Flash 的部分区域进行烧写,目的是在产品发布后可以方便地通过预留的通信口对产品中的固件程序进行更新升级。通常实现 IAP 功能时,即用户程序运行中做自身的更新操作,需要在设计固件程序时编写两个项目代码,第一个项目程序不执行正常的功能操作,而只是通过某种通信方式(如 USB、USART)接收程序或数据,执行对第二部分代码的更新;第二个项目代码才是真正的功能代码。这两部分项目代码都同时烧录在 User Flash 中,当芯片上电后,首先是第一个项目代码开始运行,它做如下操作:

① 检查是否需要对第二部分代码进行更新;
② 如果不需要更新则转到④;
③ 执行更新操作;
④ 跳转到第二部分代码执行。

第一部分代码必须通过其他手段,如 JTAG 或 ISP 烧入;第二部分代码可以使用第一部分代码 IAP 功能烧入,也可以和第一部分代码一起烧入,以后需要程序更新时再通过第一部分 IAP 代码更新。

将第一个项目代码称为 Bootloader 程序,第二个项目代码称为 APP 程序,它们存放在 STM32 Flash 的不同地址范围,一般从最低地址区开始存放 Bootloader,紧跟其后的就是 APP 程序(注意,如果 Flash 容量足够,是可以设计很多 APP 程序的,本章只讨论一个 APP 程序的情况)。这样就是要实现 2 个程序:Bootloader 和 APP。

STM32 的 APP 程序不仅可以放到 Flash 里面运行,也可以放到 SRAM 里面运行,本章制作两个 APP,一个用于 Flash 运行,一个用于 SRAM 运行。

STM32 正常的程序运行流程如图 40.1.1 所示。STM32 的内部闪存(Flash)地址起始于 0x08000000,一般情况下,程序文件就从此地址开始写入。此外 STM32 是基于

第 40 章 串口 IAP 实验

Cortex-M3 内核的微控制器,其内部通过一张中断向量表来响应中断,程序启动后,将首先从中断向量表取出复位中断向量执行复位中断程序完成启动,而这张中断向量表的起始地址是 0x08000004,当中断来临,STM32 的内部硬件机制亦会自动将 PC 指针定位到中断向量表处,并根据中断源取出对应的中断向量执行中断服务程序。

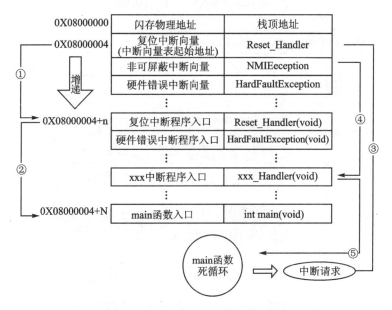

图 40.1.1　STM32 正常运行流程图

在图 40.1.1 中,STM32 在复位后,先从 0X08000004 地址取出复位中断向量的地址,并跳转到复位中断服务程序,如图标号①所示;在复位中断服务程序执行完之后,会跳转到我们的 main 函数,如图标号②所示;而 main 函数一般都是一个死循环,在 main 函数执行过程中,如果收到中断请求(发生重中断),此时 STM32 强制将 PC 指针指回中断向量表处,如图标号③所示;然后,根据中断源进入相应的中断服务程序,如图标号④所示;在执行完中断服务程序以后,程序再次返回 main 函数执行,如图标号⑤所示。

当加入 IAP 程序之后,程序运行流程如图 40.1.2 所示。图中,STM32 复位后,还是从 0X08000004 地址取出复位中断向量的地址,并跳转到复位中断服务程序,运行完复位中断服务程序之后跳转到 IAP 的 main 函数,如图标号①所示,此部分同图 40.1.1 一样;在执行完 IAP 以后(即将新的 APP 代码写入 STM32 的 Flash,灰底部分。新程序的复位中断向量起始地址为 0X08000004+N+M),跳转至新写入程序的复位向量表,取出新程序的复位中断向量的地址,并跳转执行新程序的复位中断服务程序,随后跳转至新程序的 main 函数,如图标号②和③所示。同样 main 函数为一个死循环,并且注意到此时 STM32 的 Flash 在不同位置上共有两个中断向量表。

在 main 函数执行过程中,如果 CPU 得到一个中断请求,PC 指针仍强制跳转到地址 0X08000004 中断向量表处,而不是新程序的中断向量表,如图标号④所示;程序再

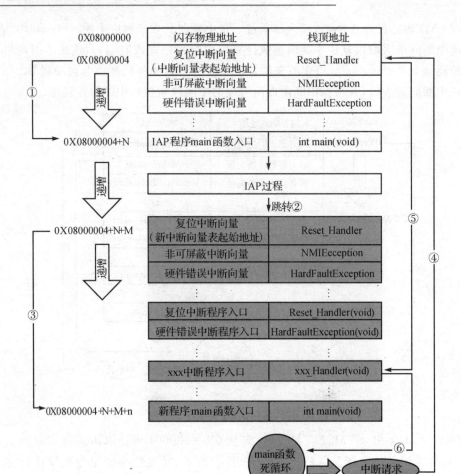

图 40.1.2　加入 IAP 之后程序运行流程图

根据我们设置的中断向量表偏移量,跳转到对应中断源新的中断服务程序中,如图标号⑤所示;在执行完中断服务程序后,程序返回 main 函数继续运行,如图标号⑥所示。

通过以上两个过程的分析,我们知道 IAP 程序必须满足两个要求:

① 新程序必须在 IAP 程序之后的某个偏移量为 x 的地址开始;
② 必须将新程序的中断向量表相应的移动,移动的偏移量为 x。

本章有 2 个 APP 程序,一个为 Flash 的 APP,程序在 Flash 中运行,另外一个为 SRAM 的 APP。程序运行在 SRAM 中,图 40.1.2 虽然是针对 Flash APP 来说的,但是在 SRAM 里面运行的过程和 Flash 基本一致,只是需要设置向量表的地址为 SRAM 的地址。

1. APP 程序起始地址设置方法

随便打开一个之前的实例工程,在 Options for Target→'Target'对话框中选择 Target 选项卡,如图 40.1.3 所示。默认条件下,图中 IROM1 的起始地址(Start)一般

第40章 串口IAP实验

为0X08000000,大小(Size)为0X80000,即从0X08000000开始的512 KB空间为我们的程序存储(因为我们的STM32F103ZET6的Flash大小是512 KB)。而图中设置起始地址(Start)为0X08010000,即偏移量为0X10000(64 KB),因而,留给APP用的Flash空间(Size)只有0X80000－0X10000＝0X70000(448 KB)大小了。设置好Start和Szie,就完成APP程序的起始地址设置。

图40.1.3　Flash APP Target选项卡设置

这里的64 KB,需要根据Bootloader程序大小进行选择,比如本章的Bootloader程序为22 KB左右,理论上只需要确保APP起始地址在Bootloader之后,并且偏移量为0X200的倍数即可(相关知识请参考 http://www.openedv.com/posts/list/392.htm)。这里选择64 KB(0X10000),留了一些余量,方便Bootloader以后的升级修改。

这是针对Flash APP的起始地址设置,如果是SRAM APP,那么起始地址设置如图40.1.4所示。这里将IROM1的起始地址(Start)定义为0X20001000,大小为0XC000(48 KB),即从地址0X20000000偏移0X1000开始,存放APP代码。因为整个STM32F103ZET6的SRAM大小为64 KB,所以IRAM1(SRAM)的起始地址变为0X2000D000(0x20001000＋0xC000＝0X2000D000),大小只有0X3000(12 KB)。这样,整个STM32F103ZET6的SRAM分配情况为:最开始的4 KB给Bootloader程序使用,随后的48 KB存放APP程序,最后12 KB,用作APP程序的内存。这个分配关系可以根据实际情况修改,不一定和这里的设置一模一样,不过也需要注意,保证偏移量为0X200的倍数(这里为0X1000)。

2. 中断向量表的偏移量设置方法

系统启动的时候会首先调用systemInit函数初始化时钟系统,同时systemInit还

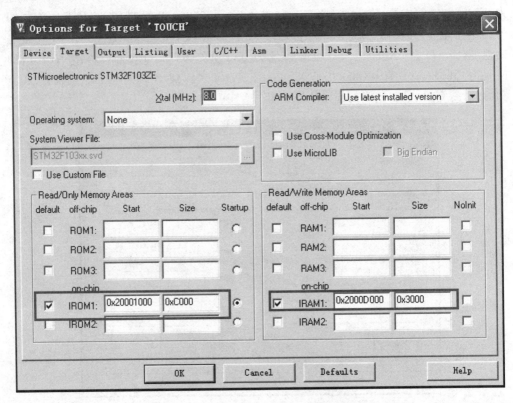

图 40.1.4 SRAM APP Target 选项卡设置

完成了中断向量表的设置。打开 systemInit 函数看看函数体的结尾处有这样几行代码：

```
#ifdef VECT_TAB_SRAM
    SCB->VTOR = SRAM_BASE | VECT_TAB_OFFSET;
                /* Vector Table Relocation in Internal SRAM. */
#else
    SCB->VTOR = FLASH_BASE | VECT_TAB_OFFSET;
                /* Vector Table Relocation in Internal FLASH. */
#endif
```

从代码可以理解，VTOR 寄存器存放的是中断向量表的起始地址。默认的情况下，VECT_TAB_SRAM 是没有定义，所以执行"SCB→VTOR = FLASH_BASE | VECT_TAB_OFFSET;"。对于 Flash APP，我们设置为 FLASH_BASE + 偏移量 0x10000，所以可以在 Flash APP 的 main 函数最开头处添加如下代码实现中断向量表的起始地址的重设：

```
SCB->VTOR = FLASH_BASE | 0x10000;
```

当使用 SRAM APP 的时候，设置起始地址为 SRAM_bASE + 0x1000，同样的方法，我们在 SRAM APP 的 main 函数最开始处添加下面代码：

```
SCB->VTOR = SRAM_BASE | 0x1000;
```

第40章 串口IAP实验

这样就完成了中断向量表偏移量的设置。

通过以上两个步骤的设置，就可以生成APP程序了，只要APP程序的Flash和SRAM大小不超过我们的设置即可。不过MDK默认生成的文件是.hex文件，并不方便用作IAP更新，我们希望生成的文件是.bin文件，这样可以方便进行IAP升级。这里通过MDK自带的格式转换工具fromelf.exe来实现.axf文件到.bin文件的转换，该工具在MDK的安装目录\ARM\BIN40文件夹里面。

fromelf.exe转换工具的语法格式为：fromelf [options] input_file。其中，options有很多选项可以设置，详细使用请参考本书配套资料"mdk 如何生成 bin 文件.doc"。

在MDK的Options for Target 'Target'对话框中选择User选项卡，在After Build/Rebuild栏选中Run #1，并写入：D:\tools\mdk5.14\ARM\ARMCC\bin\fromelf.exe --bin -o ..\OBJ\RTC.bin ..\OBJ\RTC.axf，如图40.1.5所示。

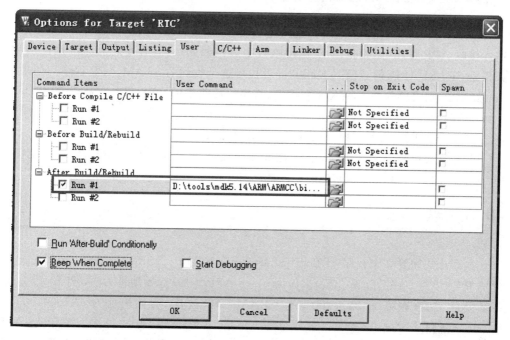

图 40.1.5 MDK 生成 .bin 文件设置方法

通过这一步设置就可以在MDK编译成功之后调用fromelf.exe（注意，笔者的MDK是安装在D:\tools\mdk5.14文件夹下，如果安装在其他目录，则根据自己的目录修改fromelf.exe的路径），根据当前工程的RTC.axf（如果是其他的名字，请记住修改，这个文件存放在OBJ目录下面，格式为xxx.axf）生成一个RTC.bin的文件，并存放在axf文件相同的目录下，即工程的OBJ文件夹里面。在得到.bin文件之后，我们只需要将这个bin文件传送给单片机，即可执行IAP升级。

最后再来APP程序的生成步骤：

① 设置APP程序的起始地址和存储空间大小。

对于在Flash里面运行的APP程序，可以按照图40.1.3的设置。对于SRAM里面运行的 APP 程序,可以参考图 40.1.4 的设置。

② 设置中断向量表偏移量。

这一步按照上面讲解重新设置 SCB→VTOR 的值即可。

③ 设置编译后运行 fromelf.exe,生成.bin 文件。

通过在 User 选项卡,设置编译后调用 fromelf.exe,根据.axf 文件生成.bin 文件,用于 IAP 更新。

通过以上 3 个步骤就可以得到一个.bin 的 APP 程序,通过 Bootlader 程序即可实现更新。

读者可以打开本书配套资料的两个 APP 工程熟悉这些设置。

40.2 硬件设计

本章实验(Bootloader 部分)功能简介:开机的时候先显示提示信息,然后等待串口输入接收 APP 程序(无校验,一次性接收),串口接收到 APP 程序之后即可执行 IAP。如果是 SRAM APP,通过按下 KEY0 即可执行这个收到的 SRAM APP 程序。如果是 Flash APP,则需要先按下 WK_UP 按键,将串口接收到的 APP 程序存放到 STM32 的 Flash,之后再按 KEY2 既可以执行这个 Flash APP 程序。通过 KEY1 按键可以手动清除串口接收到的 APP 程序。DS0 用于指示程序运行状态。

本实验用到的资源如下:指示灯 DS0、4 个按键(KEY0/KEY1/KEY2/WK_UP)、串口、TFTLCD 模块。这些用到的硬件都已经介绍过,这里就不再介绍了。

40.3 软件设计

本章总共需要 3 个程序:①Bootloader;②Flash APP;③SRAM APP。选择之前做过的 RTC 实验(在第 17 章介绍)来作为 Flash APP 程序(起始地址为 0X08010000),选择触摸屏实验(在第 27 章介绍)来作 SRAM APP 程序(起始地址为 0X20001000)。Bootloader 则是通过 TFTLCD 显示实验(在第 15 章介绍)修改得来。关于 SRAM APP 和 Flash APP 的生成比较简单,我们就不细说,读者结合本书配套资料源码以及 40.1 节的介绍自行理解。本章软件设计仅针对 Bootloader 程序。

打开本实验工程,可以看到我们增加了 IAP 组,在组下面添加了 iap.c 文件以及其头文件 isp.h。打开 iap.c,代码如下:

```
iapfun jump2app;
u16 iapbuf[1024];
//appxaddr:应用程序的起始地址
//appbuf:应用程序 CODE.     appsize:应用程序大小(字节).
void iap_write_appbin(u32 appxaddr,u8 * appbuf,u32 appsize)
{
    u16 t, i = 0, temp;
    u32 fwaddr = appxaddr;//当前写入的地址
```

第 40 章 串口 IAP 实验

```
    u8 * dfu = appbuf;
    for(t = 0;t<appsize;t + = 2)
    {
        temp = (u16)dfu[1]<<8;
        temp + = (u16)dfu[0];
        dfu + = 2;//偏移 2 个字节
        iapbuf[i + + ] = temp;
        if(i = = 1024)
        {    i = 0;
            STMFLASH_Write(fwaddr,iapbuf,1024);
            fwaddr + = 2048;//偏移 2048  16 = 2 * 8.所以要乘以 2
        }
    }
    if(i)STMFLASH_Write(fwaddr,iapbuf,i);//将最后的一些内容字节写进去
}
//跳转到应用程序段
//appxaddr:用户代码起始地址
void iap_load_app(u32 appxaddr)
{
    if((( * (vu32 * )appxaddr)&0x2FFE0000) = = 0x20000000)//检查栈顶地址是否合法
    {
        jump2app = (iapfun) * (vu32 * )(appxaddr + 4);
        //用户代码区第二个字为程序开始地址(复位地址)
        MSR_MSP( * (vu32 * )appxaddr);
        //初始化 APP 堆栈指针(用户代码区的第一个字用于存放栈顶地址)
        jump2app(); //跳转到 APP
    }
}
```

该文件总共只有 2 个函数,其中,iap_write_appbin 函数用于将存放在串口接收 buf 里面的 APP 程序写入到 Flash。iap_load_app 函数用于跳转到 APP 程序运行,其参数 appxaddr 为 APP 程序的起始地址,程序先判断栈顶地址是否合法,在得到合法的栈顶地址后,通过 MSR_MSP 函数(该函数在 sys.c 文件)设置栈顶地址,最后通过一个虚拟的函数(jump2app)跳转到 APP 程序执行代码,实现 IAP→APP 的跳转。

打开 iap.h 代码如下:

```
# ifndef __IAP_H__
# define __IAP_H__
# include "sys.h"
typedef   void ( * iapfun)(void);//定义一个函数类型的参数
# define FLASH_APP1_ADDR 0x08010000
//第一个应用程序起始地址(存放在 FLASH)
//保留 0X08000000~0X0800FFFF 的空间为 Bootloader 使用
void iap_load_app(u32 appxaddr);//跳转到 APP 程序执行
void iap_write_appbin(u32 appxaddr,u8 * appbuf,u32 applen);//在指定地址开始,写入 bin
# endif
```

这部分代码比较简单。本章是通过串口接收 APP 程序的,我们将 usart.c 和 usart.h 做了稍微修改,在 usart.h 中定义 USART_REC_LEN 为 55 KB,也就是串口最大一次可以接收 55 KB 的数据,这也是本 Bootloader 程序所能接收的最大 APP 程序。

然后新增一个 USART_RX_CNT 的变量,用于记录接收到的文件大小,而 USART_RX_STA 不再使用。打开 usart.c,修改 USART1_IRQHandler 部分代码如下:

```c
//串口 1 中断服务程序
//注意,读取 USARTx->SR 能避免莫名其妙的错误
u8 USART_RX_BUF[USART_REC_LEN] __attribute__ ((at(0X20001000)));
//接收缓冲,最大 USART_REC_LEN 个字节,起始地址为 0X20001000.
//接收状态
//bit15,接收完成标志    bit14,接收到 0x0d
//bit13~0,接收到的有效字节数目
u16 USART_RX_STA = 0;//接收状态标记
u16 USART_RX_CNT = 0;//接收的字节数
void USART1_IRQHandler(void)
{
    u8 res;
#ifdef OS_CRITICAL_METHOD
//如果 OS_CRITICAL_METHOD 定义了,说明使用 ucosII 了
    OSIntEnter();
#endif
    if(USART_GetITStatus(USART1, USART_IT_RXNE) != RESET)//接收到数据
    {
        res = USART_ReceiveData(USART1);
        if(USART_RX_CNT<USART_REC_LEN)
        {
            USART_RX_BUF[USART_RX_CNT] = res;
            USART_RX_CNT++;
        }
    }
#ifdef OS_CRITICAL_METHOD
//如果 OS_CRITICAL_METHOD 定义了,说明使用 ucosII 了
    OSIntExit();
#endif
}
```

这里指定 USART_RX_BUF 的地址是从 0X20001000 开始,该地址也就是 SRAM APP 程序的起始地址。然后在 USART1_IRQHandler 函数里面将串口发送过来的数据全部接收到 USART_RX_BUF,并通过 USART_RX_CNT 计数。

main 函数内容如下:

```c
int main(void)
{
    u8 t,key;
    u16 oldcount = 0;           //老的串口接收数据值
    u16 applenth = 0;           //接收到的 app 代码长度
    u8 clearflag = 0;
    uart_init(115200);//串口初始化为 115 200
    delay_init();               //延时初始化
    LED_Init();                 //初始化与 LED 连接的硬件接口
    KEY_Init();                 //初始化按键
    LCD_Init();                 //初始化 LCD
    //…此处省略部分液晶显示代码
```

```c
while(1)
{
    if(USART_RX_CNT)
    {
    if(oldcount == USART_RX_CNT)//新周期内没有收到数据,认为本次数据接收完成
        {
            applenth = USART_RX_CNT;
            oldcount = 0;
            USART_RX_CNT = 0;
            printf("用户程序接收完成! \r\n");
        printf("代码长度:%dBytes\r\n",applenth);
    }else oldcount = USART_RX_CNT;
    }
    t++; delay_ms(10);
    if(t == 30)
    {   LED0 = !LED0;t = 0;
        if(clearflag)
        {   clearflag--;
            if(clearflag == 0)LCD_Fill(30,210,240,210 + 16,WHITE);//清除显示
        }
    }
    key = KEY_Scan(0);
    if(key == WKUP_PRES)
    {
        if(applenth)
        {   printf("开始更新固件...\r\n");
            LCD_ShowString(30,210,200,16,16,"Copying APP2FLASH...");
            if(((*(vu32 *)(0X20001000 + 4))&0xFF000000) == 0x08000000)
                                                //判断是否为0X08XXXXXX
            {
iap_write_appbin(FLASH_APP1_ADDR,USART_RX_BUF,applenth);//更新FLASH代码
                LCD_ShowString(30,210,200,16,16,"Copy APP Successed!!");
                printf("固件更新完成! \r\n");
            }else
            {
                LCD_ShowString(30,210,200,16,16,"Illegal FLASH APP!   ");
                printf("非FLASH应用程序! \r\n");
            }
        }else
        {   printf("没有可以更新的固件! \r\n");
            LCD_ShowString(30,210,200,16,16,"No APP!");
        }
        clearflag = 7;//标志更新了显示,并且设置7*300ms后清除显示
    }
    if(key == KEY2_PRES)
    {
        if(applenth)
        {   printf("固件清除完成! \r\n");
            LCD_ShowString(30,210,200,16,16,"APP Erase Successed!");
```

```
                    applenth = 0;
                }else
                {   printf("没有可以清除的固件！\r\n");
                    LCD_ShowString(30,210,200,16,16,"No APP!");
                }
                clearflag = 7;//标志更新了显示,并且设置 7 * 300 ms 后清除显示
            }
            if(key == KEY1_PRES)
            {
                printf("开始执行 FLASH 用户代码！！\r\n");
                if((( * (vu32 * )(FLASH_APP1_ADDR + 4))&0xFF000000) == 0x08000000)
                                                           //判断是否为 0X08XXXXXX
                {
                    iap_load_app(FLASH_APP1_ADDR);//执行 FLASH APP 代码
                }else
                {   printf("非 FLASH 应用程序,无法执行！\r\n");
                    LCD_ShowString(30,210,200,16,16,"Illegal FLASH APP!");
                }
                clearflag = 7;//标志更新了显示,并且设置 7 * 300ms 后清除显示
            }
            if(key == KEY0_PRES)
            {   printf("开始执行 SRAM 用户代码！！\r\n");
                if((( * (vu32 * )(0X20001000 + 4))&0xFF000000) == 0x20000000)
                                                           //判断是否为 0X20XXXXXX
                {iap_load_app(0X20001000);//SRAM 地址
                }else
                {   printf("非 SRAM 应用程序,无法执行！\r\n");
                    LCD_ShowString(30,210,200,16,16,"Illegal SRAM APP!");
                }
                clearflag = 7;//标志更新了显示,并且设置 7 * 300ms 后清除显示
            }
        }
    }
}
```

该段代码实现了串口数据处理以及 IAP 更新、跳转等各项操作。Bootloader 程序设计完成了,但是一般要求 bootloader 程序越小越好(给 APP 省空间),所以,本章把一些不需要用到的.c 文件全部去掉,最后得到工程截图如图 40.3.1 所示。

可以看出,虽然去掉了一些不用的.c 文件,但是 Bootloader 大小还是有 36 KB 左右,比较大,主要原因是液晶驱动和 printf 占用了比较多的 Flash,如果想进一步删减,则可以去掉 LCD 显示和 printf 等,不过本章为了演示效果就保留了这些代码。

至此,本实验的软件设计部分结束。

Flash APP 和 SRAM APP 两部分代码在实验目录下提供了两个实验供读者参考,不过要提醒大家,根据设置,Flash APP 的起始地址必须是 0X08010000,而 SRAM APP 的起始地址必须是 0X20001000。

第40章 串口 IAP 实验

图 40.3.1　Bootloader 工程截图

40.4　下载验证

编译成功之后，下载代码到 ALIENTEK 战舰 STM32 开发板上得到如图 40.4.1 所示界面。

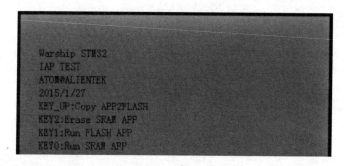

图 40.4.1　IAP 程序界面

此时，可以通过串口发送 Flash APP 或者 SRAM APP 到战舰 STM32 开发板，如图 40.4.2 所示。

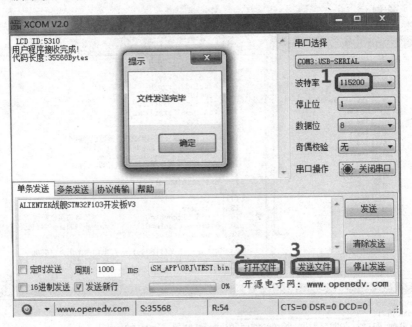

图 40.4.2　串口发送 APP 程序界面

首先找到开发板 USB 转串口的串口号，打开串口(笔者的计算机是 COM3)，然后设置波特率为 115200(图中标号 1 所示)，然后，单击"打开文件"按钮(如图标号 2 所示)，找到 APP 程序生成的 .bin 文件(注意：文件类型得选择所有文件，默认是只打开 txt 文件的)，最后单击"发送文件"(图中标号 3 所示)，将 .bin 文件发送给战舰 STM32F103。发送完成后，XCOM 会提示文件发送完毕。开发板在收到 APP 程序之后，就可以通过 KEY0/KEY1 运行这个 APP 程序了(如果是 Flash APP，则先需要通过 WK_UP 将其存入对应 Flash 区域)。

第 41 章
USB 虚拟串口实验

STM32F103 系列芯片都自带了 USB,不过 STM32F103 的 USB 都只能用来做设备,而不能用作主机。即便如此,对于一般应用来说已经足够了。本章将介绍如何在 ALIENTEK 战舰 STM32 开发板上利用 STM32 自生的 USB 功能实现一个虚拟串口。

41.1 USB 简介

USB,是 Universal Serial BUS(通用串行总线)的缩写,中文简称为"通串线",是在 1994 年底由英特尔、康柏、IBM、Microsoft 等多家公司联合提出的,是一个外部总线标准,用于规范电脑与外部设备的连接和通信,应用在 PC 领域的接口技术。USB 接口支持设备的即插即用和热插拔功能。

USB 发展到现在已经有 USB1.0/1.1/2.0/3.0 等多个版本。目前用的最多的就是 USB1.1 和 USB2.0,USB3.0 目前已经开始普及。STM32F103 自带的 USB 符合 USB2.0 规范。

标准 USB 由 4 根线组成,除 VCC/GND 外,另外为 D+、D−;这两根数据线采用差分电压的方式进行数据传输。在 USB 主机上,D− 和 D+ 都是接了 15 kΩ 的电阻到地的,所以在没有设备接入的时候,D+、D− 均是低电平。而在 USB 设备中,如果是高速设备,则会在 D+ 上接一个 1.5 kΩ 的电阻到 VCC;如果是低速设备,则会在 D− 上接一个 1.5 kΩ 的电阻到 VCC。这样当设备接入主机的时候,主机就可以判断是否有设备接入,并能判断设备是高速设备还是低速设备。接下来简单介绍一下 STM32 的 USB 控制器。

STM32F103 的 MCU 自带 USB 从控制器,符合 USB 规范的通信连接;PC 主机和微控制器之间的数据传输是通过共享一个专用的数据缓冲区来完成的,该数据缓冲区能被 USB 外设直接访问。这块专用数据缓冲区的大小由所使用的端点数目和每个端点最大的数据分组大小决定,每个端点最大可使用 512 字节缓冲区(专用的 512 字节,和 CAN 共用),最多可用于 16 个单向或 8 个双向端点。USB 模块同 PC 主机通信,根据 USB 规范实现令牌分组的检测、数据发送/接收的处理、握手分组的处理。整个传输的格式由硬件完成,其中包括 CRC 的生成和校验。

每个端点都有一个缓冲区描述块,描述该端点使用的缓冲区地址、大小和需要传输的字节数。当USB模块识别出一个有效的功能/端点的令牌分组时,(如果需要传输数据并且端点已配置)随之发生相关的数据传输。USB模块通过一个内部的16位寄存器实现端口与专用缓冲区的数据交换。在所有的数据传输完成后,如果需要,则根据传输的方向发送或接收适当的握手分组。在数据传输结束时,USB模块将触发与端点相关的中断,通过读状态寄存器和/或者利用不同的中断来处理。

USB的中断映射单元:将可能产生中断的USB事件映射到3个不同的NVIC请求线上:

① USB低优先级中断(通道20):可由所有USB事件触发(正确传输,USB复位等)。固件在处理中断前应当首先确定中断源。

② USB高优先级中断(通道19):仅由同步和双缓冲批量传输的正确传输事件触发,目的是保证最大的传输速率。

③ USB唤醒中断(通道42):由USB挂起模式的唤醒事件触发。

USB设备框图如图41.1.1所示。

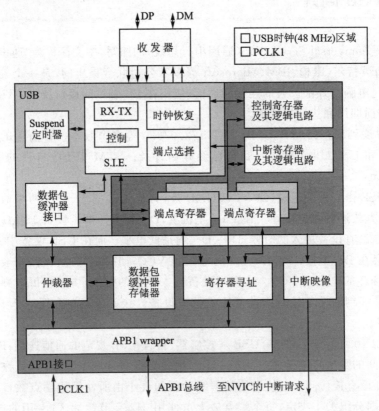

图41.1.1 USB设备框图

STM32F1 USB的其他介绍可参考《STM32中文参考手册》第21章内容,这里就不再详细介绍了。

要正常使用STM32F1的USB,就得编写USB驱动,而整个USB通信的详细过程

第41章　USB 虚拟串口实验

是很复杂的,有兴趣的读者可以去看看《圈圈教你玩 USB》这本书,该书对 USB 通信有详细讲解。如果要自己编写 USB 驱动,那是一件相当困难的事情,尤其对于从没了解过 USB 的人来说,基本上不花个一两年时间学习是没法实现的。不过,ST 提供了一套完整的 USB 驱动库,通过这个库可以很方便地实现我们所要的功能,而不需要详细了解 USB 的整个驱动,大大缩短了开发时间和精力。

ST 提供的 USB 驱动库,可以在 http://www.stmcu.org/document/detail/index/id-213156 下载到(STSW-STM32121)。这里已经帮读者下载到本书配套资料"8、STM32 参考资料→STM32 USB 学习资料",文件名为 STSW-STM32121.zip(源代码)和 CD00158241.pdf(教程)。STSW-STM32121.zip 这个压缩包文件里面,ST 提供了 8 个参考例程,如图 41.1.2 所示。

图 41.1.2　ST 提供的 USB 参考例程

ST 不但提供源码,还提供了说明文件 CD00158241.pdf(UM0424),专门讲解 USB 库怎么使用。这些资料对了解 STM32F103 的 USB 会有不少帮助,尤其在不懂的时候看看 ST 的例程会有意想不到的收获。本实验的 USB 部分就是移植 ST 的 Virtual_COM_Port 例程相关部分而来,从而完成一个 USB 虚拟串口的功能。

41.2　硬件设计

本章实验功能简介:本实验利用 STM32 自带的 USB 功能连接计算机 USB,虚拟出一个 USB 串口,实现计算机和开发板的数据通信。本例程功能完全同实验 4(串口实验),只不过串口变成了 STM32 的 USB 虚拟串口。当 USB 连接计算机(USB 线插入 USB_SLAVE 接口),开发板将通过 USB 和计算机建立连接,虚拟出一个串口(注意,需要先安装本书配套资料中的"6、软件资料\1、软件\STM32 USB 虚拟串口驱动\VCP_V1.4.0_Setup.exe"这个驱动软件),USB 和计算机连接成功后,DS1 常亮。

找到虚拟串口后即可打开串口调试助手,实现同实验4一样的功能,即:STM32通过USB虚拟串口和上位机对话,STM32收到上位机发过来的字符串(以回车换行结束)后,原原本本地返回给上位机。下载后,DS0闪烁,提示程序在运行,同时每隔一定时间,通过USB虚拟串口输出一段信息到计算机。

所要用到的硬件资源如下:指示灯 DS0/DS1、串口、TFTLCD 模块、USB SLAVE 接口。前面3部分都介绍过了,接下来看看计算机 USB 与 STM32 的 USB SLAVE 连接口。ALIENTEK 战舰 STM32F103 采用的是 5PIN 的 MiniUSB 接头,用来和计算机的 USB 相连接,连接电路如图 41.2.1 所示。可以看出,USB 座没有直接连接到 STM32F1 上面,而是通过 P9 转接,所以我们需要通过跳线帽将 PA11 和 PA12 分别连接到 D-和 D+,如图 41.2.2 所示。

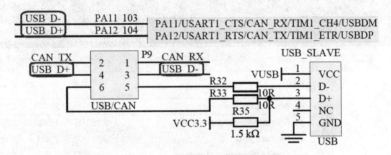

图 41.2.1　MiniUSB 接口与 STM32 的连接电路图

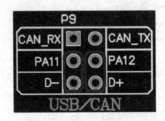

图 41.2.2　硬件连接示意图

用跳线帽短接 PA11 和 D-、PA12 和 D+之后,就完成了 MiniUSB 和 STM32 芯片的连接!

41.3　软件设计

本章在实验 13(TFTLCD 显示实验)的基础上修改,代码移植自 ST 官方例程,见本书配套资料"8,STM32 参考资料\2,STM32 USB 学习资料\STM32_USB-FS-Device_Lib_V4.0.0\Projects\Virtual_COM_Port",打开该例程即可知道 USB 相关的代码有哪些,如图 41.3.1 所示。

第 41 章　USB 虚拟串口实验

有了这个官方例程做指引,我们就知道具体需要哪些文件来实现本章例程。

首先,在本章例程(即实验 13 TFTL-CD 显示实验)的工程文件夹下面新建 USB 文件夹,并复制官方 USB 驱动库相关代码到该文件夹下,即复制本书配套资料"8,STM32 参考资料→STM32 USB 学习资料→STM32_USB - FS - Device_Lib_V4.0.0→Libraries 文件夹下的 STM32_USB - FS - Device_Driver 文件夹"到该文件夹下面。

然后,在 USB 文件夹下新建 CONFIG 文件夹来存放 Virtual COM 实现相关代码,即 STM32_USB - FS - Device_Lib_V4.0.0→Projects→Virtual_COM_Port→src 文件夹下的 hw_config.c、usb_desc.c、usb_endp.c、usb_istr.c、usb_prop.c 和 usb_pwr.c 这 6 个.c 文件,同时复制 STM32_USB - FS - Device_Lib_V4.0.0→Projects→Virtual_COM_Port→inc 文件夹下面的 hw_config.h、platform_config.h、usb_conf.h、usb_desc.h、usb_istr.h、usb_prop.h 和 usb_pwr.h 这 7 个头文件到 CONFIG 文件夹下。最后,CONFIG 文件夹下的文件如图 41.3.2 所示。

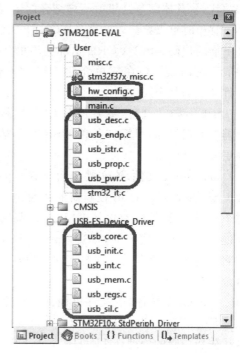

图 41.3.1　ST 官方例程 USB 相关代码

图 41.3.2　USB_APP 代码

之后,根据 ST 官方 Virtual_COM_Port 例程,在本章例程的基础上新建分组添加相关代码,具体细节这里就不详细介绍了,添加好之后如图 41.3.3 所示。

移植时重点要修改的就是 CONFIG 文件夹下面的代码,USB_CORE 文件夹下的代码一般不用修改。现在简单介绍 USB_CORE 文件夹下的几个.c 文件。

usb_regs.c 文件,主要负责 USB 控制寄存器的底层操作,里面有各种 USB 寄存器的底层操作函数。

usb_init.c 文件,该文件里面只有一个函数 USB_Init,用于 USB 控制器的初始化。不过 USB 控制器的初始化是 USB_Init 调用用其他文件的函数实现的,USB_Init 只不过是把它们连接一下罢了,这样使得代码比较规范。

usb_int.c 文件,该文件里面只有两个函数 CTR_LP 和 CTR_HP,CTR_LP 负责 USB 低优先级中断的处理,CTR_HP 负责 USB 高优先级中断的处理。

usb_mem.c 文件,用于处理 PMA 数据。PMA 全称为 Packet memory area,是 STM32 内部用于 USB/CAN 的专用数据缓冲区,该

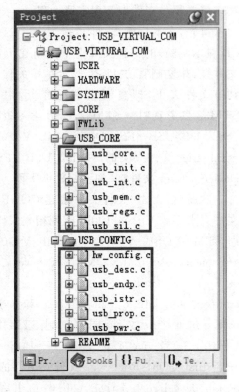

图 41.3.3　添加 USB 驱动等相关代码

文件内也只有 2 个函数(即 PMAToUserBufferCopy 和 UserToPMABufferCopy),分别用于将 USB 端点的数据传送给主机和主机的数据传送到 USB 端点。

usb_croe.c 文件,用于处理 USB2.0 协议。

usb_sil.c 文件,为 USB 端点提供简化的读/写访问函数。

以上几个文件具有很强的独立性,除特殊情况,不需要用户修改,直接调用内部的函数即可。接着介绍 CONFIG 文件夹里面的几个.c 文件。

hw_config.c 文件,用于硬件的配置,比如初始化 USB 时钟、USB 中断、低功耗模式处理等。

usb_desc.c 文件,用于 Virtual Com 描述符的处理。

usb_endp.c 文件,用于非控制传输,处理正确传输中断回调函数。

usb_pwr.c 文件,用于 USB 控制器的电源管理。

usb_istr.c 文件,用于处理 USB 中断。

usb_prop.c 文件,用于处理所有 Virtual Com 的相关事件,包括 Virtual Com 的初始化、复位等操作。

另外,官方例程用 stm32_it.c 来处理 USB 相关中断,包括两个中断服务函数,第一个是 USB_LP_CAN1_RX0_IRQHandler 函数,我们在该函数里面调用 USB_Istr 函

第41章 USB 虚拟串口实验

数,用于处理 USB 发生的各种中断。另外一个就是 USBWakeUp_IRQHandler 函数,在该函数就做了一件事:清除中断标志。为了方便,我们直接将 USB 中断相关代码全部放到 hw_config.c 里面,所以,本例程直接用不到 stm32_it.c。

USB 相关代码的详细介绍可参考"CD00158241.pdf"文档。注意,以上代码有些是经过修改了的,并非完全照搬官方例程。接着我们在工程文件里面新建 USB_CORE 和 USB_CONFIG 分组,分别加入 USB\STM32_USB-FS-Device_Driver\src 下面的代码和 USB\CONFIG 下面的代码,然后把 USB\STM32_USB-FS-Device_Driver\inc 和 USB\CONFIG 文件夹加入头文件包含路径。

接下来我们打开 main.c 文件,主函数关键代码如下:

```c
int main(void)
{
    u16 t; u16 len;
    u16 times = 0; u8 usbstatus = 0;
    delay_init();        //延时函数初始化
    NVIC_PriorityGroupConfig(NVIC_PriorityGroup_2);//设置 NVIC 中断分组 2
    uart_init(115200);//串口初始化为 115200
    LED_Init();    //初始化与 LED 连接的硬件接口
    LCD_Init();//初始化 LCD
    //…此处省略部分液晶显示代码
    delay_ms(1800);
    USB_Port_Set(0);//USB 先断开
    delay_ms(700);
    USB_Port_Set(1);//USB 再次连接
    Set_USBClock();
    USB_Interrupts_Config();
    USB_Init();
    while(1)
    {
        if(usbstatus! = bDeviceState)//USB 连接状态发生了改变
        {   usbstatus = bDeviceState;//记录新的状态
            if(usbstatus == CONFIGURED)
            {
                POINT_COLOR = BLUE;
                LCD_ShowString(30,130,200,16,16,"USB Connected    ");//连接成功
                LED1 = 0;//DS1 亮
            }else
            {   POINT_COLOR = RED;
                LCD_ShowString(30,130,200,16,16,"USB disConnected");//提示断开
                LED1 = 1;//DS1 灭
            }
        }
        if(USB_USART_RX_STA&0x8000)
        {len = USB_USART_RX_STA&0x3FFF;//得到此次接收到的数据长度
            usb_printf("\r\n 您发送的消息为:%d\r\n\r\n",len);
            for(t = 0;t<len;t++)
            {
                USB_USART_SendData(USB_USART_RX_BUF[t]);//按字节发送给 USB
            }
```

```
            usb_printf("\r\n\r\n");//插入换行
            USB_USART_RX_STA = 0;
        }else
        {   times ++ ;
            if(times % 5000 == 0)
            {
                usb_printf("\r\n 战舰 STM32 开发板 USB 虚拟串口实验\r\n");
                usb_printf("正点原子@ALIENTEK\r\n\r\n");
            }
            if(times % 200 == 0)usb_printf("请输入数据,以回车键结束\r\n");
            if(times % 30 == 0)LED0 = ! LED0;//闪烁 LED,提示系统正在运行
            delay_ms(10);
        }
    }
}
```

此部分代码用于实现硬件设计部分提到的功能,USB 的配置通过 3 个函数完成:USB_Interrupts_Config()、Set_USBClock()和 USB_Init(),第一个函数用于设置 USB 唤醒中断和 USB 低优先级数据处理中断;Set_USBClock 函数用于配置 USB 时钟,也就是从 72 MHz 的主频得到 48 MHz 的 USB 时钟(1.5 分频)。USB_Init()函数用于初始化 USB,最主要的就是调用了 Virtual_Com_Port_init 函数,开启了 USB 部分的电源等。这里需要特别说明的是,USB 配置并没有对 PA11 和 PA12 这两个 I/O 口进行设置,是因为一旦开启了 USB 电源(USB_CNTR 的 PDWN 位清零),PA11 和 PA12 将不再作为其他功能使用,仅供 USB 使用,所以开启了 USB 电源后不论怎么配置这两个 I/O 口都是无效的。要在此获取这两个 I/O 口的配置权,则需要关闭 USB 电源,也就是置位 USB_CNTR 的 PDWN 位。我们通过 USB_Port_Set 函数来禁止/允许 USB 连接,在复位的时候先禁止再允许,这样每次按复位计算机都可以识别到 USB 鼠标,而不需要每次都拔 USB 线。USB_Port_Set 函数在 hw_config.c 里面实现,代码可参考本例程源码。

USB 虚拟串口的数据发送通过函数 USB_USART_SendData 来实现,该函数在 hw_config.c 里面实现,代码如下:

```
//发送一个字节数据到 USB 虚拟串口
void USB_USART_SendData(u8 data)
{
    uu_txfifo.buffer[uu_txfifo.writeptr] = data;
    uu_txfifo.writeptr ++ ;
    if(uu_txfifo.writeptr == USB_USART_TXFIFO_SIZE)//超过 buf 大小了,归零
    {
        uu_txfifo.writeptr = 0;
    }
}
```

该函数实现发送一个字节到虚拟串口,这里用到了一个 uu_txfifo 的结构体。该结构体是 hw_config 里面定义的一个 USB 虚拟串口发送数据 FIFO 结构体,定义如下:

```
//定义一个 USB USART FIFO 结构体
typedef struct
```

第41章 USB 虚拟串口实验

```
    {
        u8   buffer[USB_USART_TXFIFO_SIZE];        //buffer
        vu16 writeptr;                             //写指针
        vu16 readptr;                              //读指针
    }_usb_usart_fifo;
extern _usb_usart_fifo uu_txfifo;//USB 串口发送 FIFO
```

该结构体用于处理 USB 串口要发送的数据,所有要通过 USB 串口发送的数据都将先存放在该结构体的 buffer 数组(FIFO 缓存区)里面。USB_USART_TXFIFO_SIZE 定义了该数组的大小,通过 writeptr 和 readptr 来控制 FIFO 的写入和读出。该结构体 buffer 数据的写入,是通过 USB_USART_SendData 函数实现,而 buffer 数据的读出(然后发送到 USB)则是通过端点 1 回调函数:EP1_IN_Callback 函数实现,该函数在 usb_endp.c 里面实现,代码如下:

```
void EP1_IN_Callback(void)
{
    u16 USB_Tx_ptr,  USB_Tx_length;
    if(uu_txfifo.readptr==uu_txfifo.writeptr) return;//无任何数据要发送,直接退出
    if(uu_txfifo.readptr<uu_txfifo.writeptr)//没有超过数组,读指针<写指针
    {
        USB_Tx_length=uu_txfifo.writeptr-uu_txfifo.readptr;//得到要发送的数据长度
    }else//超过数组了 读指针>写指针
    {
        USB_Tx_length=USB_USART_TXFIFO_SIZE-uu_txfifo.readptr;//发送的数据长度
    }
    if(USB_Tx_length>VIRTUAL_COM_PORT_DATA_SIZE)//超过 64 字节了吗
    {
        USB_Tx_length=VIRTUAL_COM_PORT_DATA_SIZE;//此次发送数据量
    }
    USB_Tx_ptr=uu_txfifo.readptr;//发送起始地址
    uu_txfifo.readptr+=USB_Tx_length;//读指针偏移
    if(uu_txfifo.readptr>=USB_USART_TXFIFO_SIZE)//读指针归零
    {
        uu_txfifo.readptr=0;
    }
    UserToPMABufferCopy(&uu_txfifo.buffer[USB_Tx_ptr],ENDP1_TXADDR,USB_Tx_length);
    SetEPTxCount(ENDP1,USB_Tx_length);
    SetEPTxValid(ENDP1);
}
```

这个函数由 USB 中断处理相关函数调用,将要通过 USB 发送给计算机的数据复制到端点 1 的发送区,然后通过 USB 发送给计算机,从而实现串口数据的发送。因为 USB 每次传输数据长度不超过 VIRTUAL_COM_PORT_DATA_SIZE,所以 USB 发送数据长度 USB_Tx_length 的最大值只能是 VIRTUAL_COM_PORT_DATA_SIZE。

以上就是 USB 虚拟串口的数据发送过程,而 USB 虚拟串口数据的接收,则是通过端点 3 来实现的,端点 3 的回调函数为 EP3_OUT_Callback,该函数也是在 usb_endp.c 里面定义,代码如下:

```
void EP3_OUT_Callback(void)
```

```c
{
    u16 USB_Rx_Cnt;
    USB_Rx_Cnt = USB_SIL_Read(EP3_OUT, USB_Rx_Buffer);
    //得到 USB 接收到的数据及其长度
    USB_To_USART_Send_Data(USB_Rx_Buffer, USB_Rx_Cnt);
    //处理数据(其实就是保存数据)
    SetEPRxValid(ENDP3);//时能端点 3 的数据接收
}
```

该函数也是被 USB 中断处理调用,通过调用 USB_To_USART_Send_Data 函数实现 USB 接收数据的保存。USB_To_USART_Send_Data 函数在 hw_config.c 里面实现,代码如下:

```c
//用类似串口 1 接收数据的方法,来处理 USB 虚拟串口接收到的数据
u8 USB_USART_RX_BUF[USB_USART_REC_LEN];
//接收缓冲,最大 USART_REC_LEN 个字节
//接收状态
//bit15,接收完成标志    bit14,接收到 0x0d
//bit13~0,接收到的有效字节数目
u16 USB_USART_RX_STA = 0;//接收状态标记
//处理从 USB 虚拟串口接收到的数据
//databuffer:数据缓存区   Nb_bytes:接收到的字节数
void USB_To_USART_Send_Data(u8 * data_buffer, u8 Nb_bytes)
{
    u8 i;
    u8 res;
    for(i = 0; i < Nb_bytes; i++)
    {
        res = data_buffer[i];
        if((USB_USART_RX_STA&0x8000) == 0)//接收未完成
        {
            if(USB_USART_RX_STA&0x4000)//接收到了 0x0d
            {
                if(res! = 0x0a)USB_USART_RX_STA = 0;//接收错误,重新开始
                else USB_USART_RX_STA| = 0x8000;//接收完成了
            }else   //还没收到 0X0D
            {
                if(res == 0x0d)USB_USART_RX_STA| = 0x4000;
                else
                {
                    USB_USART_RX_BUF[USB_USART_RX_STA&0X3FFF] = res;
                    USB_USART_RX_STA++;
                    if(USB_USART_RX_STA > (USB_USART_REC_LEN - 1))
                    USB_USART_RX_STA = 0;//接收数据错误,重新开始接收
                }
            }
        }
    }
}
```

该函数接收数据的方法同第 8 章的串口中断接收数据方法完全一样。USB_To_USART_Send_Data 函数类似于串口通信实验的串口中断服务函数(USART1_

第 41 章　USB 虚拟串口实验

IRQHandler)，用来完成 USB 虚拟串口的数据接收。

41.4　下载验证

本例程的测试需要在计算机上先安装 ST 提供的 USB 虚拟串口驱动软件，该软件路径在本书配套资料"6，软件资料→1，软件→STM32 USB 虚拟串口驱动→VCP_V1.4.0_Setup.exe"，双击"安装"即可。

然后，代码编译成功之后，下载代码到战舰 STM32 V3 上，然后将 USB 数据线插入 USB_SLAVE 口，连接计算机和开发板（注意：不是插 USB_232 端口），此时计算机会提示找到新硬件，并自动安装驱动。如果自动安装不成功（有惊叹号），如图 41.4.1 所示，则可手动选择驱动（以 WIN7 为例）安装，在如图 41.4.1 所示的条目上面右击，在弹出的对话框中选择"更新驱动程序软件"，再浏览计算机以查找驱动程序软件，选择 STM32 虚拟串口的驱动的路径为"C:\Program Files（x86）\STMicroelectronics\Software\Virtual comport driver\WIN7"，然后单击"下一步"，即可完成安装。安装完成后，可以看到设备管理器里面多出了一个 STM32 的虚拟串口，如图 41.4.2 所示。

图 41.4.1　自动安装失败

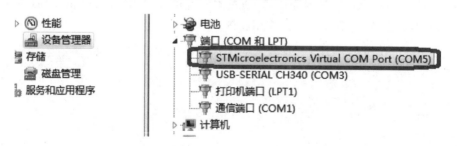

图 41.4.2　发现 STM32 USB 虚拟串口

如图 41.4.2 所示，STM32 通过 USB 虚拟的串口被计算机识别了，端口号为 COM5（可变），字符串名字为 STMicroelectronics Virtual COM Port（固定）。此时，开发板的 DS1 常亮，同时，开发板的 LCD 显示 USB Connected，如图 41.4.3 所示。

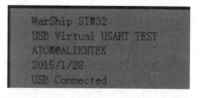

图 41.4.3　USB 虚拟串口连接成功

然后打开 XCOM 选择 COM5（需根据自己的计算机识别到的串口号选择），并打开串口（注意：波特率可以随意设置），就可以进行测试了，如图 41.4.4 所示。可以看到，我们的串口调试助手收到了来自 STM32 开发板的数据，同时，单击"发送"按钮（串口助手必须选中"发送新行"）也可以收到计算机发送给 STM32 的数据（原样返回），说明我们的实验是成功的。实验现象同第 8 章完全一样。

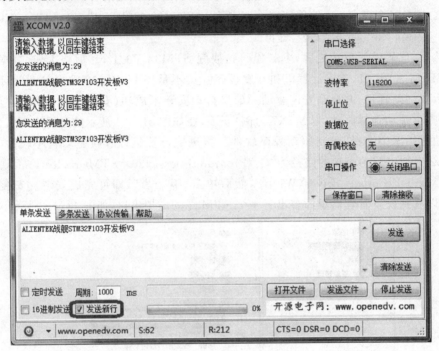

图 41.4.4　STM32 虚拟串口通信测试

至此，USB 虚拟串口实验就完成了，通过本实就可以利用 STM32 的 USB 直接和计算机进行数据互传了，具有广泛的应用前景。

第 42 章

USB 读卡器实验

本章将利用 STM32 的 USB 来做一个 USB 读卡器。

42.1 USB 读卡器简介

ALIENTEK 战舰 STM32 开发板板载了一个 SD 卡插槽,可以用来接入 SD 卡。另外战舰 STM32 开发板板载了一个 8 MB 的 SPI Flash 芯片,通过 STM32 的 USB 接口可以实现一个简单的 USB 读卡器来读/写 SD 卡和 SPI Flash。

本章还是通过移植官方的 USB Mass_Storage 例程来实现,该例程在 MDK 的安装目录下可以找到(..\MDK\ARM\Examples\ST\STM32F10xUSBLib\Demos\Mass_Storage)。

USB Mass Storage 类支持两个传输协议:①Bulk-Only 传输(BOT)、②Control/Bulk/Interrupt 传输(CBI)。Mass Storage 类规范定义了两个类规定的请求:Get_Max_LUN 和 Mass Storage Reset,所有的 Mass Storage 类设备都必须支持这两个请求。Get_Max_LUN(bmRequestType= 10100001b and bRequest= 11111110b)用来确认设备支持的逻辑单元数。Max LUN 的值必须是 0~15。注意:LUN 是从 0 开始的。主机不能向不存在的 LUN 发送 CBW,本章定义 Max LUN 的值为 1,即代表 2 个逻辑单元。

Mass Storage Reset(bmRequestType=00100001b and bRequest= 11111111b)用来复位 Mass Storage 设备及其相关接口。

支持 BOT 传输的 Mass Storage 设备接口描述符要求如下:

- 接口类代码 bInterfaceClass=08h,表示为 Mass Storage 设备;
- 接口类子代码 bInterfaceSubClass= 06h,表示设备支持 SCSI Primary Command-2(SPC-2)。

协议代码 bInterfaceProtocol 有 3 种:0x00、0x01、0x50,前两种需要使用中断传输,最后一种仅使用批量传输(BOT)。

支持 BOT 的设备必须支持最少 3 个 endpoint:Control、Bulk-In 和 Bulk-Out。USB2.0 的规范定义了控制端点 0。Bulk-In 端点用来从设备向主机传送数据(本章用端点 1 实现),Bulk-Out 端点用来从主机向设备传送数据(本章用端点 2 实现)。

ST 官方的例程是通过 USB 来读/写 SD 卡(SDIO 方式)和 NAND Flash,支持 2

个逻辑单元。在官方例程的基础上,只需要修改 SD 驱动部分代码(改为 SPI),并将对 NAND Flash 的操作修改为对 SPI Flash 的操作。只要这两步完成了,剩下的就比较简单了,对底层磁盘的读/写都是在 mass_mal.c 文件实现的,所以只需要修改该函数的 MAL_Init、MAL_Write、MAL_Read 和 MAL_GetStatus 这 4 个函数,使之与我们的 SD 卡和 SPI Flash 对应起来即可。

本章对 SD 卡和 SPI Flash 的操作都是采用 SPI 方式,所以速度相对 SDIO 和 FSMC 控制的 NAND Flash 来说会慢一些。

42.2 硬件设计

本节实验功能简介:开机的时候先检测 SD 卡和 SPI Flash 是否存在,如果存在则获取其容量,并显示在 LCD 上面(如果不存在,则报错)。之后开始 USB 配置,配置成功之后就可以在计算机上发现两个可移动磁盘。用 DS1 来指示 USB 正在读/写 SD 卡,并在液晶上显示出来,同样用 DS0 来指示程序正在运行。

所要用到的硬件资源如下:指示灯 DS0/DS1、串口、TFTLCD 模块、USB SLAVE 接口、SD 卡、SPI Flash。这几个部分都已经介绍过了,在此就不多说了。

42.3 软件设计

本章在第 35 章(SD 卡实验)的基础上修改,首先打开 SD 卡实验工程,在 HARDWARE 文件夹所在的文件夹下新建一个 USB 的文件夹,并复制官方 USB 驱动库相关代码到该文件夹下,即复制本书配套资料"8,STM32 参考资料→STM32 USB 学习资料→STM32_USB-FS-Device_Lib_V4.0.0→Libraries 文件夹下的 STM32_USB-FS-Device_Driver 文件夹到"该文件夹下面。

然后,在 USB 文件夹下面新建 CONFIG 文件夹,用来存放 USB 读卡器实现的相关代码,复制自 STM32_USB-FS-Device_Lib_V4.0.0→Projects→Mass_Storage→src 和 inc 文件夹。注意:部分代码是有修改的,并非完全照抄官方代码,详见本书配套资料本例程源码。

接下来,在工程文件里面新建 USB_CORE 和 USB_CONFIG 分组,分别加入 USB\STM32_USB-FS-Device_Driver\src 下面的代码和 USB\CONFIG 下面的代码。然后把 USB\STM32_USB-FS-Device_Driver\inc 和 USB\CONFIG 文件夹加入头文件包含路径。

打开 main.c 文件,修改 main 函数如下:

```
extern u8 Max_Lun;//支持的磁盘个数,0 表示 1 个,1 表示 2 个
int main(void)
{
    u8 offline_cnt = 0, tct = 0;
    u8 USB_STA, Divece_STA;
```

第 42 章　USB 读卡器实验

```
    delay_init();           //延时函数初始化
    NVIC_PriorityGroupConfig(NVIC_PriorityGroup_2);//设置中断优先级分组为组 2
    uart_init(115200);      //串口初始化为 115200
    LED_Init();             //初始化与 LED 连接的硬件接口
    LCD_Init();             //初始化 LCD
    W25QXX_Init();          //初始化 W25Q128
    my_mem_init(SRAMIN);    //初始化内部内存池
    //…此处省略部分液晶显示代码
    W25QXX_Init();
    if(SD_Init())
    {
        Max_Lun = 0;//SD 卡错误,则仅只有一个磁盘
        LCD_ShowString(30,130,200,16,16,"SD Card Error!");//检测 SD 卡错误
    }else //SD 卡正常
    {
        LCD_ShowString(30,130,200,16,16,"SD Card Size:    MB");
        Mass_Memory_Size[1] = SDCardInfo.CardCapacity;//得到 SD 卡容量(字节)
        Mass_Block_Size[1] = 512;
        Mass_Block_Count[1] = Mass_Memory_Size[1]/Mass_Block_Size[1];
        LCD_ShowNum(134,130,Mass_Memory_Size[1]>>20,5,16);//显示 SD 卡容量
    }
    if(W25QXX_TYPE! = W25Q128)LCD_ShowString(30,130,200,16,16,"W25Q128 Error!");
                                                    //检测 SD 卡错误
    else //SPI FLASH 正常
    {
        Mass_Memory_Size[0] = 1024 * 1024 * 12;//前 12M 字节
        Mass_Block_Size[0] = 512;//设置 SPI FLASH 的操作扇区大小为 512
        Mass_Block_Count[0] = Mass_Memory_Size[0]/Mass_Block_Size[0];
        LCD_ShowString(30,150,200,16,16,"SPI FLASH Size:12MB");
    }
    delay_ms(1800);
    USB_Port_Set(0);//USB 先断开
    delay_ms(700);
    USB_Port_Set(1);//USB 再次连接
    LCD_ShowString(30,170,200,16,16,"USB Connecting...");//提示 USB 开始连接
    Data_Buffer = mymalloc(SRAMIN,BULK_MAX_PACKET_SIZE * 2 * 4);//申请内存
    Bulk_Data_Buff = mymalloc(SRAMIN,BULK_MAX_PACKET_SIZE);//申请内存
    //USB 配置
    USB_Interrupts_Config();
    Set_USBClock();
    USB_Init();
    delay_ms(1800);
    while(1)
    {
        delay_ms(1);
        if(USB_STA! = USB_STATUS_REG)//状态改变了
        {
            LCD_Fill(30,190,240,190 + 16,WHITE);//清除显示
            if(USB_STATUS_REG&0x01)//正在写
            {
                LCD_ShowString(30,190,200,16,16,"USB Writing...");//提示正写入数据
```

```c
                }
                if(USB_STATUS_REG&0x02)//正在读
                {
                    LCD_ShowString(30,190,200,16,16,"USB Reading...");//提示正读数据
                }
if(USB_STATUS_REG&0x04)LCD_ShowString(30,210,200,16,16,"USB Write Err ");else LCD_
                                Fill(30,210,240,210+16,WHITE);//清除显示
            if(USB_STATUS_REG&0x08)
                LCD_ShowString(30,230,200,16,16,"USB Read  Err ");//提示读出错误
            else LCD_Fill(30,230,240,230+16,WHITE);//清除显示
                USB_STA = USB_STATUS_REG;//记录最后的状态
        }
        if(Divece_STA! = bDeviceState)
        {
            if(bDeviceState = = CONFIGURED)
LCD_ShowString(30,170,200,16,16,"USB Connected ");//提示USB连接已经建立
            else LCD_ShowString(30,170,200,16,16,"USB DisConnected ");//提示USB被拔出了
                Divece_STA = bDeviceState;
        }
        tct++;
        if(tct==200)
        {
            tct = 0;
            LED0 = ! LED0;//提示系统在运行
            if(USB_STATUS_REG&0x10)
            {
                offline_cnt = 0;//USB连接了,则清除offline计数器
                bDeviceState = CONFIGURED;
            }else//没有得到轮询
            {
                offline_cnt++;
                if(offline_cnt>10)bDeviceState = UNCONNECTED;
                    //2s内没收到在线标记,代表USB被拔出了
            }
            USB_STATUS_REG = 0;
        }
    };
}
```

通过此部分代码就可以实现了硬件设计部分描述的功能,这里用到了一个全局变量 USB_STATUS_REG,用来标记 USB 的相关状态,这样就可以在液晶上显示当前 USB 的状态了。

42.4 下载验证

编译成功之后,下载代码到战舰 STM32F103 开发板上,USB 配置成功后(假设已经插入 SD 卡,注意:USB 数据线要插在开发板的 USB_SLAVE 口,而不是 USB_232 端口,且 P9 必须用跳线帽连接 PA11、D−以及 PA12、D+),LCD 显示效果如图 42.4.1

所示。

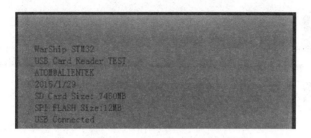

图 42.4.1　USB 连接成功

此时,计算机提示发现新硬件,并自动安装驱动,如图 42.4.2 所示。等 USB 配置成功后,DS1 不亮,DS0 闪烁,并且在计算机上可以看到我们的磁盘,如图 42.4.3 所示。

图 42.4.2　USB 读卡器被电脑找到

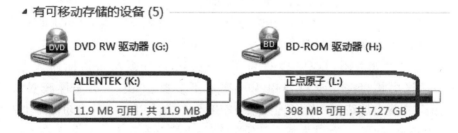

图 42.4.3　电脑找到 USB 读卡器的两个盘符

打开设备管理器,在通用串行总线控制器里面可以发现多出了一个 USB Mass Storage Device,同时看到磁盘驱动器里面多了 2 个磁盘,如图 42.4.4 所示。

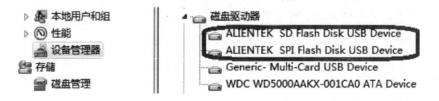

图 42.4.4　通过设备管理器查看磁盘驱动器

此时,我们就可以通过计算机读/写 SD 卡或者 SPI Flash 里面的内容了。在执行读/写操作的时候就可以看到 DS1 亮,并且会在液晶上显示当前的读/写状态。

注意,在对 SPI Flash 操作的时候,最好不要频繁地往里面写数据,否则很容易将 SPI Flash 写爆。

第 43 章

网络通信实验

本章将介绍战舰 STM32F103 开发板的网口及其使用。本章将使用 ALIENTEK 战舰 STM32F103 V3 开发板自带的网口和 LWIP 实现：TCP 服务器、TCP 客服端、UDP 以及 WEB 服务器 4 个功能。

43.1 DM9000、TCP/IP 和 LWIP 简介

43.1.1 DM9000 简介

DM9000 是一款完全集成的、性价比高、引脚数少、带有通用处理器接口的单芯片快速以太网控制器，包含一个 10/100M PHY 和 4K 双字的 SRAM，是出于低功耗和高性能目的而设计的，其 I/O 端口支持 3.3 V 与 5 V 电压。

为适应各种处理器，DM9000 提供了 8 位、16 位数据接口访问内部存储器。DM9000 协议层接口完全支持使用 10 Mbps 下 3 类、4 类、5 类非屏蔽双绞线和 100 Mbps 下 5 类非屏蔽双绞线，完全遵照 IEEE 802.3u 标准。它的自动协商功能将自动完成 DM9000 配置，以使其发挥出最佳性能；还支持 IEEE 802.3x 全双工流量控制。DM9000 的特性如下：

- ➢ 支持处理器接口：I/O 口的字节或字命令对内部存储器进行读/写操作。
- ➢ 集成自适应（AUTO - MDIX）10/100M 收发器。
- ➢ 半双工模式流量控制的背压模式。
- ➢ IEEE802.3x 全双工模式的流量控制。
- ➢ 支持唤醒帧，链路状态改变和远程唤醒。
- ➢ 内置 16 KB SRAM。
- ➢ 内置 3.3～2.5 V 的调节器。
- ➢ 支持 IP/TCP/UDP 的校验、生成以及校验支持 MAC 接口。
- ➢ 支持自动加载 EEPROM 里面生产商 ID 和产品 ID。
- ➢ 可选 EEPROM 配置。
- ➢ 超低功耗模式：
  A. 功率降低模式（电缆侦测）；

B. 掉电模式；

C. 可选择 1∶1 或 1.25∶1 变压比例降低额外功率。

➢ 兼容 3.3 V 和 5.0 V 输入输出电压。

DM9000 功能框图如图 43.1.1 所示。

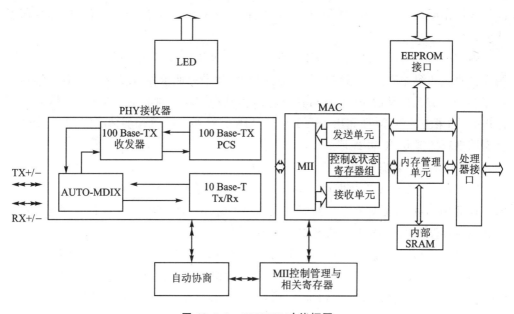

图 43.1.1　DM9000 功能框图

DM9000 有多种型号，有 100 引脚和 48 引脚的，ALIENTEK 战舰 STM32F103 V3 开发板选择的是 48 引脚的 DM9000，型号为 DM9000CEP。本书讲解的有关 DM9000 的内容都是针对 48 引脚的，使用 100 引脚 DM9000 的读者请自行查阅相关芯片的数据手册。

（1）DM9000 中断引脚电平设置

DM9000 的 34(INT)引脚为中断输出引脚，默认情况下该引脚高电平有效。可以通过设置 DM9000 的 20(EECK)引脚来改变 INT 的有效电平，当 EECK 拉高以后，INT 低电平有效，否则 INT 是高电平有效的。开发板上 R66 电阻为 EECK 的上拉电阻，因此，战舰 STM32F103 V3 开发板上 DM9000 的 INT 引脚是低电平有效的，这点一定要注意到！

（2）DM9000 数据位宽设置

前面我们提了一下 DM9000 支持 8 位和 16 位两种数据位宽，可以通过 DM9000 的 21(EECS)引脚设置其数据位宽，当 EECS 上拉的时候，DM9000 选择 8 位数据位宽；否则，选择 16 位数据位宽。开发板上的 R65 电阻为 EECS 的上拉电阻，但是此电阻并未焊接！因此，战舰 STM32F103 V3 开发板上的 DM9000 芯片的数据位宽为 16 位。

(3) DM9000 直接内存访问控制(DMAC)

DM9000 支持 DMA 方式，以简化对内部存储器的访问。编程写好内部存储器地址后，就可以用一个读/写命令伪指令把当前数据加载到内部数据缓冲区，这样，内部存储器指定位置就可以被读/写命令寄存器访问。存储器地址自动增加，增加的大小与当前总线操作模式相同(8 bit 或 16 bit)，接着下一个地址数据将自动加载到内部数据缓冲区。

内部存储器空间大小为 16 KB。前 3 KB 单元用作发送包的缓冲区，其他 13 KB 用作接收包的缓冲区。所以在写存储器操作时，如果地址越界(即超出 3 KB)，在 IMR 寄存器 bit7 置位的情况下，地址指针将会返回到存储器 0 地址处。同样，在读存储器操作时，如果地址越界(即超出 16 KB)，在 IMR 寄存器 bit7 置位的情况下，地址指针将会返回到存储器 0x0C00 地址处。

(4) DM9000 数据包发送

DM9000 有 2 个发送数据包：index1 和 index2，同时存储在 TX SRAM 中。发送控制寄存器(02h)控制循环冗余校验码(CRC)和填充(pads)的插入，其状态分别记录在发送状态寄存器 I(03H)和发送状态寄存器 II(04H)中。

发送器的起始地址为 0x00H，在软件或硬件复位后，默认的数据发送包为 index1。首先，将数据写入 TX SRAM 中，然后，在发送数据包长度寄存器中把数据字节数写入字节计数寄存器。置位发送控制寄存器(02H)的 bit0 位，则 DM9000 开始发送 index1 数据包。在 index1 数据包发送结束之前，数据发送包 index2 被移入 TX SRAM 中。在 index1 数据包发送结束后，将 index2 数据字节数写入字节计数寄存器中，然后，置位发送控制寄存器(02H)的 bit0 位，则 index2 数据包开始发送。依此类推，后面的数据包都以此方式进行发送。

(5) DM9000 数据包接收

RX SRAM 是一个环形数据结构。在软件或硬件复位后，RX SRAM 的起始地址为 0X0C00。每个接收数据包都包含有 CRC 校验域、数据域以及紧跟其后的 4 字节包头域。4 字节包头格式为：01h、状态、BYTE_COUNT 低、BYTE_COUNT 高。注意：每个接收包的起始地址处在适当的地址边界，这取决于当前总线操作模式(8 bit 或者 16 bit)。

最后看看战舰 STM32F103 V3 开发板上面，DM9000 网络部分与 STM32F103ZET6 的连接原理图，如图 43.1.2 所示。可以看出，DM9000 是通过 16 位数据总线挂在 STM32 的 FSMC 上面，DM9000 的片选由 FSMC_NE2 控制，CMD 则由 FSMC_A7 控制。这个连接方法类似于 TFTLCD 显示实验，总共用到了 22 个 I/O 口。

注意：DM9000_RST 和 RS485_RE 共用，所以 RS485 和 DM9000 不可以同时使用。另外，DM9000_INT 和 NRF_IRQ 共用，所以 DM9000 和 NRF 也不可以同时使用。在开发板使用的时候，须注意这两个地方。

第43章 网络通信实验

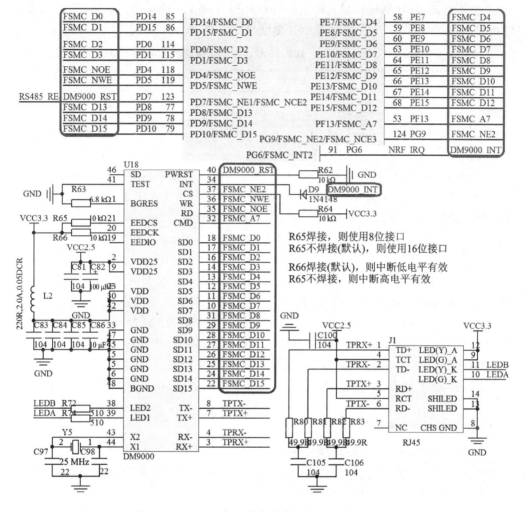

图 43.1.2 DM9000 网络部分与 STM32 连接原理图

43.1.2 TCP/IP 协议简介

TCP/IP 中文名为传输控制协议/因特网互联协议,又名网络通信协议,是 Internet 最基本的协议、Internet 国际互联网络的基础,由网络层的 IP 协议和传输层的 TCP 协议组成。TCP/IP 定义了电子设备如何连入因特网以及数据如何在它们之间传输的标准。协议采用了 4 层的层级结构,每一层都呼叫它的下一层所提供的协议来完成自己的需求。通俗而言:TCP 负责发现传输的问题,一有问题就发出信号,要求重新传输,直到所有数据安全正确地传输到目的地。而 IP 是给因特网的每一台联网设备规定一个地址。

TCP/IP 协议不是 TCP 和 IP 这两个协议的合称,而是指因特网整个 TCP/IP 协议族。从协议分层模型方面来讲,TCP/IP 由 4 个层次组成:网络接口层、网络层、传输层、应用层。OSI 是传统的开放式系统互连参考模型,该模型将 TCP/IP 分为 7 层:物理层、数据链路层(网络接口层)、网络层(网络层)、传输层(传输层)、会话层、表示层和应用层(应用层)。TCP/IP 模型与 OSI 模型对比如表 43.1.1 所列。

表 43.1.1 TCP/IP 模型与 OSI 模型对比

编号	OSI 模型	TCP/IP 模型	编号	OSI 模型	TCP/IP 模型
1	应用层	应用层	5	网络层	互联层
2	表示层		6	数据链路层	链路层
3	会话层		7	物理层	
4	传输层	传输层			

在 LWIP 实验中 DM9000 相当于 PHY+MAC 层,而 LWIP 提供的就是网络层、传输层的功能,应用层需要根据自己想要的功能去实现的。

43.1.3 LWIP 简介

LWIP 是瑞典计算机科学院(SICS)的 Adam Dunkels 等开发的一个小型开源的 TCP/IP 协议栈。LWIP 是轻量级 IP 协议,有无操作系统的支持都可以运行。LWIP 实现的重点是在保持 TCP 协议主要功能的基础上减少对 RAM 的占用,只需十几 KB 的 RAM 和 40 KB 左右的 ROM 就可以运行,这使 LWIP 协议栈适合在低端的嵌入式系统中使用。目前,LWIP 的最新版本是 1.4.1,本书采用的就是 1.4.1 版本的 LWIP。

LWIP 的详细信息可以去 http://savannah.nongnu.org/projects/lwip/网站查阅。

LWIP 的主要特性如下:
- ARP 协议,以太网地址解析协议;
- IP 协议(包括 IPv4 和 IPv6)支持 IP 分片与重装,支持多网络接口下数据转发;
- ICMP 协议,用于网络调试与维护;
- IGMP 协议,用于网络组管理,可以实现多播数据的接收;
- UDP 协议,用户数据报协议;
- TCP 协议,支持 TCP 拥塞控制、RTT 估计、快速恢复与重传等;
- 提供 3 种用户编程接口方式:raw/callback API、sequential API、BSD-style socket API;
- DNS,域名解析;
- SNMP,简单网络管理协议;
- DHCP,动态主机配置协议;
- AUTOIP,IP 地址自动配置;
- PPP,点对点协议,支持 PPPoE。

从 LWIP 官网下载 LWIP1.4.1 版本,打开后如图 43.1.3 所示。其中包括 doc、src 和 test 这 3 个文件夹和 5 个其他文件。doc 文件夹下包含了几个与协议栈使用相关的文本文档,doc 文件夹里面有两个比较重要的文档:rawapi.txt 和 sys_arch.txt。

第43章 网络通信实验

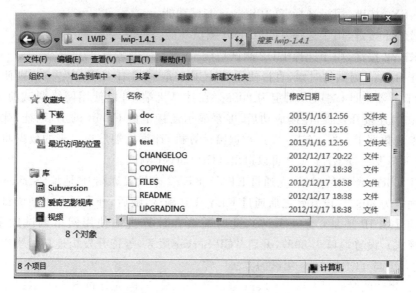

图43.1.3 LWIP1.4.1源码内容

rawapi.txt 告诉读者怎么使用 raw/callback API 进行编程，sys_arch.txt 包含了移植说明，移植的时候会用到。src 文件夹是我们的重点，里面包含了 LWIP 的源码。test 是 LWIP 提供的一些测试程序。打开 src 源码文件夹，如图 43.1.4 所示。

src 文件夹由 4 个文件夹组成：api、core、include、netif。api 文件夹里面是 LWIP 的 sequential API（Netconn）和 socket API 两种接口函数的源码，要使用这两种 API 需要操作系统支持。core 文件夹是 LWIP 内核源码，include 文件夹里面是 LWIP 使用到的头文件，netif 文件夹里面是与网络底层接口有关的文件。

关于 LWIP 的移植可参考"STM32F1 LWIP 开发手册.pdf"（见本书配套资料根目录）第一章，该文档详细介绍了 LWIP 在战舰 STM32F103 V3 上面的移植。

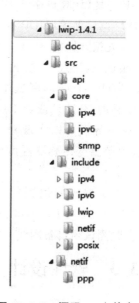

图43.1.4 源码src文件夹

43.2 硬件设计

本节实验功能简介：开机后程序初始化 LWIP，包括初始化 DM9000、申请内存、开启 DHCP 服务、添加并打开网卡，然后等待 DHCP 获取 IP 成功。当 DHCP 获取成功后，则在 LCD 屏幕上显示 DHCP 得到的 IP 地址；如果 DHCP 获取失败，那么使用静态 IP（固定为 192.168.1.30），然后开启 Web Server 服务并进入主循环，等待按键输入选择需要测试的功能：

> KEY0 按键,用于选择 TCP Server 测试功能。
> KEY1 按键,用于选择 TCP Client 测试功能。
> KEY2 按键,用于选择 UDP 测试功能。

TCP Server 测试的时候,直接使用 DHCP 获取到的 IP(DHCP 失败,则使用静态 IP)作为服务器地址,端口号固定为 8088。在计算机端,可以使用网络调试助手(TCP Client 模式)连接开发板;连接成功后,屏幕显示连接上的 Client 的 IP 地址,此时便可以互相发送数据了。按 KEY0 发送数据给计算机,计算机端发送过来的数据将会显示在 LCD 屏幕上。按 KEY_UP 可以退出 TCP Server 测试。

TCP Client 测试的时候,先通过 KEY0/KEY2 来设置远端 IP 地址(Server 的 IP),端口号固定为 8087。设置好之后通过 KEY_UP 确认,随后,开发板会不断尝试连接到所设置的远端 IP 地址(端口 8087),此时需要在计算机端使用网络调试助手(TCP Server 模式),设置端口为 8087,开启 TCP Server 服务,等待开发板连接。当连接成功后,测试方法同 TCP Server 测试的方法一样。

UDP 测试的时候,同 TCP Client 测试几乎一模一样,先通过 KEY0/KEY2 设置远端 IP 地址(计算机端的 IP),端口号固定为 8089,然后按 KEY_UP 确认。计算机端使用网络调试助手(UDP 模式),设置端口为 8089,开启 UDP 服务。不过对于 UDP 通信,须先按开发板 KEY0,发送一次数据给计算机,随后才可以计算机发送数据给开发板,实现数据互发。按 KEY_UP 可以退出 UDP 测试。

Web Server 的测试相对简单,只需要在浏览器端输入开发板的 IP 地址(DHCP 获取到的 IP 地址或者 DHCP 失败时使用的静态 IP 地址)即可登录一个 Web 界面,在 Web 界面可以实现对 DS1(LED1)的控制、蜂鸣器的控制、查看 ADC1 通道 5 的值、内部温度传感器温度值以及查看 RTC 时间和日期等。DS0 用于提示程序正在运行。

本例程所要用到的硬件资源如下:指示灯 DS0/DS1、4 个按键(KEY0/KEY1/KEY2/KEY_UP)、串口、TFTLCD 模块、DM9000。这几个部分都已经详细介绍过了。本实验测试须自备网线一根,路由器一个。

43.3 软件设计

本章综合了"STM32F1 LWIP 开发手册.pdf"文档里面的 4 个 LWIP 基础例程:UDP 实验、TCP 客户端(TCP Client)实验、TCP 服务器(TCP Server)实验和 Web Server 实验。这些实验测试代码在工程 LWIP lwip_app 文件夹下,如图 43.3.1 所示。

这里面总共 4 个文件夹:lwip_comm 文件夹,存放了 ALIENTEK 提供的 LWIP 扩展支持代码,方便使用和配置 LWIP,其他 4 个文件夹则分别存放了 TCP Client、TCP Server、UDP 和 Web Server 测试 demo 程序。详细介绍可参考"STM32F1 LWIP 开发手册.pdf"文档。本例程工程结构如图 43.3.2 所示。

第43章 网络通信实验

图 43.3.1 LWIP 文件夹内容

本章例程实现的功能全部由 LWIP_APP 组下的几个 .c 文件实现，这些文件的具体介绍在 "STM32F1 LWIP 开发手册.pdf" 里面。其他部分代码就不详细介绍了，最后看看 main.c 里面的代码，如下：

```
extern u8 udp_demo_flag;   //UDP测试全局状态标记变量
//加载UI
//mode:
//bit0:0,不加载;1,加载前半部分UI;bit1:0,不加载
//1,加载后半部分UI
void lwip_test_ui(u8 mode)
{
    u8 speed;
    u8 buf[30];
    POINT_COLOR = RED;
    if(mode&1<<0)
    {
        LCD_Fill(30,30,lcddev.width,110,WHITE);
        //清除显示
        LCD_ShowString(30,30,200,16,16,"WarShip
                       STM32");
        LCD_ShowString(30,50,200,16,16,"Ethernet
                       lwIP Test");
        LCD_ShowString(30,70,200,16,16,"ATOM@
                       ALIENTEK");
        LCD_ShowString(30,90,200,16,16,"2015/3/21");
    }
    if(mode&1<<1)
    {
        LCD_Fill(30,110,lcddev.width,lcddev.height,WHITE);//清除显示
        LCD_ShowString(30,110,200,16,16,"lwIP Init Successed");
        if(lwipdev.dhcpstatus==2)
        sprintf((char*)buf,"DHCP IP:%d.%d.%d.%d",lwipdev.ip[0],
                lwipdev.ip[1],lwipdev.ip[2],lwipdev.ip[3]);//打印动态IP地址
```

图 43.3.2 例程工程结构体

```c
        else sprintf((char*)buf,"Static IP:%d.%d.%d.%d",lwipdev.ip[0],lwipdev.
                    ip[1],lwipdev.ip[2],lwipdev.ip[3]);//打印静态IP地址
        LCD_ShowString(30,130,210,16,16,buf);
        speed = DM9000_Get_SpeedAndDuplex();//得到网速
        if(speed&1<<1)LCD_ShowString(30,150,200,16,16,"Ethernet Speed:10M");
        else LCD_ShowString(30,150,200,16,16,"Ethernet Speed:100M");
        LCD_ShowString(30,170,200,16,16,"KEY0:TCP Server Test");
        LCD_ShowString(30,190,200,16,16,"KEY1:TCP Client Test");
        LCD_ShowString(30,210,200,16,16,"KEY2:UDP Test");
    }
}
int main(void)
{
    u8,u8 key;
    delay_init();           //延时函数初始化
    NVIC_PriorityGroupConfig(NVIC_PriorityGroup_2);    //设置NVIC中断分组2
    uart_init(115200);              //串口初始化为9600
    LED_Init();                     //LED端口初始化
    LCD_Init();                     //初始化LCD
    KEY_Init();                     //初始化按键
    BEEP_Init();                    //蜂鸣器初始化
    RTC_Init();                     //RTC初始化
    T_Adc_Init();                   //ADC初始化
    TIM3_Int_Init(999,719);         //定时器3频率为100 Hz
    usmart_dev.init(72);            //初始化USMART
    FSMC_SRAM_Init();               //初始化外部SRAM
    my_mem_init(SRAMIN);            //初始化内部内存池
    my_mem_init(SRAMEX);            //初始化外部内存池
    POINT_COLOR = RED;
    lwip_test_ui(1);                //加载前半部分UI
    while(lwip_comm_init())         //lwip初始化
    {
        LCD_ShowString(30,110,200,20,16,"LWIP Init Falied!");
        delay_ms(1200);
        LCD_Fill(30,110,230,130,WHITE); //清除显示
        LCD_ShowString(30,110,200,16,16,"Retrying...");
    }
    LCD_ShowString(30,110,200,20,16,"LWIP Init Success!");
    LCD_ShowString(30,130,200,16,16,"DHCP IP configing...");
#if LWIP_DHCP       //使用DHCP
    while((lwipdev.dhcpstatus!=2)&&(lwipdev.dhcpstatus!=0XFF))
                                    //等待DHCP获取成功/超时溢出
    {
        lwip_periodic_handle();//LWIP内核需要定时处理的函数
        lwip_pkt_handle();
    }
#endif
    lwip_test_ui(2);                //加载后半部分UI
    httpd_init();                   //Web Server模式
    while(1)
    {
```

```c
        key = KEY_Scan(0);
        switch(key)
        {
            case KEY0_PRES://TCP Server 模式
                tcp_server_test();
                lwip_test_ui(3); break;//重新加载 UI
            case KEY1_PRES://TCP Client 模式
                tcp_client_test();
                lwip_test_ui(3); break; //重新加载 UI
            case KEY2_PRES://UDP 模式
                udp_demo_test();
                lwip_test_ui(3); break; //重新加载 UI
        }
        lwip_periodic_handle();
        lwip_pkt_handle();
        delay_ms(2); t++;
        if(t==100)LCD_ShowString(30,230,200,16,16,"Please choose a mode!");
        if(t==200)
        {
            t=0; LED0=!LED0;
            LCD_Fill(30,230,230,230+16,WHITE);//清除显示
        }
    }
}
```

这里开启了定时器 3 来给 LWIP 提供时钟,然后通过 lwip_comm_init 函数初始化 LWIP,该函数处理包括初始化 DM9000、分配内存、使能 DHCP、添加并打开网卡等操作。

注意:因为我们配置 STM32F1 的网卡使用自动协商功能(双工模式和连接速度),如果协商过程中遇到问题,则会进行多次重试,需要等待很久;而且如果协商失败,那么直接返回错误,所以,最好先插上网线。

LWIP 初始化成功后进入 DHCP 获取 IP 状态,DHCP 获取成功后显示开发板获取到的 IP 地址,然后开启 HTTP 服务。此时可以在浏览器输入开发板的 IP 地址,登录 Web 控制界面进行 Web Server 测试。

在主循环里面可以通过按键选择:TCP Server 测试、TCP Client 测试和 UDP 测试等测试项目,主循环还调用了 lwip_periodic_handle()和 lwip_pkt_handle()函数,周期性处理 LWIP 事务和轮询接收网路数据。

43.4 下载验证

在开始测试之前,先用网线(需自备)将开发板和计算机连接起来。有路由器的用户直接用网线连接路由器,同时计算机也连接路由器,即可完成计算机与开发板的连接设置。没有路由器的用户则直接用网线连接计算机的网口,然后设置计算机的本地连接属性,如图 43.4.1 所示。

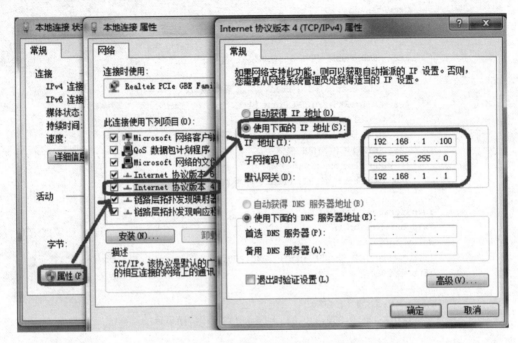

图 43.4.1　开发板与计算机直连时计算机本地连接属性设置

这里设置 IPV4 的属性,设置 IP 地址为 192.168.1.100(100 是可以随意设置的,但是不能是 30 和 1);子网掩码 255.255.255.0;网关 192.168.1.1;DNS 部分可以不用设置。设置完后,单击"确定"即可完成计算机端设置,这样开发板和计算机就可以通过互相通信了。

编译成功之后,下载代码到战舰 V3 开发板上(这里以路由器连接方式为例介绍,且假设 DHCP 获取 IP 成功),LCD 显示如图 43.4.2 所示界面。

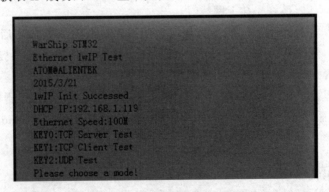

图 43.4.2　DHCP 获取 IP 成功

此时屏幕提示选择测试模式,可以选择 TCP Server、TCP Client 和 UDP 这 3 项测试。不过,先看看网络连接是否正常。从图 43.4.2 可以看到,开发板通过 DHCP 获取到的 IP 地址为 192.168.1.119,因此,在计算机上先来 ping 一下这个 IP,看看能否ping 通,以检查连接是否正常(Start 运行 CMD),如图 43.4.3 所示。可以看到,开发板所显示的 IP 地址是可以 ping 通的,说明开发板和计算机连接正常,可以开始后续测试了。

图 43.4.3 ping 开发板 IP 地址

43.4.1 Web Server 测试

这个测试不需要任何操作来开启,开发板在获取 IP 成功(也可以使用静态 IP)后即开启 Web Server 功能。在浏览器输入 192.168.1.119(开发板显示的 IP 地址)即可进入一个 Web 界面,如图 43.4.4 所示。

该界面总共有 5 个子页面:主页、LED/BEEP 控制、ADC/内部温度传感器、RTC 实时时钟和联系我们。登录 Web 时默认打开的是主页面,介绍了战舰 V3 开发板的一些资源和特点和 LWIP 的一些简介。

单击"LED/BEEP 控制"进入该子页面,即可对开发板板载的 DS1(LED1)和蜂鸣器进行控制,如图 43.4.5 所示。此时,选择 ON,然后单击 SEND 按钮即可点亮 LED1 或者打开蜂鸣器。同样,发送 OFF 即可关闭 LED1 或蜂鸣器。

单击"ADC/内部温度传感器"进入该子页面,则显示 ADC1 通道 1 的值和 STM32 内部温度传感器所测得的温度,如图 43.4.6 所示。

ADC1_CH1 是开发板多功能接口 ADC 的输入通道,默认连接在 TPAD 上。TPAD 带有上拉电阻,所以这里显示 3 V 多,读者可以将 ADC 接其他地方来测量电压。同时,该界面还显示了内部温度传感器采集到的温度值。该界面每秒刷新一次。

单击"RTC 实时时钟"进入该子页面,则显示 STM32 内部 RTC 的时间和日期,如图 43.4.7 所示。

图 43.4.4 WebServer 测试网页

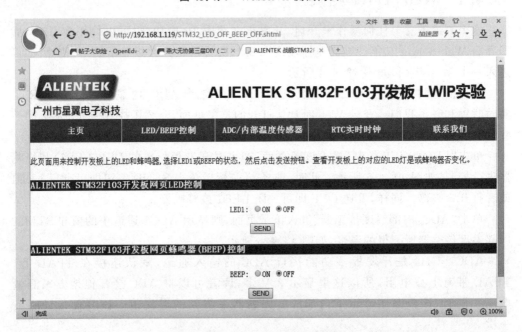

图 43.4.5 LED/BEEP 控制页面

此界面显示了战舰 V3 开发板自带的 RTC 实时时钟的当前时间和日期等参数,每隔 1 秒钟刷新一次。最后,单击"联系我们"即可进入到 ALIENTEK 官方店铺。

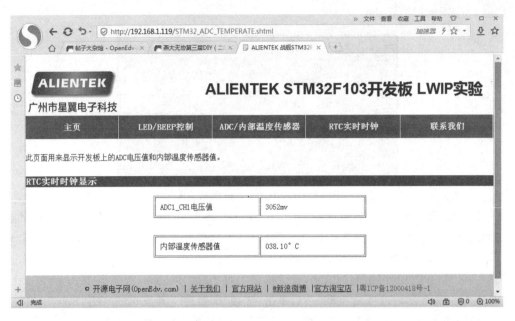

图 43.4.6　ADC/内部温度传感器测试页面

图 43.4.7　RTC 实时时钟测试页面

43.4.2　TCP Server 测试

在提示界面按 KEY0 即可进入 TCP Server 测试,此时,开发板作为 TCP Server。此时,LCD 屏幕上显示 Server IP 地址(就是开发板的 IP 地址),Server 端口固定为

8088,如图 43.4.8 所示。

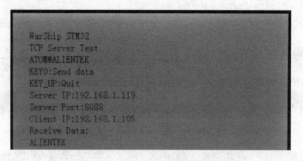

图 43.4.8 TCP Server 测试界面

图中显示了 Server IP 地址是 192.168.1.119,Server 端口号是 8088。上位机配合我们测试,需要用到一个网络调试助手的软件,该软件在本书配套资料"6,软件资料→1,软件→网络调试助手→网络调试助手 V3.8.exe"。

在计算机端打开网络调试助手,设置协议类型为 TCP Client,服务器 IP 地址为 192.168.1.119,服务器端口号为 8088,然后单击"连接"即可连上开发板的 TCP Server,此时,开发板的液晶显示"Client IP:192.168.1.105"(计算机的 IP 地址),如图 43.4.8 所示,而网络调试助手端则显示连接成功,如图 43.4.9 所示。

图 43.4.9 计算机端网络调试助手 TCPClient 测试界面

第43章 网络通信实验

按开发板的 KEY0 按键即可发送数据给计算机。同样,计算机端输入数据也可以通过网络调试助手发送给开发板,如图 43.4.8 和图 43.4.9 所示。按 KEY_UP 按键可以退出 TCPSever 测试,返回选择界面。

43.4.3 TCP Client 测试

在提示界面,按 KEY1 即可进入 TCP Client 测试,此时,先进入一个远端 IP 设置界面,也就是 Client 要去连接的 Server 端的 IP 地址。通过 KEY0/KEY2 可以设置 IP 地址,通过 43.4.2 小节的测试可知计算机的 IP 是 192.168.1.105,所以这里设置 Client 要连接的远端 IP 为 192.168.1.105,如图 43.4.10 所示。

```
WarShip STM32
TCP Client Test
Remote IP Set
KEY0:+  KEY2:-
KEY_UP:OK

Remote IP:192.168.1.105
```

图 43.4.10 远端 IP 地址设置

设置好之后,按 KEY_UP 确认,进入 TCP Client 测试界面。开始的时候,屏幕显示 Disconnected。然后我们在计算机端打开网络调试助手,设置协议类型为 TCP Server,本地 IP 地址为 192.168.1.105(计算机 IP),本地端口号为 8087,然后单击"连接",开启计算机端的 TCP Server 服务,如图 43.4.11 所示。

在计算机端开启 Server 后稍等片刻,开发板的 LCD 即显示 Connected,如图 43.4.12 所示。

连接成功后,计算机和开发板即可互发数据,同样开发板还是按 KEY0 发送数据给计算机,测试结果如图 43.4.11 和图 43.4.12 所示。按 KEY_UP 按键可以退出 TCP Client 测试,返回选择界面。

43.4.4 UDP 测试

在提示界面,按 KEY2 即可进入 UDP 测试。UDP 测试同 TCP Client 测试一样,要先设置远端 IP 地址,设置好之后进入 UDP 测试界面,如图 43.4.13 所示。可以看到,UDP 测试时我们要连接的端口号为 8089,所以网络调试助手需要设置端口号为 8089。另外,UDP 不是基于连接的传输协议,所以这里直接就显示 Connected 了。在计算机端打开网络调试助手,设置协议类型为 UDP,本地 IP 地址为 192.168.1.105(计算机 IP),本地端口号为 8089,然后单击"连接"开启计算机端的 UDP 服务,如图 43.4.14 所示。

•545•

图 43.4.11　计算机端网络调试助手 TCP Server 测试界面

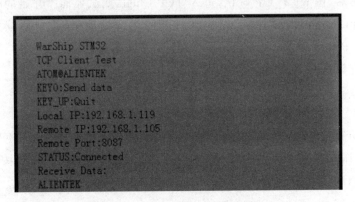

图 43.4.12　TCP Client 测试界面

然后,先按开发板的 KEY0 发送一次数据给计算机端网络调试助手,这样计算机端网络调试助手便会识别出开发板的 IP 地址,然后就可以互相发送数据了。KEY_UP 按键可以退出 UDP 测试,返回选择界面。

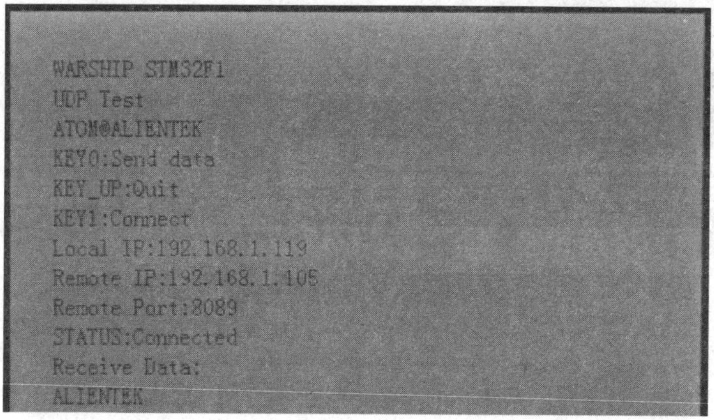

第 43 章　网络通信实验

图 43.4.13　UDP 测试界面

图 43.4.14　计算机端网络调试助手 UDP 测试界面

第44章

μC/OS-II 实验1——任务调度

前面所有的例程都是跑的裸机程序(裸奔),从本章开始,我们将分3个章节介绍μC/OS-II(实时多任务操作系统内核)的使用。本章将介绍μC/OS-II最基本也是最重要的应用:任务调度。

44.1 μC/OS-II 简介

μC/OS-II的前身是μC/OS,最早出自于1992年美国嵌入式系统专家Jean J. Labrosse在《嵌入式系统编程》杂志的5月和6月刊上刊登的文章连载,并把μC/OS的源码发布在该杂志的BBS上。目前最新的版本μC/OS-III已经出来,但是现在使用最为广泛的还是μC/OS-II,本章主要针对μC/OS-II进行介绍。

μC/OS-II是一个可以基于ROM运行的、可裁减的、抢占式、实时多任务内核,具有高度可移植性,特别适合于微处理器和控制器,是和很多商业操作系统性能相当的实时操作系统(RTOS)。为了提供最好的移植性能,μC/OS-II最大程度上使用ANSI C语言进行开发,并且已经移植到近40多种处理器体系上,涵盖了从8位到64位各种CPU(包括DSP)。

μC/OS-II是专门为计算机的嵌入式应用设计的,绝大部分代码是用C语言编写的。CPU硬件相关部分是用汇编语言编写的、总量约200行;汇编语言部分被压缩到最低限度为的是便于移植到任何一种其他的CPU上。用户只要有标准的ANSI的C交叉编译器,有汇编器、连接器等软件工具,就可以将μC/OS-II嵌入到开发的产品中。μC/OS-II具有执行效率高、占用空间小、实时性能优良和可扩展性强等特点,最小内核可编译至2 KB。μC/OS-II已经移植到了几乎所有知名的CPU上。

μC/OS-II构思巧妙,结构简洁精练,可读性强,同时又具备了实时操作系统的全部功能,虽然它只是一个内核,但非常适合初次接触嵌入式实时操作系统的读者,可以说是"麻雀虽小,五脏俱全"。μC/OS-II(V2.91版本)体系结构如图44.1.1所示。

注意,本章使用的是μC/OS-II的最新版本:V2.91版本,该版本μC/OS-II比早期的μC/OS-II(如V2.52)多了很多功能(比如多了软件定时器、支持任务数最大达到255个等),而且修正了很多已知BUG。不过,有两个文件:os_dbg_r.c和os_dbg.c没有在图44.1.1列出,也不将其加入到我们的工程中,这两个主要用于对μC/OS内核进行调试支持,比较少用到。

第 44 章 μC/OS-II 实验 1——任务调度

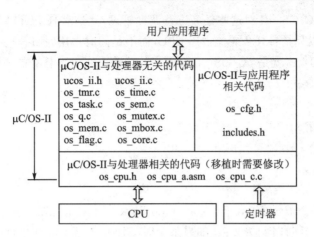

图 44.1.1 μC/OS-II 体系结构图

从图 44.1.1 可以看出，μC/OS-II 的移植只需要修改 os_cpu.h、os_cpu_a.asm 和 os_cpu.c 这 3 个文件即可，其中，os_cpu.h 定义了不同的数据类型以及处理器相关代码和几个函数原型；os_cpu_a.asm 则包含了移植过程中需要用汇编完成的一些函数，主要就是任务切换用的函数；os_cpu.c 定义一些用户 HOOK 函数。

图中定时器的作用是为 μC/OS-II 提供系统时钟节拍、实现任务切换和任务延时等功能。这个时钟节拍由 OS_TICKS_PER_SEC（在 os_cfg.h 中定义）设置，一般设置 μC/OS-II 的系统时钟节拍为 1～100 ms，具体根据所用处理器和使用需要来设置。本章利用 STM32 的 SYSTICK 定时器来提供 μC/OS-II 时钟节拍。

关于 μC/OS-II 在 STM32 的详细移植可参考本书配套资料"UCOSII 在 STM32 的移植详解.pdf"，这里就不详细介绍了。

μC/OS-II 早期版本只支持 64 个任务，但是从 2.80 版本开始，支持任务数提高到 255 个，一般 64 个任务都是足够多了，很难用到这么多个任务。μC/OS-II 保留了最高 4 个优先级和最低 4 个优先级的总共 8 个任务，用于拓展使用，但实际上，μC/OS-II 一般只占用了最低 2 个优先级，分别用于空闲任务（倒数第一）和统计任务（倒数第二），所以剩下给我们使用的任务最多可达 255-2=253 个（V2.91）。

μC/OS-II 是怎样实现多任务并发工作的呢？外部中断相信读者都比较熟悉了。CPU 在执行一段用户代码的时候，如果发生了外部中断，那么先进行现场保护，之后转向中断服务程序执行，执行完成后恢复现场，从中断处开始执行原来的用户代码。μC/OS 的原理本质上也是这样的，当一个任务 A 正在执行的时候，如果它释放了 CPU 控制权，则先对任务 A 进行现场保护，然后从任务就绪表中查找其他就绪任务去执行，等到任务 A 的等待时间到了，则可能重新获得 CPU 控制权，这个时候恢复任务 A 的现场，从而继续执行任务 A。这样看起来就好像两个任务同时执行了，实际上，任何时候只有一个任务可以获得 CPU 控制权。这个过程很负责，场景也多样，这里只是举个简单的例子说明。

任务其实就是一个死循环函数，实现一定的功能。一个工程可以有很多这样的任务

(最多 255 个)，μC/OS-II 对这些任务进行调度管理，让这些任务可以并发工作(注意不是同时工作，并发只是各任务轮流占用 CPU，而不是同时占用，任何时候还是只有一个任务能够占用 CPU)，这就是 μC/OS-II 最基本的功能。μC/OS 任务的一般格式为：

```
void MyTask (void *pdata)
{
    任务准备工作…
    While(1)//死循环
    {任务 MyTask 实体代码；
        OSTimeDlyHMSM(x,x,x,x);//调用任务延时函数,释放 cpu 控制权
    }
}
```

假如新建了 2 个任务(MyTask 和 YourTask)，这里先忽略任务优先级的概念，两个任务死循环中延时时间为 1 s。如果某个时刻任务 MyTask 在执行中，当它执行到延时函数 OSTimeDlyHMSM 的时候，它释放 CPU 控制权，这时任务 YourTask 获得 CPU 控制权开始执行。任务 YourTask 执行过程中也会调用延时函数延时 1 s 释放 CPU 控制权，这个过程中任务 A 延时 1 s 到达，重新获得 CPU 控制权，重新开始执行死循环中的任务实体代码。如此循环，现象就是两个任务交替运行，就好像 CPU 在同时做两件事情一样。

疑问来了，如果有很多任务都在等待，那么先执行哪个任务呢？如果任务在执行过程中想停止之后去执行其他任务是否可行呢？这里就涉及任务优先级以及任务状态任务控制的一些知识，后面会提到，详细内容建议看任哲的《嵌入式实时操作系统 μC/OS-II 原理及应用》一书。

前面介绍的所有实验都是一个大任务(死循环)，这样，有些事情就比较不好处理，比如 MP3 实验，在 MP3 播放的时候还希望显示歌词，如果是一个死循环(一个任务)，那么很可能在显示歌词的时候声音出现停顿(尤其是高码率的时候)，这主要是歌词显示占用太长时间，导致 VS1053 由于不能及时得到数据而停顿。而如果用 μC/OS-II 来处理，那么可以分 2 个任务，MP3 播放一个任务(优先级高)，歌词显示一个任务(优先级低)。这样，由于 MP3 任务的优先级高于歌词显示任务，MP3 任务就可以打断歌词显示任务，从而及时给 VS1053 提供数据，保证音频不断，而显示歌词又能顺利进行。这就是 μC/OS-II 带来的好处。

这里有几个 μC/OS-II 相关的概念需要了解一下，分别是任务优先级、任务堆栈、任务控制块、任务就绪表和任务调度器。

任务优先级：这个概念比较好理解，μC/OS 中每个任务都有唯一的一个优先级。优先级是任务的唯一标识。在 μC/OS-II 中，使用 CPU 的时候，优先级高(数值小)的任务比优先级低的任务具有优先使用权，即任务就绪表中总是优先级最高的任务获得 CPU 使用权，只有高优先级的任务让出 CPU 使用权(比如延时)时，低优先级的任务才能获得 CPU 使用权。μC/OS-II 不支持多个任务优先级相同，也就是每个任务的优先级必须不一样。

任务堆栈：就是存储器中的连续存储空间。为了满足任务切换和响应中断时保存 CPU 寄存器中的内容以及任务调用其他函数时的需要，每个任务都有自己的堆栈。在

创建任务的时候,任务堆栈是任务创建的一个重要入口参数。

任务控制块 OS_TCB:用来记录任务堆栈指针、任务当前状态以及任务优先级等任务属性。μC/OS-II 的任何任务都是通过任务控制块(TCB)的东西来控制的,一旦任务创建了,任务控制块 OS_TCB 就会被赋值。每个任务管理块有 3 个最重要的参数:①任务函数指针;②任务堆栈指针;③任务优先级。任务控制块就是任务在系统里面的身份证(μC/OS-II 通过优先级识别任务),详细介绍可参考任哲的《嵌入式实时操作系统 μC/OS-II 原理及应用》第 2 章。

任务就绪表:简而言之就是用来记录系统中所有处于就绪状态的任务。它是一个位图,系统中每个任务都在这个位图中占据一个进制位,该位置的状态(1 或者 0)表示任务是否处于就绪状态。

任务调度:作用一是在任务就绪表中查找优先级最高的就绪任务,二是实现任务的切换。比如说,当一个任务释放 CPU 控制权后进行一次任务调度,这个时候任务调度器首先要去任务就绪表查询优先级最高的就绪任务,查到之后进行一次任务切换,转而去执行下一个任务。详细介绍可参考《嵌入式实时操作系统 μC/OS-II 原理及应用》第 3 章。

μC/OS-II 的每个任务都是一个死循环,都处在以下 5 种状态之一的状态下:睡眠状态、就绪状态、运行状态、等待状态(等待某一事件发生)和中断服务状态。

睡眠状态,任务在没有被配备任务控制块或被剥夺了任务控制块时的状态。

就绪状态,系统为任务配备了任务控制块且在任务就绪表中进行了就绪登记,任务已经准备好了,但由于该任务的优先级比正在运行的任务的优先级低,还暂时不能运行,这时任务的状态叫就绪状态。

运行状态,该任务获得 CPU 使用权,并正在运行中,此时的任务状态叫运行状态。

等待状态,正在运行的任务,需要等待一段时间或需要等待一个事件发生再运行时,该任务就会把 CPU 的使用权让给别的任务而使任务进入等待状态。

中断服务状态,一个正在运行的任务一旦响应中断申请就会中止运行而去执行中断服务程序,这时任务的状态叫中断服务状态。

μC/OS-II 任务的 5 个状态转换关系如图 44.1.2 所示。

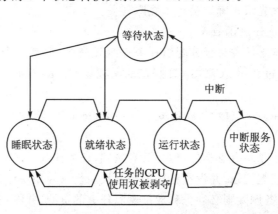

图 44.1.2　μC/OS-II 任务状态转换关系

接下来看看在 μC/OS-II 中与任务相关的几个函数：

1) 建立任务函数

如果想让 μC/OS-II 管理用户的任务，必须先建立任务。μC/OS-II 提供了 2 个建立任务的函数：OSTaskCreat 和 OSTaskCreateExt。一般用 OSTaskCreat 函数来创建任务，该函数原型为：

OSTaskCreate(void(* task)(void * pd),void * pdata,OS_STK * ptos,INTU prio);

该函数包括 4 个参数：task 是指向任务代码的指针；pdata 是任务开始执行时，传递给任务的参数的指针；ptos 是分配给任务的堆栈的栈顶指针；prio 是分配给任务的优先级。

每个任务都有自己的堆栈，堆栈必须申明为 OS_STK 类型，并且由连续的内存空间组成。可以静态分配堆栈空间，也可以动态分配堆栈空间。

OSTaskCreateExt 也可以用来创建任务，是 OSTaskCreate 的扩展版本，提供一些附件功能，详细介绍可参考《嵌入式实时操作系统 μC/OS-II 原理及应用》3.5.2 小节。

2) 任务删除函数

任务删除其实就是把任务置于睡眠状态，并不是把任务代码给删除了。μC/OS-II 提供的任务删除函数原型为：

INT8U OSTaskDel(INT8U prio);

其中，参数 prio 就是要删除的任务的优先级，可见该函数是通过任务优先级来实现任务删除的。

注意：任务不能随便删除，必须在确保被删除任务的资源被释放的前提下才能删除！

3) 请求任务删除函数

前面提到，必须确保被删除任务的资源被释放的前提下才能将其删除，所以通过向被删除任务发送删除请求来实现任务释放自身占用资源后再删除。μC/OS-II 提供的请求删除任务函数原型为：

INT8U OSTaskDelReq(INT8U prio);

同样还是通过优先级来确定被请求删除任务。

4) 改变任务的优先级函数

μC/OS-II 在建立任务时会分配给任务一个优先级，但是这个优先级并不是一成不变的，而是可以通过调用 μC/OS-II 提供的函数修改。μC/OS-II 提供的任务优先级修改函数原型为：

INT8U　OSTaskChangePrio(INT8U oldprio,INT8U newprio);

5) 任务挂起函数

任务挂起和任务删除有点类似，但是又有区别，任务挂起只是将被挂起任务的就绪标志删除并做任务挂起记录，并没有将任务控制块从任务控制块链表里面删除，也不需要释放其资源，而任务删除则必须先释放被删除任务的资源，并将被删除任务的任务控制块也给删了。被挂起的任务在恢复（解挂）后可以继续运行。μC/OS 提供的任务挂

第 44 章 μC/OS-II 实验 1——任务调度

起函数原型为:

INT8U OSTaskSuspend(INT8U prio);

6) 任务恢复函数

有任务挂起函数,就有任务恢复函数,通过该函数将被挂起的任务恢复,让调度器能够重新调度该函数。μC/OS-II 提供的任务恢复函数原型为:

INT8U OSTaskResume(INT8U prio);

7) 任务信息查询

在应用程序中经常要了解任务信息,查询任务信息函数原型为:

INT8U OSTaskQuery(INT8U prio,OS_TCB * pdata);

这个函数获得的是对应任务的 OS_TCB 中内容的拷贝。

从上面这些函数可以看出,每个任务都有一个非常关键的参数就是任务优先级 prio,在 μC/OS 中,任务优先级可以用来作为任务的唯一标识,所以任务优先级对任务而言是唯一的,而且是不可重复的。

μC/OS-II 与任务相关的函数就介绍这么多。最后来看看在 STM32 上面运行 μC/OS-II 的步骤:

① 移植 μC/OS-II。

要想 μC/OS-II 在 STM32 正常运行,当然首先是需要移植 μC/OS-II,这部分已经为读者做好了(参考本书配套资料源码,想自己移植的可参考本书配套资料 μC/OS-II 资料)。

这里要特别注意一个地方,ALIENTEK 提供的 SYSTEM 文件夹里面的系统函数直接支持 μC/OS-II,只需要在 sys.h 文件里面将 SYSTEM_SUPPORT_UCOS 宏定义改为 1 即可通过 delay_init 函数初始化 μC/OS-II 的系统时钟节拍,为 μC/OS-II 提供时钟节拍。

② 编写任务函数并设置其堆栈大小和优先级等参数。

编写任务函数,以便 μC/OS-II 调用。函数堆栈大小需要根据函数的需求来设置,如果任务函数的局部变量多,嵌套层数多,那么相应的堆栈就得大一些;如果堆栈设置小了,很可能出现的结果就是 CPU 进入 HardFault,遇到这种情况就必须把堆栈设置大一点了。另外,有些地方还需要注意堆栈字节对齐的问题,如果任务运行出现莫名其妙的错误(比如用到 sprintf 出错),须考虑是不是字节对齐的问题。

任务优先级须根据任务的重要性和实时性设置,高优先级的任务有优先使用 CPU 的权利。

③ 初始化 μC/OS-II,并在 μC/OS-II 中创建任务。

调用 OSInit,初始化 μC/OS-II 的所有变量和数据结构,然后通过调用 OSTaskCreate 函数创建任务。

④ 启动 μC/OS-II。

调用 OSStart,启动 μC/OS-II。

通过以上 4 个步骤,μC/OS-II 就开始在 STM32 上面运行了。注意,必须对 os_

·553·

cfg.h 进行部分配置,以满足自己的需要。

44.2 硬件设计

本节实验功能简介:本章在 μC/OS-II 里面创建 3 个任务:开始任务、LED0 任务和 LED1 任务,开始任务用于创建其他(LED0 和 LED1)任务,之后挂起;LED0 任务用于控制 DS0 的亮灭,DS0 每秒钟亮 80 ms;LED1 任务用于控制 DS1 的亮灭,DS1 亮 300 ms,灭 300 ms,依次循环。

所要用到的硬件资源如下:指示灯 DS0、DS1。

44.3 软件设计

本章在第 6 章实验(跑马灯实验)的基础上修改,在该工程源码下面加入 UCOSII 文件夹,存放 μC/OS-II 源码(我们已经将 μC/OS-II 源码分为 3 个文件夹:CORE、PORT 和 CONFIG)。

打开工程,新建 UCOSII-CORE、UCOSII-PORT 和 UCOSII-CONFIG 这 3 个分组,分别添加 μC/OS-II 的 3 个文件夹下的源码,并将这 3 个文件夹加入头文件包含路径,最后得到工程如图 44.3.1 所示。

UCOSII-CORE 分组下面是 μC/OS-II 的核心源码,不需要做任何变动。UCOSII-PORT 分组下面是移植 μC/OS-II 要修改的 3 个代码,这个在移植的时候完成。UCOSII-CONFIG 分组下面是 μC/OS-II 的配置部分,主要由读者根据自己的需要对 μC/OS-II 进行裁减或其他设置。

本章将 os_cfg.h 里面 OS_TICKS_PER_SEC 的值定义为 200,也就是设置 μC/OS-II 的时钟节拍为 5 ms,同时设置 OS_MAX_TASKS 为 10,也就是最多 10 个任务(包括空闲任务和统计任务在内),其他配置可参考本实验源码。

前面提到,需要在 sys.h 里面设置 SYSTEM_SUPPORT_OS 为 1,以支持 μC/OS-II,通过这个设置,不仅可以实现利用 delay_init 来初始化 SYSTICK,产生 μC/OS-II 的

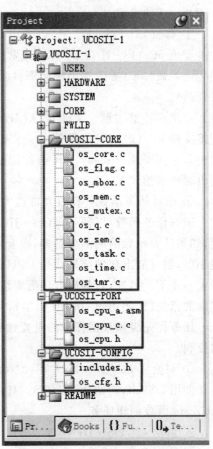

图 44.3.1 添加 μC/OS-II 源码后的工程

第44章 μC/OS-II 实验1——任务调度

系统时钟节拍,还可以让 delay_us 和 delay_ms 函数在 μC/OS-II 下能够正常使用(实现原理请参考5.1节),使得之前的代码可以十分方便地移植到 μC/OS-II 下。虽然 μC/OS-II 也提供了延时函数 OSTimeDly 和 OSTimeDLyHMSM,但是这两个函数的最少延时单位只能是一个 μC/OS-II 时钟节拍,本章(即 5 ms)显然不能实现 μs 级的延时,而 μs 级的延时在很多时候非常有用,比如 IIC 模拟时序、DS18B20 等单总线器件操作等。而通过我们提供的 delay_us 和 delay_ms 可以方便地提供 μs 和 ms 的延时服务,这比 μC/OS 本身提供的延时函数更好用。

设置 SYSTEM_SUPPORT_OS 为 1 之后,μC/OS-II 的时钟节拍由 SYSTICK 的中断服务函数提供,该部分代码如下:

```c
//systick 中断服务函数,使用 OS 时用到
void SysTick_Handler(void)
{
    if(delay_osrunning == 1)         //OS 开始跑了,才执行正常的调度处理
    {
        OSIntEnter();                //进入中断
        OSTimeTick();                //调用 ucos 的时钟服务程序
        OSIntExit();                 //触发任务切换软中断
    }
}
```

其中,OSIntEnter 是进入中断服务函数,用来记录中断嵌套层数(OSIntNesting 增加 1);OSTimeTick 是系统时钟节拍服务函数,在每个时钟节拍了解每个任务的延时状态,使已经到达延时时限的非挂起任务进入就绪状态;OSIntExit 是退出中断服务函数,该函数可能触发一次任务切换(当 OSIntNesting＝0 && 调度器未上锁 && 就绪表最高优先级任务!＝被中断的任务优先级时),否则继续返回原来的任务执行代码(如果 OSIntNesting 不为 0,则减 1)。注意,这里只有在 OS 开始运行以后(delay_osrunning 为 1),才开始调用 OSTimeTick 等函数。

事实上,任何中断服务函数都应该加上 OSIntEnter 和 OSIntExit 函数,这是因为 μC/OS-II 是一个可剥夺型的内核,中断服务子程序运行之后,系统会根据情况进行一次任务调度去运行优先级别最高的就绪任务,而并不一定接着运行被中断的任务!

最后,打开 main.c,代码如下:

```c
/////////////////////////////UCOSII 任务堆栈设置//////////////////////////////
//START 任务
//设置任务优先级
#define START_TASK_PRIO      10 //开始任务的优先级设置为最低
#define START_STK_SIZE       64 //设置任务堆栈大小
OS_STK START_TASK_STK[START_STK_SIZE]; //创建任务堆栈空间
void start_task(void *pdata);//任务函数接口
//LED0 任务
#define LED0_TASK_PR IO      7//设置任务优先级
#define LED0_STK_SIZE        64 //设置任务堆栈大小
OS_STK LED0_TASK_STK[LED0_STK_SIZE];   //创建任务堆栈空间
void led0_task(void *pdata);  //任务函数接口
//LED1 任务
```

• 555 •

```c
#define LED1_TASK_PRIO       6       //设置任务优先级
#define LED1_STK_SIZE       64       //设置任务堆栈大小
OS_STK LED1_TASK_STK[LED1_STK_SIZE];  //创建任务堆栈空间
void led1_task(void * pdata);//任务函数接口
int main(void)
{
    delay_init();                     //延时初始化
    NVIC_PriorityGroupConfig(NVIC_PriorityGroup_2);   //设置NVIC中断分组2
    LED_Init();                       //初始化与LED连接的硬件接口
    OSInit();                         //UCOSII初始化
    OSTaskCreate(start_task,(void *)0,(OS_STK *)&START_TASK_STK
                  [START_STK_SIZE-1],START_TASK_PRIO);//创建起始任务
    OSStart();
}
//开始任务
void start_task(void * pdata)
{
    OS_CPU_SR cpu_sr = 0;
    pdata = pdata;
    OS_ENTER_CRITICAL();//进入临界区(无法被中断打断)
    OSTaskCreate (led0_task,(void *)0,(OS_STK *)&LED0_TASK_STK[LED0_STK_SIZE-1],
                LED0_TASK_PRIO);
    OSTaskCreate (led1_task,(void *)0,(OS_STK *)&LED1_TASK_STK[LED1_STK_SIZE-1],
                LED1_TASK_PRIO);
    OSTaskSuspend(START_TASK_PRIO);//挂起起始任务
    OS_EXIT_CRITICAL();//退出临界区(可以被中断打断)
}
//LED0任务
void led0_task(void * pdata)
{
    while(1)
    {
        LED0 = 0;delay_ms(80);
        LED0 = 1;delay_ms(920);
    };
}
//LED1任务
void led1_task(void * pdata)
{
    while(1)
    {
        LED1 = 0; delay_ms(300);
        LED1 = 1; delay_ms(300);
    };
}
```

可以看到,我们在创建 start_task 之前首先调用 μC/OS 初始化函数 OSInit(),该函数的作用是初始化 μC/OS 的所有变量和数据结构;该函数必须在调用其他任何 μC/OS 函数之前调用。start_task 创建之后,调用 μC/OS 多任务启动函数 OSStart(),之后任务才真正开始运行。在这段代码中创建了 3 个任务:start_task、led0_task 和

led1_task,优先级分别是 10、7 和 6,堆栈大小都是 64(注意,OS_STK 为 32 位数据)。main 函数只创建了 start_task 一个任务,然后在 start_task 再创建另外两个任务,创建之后将自身(start_task)挂起。这里单独创建 start_task,是为了提供一个单一任务,实现应用程序开始运行之前的准备工作(比如外设初始化、创建信号量、创建邮箱、创建消息队列、创建信号量集、创建任务、初始化统计任务等)。

应用程序中经常有一些代码段必须不受任何干扰地连续运行,这样的代码段叫临界段(或临界区)。因此,为了使临界段在运行时不受中断打断,临界段代码前必须用关中断指令使 CPU 屏蔽中断请求,而在临界段代码后必须用开中断指令解除屏蔽,从而使得 CPU 可以响应中断请求。μC/OS-II 提供 OS_ENTER_CRITICAL 和 OS_EXIT_CRITICAL 两个宏来实现,这两个宏需要在移植 μC/OS-II 的时候实现,本章采用方法 3(即 OS_CRITICAL_METHOD 为 3)来实现这两个宏。因为临界段代码不能被中断打断,否则将严重影响系统的实时性,所以临界段代码越短越好!

start_task 任务中创建 led0_task 和 led1_task 的时候,不希望中断打断,故使用了临界区。注意,这里使用的延时函数还是 delay_ms,而不是直接使用的 OSTimeDly。

另外,任务里面一般是必须有延时函数的,以释放 CPU 使用权,否则可能导致低优先级的任务因高优先级的任务不释放 CPU 使用权而一直无法得到 CPU 使用权,从而无法运行。

44.4 下载验证

编译成功之后,下载代码到战舰 STM32 开发板上,可以看到 DS0 一秒钟闪一次,而 DS1 则以固定的频率闪烁,说明两个任务(led0_task 和 led1_task)都已经正常运行了,符合预期设计。

第 45 章

μC/OS-II 实验 2——信号量和邮箱

第 44 章学习了如何使用 μC/OS-II、学习了 μC/OS-II 的任务调度,但是并没有用到任务间的同步与通信,本章将学习两个最基本的任务间通信方式:信号量和邮箱。

45.1 μC/OS-II 信号量和邮箱简介

系统中的多个任务在运行时经常需要互相无冲突地访问同一个共享资源,或者需要互相支持和依赖,甚至有时还要互相加以必要的限制和制约,才保证任务的顺利运行。因此,操作系统必须具有对任务的运行进行协调的能力,从而使任务之间可以无冲突、流畅地同步运行,而不致导致灾难性的后果。

例如,任务 A 和任务 B 共享一台打印机,如果系统已经把打印机分配给了任务 A,则任务 B 因不能获得打印机的使用权而应该处于等待状态;只有任务 A 把打印机释放后,系统才能唤醒任务 B 使其获得打印机的使用权。如果这两个任务不这样做,那么会造成极大的混乱。

任务间的同步依赖于任务间的通信。在 μC/OS-II 使用信号量、邮箱(消息邮箱)和消息队列等这些被称作事件的中间环节来实现任务之间通信的。本章仅介绍信号量和邮箱,消息队列将会在下一章介绍。

1. 事 件

两个任务通过事件进行通信的示意图如图 45.1.1 所示。图中任务 1 是发信方,任务 2 是收信方。任务 1 负责把信息发送到事件上,这项操作叫发送事件。任务 2 通过读取事件操作对事件进行查询:如果有信息则读取,否则等待。读事件操作叫做请求事件。

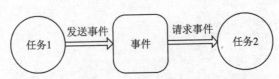

图 45.1.1 两个任务使用事件进行通信的示意图

为了把描述事件的数据结构统一起来,μC/OS-II 使用叫事件控制块(ECB)的数据结构来描述诸如信号量、邮箱(消息邮箱)和消息队列等这些事件。事件控制块中包

含包括等待任务表在内的所有有关事件的数据,事件控制块结构体定义如下:

```
typedef struct
{
    INT8U    OSEventType;              //事件的类型
    INT16U   OSEventCnt;               //信号量计数器
    void   * OSEventPtr;               //消息或消息队列的指针
    INT8U    OSEventGrp;               //等待事件的任务组
    INT8U    OSEventTbl[OS_EVENT_TBL_SIZE];//任务等待表
#if OS_EVENT_NAME_EN > 0u
    INT8U   * OSEventName;//事件名
#endif
} OS_EVENT;
```

2. 信号量

信号量是一类事件。使用信号量的最初目的是给共享资源设立一个标志,该标志表示该共享资源的占用情况。这样,当一个任务在访问共享资源之前,就可以先对这个标志进行查询,从而在了解资源被占用的情况之后,再来决定自己的行为。

信号量可以分为两种:一种是二值型信号量,另外一种是 N 值信号量。二值型信号量好比家里的座机,任何时候,只能有一个人占用。而 N 值信号量则好比公共电话亭,可以同时有多个人(N 个)使用。

μC/OS-II 将二值型信号量称为互斥型信号量,将 N 值信号量称为计数型信号量,也就是普通的信号量。本章介绍的是普通信号量,互斥型信号量的介绍可参考《嵌入式实时操作系统 μC/OS-II 原理及应用》5.4 节。

接下来看看在 μC/OS-II 中,与信号量相关的几个函数(未全部列出,下同)。

1) 创建信号量函数

使用信号量之前,则必须用函数 OSSemCreate 来创建一个信号量,该函数的原型为:

```
OS_EVENT * OSSemCreate (INT16U cnt);
```

该函数返回值为已创建的信号量的指针,而参数 cnt 则是信号量计数器(OSEventCnt)的初始值。

2) 请求信号量函数

任务通过调用函数 OSSemPend 请求信号量,该函数原型为:

```
void OSSemPend ( OS_EVENT * pevent, INT16U timeout, INT8U * err);
```

其中,参数 pevent 是被请求信号量的指针,timeout 为等待时限,err 为错误信息。

为防止任务因得不到信号量而处于长期的等待状态,函数 OSSemPend 允许用参数 timeout 设置一个等待时间的限制,当任务等待的时间超过 timeout 时可以结束等待状态而进入就绪状态。如果参数 timeout 设置为 0,则表明任务的等待时间为无限长。

3) 发送信号量函数

任务获得信号量,并在访问共享资源结束以后,必须要释放信号量,释放信号量也叫发送信号量,发送信号通过 OSSemPost 函数实现。OSSemPost 函数在对信号量的计数器操作之前,首先要检查是否还有等待该信号量的任务。如果没有,就把信号量计数器 OSEventCnt 加一;如果有,则调用调度器 OS_Sched( )去运行等待任务中优先级别最高的任务。函数 OSSemPost 的原型为:

`INT8U OSSemPost(OS_EVENT * pevent);`

其中,pevent 为信号量指针,该函数在调用成功后,返回值为 OS_ON_ERR,否则会根据具体错误返回 OS_ERR_EVENT_TYPE、OS_SEM_OVF。

4) 删除信号量函数

应用程序如果不需要某个信号量了,那么可以调用函数 OSSemDel 来删除该信号量。该函数的原型为:

`OS_EVENT * OSSemDel (OS_EVENT * pevent,INT8U opt, INT8U * err);`

其中,pevent 为要删除的信号量指针,opt 为删除条件选项,err 为错误信息。

3. 邮箱

在多任务操作系统中,常常需要在任务与任务之间通过传递一个数据(这种数据叫"消息")的方式来进行通信。为了达到这个目的,可以在内存中创建一个存储空间作为该数据的缓冲区。把这个缓冲区称为消息缓冲区,这样在任务间传递数据(消息)的最简单办法就是传递消息缓冲区的指针。把用来传递消息缓冲区指针的数据结构叫邮箱(消息邮箱)。

在 μC/OS-II 中,我们通过事件控制块的 OSEventPrt 来传递消息缓冲区指针,同时使事件控制块的成员 OSEventType 为常数 OS_EVENT_TYPE_MBOX,则该事件控制块就叫消息邮箱。

接下来看看在 μC/OS-II 中,与消息邮箱相关的几个函数。

1) 创建邮箱函数

创建邮箱通过函数 OSMboxCreate 实现,该函数原型为:

`OS_EVENT * OSMboxCreate (void * msg);`

函数中的参数 msg 为消息的指针,返回值为消息邮箱的指针。

调用函数 OSMboxCreate 需先定义 msg 的初始值。一般的情况下,这个初始值为 NULL;但也可以事先定义一个邮箱,然后把这个邮箱的指针作为参数传递到函数 OSMboxCreate 中,使之一开始就指向一个邮箱。

3) 向邮箱发送消息函数

任务可以通过调用函数 OSMboxPost 向消息邮箱发送消息,这个函数的原型为:

`INT8U OSMboxPost (OS_EVENT * pevent,void * msg);`

其中,pevent 为消息邮箱的指针,msg 为消息指针。

3) 请求邮箱函数

当一个任务请求邮箱时需要调用函数 OSMboxPend,这个函数的主要作用就是查看邮箱指针 OSEventPtr 是否为 NULL,如果不是 NULL 就把邮箱中的消息指针返回给调用函数的任务,同时用 OS_NO_ERR 通过函数的参数 err 通知任务获取消息成功。

如果邮箱指针 OSEventPtr 是 NULL,则使任务进入等待状态,并引发一次任务调度。

函数 OSMboxPend 的原型为:

void * OSMboxPend(OS_EVENT * pevent, INT16U timeout, INT8U * err);

其中,pevent 为请求邮箱指针,timeout 为等待时限,err 为错误信息。

4) 查询邮箱状态函数

任务可以通过调用函数 OSMboxQuery 查询邮箱的当前状态。该函数原型为:

INT8U OSMboxQuery(OS_EVENT * pevent, OS_MBOX_DATA * pdata);

其中,pevent 为消息邮箱指针,pdata 为存放邮箱信息的结构。

5) 删除邮箱函数

在邮箱不再使用的时候,我们可以通过调用函数 OSMboxDel 来删除一个邮箱,该函数原型为:

OS_EVENT * OSMboxDel(OS_EVENT * pevent, INT8U opt, INT8U * err);

其中,pevent 为消息邮箱指针,opt 为删除选项,err 为错误信息。

μC/OS-II 信号量和邮箱的更详细介绍可参考《嵌入式实时操作系统 μC/OS-II 原理及应用》第 5 章。

45.2 硬件设计

本节实验功能简介:本章在 μC/OS-II 里面创建 6 个任务:开始任务、LED 任务、触摸屏任务、蜂鸣器任务、按键扫描任务和主任务,开始任务用于创建信号量、创建邮箱、初始化统计任务以及其他任务的创建,之后挂起;LED 任务用于 DS0 控制,提示程序运行状况;蜂鸣器任务用于测试信号量,是请求信号量函数,每得到一个信号量,蜂鸣器就叫一次;触摸屏任务用于在屏幕上画图,可以用于测试 CPU 使用率;按键扫描任务用于按键扫描,优先级最高,将得到的键值通过消息邮箱发送出去;主任务则通过查询消息邮箱获得键值,并根据键值执行 DS1 控制、信号量发送(蜂鸣器控制)、触摸区域清屏和触摸屏校准等控制。

所要用到的硬件资源如下:指示灯 DS0/DS1、4 个按键(KEY0/KEY1/KEY2/WK_UP)、蜂鸣器、TFTLCD 模块。这些在前面的学习中都已经介绍过了。

45.3 软件设计

本章在第 27 章(触摸屏实验)的基础上修改,具体方法同第 44 章一模一样,本章就不再详细介绍了。

加入 μC/OS-II 代码后,只需要修改 main.c 函数。打开 main.c,输入如下代码:

```
//////////////////////////////UCOSII 任务设置////////////////////////////////
//START 任务
//设置任务优先级
```

```c
#define START_TASK_PRIO        10              //开始任务的优先级设置为最低
#define START_STK_SIZE         64              //设置任务堆栈大小
OS_STK START_TASK_STK[START_STK_SIZE];         //任务堆栈
void start_task(void * pdata);                 //任务函数
//LED 任务
#define LED_TASK_PRIO          7               //设置任务优先级
#define LED_STK_SIZE           64              //设置任务堆栈大小
OS_STK LED_TASK_STK[LED_STK_SIZE];             //任务堆栈
void led_task(void * pdata);                   //任务函数
//触摸屏任务
#define TOUCH_TASK_PRIO        6               //设置任务优先级
#define TOUCH_STK_SIZE         128             //设置任务堆栈大小
OS_STK TOUCH_TASK_STK[TOUCH_STK_SIZE];         //任务堆栈
void touch_task(void * pdata);                 //任务函数
//蜂鸣器任务
#define BEEP_TASK_PRIO         5               //设置任务优先级
#define BEEP_STK_SIZE          64              //设置任务堆栈大小
OS_STK BEEP_TASK_STK[BEEP_STK_SIZE];           //任务堆栈
void beep_task(void * pdata);                  //任务函数
//主任务
#define MAIN_TASK_PRIO         4               //设置任务优先级
#define MAIN_STK_SIZE          128             //设置任务堆栈大小
OS_STK MAIN_TASK_STK[MAIN_STK_SIZE];           //任务堆栈
void main_task(void * pdata);                  //任务函数
//按键扫描任务
#define KEY_TASK_PRIO          3               //设置任务优先级
#define KEY_STK_SIZE           64              //设置任务堆栈大小
OS_STK KEY_TASK_STK[KEY_STK_SIZE];             //任务堆栈
void key_task(void * pdata);                   //任务函数

////////////////////////////////////////////////////////////////////////////
OS_EVENT * msg_key;                            //按键邮箱事件块指针
OS_EVENT * sem_beep;                           //蜂鸣器信号量指针
//加载主界面
void ucos_load_main_ui(void)
{
    //…此处省略液晶显示界面设置
}
int main(void)
{
    delay_init();                              //延时函数初始化
    NVIC_PriorityGroupConfig(NVIC_PriorityGroup_2);  //设置中断优先级分组为组2
    uart_init(115200);                         //串口初始化为 115200
    LED_Init();                                //初始化与 LED 连接的硬件接口
    BEEP_Init();                               //蜂鸣器初始化
    KEY_Init();                                //按键初始化
    LCD_Init();                                //初始化 LCD
    tp_dev.init();                             //触摸屏初始化
    ucos_load_main_ui();                       //加载主界面
    OSInit();                                  //初始化 UCOSII
    OSTaskCreate(start_task,(void *)0,(OS_STK *)&START_TASK_STK[START_STK_SIZE-1],
```

```c
START_TASK_PRIO);//创建起始任务
    OSStart();
}
//开始任务
void start_task(void * pdata)
{
    OS_CPU_SR cpu_sr = 0;
    pdata = pdata;
    msg_key = OSMboxCreate((void * )0);//创建消息邮箱
    sem_beep = OSSemCreate(0);        //创建信号量
    OSStatInit();          //初始化统计任务.这里会延时1秒钟左右
    OS_ENTER_CRITICAL();        //进入临界区(无法被中断打断)
    OSTaskCreate(touch_task,(void * )0,(OS_STK * )&TOUCH_TASK_STK[TOUCH_STK_
                SIZE - 1],TOUCH_TASK_PRIO);
    OSTaskCreate(led_task,(void * )0,(OS_STK * )&LED_TASK_STK[LED_STK_SIZE - 1],
                LED_TASK_PRIO);
    OSTaskCreate(beep_task,(void * )0,(OS_STK * )&BEEP_TASK_STK[BEEP_STK_SIZE - 1],
                BEEP_TASK_PRIO);
    OSTaskCreate(main_task,(void * )0,(OS_STK * )&MAIN_TASK_STK[MAIN_STK_SIZE -
                1],MAIN_TASK_PRIO);
    OSTaskCreate(key_task,(void * )0,(OS_STK * )&KEY_TASK_STK[KEY_STK_SIZE - 1],
                KEY_TASK_PRIO);
    OSTaskSuspend(START_TASK_PRIO);//挂起起始任务.
    OS_EXIT_CRITICAL();//退出临界区(可以被中断打断)
}
//LED任务
void led_task(void * pdata)
{
    u8 t;
    while(1)
    {
        t ++ ; delay_ms(10);
        if(t == 8) LED0 = 1;//LED0 灭
        if(t == 100)//LED0 亮
        {
            t = 0; LED0 = 0;
        }
    }
}


//蜂鸣器任务
void beep_task(void * pdata)
{
    u8 err;
    while(1)
    {
        OSSemPend(sem_beep,0,&err);
        BEEP = 1; delay_ms(60);
        BEEP = 0; delay_ms(940);
    }
}
```

```c
//触摸屏任务
void touch_task(void *pdata)
{
    u32 cpu_sr;
    u16 lastpos[2];                    //最后一次的数据
    while(1)
    {
        tp_dev.scan(0);
        if(tp_dev.sta&TP_PRES_DOWN)//触摸屏被按下
        {
            if(tp_dev.x[0]<lcddev.width&&tp_dev.y[0]<lcddev.height&&tp_dev.y[0]>120)
            {
                if(lastpos[0]==0XFFFF)
                {
                    lastpos[0]=tp_dev.x[0];lastpos[1]=tp_dev.y[0];
                }
                OS_ENTER_CRITICAL();//进入临界段,防止打断 LCD 操作,导致乱序
                lcd_draw_bline(lastpos[0],lastpos[1],tp_dev.x[0],tp_dev.y[0],2,RED);//画线
                OS_EXIT_CRITICAL();
                lastpos[0]=tp_dev.x[0];lastpos[1]=tp_dev.y[0];
            }
        }else lastpos[0]=0XFFFF;//没有触摸
        delay_ms(5);
    }
}

//主任务
void main_task(void *pdata)
{
    u32 key=0;
    u8 err,semmask=0,tcnt=0;
    while(1)
    {
        key=(u32)OSMboxPend(msg_key,10,&err);
        switch(key)
        {
            case 1://控制 DS1
                LED1=!LED1;break;
            case 2://发送信号量
                semmask=1;
                OSSemPost(sem_beep);break;
            case 3://清除
                LCD_Fill(0,121,lcddev.width,lcddev.height,WHITE);break;
            case 4://校准
                OSTaskSuspend(TOUCH_TASK_PRIO);//挂起触摸屏任务
                if((tp_dev.touchtype&0X80)==0)TP_Adjust();
                OSTaskResume(TOUCH_TASK_PRIO);//解挂
                ucos_load_main_ui();//重新加载主界面
                break;
        }
        if(semmask||sem_beep->OSEventCnt)//需要显示 sem
        {
```

第45章　μC/OS-II 实验2——信号量和邮箱

```
                POINT_COLOR = BLUE;
                LCD_ShowxNum(192,50,sem_beep->OSEventCnt,3,16,0X80);
                                                                    //显示信号量值
                if(sem_beep->OSEventCnt == 0)semmask = 0;//停止更新
            }
            if(tcnt == 50)//0.5 秒更新一次 CPU 使用率
            {   tcnt = 0;
                POINT_COLOR = BLUE;
                LCD_ShowxNum(192,30,OSCPUUsage,3,16,0);//显示 CPU 使用率
            }
            tcnt ++ ;delay_ms(10);
    }
}
//按键扫描任务
void key_task(void * pdata)
{
        u8 key;
        while(1)
        {   key = KEY_Scan(0);
            if(key)OSMboxPost(msg_key,(void * )key);//发送消息
            delay_ms(10);
        }
}
```

该部分代码创建了 6 个任务: start_task、led_task、beep_task、touch_task、main_task 和 key_task, 优先级分别是 10 和 7～3, 堆栈大小除了 main_task 是 128, 其他都是 64。

该程序的运行流程就比第 44 章复杂了一些, 我们创建了消息邮箱 msg_key, 用于按键任务和主任务之间的数据传输(传递键值), 另外创建了信号量 sem_beep, 用于蜂鸣器任务和主任务之间的通信。

本代码中使用了 μC/OS-II 提供的 CPU 统计任务, 通过 OSStatInit 初始化 CPU 统计任务, 然后在主任务中显示 CPU 使用率。

另外, 主任务中用到了任务的挂起和恢复函数, 在执行触摸屏校准的时候, 我们必须先将触摸屏任务挂起, 待校准完成之后再恢复触摸屏任务。这是因为触摸屏校准和触摸屏任务都用到了触摸屏和 TFTLCD, 而这两个东西是不支持多个任务占用的, 所以必须采用独占的方式使用, 否则可能导致数据错乱。

软件设计部分就介绍到这里。

45.4　下载验证

编译成功之后, 通过下载代码到战舰 STM32 开发板上, 可以看到 LCD 显示界面如图 45.4.1 所示。可以看出, 默认状态下, CPU 使用率仅为 1%。此时通过在触摸区域画图可以看到, CPU 使用率飙升(42%), 说明触摸屏任务是一个很占 CPU 的任务。按 KEY0 可以控制 DS1 的亮灭; 按 KEY1 则可以控制蜂鸣器的发声(连续按下多次后,

可以看到蜂鸣每隔1秒叫一次),同时,可以在 LCD 上面看到信号量的当前值;按 KEY2 可以清除触摸屏的输入;按 WK_UP 可以进入校准程序,进行触摸屏校准。

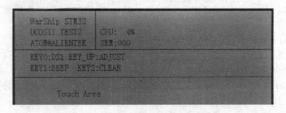

图 45.4.1　初始界面

第 46 章

μC/OS-II 实验 3——消息队列、信号量集和软件定时器

本章将学习消息队列、信号量集和软件定时器的使用。

46.1 μC/OS-II 消息队列、信号量集和软件定时器简介

1. 消息队列

使用消息队列可以在任务之间传递多条消息。消息队列由 3 个部分组成：事件控制块、消息队列和消息。当把事件控制块成员 OSEventType 的值置为 OS_EVENT_TYPE_Q 时，该事件控制块描述的就是一个消息队列。

消息队列的数据结构如图 46.1.1 所示。可以看到，消息队列相当于共用一个任务等待列表的消息邮箱数组，事件控制块成员 OSEventPtr 指向了一个叫队列控制块（OS_Q）的结构，该结构管理了一个数组 MsgTbl[]，该数组中的元素都是一些指向消息的指针。

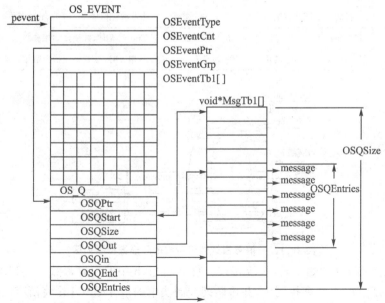

图 46.1.1 消息队列的数据结构

队列控制块(OS_Q)的结构定义如下：

```
typedef struct os_q
{
    struct os_q * OSQPtr;
    void * * OSQStart;
    void * * OSQEnd;
    void * * OSQIn;
    void * * OSQOut;
    INT16U   OSQSize;
    INT16U   OSQEntries;
} OS_Q;
```

该结构体中各参数的含义如表46.1.1所列。其中，可以移动的指针为OSQIn和OSQOut，而指针OSQStart和OSQEnd只是一个标志（常指针）。当可移动的指针OSQIn或OSQOut移动到数组末尾，也就是与OSQEnd相等时，可移动的指针将会被调整到数组的起始位置OSQStart。也就是说，从效果上来看，指针OSQEnd与OSQStart等值。于是，这个由消息指针构成的数组就头尾衔接起来形成了一个如图46.1.2所示的循环的队列。

表46.1.1 队列控制块各参数含义

参 数	说 明
OSQPtr	指向下一个空的队列控制块
OSQSize	数组的长度
OSQEntres	已存放消息指针的元素数目
OSQStart	指向消息指针数组的起始地址
OSQEnd	指向消息指针数组结束单元的下一个单元。它使得数组构成了一个循环的缓冲区
OSQIn	指向插入一条消息的位置。当它移动到与OSQEnd相等时，被调整到指向数组的起始单元
OSQOut	指向被取出消息的位置。当它移动到与OSQEnd相等时，被调整到指向数组的起始单元

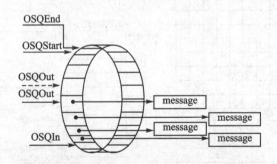

图46.1.2 消息指针数组构成的环形数据缓冲区

在μC/OS-II初始化时，系统将按文件os_cfg.h中的配置常数OS_MAX_QS定义OS_MAX_QS个队列控制块，并用队列控制块中的指针OSQPtr将所有队列控制块链接为链表。由于这时还没有使用它们，故这个链表叫空队列控制块链表。

接下来看看在μC/OS-II中，与消息队列相关的几个函数（未全部列出，下同）。

第 46 章　μC/OS-Ⅱ实验 3——消息队列、信号量集和软件定时器

1）创建消息队列函数

创建一个消息队列首先需要定义一指针数组，然后把各个消息数据缓冲区的首地址存入这个数组中，然后再调用函数 OSQCreate 来创建消息队列。创建消息队列函数 OSQCreate 的原型为：

OS_EVENT * OSQCreate(void * * start,INT16U size);

其中，start 为存放消息缓冲区指针数组的地址，size 为该数组大小。该函数的返回值为消息队列指针。

2）请求消息队列函数

请求消息队列的目的是从消息队列中获取消息。任务请求消息队列需要调用函数 OSQPend，该函数原型为：

void * OSQPend(OS_EVENT * pevent,INT16U timeout,INT8U * err);

其中，pevent 为所请求的消息队列的指针，timeout 为任务等待时限，err 为错误信息。

3）向消息队列发送消息函数

任务可以通过调用 OSQPost 或 OSQPostFront 函数来向消息队列发送消息。函数 OSQPost 以 FIFO（先进先出）的方式组织消息队列，函数 OSQPostFront 以 LIFO（后进先出）的方式组织消息队列。这两个函数的原型分别为：

INT8U OSQPost(OS_EVENT * pevent,void * msg)和 INT8U OSQPost(OS_EVENT * pevent,void * msg);

其中，pevent 为消息队列的指针，msg 为待发消息的指针。

消息队列更详细的介绍可以参考《嵌入式实时操作系统 μC/OS-Ⅱ原理及应用》第 5 章。

2. 信号量集

在实际应用中，任务常常需要与多个事件同步，即根据多个信号量组合作用的结果来决定任务的运行方式。μC/OS-Ⅱ为了实现多个信号量组合的功能定义了一种特殊的数据结构——信号量集。

信号量集管理的信号量都是一些二值信号，所有信号量集实质上是一种可以对多个输入的逻辑信号进行基本逻辑运算的组合逻辑，如图 46.1.3 所示。

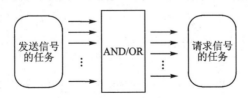

图 46.1.3　信号量集示意图

不同于信号量、消息邮箱、消息队列等事件，UCOSII 不使用事件控制块来描述信号量集，而使用了一个叫标志组的结构 OS_FLAG_GRP 来描述。OS_FLAG_GRP 结

构如下：

```
typedef struct
{
    INT8U OSFlagType;          //识别是否为信号量集的标志
    void * OSFlagWaitList;     //指向等待任务链表的指针
    OS_FLAGS OSFlagFlags;      //所有信号列表
}OS_FLAG_GRP;
```

成员 OSFlagWaitList 是一个指针，当一个信号量集被创建后，这个指针指向了这个信号量集的等待任务链表。

与其他前面介绍过的事件不同，信号量集用一个双向链表来组织等待任务，每一个等待任务都是该链表中的一个节点(Node)。标志组 OS_FLAG_GRP 的成员 OSFlag-WaitList 就指向了信号量集的这个等待任务链表。等待任务链表节点 OS_FLAG_NODE 的结构如下：

```
typedef struct
{
    void  * OSFlagNodeNext;      //指向下一个节点的指针
    void  * OSFlagNodePrev;      //指向前一个节点的指针
    void  * OSFlagNodeTCB;       //指向对应任务控制块的指针
    void  * OSFlagNodeFlagGrp;   //反向指向信号量集的指针
    OS_FLAGS OSFlagNodeFlags;    //信号过滤器
    INT8U   OSFlagNodeWaitType;  //定义逻辑运算关系的数据
} OS_FLAG_NODE;
```

其中，OSFlagNodeWaitType 是定义逻辑运算关系的一个常数（根据需要设置），其可选值和对应的逻辑关系如表 46.1.2 所列。OSFlagFlags、OSFlagNodeFlags、OSFlagNodeWaitType 三者的关系如图 46.1.4 所示。图中为了方便说明，我们将 OSFlagFlags 定义为 8 位，但是 μC/OS 支持 8 位、16 位、32 位定义，这个通过修改 OS_FLAGS 的类型来确定(μC/OS-II 默认设置 OS_FLAGS 为 16 位)。

表 46.1.2　OSFlagNodeWaitType 可选值及其意义

常　数	信号有效状态	等待任务的就绪条件
WAIT_CLR_ALL 或 WAIT_CLR_AND	0	信号全部有效（全 0）
WAIT_CLR_ANY 或 WAIT_CLR_OR	0	信号有一个或一个以上有效（有 0）
WAIT_SET_ALL 或 WAIT_SET_AND	1	信号全部有效（全 1）
WAIT_SET_ANY 或 WAIT_SET_OR	1	信号有一个或一个以上有效（有 1）

图 46.1.4 清楚地表达了信号量集各成员的关系：OSFlagFlags 为信号量表，通过发送信号量集的任务设置；OSFlagNodeFlags 为信号滤波器，由请求信号量集的任务设

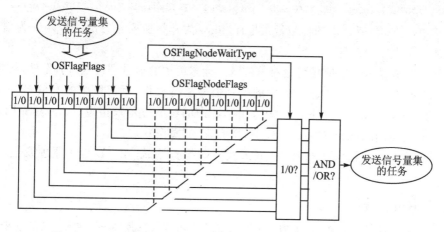

图 46.1.4 标志组与等待任务共同完成信号量集的逻辑运算及控制

置用于选择性地挑选 OSFlagFlags 中的部分（或全部）位作为有效信号；OSFlag-NodeWaitType 定义有效信号的逻辑运算关系，也是由请求信号量集的任务设置，用于选择有效信号的组合方式（0/1、与/或）。

举个简单的例子，假设请求信号量集的任务设置 OSFlagNodeFlags 的值为 0X0F，设置 OSFlagNodeWaitType 的值为 WAIT_SET_ANY，那么只要 OSFlagFlags 的低 4 位的任何一位为 1，请求信号量集的任务将得到有效的请求，从而执行相关操作；如果低 4 位都为 0，那么请求信号量集的任务将得到无效的请求。

接下来看看在 μC/OS-II 中，与信号量集相关的几个函数。

1) 创建信号量集函数

任务可以通过调用函数 OSFlagCreate 来创建一个信号量集。函数 OSFlagCreate 的原型为：

```
OS_FLAG_GRP  * OSFlagCreate(OS_FLAGS flags, INT8U * err);
```

其中，flags 为信号量的初始值（即 OSFlagFlags 的值），err 为错误信息，返回值为该信号量集的标志组的指针，应用程序根据这个指针对信号量集进行相应操作。

2) 请求信号量集函数

任务可以通过调用函数 OSFlagPend 请求一个信号量集。函数 OSFlagPend 的原型为：

```
OS_FLAGS OSFlagPend(OS_FLAG_GRP * pgrp, OS_FLAGS flags, INT8U wait_type,
                                           INT16U timeout, INT8U * err);
```

其中，pgrp 为所请求的信号量集指针，flags 为滤波器（即 OSFlagNodeFlags 的值），wait_type 为逻辑运算类型（即 OSFlagNodeWaitType 的值），timeout 为等待时限，err 为错误信息。

3) 向信号量集发送信号函数

任务可以通过调用函数 OSFlagPost 向信号量集发信号。函数 OSFlagPost 的原型为：

```
OS_FLAGS OSFlagPost (OS_FLAG_GRP * pgrp, OS_FLAGS flags, INT8U opt, INT8U * err);
```

其中，pgrp 为所请求的信号量集指针，flags 为选择所要发送的信号，opt 为信号有效选项，err 为错误信息。

任务向信号量集发信号就是对信号量集标志组中的信号进行置"1"（置位）或置"0"（复位）操作。至于对信号量集中的哪些信号进行操作，用函数中的参数 flags 来指定；对指定的信号是置"1"还是置"0"，用函数中的参数 opt 来指定（opt＝OS_FLAG_SET 为置"1"操作；opt＝OS_FLAG_CLR 为置"0"操作）。

信号量集更详细的介绍参考《嵌入式实时操作系统 μC/OS-Ⅱ 原理及应用》第 6 章。

3. 软件定时器

μC/OS-Ⅱ 从 V2.83 版本以后加入了软件定时器，这使得 μC/OS-Ⅱ 的功能更加完善，在其上的应用程序开发与移植也更加方便。在实时操作系统中一个好的软件定时器实现要求有较高的精度、较小的处理器开销，且占用较少的存储器资源。

通过前面的学习我们知道，μC/OS-Ⅱ 通过 OSTimTick 函数对时钟节拍进行加 1 操作，同时遍历任务控制块，以判断任务延时是否到时。软件定时器同样由 OSTimTick 提供时钟，但是软件定时器的时钟还受 OS_TMR_CFG_TICKS_PER_SEC 设置的控制，也就是在 μC/OS-Ⅱ 的时钟节拍上面再做了一次"分频"，软件定时器的最快时钟节拍就等于 μC/OS-Ⅱ 的系统时钟节拍。这也决定了软件定时器的精度。

软件定时器定义了一个单独的计数器 OSTmrTime，用于软件定时器的计时。μC/OS-Ⅱ 并不在 OSTimTick 中进行软件定时器的到时判断与处理，而是创建了一个高于应用程序中所有其他任务优先级的定时器管理任务 OSTmr_Task，在这个任务中进行定时器的到时判断和处理。时钟节拍函数通过信号量给这个高优先级任务发信号，这种方法缩短了中断服务程序的执行时间，但也使得定时器到时处理函数的响应受到中断退出时恢复现场和任务切换的影响。软件定时器功能实现代码存放在 tmr.c 文件中，移植时需只需在 os_cfg.h 文件中使能定时器和设定定时器的相关参数。

μC/OS-Ⅱ 中软件定时器的实现方法是将定时器按定时时间分组，使得每次时钟节拍到来时只对部分定时器进行比较操作，缩短了每次处理的时间，但这就需要动态地维护一个定时器组。定时器组的维护只是在每次定时器到时时才发生，而且定时器从组中移除和再插入操作不需要排序。这是一种比较高效的算法，减少了维护所需的操作时间。

μC/OS-Ⅱ 软件定时器实现了 3 类链表的维护：

```
OS_EXT OS_TMR OSTmrTbl[OS_TMR_CFG_MAX];//定时器控制块数组
OS_EXT OS_TMR * OSTmrFreeList;//空闲定时器控制块链表指针
OS_EXT OS_TMR_WHEEL OSTmrWheelTbl[OS_TMR_CFG_WHEEL_SIZE];//定时器轮
```

其中，OS_TMR 为定时器控制块，定时器控制块是软件定时器管理的基本单元，包含软件定时器的名称、定时时间、在链表中的位置、使用状态、使用方式、到时回调函数及其参数等基本信息。

OSTmrTbl[OS_TMR_CFG_MAX]：以数组的形式静态分配定时器控制块所需的RAM空间，并存储所有已建立的定时器控制块，OS_TMR_CFG_MAX 为最大软件定时器的个数。

OSTmrFreeLiSt：为空闲定时器控制块链表头指针。空闲态的定时器控制块（OS_TMR）中，OSTmrnext 和 OSTmrPrev 两个指针分别指向空闲控制块的前一个和后一个，组织了空闲控制块双向链表。建立定时器时，从这个链表中搜索空闲定时器控制块。

OSTmrWheelTbl[OS_TMR_CFG_WHEEL_SIZE]：该数组的每个元素都是已开启定时器的一个分组，元素中记录了指向该分组中第一个定时器控制块的指针以及定时器控制块的个数。运行态的定时器控制块（OS_TMR）中，OSTmrnext 和 OSTmrPrev 两个指针同样也组织了所在分组中定时器控制块的双向链表。软件定时器管理所需的数据结构示意图如图 46.1.5 所示。

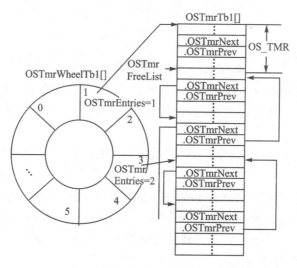

图 46.1.5 软件定时器管理所需的数据结构示意图

OS_TMR_CFG_WHEEL_SIZE 定义了 OSTmrWheelTbl 的大小，同时这个值也是定时器分组的依据。按照定时器到时值与 OS_TMR_CFG_WHEEL_SIZE 相除的余数进行分组：不同余数的定时器放在不同分组中；相同余数的定时器处在同一组中，由双向链表连接。这样，余数值为 0～OS_TMR_CFG_WHEEL_SIZE-1 的不同定时器控制块，正好分别对应了数组元素 OSTmr-WheelTbl[0]～OSTmrWheelTbl[OS_TMR_CFGWHEEL_SIZE-1]的不同分组。每次时钟节拍到来时，时钟数 OSTmr-Time 值加 1，然后也进行求余操作，只有余数相同的那组定时器才有可能到时，所以只对该组定时器进行判断。这种方法比循环判断所有定时器更高效。随着时钟数的累加，处理的分组也由 0～OS_TMR_CFG_WHE EL_SIZE-1 循环。这里推荐 OS_TMR_CFG_WHEEL_SIZE 的取值为 2^N，以便采用移位操作计算余数，缩短处理时间。

信号量唤醒定时器管理任务，计算出当前所要处理的分组后，程序遍历该分组中的所有控制块,将当前 OSTmrTime 值与定时器控制块中的到时值(OSTmrMatch)相比较。若相等(即到时),则调用该定时器到时回调函数;若不相等,则判断该组中下一个定时器控制块。如此操作,直到该分组链表的结尾。软件定时器管理任务的流程如图46.1.6所示。

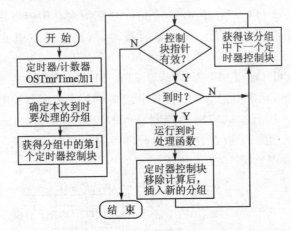

图 46.1.6 软件定时器管理任务流程

当运行完软件定时器的到时处理函数之后,需要进行该定时器控制块在链表中的移除和再插入操作。插入前需要重新计算定时器下次到时时所处的分组。计算公式如下:

定时器下次到时的 OSTmrTime 值(OSTmrMatch)＝定时器定时值＋当前 OSTmrTime 值

新分组＝定时器下次到时的 OSTmrTime 值(OSTmrMatch)％OS_TMR_CFG_WHEEL_SIZE

接下来看看在 μC/OS-II 中与软件定时器相关的几个函数。

1) 创建软件定时器函数

创建软件定时器通过函数 OSTmrCreate 实现,该函数原型为:

```
OS_TMR * OSTmrCreate (INT32U dly, INT32U period, INT8U opt,
    OS_TMR_CALLBACK callback,void * callback_arg, INT8U * pname, INT8U * perr);
```

dly 用于初始化定时时间,对单次定时(ONE-SHOT 模式)的软件定时器来说,这就是该定时器的定时时间,而对于周期定时(PERIODIC 模式)的软件定时器来说,这是该定时器第一次定时的时间,从第二次开始定时时间变为 period。

period 在周期定时(PERIODIC 模式)为软件定时器的周期溢出时间。

opt 用于设置软件定时器工作模式。可以设置的值为 OS_TMR_OPT_ONE_SHOT 或 OS_TMR_OPT_PERIODIC,如果设置为前者,说明是一个单次定时器;设置为后者则表示是周期定时器。

callback 为软件定时器的回调函数,当软件定时器的定时时间到达时,会调用该函数。callback_arg 为回调函数的参数。pname 为软件定时器的名字。perr 为错误

第46章 μC/OS-II 实验 3——消息队列、信号量集和软件定时器

信息。

软件定时器的回调函数有固定的格式,我们必须按照这个格式编写,软件定时器的回调函数格式为：

void (*OS_TMR_CALLBACK)(void *ptmr, void *parg);

其中,函数名可以自己随意设置,而 ptmr 参数用来传递当前定时器的控制块指针,所以一般设置其类型为 OS_TMR * 类型,第二个参数(parg)为回调函数的参数,这个就可以根据需要设置了,也可以不用,但是必须有这个参数。

3) 开启软件定时器函数

任务可以通过调用函数 OSTmrStart 开启某个软件定时器,该函数的原型为：

BOOLEAN OSTmrStart (OS_TMR *ptmr, INT8U *perr);

其中,ptmr 为要开启的软件定时器指针,perr 为错误信息。

3) 停止软件定时器函数

任务可以通过调用函数 OSTmrStop 停止某个软件定时器,该函数的原型为：

BOOLEAN OSTmrStop (OS_TMR *ptmr, INT8U opt, void *callback_arg, INT8U *perr);

其中,ptmr 为要停止的软件定时器指针。opt 为停止选项,可以设置的值及其对应的意义为：

> OS_TMR_OPT_NONE,直接停止,不做任何其他处理
> OS_TMR_OPT_CALLBACK,停止,用初始化的参数执行一次回调函数
> OS_TMR_OPT_CALLBACK_ARG,停止,用新的参数执行一次回调函数

callback_arg 为新的回调函数参数。perr 为错误信息。

46.2 硬件设计

本节实验功能简介:本章在 μC/OS-II 里面创建 7 个任务。开始任务、LED 任务、触摸屏任务、队列消息显示任务、信号量集任务、按键扫描任务和主任务。开始任务用于创建邮箱、消息队列、信号量集以及其他任务,之后挂起;触摸屏任务用于在屏幕上画图,测试 CPU 使用率;队列消息显示任务请求消息队列,在得到消息后显示收到的消息数据;信号量集任务用于测试信号量集,采用 OS_FLAG_WAIT_SET_ANY 的方法,任何按键按下(包括 TPAD),该任务都会控制蜂鸣器发出"滴"的一声;按键扫描任务用于按键扫描,优先级最高,将得到的键值通过消息邮箱发送出去;主任务创建 3 个软件定时器(定时器 1,100 ms 溢出一次,显示 CPU 和内存使用率;定时 2,200 ms 溢出一次,在固定区域不停的显示不同颜色;定时 3,100 ms 溢出一次,用于自动发送消息到消息队列),并通过查询消息邮箱获得键值,根据键值执行 DS1 控制、控制软件定时器 3 的开关、触摸区域清屏、触摸屏校和软件定时器 2 的开关控制等。

所要用到的硬件资源如下:指示灯 DS0/DS1、4 个机械按键(KEY0/KEY1/KEY2/WK_UP)、TPAD 触摸按键、蜂鸣器、TFTLCD 模块。这些在前面的学习中都已经介绍过了。

46.3 软件设计

本章在第 34 章实验(内存管理实验)的基础上修改,首先,是 μC/OS-II 代码的添加,具体方法同第 44 章一模一样。由于我们创建了 7 个任务,加上统计任务、空闲任务和软件定时器任务,总共 10 个任务,如果还想添加其他任务,须把 OS_MAX_TASKS 的值适当改大。

另外,还需要在 os_cfg.h 里面修改软件定时器管理部分的宏定义,修改如下:

```
#define OS_TMR_EN            1u           //使能软件定时器功能
#define OS_TMR_CFG_MAX1      6u           //最大软件定时器个数
#define OS_TMR_CFG_NAME_EN   1u           //使能软件定时器命名
#define OS_TMR_CFG_WHEEL_SIZE 8u          //软件定时器轮大小
#define OS_TMR_CFG_TICKS_PER_SEC 100u     //软件定时器的时钟节拍(10 ms)
#define OS_TASK_TMR_PRIO     0u           //软件定时器的优先级,设置为最高
```

这样我们就使能 μC/OS-II 的软件定时器功能了,并且设置最大软件定时器个数为 16,定时器轮大小为 8,软件定时器时钟节拍为 10 ms(即定时器的最少溢出时间为 10 ms)。

最后,我们只需要修改 main.c 函数了,打开 main.c,输入如下代码:

```
//////////////////////////UCOSII 任务设置/////////////////////////////
//START 任务
#define START_TASK_PRIO    10                //开始任务的优先级设置为最低
#define START_STK_SIZE     64                //设置任务堆栈大小
OS_STK START_TASK_STK[START_STK_SIZE];       //任务堆栈
void start_task(void *pdata);                //任务函数
//LED 任务
#define LED_TASK_PRIO      7                 //设置任务优先级
#define LED_STK_SIZE       64                //设置任务堆栈大小
OS_STK LED_TASK_STK[LED_STK_SIZE];           //任务堆栈
void led_task(void *pdata);                  //任务函数
//触摸屏任务
#define TOUCH_TASK_PRIO    6                 //设置任务优先级
#define TOUCH_STK_SIZE     128               //设置任务堆栈大小
OS_STK TOUCH_TASK_STK[TOUCH_STK_SIZE];       //任务堆栈
void touch_task(void *pdata);                //任务函数
//队列消息显示任务
#define QMSGSHOW_TASK_PRIO 5                 //设置任务优先级
#define QMSGSHOW_STK_SIZE  128               //设置任务堆栈大小
OS_STK QMSGSHOW_TASK_STK[QMSGSHOW_STK_SIZE]; //任务堆栈
void qmsgshow_task(void *pdata);             //任务函数
//主任务
#define MAIN_TASK_PRIO     4                 //设置任务优先级
#define MAIN_STK_SIZE      128               //设置任务堆栈大小
OS_STK MAIN_TASK_STK[MAIN_STK_SIZE];         //任务堆栈
void main_task(void *pdata);                 //任务函数
//信号量集任务
#define FLAGS_TASK_PRIO    3                 //设置任务优先级
```

第46章 μC/OS-II 实验3——消息队列、信号量集和软件定时器

```
#define FLAGS_STK_SIZE    128                          //设置任务堆栈大小
OS_STK FLAGS_TASK_STK[FLAGS_STK_SIZE];                 //任务堆栈
void flags_task(void * pdata);                         //任务函数
//按键扫描任务
#define KEY_TASK_PRIO    2                             //设置任务优先级
#define KEY_STK_SIZE    128                            //设置任务堆栈大小
OS_STK KEY_TASK_STK[KEY_STK_SIZE];                     //任务堆栈
void key_task(void * pdata);                           //任务函数
////////////////////////////////////////////////////////////////////////////
OS_EVENT * msg_key;                                    //按键邮箱事件块
OS_EVENT * q_msg;                                      //消息队列
OS_TMR   * tmr1;                                       //软件定时器1
OS_TMR   * tmr2;                                       //软件定时器2
OS_TMR   * tmr3;                                       //软件定时器3
OS_FLAG_GRP * flags_key;                               //按键信号量集
void * MsgGrp[256];                        //消息队列存储地址,最大支持256个消息
//软件定时器1的回调函数
//每100ms执行一次,用于显示CPU使用率和内存使用率
void tmr1_callback(OS_TMR * ptmr,void * p_arg)
{
    static u16 cpuusage = 0; static u8 tcnt = 0;
    POINT_COLOR = BLUE;
    if(tcnt == 5)
    {
        LCD_ShowxNum(182,10,cpuusage/5,3,16,0);              //显示CPU使用率
        cpuusage = 0; tcnt = 0;
    }
    cpuusage + = OSCPUUsage; tcnt ++ ;
    LCD_ShowxNum(182,30,mem_perused(SRAMIN),3,16,0);//显示内存使用率
    LCD_ShowxNum(182,50,((OS_Q *)(q_msg->OSEventPtr))->OSQEntries,3,16,0X80);
    //显示队列当前的大小
}
//软件定时器2的回调函数
void tmr2_callback(OS_TMR * ptmr,void * p_arg)
{
    static u8 sta = 0;
    switch(sta)
    {
        case 0: LCD_Fill(121,221,lcddev.width,lcddev.height,RED); break;
        case 1: LCD_Fill(121,221,lcddev.width,lcddev.height,GREEN); break;
        //…此处省略部分液晶显示代码
        case 6: LCD_Fill(121,221,lcddev.width,lcddev.height,BRRED); break;
    }
    sta ++ ; if(sta>6)sta = 0;
}
//软件定时器3的回调函数
void tmr3_callback(OS_TMR * ptmr,void * p_arg)
{
    u8 * p; u8 err;
    static u8 msg_cnt = 0;//msg编号
    p = mymalloc(SRAMIN,13);//申请13个字节的内存
```

```c
        if(p)
        {
            sprintf((char*)p,"ALIENTEK %03d",msg_cnt);
            msg_cnt++;
            err=OSQPost(q_msg,p);//发送队列
            if(err!=OS_ERR_NONE) //发送失败
            {
                myfree(SRAMIN,p);//释放内存
                OSTmrStop(tmr3,OS_TMR_OPT_NONE,0,&err);//关闭软件定时器3
            }
        }
    }
}
//加载主界面
void ucos_load_main_ui(void)
{
    //…此处省略部分液晶显示代码
}
int main(void)
{
    delay_init();         //延时函数初始化
    NVIC_PriorityGroupConfig(NVIC_PriorityGroup_2);   //设置NVIC中断分组2
    uart_init(115200);         //串口初始化波特率为115200
    LED_Init();   //初始化与LED连接的硬件接口
    LCD_Init();              //初始化LCD
    BEEP_Init();             //蜂鸣器初始化
    KEY_Init();              //按键初始化
    TPAD_Init(72);           //初始化TPAD
    FSMC_SRAM_Init();        //初始化外部SRAM
    mem_init(SRAMIN);        //初始化内部内存池
    mem_init(SRAMEX);        //初始化外部内存池
    tp_dev.init();
    ucos_load_main_ui();OSInit();   //初始化UCOSII
    OSTaskCreate(start_task,(void*)0,(OS_STK*)&START_TASK_STK[START_STK_SIZE
    -1],START_TASK_PRIO);//创建起始任务
    OSStart();
}
//开始任务
void start_task(void *pdata)
{
    OS_CPU_SR cpu_sr=0; u8 err;
    pdata = pdata;
    msg_key=OSMboxCreate((void*)0);//创建消息邮箱
    q_msg=OSQCreate(&MsgGrp[0],256);//创建消息队列
    flags_key=OSFlagCreate(0,&err); //创建信号量集
    OSStatInit();//初始化统计任务.这里会延时1秒钟左右
    OS_ENTER_CRITICAL();//进入临界区(无法被中断打断)
    OSTaskCreate(led_task,(void*)0,(OS_STK*)&LED_TASK_STK[LED_STK_SIZE-1],
LED_TASK_PRIO);
    OSTaskCreate(touch_task,(void*)0,(OS_STK*)&TOUCH_TASK_STK
    [TOUCH_STK_SIZE-1],TOUCH_TASK_PRIO);
    OSTaskCreate(qmsgshow_task,(void*)0,(OS_STK*)&QMSGSHOW_TASK_STK
```

第46章 μC/OS-II 实验3——消息队列、信号量集和软件定时器

```c
    [QMSGSHOW_STK_SIZE-1],QMSGSHOW_TASK_PRIO);
    OSTaskCreate(main_task,(void *)0,(OS_STK *)&MAIN_TASK_STK[MAIN_STK_SIZE
    -1],MAIN_TASK_PRIO);
    OSTaskCreate(flags_task,(void *)0,(OS_STK *)&FLAGS_TASK_STK
    [FLAGS_STK_SIZE-1],FLAGS_TASK_PRIO);
    OSTaskCreate(key_task,(void *)0,(OS_STK *)&KEY_TASK_STK[KEY_STK_SIZE-1]
    ,KEY_TASK_PRIO);
    OSTaskSuspend(START_TASK_PRIO);//挂起起始任务
    OS_EXIT_CRITICAL();//退出临界区(可以被中断打断)
}
//LED任务
void led_task(void * pdata)
{
    u8 t;
    while(1)
    {
        t++; delay_ms(10);
        if(t==8)LED0=1;//LED0 灭
        if(t==100){t=0; LED0=0; }//LED0 亮
    }
}
//触摸屏任务
void touch_task(void * pdata)
{
    while(1)
    {
        tp_dev.scan(0);
        if(tp_dev.sta&TP_PRES_DOWN)//触摸屏被按下
        {
            if(tp_dev.x<120&&tp_dev.y<lcddev.height&&tp_dev.y>220)
            {
                TP_Draw_Big_Point(tp_dev.x,tp_dev.y,BLUE);//画图
                delay_ms(2);
            }
        }else delay_ms(10);//没有按键按下的时候
    }
}
//队列消息显示任务
void qmsgshow_task(void * pdata)
{
    u8 * p; u8 err;
    while(1)
    {
        p=OSQPend(q_msg,0,&err);//请求消息队列
        LCD_ShowString(5,170,240,16,16,p);//显示消息
        myfree(SRAMIN,p); delay_ms(500);
    }
}
//主任务
void main_task(void * pdata)
{
```

```c
u32 key = 0; u8 err;
u8 tmr2sta = 1;//软件定时器 2 开关状态
u8 tmr3sta = 0;//软件定时器 3 开关状态
u8 flagsclrt = 0;//信号量集显示清零倒计时
tmr1 = OSTmrCreate(10,10,OS_TMR_OPT_PERIODIC,
(OS_TMR_CALLBACK)tmr1_callback,0,"tmr1",&err);//100ms 执行一次
tmr2 = OSTmrCreate(10,20,OS_TMR_OPT_PERIODIC,
(OS_TMR_CALLBACK)tmr2_callback,0,"tmr2",&err);//200ms 执行一次
tmr3 = OSTmrCreate(10,10,OS_TMR_OPT_PERIODIC,
(OS_TMR_CALLBACK)tmr3_callback,0,"tmr3",&err);//100ms 执行一次
OSTmrStart(tmr1,&err); //启动软件定时器 1
OSTmrStart(tmr2,&err); //启动软件定时器 2
while(1)
{
    key = (u32)OSMboxPend(msg_key,10,&err);
    if(key)
    {
        flagsclrt = 51;//500ms 后清除
        OSFlagPost(flags_key,1<<(key-1),OS_FLAG_SET,&err);//设置信号量为 1
    }
    if(flagsclrt)//倒计时
    {
        flagsclrt--;
        if(flagsclrt == 1)LCD_Fill(140,162,239,162 + 16,WHITE);//清除显示
    }
    switch(key)
    {
        case 1: LED1 = ! LED1; break;//控制 DS1
        case 2://控制软件定时器 3
            tmr3sta = ! tmr3sta;
            if(tmr3sta)OSTmrStart(tmr3,&err);
            else OSTmrStop(tmr3,OS_TMR_OPT_NONE,0,&err);//关闭软件定时器 3
            break;
        case 3: LCD_Fill(0,221,119,lcddev.height,WHITE); break;//清除
        case 4://校准
            OSTaskSuspend(TOUCH_TASK_PRIO);//挂起触摸屏任务
            OSTaskSuspend(QMSGSHOW_TASK_PRIO);//挂起队列信息显示任务
            OSTmrStop(tmr1,OS_TMR_OPT_NONE,0,&err);//关闭软件定时器 1
            if(tmr2sta)OSTmrStop(tmr2,OS_TMR_OPT_NONE,0,&err);//关闭定时器 2
                                                //TP_Adjust();
            OSTmrStart(tmr1,&err);//重新开启软件定时器 1
            if(tmr2sta)OSTmrStart(tmr2,&err);//重新开启软件定时器 2
            OSTaskResume(TOUCH_TASK_PRIO);//解挂
            OSTaskResume(QMSGSHOW_TASK_PRIO);//解挂
            ucos_load_main_ui();//重新加载主界面
            break;
        case 5://软件定时器 2 开关
            tmr2sta = ! tmr2sta;
            if(tmr2sta)OSTmrStart(tmr2,&err);   //开启软件定时器 2
            else
            {
```

第 46 章 μC/OS-II 实验 3——消息队列、信号量集和软件定时器

```
                    OSTmrStop(tmr2,OS_TMR_OPT_NONE,0,&err);//关闭软件定时器 2
                    LCD_ShowString(148,262,240,16,16,"TMR2 STOP");
                }
                break;
        }
        delay_ms(10);
    }
}
//信号量集处理任务
void flags_task(void * pdata)
{
    u16 flags;u8 err;
    while(1)
    {
        flags = OSFlagPend(flags_key,0X001F,OS_FLAG_WAIT_SET_ANY,0,&err);
        //等待信号量
        if(flags&0X0001)LCD_ShowString(140,162,240,16,16,"KEY0 DOWN    ");
        if(flags&0X0002)LCD_ShowString(140,162,240,16,16,"KEY1 DOWN    ");
        if(flags&0X0004)LCD_ShowString(140,162,240,16,16,"KEY2 DOWN    ");
        if(flags&0X0008)LCD_ShowString(140,162,240,16,16,"KEY_UP DOWN");
        if(flags&0X0010)LCD_ShowString(140,162,240,16,16,"TPAD DOWN    ");
        BEEP = 1; delay_ms(50); BEEP = 0;
        OSFlagPost(flags_key,0X001F,OS_FLAG_CLR,&err);//全部信号量清零
    }
}
//按键扫描任务
void key_task(void * pdata)
{
    u8 key;
    while(1)
    {
        delay_ms(10); key = KEY_Scan(0);
        if(key == 0) if(TPAD_Scan(0))key = 5;
        if(key)OSMboxPost(msg_key,(void *)key);//发送消息
    }
}
```

本章 main.c 的代码有点多,因为我们创建了 7 个任务、3 个软件定时器及其回调函数,所以,整个代码有点多,我们创建的 7 个任务为:start_task、led_task、touch_task、qmsgshow_task、flags_task、main_task 和 key_task,优先级分别是 10 和 7～2,堆栈大小除了 main_task 是 128,其他都是 64。

我们还创建了 3 个软件定时器 tmr1、tmr2 和 tmr3,tmr1 用于显示 CPU 使用率和内存使用率,每 100 ms 执行一次;tmr2 用于在 LCD 的右下角区域不停地显示各种颜色,每 200 ms 执行一次;tmr3 用于定时向队列发送消息,每 100 ms 发送一次。

本章依旧使用消息邮箱 msg_key 在按键任务和主任务之间传递键值数据,我们创建信号量集 flags_key,在主任务里面将按键键值通过信号量集传递给信号量集处理任务 flags_task,实现按键信息的显示以及发出按键提示音。

本章还创建了一个大小为 256 的消息队列 q_msg,通过软件定时器 tmr3 的回调函

数向消息队列发送消息,然后在消息队列显示任务 qmsgshow_task 里面请求消息队列,并在 LCD 上面显示得到的消息。消息队列还用到了动态内存管理。

主任务 main_task 实现了 46.2 节介绍的功能:KEY0 控制 LED1 亮灭;KEY1 控制软件定时器 tmr3 的开关,间接控制队列信息的发送;KEY2 清除触摸屏输入;WK_UP 用于触摸屏校准,在校准的时候,要先挂起触摸屏任务、队列消息显示任务,并停止软件定时器 tmr1 和 tmr2,否则可能对校准时的 LCD 显示造成干扰;TPAD 按键用于控制软件定时器 tmr2 的开关,间接控制屏幕显示。

46.4 下载验证

编译成功之后,下载代码到战舰 STM32 开发板上,可以看到 LCD 显示界面如图 46.4.1 所示。可以看出,默认状态下,CPU 使用率为 22% 左右。比第 45 章多出很多,这主要是 key_task 里面增加了触摸按键 TPAD 的检测,而 TPAD 检测是一个比较耗资源(没有释放 CPU)的过程,另外不停的刷屏(tmr2)也需要一定资源。

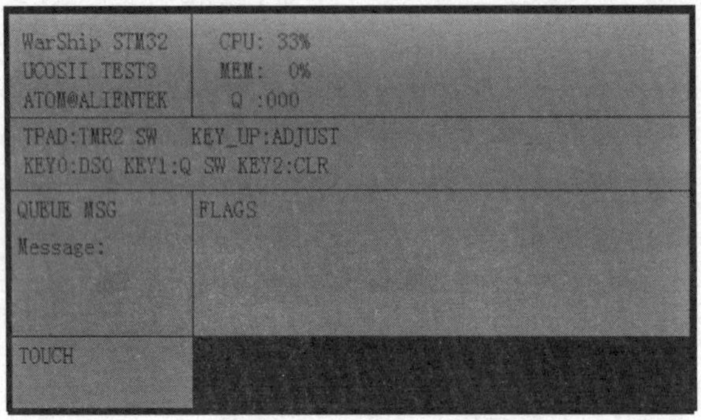

图 46.4.1 初始界面

按 KEY0 可以控制 DS1 的亮灭。按 KEY1 可以启动 tmr3 控制消息队列发送,可以在 LCD 上面看到 Q 和 MEM 的值慢慢变大(说明队列消息在增多,占用内存也随着消息增多而增大),在 QUEUE MSG 区开始显示队列消息,再按一次 KEY1 停止 tmr3,此时可以看到 Q 和 MEM 逐渐减小。当 Q 值变为 0 的时候,QUEUE MSG 也停止显示(队列为空)。按 KEY2 按键清除 TOUCH 区域的输入。按 WK_UP 按键可以进行触摸屏校准。按 TPAD 按键可以启动/停止 tmr2,从而控制屏幕的刷新。在 TOUCH 区域可以输入手写内容。任何按键按下,蜂鸣器都会发出"滴"的一声,提示按键被按下,同时在 FLAGS 区域显示按键信息。

参考文献

[1] 刘军. 例说 STM32[M]. 北京:北京航空航天大学出版社,2011.
[2] 意法半导体. STM32 中文参考手册. 第 10 版. 意法半导体(中国)投资公司,2010.
[3] Joseph Yiu. ARM Cortex‐M3 权威指南[M]. 宋岩,译. 北京:北京航空航天大学出版社,2009.
[4] 意法半导体. STM32 固件库 V3.5 中文参考手册. 意法半导体(中国)投资公司,2010.
[5] 杜春雷. ARM 体系结构与编程[M]. 北京:清华大学出版社,2003.
[6] 李宁. 基于 MDK 的 STM32 处理器应用开发[M]. 北京:北京航空航天大学出版社,2008.
[7] 王永虹. STM32 系列 ARM Cortex‐M3 微控制器原理与实践[M]. 北京:北京航空航天大学出版社,2008.
[8] 俞建新. 嵌入式系统基础教程[M]. 北京:机械工业出版社,2008.
[9] 李宁. ARM 开发工具 RealView MDK 使用入门[M]. 北京:北京航空航天大学出版社,2008.
[10] 马超. STM32 中断优先级相关概念与使用笔记. 互联网,2009.